欢度国庆

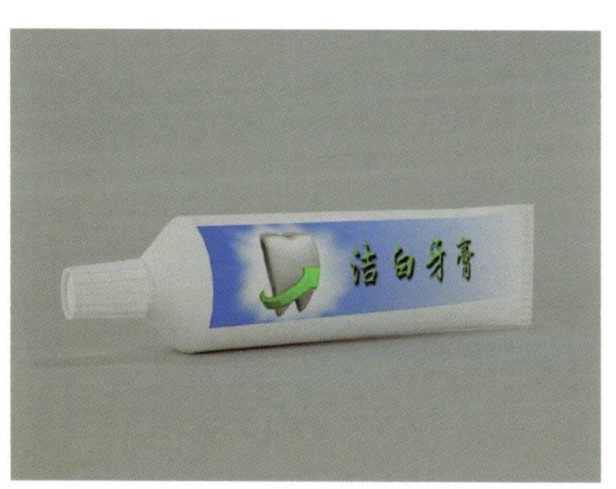
洁白牙膏

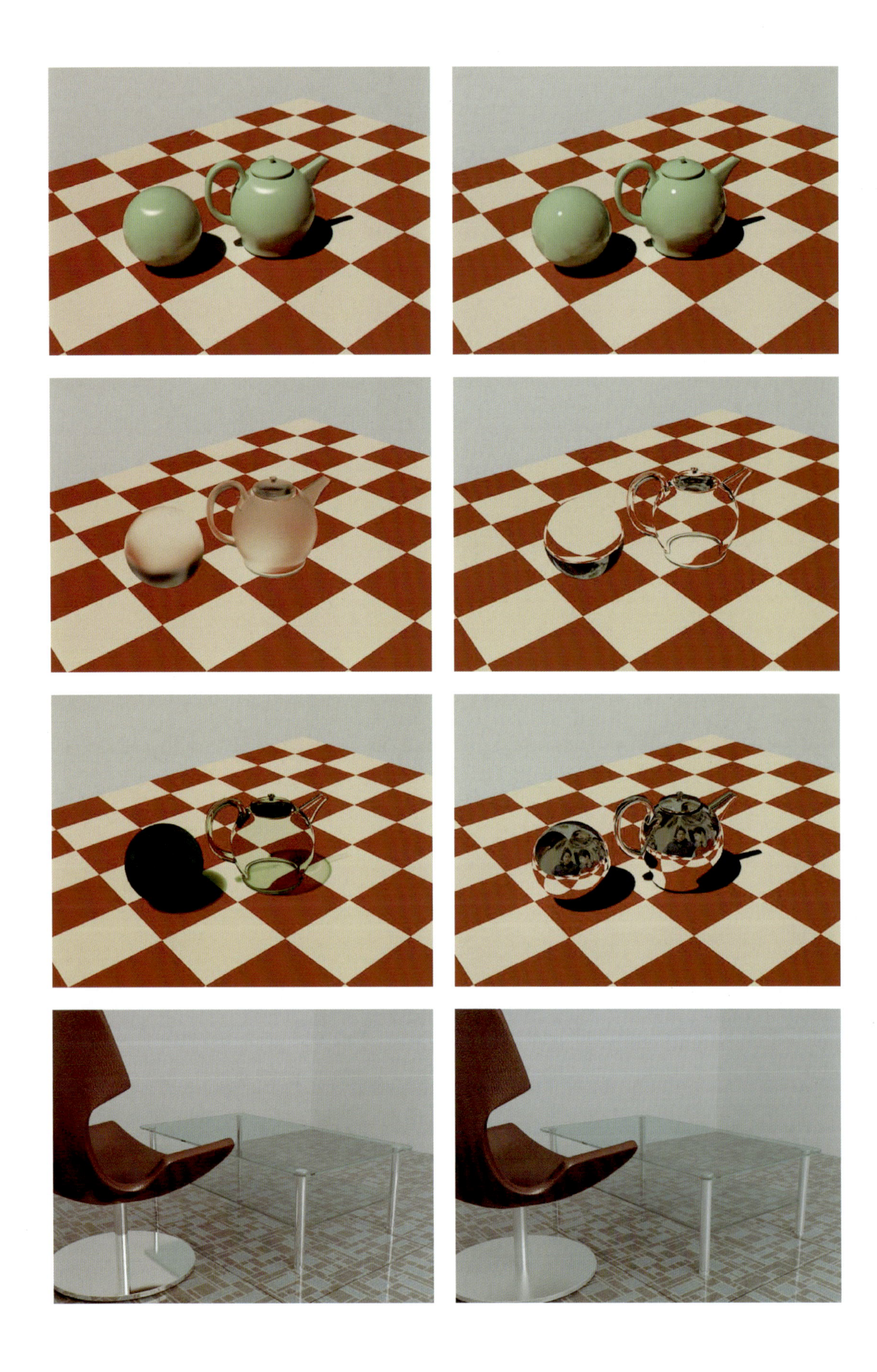

3ds Max 2017 / VRay 效果图制作实例教程

王寿苹 孙宏仪 赵凤芹 编著

清华大学出版社
北 京

内 容 简 介

本书系统全面地介绍了使用3ds Max 2017和VRay进行效果图制作的方法和技巧，由一线制作人员与具有多年教学经验的教师共同编写。全书共9章，前8章由浅入深、循序渐进地介绍建模、灯光、材质贴图、渲染等效果图制作必备知识；第9章以典型室内效果图为例，介绍室内效果图的制作流程、方法和技巧。

本书从实际应用出发，设计方法专业、讲解透彻，可以帮助读者真正领会利用3ds Max、VRay进行室内效果图制作的流程和方法。

本书配套资源包含全书所有实例的素材、源文件及每章内容的PPT。

本书可作为大中专院校相关专业的教材，也适合效果图制作人员、广大三维设计爱好者学习使用。

图书在版编目(CIP)数据

3ds Max 2017/VRay效果图制作实例教程/王寿苹，孙宏仪，赵凤芹编著. —北京：清华大学出版社，2019 (2024.7重印)
ISBN 978-7-302-53516-4

Ⅰ. ①3… Ⅱ. ①王… ②孙… ③赵… Ⅲ. ①室内装饰设计—计算机辅助设计—三维动画软件—教材 Ⅳ. ①TU238.2-39

中国版本图书馆CIP数据核字(2019)第167694号

责任编辑：王剑乔
封面设计：刘 键
责任校对：李 梅
责任印制：曹婉颖

出版发行：清华大学出版社
网 址：https://www.tup.com.cn，https://www.wqxuetang.com
地 址：北京清华大学学研大厦A座 **邮 编**：100084
社 总 机：010-83470000 **邮 购**：010-62786544
投稿与读者服务：010-62776969，c-service@tup.tsinghua.edu.cn
质量反馈：010-62772015，zhiliang@tup.tsinghua.edu.cn
课件下载：https://www.tup.com.cn，010-83470410
印 装 者：涿州市般润文化传播有限公司
经 销：全国新华书店
开 本：185mm×260mm **印 张**：20 **插 页**：3 **字 数**：506千字
版 次：2019年8月第1版 **印 次**：2024年7月第5次印刷
定 价：59.00元

产品编号：079721-02

前言
FOREWORD

3ds Max是目前国内最流行的效果图制作软件，是环境艺术设计师必须掌握的重要软件之一。使用3ds Max和VRay等制作效果图，简便快捷，效果逼真细腻。熟练掌握操作方法及技巧后，还能根据设计要求进行创新，获得与众不同的表现效果。

本书从实际应用出发，由一线制作人员与具有多年教学经验的教师共同组织编写。全书以有应用价值的实例为载体，将知识点的讲解融入具体的实例中，使读者做中学、学中做，真正领会利用3ds Max和VRay进行室内效果图制作的流程和方法。

全书共分9章，内容如下。

第1章：简单介绍3ds Max 2017的功能、工作环境及如何优化工作环境等，并通过入门实例帮助读者熟悉3ds Max 2017的工作流程。

第2章：介绍创建基本三维模型的方法，包括标准基本模型和扩展基本模型，同时讲解了坐标系统及对齐方法等，学习后，能够创建较简单的三维模型。

第3章：详细讲解二维转三维建模，包括创建二维图形、二维图形编辑命令以及常用的二维转三维建模方法。通过学习，能够以二维图形为基础添加各种修改器得到较为复杂的三维模型。

第4章：介绍复合对象建模，包括放样建模、布尔运算建模等。学习后，可以通过复合对象的方式创建各种常见的曲线体模型。

第5章：详细讲解几个常用的辅助建模命令以及常用修改器的使用，以便更好地创建特殊造型的模型。

第6章：详细讲解多边形建模方法，包括如何将模型转换为可编辑多边形，在顶点、边、边界、多边形面、元素各个子层级常用的编辑命令。学习后，能够利用多边形建模创建复杂的模型。

第7章：介绍VRay渲染参数及VRay灯光，包括VRay整体介绍、各种VRay灯光类型，并通过为儿童房设置灯光及渲染的实例，系统讲解如何利用灯光、渲染技术完成作品的最终输出。

第8章：详细介绍VRay材质，包括VRay材质基本参数的调节以及常用各种材质的设置方法。读者可以从中领悟到材质编辑的思路和技法，而不仅仅只学到某几个固定参数值。

第9章：以完整的客厅效果图为例，从AutoCAD图纸的导入到创建模型、合并家具、赋予材质、设置灯光、渲染输出及对作品的后期处理，介绍效果图制作的流程与方法。学习后，能够独立完成效果图的制作。

本书所有内容均采用3ds Max 2017、VRay V3.4.01完成。VRay V3.4.01是与3ds Max 2017匹配的VRay渲染器，渲染效果更加理想，渲染参数设置与以前的版本也有较大的差异。目前市面上的教材大多介绍的仍然是较早版本的 VRay 渲染器。本书结合具体实例,对 VRay V3.4.01 的使用进行了系统介绍。

本书配套资源包含全书所有实例的素材、源文件及每章内容的 PPT。

本书由王寿苹、孙宏仪、赵凤芹编著,参与编写工作的还有刘琛、董士成、王崄、邱淳彬、王心宇、高语、马娆、徐玮铎、孔霞、李梓萱、葛诗慧、崔力元、张新宇等,在此表示衷心的感谢。

由于编者水平有限,书中难免存在疏漏之处,敬请广大读者批评、指正。

编　者

2019 年 5 月

本书配套场景文件及课件

目　录
CONTENTS

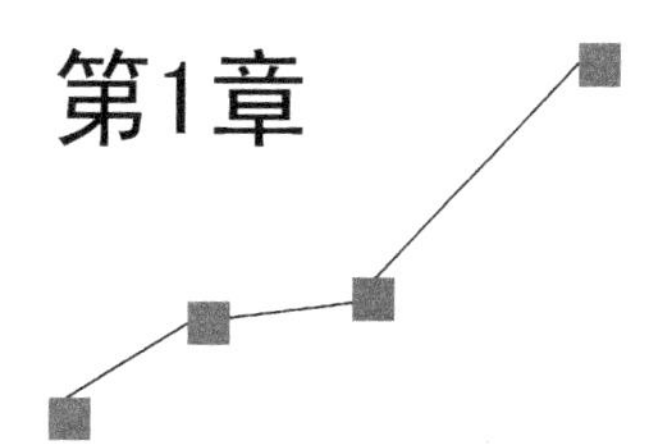

第1章

3ds Max 2017简介

3ds Max是当今最流行的三维图形图像制作软件，目前我国制作装饰效果图几乎全部使用这款软件。它的功能强大，效果逼真细腻，应用广泛。本章主要介绍3ds Max的功能、工作环境及工作流程等，帮助读者熟悉3ds Max 2017软件的基本操作，为以后深入学习打好基础。

1.1 3ds Max 2017 的功能

3ds Max是由Autodesk公司出品的顶级三维制作软件之一，在模型制作、渲染及动画制作等领域的表现都非常优秀，广泛应用于室内设计表现、建筑与景观设计表现、工业造型设计表现、虚拟现实表现及动画制作等领域。

3ds Max有以下优点。

(1) 建模方面。建模功能强大、成熟、灵活、易操作。有内置几何体建模、复合建模、样条线建模、多边形建模等多种建模方式，并可以相互配合使用，如图1-1所示。

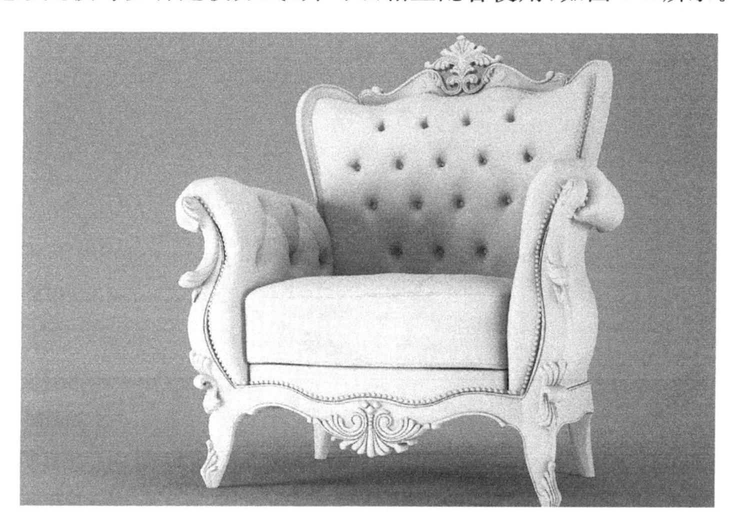

图1-1 3ds Max创建的模型

(2) 材质方面。有内置的材质编辑器,可以模拟反射、折射、凹凸等材质属性。配合VRay渲染器可制作出逼真的材质效果,如图1-2所示。

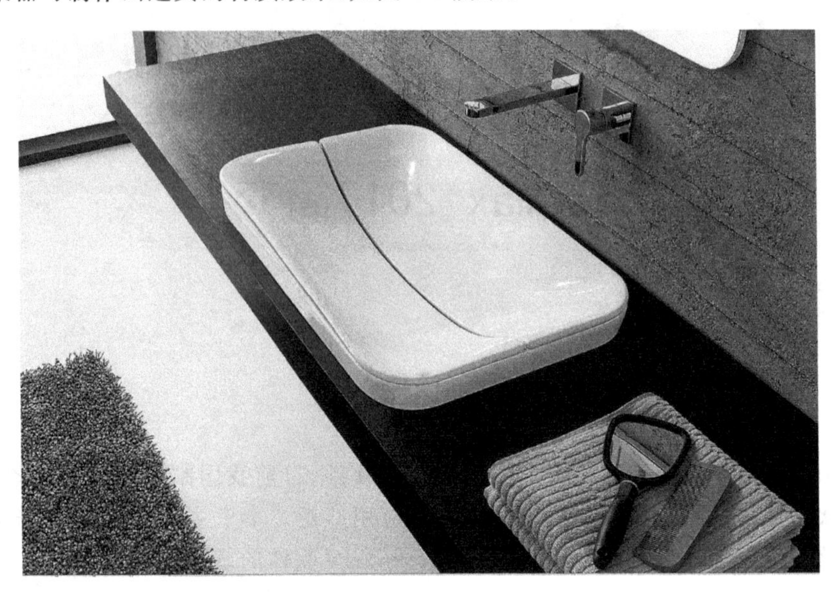

图1-2 材质效果

(3) 灯光方面。有内置灯光系统,配合VRay渲染器可制作出真实的灯光效果,如图1-3所示。

图1-3 灯光效果

(4) 可以与AutoCAD、SketchUp、Photoshop等软件配合使用,具有良好的兼容性。

(5) 具有众多针对3ds Max软件开发的插件,极大地拓展了它的应用。

(6) 具有丰富的针对3ds Max制作的模型库与材质库,为使用提供了方便。

1.2 3ds Max 2017 工作环境

1.2.1 欢迎界面

在“开始”菜单中执行“所有程序”→Autodesk 3ds Max 2017→Autodesk 3ds Max 2017-Simplied Chinese 命令，或者在桌面上双击 3ds Max 图标，启动 3ds Max 2017。

默认设置下，启动完成后会弹出“欢迎 3ds Max”欢迎界面。在这个界面中演示了一些基本的操作技能，不过这些操作技能没有太大的实际意义。单击右上角的按钮退出即可。如果想在启动时不弹出欢迎界面，可以取消勾选该对话框左下角的“在启动时显示此欢迎屏幕”复选框；如果要恢复该对话框，可以选择菜单中的“帮助”→“欢迎屏幕”命令打开该对话框。

1.2.2 功能区

启动 3ds Max 2017 后，工作界面如图 1-4 所示。界面分为“标题栏”“菜单栏”“主工具栏”“视图区”“命令面板区”“状态与提示信息栏”“动画控制区”“视图控制区”8 个部分，下面分别介绍各个部分的功能。

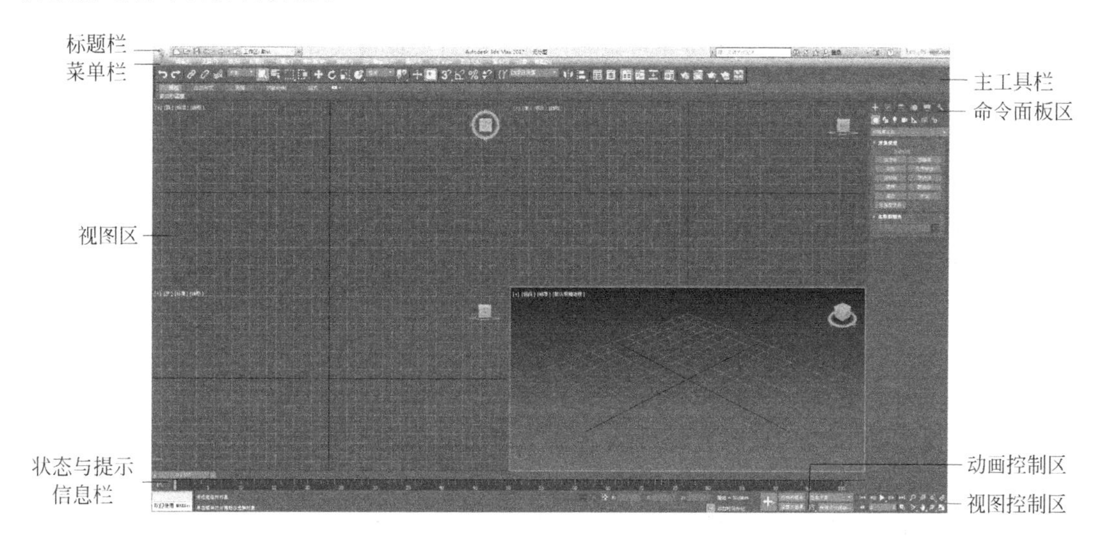

图 1-4 工作界面

(1) 标题栏。位于界面的最顶部，显示当前编辑的文件名称以及软件版本信息。如果没有打开文件，则显示为无标题。左边是新建文件、打开文件、保存文件等操作的快捷按钮。

(2) 菜单栏。把不同的命令分门别类地放在一起，常用的是文件管理、编辑修改、渲染及寻找帮助等。菜单命令中带有省略号(…)的，表示选择后会弹出相应的对话框；带有小三角的说明还有下一级的菜单；灰色显示的表示当前场景不能满足这些命令的应用条件；带有字母的表示是默认的快捷键。

(3) 主工具栏。在主工具栏中放置着常用的工具。如果显示器分辨率低于 1152ppi×870ppi，不能完全显示工具。可将鼠标放在主工具栏空白处，鼠标显示成手形标志时按住鼠标左键拖动,可显示被隐藏的工具。

(4) 命令面板区。这是3ds Max的核心工作区。大多数工具和命令都放在这里,用于模型的建立和编辑修改。常用的有创建、修改、层次、显示命令面板等。

(5) 视图区。这是工作界面中最大的一个区域,也是3ds Max中用于实际工作的区域。默认状态下为四视图显示,包括顶视图、前视图、左视图和透视图。这4个视图提供了不同的观察角度来观察场景中的对象。每个视图的左上角都会显示视图的名称和模型的显示方式,右上角有一个视图导航控制图标。在每个视图的左上角视图名称上右击,会弹出一个快捷菜单,在其中可以更改视图方式,也可以按快捷键切换视图。字母代表含义如下。

T—顶视图(Top)　B—底视图(Bottom)　L—左视图(Left)　F—前视图(Front)

P—透视图(Perspective)　U—用户视图(User)　C—摄像机视图(Camera)

(6) 状态与提示信息栏。用于显示当前的命令提示及场景的状态信息。

(7) 动画控制区。用来设置、演示动画。

(8) 视图控制区。用来控制视图显示比例和角度。

缩放工具:单击此按钮,在任意视图上按住鼠标左键拖动,可以对视图进行推拉放缩的操作。对应的快捷键是滚动鼠标中键或者Ctrl+Alt+鼠标中键。

缩放所有视图:该功能类似于缩放工具,区别仅在于该按钮可以实现4个视图的同步放缩。

最大化显示选定对象:该按钮可以将所选择的对象以最大化的方式显示在激活的操作视图中,该功能有利于在复杂场景中寻找并编辑单个物体。

所有视图最大化显示选定对象:该功能类似于最大化显示选定对象工具,区别在于可以将所选择的对象以最大化的方式显示在所有的视图中。

区域缩放工具:可以对视图进行区域放大。在3个正视图中按住鼠标左键,拉出一个矩形框以框住对象,对象会放大至视图满屏。该命令一般不在透视图中使用。

平移视图工具:单击此按钮,按住鼠标左键,可以进行平移操作。平移视图工具的快捷键是按住鼠标中键移动鼠标。

环绕子对象工具:可以对对象进行环绕观察,主要用于透视图。单击此按钮,视图中会出现一个黄色的圆圈,把鼠标放在圈内、圈外或者圈上的4个顶点,按住鼠标左键拖动,可以对对象进行环绕观察。对应的快捷键是Alt+鼠标中键。这个操作一般只在透视图使用,不在正视图使用。如果在正视图使用,正视图会自动转换为用户视图。若想恢复原来的正视图,可按相应的快捷键。

最大化视口切换:单击此按钮,当前视图会全屏显示,这有利于精细的编辑操作,再次单击会返回原来的状态。对应的快捷键是Alt+W。

1.2.3 场景文件的保存

在创建场景的过程中,需要适当地对场景进行保存,以避免突发情况造成文件损坏或者丢失。在场景制作完毕,同样也需要保存,以保证下次打开时得到最终的场景效果。

(1) 在场景中,随意创建两个标准基本体,如长方体和圆柱体。

(2) 保存文件有“保存”和“另存为”两种方式,下面讲解“保存”文件。单击标题栏中的应用程序图标,在弹出的下拉菜单中选择“保存”命令,接着在弹出的“文件另存为”对话框中选择保存的路径，并为场景命名，最后单击 保存(S) 按钮，如图 1-5 所示。

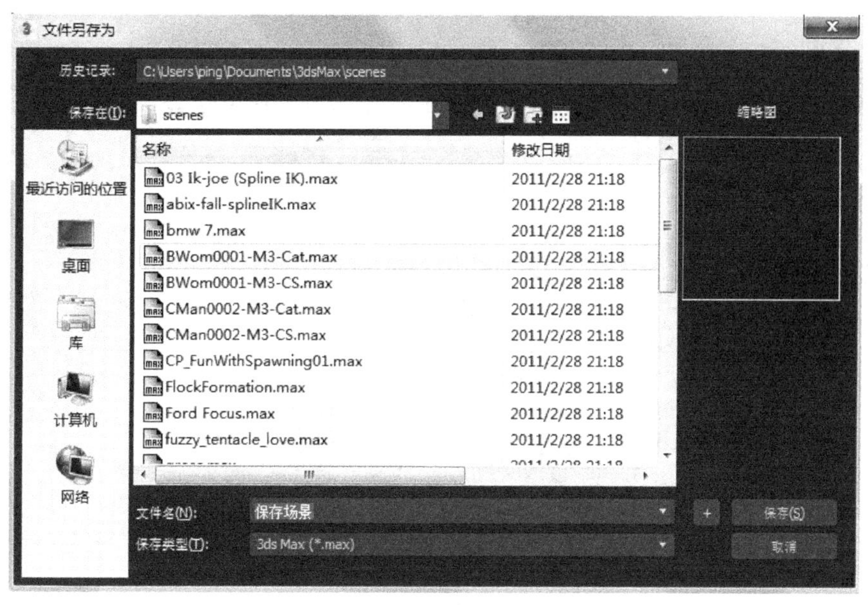

图 1-5 “文件另存为”对话框

知识点 1

保存文件的快捷键是 Ctrl＋S。对于初学者来说，经常会因为误操作或者计算机本身的原因，弹出一个警告框，然后软件自动关闭。所以需要经常通过“保存”命令或者按快捷键的方式将文件随时保存，以最大化避免损失。

(3) 接下来讲解“另存为”文件。在场景中新建一个茶壶，单击标题栏中的应用程序图标，在弹出的下拉菜单中选择“另存为”命令，接着在弹出的“文件另存为”对话框中选择保存的路径，并为场景命名，最后单击 保存(S) 按钮。

知识点 2

当场景文件已经被保存过时，如果选择“保存”命令，文件会在原来文件的基础上进行覆盖，最终只有一个场景文件；如果选择“另存为”命令，会新建一个场景文件，原场景文件不变。

1.2.4 工作环境的优化

俗话说“工欲善其事，必先利其器”。配置一个适合自己的工作界面，可以大大提高工作效率。

1. 更改界面风格

在默认情况下，进入 3ds Max 2017 后的用户界面都是黑色背景，如图 1-6 所示。可以调整成其他风格的界面。例如，较早版本的工作界面是灰色的，可以调整成以前版本的颜色。

(1) 选择菜单栏中的“自定义”→“加载自定义用户界面”命令，打开“加载自定义用户界面方案”对话框，如图 1-7 所示。

(2) 选择 3ds Max 2017 安装路径下的 UI 文件夹中的界面方案，如 ame-light. ui，单击

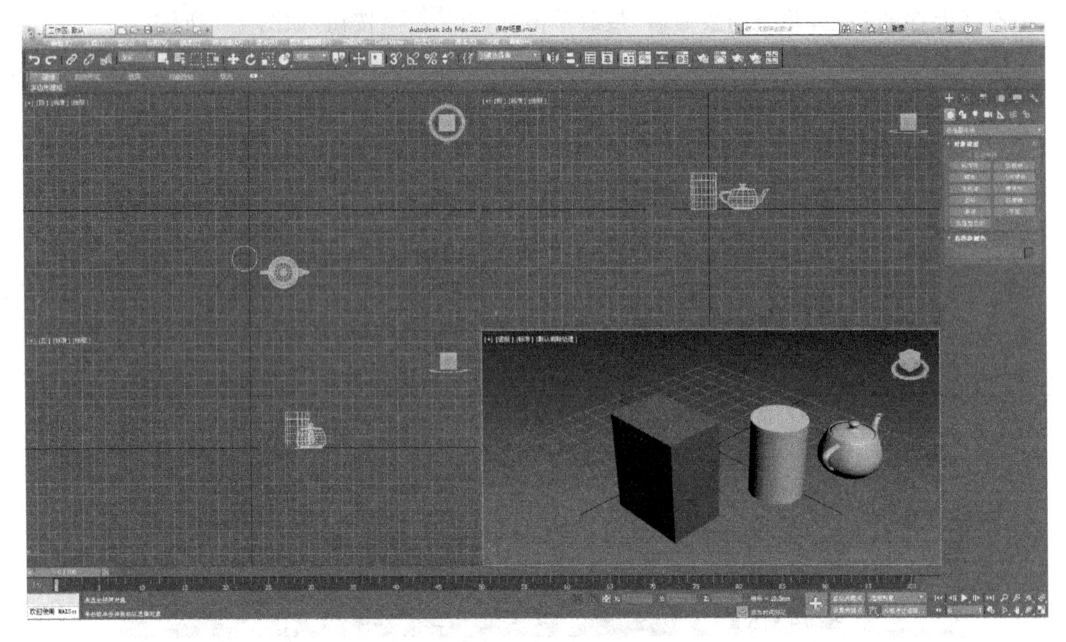

图 1-6　默认用户界面

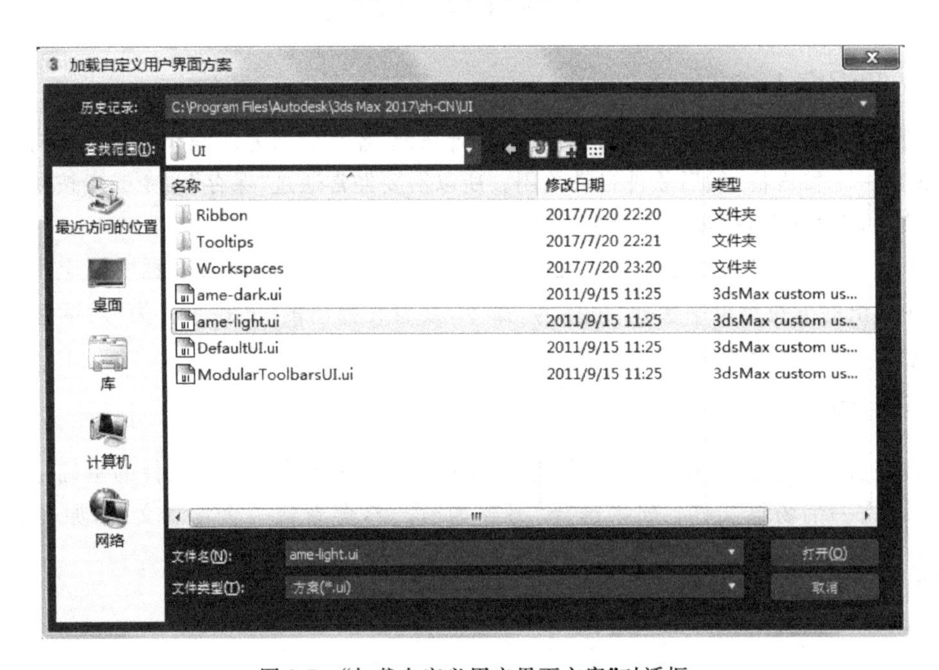

图 1-7　“加载自定义用户界面方案”对话框

打开(O)按钮，其界面效果如图 1-8 所示。

深色界面可以缓解视力疲劳，一般来说，建议使用默认的黑色界面。

2. 单位设置

默认的系统单位是英制单位，不符合我们的国情，我国建筑行业经常使用的单位是毫米。在作图之前，首先需要把单位设置为毫米。

选择菜单栏中的“自定义”→“单位设置”命令，在打开的对话框中选择“系统单位设置”，将系统单位比例从“1 单位”=“1.0 英寸”改为“1 单位”=“1.0 毫米”；将“显示单位比例”从

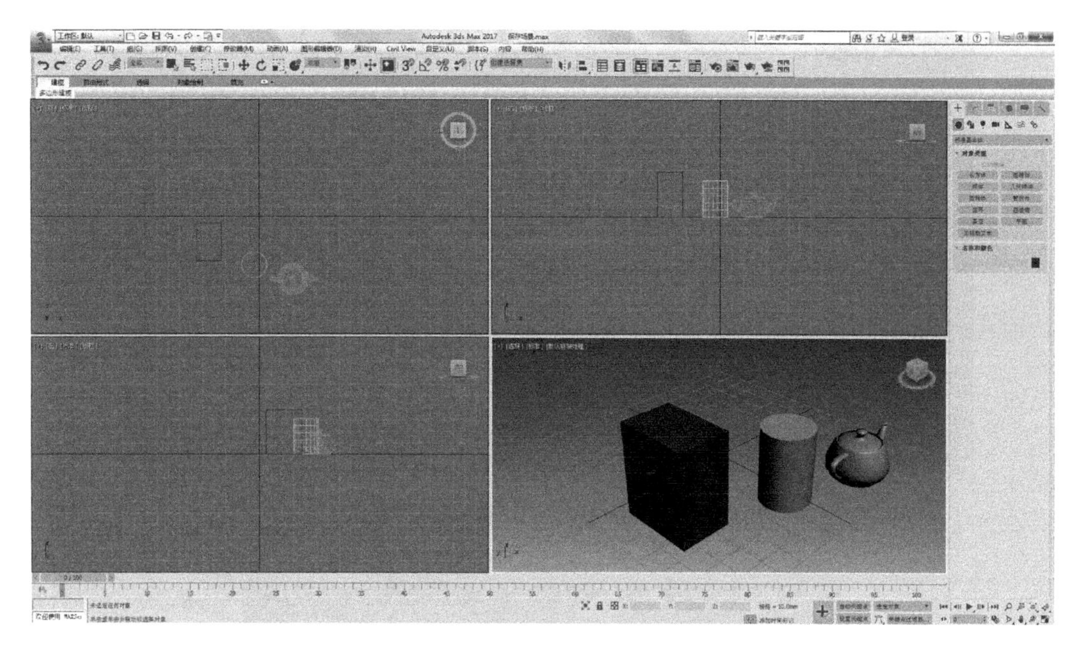

图 1-8 改变后的界面风格

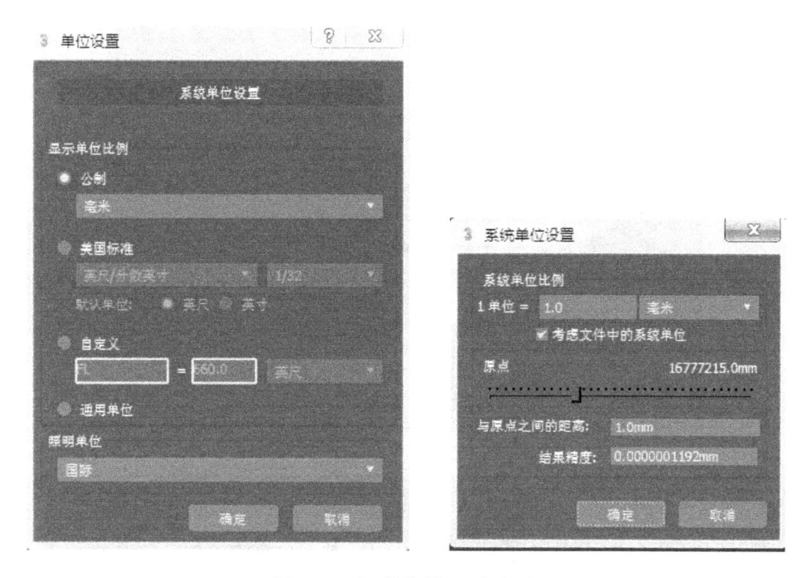

图 1-9 把单位设置为毫米

“通用单位”改为“公制”，选择单位为“毫米”后单击“确定”按钮。这样在场景中创建模型的尺寸就是以毫米作为单位，如图 1-9 所示。

3. 隐藏视图导航控制图标

在每个视图的右上角都有一个小图标，称为视图导航控制图标，如图 1-10 所示。这个图标没有太大的意义，而且占据的空间较大，可以将它隐藏。

隐藏的方法有两种。在菜单栏中选择“视图”→“视口配置”命令，弹出“视口配置”对话框。单击 ViewCube 选项，在下方的“显示选项”面板中取消勾选“显示 ViewCube”复选框，如图 1-11 所示。也可以在视图左上方单击“标准”，在弹出的快捷菜单中选择“视口全局设置”命令，同样可以打开“视口配置”对话框。

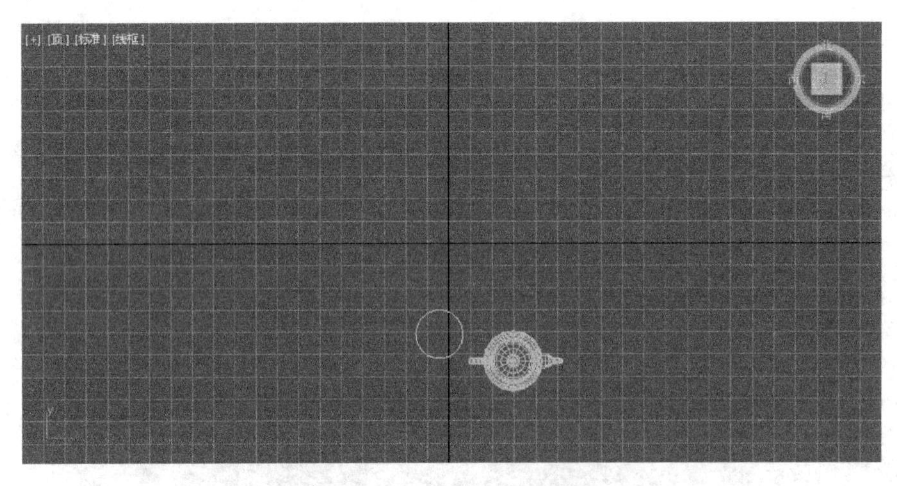

图 1-10　带有视图导航控制图标的视图

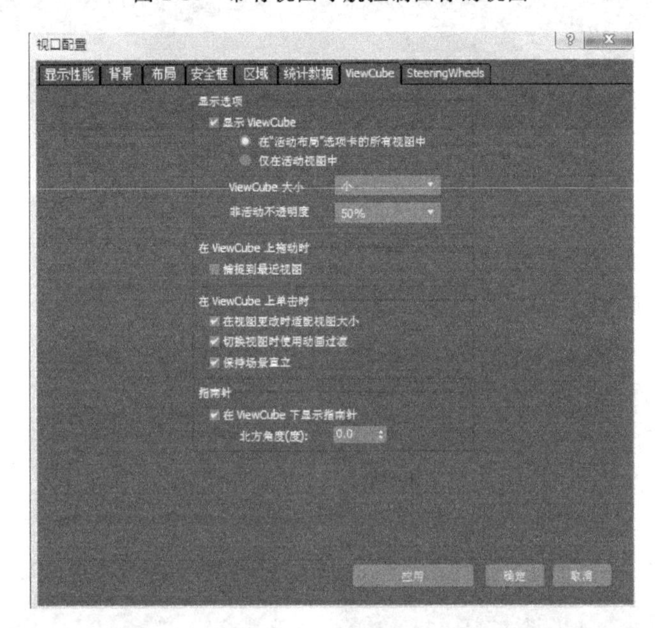

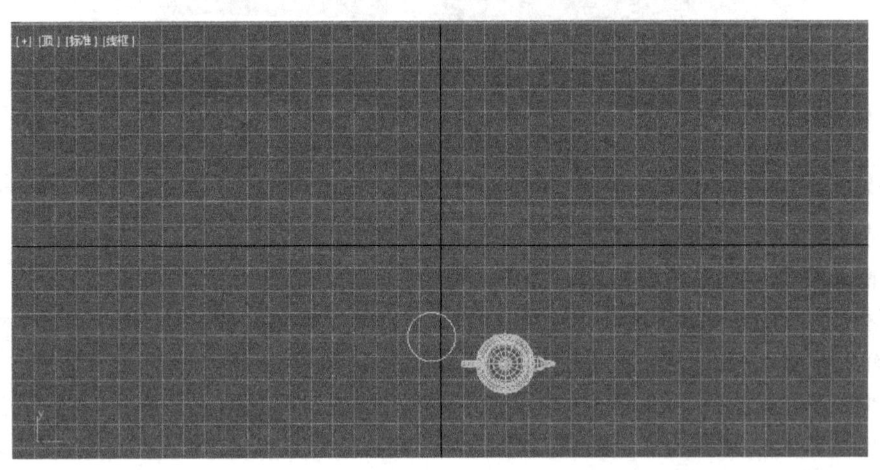

图 1-11　取消选择“显示 ViewCube”复选框

4. 文件自动备份

在实际工作中经常遇到这样的问题,做了很长时间的效果图还没有保存,软件突然出现意外情况崩溃关掉了,这时可以通过自动备份功能打开前面自动保存的场景。

选择菜单栏中的"自定义"→"首选项"命令,在弹出的"首选项设置"对话框中单击"文件"选项卡,可以看到"自动备份"功能在默认状态下是启用的。如果需要,可以适当调整"Autobak 文件数""备份间隔(分钟)",如图 1-12 所示。自动备份文件默认保存的位置是"我的电脑"→"我的文档"→3ds Max→Autoback。

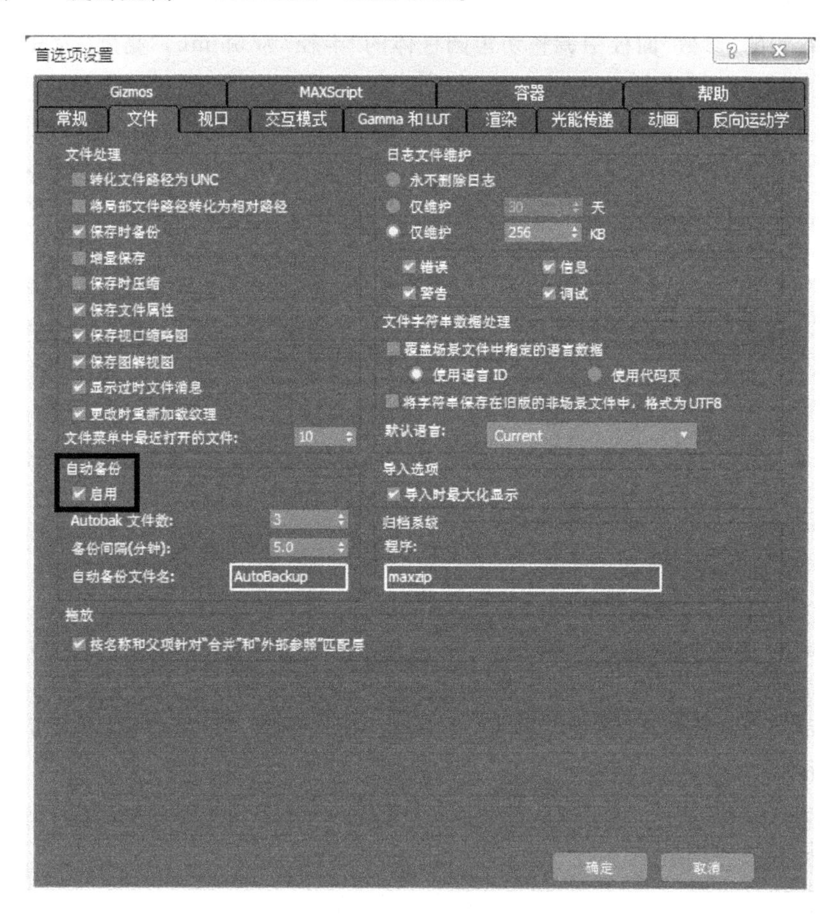

图 1-12　"自动备份"功能

知识点 3

文件的自动保存不是当前做到哪一步就保存到哪一步,最好的办法是使用前面所讲的保存文件的方法,养成随时覆盖保存的习惯。

1.3　入门小实例

下面以创建一张简单的桌子为例,介绍 3ds Max 的工作流程。

(1) 在桌面上找到 3ds Max 图标 3 ,双击启动 3ds Max。

(2) 为了精确创建模型,在建模前要对系统进行单位设置。选择"自定义"→"单位设置”菜单命令，在打开的对话框中选择“系统单位设置”，将系统单位比例从“1 单位”=“1.0 英寸”改为“1 单位”=“1.0 毫米”；“显示单位比例”从“通用单位”改为“公制”，选择单位为“毫米”后单击“确定”按钮(见图 1-9)。

(3) 在“创建”面板中单击“几何体”按钮，然后在下拉菜单中选择“扩展基本体”命令，在对象类型中单击 切角圆柱体 按钮。在顶视图中按住鼠标左键拖动，创建切角圆柱体的底面，大小合适后松开鼠标；再继续拖动鼠标，创建切角圆柱体的高，高度合适后单击鼠标左键确定；继续拖动鼠标，创建切角长方体的倒角，倒角大小合适后单击鼠标左键确定。

(4) 在右侧的“参数”面板中调整切角圆柱体的“半径”为 65mm，“高度”为 3mm，“圆角”为 0.6mm，“圆角分段”数为 2，“边数”为 36，如图 1-13 所示。

(5) 单击 切角圆柱体 按钮，用同样的方法创建桌子的底面。在右侧的“参数”面板中，调整切角圆柱体的“半径”为 25mm，“高度”为 0.7mm，“圆角”为 0.25mm，“圆角分段”数为 2，“边数”为 36，如图 1-14 所示。

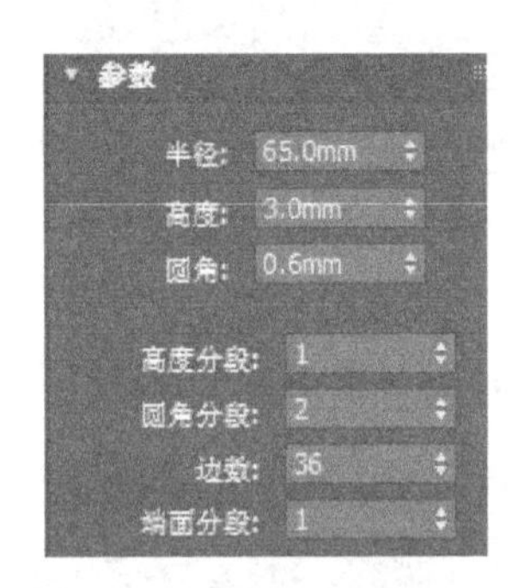

图 1-13　调整切角圆柱体的参数(1)

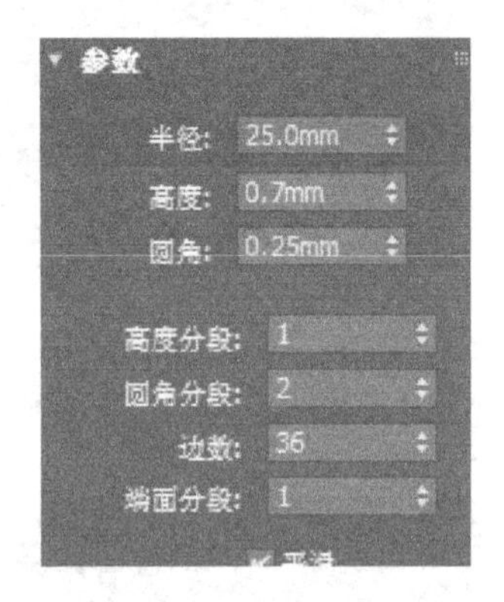

图 1-14　调整切角圆柱体的参数(2)

(6) 单击主工具栏中的“选择并移动”工具，在顶视图、前视图调整桌子的底面位置，如图 1-15 所示。

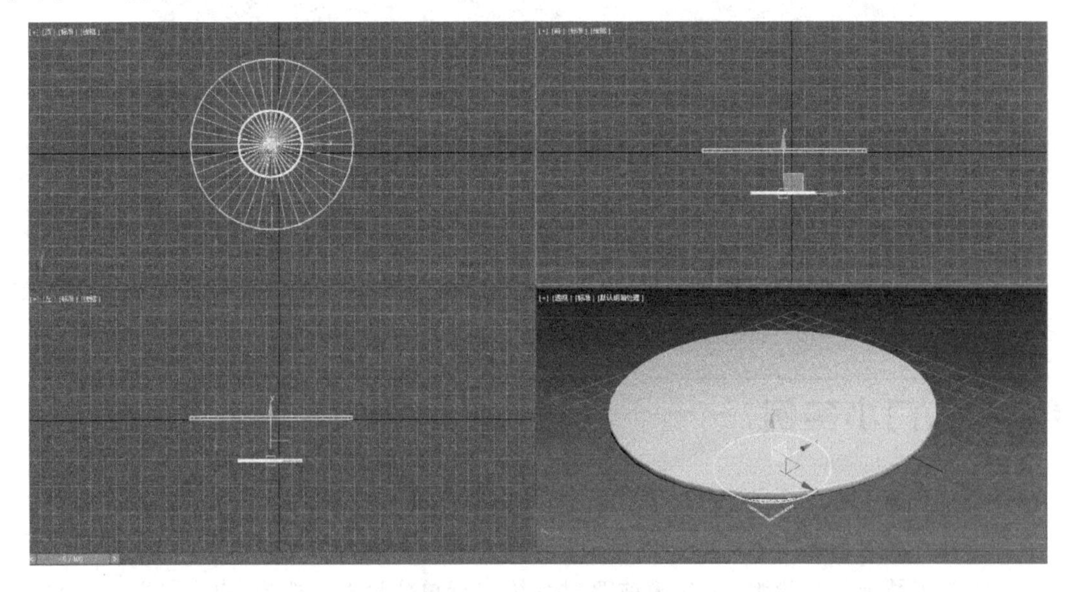

图 1-15　移动桌子的底面

知识点 4

选择“选择并移动”工具后，将光标靠近 X 轴，X 轴变黄显示，说明对象可以沿 X 轴移动；将光标靠近 Y 轴，Y 轴变黄显示，说明对象可以沿 Y 轴移动。也就是说，哪一个轴向变黄显示，对象就可以沿哪一个轴向移动。

(7) 在“创建”面板中单击“几何体”按钮，在弹出的下拉菜单中选择“标准基本体”命令，在对象类型中单击 圆柱体 按钮。在顶视图中按住鼠标左键拖动，创建圆柱体的底面，大小合适后松开鼠标；再继续拖动鼠标，创建切圆柱体的高，高度合适后单击鼠标左键确定。

(8) 在右侧的“参数”面板中调整圆柱体的“半径”为6mm，“高度”为30mm，如图1-16所示。

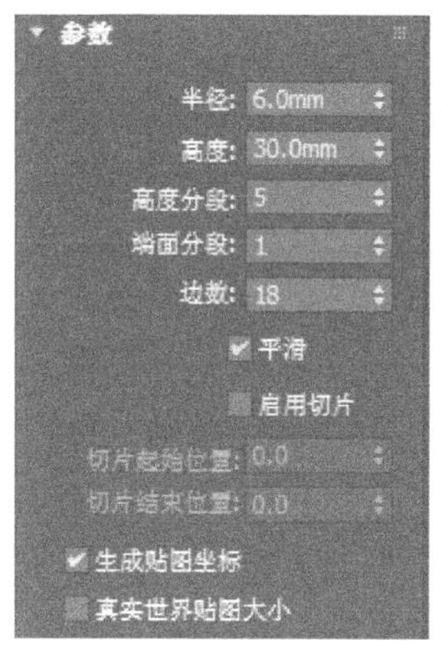

图 1-16 调整圆柱体的参数

(9) 单击主工具栏中的“选择并移动”工具，在顶视图、前视图移动桌子腿的位置。单击视图控制区的“环绕子对象”按钮，在透视图中按住鼠标左键旋转，从不同角度观察，如图1-17所示。

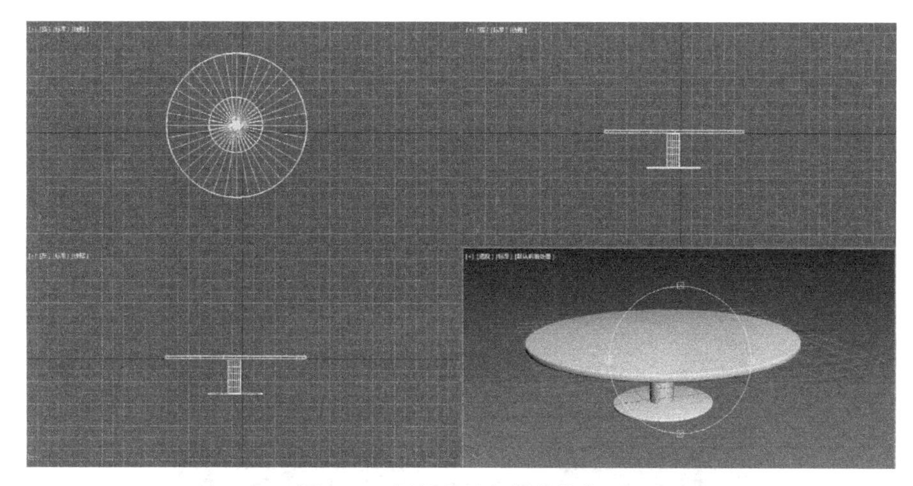

图 1-17 调整桌子各部分的位置

(10) 单击主工具栏中的“选择”工具，在透视图中按住鼠标左键拖动，框选场景中所有的对象。按快捷键M，打开“材质编辑器”，如图1-18所示。

知识点 5

第1次打开“材质编辑器”，出现的是“Slate 材质编辑器”面板。选择“模式”→“精简材质编辑器”命令，可以切换为“精简材质编辑器”面板。

(11) 选择一个空白材质球，单击“漫反射”右侧的贴图通道按钮，弹出“材质/贴图浏览器”。选择“位图”并双击，选择“木纹.jpg”，如图1-19所示。

(12) 单击“材质编辑器”下方工具栏中的“将材质指定给选择对象”按钮，将木纹材质指定给场景中的对象，此时场景对象变灰显示。单击“材质编辑器”下方工具栏中的“视口中显示明暗处理材质”按钮，使贴图在场景中显示。

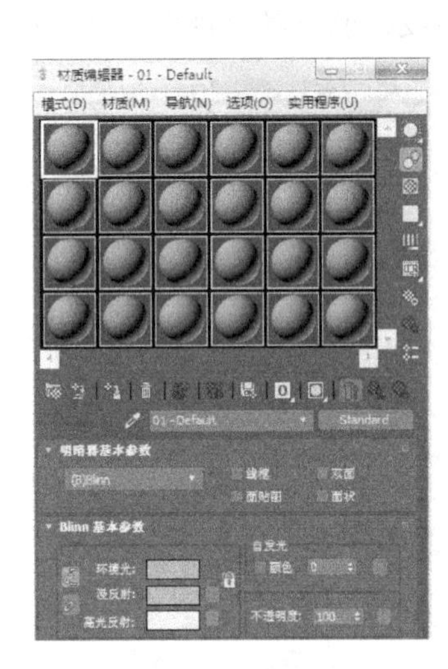

图 1-18 “材质编辑器”窗口

图 1-19 木纹图片

(13) 单击主工具栏中的“渲染产品”按钮，渲染透视视图，效果如图 1-20 所示。

图 1-20 渲染图片

1.4 本章小结与重点回顾

本章主要介绍了 3ds Max 2017 的一些基础知识，并介绍了 3ds Max 2017 的工作界面、工作环境的优化方法等，通过一个简单场景的制作，介绍了 3ds Max 的工作流程。希望通过这一章的学习，帮助读者掌握 3ds Max 的基本操作，能够为以后创建模型、制作效果图打下良好的基础。

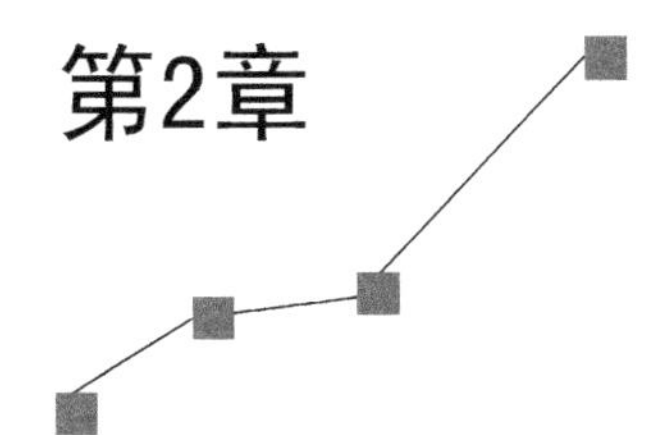

第2章

创建基本三维模型

本章讲解如何在 3ds Max 2017 中创建基本模型。通过对标准基本模型和扩展基本模型的学习，能够较快地掌握如何创建基本三维模型。掌握本章的知识后，能够利用 3ds Max 的内置几何体命令创建较简单的三维模型，为后面的学习打下良好的基础。

2.1 创建标准基本模型

3ds Max 2017 软件中提供了多种类型的建模方法，创建标准基本模型是最基本的一种建模方法。创建出标准基本模型后，再对这个基本模型进行编辑修改，使之达到满意的造型。3ds Max 2017 软件中提供了长方体、圆锥体、球体、几何球体、圆柱体、管状体、圆环、四棱锥、茶壶、平面、加强型文本的创建方法，如图 2-1 所示。

图 2-1 标准基本体对象

2.1.1 建模方法

1. 长方体

长方体是建模最常用的基本体之一，现实中与长方体接近的物体很多，如墙壁、桌椅等。具体操作步骤如下。

(1) 在“创建”面板中单击“几何体”按钮，在弹出的下拉菜单中选择“标准基本体”命令，在对象类型中单击长方体按钮。选择一个视图，在视图中按住鼠标左键拖动，确定长方体的一个面，继续向上或者向下拖动鼠标确定长方体的高度，到适当高度后单击鼠标左键确定，完成长方体的创建，如图 2-2 所示。

(2) 创建完成后，如果需要对模型进行修改，可直接在右侧的“参数”面板中修改。双击数值区域输入数值，或者按住鼠标左键拖动数值区域右侧的上、下三角按钮，可以对长方体的长、宽、高和相应的分段进行修改。如图 2-3 所示。也可单击“修改”按钮，进入“修改”面板，在下方参数面板中修改相应的参数。

(3) 此时如果再进入“创建”面板，单击“长方体”按钮，会发现面板中的数值都为 0，无法对模型进行修改。因为当模型创建以后，一旦对模型进行了其他的操作，就会退出创建模式，如果需要再修改参数，就必须进入“修改”面板来完成。

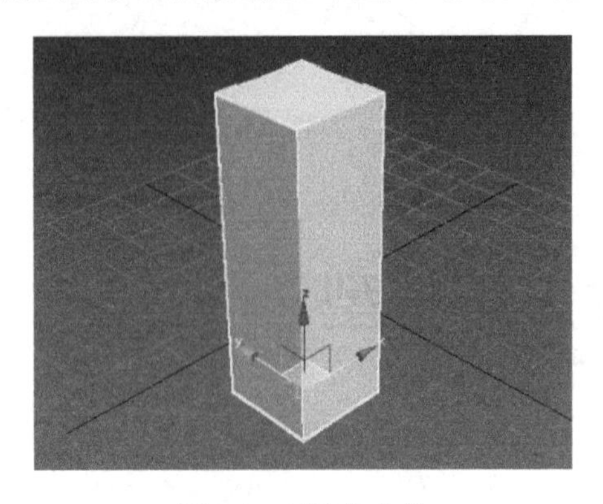

图 2-2　创建长方体

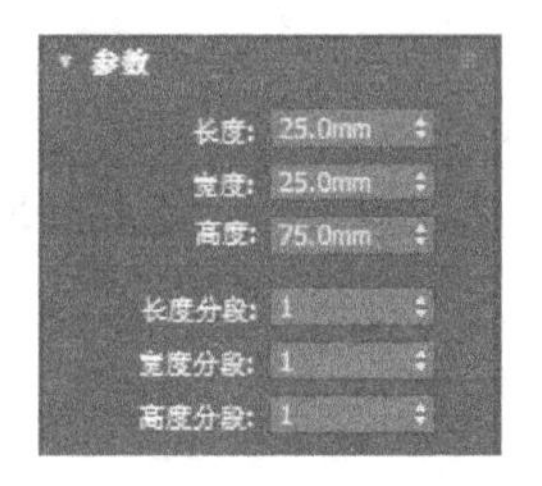

图 2-3　长方体参数的修改

(4) 对长度、宽度、高度分段影响着模型变形修改的精度，分段值越高，模型越光滑。单击主工具栏的“选择并移动”工具，单击选择长方体，按下 Shift 键，沿 *X* 轴拖动，松开鼠标和 Shift 键，在弹出的“克隆选项”对话框中选择“复制”方式，单击确定，复制出一个长方体。选择左侧的长方体，单击“修改”按钮，进入“修改”面板。在修改器列表中选择“弯曲”，为长方体添加“弯曲”修改器。在下方“弯曲”面板中，将“角度”值设置为 45。选择右侧的长方体，将“高度分段”设置为 10。用同样的方法，添加“弯曲”修改器，“角度”设置为 45。如图 2-4 所示，左侧长方体的高度分段值为 1，右侧长方体的高度分段值为 10，对两个长方体进行弯曲修改后的差别很大。

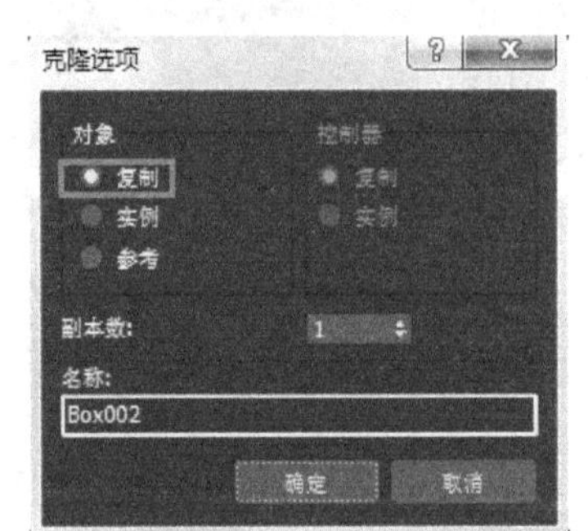

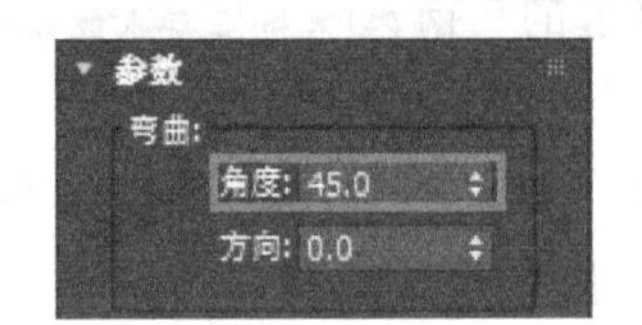

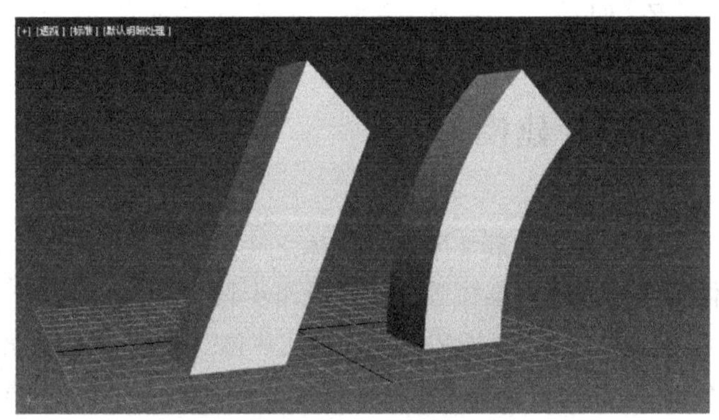

图 2-4　长方体分段值的作用

 知识点 1

在使用“克隆”选项进行模型复制时，会出现“复制”“实例”“参考”3 种选择方式，采用这 3 种方式复制出来的模型在后期编辑上存在一定的差异。

(1) 复制。选中此选项复制出的对象与原对象完全独立，对复制的对象或原对象做任何修改都不会互相影响。

(2) 实例。复制的对象与原对象相互关联，对复制的对象或原对象其中的一个做任何修改，都会影响到另一个对象。

(3) 参考。参考的对象是父子关系，即修改父对象可以影响子对象；反之，则不可以。

知识点 2

打开 3ds Max 2017 软件时，透视图的显示方式是“默认明暗处理”，这种显示方式能够最逼真地显示模型的外观，但是对于模型结构的显示不够精确。可以在透视图左上方的视图显示方式选项中，将“默认明暗处理”方式更改为“边面”的方式，以便在编辑时更好地观察模型的结构变化。也可以通过快捷键 F4 打开“边面”显示方式，如图 2-5 所示。

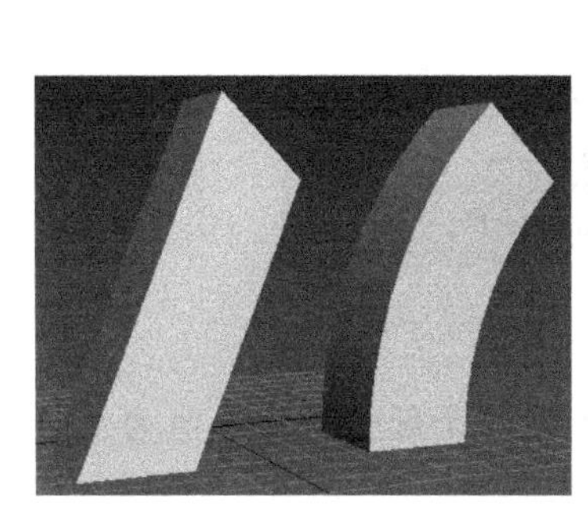

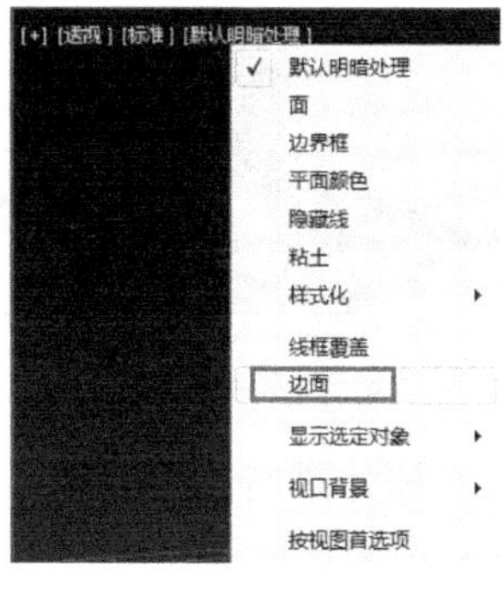

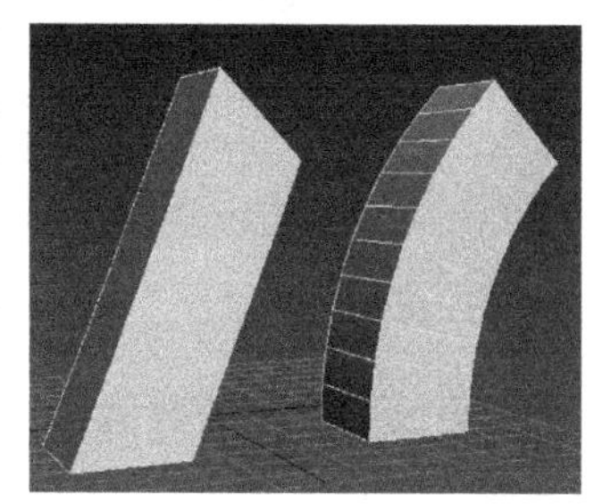

图 2-5 更改显示方式

2. 球体

球体也是现实生活中最常见的形体，在 3ds Max 中，可以创建一个完整的球体，也可以创建半球体或球体的其他部分。具体操作步骤如下。

(1) 在“创建”面板 ＋ 中单击“几何体”按钮 ◯，在弹出的下拉菜单中选择“标准基本体”命令，在对象类型中单击 球体 按钮。选择一个视图，在视图中按住鼠标左键拖动，待大小合适后松开鼠标，完成球体的创建，如图 2-6 所示。

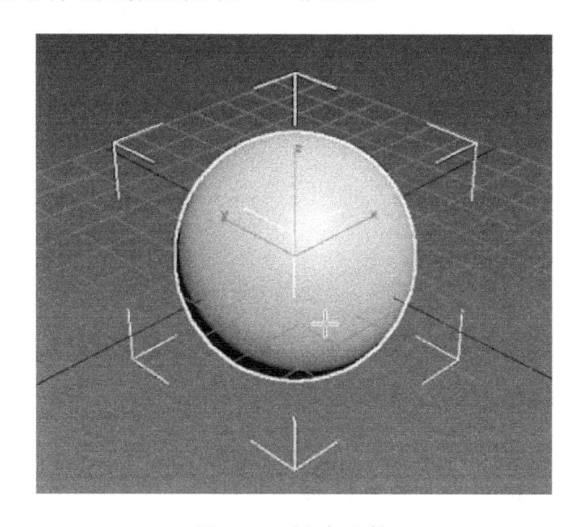

图 2-6 创建球体

(2) 创建完成以后可单击“修改”按钮 进入“修改”面板，在“参数”卷展栏下对球体的半径和分段进行修改，如图 2-7 所示。

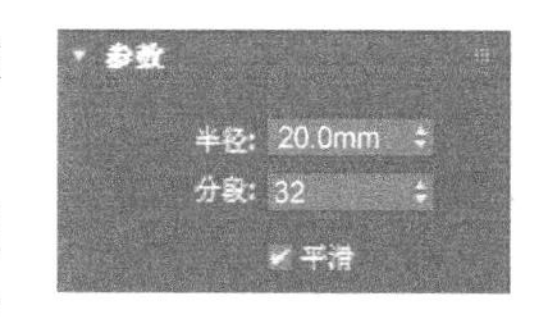

图 2-7 球体参数的修改

(3) 球体分段值越高，模型表面越光滑；球体分段值越低，模型表面越粗糙。如图 2-8 所示，左侧球体的分段值为 10，右侧球体的分段值为 32。在默认情况下，“平滑”复选框是勾选的，如果取消选择，球体会以面块的方式显示。

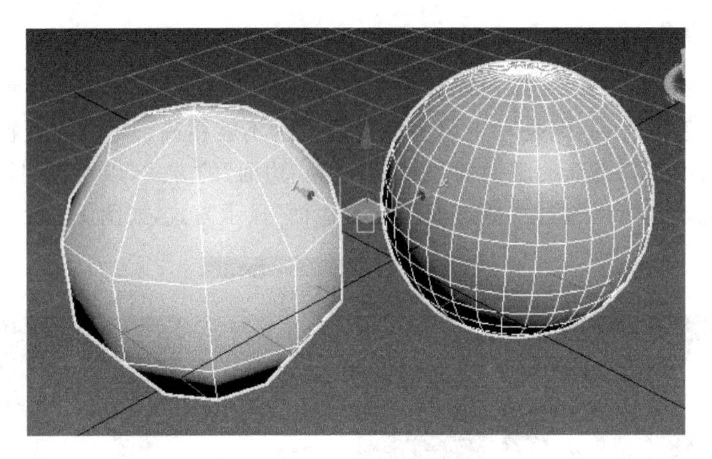

图 2-8 球体分段值的作用

(4) 更改“半球”的数值，可以对球体进行横向切割，创建一个部分球体。值为 0 时，是一个完整的球体；值为 0.5 时，是一个半球体；值为 1 时，球体会消失，如图 2-9 所示。

(5) “启用切片”复选框在默认情况下是不勾选的，如果启用，修改切片的起始位置和切片的结束位置，可以对球体进行纵向切割，如图 2-10 所示。

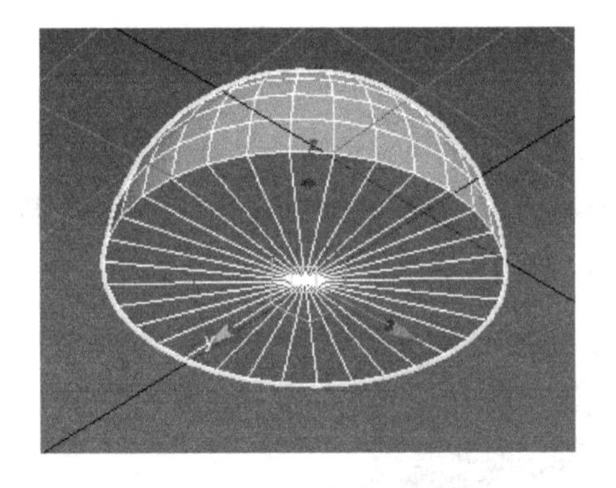

图 2-9 更改“半球”的数值

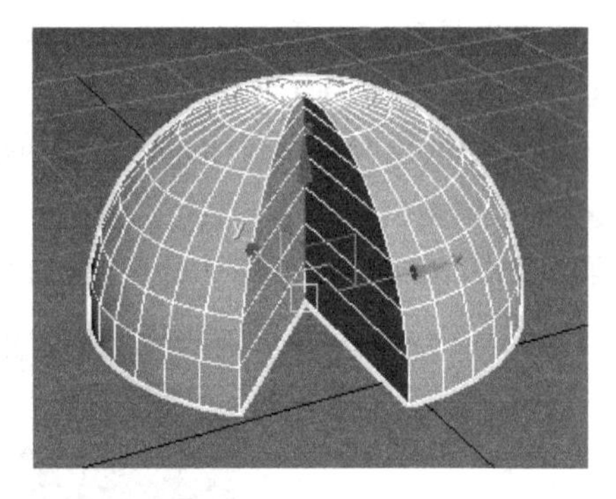

图 2-10 更改“启用切片”的数值

知识点 3

“切片起始位置”和“切片结束位置”这两个选项，正数值按照逆时针方向移动切片的末端，负数值按照顺时针方向移动切片的末端。

3. 圆柱体

圆柱体在现实生活中也很常见，如桌椅腿、杯子等。具体操作步骤如下。

(1) 在“创建”面板中单击“几何体”按钮，在弹出的下拉菜单中选择“标准基本体”命令，在对象类型中单击 圆柱体 按钮。在透视图中按住鼠标左键拖动，确定圆柱体的底面，继续向上或者向下拖动鼠标确定圆柱体的高度，到适当高度后单击鼠标左键确定，完成圆柱体的创建，如图 2-11 所示。

(2) 创建完成后，若需要修改，可单击“修改”按钮，进入“修改”面板，在“参数”卷展栏下对圆柱体的半径、高度、分段和边数进行修改，如图 2-12 所示。

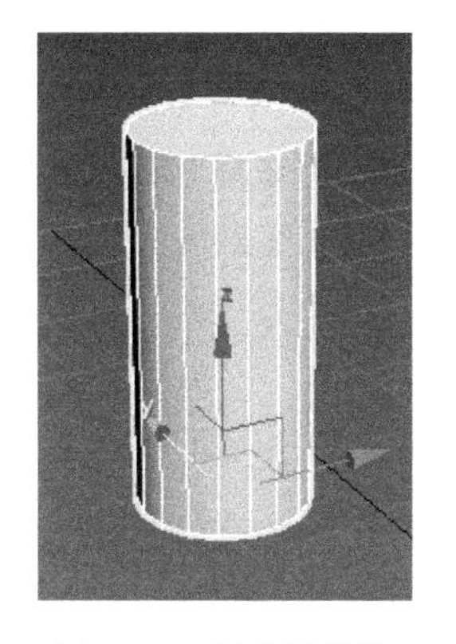

图 2-11　创建圆柱体

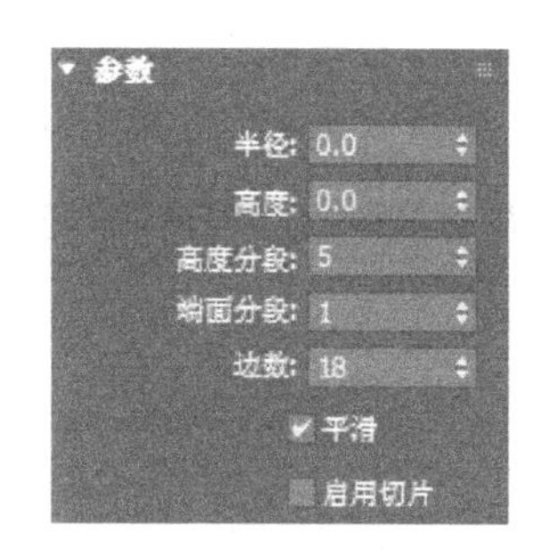

图 2-12　圆柱体参数的修改

(3) 在“高度分段”数值框中,可以设置圆柱体高度的分段;在“端面分段”数值框中,可以设置圆柱体底面的分段。在图 2-13 中,圆柱体的“高度分段”值为 5,“端面分段”值为 3。

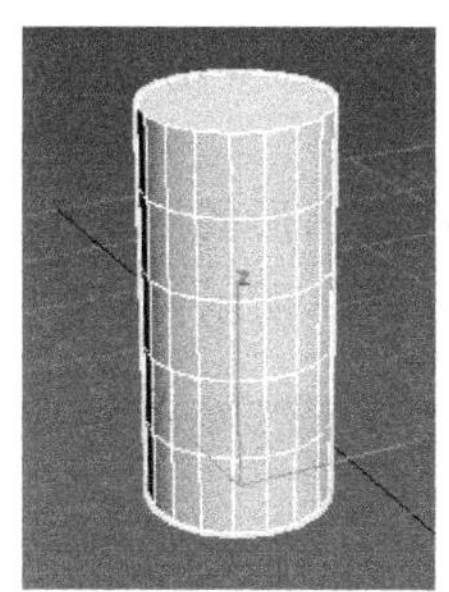

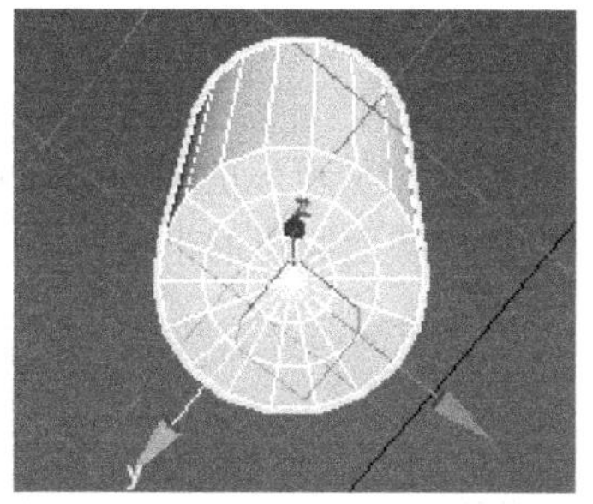

图 2-13　分段值的变化

(4) 圆柱体的“边数”可以确定圆周上的分段数,值越高圆柱体越光滑,其作用与分段值参数相似。如图 2-14 所示,左边圆柱体的边数为 9,右边圆柱体的边数为 30。

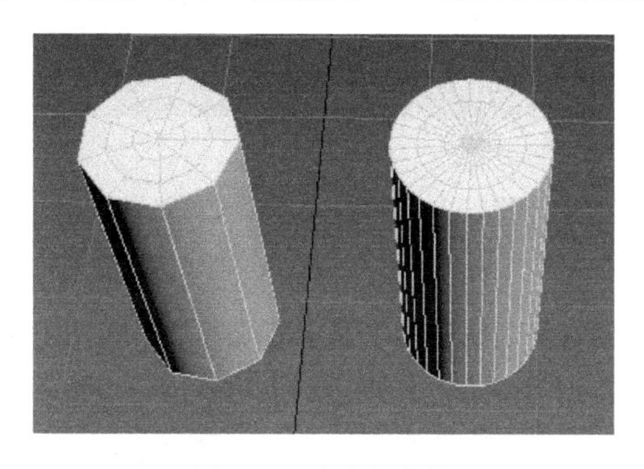

图 2-14　边数的变化

4. 圆环

使用“圆环”工具可以创建完整的环形或者具有圆形横截面的环状物体。具体操作步骤如下。

(1) 在“创建”面板 中单击“几何体”按钮 ,在弹出的下拉菜单中选择“标准基本体”命令,在对象类型中单击 圆环 按钮。选择一个视图,在视图中按住鼠标左键拖动,确定圆环的半径范围，继续向内或者向外拖动鼠标，确定圆环管状体的粗细，到适当粗细后单击鼠标左键确定，完成圆环的创建，如图 2-15 所示。

(2) 创建完成后，若需修改，可单击“修改”按钮，进入“修改”面板，在“参数”卷展栏下对圆环的半径 1、半径 2、旋转、扭曲、分段和边数进行修改，如图 2-16 所示。

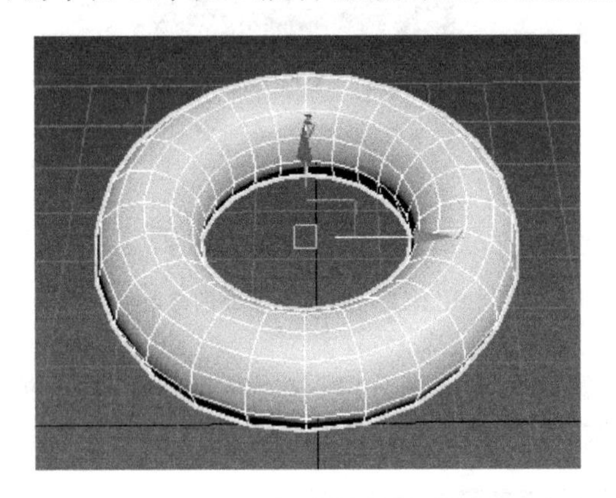

图 2-15　创建圆环

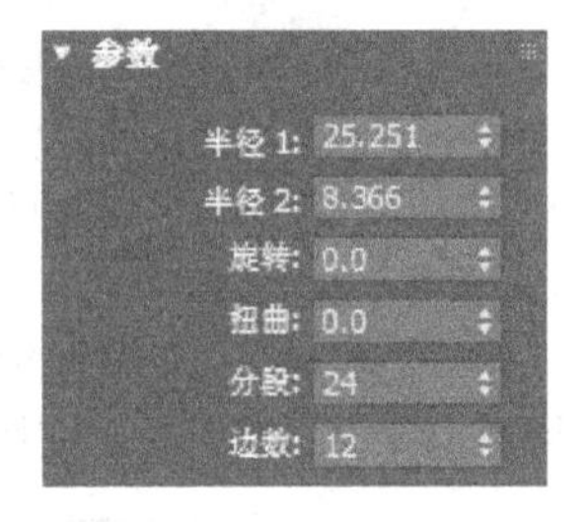

图 2-16　圆环参数的修改

(3) 在“半径 1”中，可以设置从环形的中心到横截面圆形的中心距离，也就是圆环形的半径；在“半径 2”中，可以设置横截面圆形的半径。如图 2-17 所示，(a)为半径 1，(b)为半径 2。

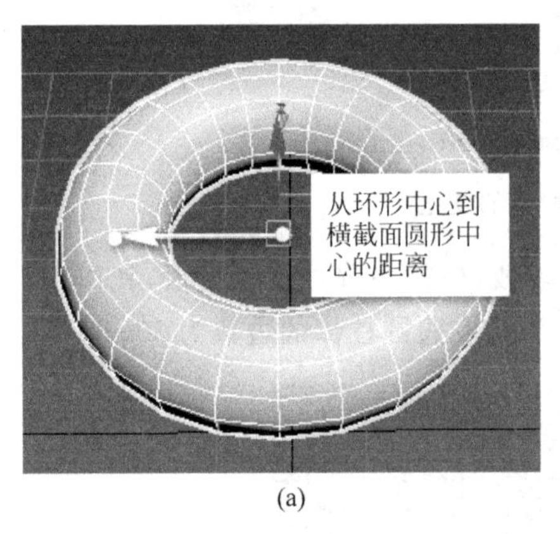

(a)

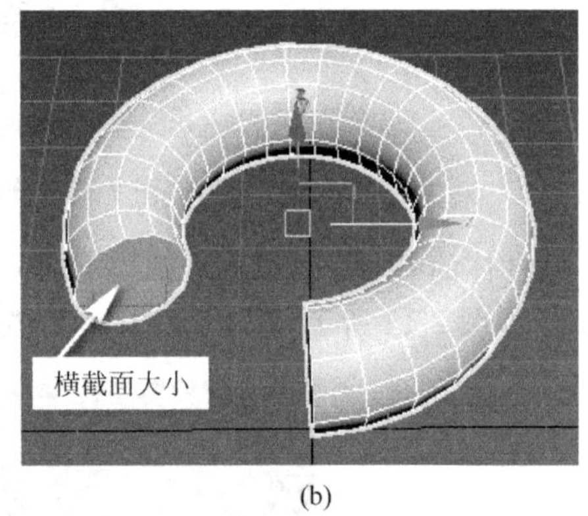

(b)

图 2-17　半径 1 与半径 2 的差别

5. 茶壶

使用“茶壶”工具可以创建一个完整的茶壶模型或者茶壶的一部分。具体操作步骤如下。

(1) 在“创建”面板中单击“几何体”按钮，在弹出的下拉菜单中选择“标准基本体”命令，在对象类型中单击 茶壶 按钮。选择一个视图，在视图中按住鼠标左键拖动，到适当大小后单击鼠标左键确定，完成对茶壶的创建，如图 2-18 所示。

图 2-18　创建茶壶

(2) 创建完成后，若需要修改，可单击“修改”按钮，进入“修改”面板，在“参数”卷展栏下对茶壶的半径、分段和茶壶部件进行修改，如图 2-19

所示。

(3) 在 3ds Max 中,默认“茶壶部件”下各复选框是全部勾选的,此时是一个完整的茶壶。如果去掉某些部件选项,就显示茶壶的部分形态,如图 2-20 所示。

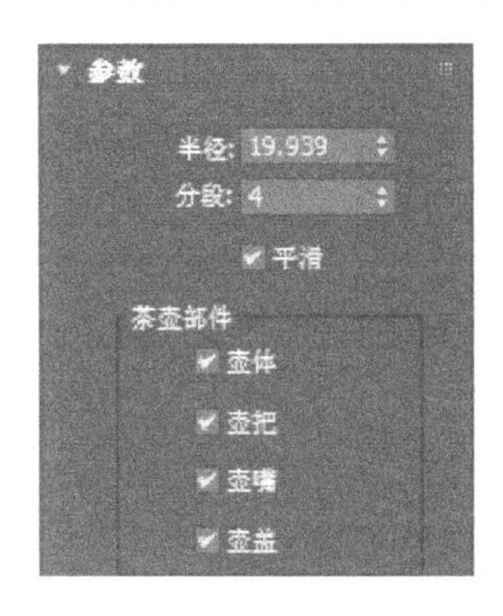

图 2-19 茶壶参数的修改

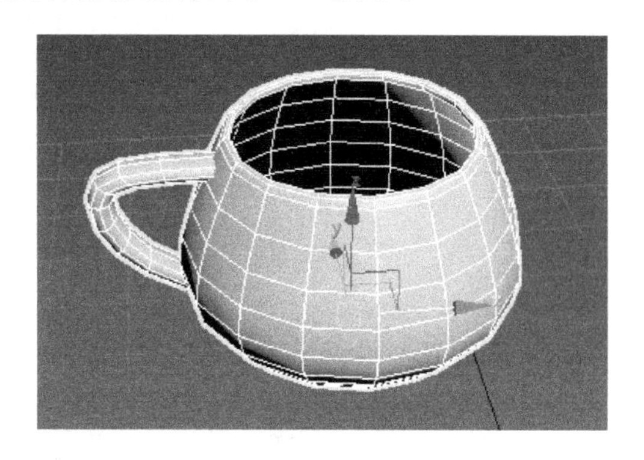

图 2-20 去掉壶嘴和壶盖的模型

6. 圆锥体

使用“圆锥体”工具可以创建圆锥体或者圆台,如生活中常见的冰激凌、秤砣等。具体操作步骤如下。

(1) 在“创建”面板中单击“几何体”按钮,在弹出的下拉菜单中选择“标准基本体”命令,在对象类型中单击 圆锥体 按钮。选择一个视图,在视图中按住鼠标左键拖动,确定圆锥体的底面,继续向上或向下拖动鼠标,单击鼠标左键确定圆锥体的高度,最后再拖动鼠标,确定另一个面的大小后单击鼠标左键确定,完成对圆锥体的创建,如图 2-21 所示。

(2) 创建完成后,若需要修改,可单击“修改”按钮,进入“修改”面板,在“参数”卷展栏下对圆锥体的半径 1、半径 2、高度、分段和边数等进行修改,如图 2-22 所示。

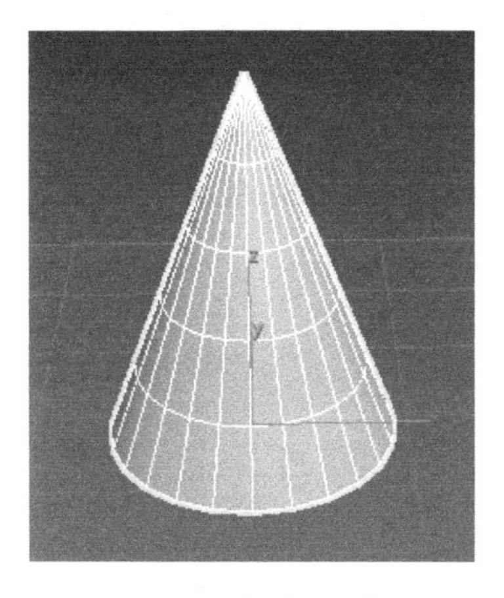

图 2-21 创建圆锥体

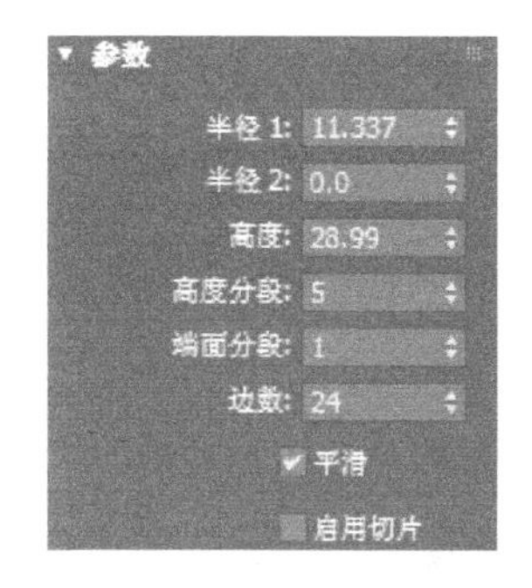

图 2-22 圆锥体参数的修改

(3) 圆锥体的半径 1 和半径 2 分别是圆锥体上下两个面的半径,如果半径 2 的值为 0,就是圆锥体;如果半径 2 的值不为 0,就是圆台,如图 2-23 所示。

7. 几何球体

几何球体与球体的形状很接近,只不过几何球体的表面是由三角形构成的,而球体的表面是由四边形构成的,如图 2-24 所示。具体操作步骤如下。

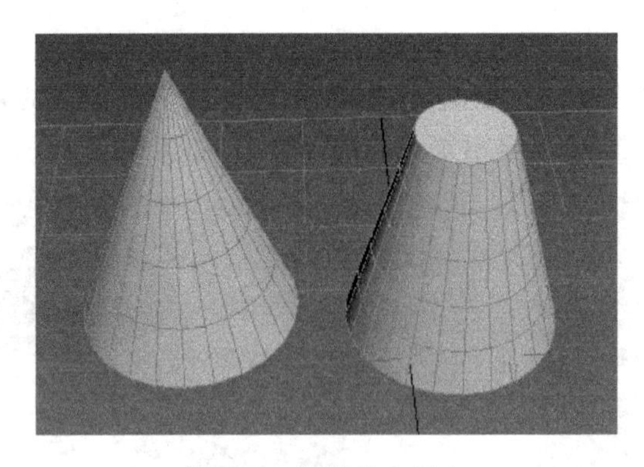

图 2-23　圆锥体和圆台

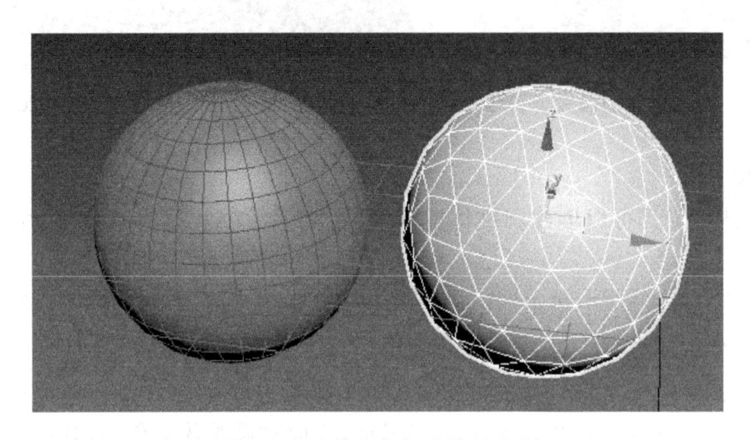

图 2-24　球体和几何球体的差别

(1) 在“创建”面板中单击“几何体”按钮，在弹出的下拉菜单中选择“标准基本体”命令，在对象类型中单击 几何球体 按钮。选择一个视图，在视图中按住鼠标左键拖动，确定大小后单击鼠标左键确定，完成对几何球体的创建，如图 2-25 所示。

(2) 创建完成后，若需要修改，可单击“修改”按钮，进入“修改”面板，在“参数”卷展栏下对几何球体的半径、分段和基点面类型等进行修改，如图 2-26 所示。

图 2-25　创建几何球体

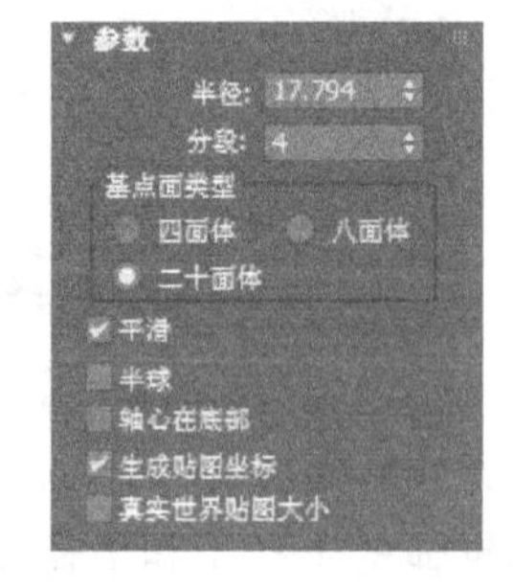

图 2-26　几何球体参数的修改

(3) “分段”值越大，“基点面类型”值越大，几何球体越复杂，表面越光滑，如图 2-27 所示。

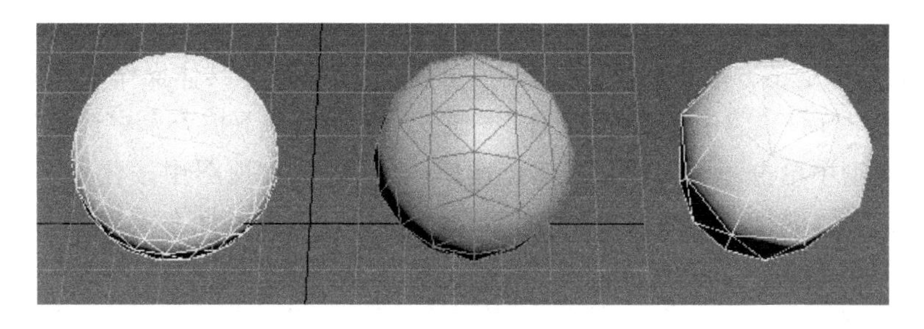

图 2-27　几何球体不同参数的比较

8. 管状体

"管状体"工具的外形与圆柱体相近,不过管状体是空心的。具体操作步骤如下。

(1) 在"创建"面板中单击"几何体"按钮,在弹出的下拉菜单中选择"标准基本体"命令,在对象类型中单击 管状体 按钮。选择一个视图,在视图中按住鼠标左键拖动,确定第一个圆半径后,再向内或向外拖出第二个圆半径,单击鼠标左键确定后向上或向下拖出高度,完成对管状体的创建,如图 2-28 所示。

(2) 创建完成后,若需要修改,可单击"修改"按钮,进入"修改"面板,在"参数"卷展栏下对管状体的半径 1、半径 2、高度、分段和边数等进行修改,如图 2-29 所示。

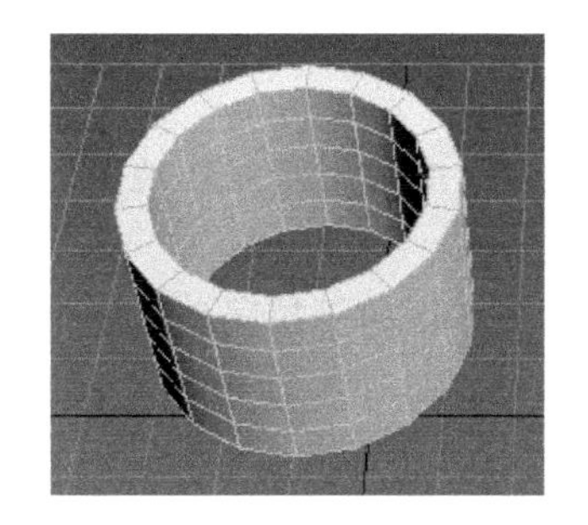

图 2-28　创建管状体

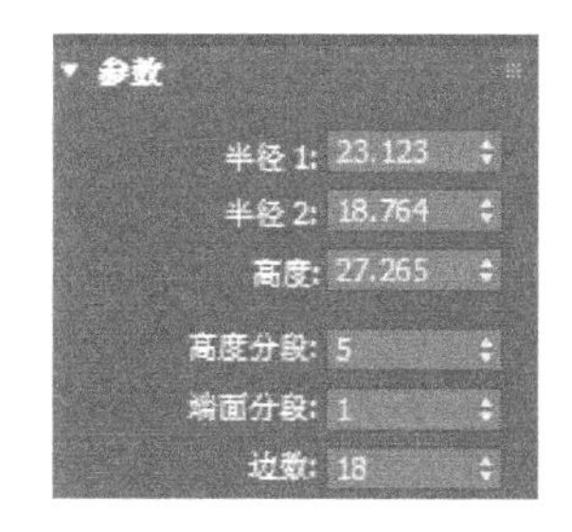

图 2-29　管状体参数的修改

(3) 管状体的"高度分段"是指沿着管状体主轴的分段数量;"端面分段"是指围绕管状体顶部或底部的中心的同心圆分段数量,如图 2-30 所示。

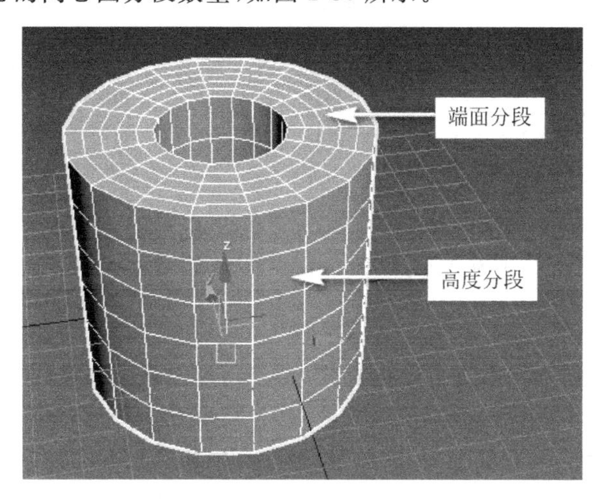

图 2-30　高度分段和端面分段

9. 四棱锥

四棱锥的底部是正方形或矩形，侧面是三角形，如金字塔。具体操作步骤如下。

(1) 在“创建”面板 中单击“几何体”按钮 ，在弹出的下拉菜单中选择“标准基本体”命令，在对象类型中单击 四棱锥 按钮。选择一个视图，在视图中按住鼠标左键拖动，确定底部矩形大小后，继续向上或向下拖动，至适当高度后单击鼠标左键确定，完成对四棱锥的创建，如图 2-31 所示。

(2) 创建完成后，若需要修改，可单击“修改”按钮 ，进入“修改”面板，在“参数”卷展栏下对四棱锥的宽度、深度、高度、分段等进行修改，如图 2-32 所示。

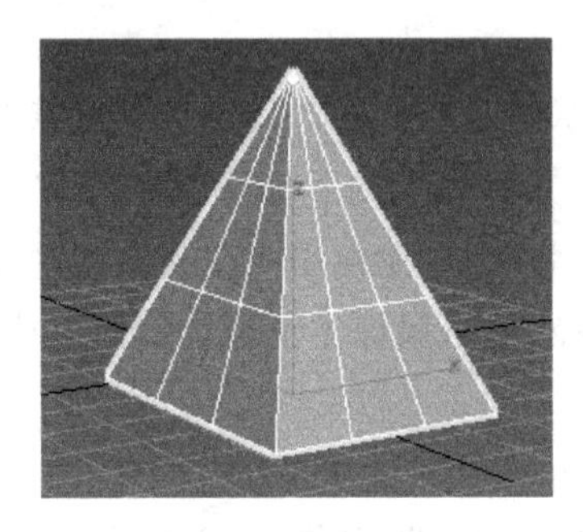

图 2-31 创建四棱锥

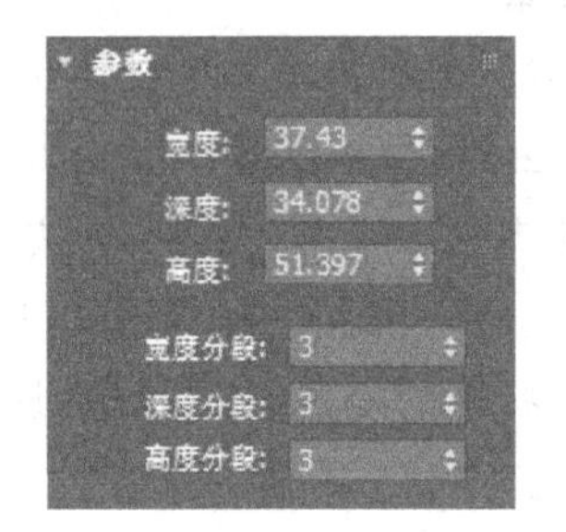

图 2-32 四棱锥参数的修改

10. 平面

平面的制作非常简单，在建模过程中使用率非常高，通常用来制作地面。具体操作步骤如下。

(1) 在“创建”面板 中单击“几何体”按钮 ，在弹出的下拉菜单中选择“标准基本体”命令，在对象类型中单击 平面 按钮。选择一个视图，在视图中按住鼠标左键拖动，确定大小后单击鼠标左键确定，完成对平面的创建，如图 2-33 所示。

(2) 创建完成后，若需要修改，可单击“修改”按钮 ，进入“修改”面板，在“参数”卷展栏下对平面的长度、宽度、分段等进行修改，如图 2-34 所示。

图 2-33 创建平面

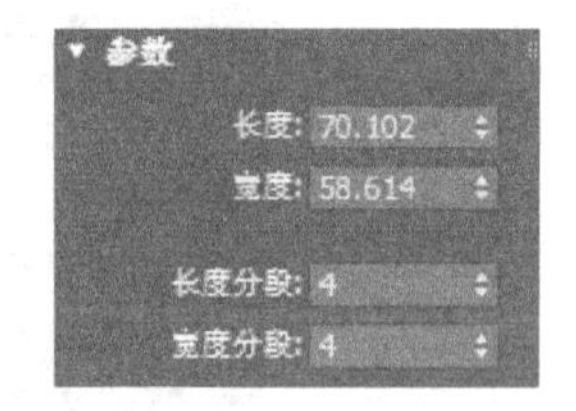

图 2-34 平面参数的修改

11. 加强型文本

3ds Max 2017 加强型文本提供了内置文本对象，可以将文本创建为立体几何体，并添加不同式样的倒角。具体操作步骤如下。

(1) 在“创建”面板 中单击“几何体”按钮 ，在弹出的下拉菜单中选择“标准基本体”命令，在对象类型中单击 加强型文本 按钮。在“参数”卷展栏的“文本”对话框中输入文本，在“字体”修改栏里对文本的大小、字体、行间距等参数进行调整。选择一个视图，单击鼠标左键放置文本到所需位置，完成对文本的创建，如图 2-35 所示。

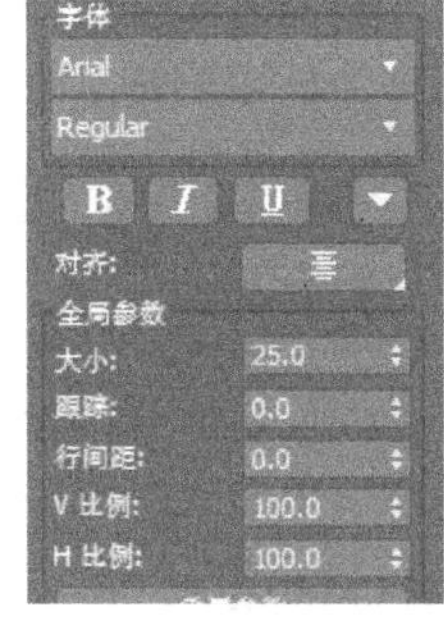

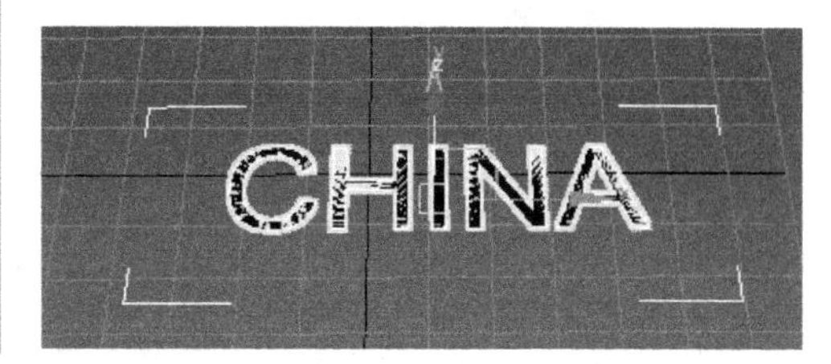

图 2-35 创建文本

(2) 创建完成后，若需要修改，可单击“修改”按钮，进入“修改”面板，在“几何体”参数中勾选“生成几何体”复选框，将二维效果转换为三维效果，并设置挤出深度和分段，如图 2-36 所示。

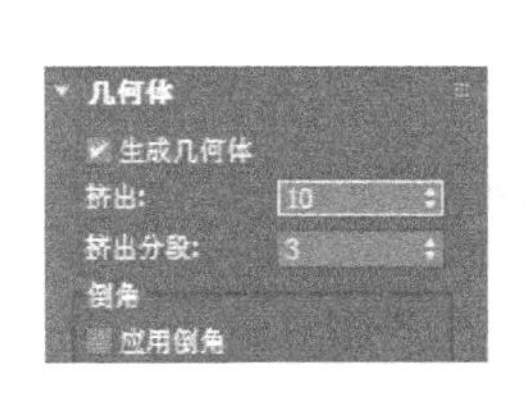

图 2-36 生成文本几何体

(3) 在“倒角”参数中勾选“应用倒角”复选框，从下拉列表框中选择一个预设倒角类型或根据需要自定义一个倒角类型，并设置“倒角深度”和“宽度”，如图 2-37 所示。

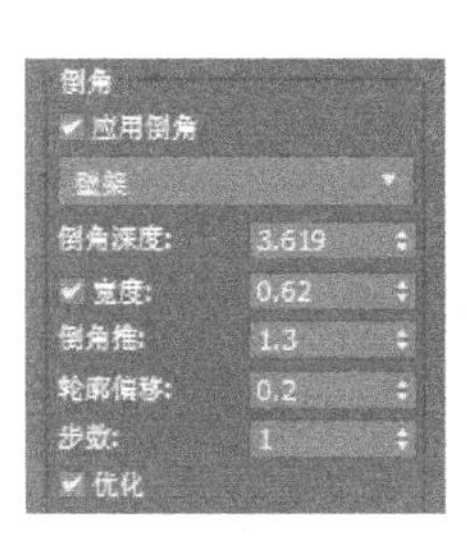

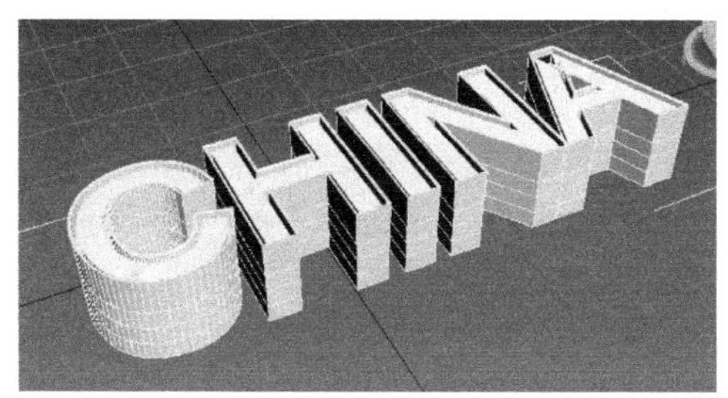

图 2-37 应用倒角

2.1.2 坐标系统

在 3ds Max 软件中包含多种坐标系统，给模型的制作和观察提供了便利条件。经常用到的有视图坐标系统、屏幕坐标系统、世界坐标系统、局部坐标系统和拾取坐标系统。

1. 视图坐标系统

视图坐标系统实际上是屏幕坐标系统和世界坐标系统的结合，是 3ds Max 软件默认的坐标系。在正视图中使用的是屏幕坐标系统，在透视图、摄像机视图中使用的是世界坐标系统。

2. 屏幕坐标系统

使用屏幕坐标系统时将根据激活的视图来定义坐标系的方向,无论激活哪个视图,X 轴总是水平指向视图的右边,Y 轴总是垂直指向视图的上方。可以理解为轴向与屏幕是平行的。在不同的视图中,X、Y 轴在三维空间指向的含义是不同的,如图 2-38 所示。

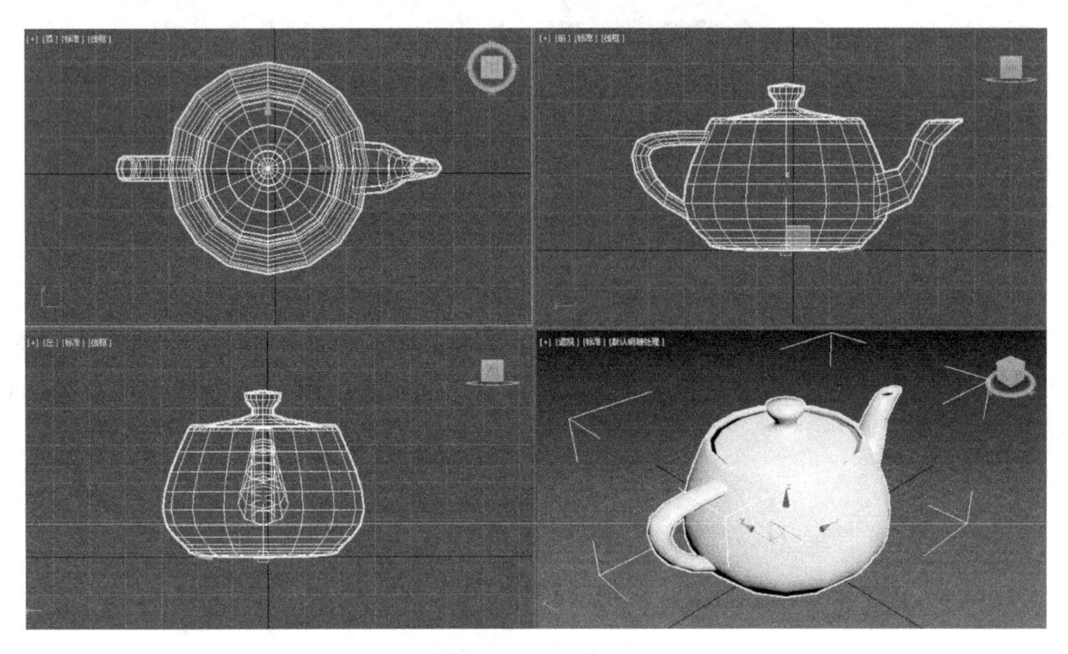

图 2-38 屏幕坐标系统

3. 世界坐标系统

在 3ds Max 中,从前方看,X 轴为水平方向,正方向向右;Y 轴为景深方向,正方向指向屏幕内;Z 轴为垂直方向,正方向向上。这种坐标轴向在任何视图中都保持不变,以它为坐标系统,在任何视图中都有相同的操作效果。在视图的左下角有一个坐标系统,这就是世界坐标系统,如图 2-39 所示。

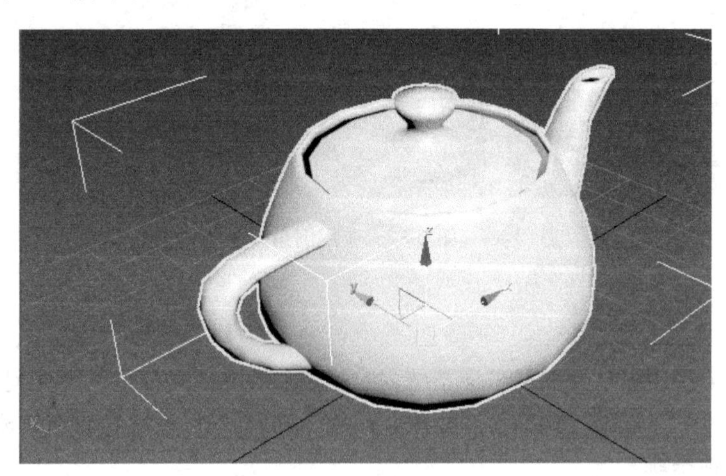

图 2-39 世界坐标系统

4. 局部坐标系统

以创建的几何体本身的坐标作为坐标系统。例如，要将图中的茶壶沿其自身的倾斜角度向下滑时，就可以使用局部坐标系统，如图 2-40 所示。

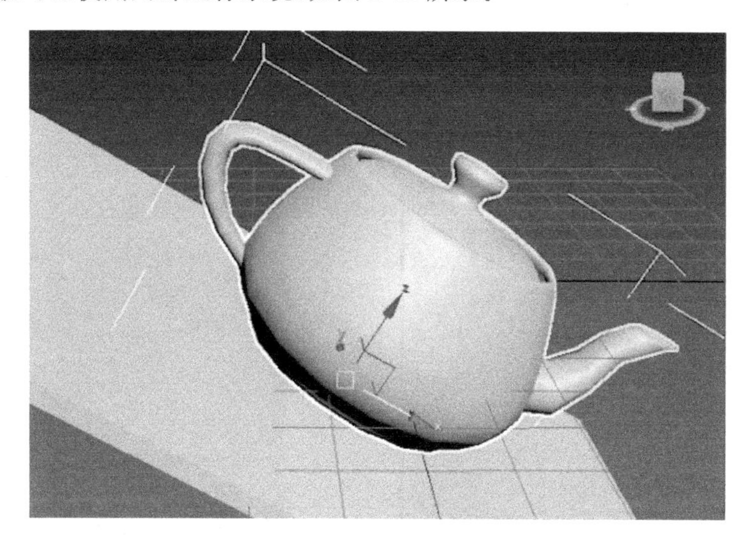

图 2-40 局部坐标系统

5. 拾取坐标系统

使用场景中某个对象的轴心点作为变换的中心，主要用于模型的旋转变换操作。例如，要将图中的圆锥体围绕球体边旋转边复制，就可以先拾取球体为坐标系统，使圆锥体以球体为中心旋转，再通过边旋转边复制的方法复制出其他的圆锥体即可，如图 2-41 所示。

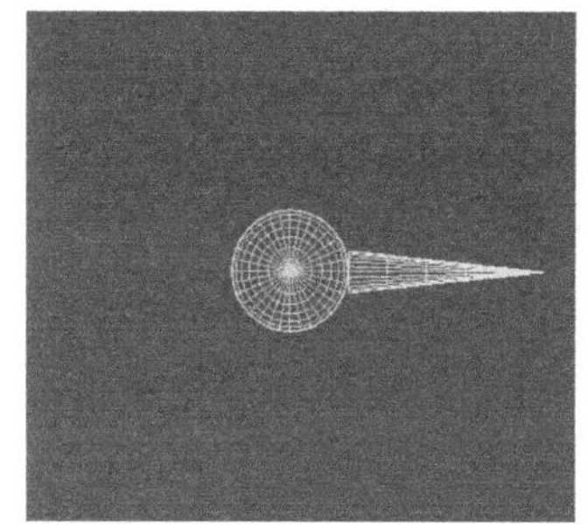
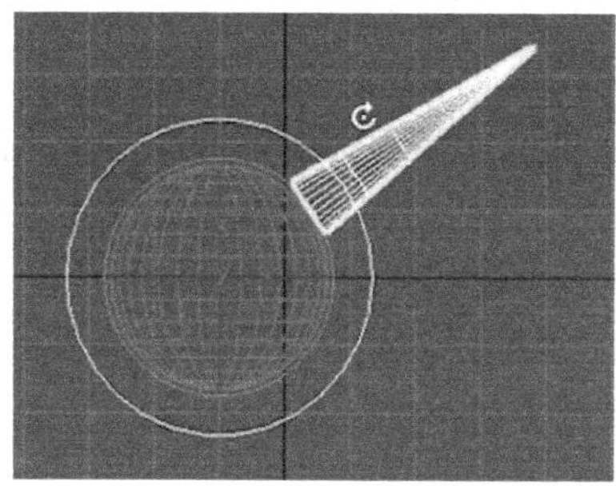
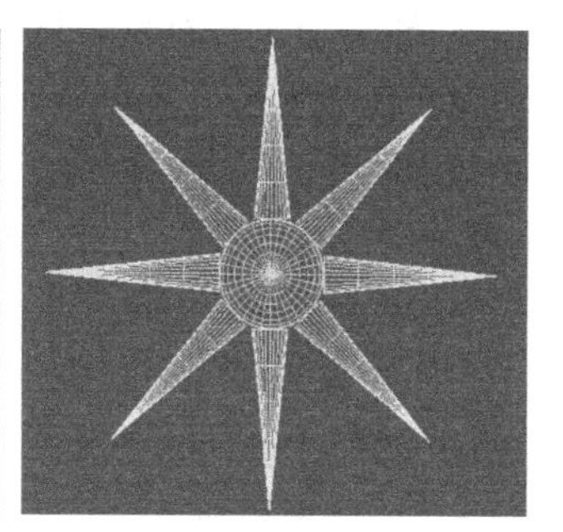

图 2-41 拾取坐标系统

知识点 4

在进行模型旋转时，为了使旋转的角度便于控制，可以将工具栏中的角度捕捉切换开关 打开。在开关上右击，可以看到现在角度是以 5.0 度为基准进行捕捉。如果需要捕捉一些特殊的角度，也可以在此处修改捕捉角度值，如图 2-42 所示。

2.1.3 对齐

一个精准的模型可以为后期的制作、材质、渲染打下良好的基础，使用“对齐”工具可以轻松、便捷地达到这一目的。工具栏中的“对齐”工具提供了 6 种不同的对齐方式。

1. 对齐

“对齐”工具可以将当前选定的对象与目标对象分别在 X、Y、Z 轴方向上进行对齐，这个功能在建模时使用率非常高，如图 2-43 所示。

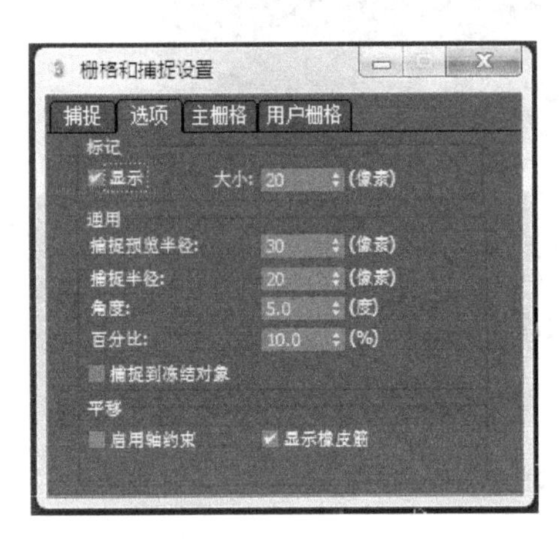

图 2-42 角度捕捉设置

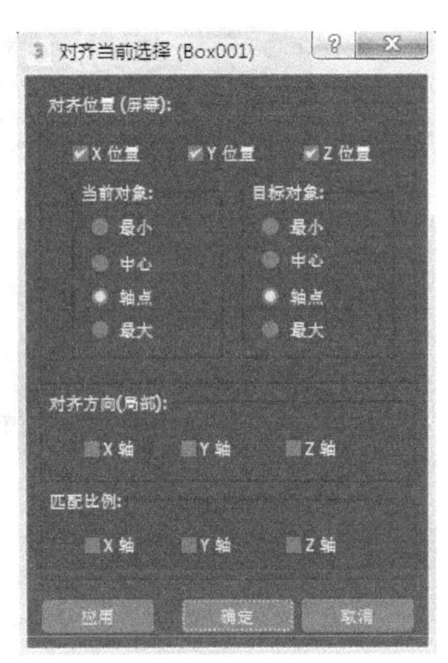

图 2-43 “对齐”工具选项

2. 快速对齐

“快速对齐”工具用于将选择的单个或多个对象与目标对象的轴心点立即对齐，此命令也同样适用于次对象。这个工具没有设置窗口，其用法与“对齐”工具相似。

3. 法线对齐

“法线对齐”工具用于将两个对象的法线进行对齐，并可以根据需要设置产生内切或外切，相切的对象同时可以进行位置的偏移及法线轴上的角度旋转。

4. 放置高光

“放置高光”工具能够手工控制产生在对象表面的高光点位置，不用移动灯光，将选择的灯光或对象通过高光点的精确指定进行重新定位。

5. 对齐摄影机

“对齐摄影机”工具将选择的摄影机对齐目标对象所确定的目标法线，使选择的表面位于摄影机视图的中心。

6. 对齐到视图

“对齐到视图”工具将选择的对象或次对象集合的自身坐标轴与当前激活视图对齐。

2.1.4 实例——椅子

通过创建标准基本体模型，用“对齐”工具制作一把简单的椅子，如图 2-44 所示。

(1) 在建模前一定要对视图进行单位设置。执行“自定义”→“单位设置”菜单命令，在弹出的对话框中选择“系统单位设置”，将系统单位比例从“1 单位”=“1.0 英寸”改为“1 单位”=“1.0 毫米”；将“显示单位比例”从“通用”改为“公制”；选择单位为“毫米”后单击“确定”按钮，如图 2-45 所示。

图 2-44 椅子的制作

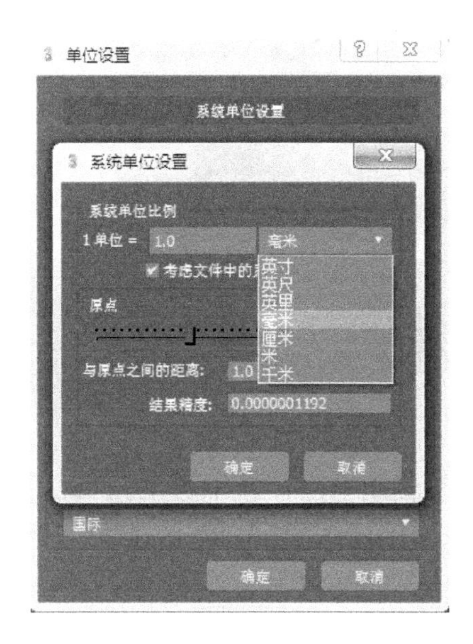

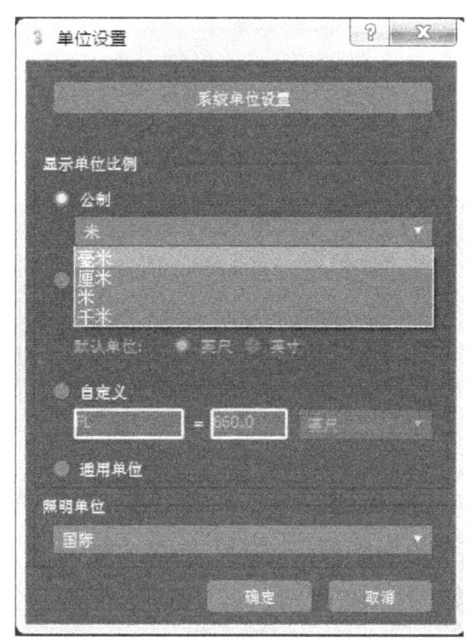

图 2-45 视图单位的设置

(2) 创建椅子的座板。在“创建”面板中单击“几何体”按钮，在弹出的下拉菜单中选择“标准基本体”命令，在对象类型中单击按钮。在透视图中按住鼠标左键拖动，创建一个长方体。修改它的参数：“长度”为 500mm、“宽度”为 500mm、“高度”为 50mm，如图 2-46 所示。

(3) 创建椅子后背的两根竖条。单击按钮，在透视图中创建一个“长度”为 45mm、“宽度”为 45mm、“高度”为 500mm 的长方体，如图 2-47 所示。

(4) 椅子后背有两根竖条，另一根采用边移动边复制的方法制作。单击主工具栏的“选择并移动”工具选中制作好的竖条并按住 Shift 键沿 *X* 轴拖动，松开鼠标左键和 Shift 键，在出现的“克隆选项”对话框中选择“实例”方式，副本数为 1，如图 2-48 所示。

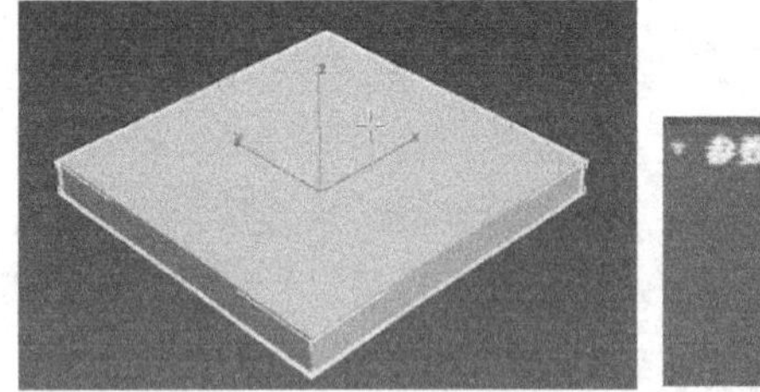

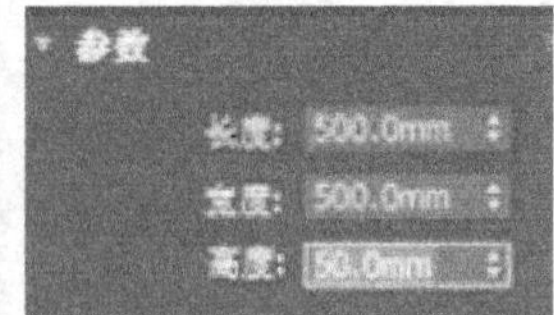

图 2-46 创建椅子座板

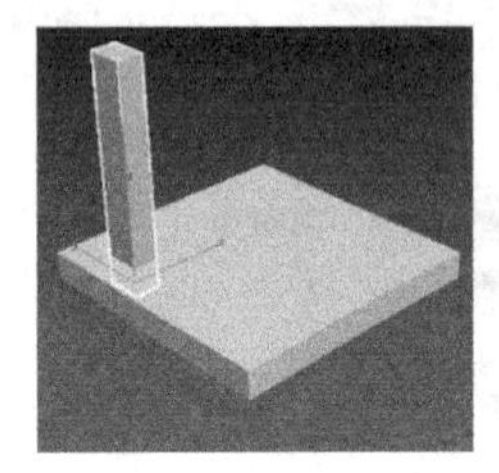

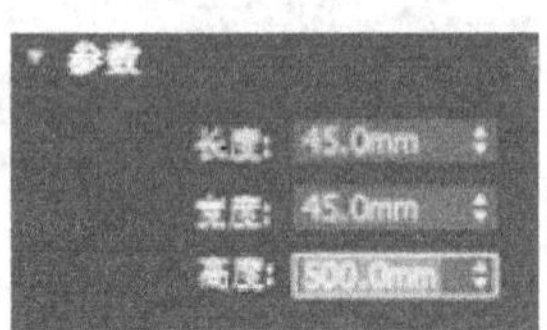

图 2-47 创建座椅后背

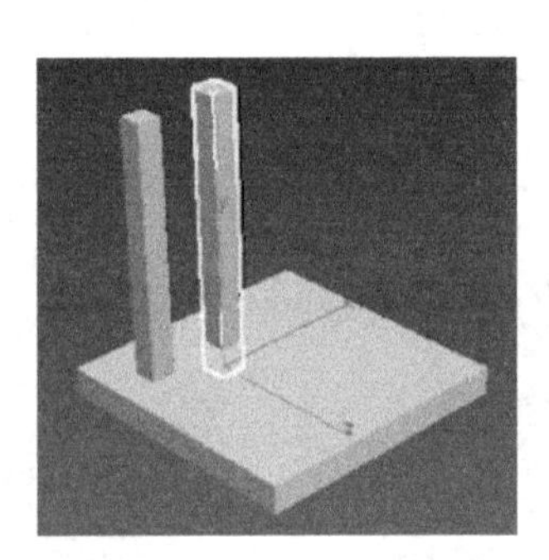

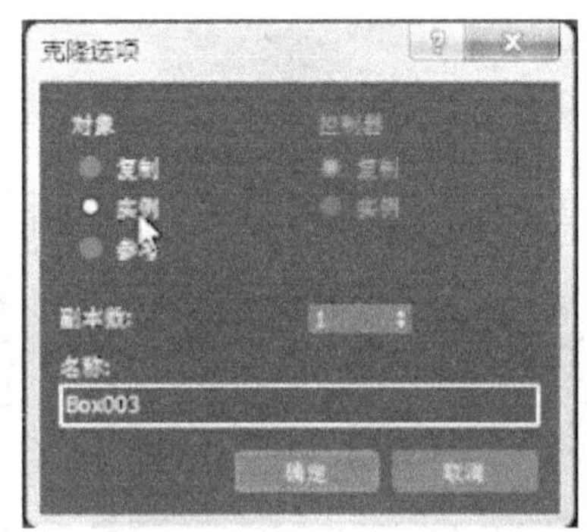

图 2-48 复制座椅后背

（5）制作座椅腿。单击 长方体 按钮，在透视图中创建一个“长度”为 50mm、“宽度”为 50mm、“高度”为 450mm 的长方体。复制这个长方体，在“克隆选项”中选择“实例”方式，副本数为 3，如图 2-49 所示。

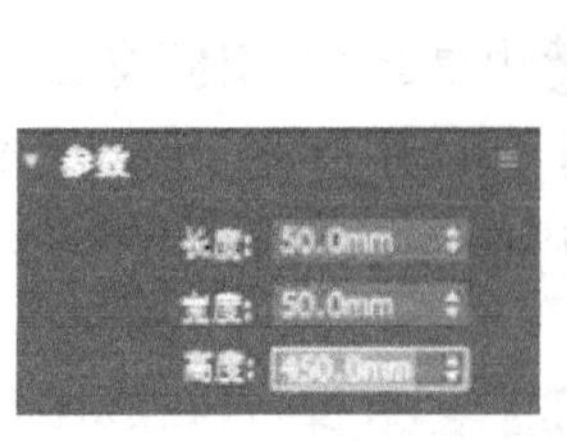

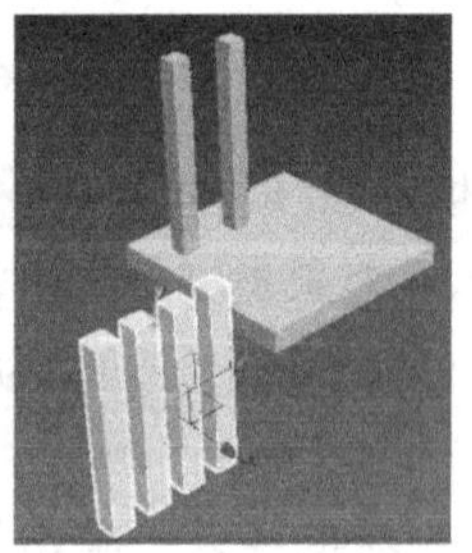

图 2-49 创建座椅腿

（6）将椅子的各个部件按照相应的位置装配起来，仅靠眼睛观察是无法将所有部件严丝合缝地组装在一起的，这里需要用到“对齐”工具。在前视图空白处单击，激活前视图，选择其中一根后背竖条，单击“对齐”工具，再单击要对齐的座板。在弹出的“对齐当前选择”对话框中,勾选“X 位置”,在 X 轴上用竖条的最小值对齐座板的最小值,在 Y 轴上用竖条的最小值对齐座板的最大值,如图 2-50 所示。

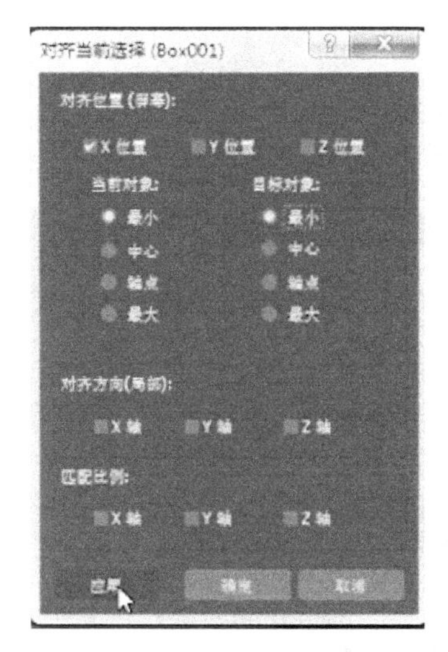

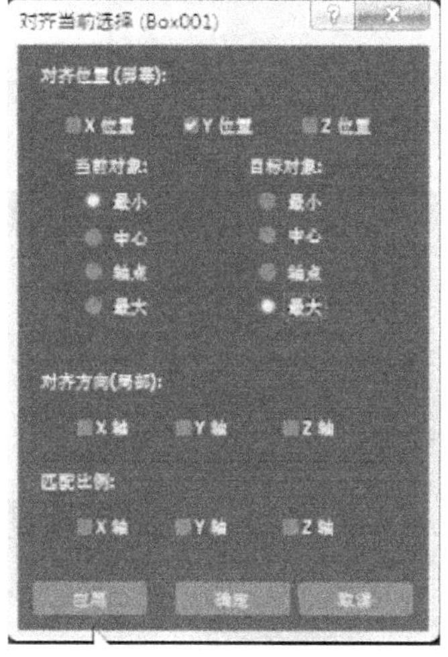

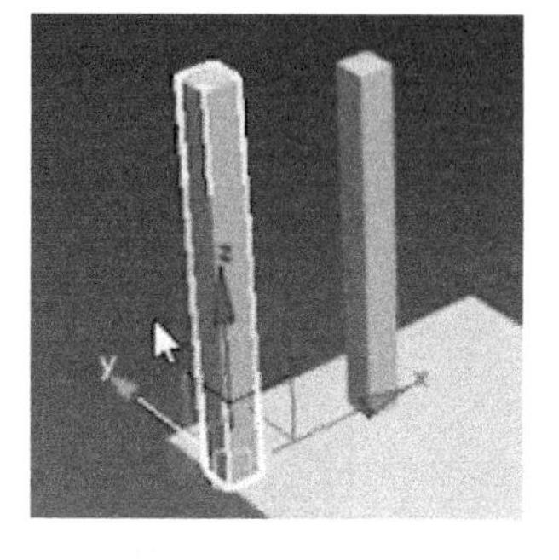

图 2-50 对齐座板与后背

(7) 从透视图上看,竖条和座板的位置没有完全调整好,还需要继续对齐。为了方便观察,转到顶视图中,选择刚才的后背竖条,单击“对齐”工具,再单击座板,此时,在 Y 轴上用竖条的最大值对齐座板的最大值即可。从放大模型可以看到,部件之间是完全对齐的,如图 2-51 所示。

(8) 用相同的方法把其他部件利用“对齐”工具移动到精确的位置上,如图 2-52 所示。

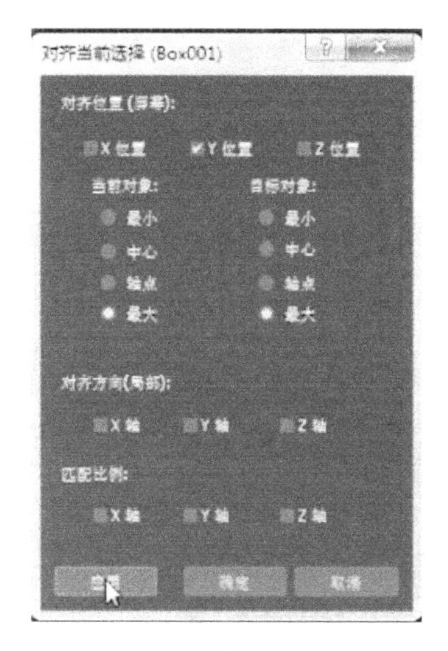

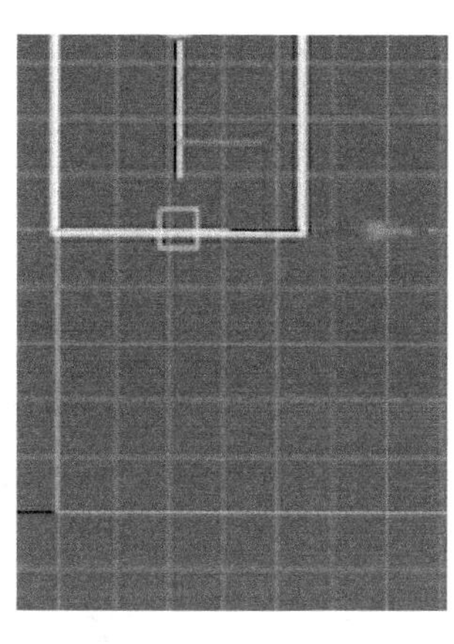

图 2-51 对齐座板与后背部件

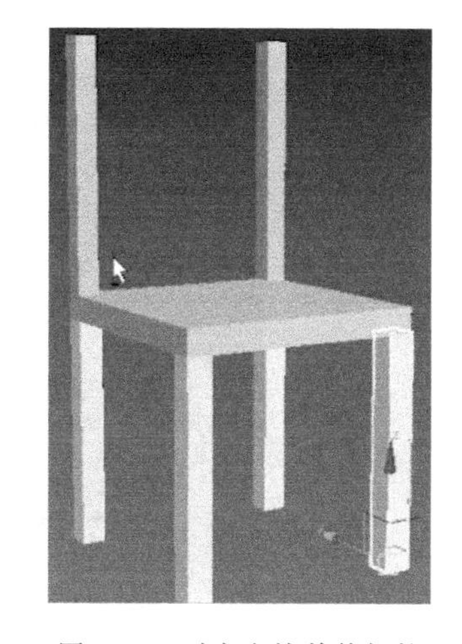

图 2-52 对齐座椅其他部件

(9) 在前视图中,继续创建椅子的横档。横档的长和高均是 45mm,按 Ctrl+N 组合键打开数值表达式求值器,计算得出 500mm-45mm×2=410mm,将数值粘贴到宽度栏中,完成横档的创建,如图 2-53 所示。

(10) 用“对齐”工具移动横档到椅背的中间位置,按住 Shift 键拖动复制出第二根横档,因为第二根横档要比第一根横档细,需要修改数值,而第一根横档的数值是不需要变化的,所以在克隆选项中选择“复制”选项。修改横档的参数，将长度、高度改为 35mm，宽度不变，如图 2-54 所示。

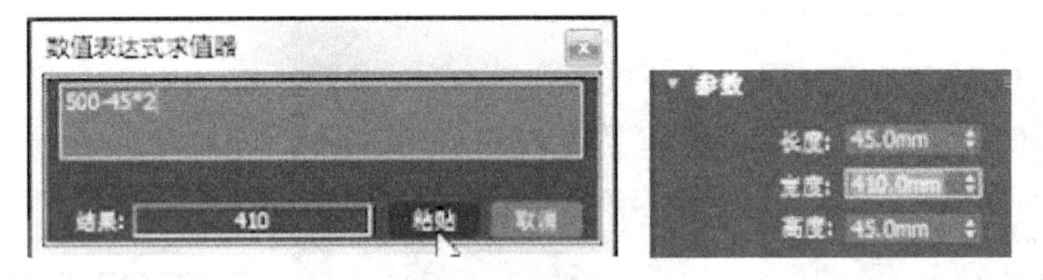

图 2-53　创建座椅横档

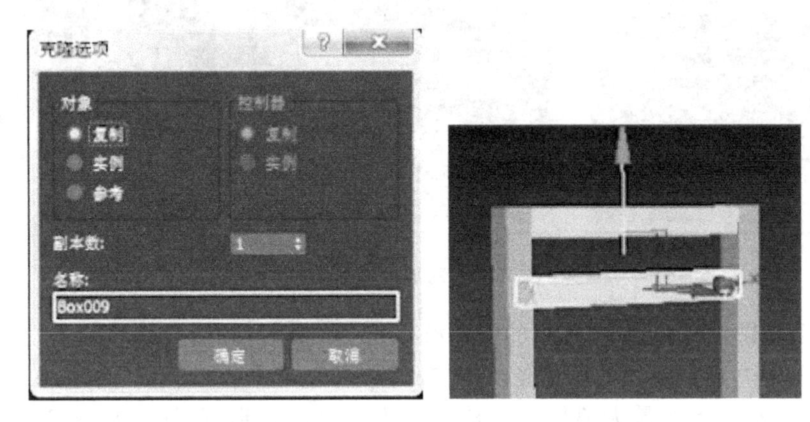

图 2-54　复制并修改座椅横档参数

(11) 选中第二根横档，在顶视图中单击“对齐”工具，再单击竖向的木条，使这两部分在 Y 轴的中心点对齐，在前视图上将其移动到适合的位置，如图 2-55 所示。

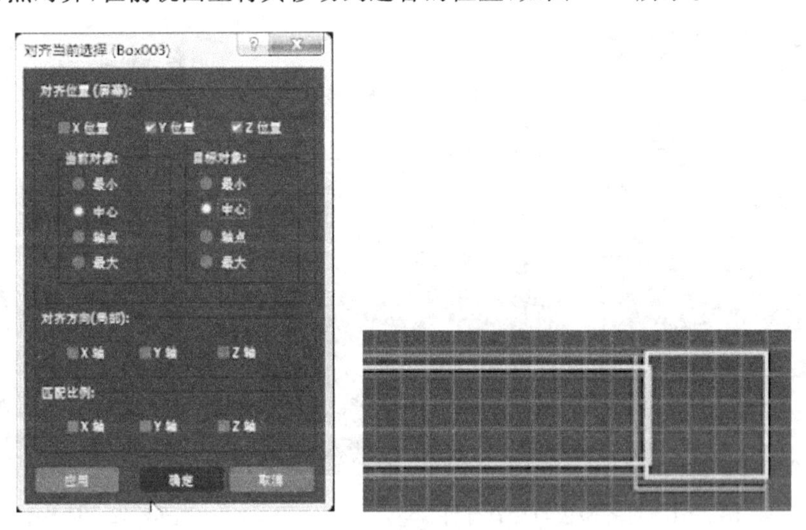

图 2-55　对齐座椅横档

(12) 选中第二根横档，按住 Shift 键拖动复制出其余的横档，因为这些横档的数值是不变的，所以在“克隆”选项中选中“实例”单选按钮，“副本数”为 2。将所有横档移动至适合的位置，完成椅子的创建，如图 2-56 所示。

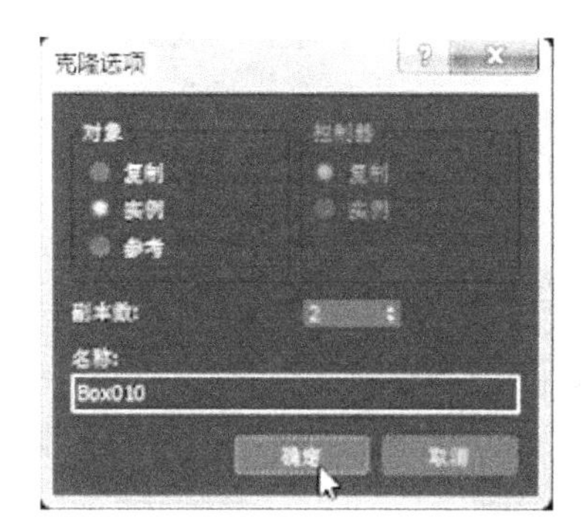

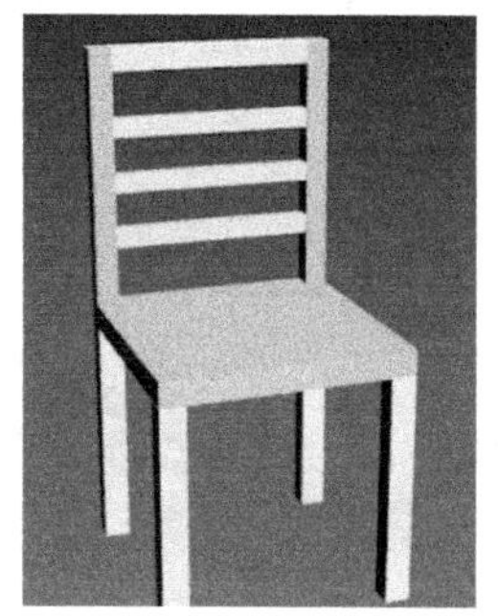

图 2-56　复制座椅横档

2.2　创建扩展基本模型

3ds Max 2017 软件中还提供了 13 种“扩展基本体”类型，它们是在“标准基本体”的基础上扩展的，形态更为复杂。下面介绍实际工作中比较常用的一些扩展基本体。

2.2.1　建模方法

1. 切角长方体

切角长方体是在长方体上的扩展，可以创建出带有倒角效果的长方体。具体操作步骤如下。

(1) 在“创建”面板 + 中单击“几何体”按钮，在弹出的下拉菜单中选择“扩展基本体”命令，在对象类型中单击 切角长方体 按钮。选择透视图，在视图中按住鼠标左键拖动，确定切角长方体的一个面，继续向上或者向下拖动鼠标，确定切角长方体的高度，单击鼠标左键确定，再向内推动鼠标做出切角，完成切角长方体的创建，如图 2-57 所示。

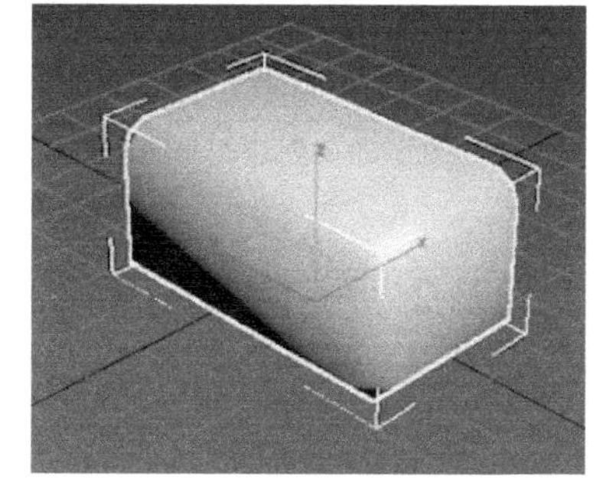

图 2-57　创建切角长方体

(2) 在“参数”卷展栏下，可以对切角长方体的长、宽、高和圆角设定数值进行相应的分段。圆角分段值越大，切角越圆滑，如图 2-58 所示。

2. 切角圆柱体

切角圆柱体是在圆柱体上的扩展，可以创建出带有倒角效果的圆柱体。具体操作步骤如下。

(1) 在“创建”面板 + 中单击“几何体”按钮，在弹出的下拉菜单中选择“扩展基本体”命令，在对象类型中单击 切角圆柱体 按钮。选择透视图，在视图中按住鼠标左键拖动，确定切角圆柱体的一个面，继续向上或者向下拖动鼠标，确定切角圆柱体的高度，单击鼠标左键确定，再向内推动鼠标做出切角，完成切角圆柱体的创建，如图 2-59 所示。

(2) 在“参数”卷展栏下，可以对切角圆柱体的半径、高度和圆角设定数值，并对高度、圆角、端面进行分段，调节切角圆柱体的边数。圆角分段值越大，切角越圆滑，如图 2-60 所示。

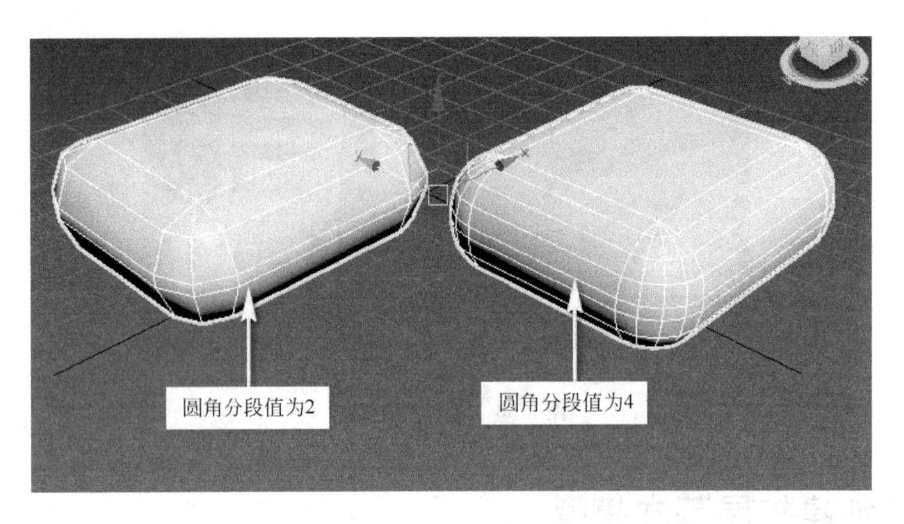

图 2-58 圆角分段值的对比

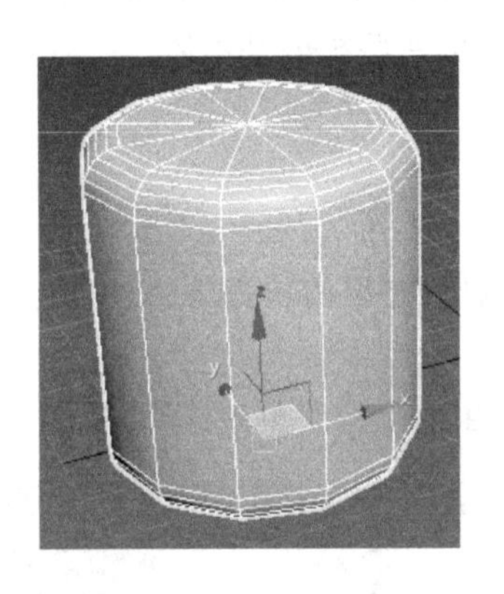

图 2-59 创建切角圆柱体

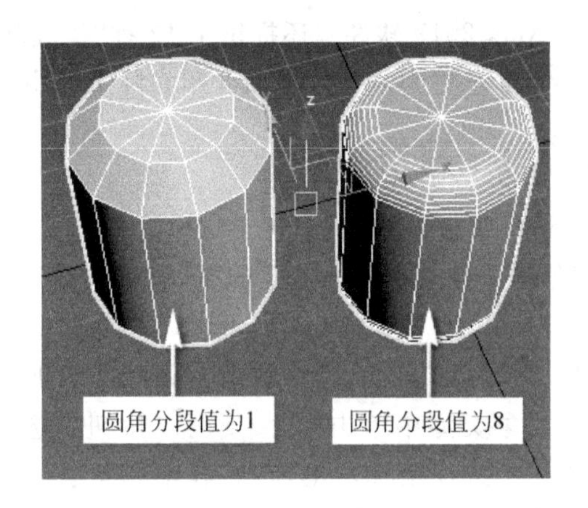

图 2-60 圆角分段值的对比

2.2.2 实例——简约茶几

图 2-61 茶几的制作

通过创建扩展基本体模型，利用“切角圆柱体”和 L-Ext 工具制作一个简约风格的茶几，如图 2-61 所示。

(1) 创建茶几面。在透视图中按住鼠标左键拖动，创建一个切角圆柱体。修改它的参数，“半径”为 400mm，“高度”为 15mm，“圆角”为 2.5mm，“高度分段”为 1，“圆角分段”为 2，“边数”为 50，“端面分段”为 1，如图 2-62 所示。

(2) 创建茶几腿。在“扩展基本体”的对象类型中选择 L-Ext 工具，按住鼠标左键拖动，创建一个 L 形体。修改它的参数，“侧面长度”为 160mm，“前面长度”为 310mm，“侧面宽度”为 16mm，“前面宽度”为 16mm，如图 2-63 所示。

(3) 选择茶几腿，单击“对齐”工具，单击目标对象茶几面，在 Y 轴用茶几腿的最大值对齐茶几面的最小值，如图 2-64 所示。

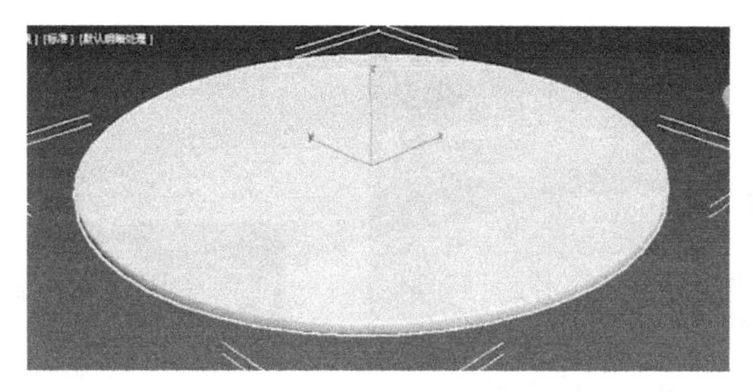

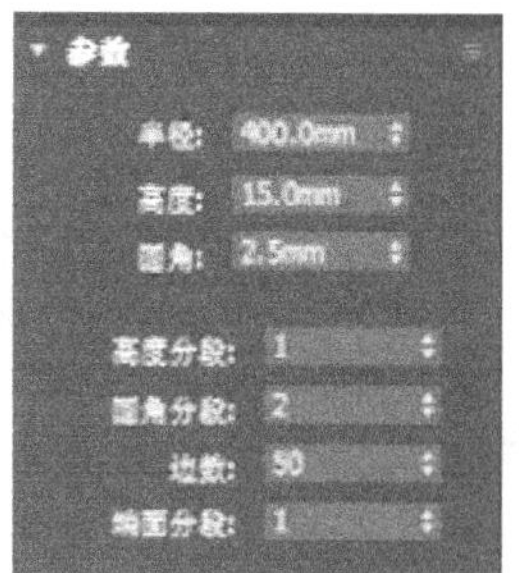

图 2-62 创建茶几面

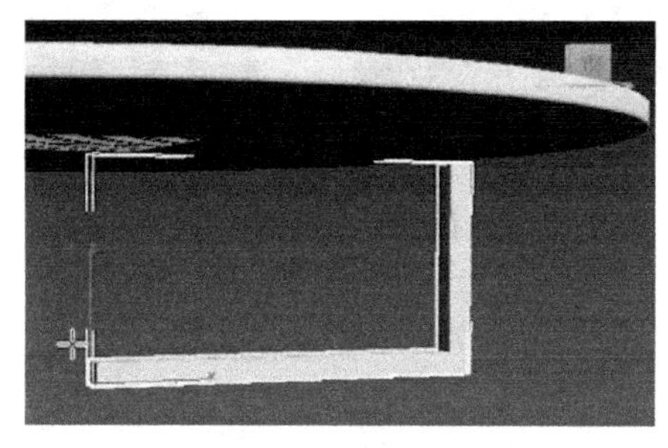

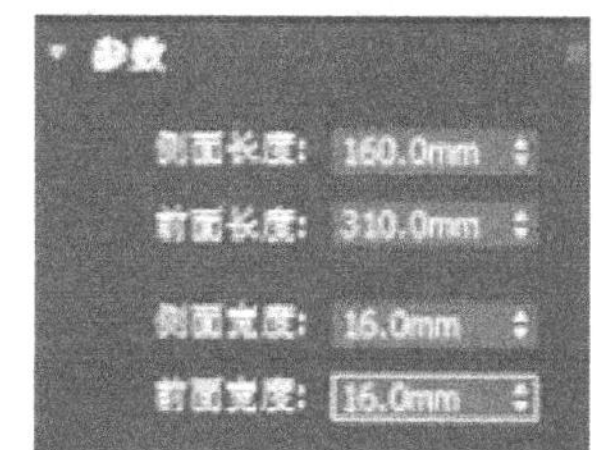

图 2-63 创建茶几腿

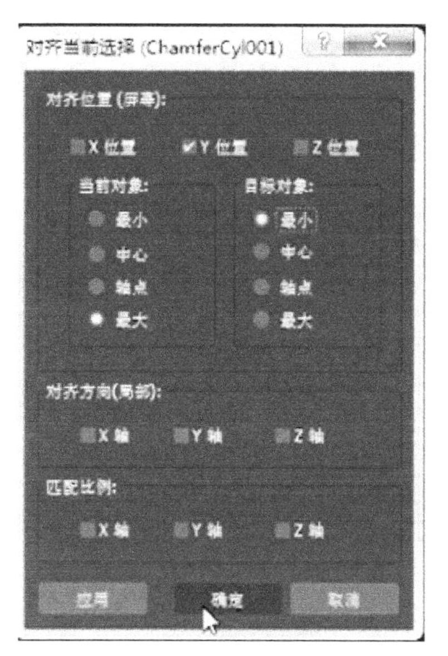

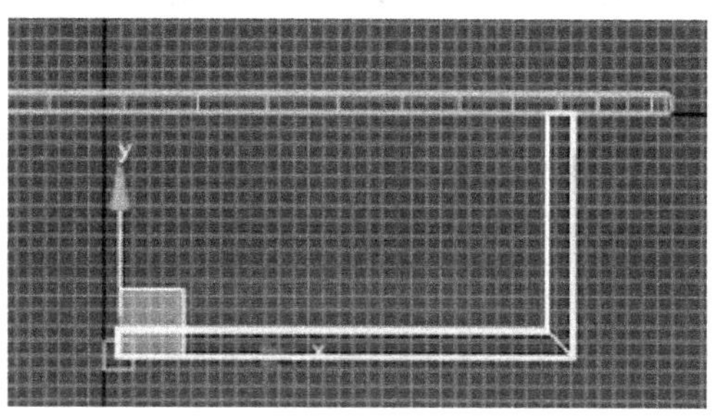

图 2-64 对齐茶几腿和茶几面

(4) 其他 3 个茶几腿可以通过边旋转边复制的方式得到。在旋转之前，先观察当前的旋转中心为“轴点”。选择“层次”下方“调整轴”中的“仅影响轴”，可以发现现在的轴点在 L 形体的端点上，需要将它挪动到截面的中心位置。选择轴点，单击“对齐”工具，选择目标对象茶几腿，使轴点和中心对齐。退出“仅影响轴”，如图 2-65 所示。

(5) 选择“旋转”工具，打开“角度捕捉”，按住 Shift 键一边旋转一边复制。旋转 −90°，在“克隆”选项中复制出 3 个实例模型。调整好位置，得到最终效果，如图 2-66 所示。

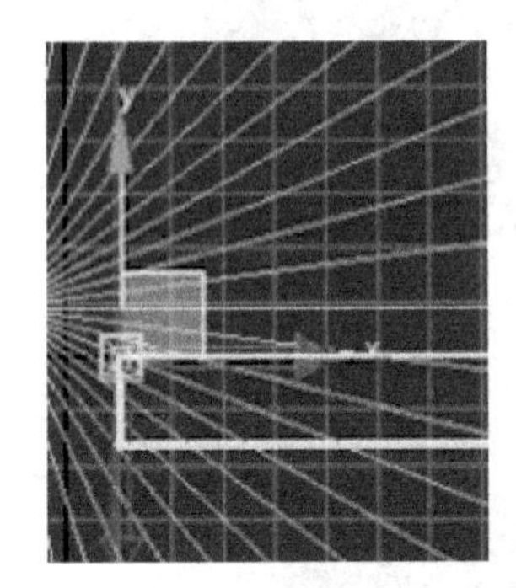

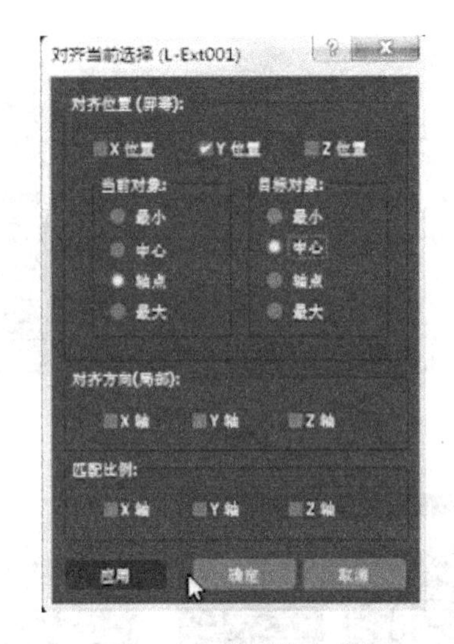

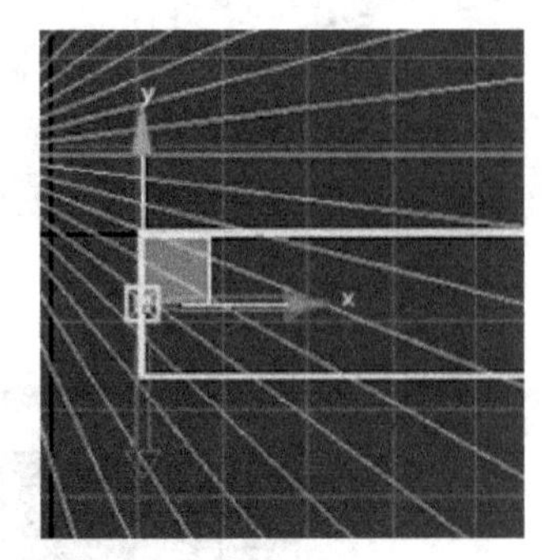

图 2-65　移动轴点位置

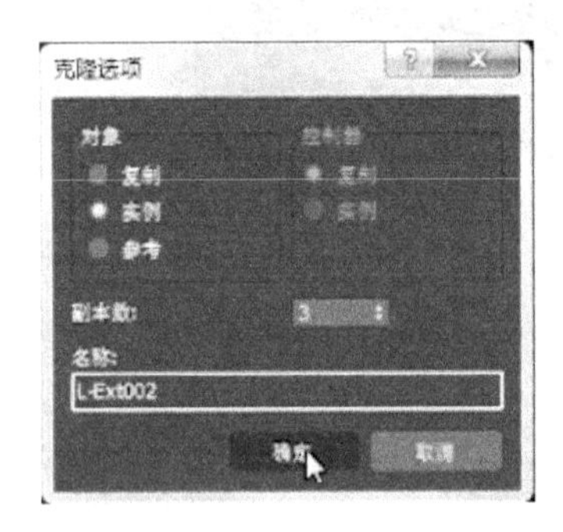

图 2-66　旋转复制茶几腿

2.3　本章小结与重点回顾

本章主要介绍了如何在 3ds Max 2017 中创建基本三维模型,并对对象的设置和参数的修改进行了详细的了解。使用这些建模方法,能够快速制作出一些简单、规则且实用的物体模型。所以,必须扎实、熟练地掌握本章内容,为今后创建复杂模型打下良好的基础。

第3章

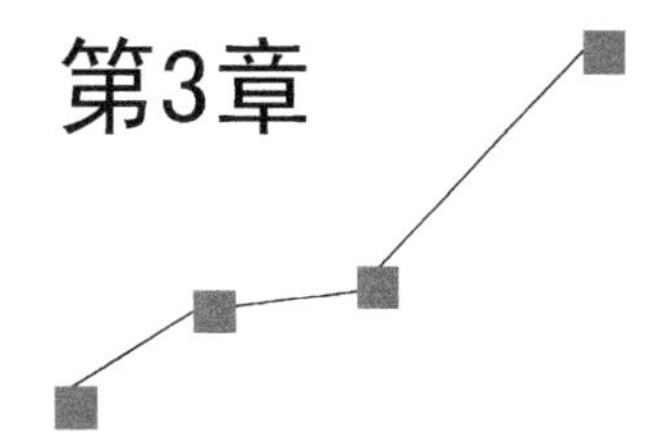

二维转三维建模

在 3ds Max 2017 中虽然提供了许多基本三维模型的创建工具，但在实际工作中经常会碰到更加复杂的模型，仅依赖基本模型是难以满足需要的。本章将介绍一种新的建模方法，即以二维图形为基础添加各种修改器，加工转换为复杂的三维模型。本章将详细介绍二维图形的创建、编辑修改方法，以及如何利用修改器将二维图形转换成三维模型。

3.1 创建二维图形

二维图形是由一条或多条直线或曲线构成的图形，在 3ds Max 2017 中提供了多种二维图形创建工具，如图 3-1 所示。使用二维图形，可以作为放样的组件，可以生成旋转曲面或挤出对象，还可以被定义为某个物体运动的路径。在学会绘制简单的二维图形后，还可以将它们进行组合，形成一个复杂的二维图形。

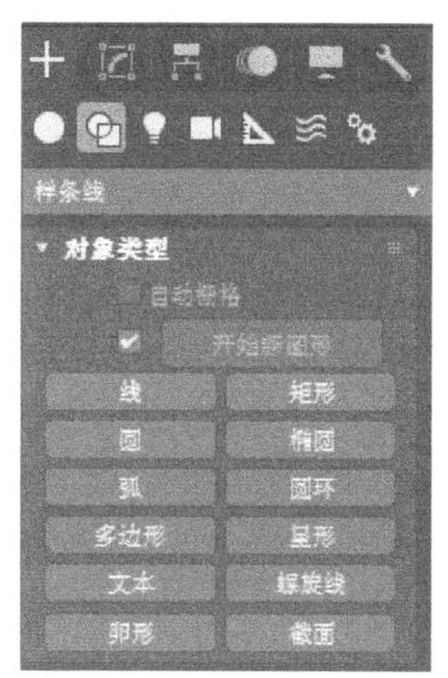

图 3-1　二维图形创建面板

1. 创建线

线型是建模中最常用的样条线类型，能够绘制开放或封闭的直线或曲线，并可以设置多种角点的弯曲方式，使用非常方便灵活。具体操作步骤如下。

(1) 在“创建”面板 中单击“图形”按钮，在弹出的下拉菜单中选择“样条线”命令，在对象类型中单击 线 按钮。选择前视图，单击视图控制区的“最大化视口切换”按钮或按 Alt＋W 组合键，最大化显示视图以方便观察制作。在视图中单击鼠标左键确定一个点，然后移动鼠标到新的位置再次单击，用这样的方法可以创建多个点和连线，如果需要结束创建，右击即可完成线的绘制，如图 3-2 所示。

(2) 如果在绘制样条线的过程中，最终回到起始点的位置再次单击，会弹出“样条线”对话框，询问“是否闭合样条线”，单击“是”按钮就创建出一条封闭的样条线，如图 3-3 所示。

(3) 如果在绘制样条线时按住鼠标左键拖动，这样绘制出来的线条就是曲线线条，如图 3-4 所示。

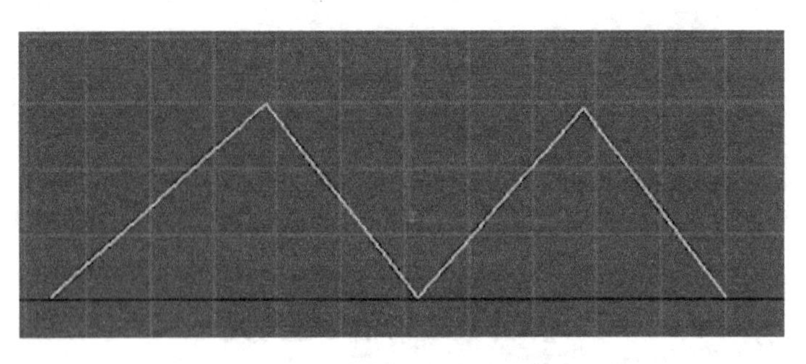

图 3-2　创建开放的样条线

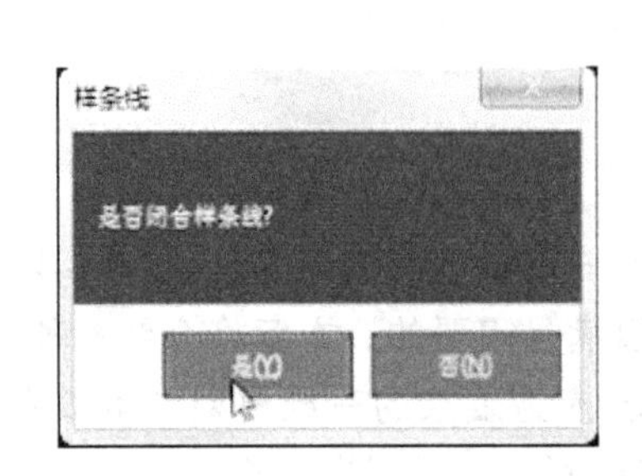

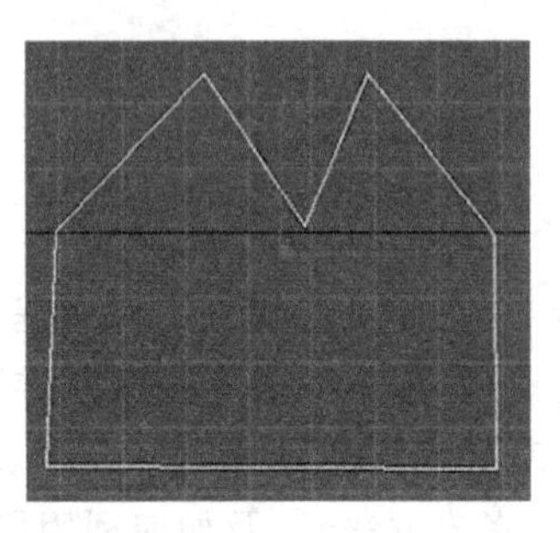

图 3-3　创建封闭的样条线

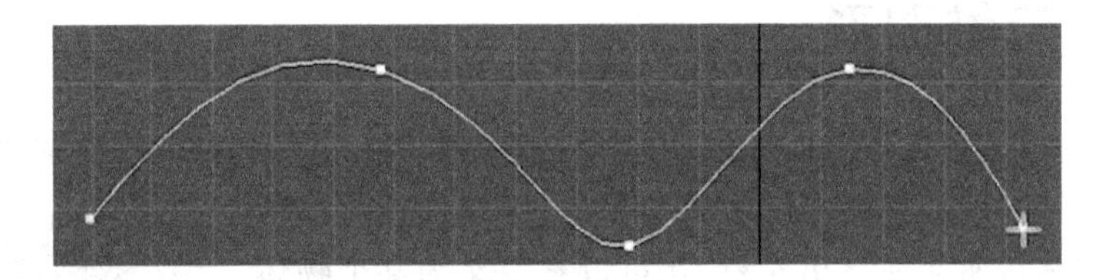

图 3-4　创建曲线线条

(4) 在默认状态下确定了第一个点，在确定第二个点时角度是任意的，如果按住 Shift 键，就可以绘制水平线或者垂直线，如图 3-5 所示。

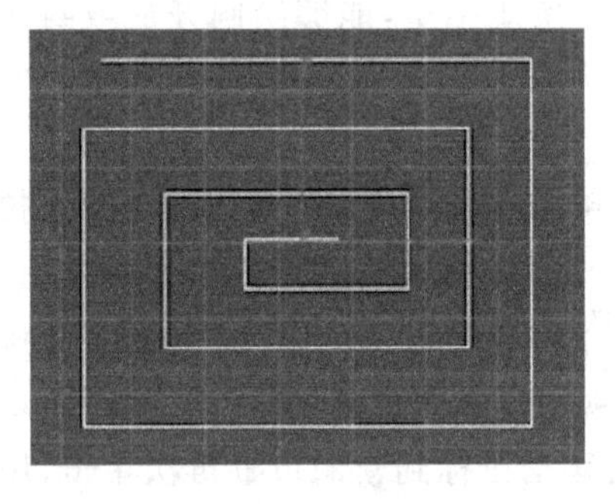

图 3-5　绘制水平线或垂直线

知识点 1

如果绘制的图形需要超出视图的边界，可以按键盘上的 I 键，光标的位置会移动到视图的中心，以方便继续绘制。

2. 创建矩形

(1) 在“创建”面板中单击“图形”按钮，在弹出的下拉菜单中选择“样条线”命令，在对象类型中单击 矩形 按钮，在视图中按住鼠标左键即可拖出一个矩形。在“参数”面板中可以修改长度、宽度和角半径的值，增大角半径的值可以制作带有圆角的矩形，如图 3-6 所示。

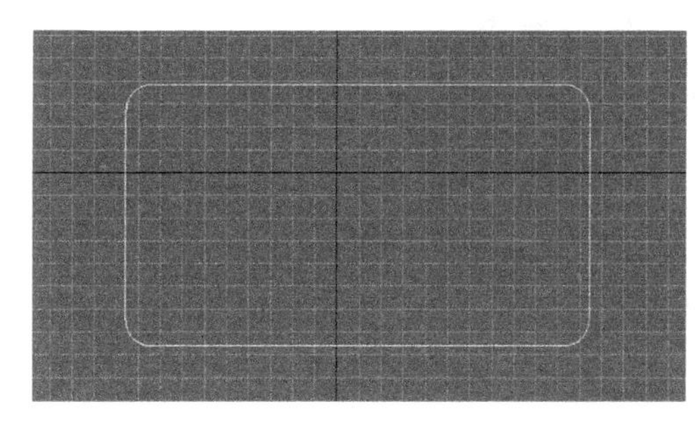

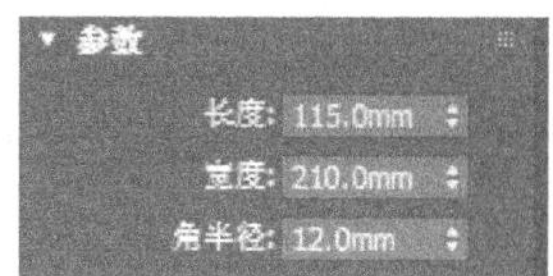

图 3-6 创建矩形

(2) 按住 Ctrl 键，同时按住鼠标左键拖动，可以创建正方形，如图 3-7 所示。

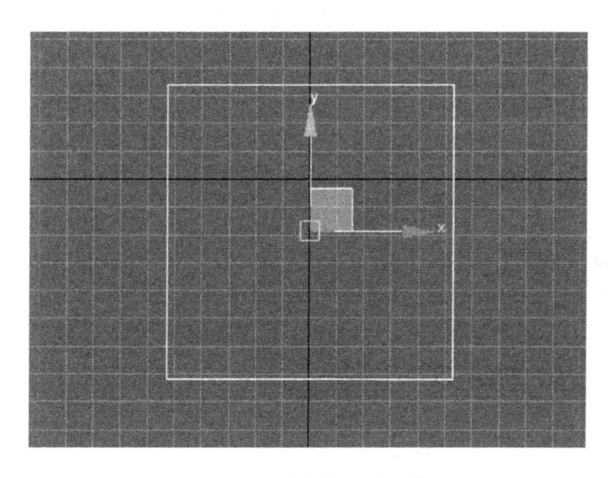

图 3-7 创建正方形

3. 创建圆

在“创建”面板中单击“图形”按钮，在弹出的下拉菜单中选择“样条线”命令，在对象类型中单击 圆 按钮，在视图中按住鼠标左键即可拖出一个圆。在“参数”面板中可以修改半径的值，如图 3-8 所示。

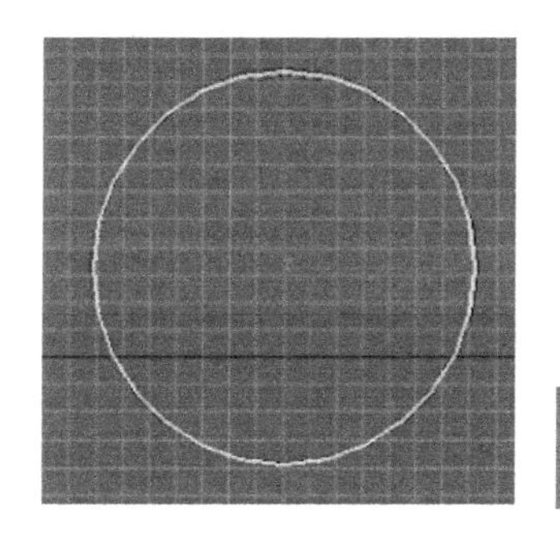

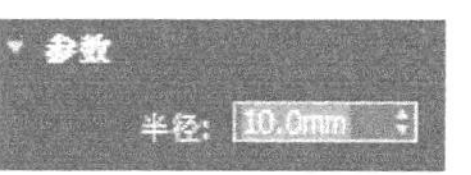

图 3-8 创建圆

4. 创建椭圆

在“创建”面板中单击“图形”按钮，在弹出的下拉菜单中选择“样条线”命令，在对象类型中单击“椭圆”按钮，在视图中按住鼠标左键即可拖出一个椭圆。在“参数”面板中可以修改“长度”和“宽度”的值，如图 3-9 所示。

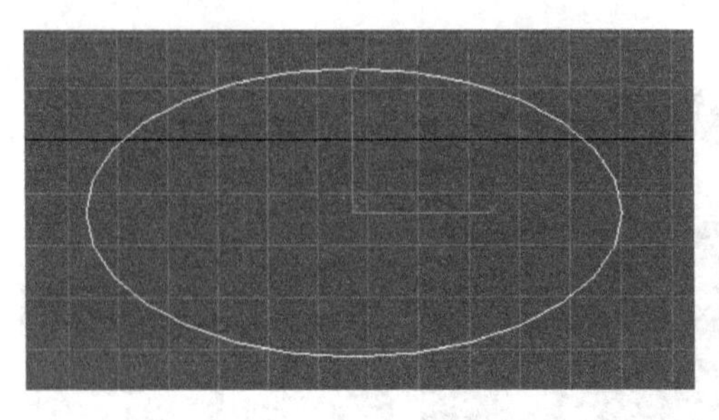
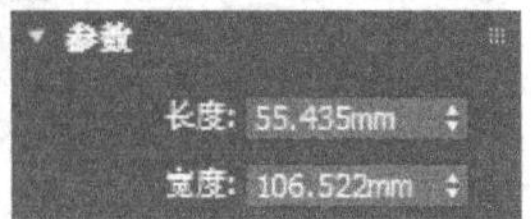

图 3-9 创建椭圆

5. 创建弧

在“创建”面板中单击“图形”按钮，在弹出的下拉菜单中选择“样条线”命令，在对象类型中单击“弧”按钮，在视图中按住鼠标左键拖动确定弧的两个端点，再拖动鼠标确定弧的高度。在“参数”面板中可以修改弧的半径、起始位置和终止位置，如图 3-10 所示。

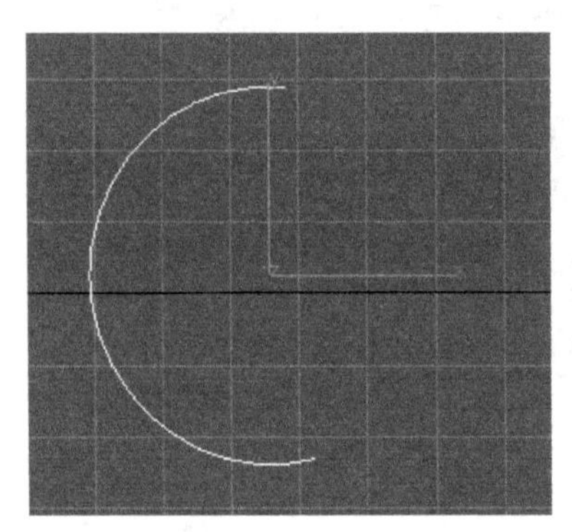
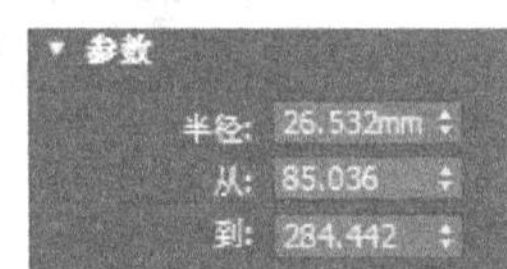

图 3-10 创建弧

6. 创建圆环

在“创建”面板中单击“图形”按钮，在弹出的下拉菜单中选择“样条线”命令，在对象类型中单击“圆环”按钮。在视图中按住鼠标左键拖动，确定第一个圆环，再向内或向外按住鼠标左键拖动确定第二个圆环。在“参数”面板中可以修改半径 1 和半径 2，即第一个圆环和第二个圆环的半径值，如图 3-11 所示。

7. 创建多边形

(1) 在“创建”面板中单击“图形”按钮，在弹出的下拉菜单中选择“样条线”命令，在对象类型中单击“多边形”按钮。在视图中按住鼠标左键拖动即可绘制多边形。在“参数”面板中可以修改半径、边数、角半径的值，也可以选择多边形是圆的内接多边形还是外接多边形，如图 3-12 所示。

(2) 如果选中“内接”单选按钮，即多边形是圆的内接多边形，“半径”值为中心到顶点的距离；如果选中“外接”单选按钮，即多边形是圆的外接多边形，“半径”值为外接多边形从中

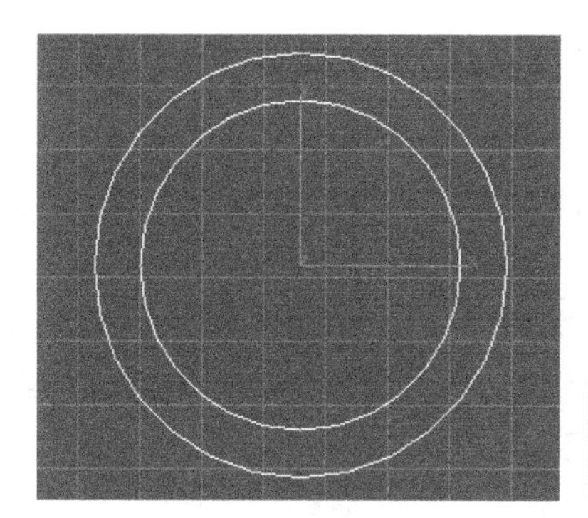
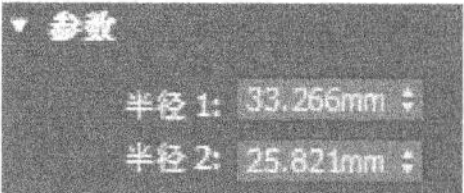

图 3-11　创建圆环

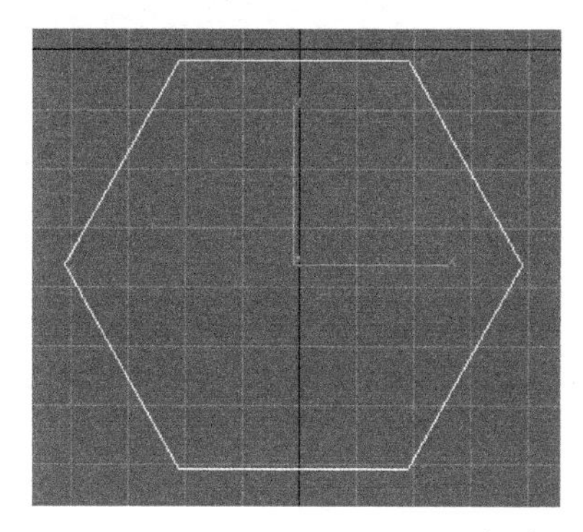
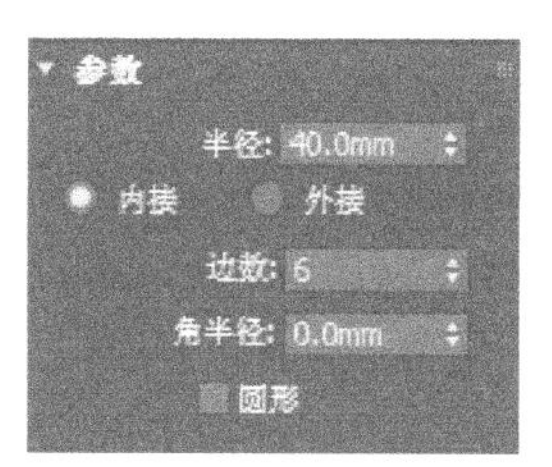

图 3-12　创建多边形

心到边线的垂直距离。

(3) 多边形的边数越多就更接近圆形。调节角半径，可以使多边形的角变得圆滑，如图 3-13 所示。

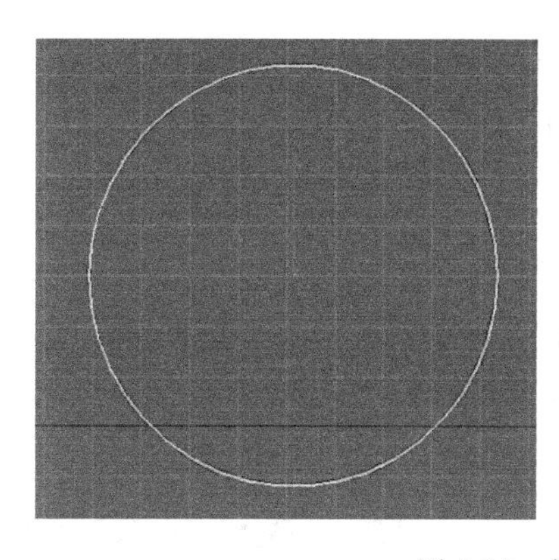
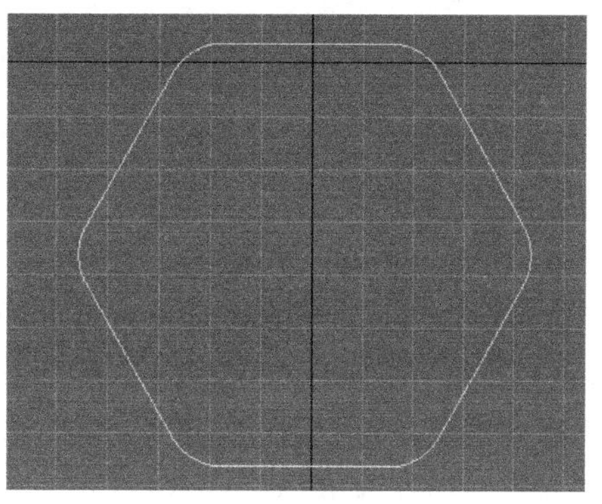

图 3-13　创建圆角多边形

知识点 2

勾选“圆形”，多边形显示出圆形，但是它和一般的圆还是有差别的。选中图形，右击，在弹出的快捷菜单中选择“转换为”→“转换为可编辑样条线”命令，将其转换为可编辑样条线。在修改器堆栈中，单击“可编辑样条线”左侧的三角，展开次对象级，单击“顶点”进入顶点层级，可以看到通过多边形形成的圆有 6 个顶点，来自于多边形的 6 个角。如果直接单击“圆”按钮，在前视图中绘制一个圆形，用同样的方法，将圆形转换成可编辑样条线，进入顶点层级，可以看到直接创建的圆有 4 个顶点。也就是说，多边形形成的圆可以具有多个顶点，如图 3-14 所示。

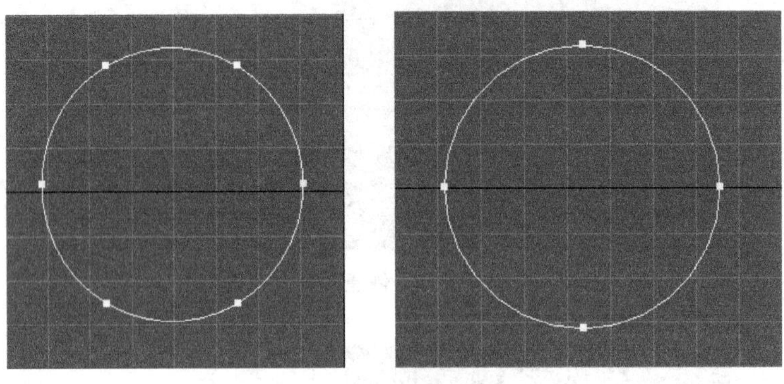

图 3-14 “圆形”选项的差别

8. 创建星形

(1) 在“创建”面板 中单击“图形”按钮 ，在弹出的下拉菜单中选择“样条线”命令，在对象类型中单击 星形 按钮。在视图中按住鼠标左键拖动并释放左键，确定第一个半径点，再向内或向外拖动鼠标，单击鼠标左键确定第二个半径点。可在“参数”面板中修改半径 1、半径 2 和点数等，如图 3-15 所示。“半径 1”指星形一个顶点的半径；“半径 2”指星形另一个顶点的半径；“点”指星形上的点数，范围为 3～100。

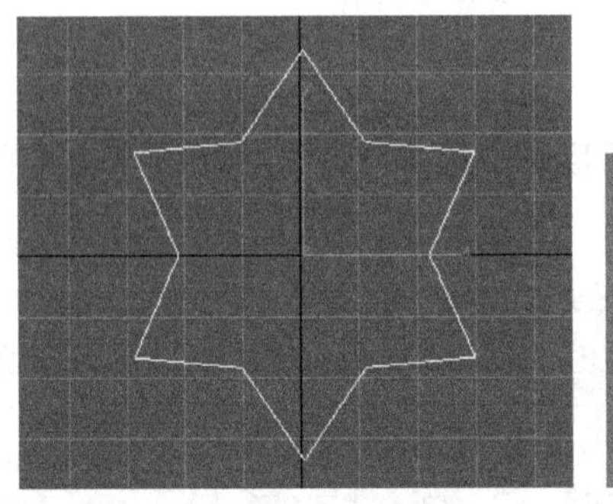

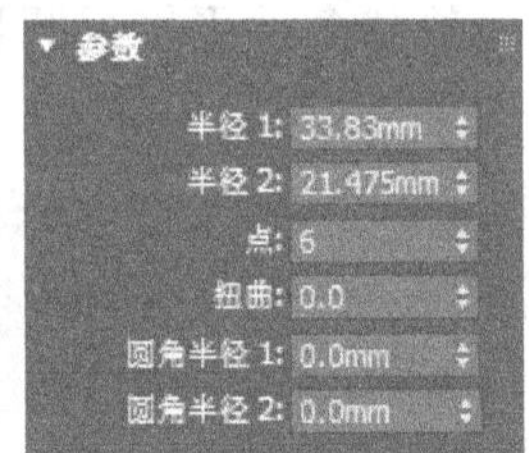

图 3-15 创建星形

(2) 调整“扭曲”可以围绕星形中心旋转顶点，从而生成锯齿形效果。调整“圆角半径 1”“圆角半径 2”可以圆角化星形的两个顶点。在“参数”面板中修改扭曲和圆角半径 1、圆角半径 2 的值，会得到旋转的星形和光滑的内外圆角，如图 3-16 所示。

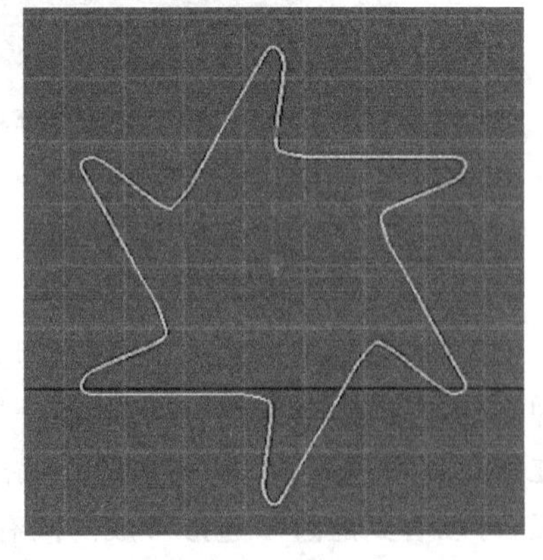

图 3-16 变换星形

9. 创建文本

(1) 在“创建”面板 中单击“图形”按钮 ，在弹出的下拉菜单中选择“样条线”命令，在对象类型中单击 文本 按钮。在视图中单击鼠标左键创建文本，再次单击可以继续创建文本，右击结束文本创建，如图 3-17 所示。

(2) 单击“修改”按钮 ，打开“修改”面板。在“文本”输入框中输入所需文本，选择合适的字体，还可以添加各种文字效果，如改变文字的对齐方式、大小、字间距和行间距等，如图 3-18 所示。

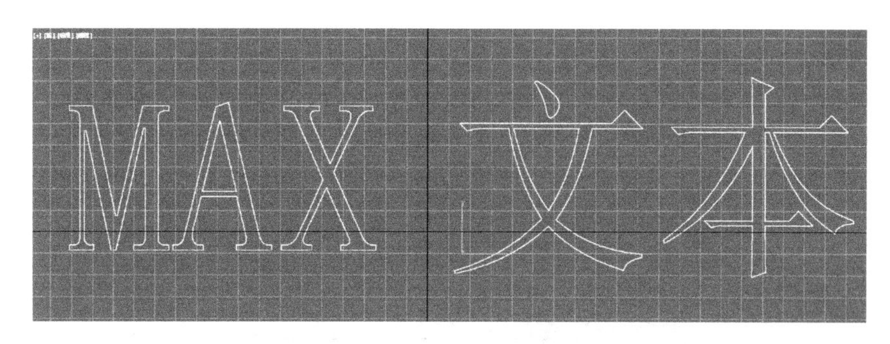

图 3-17 创建文本

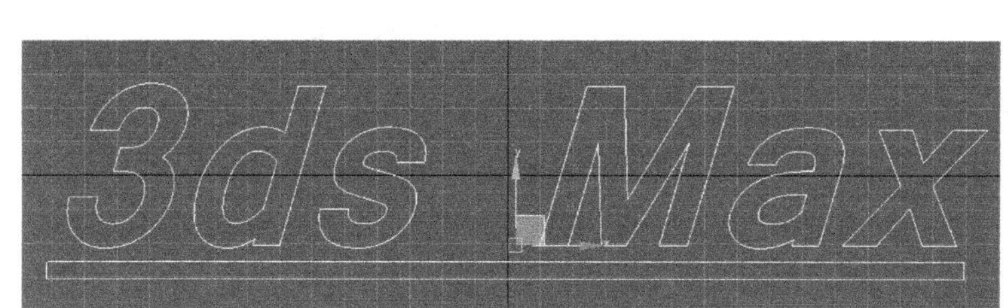

图 3-18 修改文本属性

10. 创建螺旋线

(1) 在“创建”面板 中单击“图形”按钮 ，在弹出的下拉菜单中选择“样条线”命令，在对象类型中单击 螺旋线 按钮。在透视图中按住鼠标左键拖动并释放，确定螺旋线的第一个半径，再移动鼠标单击确定螺旋线的高度，最后移动鼠标单击确定螺旋线另一端的半径，如图 3-19 所示。

(2) 在螺旋线的“参数”修改面板中，“半径 1”是螺旋线起点的半径，“半径 2”是螺旋线终点的半径，“高度”是螺旋线的高度，“圈数”是螺旋线起点至终点之间的圈数，“偏移”可以强制在螺旋线的一端累积圈数，“顺时针”和“逆时针”可以设置螺旋线的旋转是按照顺时针(CW)方向还是逆时针(CCW)方向，如图 3-20 所示。

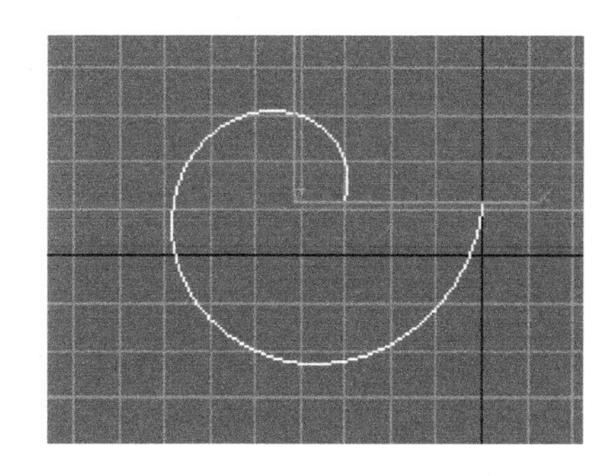

图 3-19 创建螺旋线

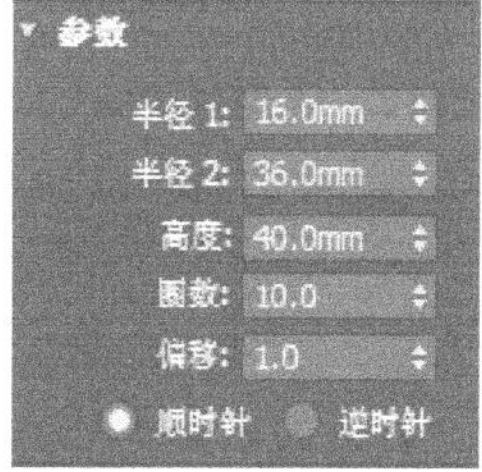

图 3-20 修改螺旋线的属性

知识点 3

在样条线的对象类型下方，开始新图形默认情况下为勾选状态。

当绘制完一个样条线并且样条线仍然处于选中状态时，再绘制一个矩形，这时样条线的选择会被取消，如果此时再绘制一个圆，那么矩形的选择也会被取消。对这些图形进行选择或移动时，图形分别高亮显示或移动，说明这些图形是独立的个体，如图 3-21 所示。

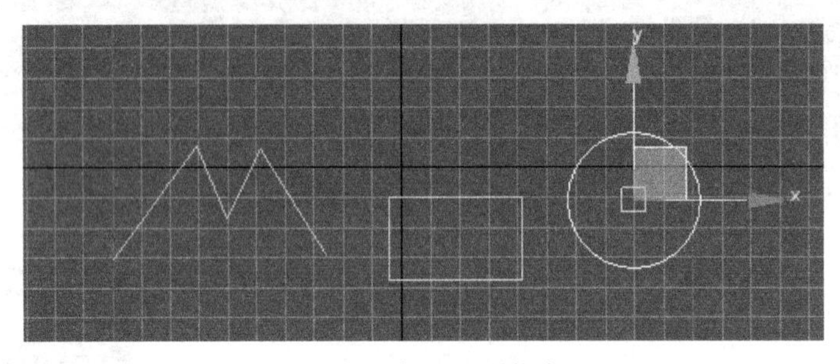

图 3-21 勾选选项状态

如果取消开始新图形的勾选，在样条线仍然处于选中状态时，再绘制一个矩形，这时的样条线仍然处于选中状态，如果此时再绘制其他图形，样条线还是处于选中状态。当选择或移动任意一个图形时，所有图形都会被选择并移动，说明这些图形是一个整体，如图 3-22 所示。

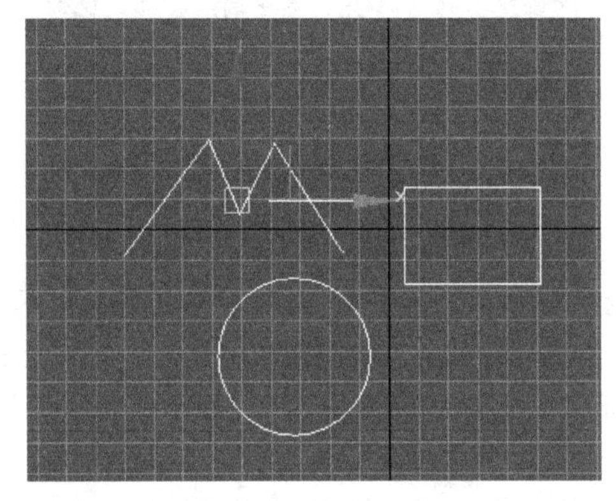

图 3-22 取消选项状态

11. 创建卵形

在“创建”面板中单击“图形”按钮，在弹出的下拉菜单中选择“样条线”命令，在对象类型中单击卵形按钮，在视图中按住鼠标左键拖动确定第一个卵形，再向内或向外拖动确定第二个卵形，单击鼠标左键确定。在“参数”面板中可以修改长度、宽度、厚度和角度，如图 3-23 所示。

12. 创建截面

“截面”工具可以通过截取三维模型的剖面来获得二维图形。

(1) 在透视图中创建一个茶壶和圆柱体的模型，如图 3-24 所示。

(2) 在“创建”面板中单击“图形”按钮，在弹出的下拉菜单中选择“样条线”命令，在对象类型中单击截面按钮。在顶视图中按住鼠标左键拖动绘制截面，通过“选择并移动”工具，分别在前视图、顶视图移动截面使它与三维模型相交，截面与三维模型相交的部分呈黄色显示，如图 3-25 所示。

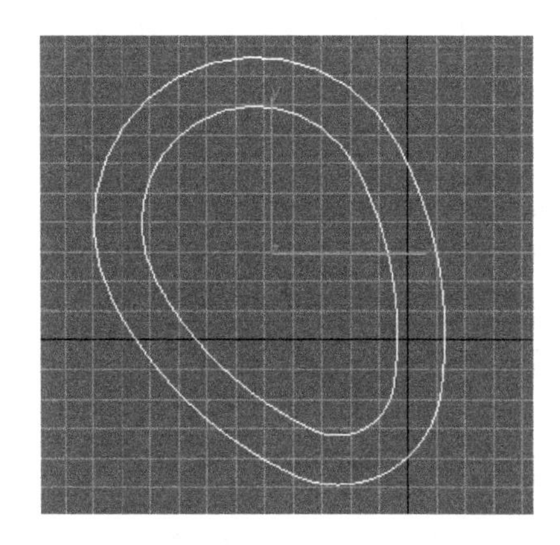

参数
长度: 119.361mr
宽度: 79.574mm
轮廓
厚度: 16.761mm
角度: -151.39

图 3-23 创建卵形

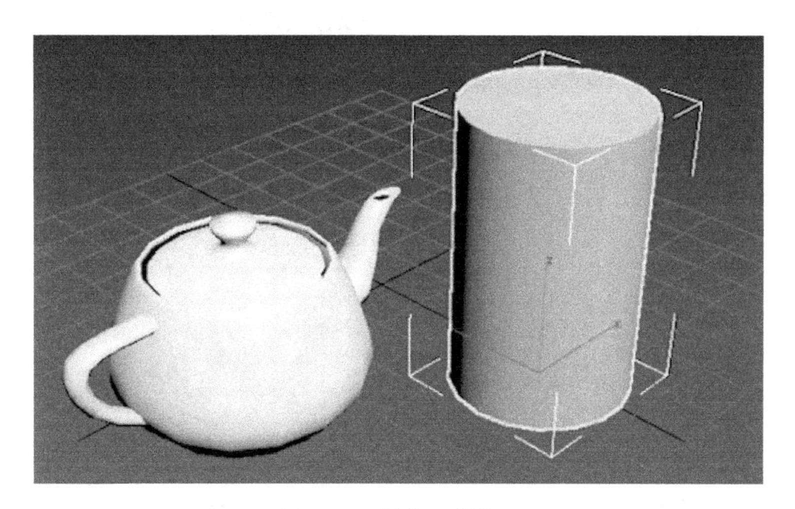

图 3-24 创建三维模型

图 3-25 创建截面

(3) 进入“修改”面板,在“截面参数”面板中,单击 创建图形 按钮,为截面图形命名后单击“确定”按钮,如图 3-26 所示。

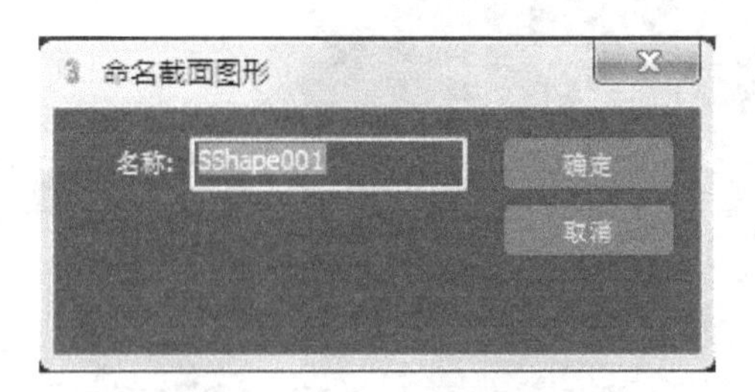

图 3-26 创建截面图形

(4) 选择并移动三维模型和截面,可以看到从三维模型上获取的截面,如图 3-27 所示。

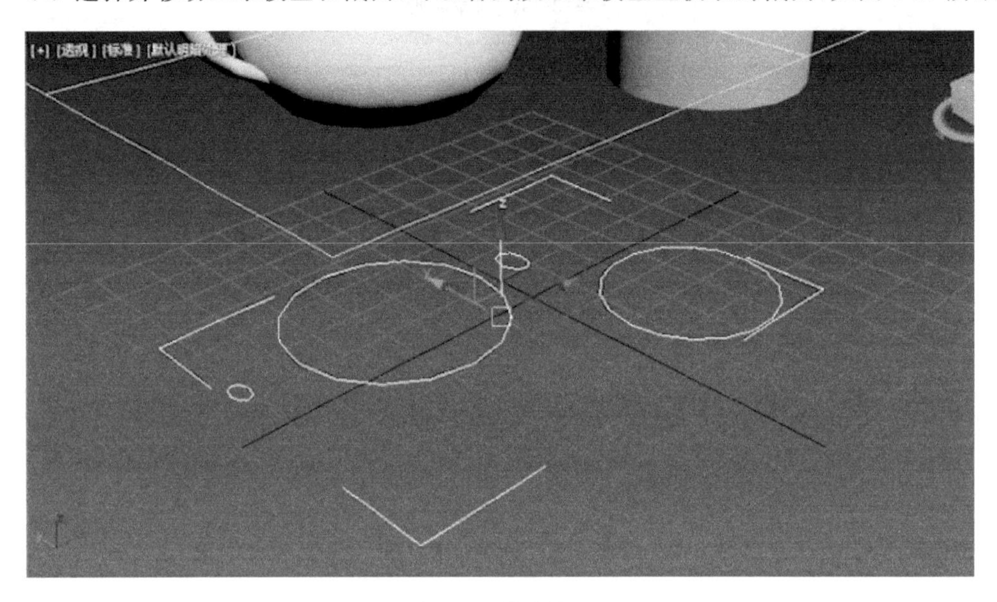

图 3-27 获取截面

3.2 二维图形编辑命令

在 3ds Max 2017 软件中,所创建的标准二维图形除了线可以自由调整外,其余的图形都需要利用参数来进行编辑修改,这是因为线在默认情况下为可编辑样条线,而普通的图形不是。为了能够创建更多形式的图形,可以将它们转化为可编辑样条线。

在前视图中创建一个矩形,将图形对象转换成可编辑样条线有两种方法:①在“修改”命令面板中添加“可编辑样条线”修改器,将平面图形转换为可编辑样条线;②在图形对象被选择的状态下右击,在弹出的快捷菜单中选择“转换为”→“转换为可编辑样条线”命令,如图 3-28 所示。

这两种方法的区别:利用添加修改器的方法将图形转换为可编辑样条线,在修改器堆栈中会保留图形的创建层级;右键菜单的转换方式会将原始对象的创建层级塌陷,优点是节约系统资源,但是不能再修改图形对象的原始参数。

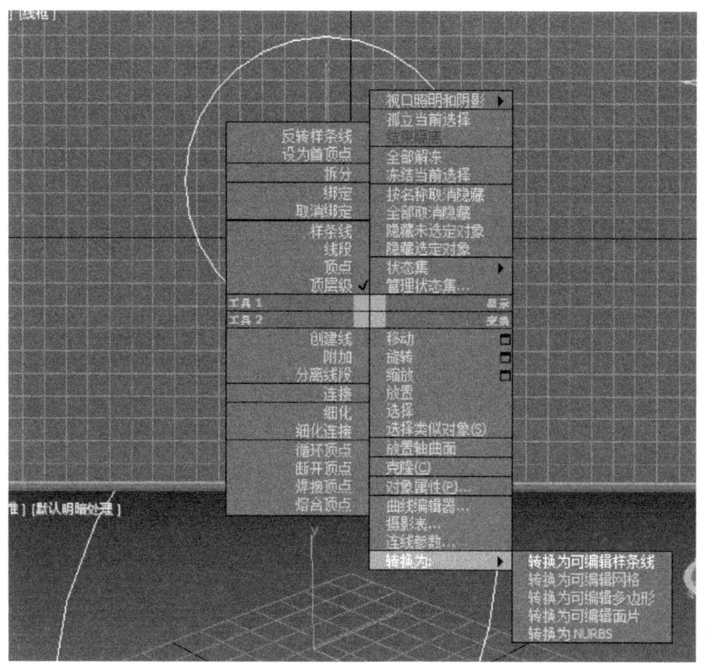

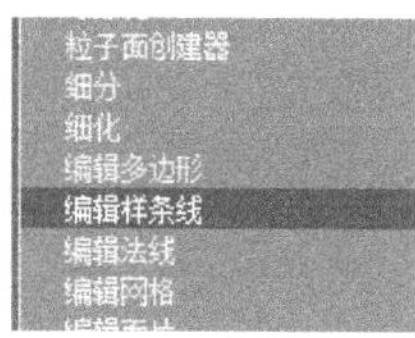

图 3-28 转换为可编辑样条线

3.2.1 设置顶点类型

在右侧“选择”面板中，单击“顶点”按钮进入样条线的顶点层级。单击“主工具栏”的“选择对象”工具，选择前面绘制矩形的任意一个顶点，右击，从弹出的快捷菜单中可以看到样条线的顶点类型有 4 种，即 Bezier 角点、Bezier、角点、平滑。后面打钩的选项代表当前样条线的顶点类型，如图 3-29 所示。

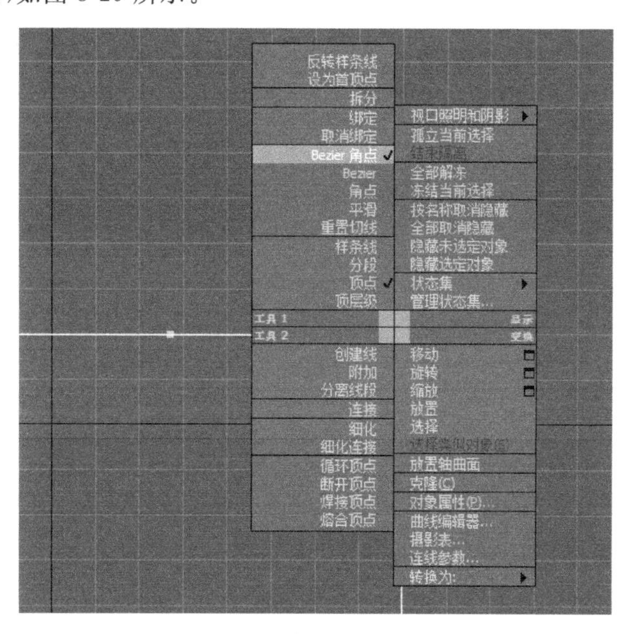

图 3-29 顶点类型

1. Bezier 角点

当点的类型为“Bezier 角点”时，当前点具有两个独立的控制手柄，按住鼠标左键调节控制手柄，可以分别调整点两侧线条的形状，如图 3-30 所示。

2. Bezier

当点的类型为 Bezier 时，当前点具有两个控制手柄，调节其中一个手柄，另一个手柄会随着变化，整个线条的形状会随之调整，如图 3-31 所示。

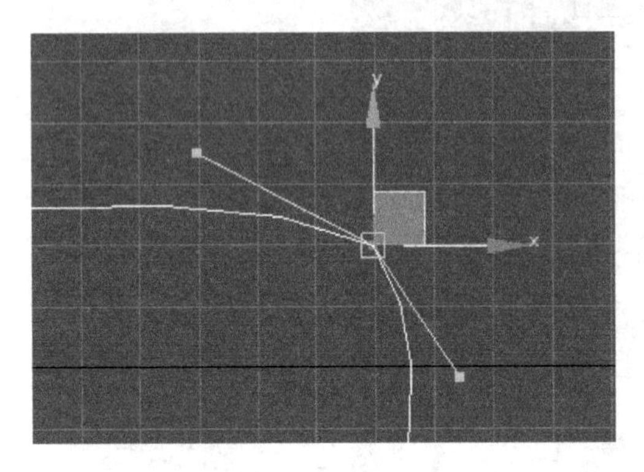

图 3-30 Bezier 角点

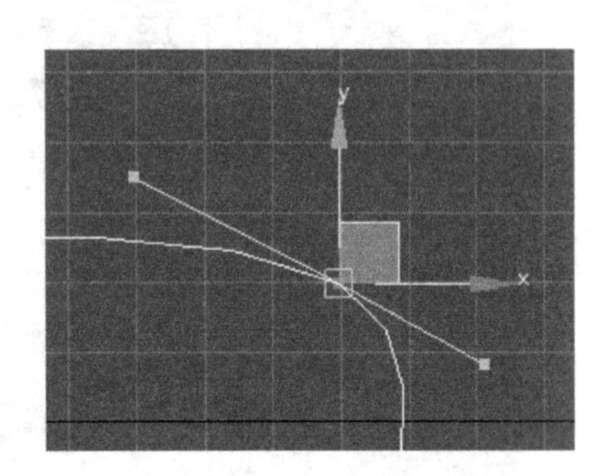

图 3-31 Bezier

3. 角点

当点的类型为“角点”时，当前点没有控制手柄，通过点的线条没有曲线状态，变化是尖锐的，可以改变点的位置从而改变线条的形状，如图 3-32 所示。

4. 平滑

当点的类型为“平滑”时，当前点也没有控制手柄，通过当前点的线条自由平滑，也可以改变点的位置从而改变线条的形状，如图 3-33 所示。

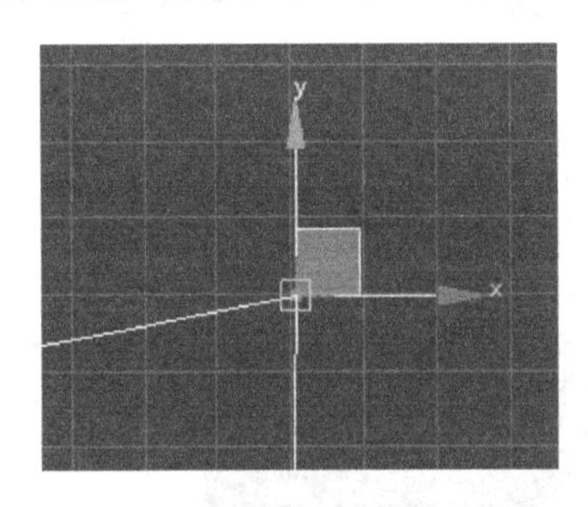

图 3-32 角点

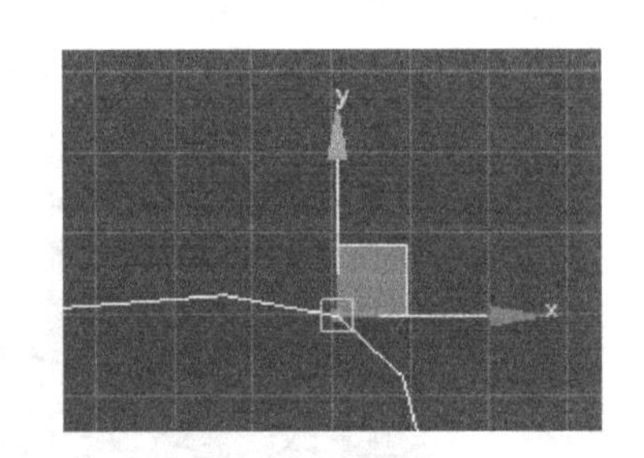

图 3-33 平滑

3.2.2 顶层级

1. 创建线

首先创建一根样条线，右击结束绘制。选择线，单击“修改”按钮，进入“修改”面板。在“几何体”面板中，单击 创建线 按钮，接着绘制一条直线。单击主工具栏中的“选择对象”工具，选择任意线条，可以看到所有的线条都变白显示，说明通过这种方式可向所选对象添加更多的样条线，这些样条线是一个整体，如图 3-34 所示。

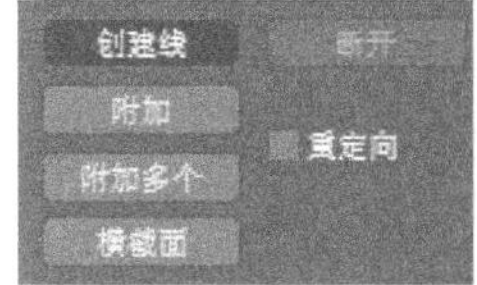

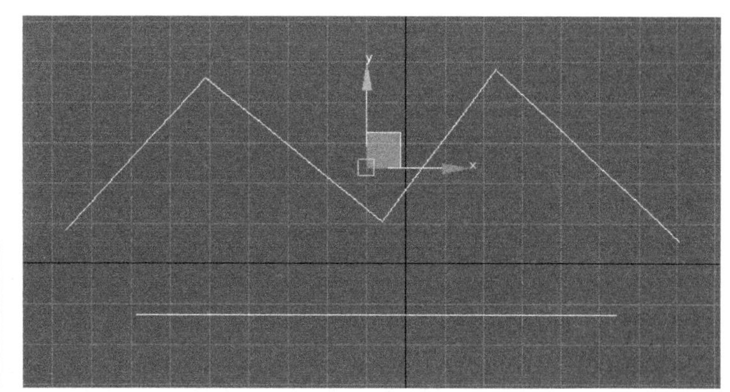

图 3-34 创建线

2. 附加

在“创建”面板 中单击“图形”按钮 ，在弹出的下拉菜单中选择“样条线”命令，在对象类型中单击 椭圆 按钮，再绘制一个椭圆，接着单击 矩形 按钮，绘制一个矩形。选中原来的样条线，在“几何体”面板中单击 附加 按钮，将光标放到其他的图形上，这时光标的形状会变成 形状，表示现在可以附加了，在选择的图形上单击鼠标左键，这时选择的图形就和原来的图形附加成为一个整体，如图 3-35 所示。

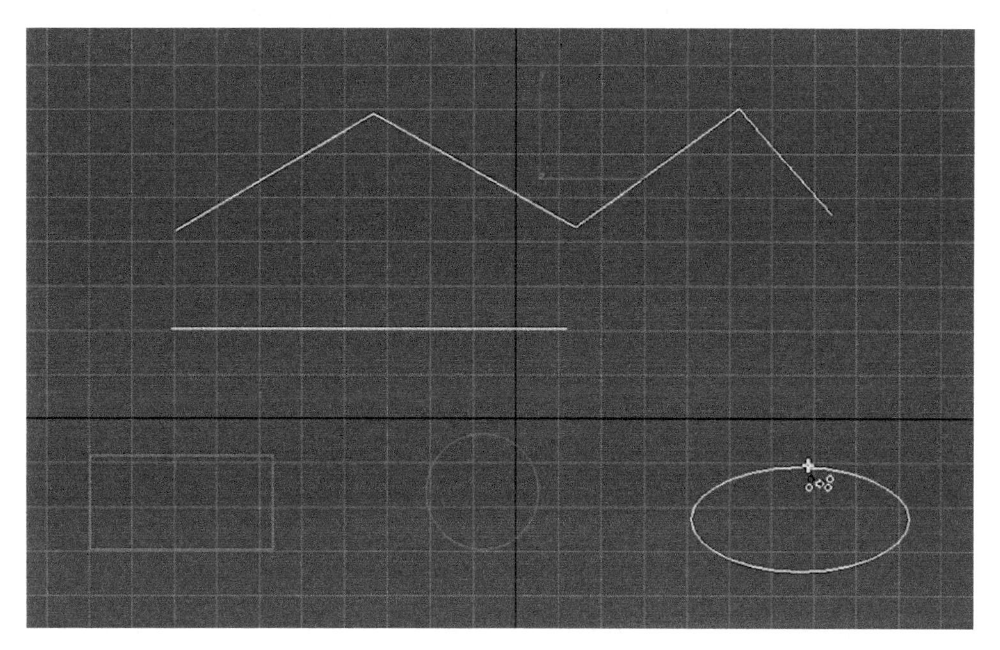

图 3-35 附加

3. 附加多个

“附加多个”可以一次性地将多个图形附加成一个整体。在“几何体”面板中单击 附加多个 按钮，弹出“附加多个”对话框，该对话框中显示出当前可以附加到一起的所有图形名称。选择所需附加的图形名称，单击“附加”按钮 附加 这时选择的所有图形就和原来的图形附加成为一个整体，如图 3-36 所示。

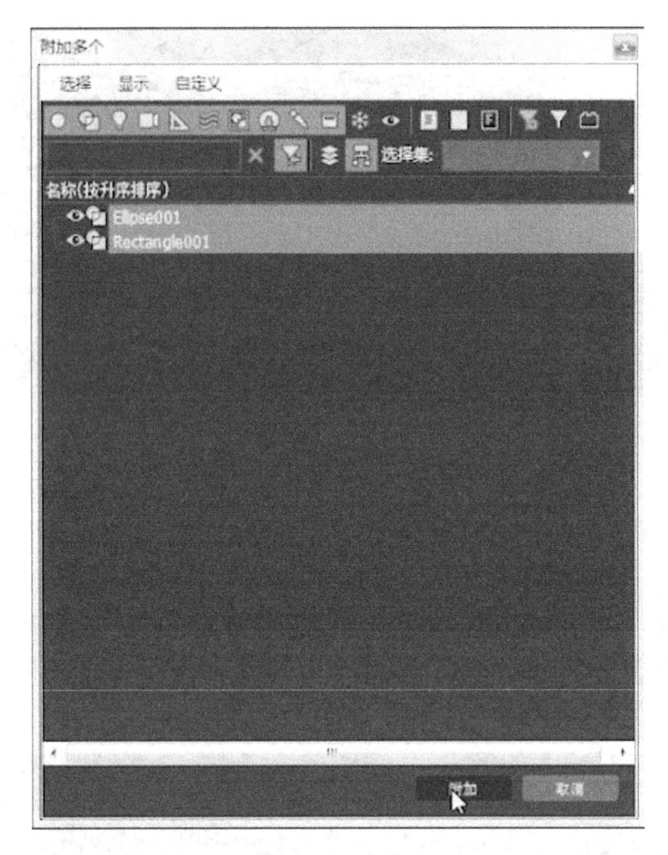

图 3-36 附加多个

3.2.3 顶点层级

可编辑样条线除了顶层级外，还有 3 个子层级，即顶点层级、线段层级、样条线层级。顶点是独立的点；线段是样条线的一部分，在两个顶点之间；样条线是绘制的独立图形，可以是封闭的，也可以是开放的。在可编辑样条线的顶层级进入各个子层级的方法有以下 3 种。

(1) 在修改器堆栈中进入。选择可编辑样条线，单击“修改”按钮进入“修改”面板。在修改器堆栈中单击“可编辑样条线”左侧的三角，展开次对象级。单击“顶点”，即可进入样条线的“顶点”次对象级。在视图中选择任意顶点，会发现顶点变红显示。单击“线段”，可进入样条线的“线段”次对象级。在视图中选择任意一条线段，会发现线段变红显示。单击“样条线”，可进入“样条线”次对象级。在视图中选择任意一条样条线，会发现样条线变红显示。再次单击相应的选项，可以返回到顶层级。

(2) 从“选择”面板中进入。在“选择”面板中单击“顶点”按钮、“线段”按钮、“样条线”按钮，可以分别进入样条线的“顶点”“线段”“样条线”层级。再次单击相应的按钮，可以返回到顶层级。

(3) 通过快捷键方式进入。选择样条线，单击“修改”按钮进入“修改”面板。按键盘上的“1”“2”“3”，可以分别进入样条线的“顶点”“线段”“样条线”层级。再次按相应的数字键，会返回到顶层级。

1. 设为首顶点

首顶点是样条线的第一顶点。设为首顶点可以将选择的点设为样条线的第一顶点。在视图中创建一个矩形，右击将其转换为可编辑样条线，在“修改”面板中进入顶点层级⋯。在选择面板中，显示顶点编号选项默认情况下没有选择，勾选以后会显示出当前图形的顶点编号。编号为1的顶点为首顶点，颜色为黄色，其余的顶点为白色，如图3-37所示。

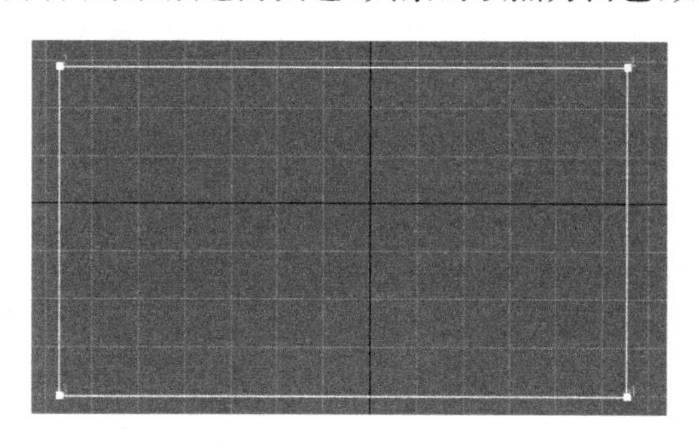

图3-37　显示顶点编号

首顶点的位置是可以改变的。选择其他任意一个非首顶点，在“几何体”面板中单击设为首顶点按钮，即可将选择的点设置为首顶点。

在一根闭合的样条线内，任意一个顶点都可以设置为首顶点，但是在一根开放的样条线内，只能将首尾的两个点设置为首顶点，如图3-38所示。

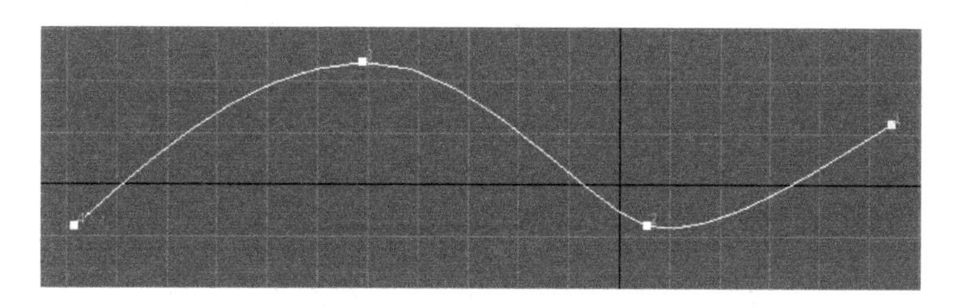

图3-38　开放样条线的首顶点

2. 断开

可以将选择的点断开，分成两个顶点。选择样条线的任意一个顶点，单击“几何体”面板中的断开按钮。通过主工具栏中的“选择并移动”工具移动顶点的位置，可以发现一个顶点变成两个独立的顶点，如图3-39所示。

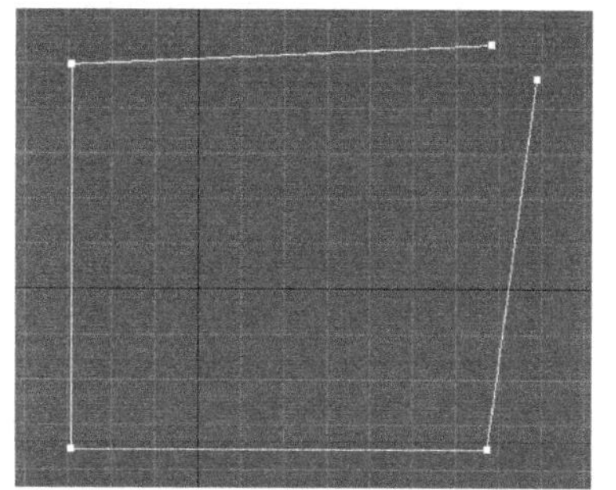

图3-39　断开顶点

3. 焊接

焊接可以将同一条样条线中两个相邻的点焊接成为一个顶点。选择需要焊接的两个顶点，在“几何体”面板中单击焊接按钮，可以看到两个独立的顶点合并为一个顶点。“焊接阈值”可以设置焊接的两个点之间的最大距离焊接 100.0mm，在阈值范围内的两点才可以焊接上。

4. 熔合

选择两个独立的顶点，在“几何体”面板中单击熔合按钮，两个顶点会在它们的中心位置重合。但是“熔合”不会焊接顶点，只是将它们移至同一位置，两个顶点还是独立分开的。

5. 连接

首先选择当前点，在“几何体”面板中单击 连接 按钮，从当前点拖出一条虚线到目标点，单击鼠标左键确定，会在两点之间建立一条连线，如图 3-40 所示。

6. 圆角

选择一个顶点，在“几何体”面板中单击 圆角 按钮，将光标移动到选择点上时，光标会变成 形状，按住鼠标左键拖动，可以对这个点进行圆角化处理，如图 3-41 所示。选择顶点，把光标放到“圆角”右侧数值框的微调器上 圆角 0.0mm ，按住鼠标左键拖动，也可以将选择的点圆角化。

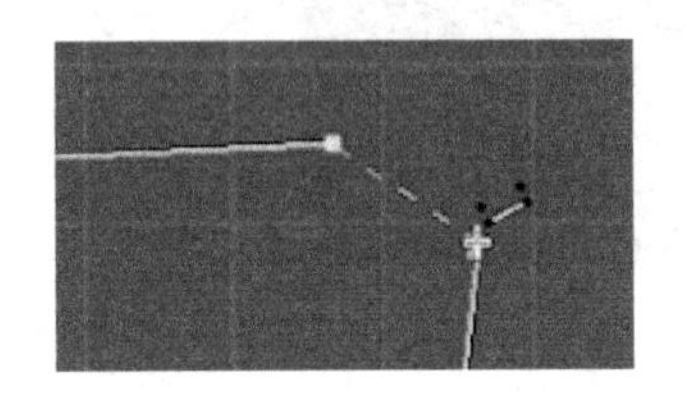

图 3-40　连接顶点

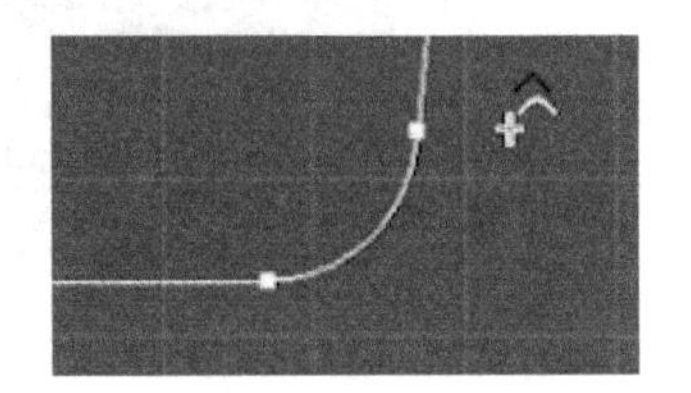

图 3-41　圆角化顶点

7. 切角

选择一个顶点，在“几何体”面板中单击 切角 按钮，将光标移动到选择点上时，光标会变成 形状，按住鼠标左键拖动，就可以对这个点进行切角化处理，如图 3-42 所示。右侧的切角值是从原来的点到切角化后的两个点之间的距离 7.525mm 。选择顶点，把光标放到“切角”右侧的数值框的微调器上 圆角 0.0mm ，按住鼠标左键拖动，也可以将选择的点切角化。

8. 优化与插入

通过优化，可以在样条线上添加顶点，而不更改样条线的曲率值。选择样条线，在“几何体”面板中单击 优化 按钮，再单击鼠标左键，可以在样条线上添加顶点，右击完成操作，如图 3-43(a)所示。

通过插入，可以在样条线上插入一个或多个顶点。“插入”工具会随着鼠标的拖动改变样条线的曲率值。选择样条线，单击 插入 按钮，单击线段中某处将光标附加到样条线上，再次单击插入顶点，继续单击可以插入更多的点，右击完成操作并释放鼠标，如图 3-43(b)所示。

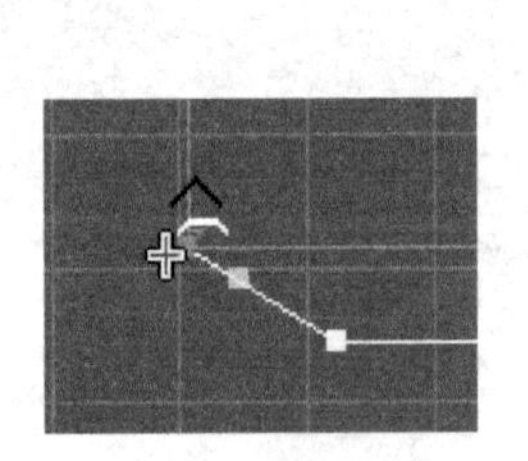

图 3-42　切角化顶点

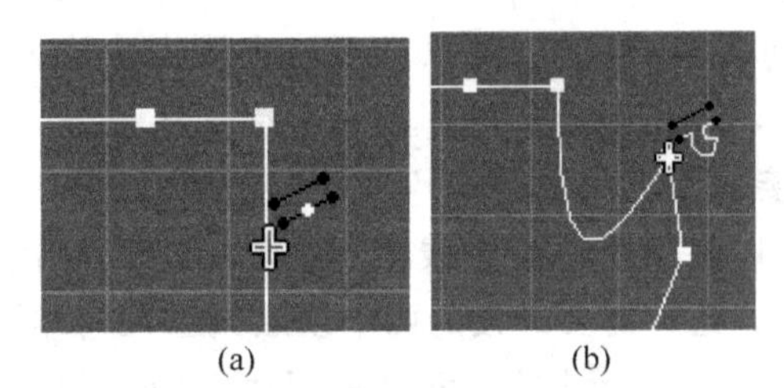

(a)　(b)

图 3-43　优化与插入

3.2.4　线段层级

1. 拆分

在视图中创建一个矩形，将矩形转换为可编辑样条线。在“选择”面板中单击“线段”按

钮 ，进入线段层级。选择一条线段，在“几何体”面板中“拆分”按钮右边的数值栏中输入插入顶点的个数 2 ，单击 拆分 按钮，可在线段上自动插入顶点，如图 3-44 所示。

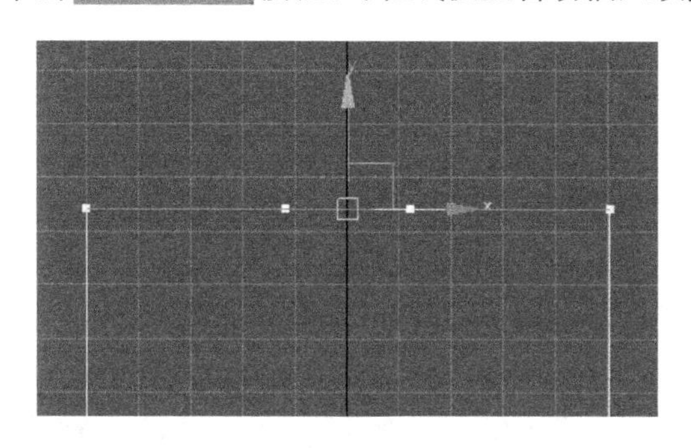

图 3-44 插入顶点

2. 分离

选择一条线段，在“几何体”面板中单击 分离 按钮，将线段从原有的图形中分离出来，生成新的图形。这时会弹出一个对话框，可以为新的图形命名，如图 3-45 所示。

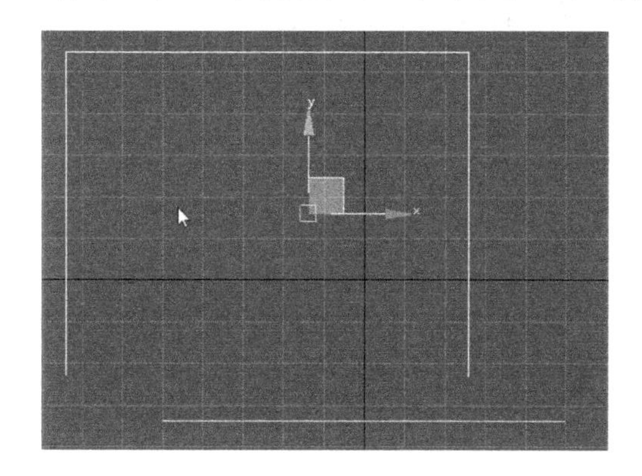

图 3-45 “分离”对话框

3.2.5 样条线层级

1. 轮廓

在视图中创建一个矩形，将矩形转换为可编辑样条线。在“选择”面板中单击“样条线”按钮 ，进入样条线层级。选择样条线，在“几何体”面板中单击 轮廓 按钮。在视图中将光标靠近样条线，光标变成 形状，这时按住鼠标左键向内或向外拖动鼠标，会在原有样条线的内侧或外侧生成一条新的轮廓线。也可以选择一条样条线，在右边数值栏中按住微调器上下拖动鼠标，调整新轮廓线的距离 20.0mm ，向内是正值，向外是负值，如图 3-46 所示。

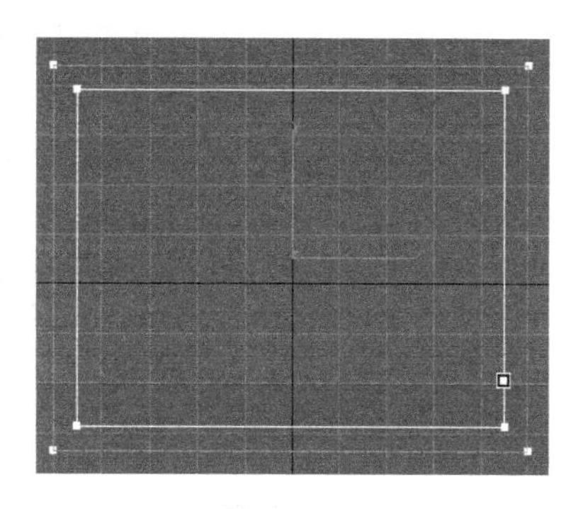

图 3-46 轮廓线

在 轮廓 按钮下方有一个“中心”复选框，默认情况下没有勾选。如果不勾选，则原始样条线保持不动，仅从一侧生成指定距离的轮廓。如果勾选“中心”复选框，则会以原始样条线为中心线，同时向内、向外移动生成指定距离的轮廓线，两条线最终的距离是输入的数值。

2. 布尔

布尔运算是将两个以上闭合且相交的样条线图形进行合并、减去、相交等操作，从而得到新的图形。

在前视图中创建“圆”和“矩形”两个图形，并使两个图形相交。选中“矩形”，将其转换为可编辑样条线。如需进行布尔运算，须先将所有图形附加为同一个对象。单击 附加 按钮，在视图中单击“圆”，可将两个图形附加在一起，如图 3-47 所示。

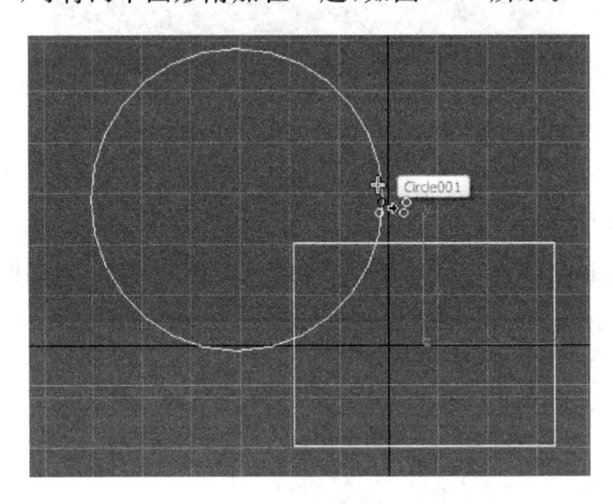

图 3-47　附加图形

在“选择”面板中单击“样条线”按钮，进入样条线层级。选择矩形样条线，单击 布尔 工具，当前的运算模式为“并集”，当光标变成形状时单击圆形，此时两条样条线就会合并在一起，重叠的部分被删除，如图 3-48 所示。

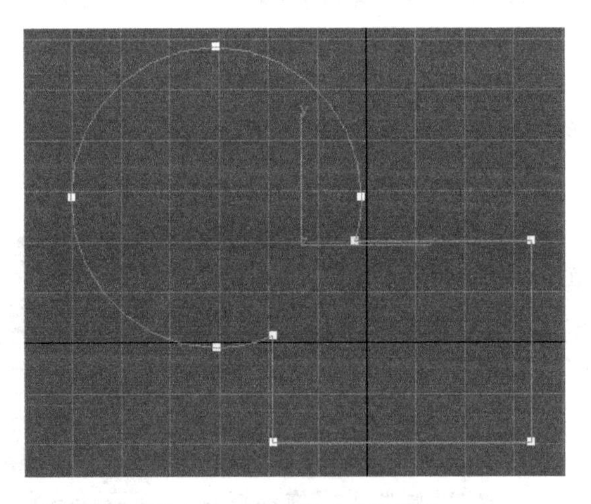

图 3-48　“布尔”工具的并集

如果选择的运算模式为“差集”，则保留第一条样条线减去与第二条样条线重叠的部分，并删除第二条样条线，如图 3-49 所示。

如果选择的运算模式为“交集”，仅保留两条样条线重叠的部分，并删除两条样条线不重叠的部分，如图 3-50 所示。

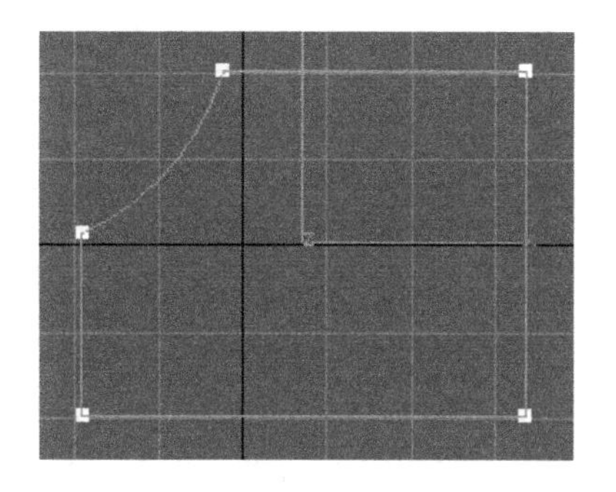
图 3-49　“布尔”工具的差集

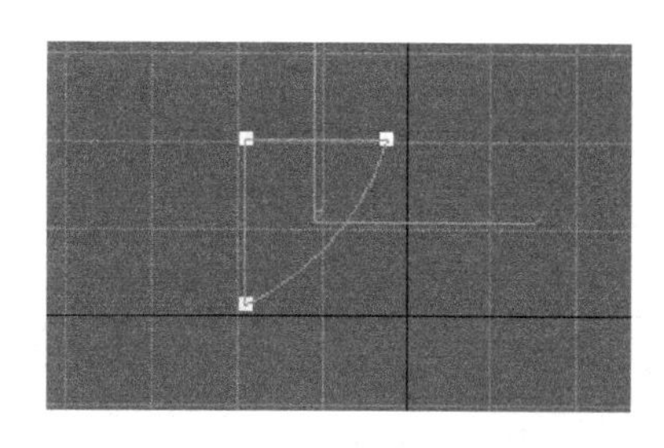
图 3-50　“布尔”工具的交集

3.2.6　渲染与插值

二维图形创建以后，可以使用以上介绍的方法，对它们进行各种修改。虽然各个图形的参数和调整方式不尽相同，但是它们都有两个共同的参数面板“渲染”和“插值”，如图 3-51 所示。

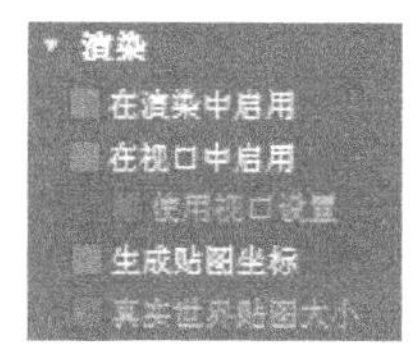

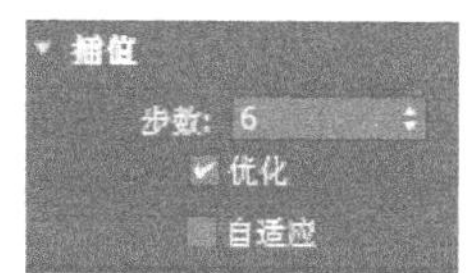

图 3-51　“渲染”和“插值”

(1) 在前视图中绘制一个矩形，在 3ds Max 中，平面图形在默认情况下不能被渲染。如果勾选“在渲染中启用”复选框，渲染之后就能看到二维图形的三维模型了，如图 3-52 所示。

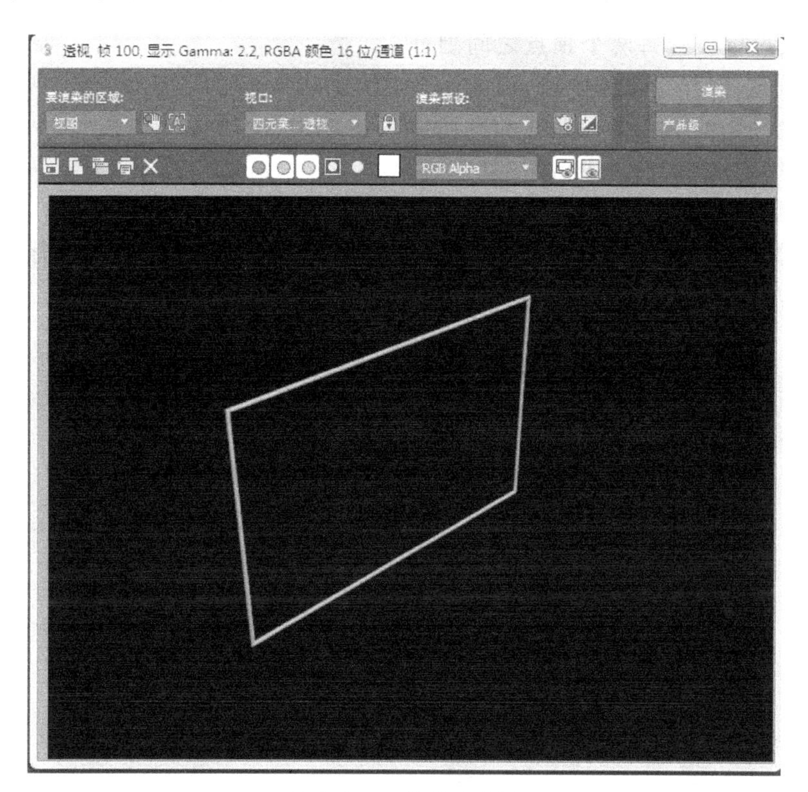

图 3-52　在渲染中启用

(2) 若同时勾选“在视口中启用”复选框，那么图形在视图中也会以三维模型呈现，如图 3-53 所示。

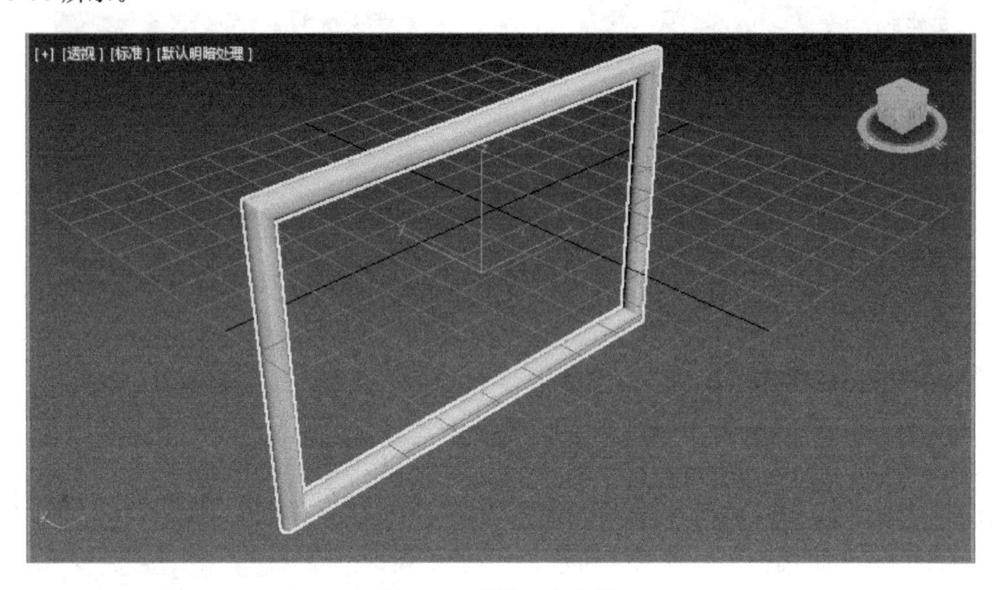

图 3-53　在视口中启用

(3) 默认情况下，渲染时截面图形为圆形，可以设置渲染时的“粗细”和“边数”。如果选择“矩形”，渲染时截面图形为矩形，可以设置截面的长度值和宽度值，如图 3-54 所示。

图 3-54　不同的截面方式

(4) 步数可以设置每两个顶点之间划分的段数。步数越多，样条线越平滑，面数也会越多。在前视图中绘制一条由曲线和直线构成的二维图形，勾选“在视口中启用”复选框。在修改器堆栈中单击“顶点”，进入“顶点”层级。插值中的“步数”默认为“6”。从视图上可以看出，每两个点之间插入 6 个点，如图 3-55 所示。调整“步数”值越大，样条线越平滑，但是面数会增多。

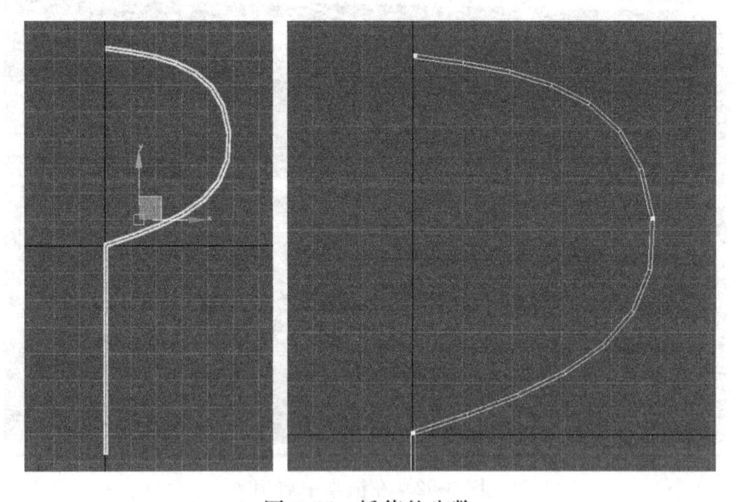

图 3-55　插值的步数

(5) 这时的直线线段上并没有分段数，是因为同时还勾选了“优化”复选框。启用“优化”以后，可以从样条线的直线线段中自动删除不需要的分段，如图 3-56 所示。

(6) 如果勾选了“自适应”复选框，则“优化”与“步数”皆不可用，系统会依据样条线的形状自动设置样条线的步数，生成平滑曲线，如图 3-57 所示。

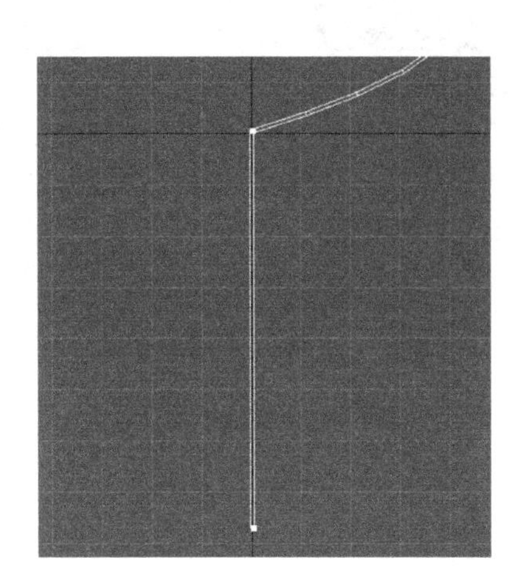

图 3-56 插值的优化

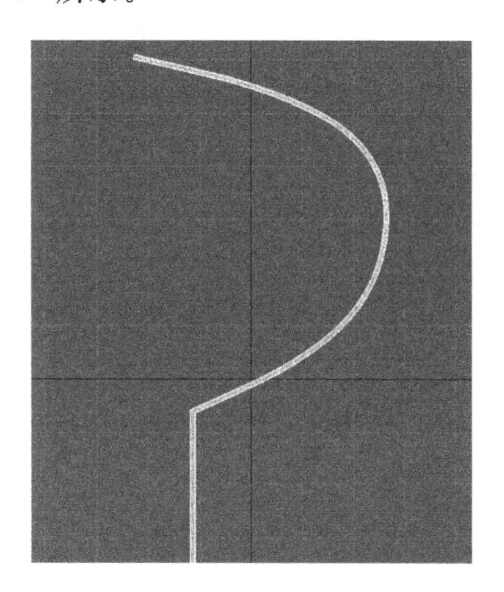

图 3-57 插值的自适应

3.3 常用二维修改器

3ds Max 2017 软件中提供了多种修改器用于修改模型。通过二维转三维修改器，可以将平面图形转换为三维模型，制作出更加丰富的物体造型。下面介绍一些实际工作中比较常用的修改器。

3.3.1 挤出修改器

1. 挤出

“挤出”修改器是将闭合的二维曲线沿截面的垂直方向挤出，生成三维模型，还可以沿着挤出方向指定分段数。

(1) 在顶视图中创建一个矩形，这个二维图形在默认情况下是不能被渲染的。单击“修改”按钮，进入“修改”面板。展开修改器列表，选择“挤出”修改器，平面图形转换为三维模型，可以被渲染出来，如图 3-58 所示。

图 3-58 “挤出”修改器

(2) 在右边的“参数”面板中，可以调整挤出的“数量”值和“分段”数，如图 3-59 所示。如果看不到“高度”上的分段数，单击视图左上方的“默认明暗处理”，在弹出的下拉菜单中选择“边面”命令，打开“边面”显示。

(3) 在“封口”选项中，“封口始端”和“封口末端”在默认情况下都是勾选的，如果取消勾选，会形成中空的三维模型，如图 3-60 所示。需要注意的是，添加“挤出”修改器的平面图形必须是封闭的，如果是开放的平面图形，无论是否勾选“封口始端”和“封口末端”复选框，挤

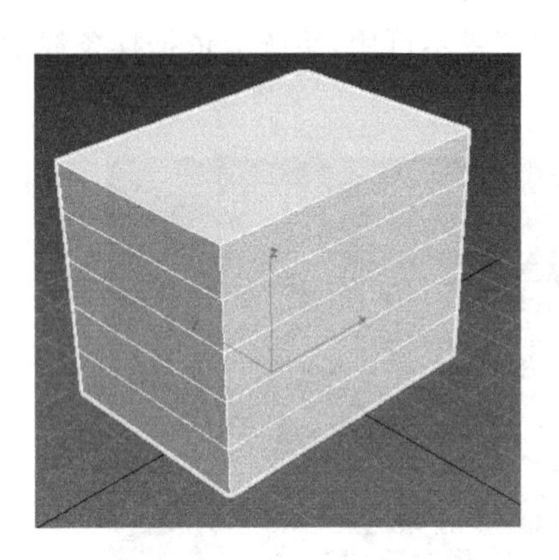

图 3-59 “挤出”参数调整

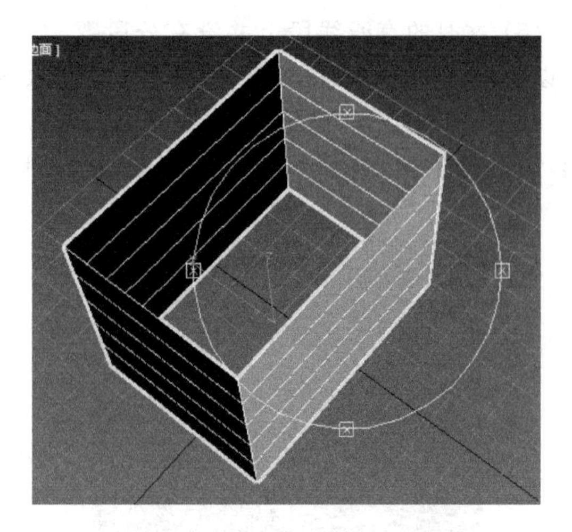

图 3-60 “封口”选项

出的都是中空的三维模型。

2. 实例——书

利用“挤出”修改器制作一本有硬封面的书，模型制作主要包括书的内页和封面两个部分，如图 3-61 所示。

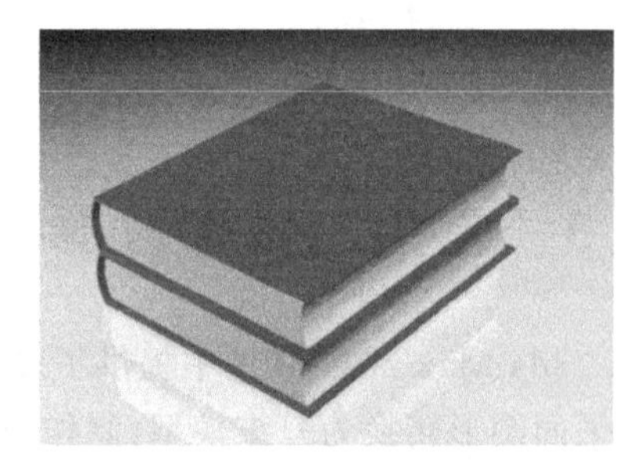

图 3-61 书的制作

(1) 制作内页部分的截面形状。在前视图中绘制一个矩形，将它转换成可编辑样条线。进入“线段”层级，选择左边的线段进行“拆分”，在线段上加入一个点，同样右边的线段也加入一个点，如图 3-62 所示。

(2) 进入“顶点”层级，利用“选择并移动”工具移动左边、右边点的位置，如图 3-63 所示。

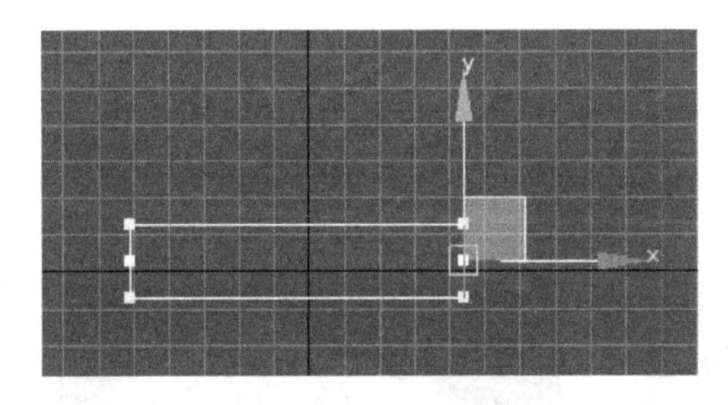

图 3-62 拆分样条线

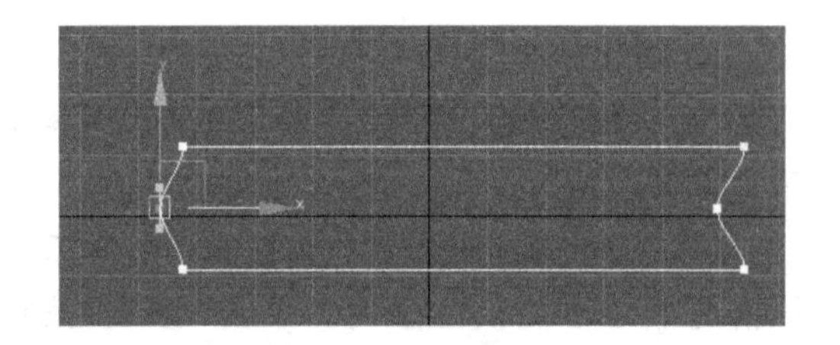

图 3-63 调整点的位置

(3) 分别选择左上方、左下方、右上方、右下方的点，通过调整杆手柄调节线的形状，如图 3-64 所示。在调整左下方、右下方点时，调整杆 Y 方向的手柄和 Gizmo 轴的 Y 轴重合，不方便调整。此时可以选择菜单中的“视图”→“显示变换 Gizmo”命令，隐藏 Gizmo 轴的显示。需要显示 Gizmo 轴时，再次选择菜单中的“视图”→“显示变换 Gizmo”命令即可恢复显示。

(4) 制作封面部分的截面形状。封面的截面形状可以通过已经制作完成的内页的截面形状产生。选择整条样条线，在菜单栏中选择“编辑”→“克隆”命令，因为还要对这个图形进行修改，所以在弹出的“克隆选项”对话框中选中“复制”单选按钮，如图 3-65 所示。

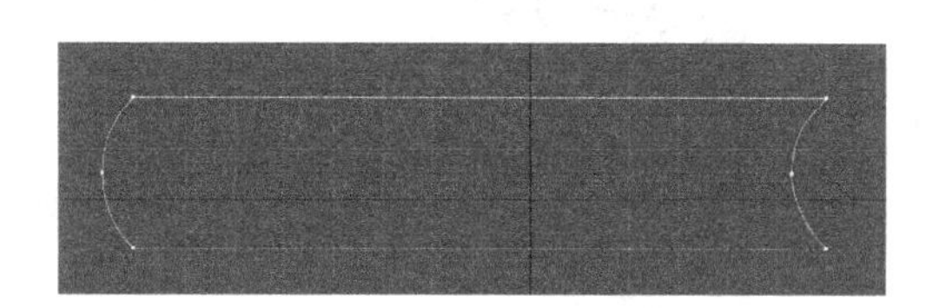

图 3-64　调整线的形状

图 3-65　克隆图形

(5) 选择新复制出来的矩形，进入“线段”层级，选择右边的线段，按键盘上的 Delete 键将其删除，如图 3-66 所示。

(6) 进入“样条线”层级，选择整条样条线，在“几何体”面板中单击 轮廓 按钮，按住鼠标左键进行拖动，向外创建一个轮廓，制作出双边的效果，如图 3-67 所示。

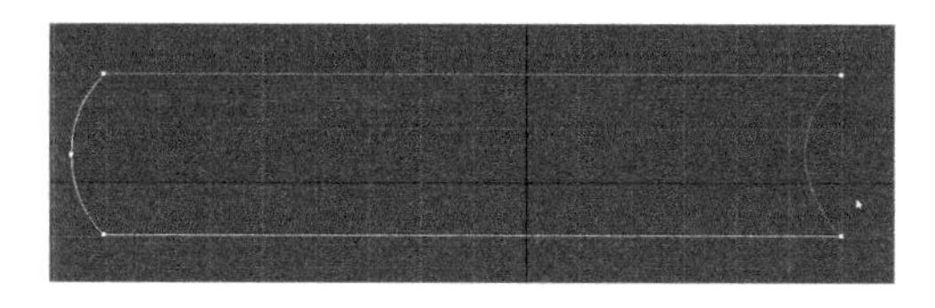

图 3-66　删除样条线

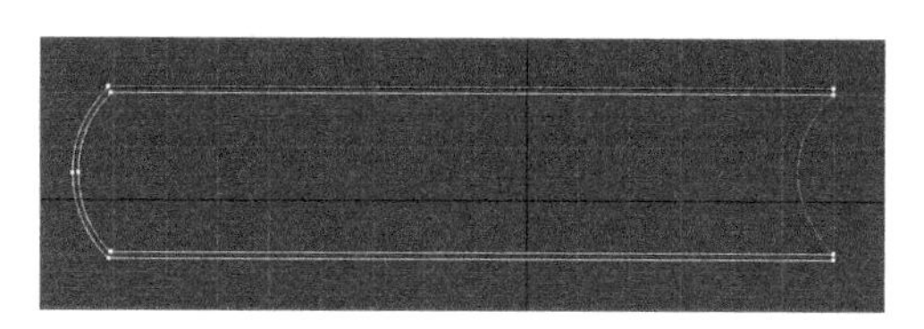

图 3-67　轮廓样条线

(7) 为了使模型更加精细，还需要在封面的装订位置制作一个凹槽。进入“顶点”层级，在“几何体”面板中单击 优化 按钮，在上边的线段上插入 3 个点，调整中间点的位置，使其向下移动，如图 3-68 所示。

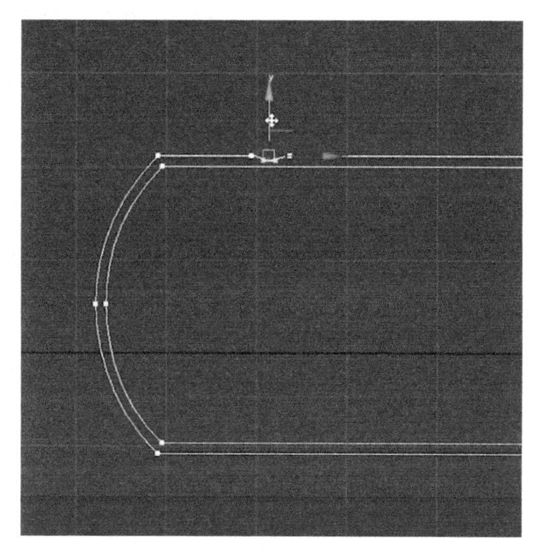

图 3-68　制作封面凹槽

(8) 选择书的内页截面形状，在修改器列表中选择“挤出”修改器，得到内页的模型，再用同样的方法做出封面的模型，封面挤出的“数量”值要略大于内页挤出的“数量”值，如图 3-69 所示。

(9) 为了看得更清楚,可以更改模型的颜色。选择封面部分,在“修改”面板中单击对象名称右侧的颜色色块,将封面部分改成土黄色,同样将内页部分改为白色,如图 3-70 所示。

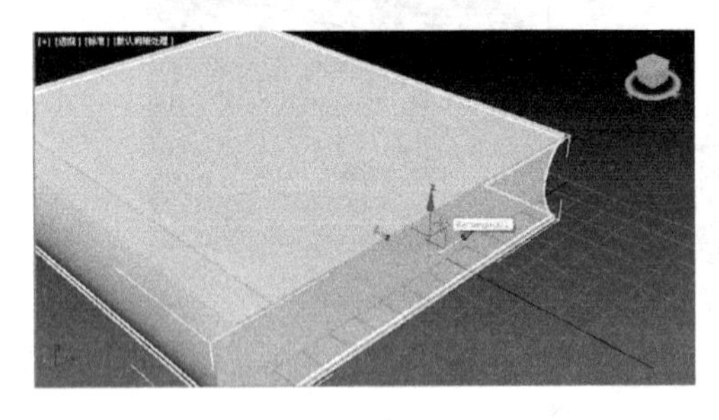

图 3-69　挤出模型

图 3-70　修改模型色彩

3.3.2　车削修改器

“车削”修改器是将二维曲线沿指定的轴向进行旋转,生成三维模型,主要用于制作中心对称的物体,如花瓶、碗碟、杯子等。

利用“车削”修改器制作一个酒杯,如图 3-71 所示。

(1) 在前视图中创建一只酒杯的半边截面图形。在“创建”面板中单击“图形”按钮,在弹出的下拉菜单中选择“样条线”命令,在对象类型中单击 线 按钮。为了保证画的线是直线,需要打开“捕捉”开关。在主工具栏中右击“捕捉”开关,在弹出的“栅格和捕捉设置”对话框中勾选“栅格点”复选框,如图 3-72 所示。

图 3-71　酒杯模型

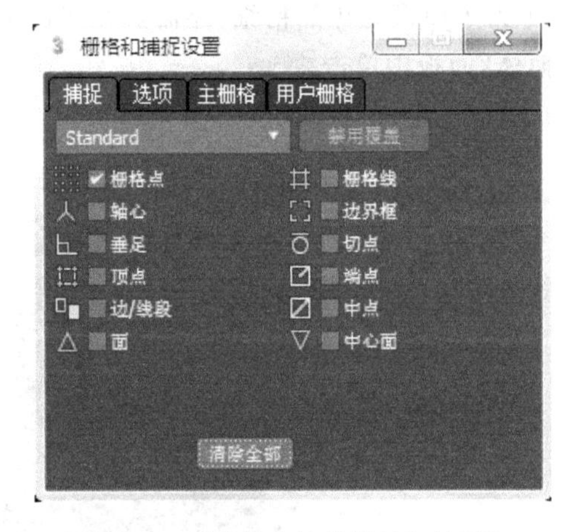

图 3-72　“栅格和捕捉设置”对话框

(2) 在前视图中单击逐点绘制,最终回到起始点的位置,在弹出的对话框中单击“是”按钮,得到闭合的截面图形,如图 3-73 所示。

(3) 在主工具栏中单击“捕捉”开关,关闭捕捉。在修改器堆栈中,单击“顶点”进入“顶点”层级,通过“选择并移动”工具适当调整点的位置。在“几何体”面板中,单击 插入 按钮,在杯脚外侧单击确定插入位置,原地单击确定第一个插入点;向右移动一些距离,以拉出一个小的突起,单击插入第二个点;向下移动到垂直位置,再单击确定第三个插入点;最后右击结束命令,如图 3-74 所示。

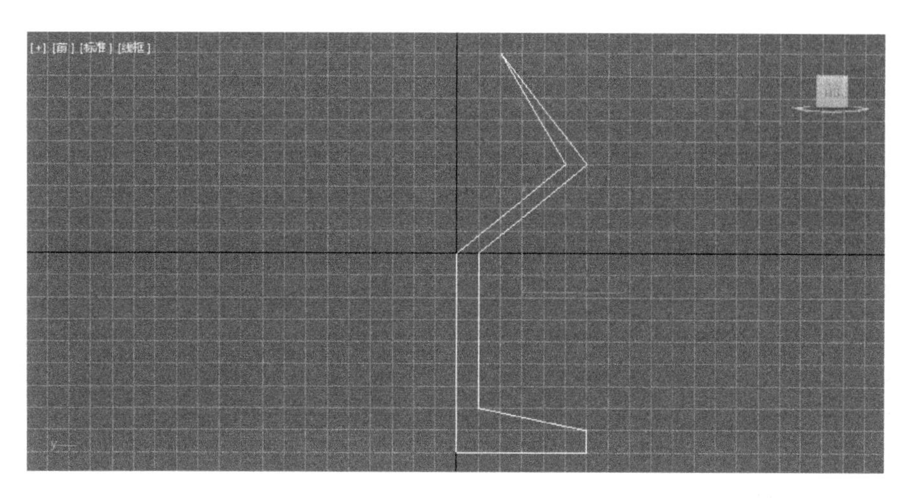

图 3-73　闭合样条线

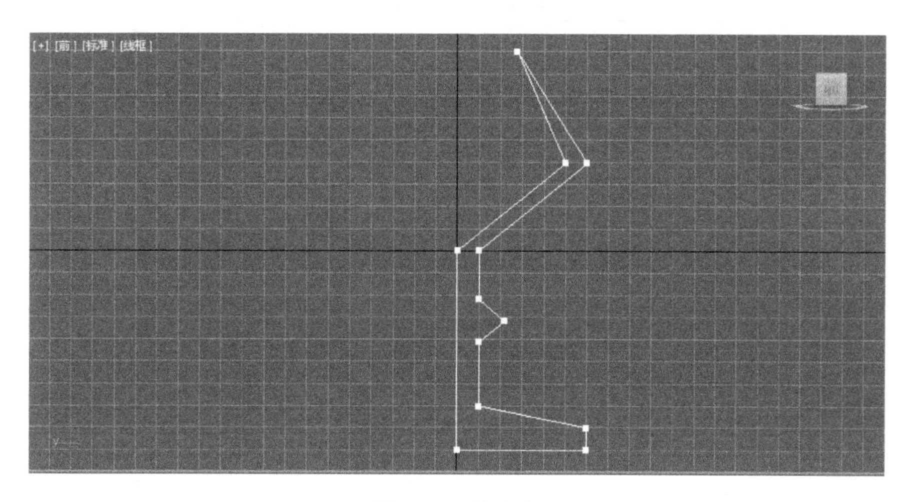

图 3-74　插入点

(4) 目前酒杯圆弧线还不够光滑。选择图 3-75 所示的两个点并右击，在弹出的快捷菜单中选择 Bezier 命令，将点的类型转换为 Bezier 类型。分别调整两根调整杆，使杯子的圆弧线变得平滑。

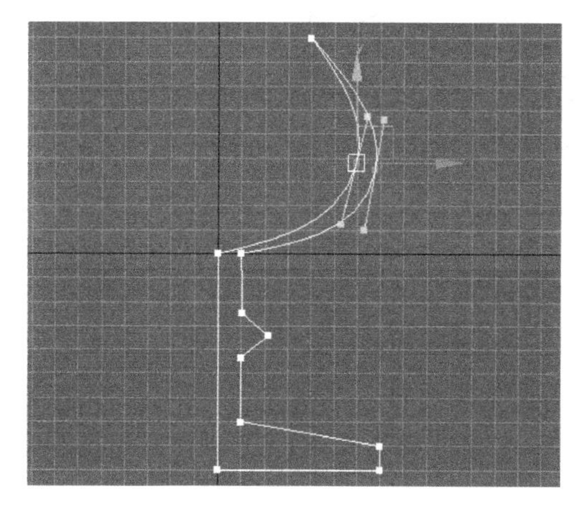

图 3-75　调整杯子的圆弧线

(5) 由于杯子的顶点太尖锐，所以还需要将顶点调整得比较圆滑。单击视图控制区的“区域缩放”工具，框选杯子的上半部分，松开鼠标，使杯子的上半部分充满前视图。选择顶点并右击，在弹出的快捷菜单中选择 Bezier 命令，将点的类型转换为 Bezier 点，拖动调整杆将线段调整到合适的形状，如图 3-76 所示。

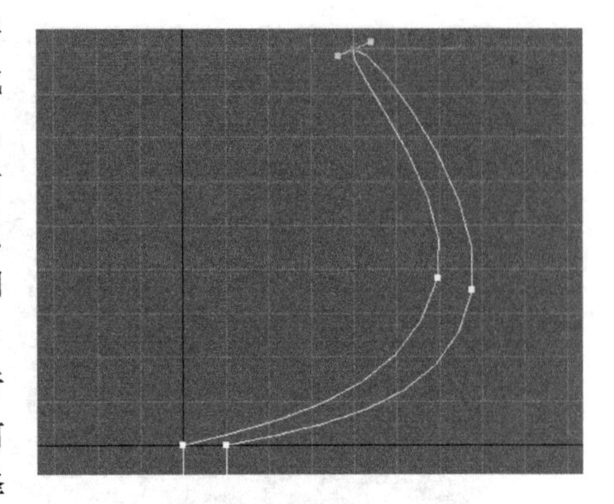

图 3-76 调整杯口处的点

(6) 下方的几个点可以使用“圆角”工具进行修改。选择一个或多个需要调整的点，在“几何体”面板中单击 圆角 按钮，将光标靠近选择的点，按住鼠标左键拖动，将点变得圆滑。酒杯的半边截面图形就完成了，如图 3-77 所示。

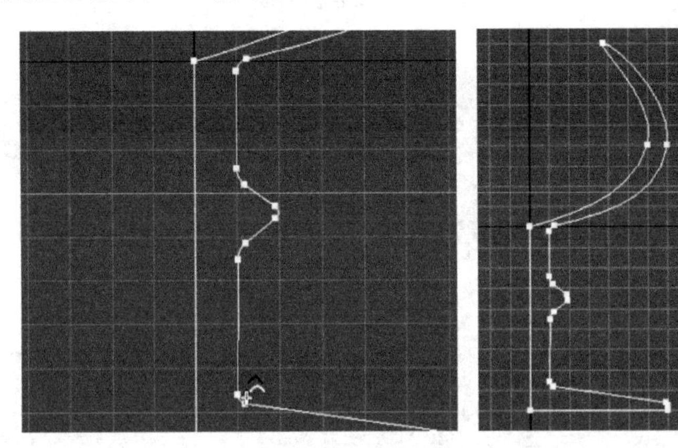

图 3-77 “圆角”化点

(7) 选择截面图形，在修改器列表中选择“车削”修改器，效果如图 3-78 所示，此时出现了一个不理想的旋转造型。

(8) 在“对齐”面板中单击 最小 按钮，可以发现酒杯模型变正确了，如图 3-79 所示。

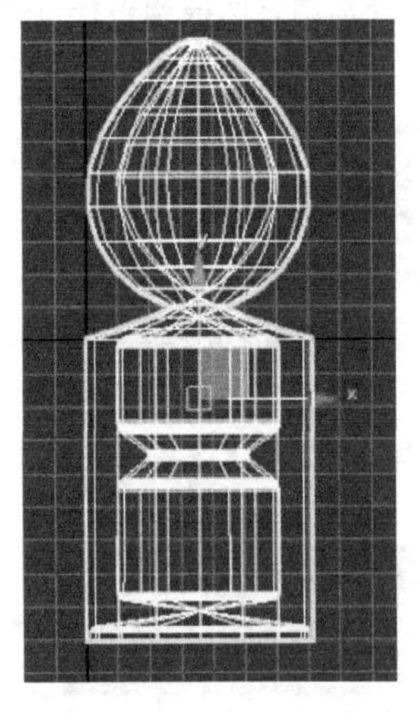

图 3-78 不理想的车削模型

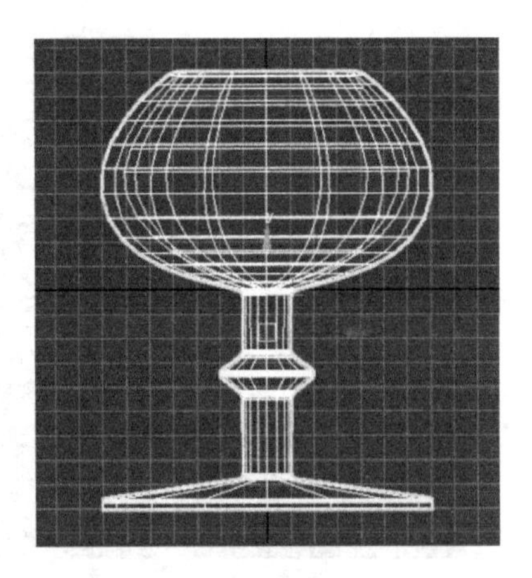

图 3-79 正确的车削模型

（9）在“车削”修改器中，对齐方式不同会产生不同的模型。在修改器堆栈中单击“车削”左侧的按钮，将“车削”命令关闭。单击“车削”命令左侧的三角，展开次对象级。单击“轴”进入轴层级，这时可以看到在前视图上出现了一条黄色的线，这条线即是旋转的中心轴线。在“对齐”面板中选择“最小”“中心”“最大”，可以在前视图中看到轴线位于不同的位置，即旋转中心轴位于不同的位置，如图 3-80 所示。

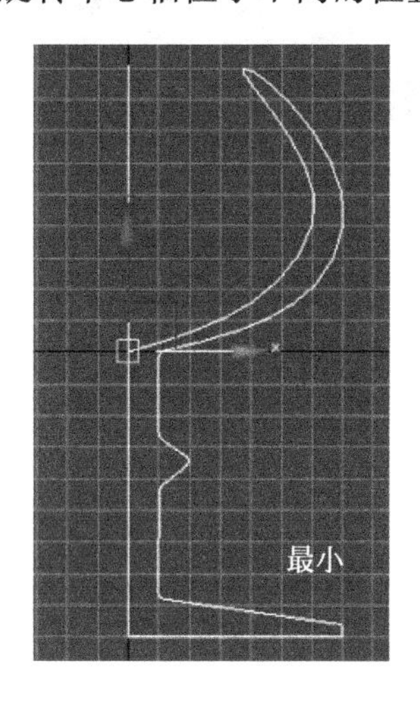

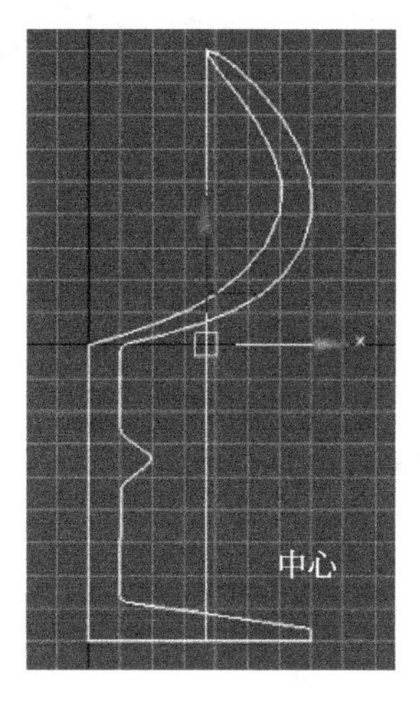

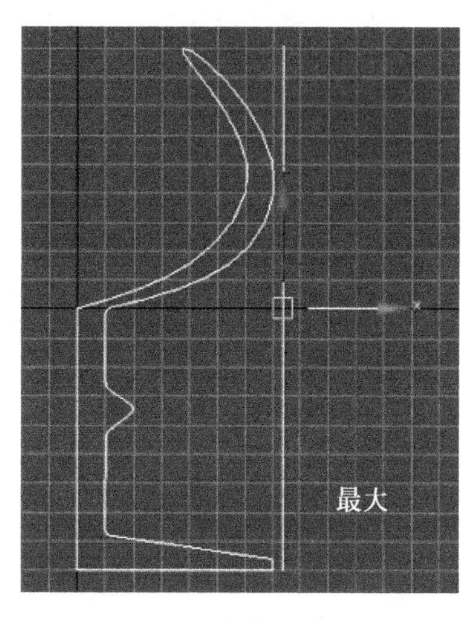

图 3-80　轴线位于不同位置

（10）在“参数”面板中，将“分段”数设置为“40”，增加杯子圆周方向的分段数，使模型变得更加细腻，如图 3-81 所示。

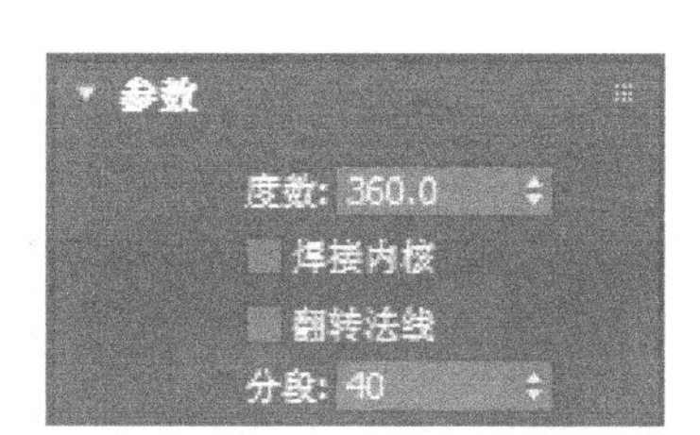

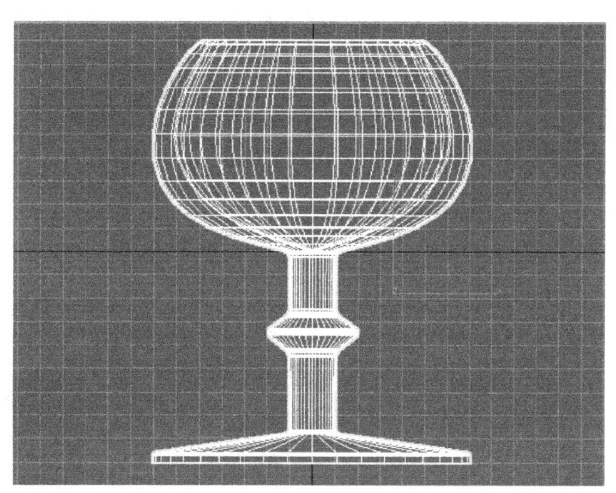

图 3-81　增大分段数

（11）单击视图控制区的“环绕子对象”工具，在透视图中旋转观察，发现杯子的中心处有褶皱面。在“参数”面板中勾选“焊接内核”，褶皱消失了，如图 3-82 所示。

（12）在“车削”修改器的其他选项中，“度数”可以设置车削时曲线旋转的角度，通常默认为 360°，如图 3-83 所示；勾选“反转法线”，可以消除模型出现的重影现象。

（13）如果对酒杯的外形还需要进一步调整，可以在修改器堆栈中选择 Line，单击 Line 左侧的三角，展开次对象级。单击“顶点”进入“顶点”层级，继续调整顶点来改变杯子的外形。但是现在只能看到当前顶点的修改结果，如果想看到最终的车削效果，还需回到“车削”

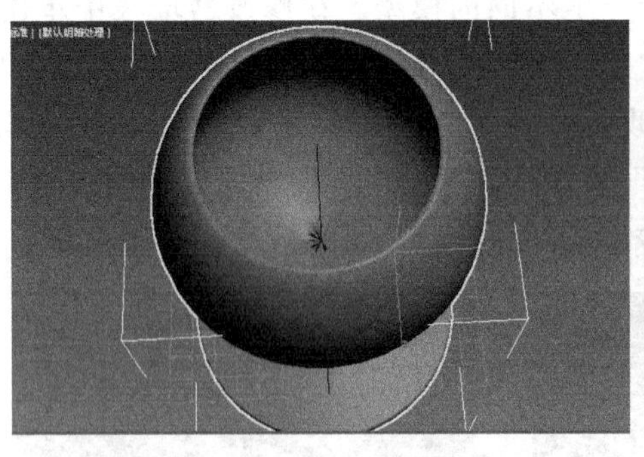
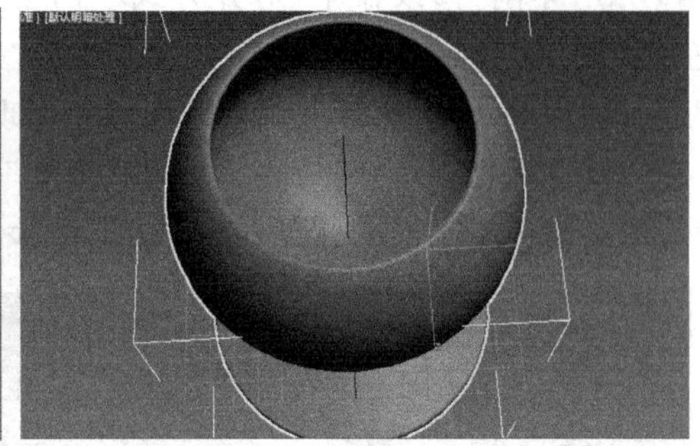

图 3-82 消除杯子中心的褶皱面

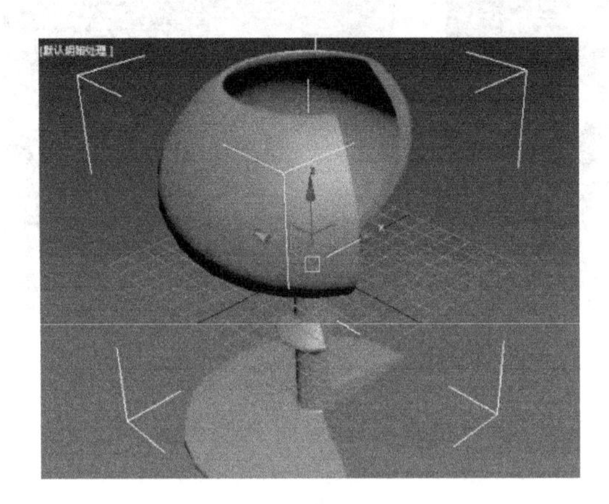

图 3-83 旋转不同度数的模型

图 3-84 显示最终结果开/关切换

层级，这样就给调整带来了不便。打开修改器堆栈下方的“显示最终结果开/关切换”按钮，如图 3-84 所示，可以在 Line 层级下看到最终的效果。

3.3.3 倒角修改器

1. 倒角

“倒角”修改器是将闭合的二维曲线沿截面的垂直方向进行挤出并在边缘应用倒角，即将二维图形作为三维图形的基部，然后把图形挤出 3 个层次，并可对每个层次指定轮廓量。此命令常用于生成三维模型或三维文字。

图 3-85 三维文字

利用“倒角”修改器制作三维文字，如图 3-85 所示。

(1) 创建二维文字。在“创建”面板中单击“图形”按钮，在弹出的下拉菜单中选择“样条线”命令，在对象类型中单击 文本 按钮。在文本框中输入 Abc 3 个字母，在前视图中单击输入，将字体改为 Arial。再绘制一个矩形，在主工具栏中单击“选择并移动”工具，按住 Shift 键拖动并进行复制，采用“实例”的复制方法再复制出两个矩形，如图 3-86 所示。

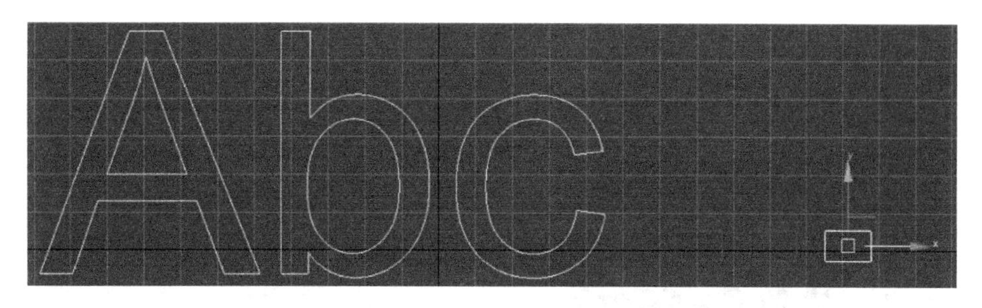

图 3-86 制作二维文字图形

(2) 现在所有的文字和图形都是独立的个体，需要将它们组合为一个整体。选择文字，右击将文字转换为“可编辑样条线”，在“几何体”面板中单击 附加多个 按钮，在弹出的“附加多个”对话框中选择所有的矩形，一次性将所有图形和文字附加在一起，如图 3-87 所示。

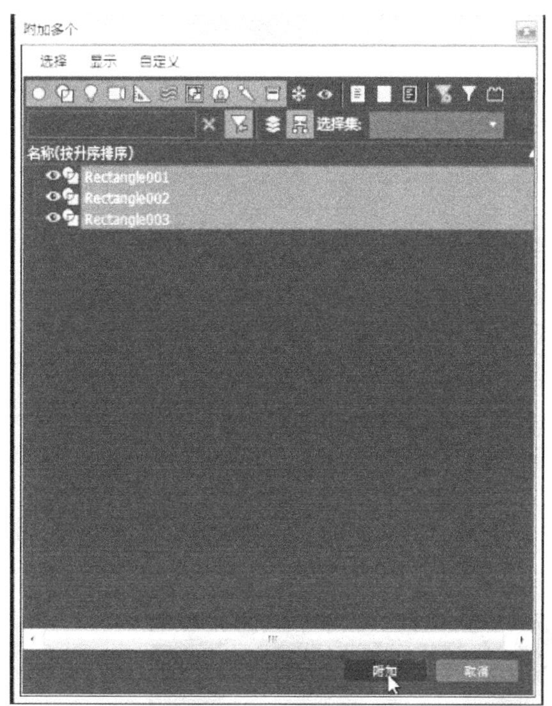

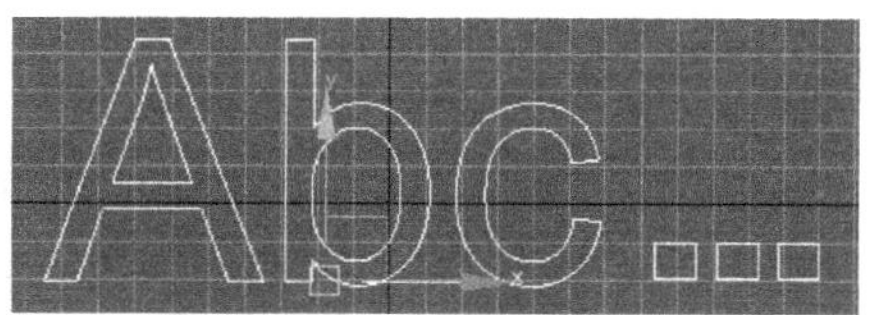

图 3-87 组合文字和图形

(3) 选择文字和图形，在修改器列表中添加“倒角”修改器，此时文字和图形变成了三维模型，可以被渲染出来，如图 3-88 所示。

(4) 在“倒角”修改器的参数值中，可以通过“起始轮廓”改变图形的起始轮廓值，从而调整线形的粗细。增大“级别 1”的高度值，可以增加倒角的厚度。若“轮廓”值是正值，轮廓产生外扩的效果；若“轮廓”值是负值，轮廓产生收缩的效果，如图 3-89 所示。

(5) “级别 2”和“级别 3”在默认情况下不可以调整，勾选后可以进行修改。“高度”值、“轮廓”值和“级别 1”的调整方法是一致的。分别通过增加“级别 2”和“级别 3”的“高度”值和“轮廓”值，将文字和图形做成三维模型，如图 3-90 所示。

图 3-88 添加“倒角”修改器

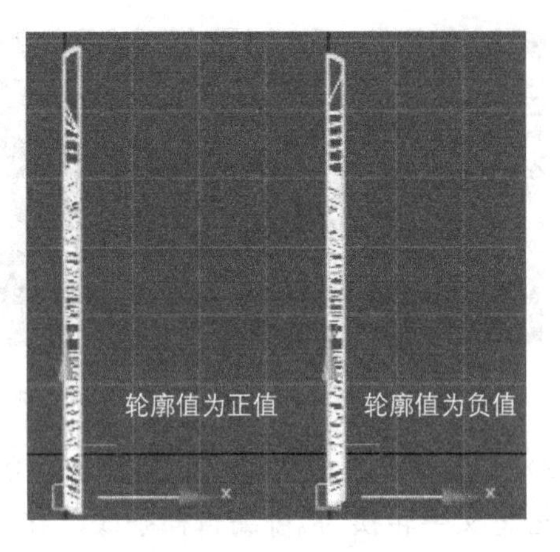

图 3-89 加入倒角

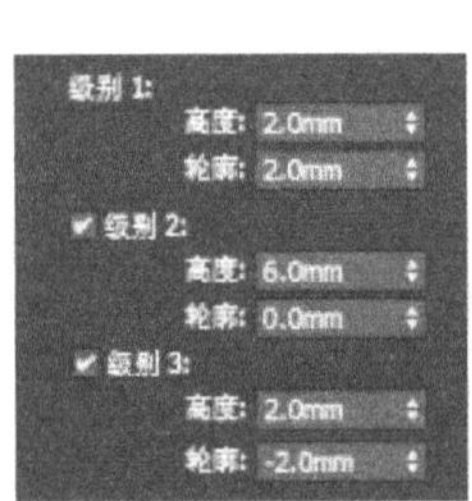

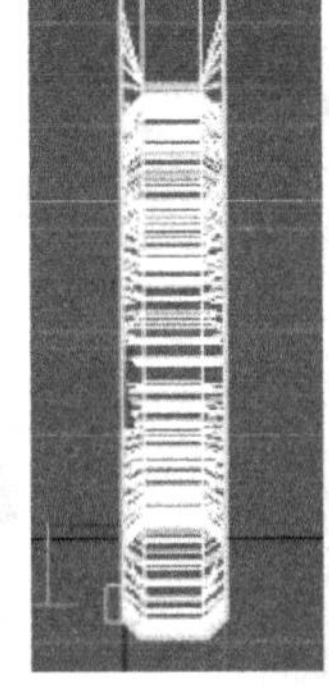

图 3-90 参数的修改

2. 实例——三维文字

通过利用“倒角”修改器制作三维文字，了解“倒角”修改器的进一步应用，如图 3-91 所示。

图 3-91 三维文字的制作

（1）在“创建”面板中单击“图形”按钮，在弹出的下拉菜单中选择“样条线”命令，在对象类型中单击 文本 按钮。在文本框中输入“欢度国庆”，在前视图中单击输入，将字体改为“华文行楷”，并给文字添加“倒角”修改器，如图 3-92 所示。

（2）在“倒角值”参数面板中，设置“级别 1”的“高度”值为 2mm，“轮廓”值为 2mm，勾选“级别 2”，设置“高度”值为 12mm，勾选“级别 3”，设置“高度”值、“轮廓”值分别为 2mm 和 −2mm，如图 3-93 所示。此时的三维模型在“度”和“国”字上产生了尖锐的撕裂现象。

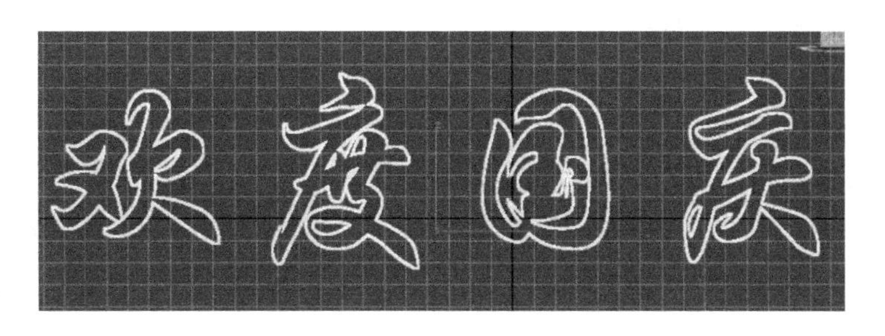

图 3-92　添加“倒角”修改器

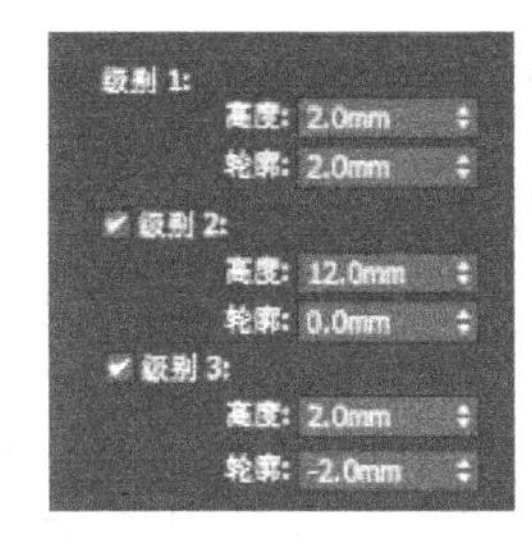

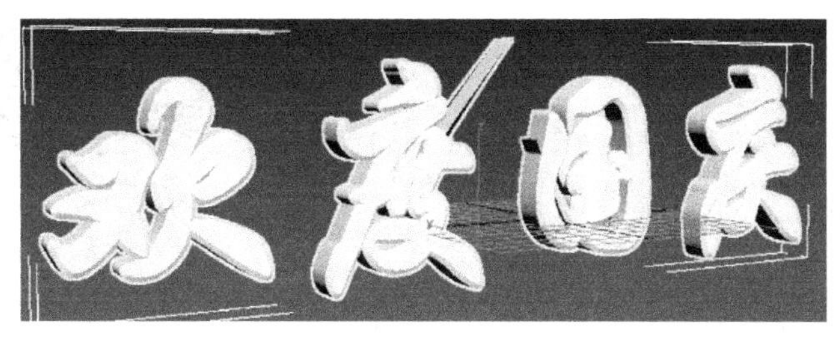

图 3-93　修改参数

(3) 解决这个问题有两种方法。一种方法是在“参数”面板的“相交”面板中勾选“避免线相交”复选框，软件会自动进行计算来解决这个问题，如图 3-94 所示。但是，这种方法非常占用内存，会给以后文字的修改和制作带来不小的麻烦。

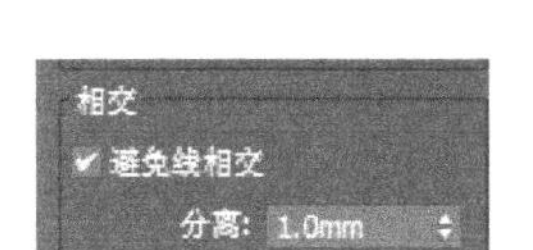

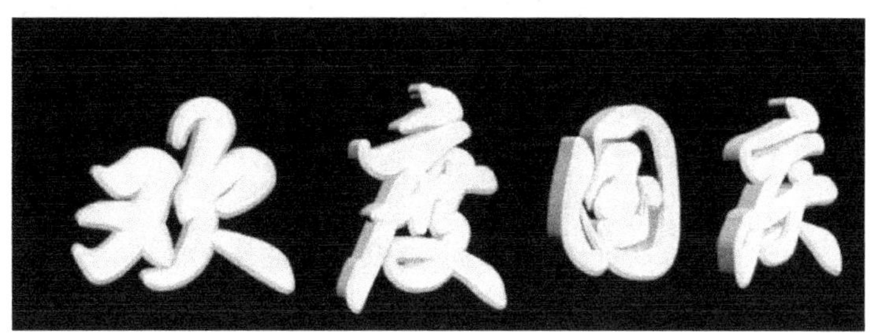

图 3-94　勾选“避免线相交”复选框

(4) 再来看第二种方法。仔细观察文字会发现，某些部位的点非常尖锐，这些部位很容易产生撕裂现象，如果将尖锐的点变得平滑一些就可以改变这一现象。在修改器堆栈中进入文字的创建层级，关掉“显示最终结果开/关切换”按钮以方便观察。在修改器列表中找到“编辑样条线”修改器，将文字转换为可编辑样条线，进入顶点层级，找到出现问题的顶点，如图 3-95 所示。

(5) 选择出现问题的顶点，右击将点的类型由“Bezier 角点”改为“平滑”，打开“显示最终结果开/关切换”按钮，观察撕裂现象是否已解决，如图 3-96 所示。

(6) 如果还是没有解决，可以再次回到“顶点”层级下，将这个顶点删除，调节其余的顶点，使这些点尽量隔开以避免交错。打开“显示最终结果开/关切换”按钮，可以看到此时撕裂现象已经解决了，如图 3-97 所示。

(7) 用同样的方法调整“国”字的顶点来解决撕裂的问题，如图 3-98 所示。

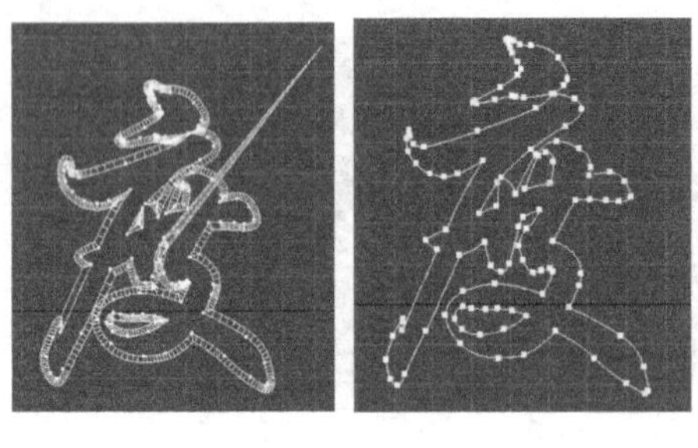

图 3-95　找出问题点

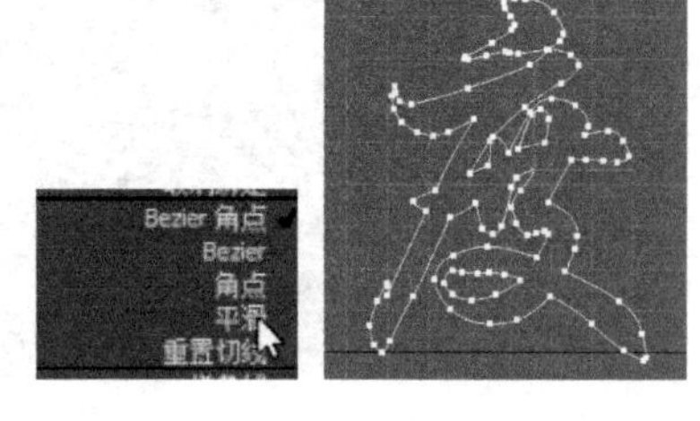

图 3-96　修改问题点

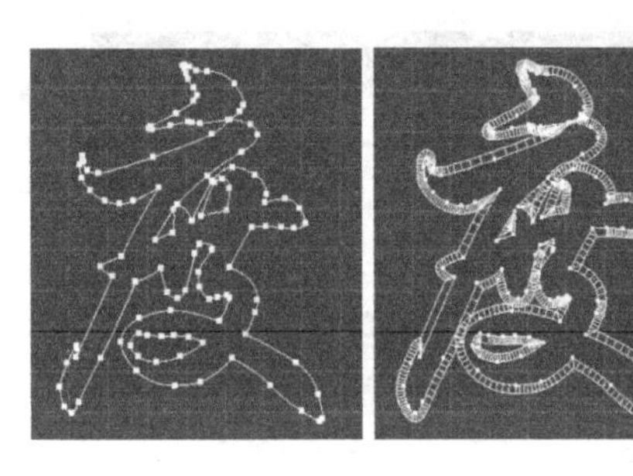

图 3-97　调整顶点位置

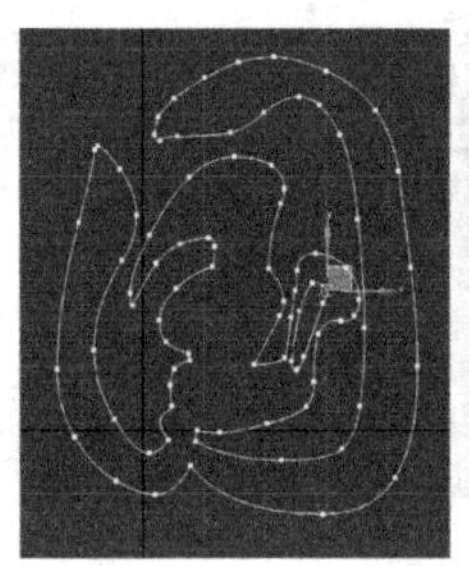

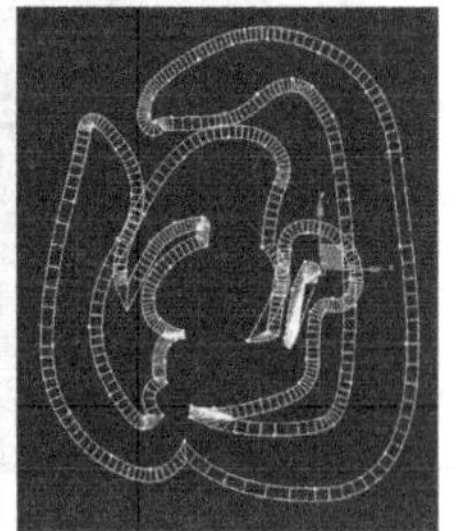

图 3-98　调整“国”字的顶点

(8) 回到“倒角”修改器层级，现在的文字已经没有撕裂现象了，如图 3-99 所示。

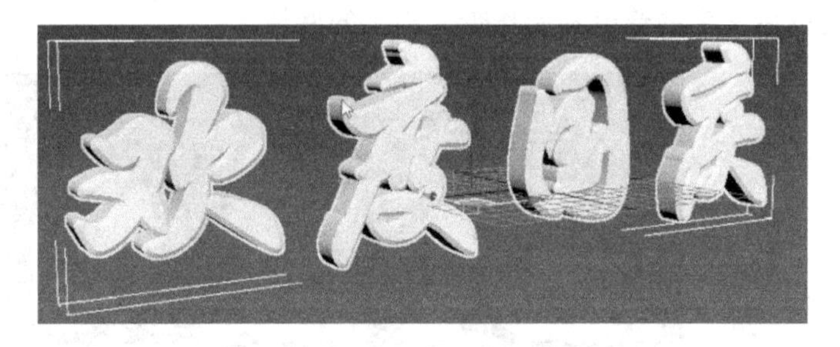

图 3-99　回到“倒角”修改器层级

在“倒角”修改器层级和文字层级之间互相转换调整顶点时，会发现以这种方法进入别的层级非常迅速快捷，为后面的模型修改提供了便利，比第一种方法更适合调整撕裂现象。

3.3.4　倒角剖面修改器

1. 倒角剖面

“倒角剖面”修改器是将二维图形作为界面轮廓线，沿指定路径生成三维模型。在室内设计中，“倒角剖面”修改器经常用来制作石膏线、踢脚线等。

(1) 单击“创建”面板 中的“图形”按钮 ，在对象类型中单击 矩形 按钮，在顶视图中创建一个矩形。设置矩形的“长度”值为 700mm，“宽度”值为 700mm。单击屏幕右下方视图控制区的“所有视图最大化显示选定对象”按钮 ，将各个视图中的对象最大化显示，如图 3-100 所示。

(2) 在前视图中再创建一个矩形，“长度”值为 50mm，“宽度”值为 50mm。单击屏幕右下方视图控制区的“最大化视口切换”按钮 ，将前视图最大化显示，如图 3-101 所示。

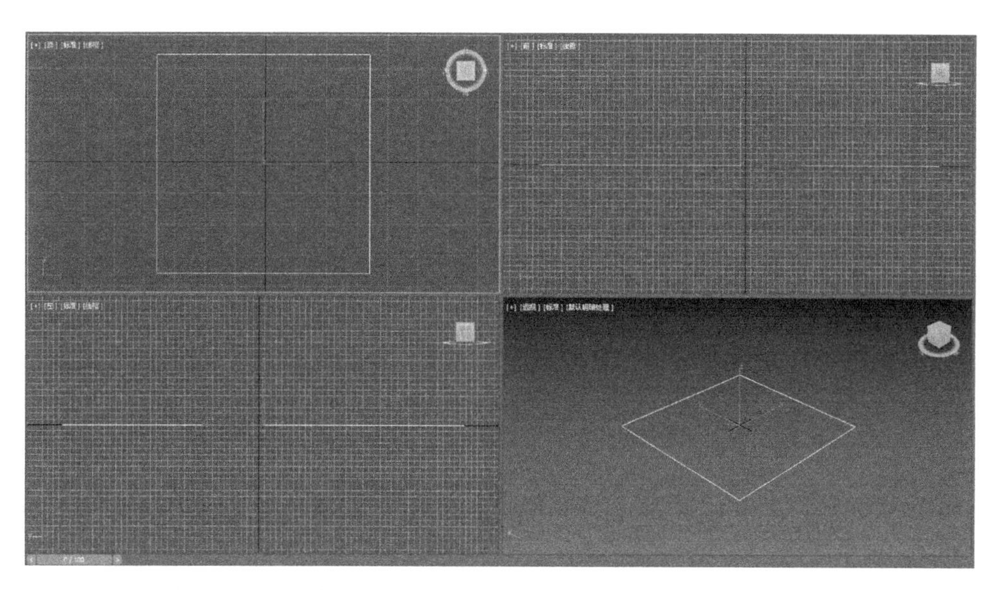

图 3-100　创建矩形

图 3-101　在前视图中再创建一个矩形

(3) 将小矩形转换为“可编辑样条线”，在修改器堆栈中进入“线段”层级，选择线段将其删除，如图 3-102 所示。

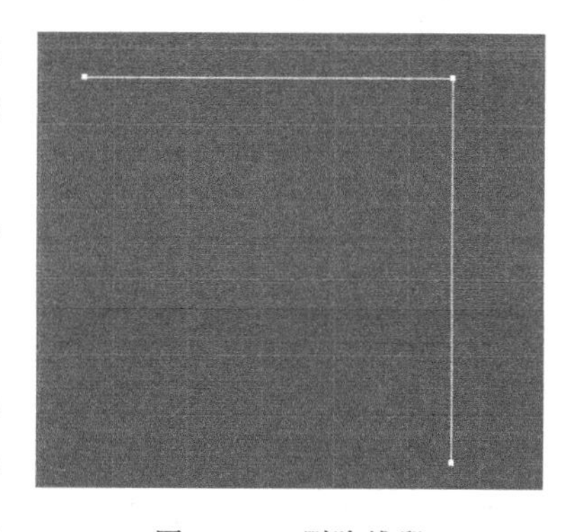

图 3-102　删除线段

(4) 在修改器堆栈中，进入“顶点”层级，通过“选择并移动”工具 移动顶点的位置，得到一个新的形状，如图 3-103 所示。

(5) 选择大的矩形作为路径，在修改器列表中选择“倒角剖面”修改器，在“参数”面板中选择“经典”类型，然后在“经典”面板中单击 拾取剖面 按钮，如图 3-104 所示。

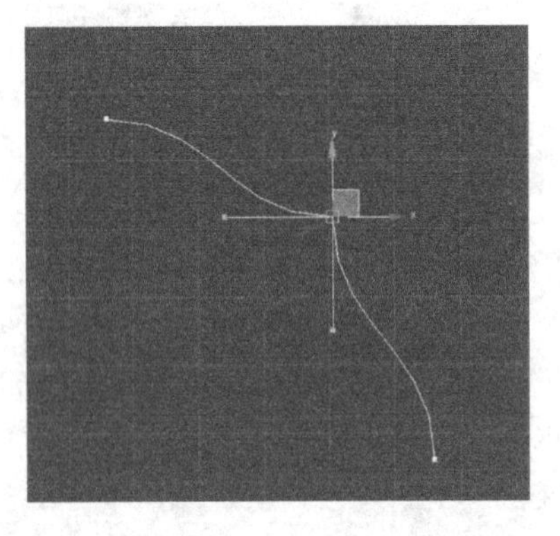

图 3-103 移动顶点

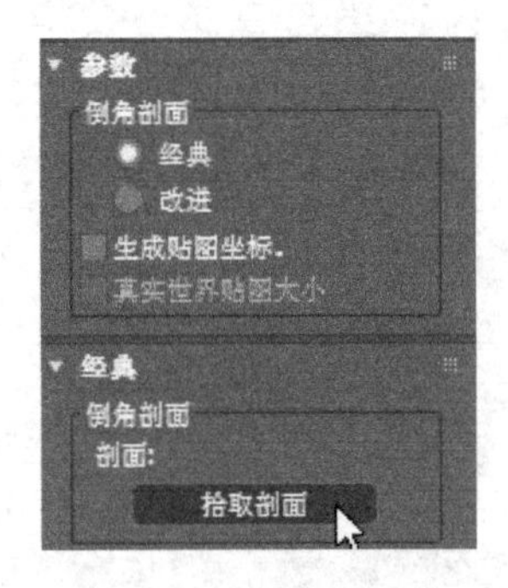

图 3-104 “倒角剖面”修改器

(6) 在透视图中可以看到截面轮廓线围绕路径放置，得到一个具有剖面形状的三维模型，如图 3-105 所示。

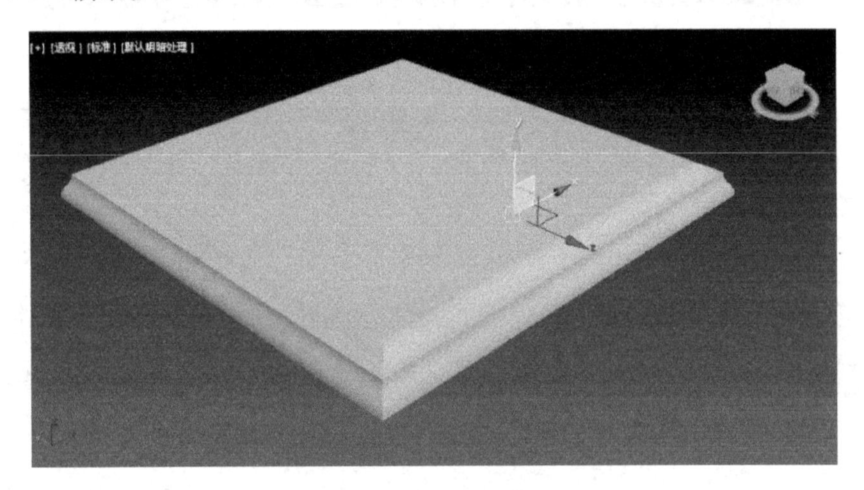

图 3-105 倒角剖面模型

(7) 这时如果改变截面图形或者改变路径，都会改变三维模型的形状，如图 3-106 所示。

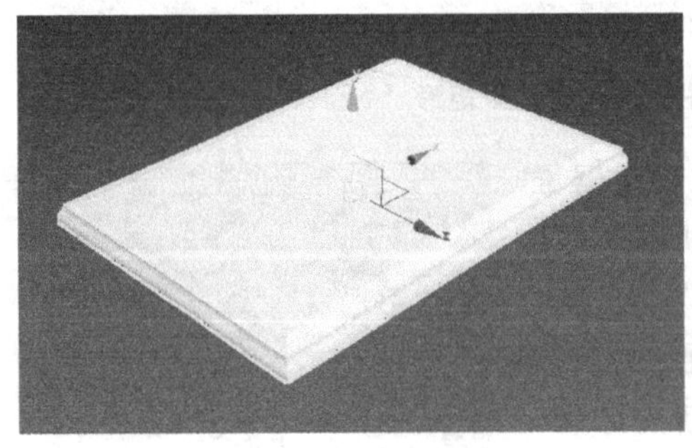

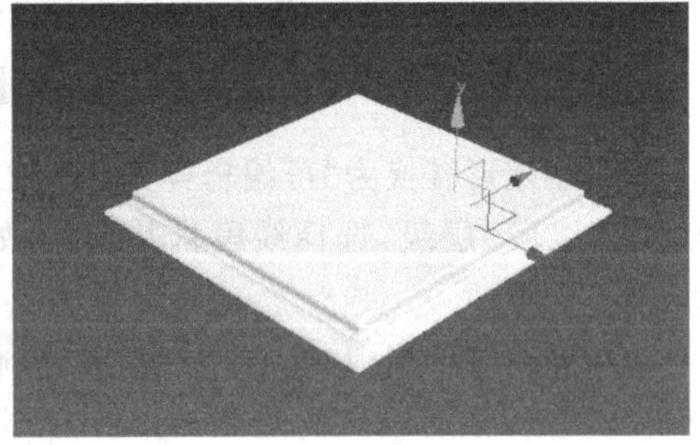

图 3-106 改变截面图形或路径

(8) 截面轮廓线起始顶点的位置还会影响“倒角剖面”修改器形成的模型形状。选择截面图形和路径轮廓线，配合 Shift 键移动并复制，克隆对象的方式选中“复制”单选按钮，如图 3-107 所示。

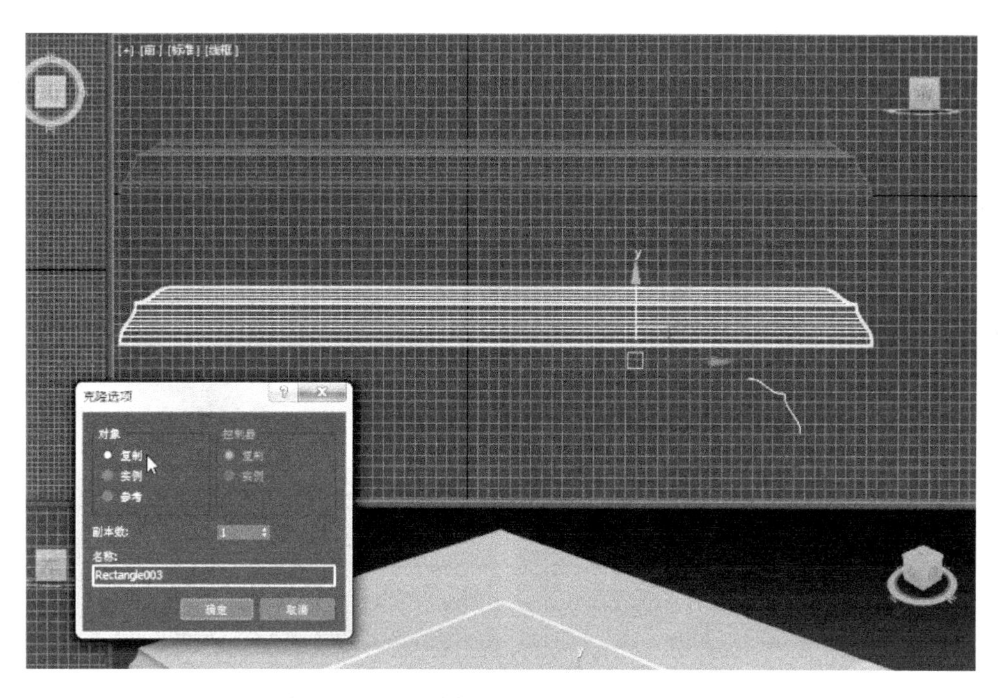

图 3-107　移动并复制截面图形和路径轮廓线

(9) 进入第一个截面图形的“顶点”层级，下边的黄色顶点就是这条线段的首顶点。在“选择”面板中单击“顶点”按钮，退出第一个截面图形的“顶点”层级。选择复制出来的截面图形，在“选择”面板中单击“顶点”按钮，进入第二个截面图形的“顶点”层级。选择上边的顶点，在“几何体”面板中单击 设为首顶点 按钮，将顶部的点设置为首顶点，如图 3-108 所示。

(10) 修改截面图形首顶点后，和原来的模型相比，倒角剖面模型发生了变化，从顶视图中可以发现第二个模型范围大了，如图 3-109 所示。

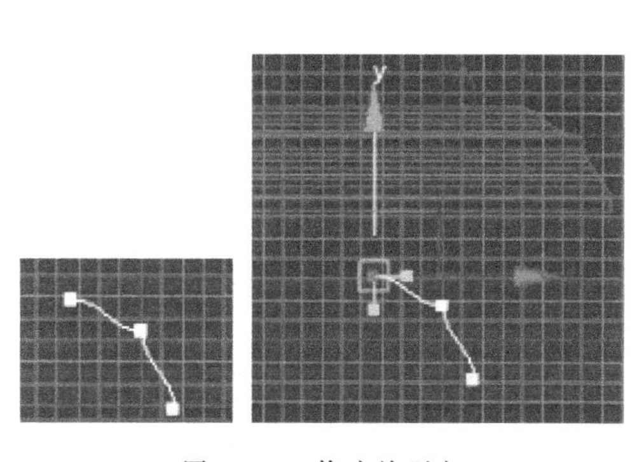

图 3-108　修改首顶点

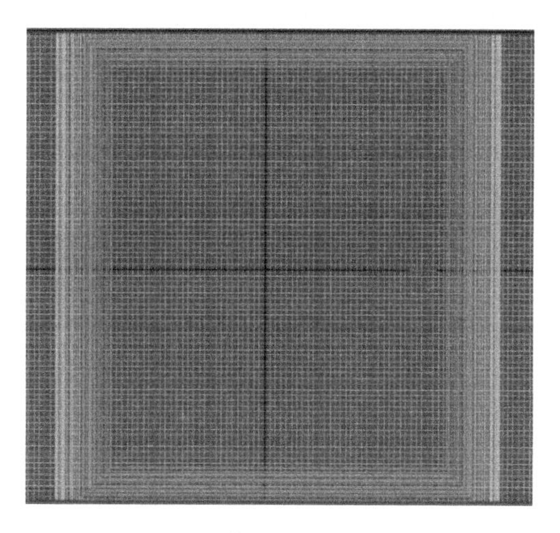

图 3-109　修改首顶点后的变化

(11) “倒角剖面”修改器的建模原理：将截面轮廓线的起始点放置在路径上，围绕路径一圈得到三维模型。所以，截面轮廓线起始顶点的位置会影响“倒角剖面”修改器形成的模型形状，如图 3-110 所示。

(12)“倒角剖面”修改器生成三维模型以后,截面轮廓线不可删除,如果删除截面轮廓线,模型也就消失了。如果不希望截面轮廓线出现在画面上,可以右击截面轮廓线,选择快捷菜单中的“隐藏选定对象”命令;或者右击模型,选择快捷菜单中的“转换为可编辑多边形”命令,将其转换为可编辑多边形,将模型塌陷,这时再删除截面轮廓线就不受影响了,如图 3-111 所示。

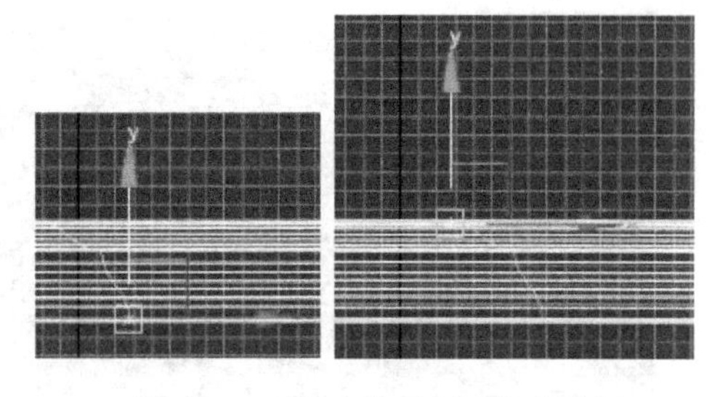

图 3-110　修改首顶点后的变化

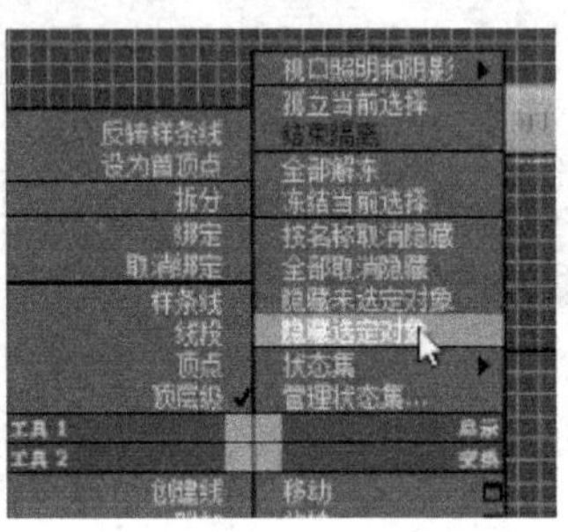

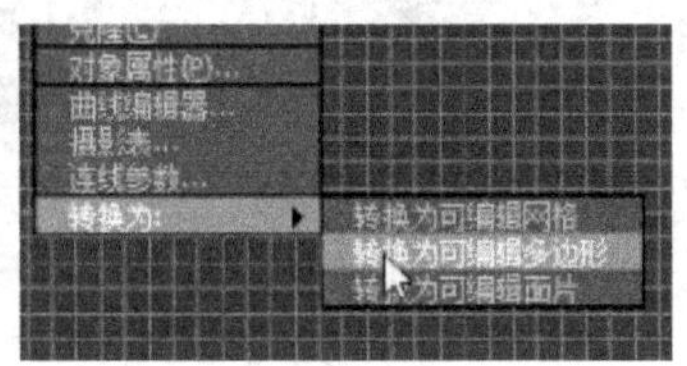

图 3-111　隐藏截面轮廓线的方法

2. 实例——石膏线

以室内效果图墙顶部的石膏线为例,了解“倒角剖面”修改器的进一步应用,如图 3-112 所示。

(1) 制作房屋的框架。在顶视图中单击“创建”面板 + 中的“图形”按钮,在对象类型面板中单击 矩形 按钮,创建一个矩形。“长度”值为 7000mm,“宽度”值为 7000mm。右击矩形,在弹出的快捷菜单中选择“转换为”→“转换为可编辑样条线”命令,将其转换为可编辑样条线。在“选择”面板中单击“样条线”按钮,进入样条线层级。选择整个样条线,单击 轮廓 按钮,输入墙体厚度为−250mm,按 Enter 键确定,得到墙体的截面,如图 3-113 所示。

图 3-112　石膏线的制作

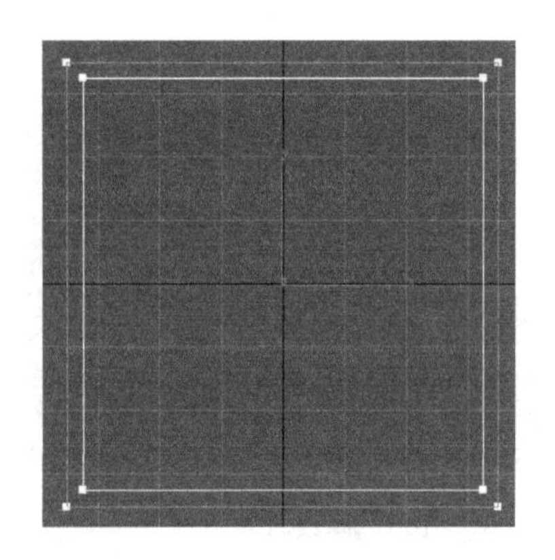

图 3-113　添加“轮廓”命令

(2) 选择截面图形,在修改器列表中添加“挤出”修改器,设定“数量”为 2700mm,即将墙体的高度设置为 2700mm,如图 3-114 所示。

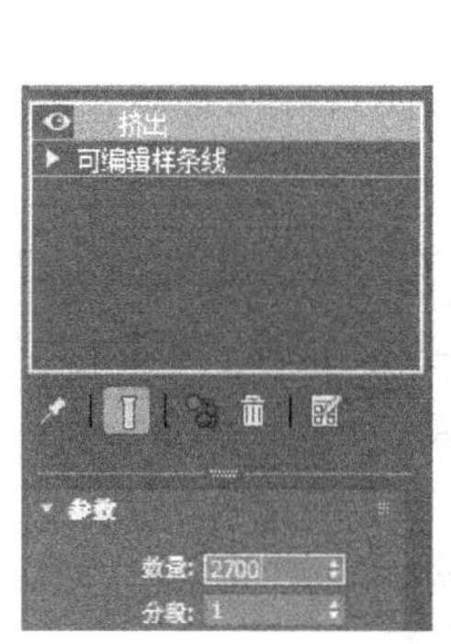

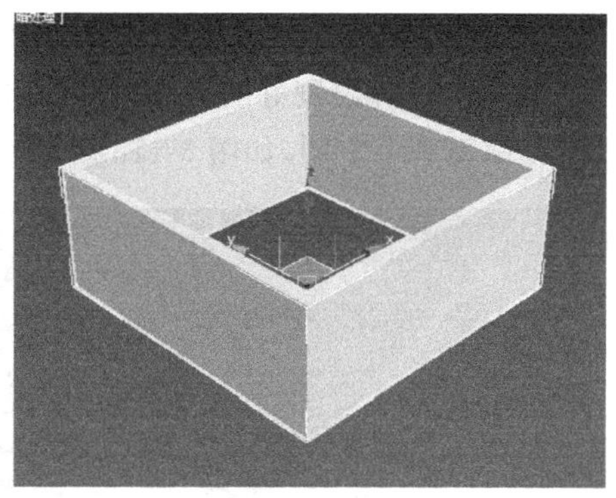

图 3-114　挤出墙体高度

(3) 打开“捕捉”开关 并右击，在弹出的对话框中勾选“顶点”复选框，在顶视图中沿墙体内侧绘制一个矩形，作为石膏线倒角剖面的路径，如图 3-115 所示。

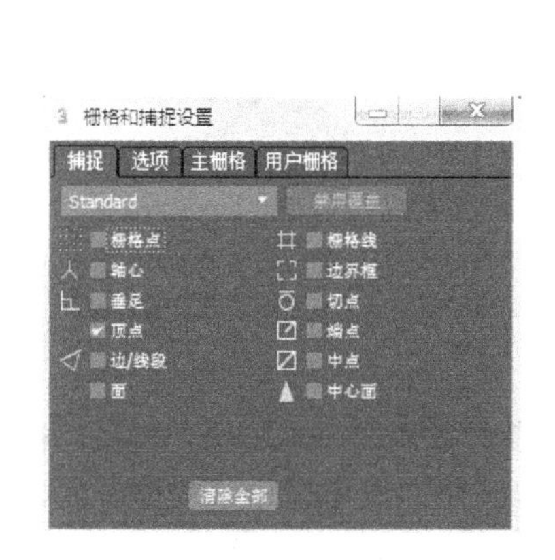

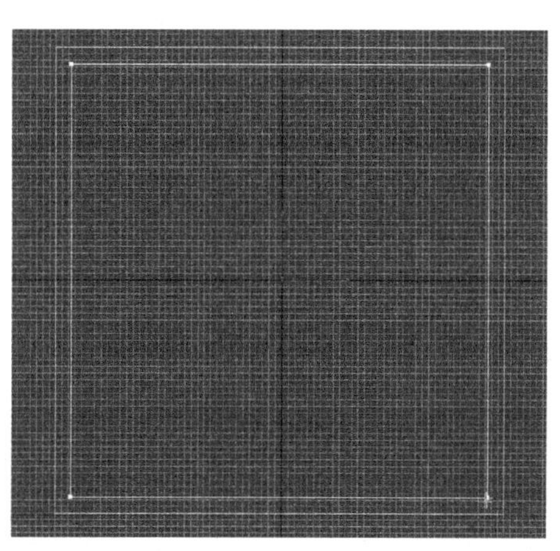

图 3-115　绘制矩形

(4) 绘制石膏线的倒角剖面截面。在前视图中创建“长度”值为 100mm、“宽度”值为 100mm 的矩形。选择矩形并右击，将其转换为可编辑样条线。在“选择”面板中单击“顶点”按钮 ，进入顶点层级。在“几何体”面板中单击 按钮，在线条上单击添加点，如图 3-116 所示。

(5) 通过移动顶点的位置和改变顶点的类型，不断调节形状，绘制好石膏线的截面轮廓线，如图 3-117 所示。

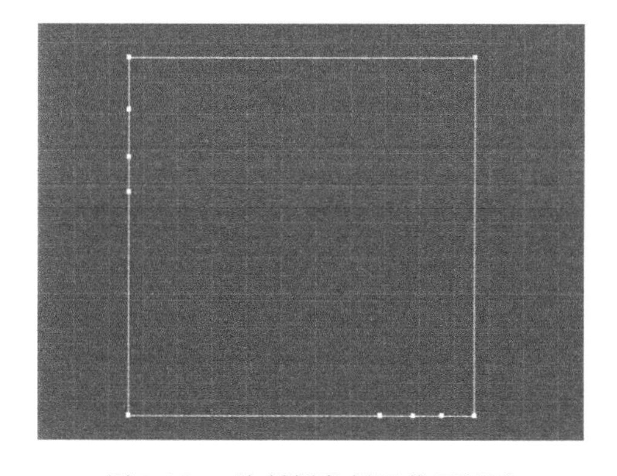

图 3-116　绘制倒角剖面截面图形

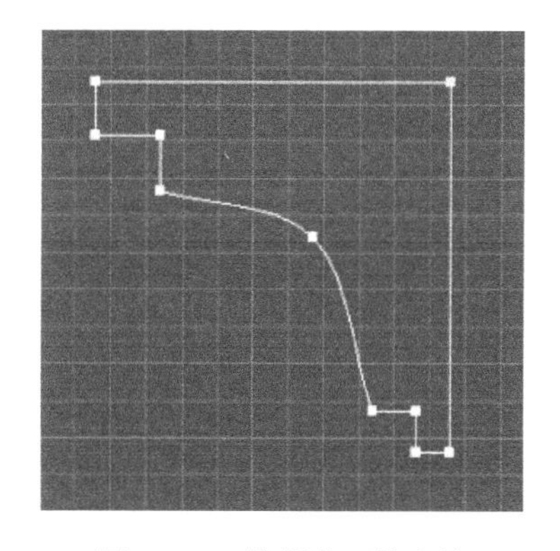

图 3-117　绘制截面轮廓线

(6) 选择路径,在修改器列表中添加“倒角剖面”修改器,在参数中选择“经典”类型,然后单击 拾取剖面 按钮,选择绘制好的截面轮廓线,这样石膏线就制作完成了。因为截面轮廓线是闭合的,所以模型是中空的,如图 3-118 所示。

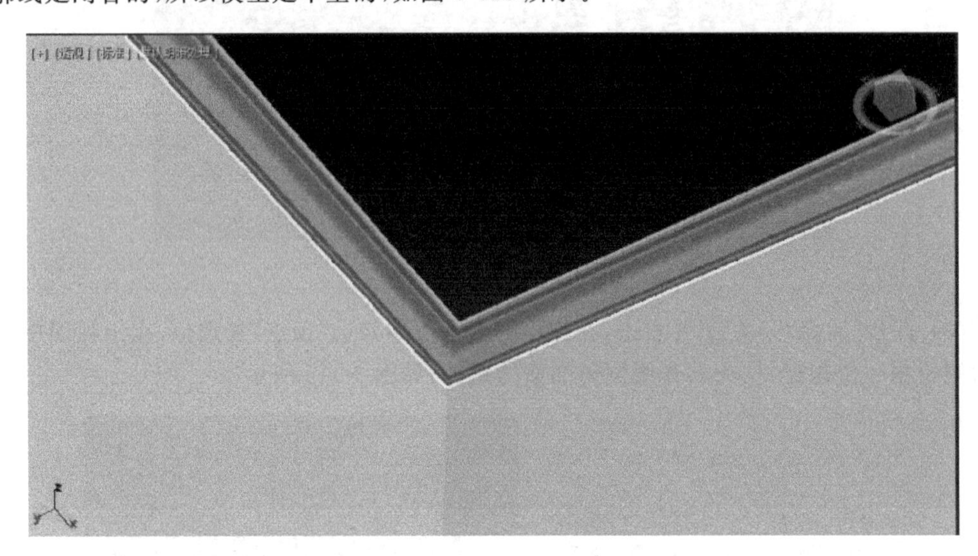

图 3-118 添加“倒角剖面”修改器

3.4 本章小结与重点回顾

本章主要介绍了如何在 3ds Max 2017 中创建各种类型的二维图形,并进入各个层级进行修改;还可以应用修改器使二维图形转换为三维模型。熟练运用这些修改器,可以简化建模流程,节省操作时间。掌握这些内容后,将会进一步提高建模能力,创建一些特殊的模型。

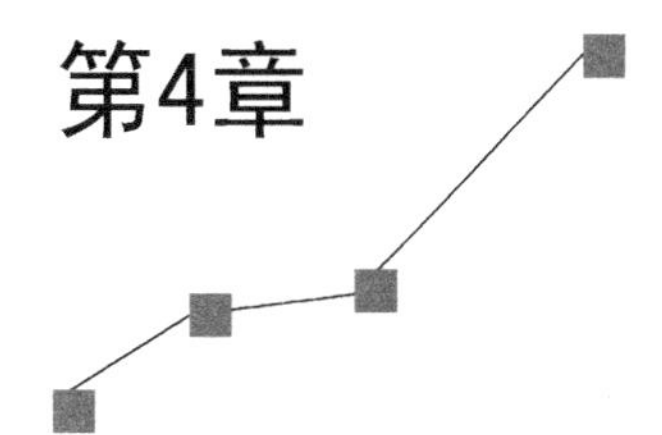

第4章

复合对象建模

在使用 3ds Max 2017 进行建模时，除了标准基本体、扩展基本体、二维转三维建模外，还有复合对象。通过复合对象的方式，可以方便地创建各种常见的曲线体模型。常用的复合对象方式有放样、布尔运算等，本章主要介绍这两种复合对象建模方法。

4.1 放样建模

4.1.1 放样建模简介

放样建模是指建立二维截面图形，将其沿一条路径放置，从而得到三维物体的建模方法。具体操作步骤如下。

(1) 在前视图中绘制一个圆形作为二维截面图形，再绘制一条弧线作为路径，这是放样建模的两个基本元素，如图 4-1 所示。

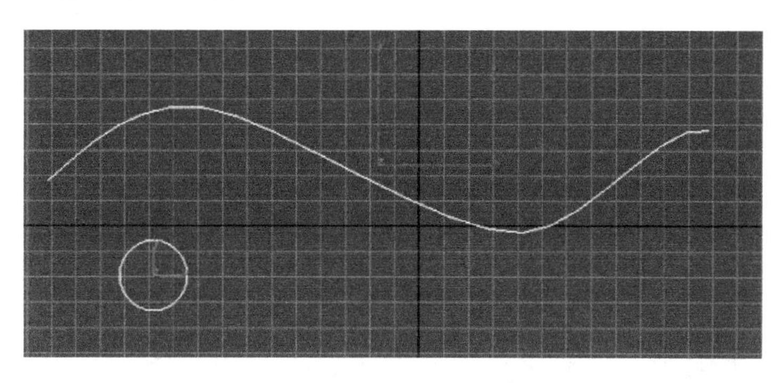

图 4-1 创建放样建模的基本元素

(2) 在“创建”面板 + 中单击“几何体”按钮 ，在弹出的下拉菜单中选择“复合对象”命令，在对象类型中列举了 3ds Max 的复合对象类型，如图 4-2 所示。

(3) 选择弧形线，单击 放样 按钮，因为已经选择了路径，所以在下方的“创建方法”面板中单击 获取图形 按钮，将光标移动至视图中的圆形上，此时光标的形状发生了变化，如图 4-3 所示。

图 4-2　复合对象

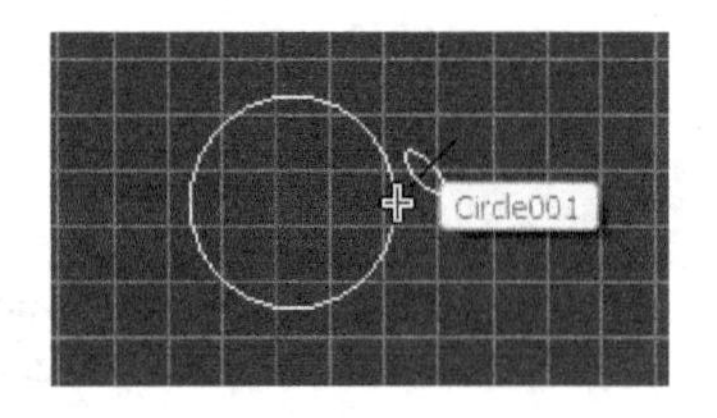

图 4-3　获取图形

(4) 单击圆形，可以看到圆形截面沿曲线路径放置，得到放样形成的三维模型，如图 4-4 所示。

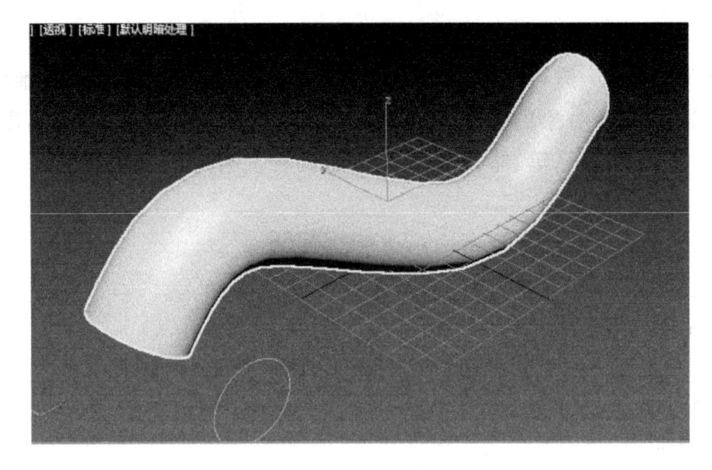

图 4-4　放样模型

(5) 如果需要对现在的模型进行修改，可以选择圆形截面进行调整。例如，选择圆形，进入“修改”面板，调整圆形半径，得到新的三维模型，如图 4-5 所示。

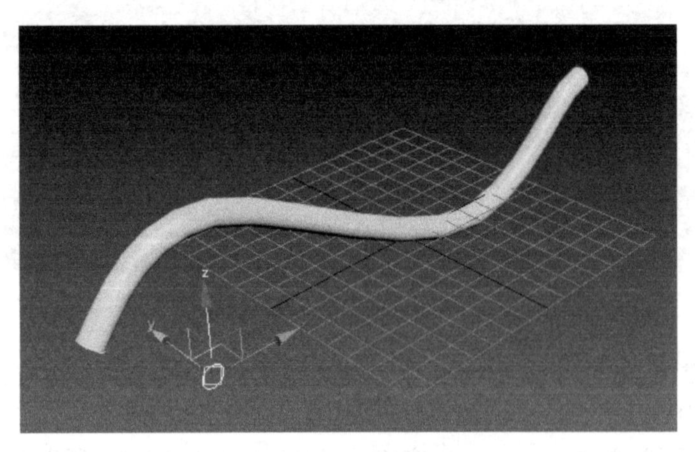

图 4-5　修改放样截面(1)

(6) 如果需要修改放样路径，也可以选择弧线路径进行调整，但是这时无法直接在路径上进行修改。可以先选择放样模型，单击“修改”按钮，进入“修改”面板。在修改器堆栈中单击 Loft 左侧的三角,展开次对象级,接着单击"路径",继续单击 Line,进入线的创建层级。在"选择"面板中单击"顶点"按钮,进入"顶点"层级。通过"选择并移动"工具调整点的位置和形状,修改放样模型的外形,如图 4-6 所示。

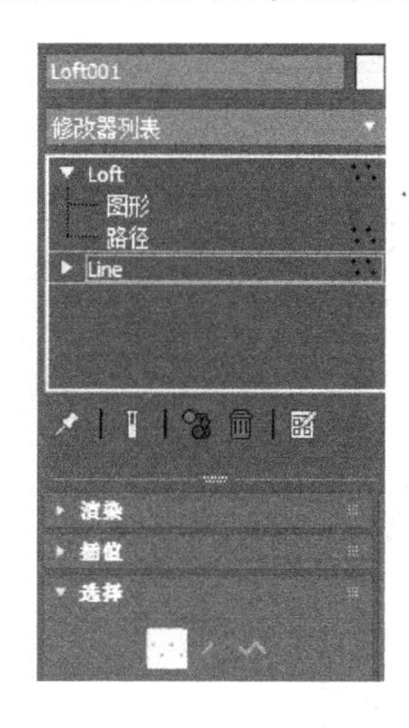

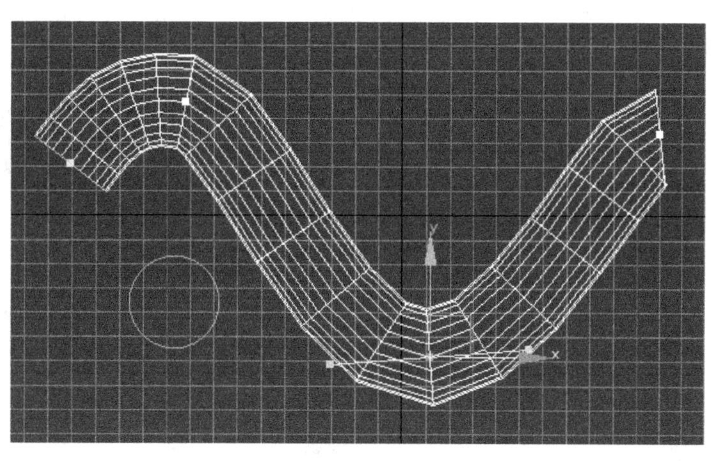

图 4-6　修改放样路径

(7) 运用同样的方法也可以对圆形截面进行调整。在修改器堆栈中,进入"图形"次对象级。在视图中,将光标放在模型放置截面的位置,光标在视图中变为"十"字形时,单击选择模型上的截面图形,这时修改器堆栈中出现 Circle 层级,即圆形的创建层级。单击 Circle,在下方的"参数"面板中调整圆形的大小,也可以修改放样模型的外形,如图 4-7 所示。

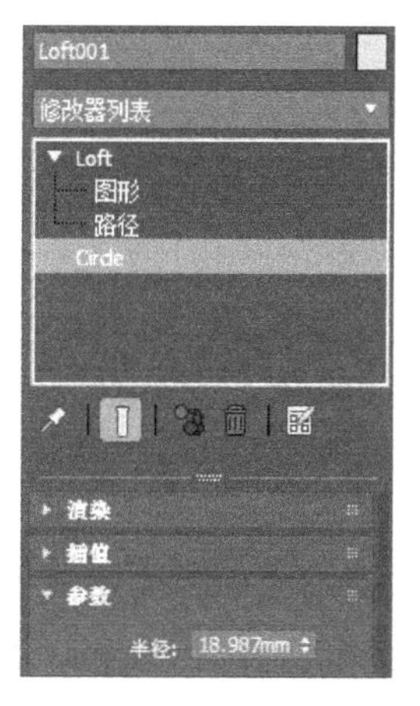

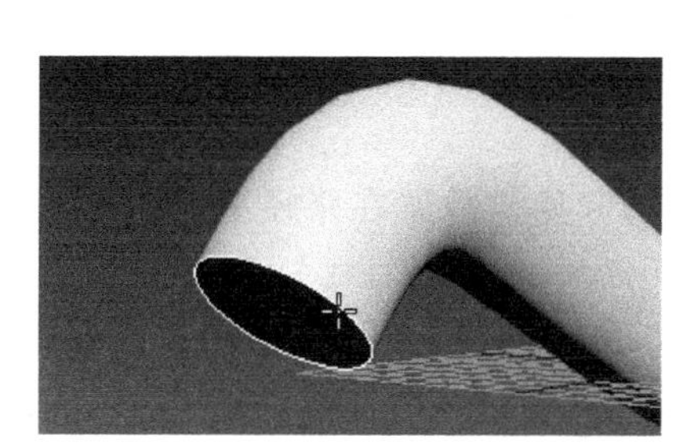

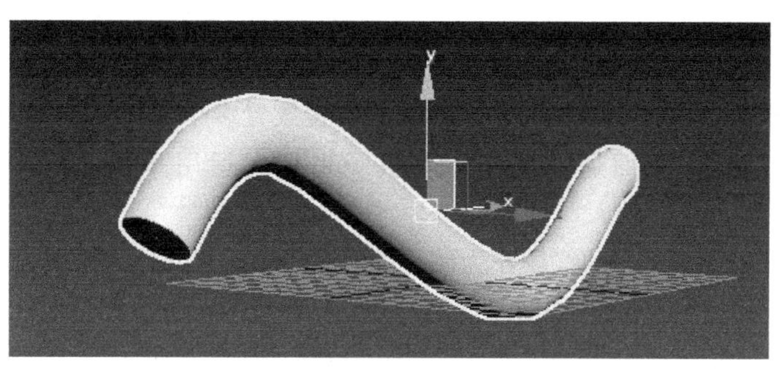

图 4-7　修改放样截面(2)

(8) 放样路径可以是直线也可以是曲线，可以是开放的也可以是闭合的。上面例子中的弧形线是开放的路径，下面再制作一个闭合路径的放样模型。首先绘制两个大小不同的矩形作为放样路径和截面图形，如图 4-8 所示。

(9) 选择大的矩形作为路径，单击 放样 按钮，再单击 获取图形 按钮，得到放样模型，如图 4-9 所示。

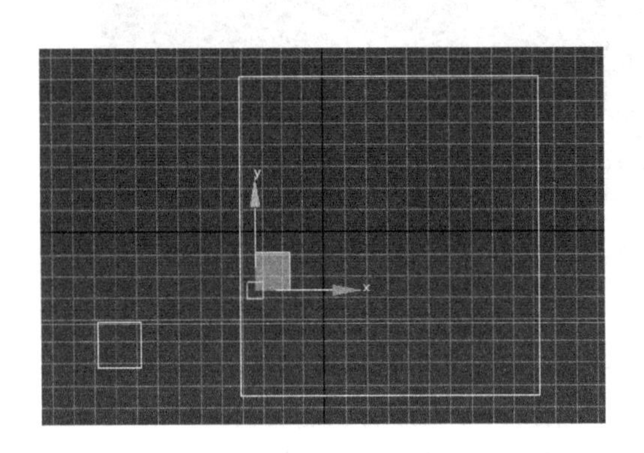

图 4-8 闭合放样路径

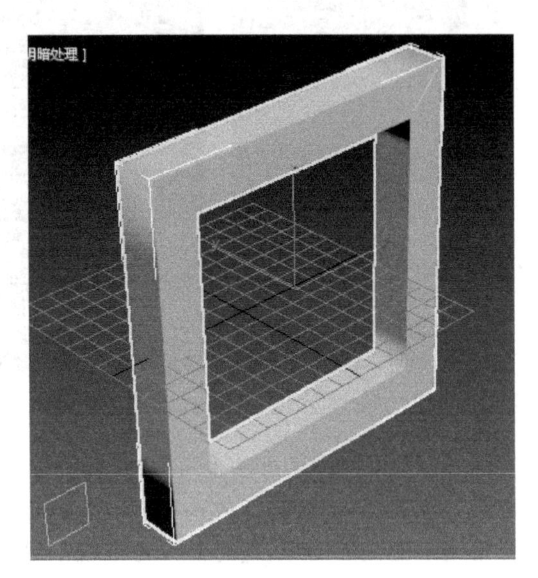

图 4-9 生成放样模型

知识点 1

有时使用“放样建模”与“倒角剖面修改器”制作出来的模型非常相似，但是采用这两种方式制作出来的模型在形态上是有一定差异的。

(1) 使用“放样建模”时，截面的中心点放置在路径上；在放样过程中，路径虽然只有一条，但截面的数目可以是任意多个。

(2) 使用“倒角剖面修改器”时，截面的起始点放置在路径上；路径中使用的截面只有一个。

所以，在比较简单的单截面建模中，一般使用“倒角剖面修改器”，模型制作准确易行。而在较为复杂的多截面建模中，建议使用“放样建模”，更加便于调整模型的形状。

4.1.2 实例——筷子

在“放样建模”中，同一个路径可以在不同的位置放置多个截面，这一特性使得放样物体的创建更加灵活多变。下面通过制作一双筷子来了解运用多截面放样建模的方法，如图 4-10 所示。

(1) 制作一条长 300mm 的线段作为制作筷子的路径。在这里，需要以矩形为基准得到这条线段。在顶视图中创建一个矩形，设置“长度”值为 300mm，“宽度”值为 300mm。选择矩形并将其转换为可编辑样条线，进入“线段”层级，删除其余的 3 条线段，得到一条长 300mm 的线段，如图 4-11 所示。

图 4-10　筷子的制作

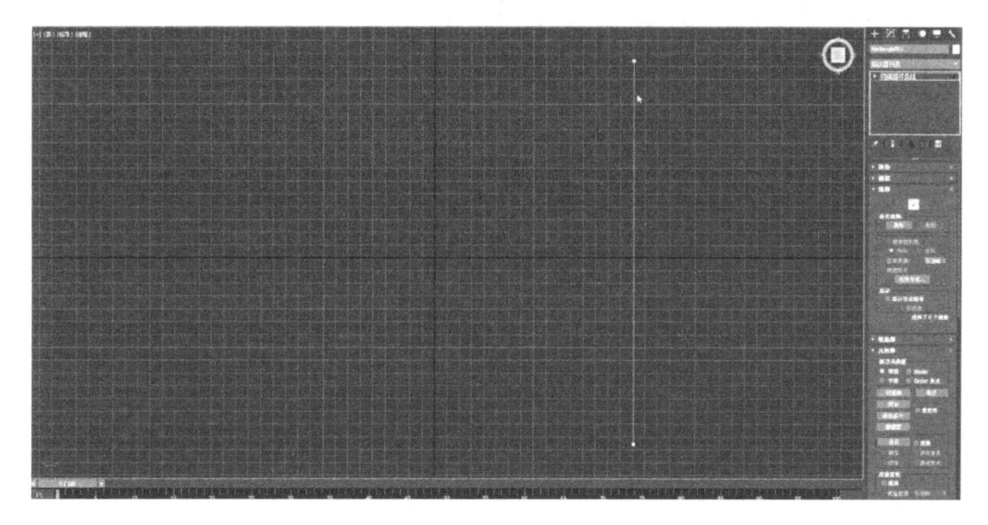

图 4-11　制作路径

（2）进入线条的“顶点”层级，在“选择”面板中勾选“显示顶点编号”复选框，可以看到首顶点是黄色显示的点。首顶点的设定对后面截面图形的放置位置有重要的作用，如图 4-12 所示。

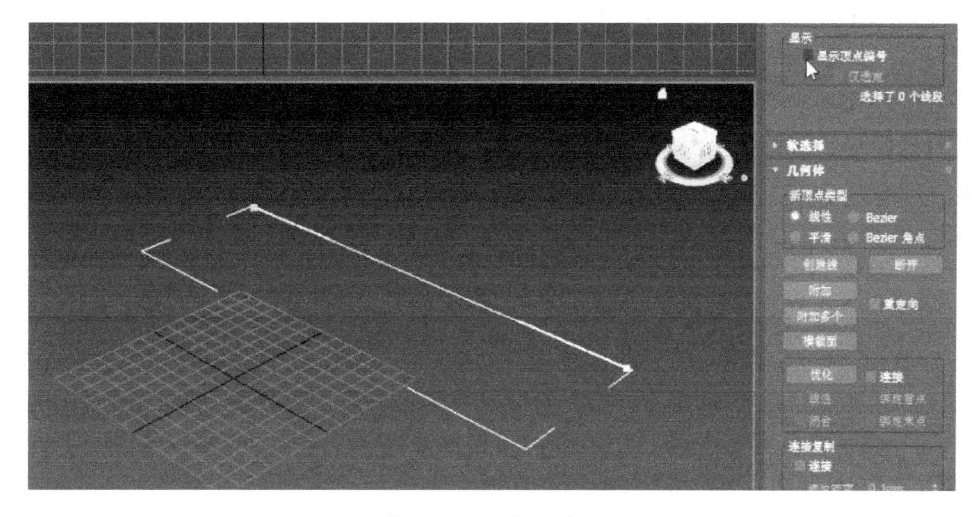

图 4-12　确定首顶点

(3) 绘制筷子的两个截面图形,即一个圆形和一个圆角矩形。先绘制一个圆形,将"半径"值设置为 3.5mm；再绘制一个矩形,将"长度""宽度"值均设置为 7.5mm,"角半径"值设置为 1mm,如图 4-13 所示。

(4) 在"创建"面板 中单击"几何体"按钮 ,在弹出的下拉菜单中选择"复合对象"命令。在视图中选择路径,单击 放样 按钮,下方出现"路径参数"面板,有"百分比"和"距离"两个选项。如果选中"百分比"单选按钮,截面将放置的位置设为从首顶点开始,路径长度的百分比数值；如果选中"距离"单选按钮,则截面将放置的位置设为从首顶点开始、距离首顶点的长度值,如图 4-14 所示。

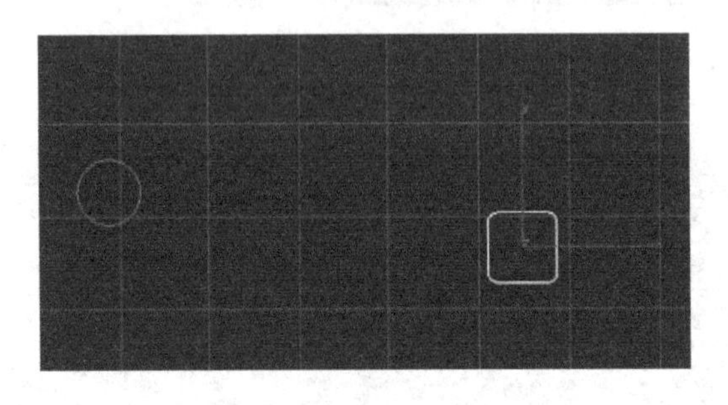

图 4-13　制作截面图形

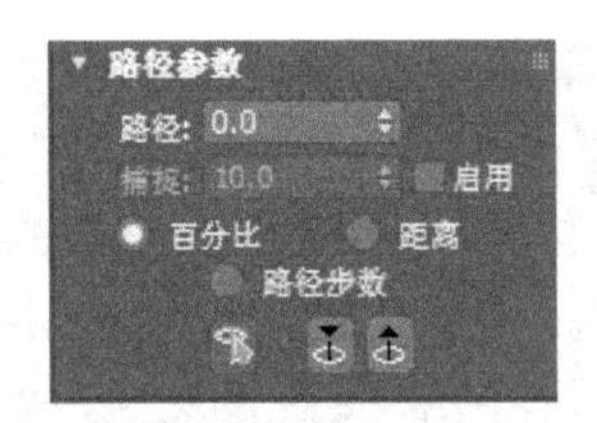

图 4-14　路径参数

知识点 2

"路径"决定了当前所要获取的截面在路径上的位置。同一个路径可以通过设置"路径"参数,在不同的位置放置多个截面,这一特性使得放样物体的创建更加灵活。

(5) 选中"百分比"单选按钮,将"路径"设置为 0,单击 获取图形 按钮,再单击圆形,这时截面从路径的首顶点处开始放置,一直延续到路径的最末端,如图 4-15 所示。

(6) 继续将圆角矩形放置在路径的最末端。将"路径"值设置为 100,再单击 获取图形 按钮,单击圆角矩形。这样就得到一个一端是圆形,另一端是圆角矩形的模型,两个截面中间的过渡变化由系统自动生成,如图 4-16 所示。

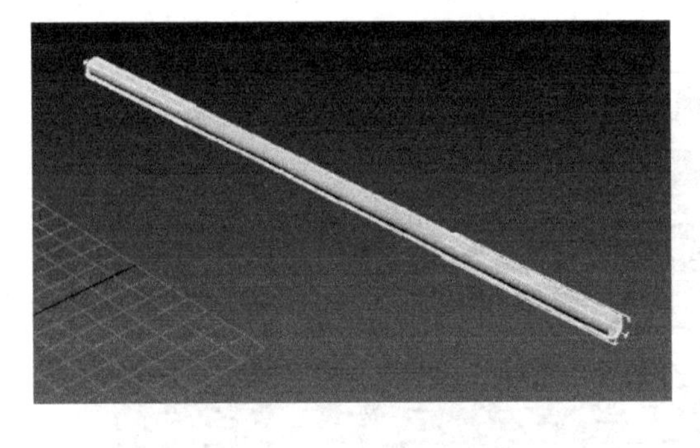

图 4-15　获取首个图形

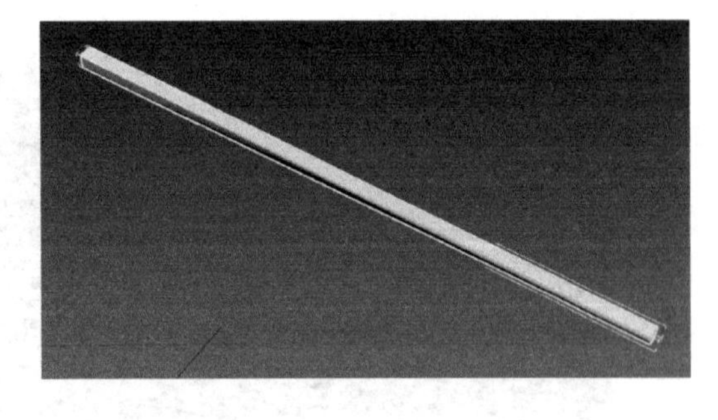

图 4-16　获取第二个图形

(7) 如果需要在筷子 50%的位置上依旧保持圆形,可以将"路径"值设定为 50,再单击 获取图形 按钮,单击圆形。为了方便观察,可以进入"修改"面板,在"显示"面板中取消勾选"蒙皮"复选框,取消勾选"明暗处理视图中的蒙皮"复选框,就可以清楚地看到 3 个截面此时的位置,如图 4-17 所示。

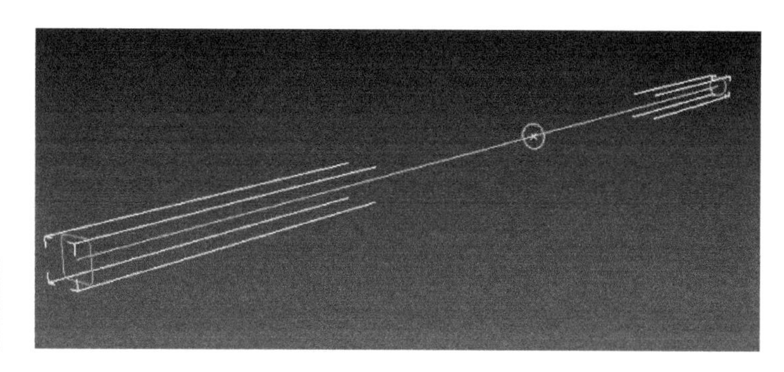

图 4-17　修改截面位置

(8) 用相同的方法把路径值设置为 60,再单击 获取图形 按钮,单击圆角矩形。在“显示”框中勾选“蒙皮”复选框,可以看到此时的形状,如图 4-18 所示。

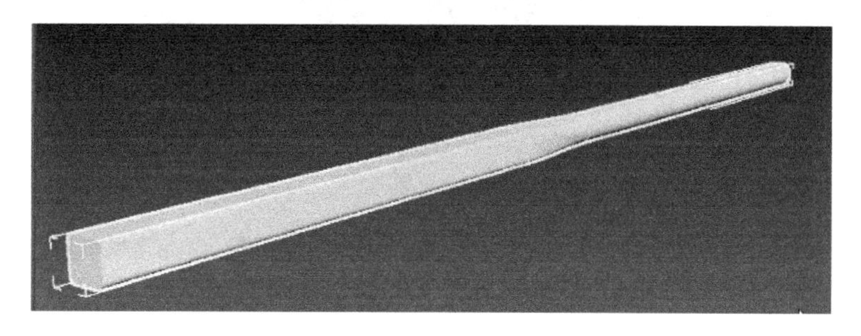

图 4-18　插入截面图形

(9) 继续对筷子的模型进行编辑,制作筷子头部的造型。首先,在“路径”值为 99 的位置上“获取图形”,单击圆角矩形,插入一个截面。然后在修改器堆栈中进入“图形”层级,在透视视图中选择顶部的截面图形,这个截面图形可以任意移动、旋转、缩放,单击“选择并均匀缩放”工具,将截面图形缩小,如图 4-19 所示。

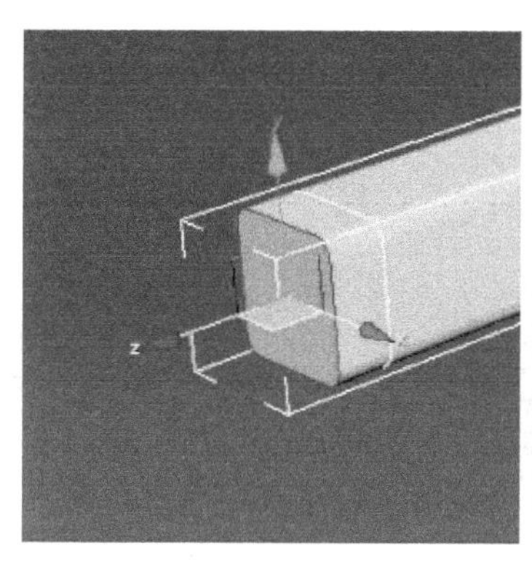
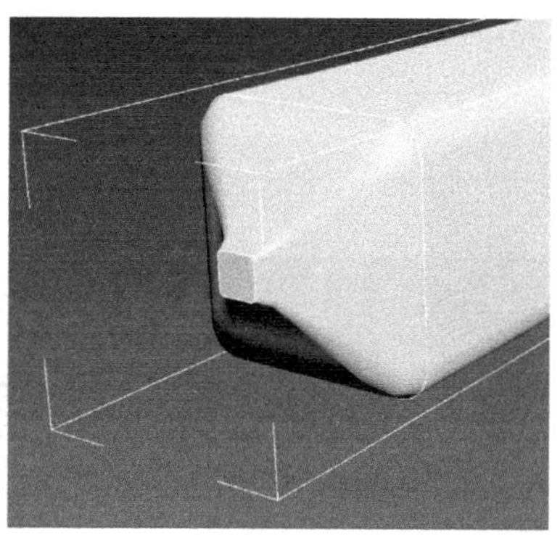

图 4-19　制作筷子头部

(10) 这时筷子头部侧面的线条是曲线形式,若要得到直线形式,可以在修改器堆栈中单击 Loft,进入 Loft 层级。在“修改”面板中的“选项”面板中勾选“线性插值”复选框,筷子的头部线条就会变成直线形式,如图 4-20 所示。

(11) 选择筷子模型,按住 Shift 键拖动复制出另一支筷子,筷子制作完成,如图 4-21 所示。

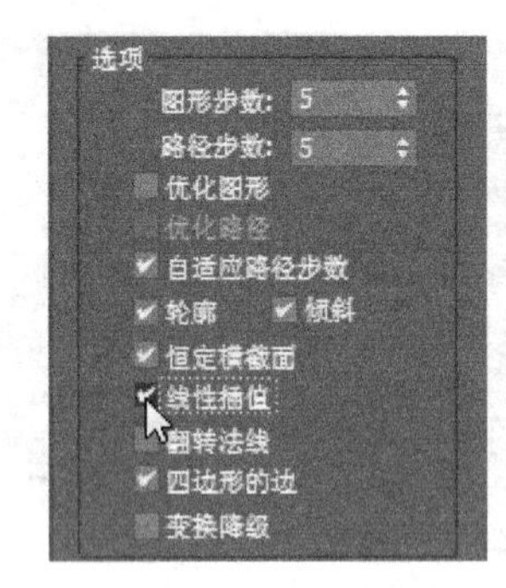

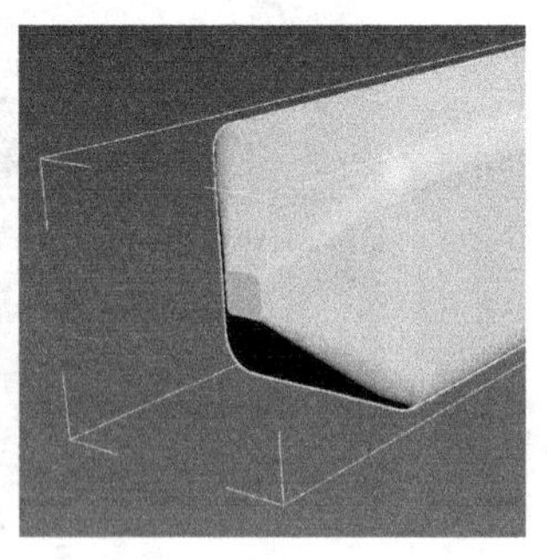

图 4-20 修改线性

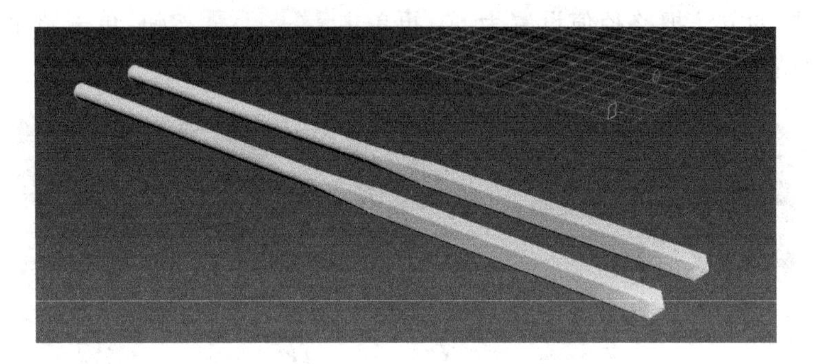

图 4-21 复制模型

4.1.3 实例——牙膏

在放样模型创建完成后，还可以对它的剖面图形进行变形控制，产生更加复杂的造型。下面通过制作牙膏模型，来了解放样建模中“变形”面板的使用方法，如图 4-22 所示。

(1) 绘制出牙膏的放样路径和截面图形。按住 Shift 键，在前视图中由下至上绘制一条直线，再绘制一个半径为 20mm 的圆，如图 4-23 所示。

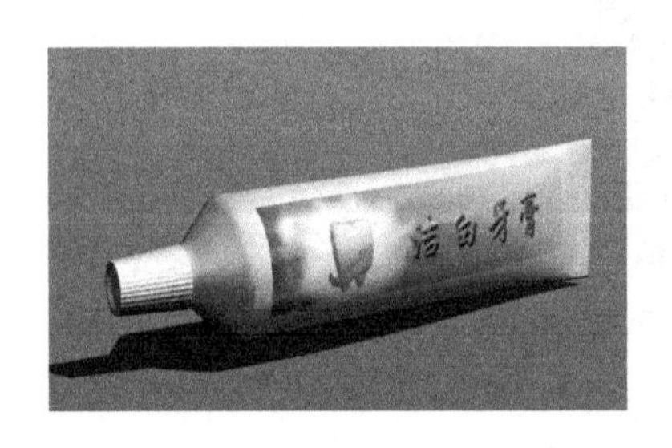

图 4-22 牙膏模型

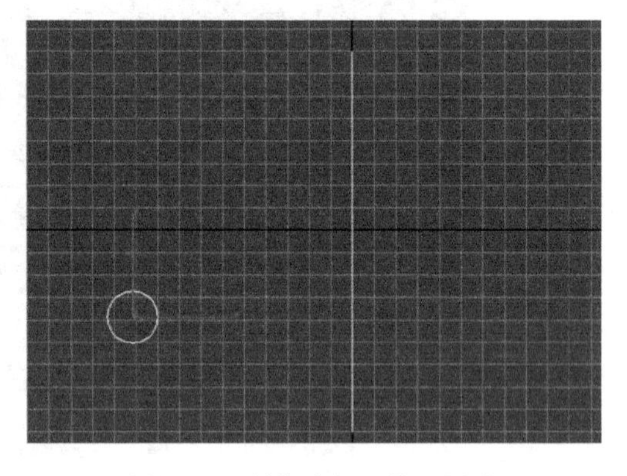

图 4-23 制作路径和截面图形

 **知识点 3**

进入直线的“顶点”次对象级，可以看到，如果由下至上绘制线条，下方的点是首顶点。首顶点的位置会影响到后面使用“变形”面板对截面图形进行缩放。

(2) 在“创建”面板 中单击“几何体”按钮 ，在弹出的下拉菜单中选择“复合对象”命令，在视图中选择路径，单击 放样 按钮，在下方“创建方法”面板中单击 获取图形 按钮，单击圆形，得到牙膏的基本形体，如图 4-24 所示。

(3) 进入“修改”面板，可以看到“参数”面板中有一个“变形”面板。在 3ds Max 中，提供了“缩放”“扭曲”“倾斜”“倒角”“拟合”几种变形模式。这里需要用到“缩放”变形，如图 4-25 所示。

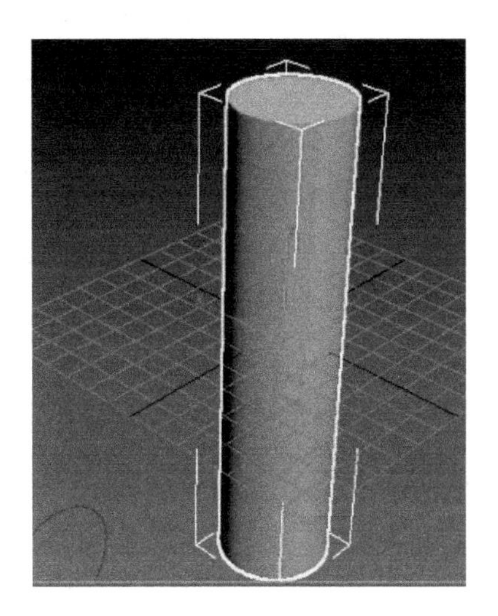

图 4-24　放样建模

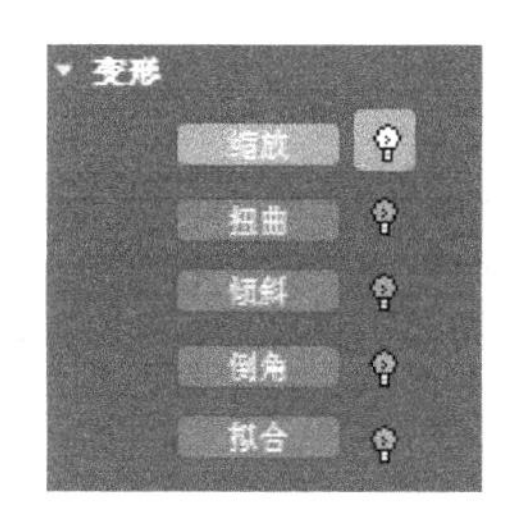

图 4-25　“变形”面板

(4) 单击“变形”面板中的 缩放 按钮，弹出“缩放变形”面板。X 轴上 0～100 的数值代表路径上从首顶点开始不同的百分比位置；Y 轴代表截面的缩放值，如图 4-26 所示。

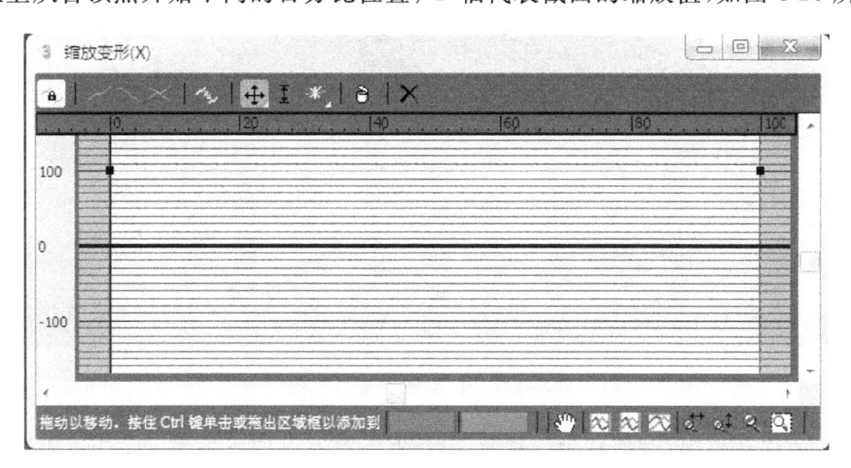

图 4-26　“缩放变形”面板

(5) 选择位于 100%位置的控制点，此时点呈空心显示，单击“移动控制点”按钮 ，向下拖动控制点，将路径上 100%位置处的截面缩小；反之，如果向上移动控制点则会放大截面，如图 4-27 所示。

(6) 单击“重置”曲线按钮 ，将截面复原。默认情况下，“均衡”开关处于打开状态 ，X 轴和 Y 轴同步进行缩放。关闭“均衡”开关，单击“显示 X 轴”按钮 ，调节呈红色的 X 轴上的控制点，此时截面只会在 X 轴上进行缩放；单击“显示 Y 轴”按钮 ，调节呈绿色的

Y 轴上的控制点，此时截面只会在 Y 轴上进行缩放；单击“显示 XY 轴”按钮，会同时对两个轴上的截面进行缩放；单击“交换变形曲线”按钮，可以交换 X、Y 轴的控制线，如图 4-28 所示。

(7) 单击“插入角点”按钮，在控制线上单击，插入新的控制点，再通过“移动控制点”工具向上或者向下移动控制点，可以对控制点位置上的截面进行缩放。如果不需要这个控制点，可以单击“删除控制点”按钮，将这个控制点删除，如图 4-29 所示。

(8) 通过“缩放”变形面板对牙膏模型进行调节。首先使“均衡”开关处于打开状态，单击“插入角点”按钮，在大约 95%的位置和 90%的位置上分别插入两个角点，如图 4-30 所示。

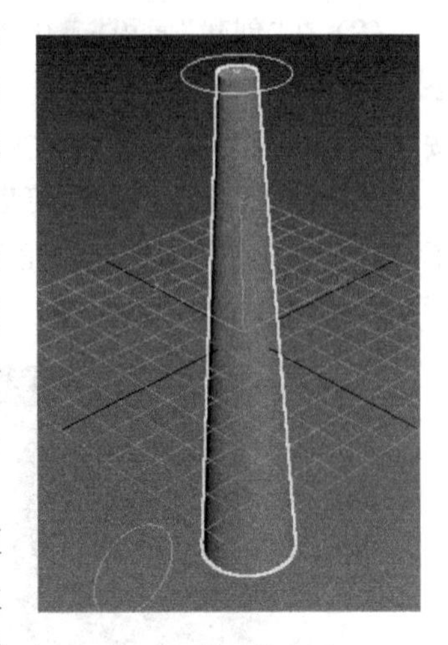

图 4-27　移动控制点(1)

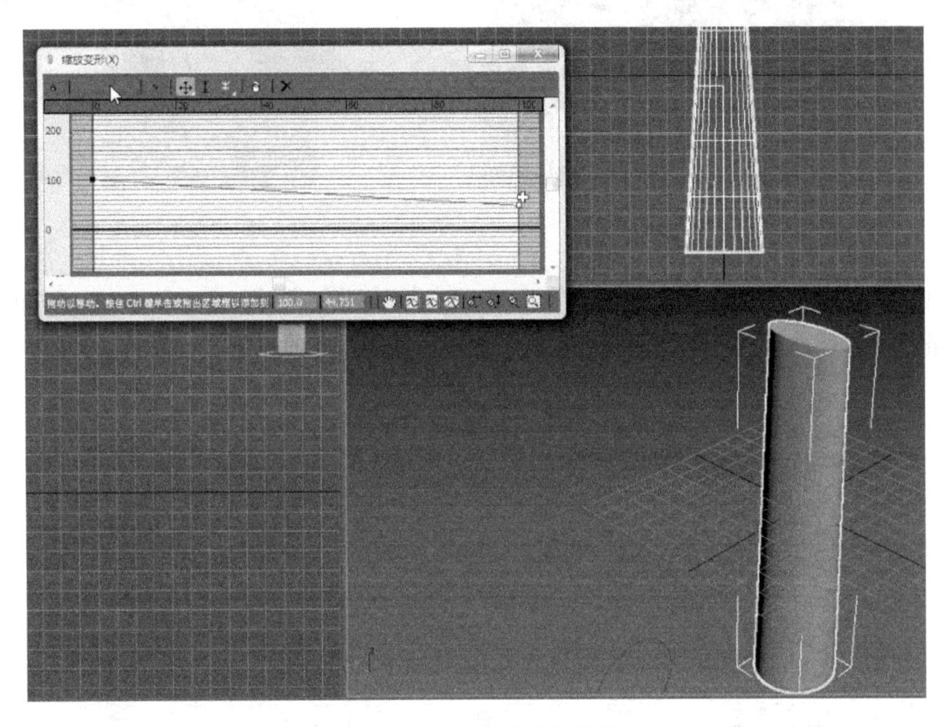

图 4-28　在 X 轴上进行缩放

(9) 单击“移动控制点”按钮，选择后面两个控制点向下方移动，得到牙膏管口的形状，如图 4-31 所示。

(10) 单击“插入角点”按钮，在大约 5%的位置和 30%的位置上分别插入两个角点，关闭“均衡”开关，单击“显示 X 轴”按钮，只在 X 轴上对前面两个控制点进行移动，得到牙膏管尾部的形状，如图 4-32 所示。

(11) 此时牙膏中下部位置的变化不够圆滑。右击中部的控制点，在弹出的快捷菜单中将控制点类型更改为“Bezier 平滑”，微调控制点的位置，这时的管体就变得圆滑了，如图 4-33 所示。

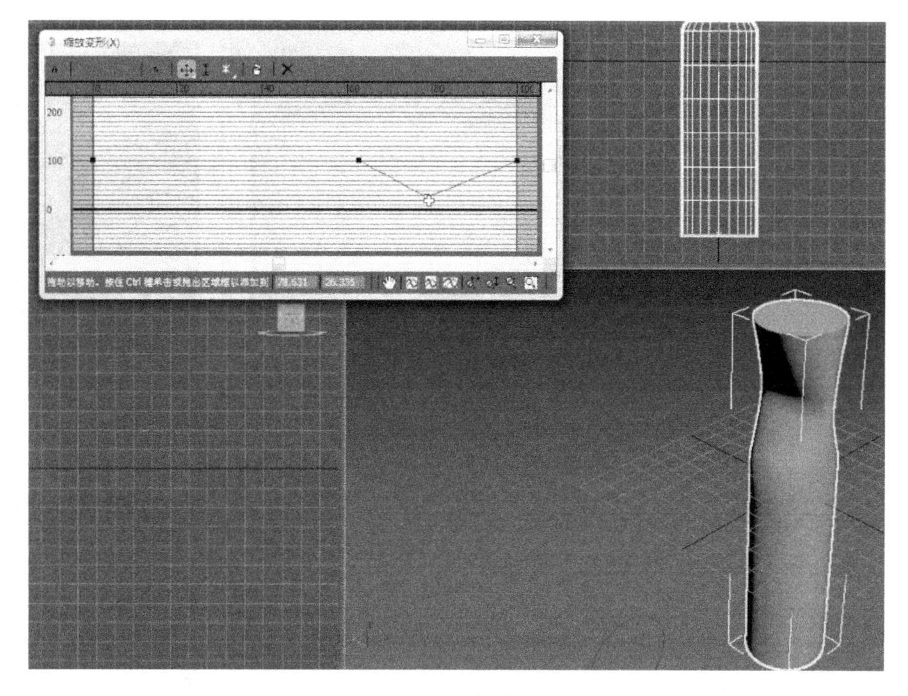

图 4-29　插入控制点(1)

图 4-30　插入角点

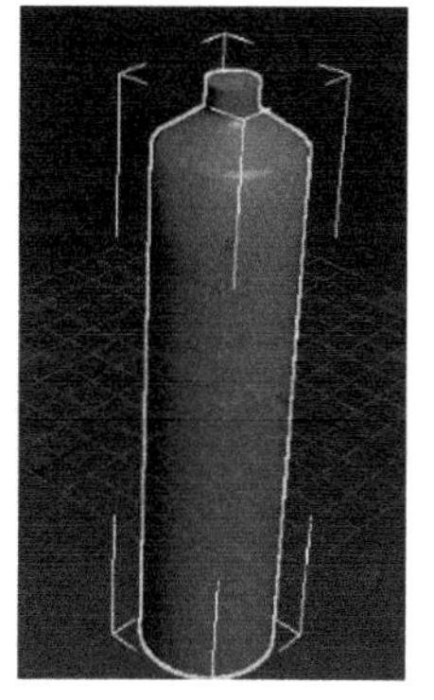

图 4-31　移动控制点(2)

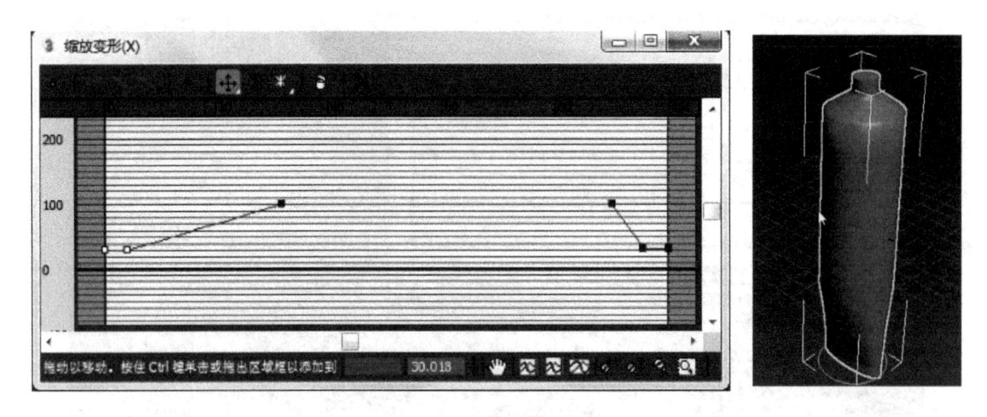

图 4-32 插入控制点(2)

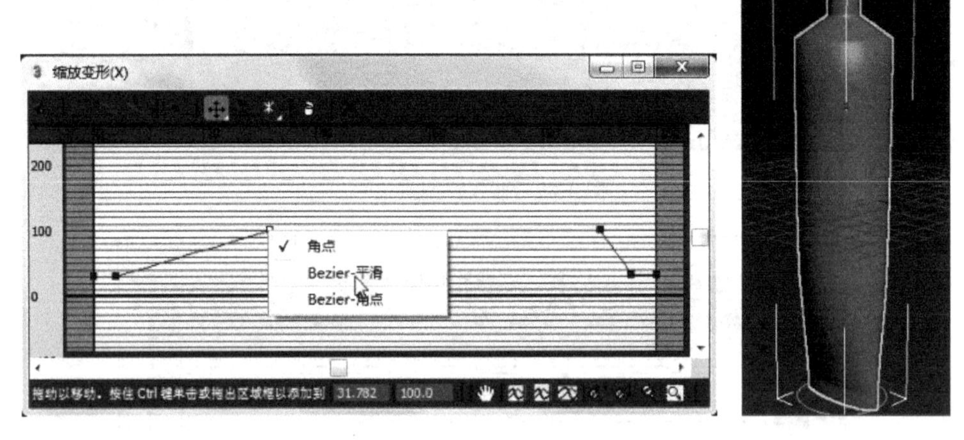

图 4-33 更改控制点类型

(12) 下面制作牙膏管体尾部稍微向外扩张的效果。单击“显示 *XY* 轴”按钮，选择 *Y* 轴上最前面的两个控制点向上拖动，产生放大的效果，再微调中部的控制点，这时牙膏管体就制作完成了，如图 4-34 所示。

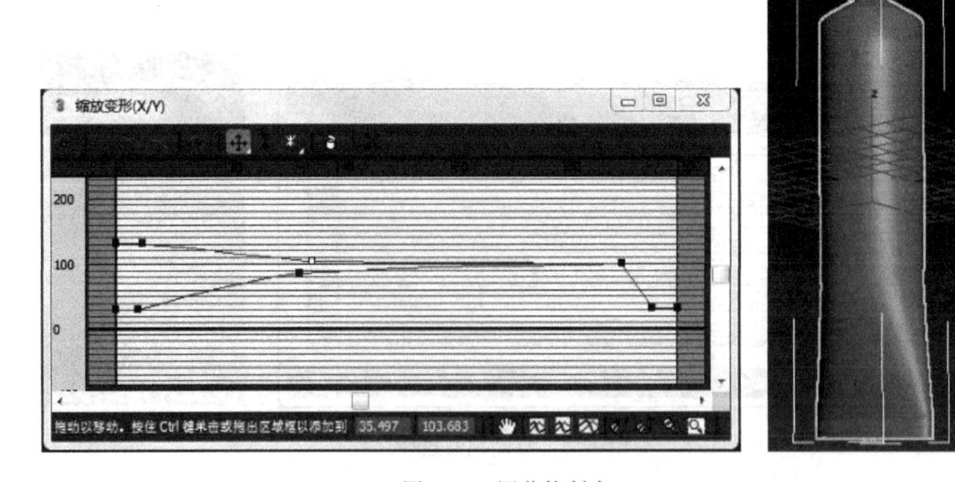

图 4-34 调节控制点

（13）利用“车削”修改器制作牙膏的盖，完成最终的模型，如图 4-35 所示。

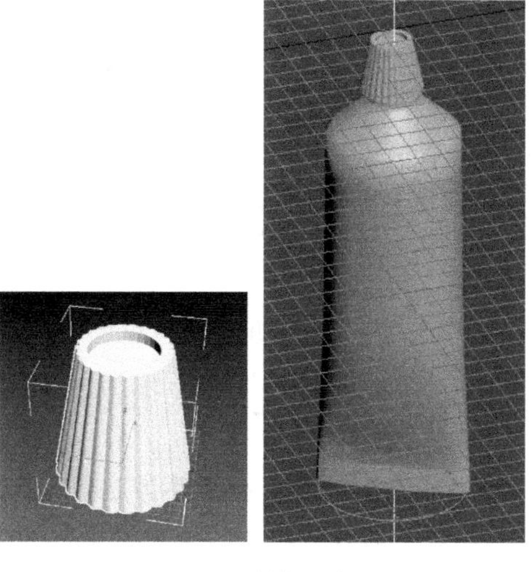

图 4-35　制作牙膏盖

4.2　布尔运算建模

布尔运算是通过对两个或者两个以上对象进行并集、差集、交集等运算，得到新的模型。

4.2.1　布尔运算建模简介

（1）在前视图中创建“长度”“宽度”“高度”皆为 50mm 的正方体，再创建“半径”为 30mm 的圆，在视图中调整两个模型的位置，使圆形居中并与正方体相互穿插，如图 4-36 所示。

（2）选择正方体模型，在“创建”面板 + 中单击“几何体”按钮，在弹出的下拉菜单中选择“复合对象”命令，单击 布尔 按钮。在下方的“操作对象”面板中列举了参与布尔运算的模型，单击 添加操作对象 按钮，单击视图中的球体，添加参与布尔运算的对象，如图 4-37 所示。

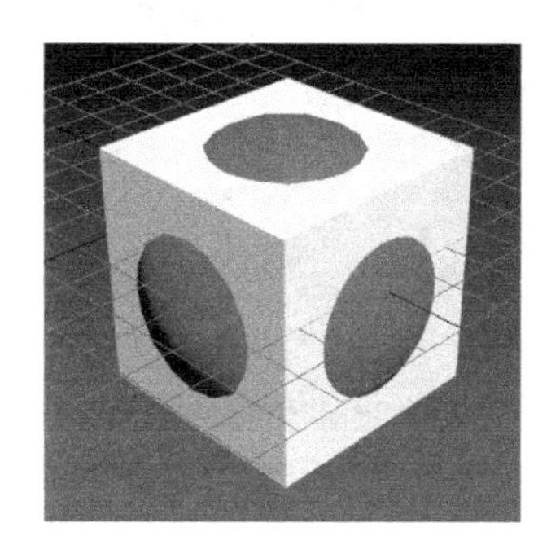

图 4-36　创建布尔运算模型

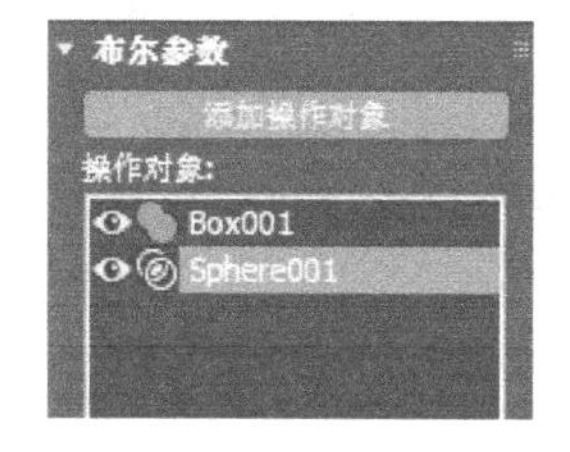

图 4-37　添加操作对象

（3）在操作对象参数中，默认的运算类型是“并集”，即将两个模型进行合并运算，也可以进行“交集”“差集”等运算，如图 4-38 所示。

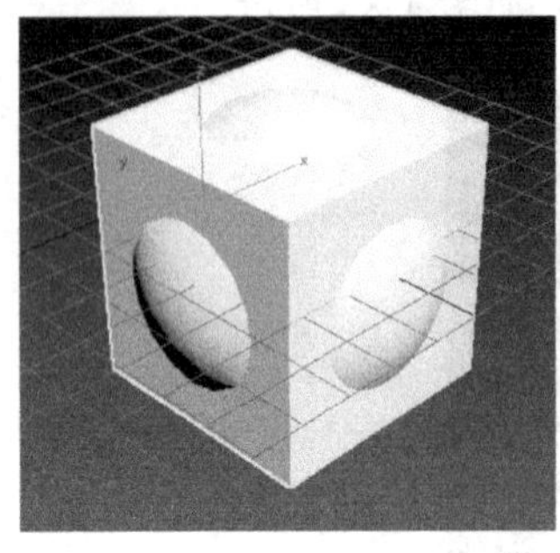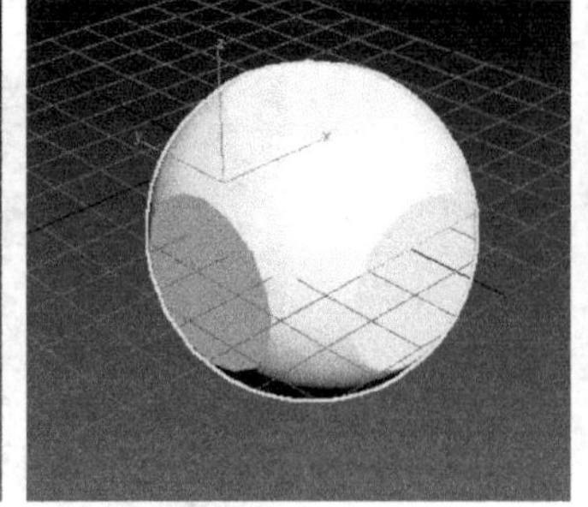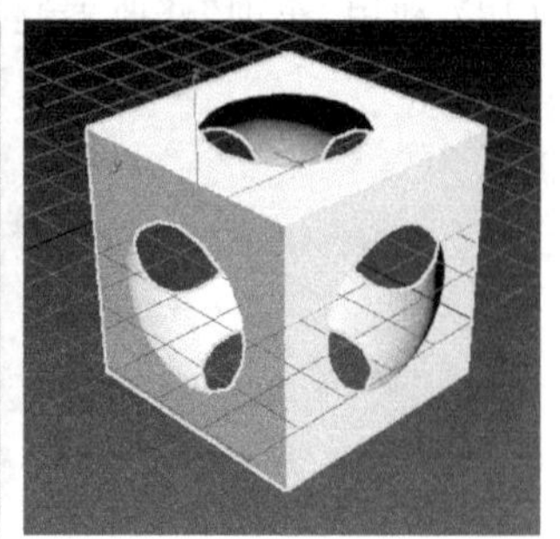

图 4-38 布尔的并集、交集和差集

4.2.2 高级布尔运算建模简介

在 3ds Max 中，布尔运算是相对简单的一种运算方法，而 ProBoolean 即高级布尔是一种更为高级的运算方法，是布尔运算的升级版。与布尔运算相比，ProBoolean 运算时不会产生过多的线，使用方法更加简单快捷。虽然 ProBoolean 运算的功能几乎完全替代了布尔运算，但是 Adobe 公司为了照顾一些旧版本的用户，还是保留了布尔运算命令。

一般来说，简单的运算如基本体建模运算可用一般布尔运算，复杂的如多次布尔运算还是用 ProBoolean 运算更适合。下面通过一个简单的实例——在一面墙上开几扇窗户，简单地对比这两种运算方式的区别。

(1) 创建一个大长方体和一个小长方体，调整小长方体的位置，使它位于大长方体的中上部，再按住 Shift 键拖动复制出另外两个小长方体，如图 4-39 所示。

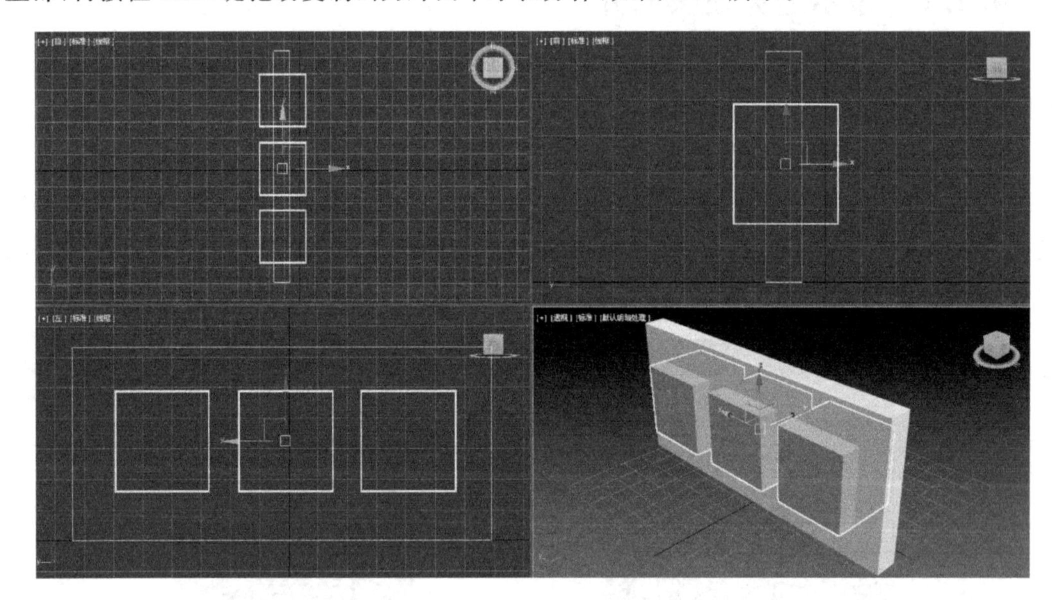

图 4-39 创建模型

(2) 选择大长方体，在“创建”面板 中单击“几何体”按钮 ，在弹出的下拉菜单中选择“复合对象”命令，单击 布尔 按钮。在“操作对象”面板中单击 添加操作对象 按钮，单击视图中的第一个小长方体，将小长方体添加到“操作对象”对话框中。选择运算类型是“差集”，做出第一扇窗户，如图 4-40 所示。

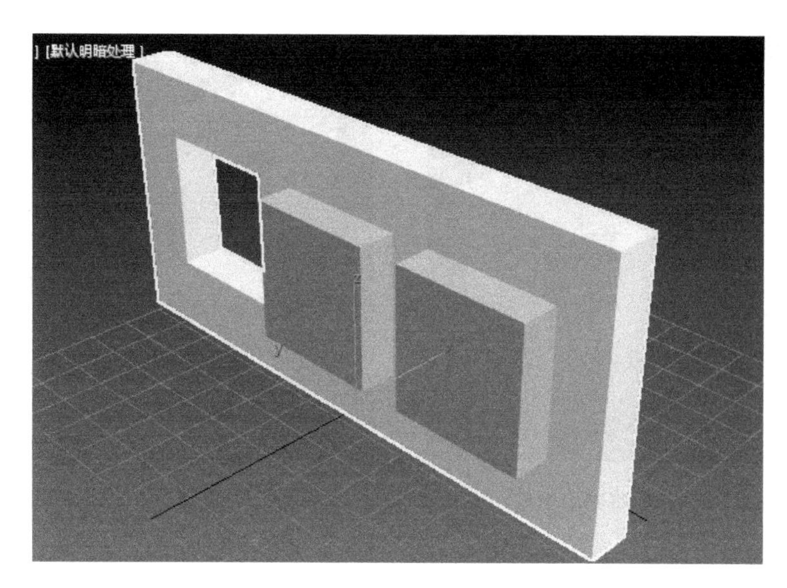

图 4-40 布尔运算一次

(3) 重复以上步骤做第二扇窗户，在“创建”面板中单击 布尔 按钮，在“操作对象”面板中单击 添加操作对象 按钮，单击视图中的第二个小长方体，选择运算类型是“差集”，得到第二扇窗户；再重复以上步骤，做出第三扇窗户，如图 4-41 所示。

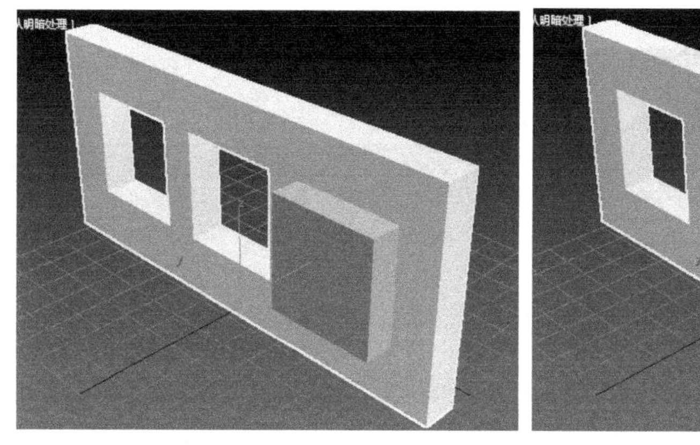
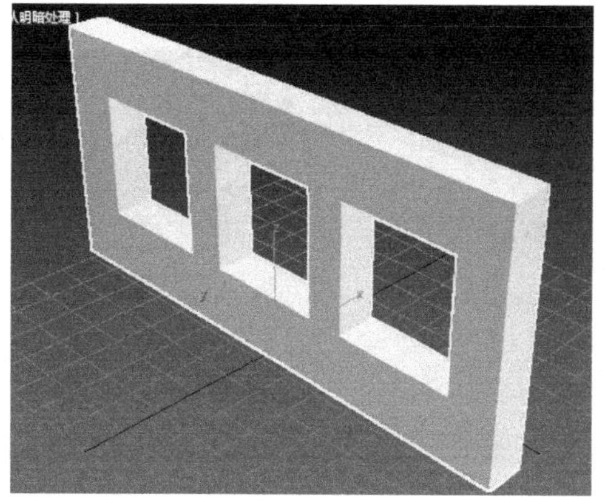

图 4-41 布尔运算二次、三次

(4) 在多个模型进行布尔运算时，需要重复多次，比较麻烦。单击激活透视图，在视图左上方的默认明暗处理处单击，在弹出列表中选择“边面”，或者按快捷键 F4，可以看到布尔运算后，模型表面增加了许多线，这会使后期的模型修改变得复杂，如图 4-42 所示。

(5) 下面使用 ProBoolean 进行运算。多次按下 Ctrl＋Z 组合键将布尔运算结果撤销。首先选择大长方体，在“创建”面板 + 中单击“几何体”按钮，在弹出的下拉菜单中选择“复合对象”命令，单击 ProBoolean 按钮，在“参数”面板下的运算方式中选择“差集”，单击 开始拾取 按钮，依次单击选择 3 个小正方体，可一次性做出所有的窗户，如图 4-43 所示。

(6) 不难看出，ProBoolean 比布尔运算更加快捷、方便。激活透视图，按快捷键 F4 可以看到模型表面也没有出现多余的线，所以 ProBoolean 是一种更高级的运算方式。

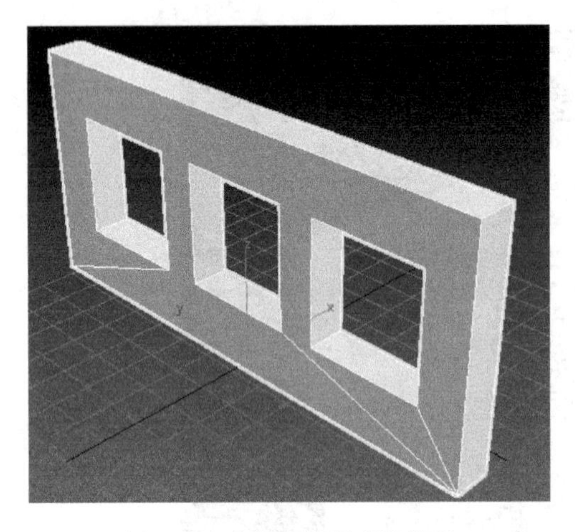

图 4-42 布尔运算得到的模型

图 4-43 ProBoolean 运算得到的模型

4.2.3 实例——烟灰缸

下面通过制作烟灰缸模型,进一步熟悉布尔运算的使用方法,如图 4-44 所示。

(1) 利用“车削”工具制作烟灰缸的主体。打开“捕捉开关”,选择捕捉类型为“栅格点”捕捉。在“创建”面板中单击“图形”按钮,选择“线”,在前视图中绘制烟灰缸的 1/2 截面图形,关闭“捕捉开关”,如图 4-45 所示。

图 4-44 烟灰缸模型

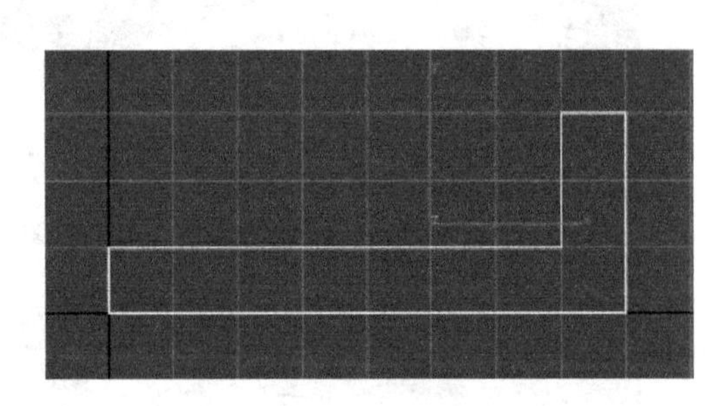

图 4-45 创建截面图形

(2) 选择线,单击“修改”按钮,进入“修改”面板。在“选择”面板中单击“顶点”按钮,进入“顶点”次对象级。通过“选择并移动”工具调整点的位置,选择顶点,在“几何体”面板中单击 圆角 按钮,对部分顶点做圆角化处理,如图 4-46 所示。

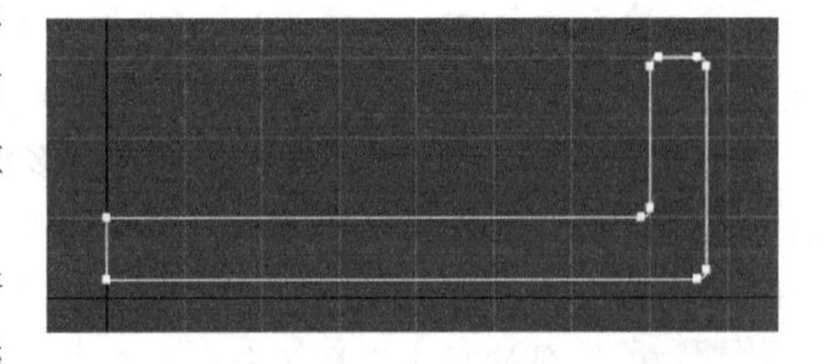

图 4-46 调整点位置并做圆角化处理

(3) 对图形添加“车削”修改器,选择对齐方式为“最小”,将分段数设置为 60,并勾选“焊接内核”复选框,如图 4-47 所示。

(4) 选择 line,再次进入“顶点”层级,调整烟灰缸的形状。打开“显示最终结果开/关切换”按钮,调整点的位置,使烟灰缸的大小比例正确,如图 4-48 所示。

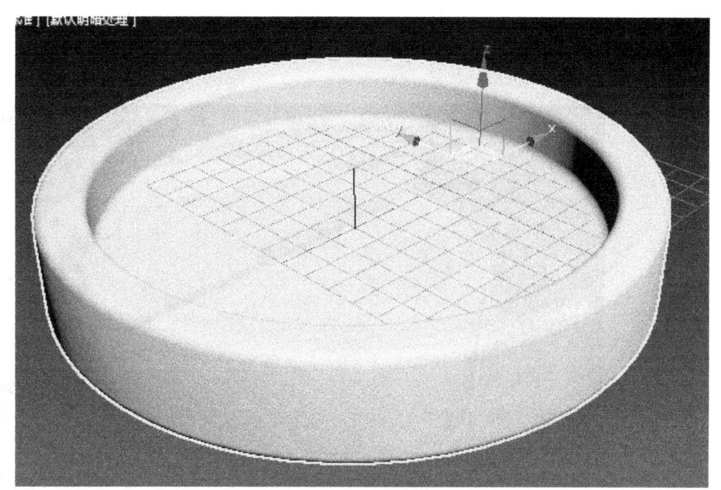

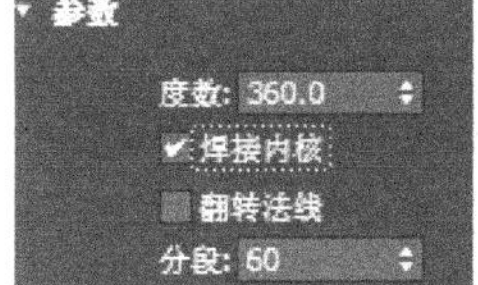

图 4-47　添加“车削”修改器

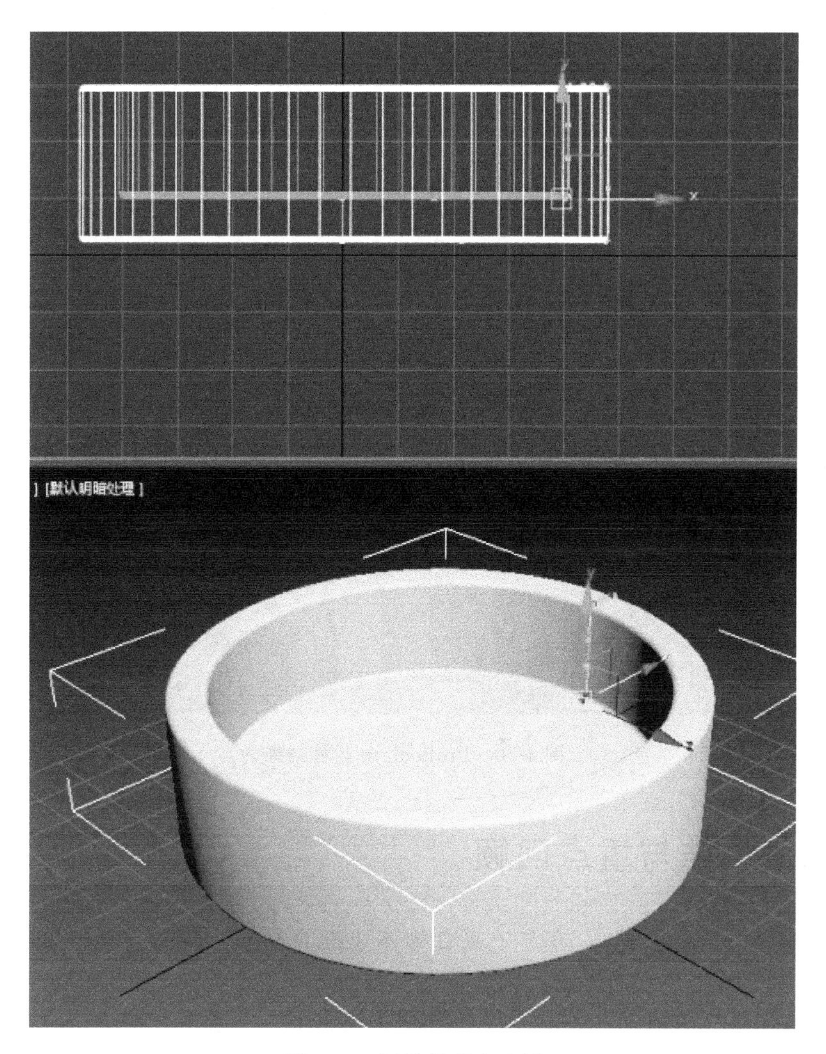

图 4-48　调整外形和比例

(5) 下面制作烟灰缸上的缺口。先在前视图中创建一个圆柱体，将它放置在烟灰缸的上部，如图 4-49 所示。

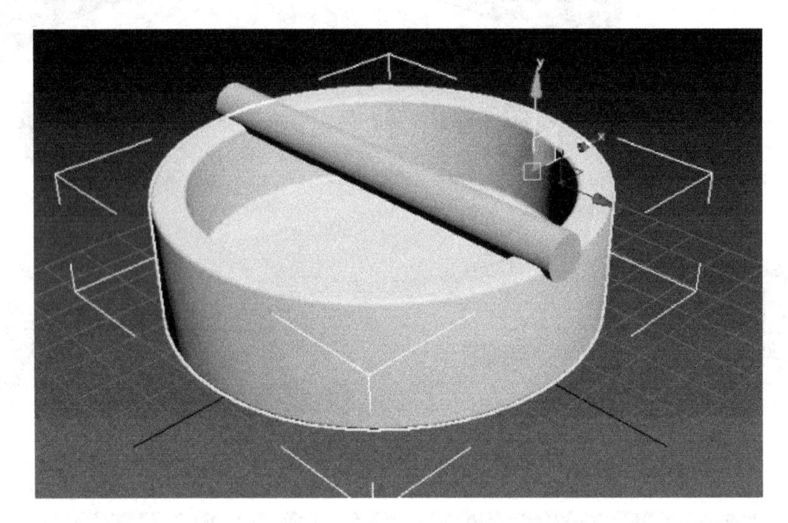

图 4-49　创建圆柱体

(6) 选择烟灰缸模型，在“创建”面板中单击“几何体”按钮，在弹出的下拉菜单中选择“复合对象”命令，单击 ProBoolean 按钮。在“拾取布尔对象”面板中单击“开始拾取”，选择圆柱体，运算方式选择“差集”。这样就完成了烟灰缸的制作，如图 4-50 所示。

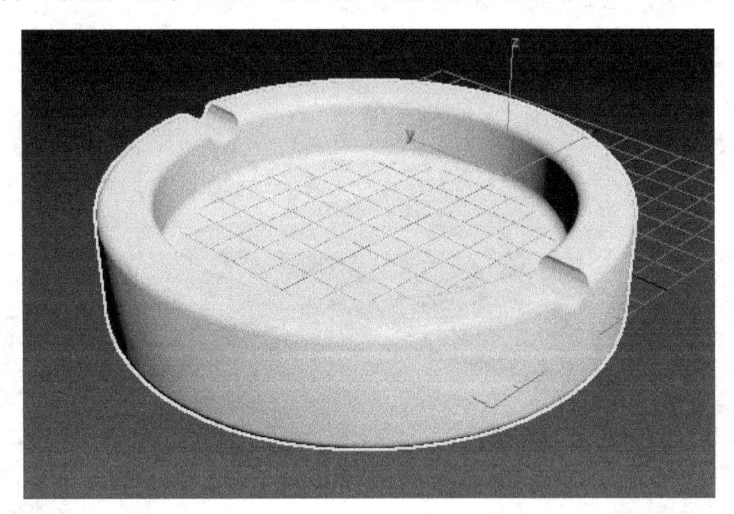

图 4-50　ProBoolean 运算结果

4.3　本章小结与重点回顾

本章主要介绍了 3ds Max 2017 中复合物体建模的方法，讲解了放样和布尔运算的用法，并通过实例进行了详细的讲述。熟练掌握单截面放样建模方法、多截面放样建模方法以及放样建模变形面板的调节方法，掌握布尔运算和高级布尔运算的建模方法，能够创建较为复杂的三维模型。

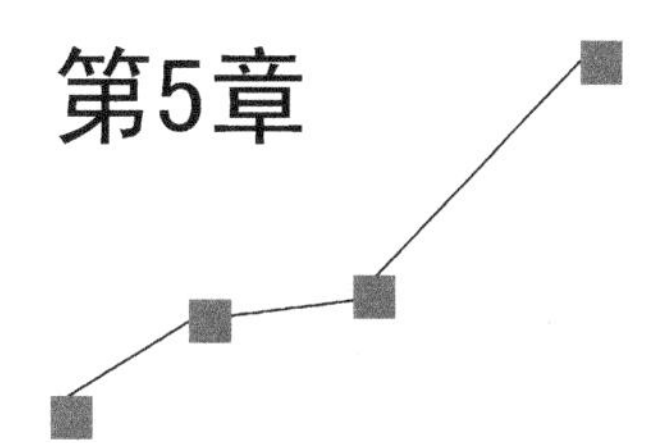

第5章

辅助及修改命令建模

辅助命令建模是指在空间位置上进行捕捉，从而制作出较规则的场景，或者通过阵列、镜像等方法对所选物体进行复制。修改命令建模是指利用修改器对基础模型进行修改，从而得到更复杂的模型。本章将讲解在 3ds Max 2017 中几个常用的辅助建模命令，以及常用修改器的使用，以便更好地创建特殊造型的模型。

5.1 辅助建模命令

捕捉对于建筑建模、工业建模等精细模型是非常重要的，捕捉命令能使用户更方便、精确地在三维空间中进行各种位置，如点、线、面的捕捉、对齐等操作。

5.1.1 捕捉开关

(1) 在工具栏中单击“捕捉”开关，长按开关会出现下拉菜单，列出“2 维捕捉”“2.5 维捕捉”“3 维捕捉”3 种捕捉类型。在“捕捉开关”上右击，会弹出“栅格和捕捉设置”对话框，列出了捕捉的 12 种类型，如图 5-1 所示。

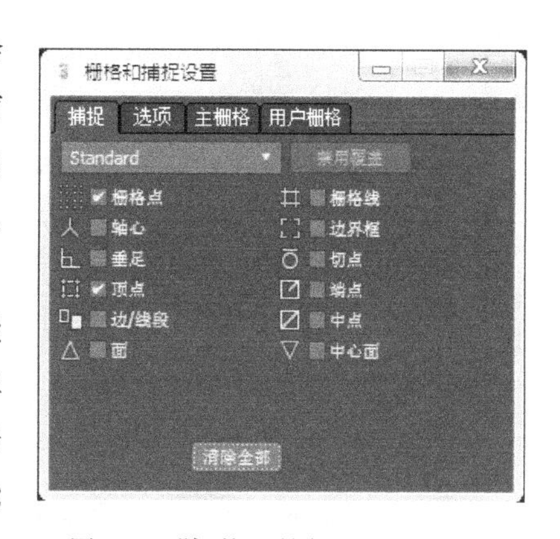

图 5-1 “栅格和捕捉设置”对话框

(2) 栅格点是栅格线的交点，捕捉“栅格点”功能可以捕捉视图中的栅格点。勾选“栅格点”复选框，单击 长方体 按钮，在视图上移动鼠标，此时捕捉光标会出现在视图上，并且被吸附到栅格点上，如图 5-2 所示。

(3) 在“栅格和捕捉设置”对话框中单击“主栅格”选项卡，此时的栅格间距是 10mm，即每两条栅格线之间的距离是 10mm，参照这个距离就可以精确地创建模型，如图 5-3 所示。

(4) 如果创建一个“长度”值为 50mm、“宽度”值为 40mm、“高度”值为 30mm 的长方体，原来的方法是先创建长方体，再在“参数”面板中修改数值。如果采用捕捉“栅格点”的方式，

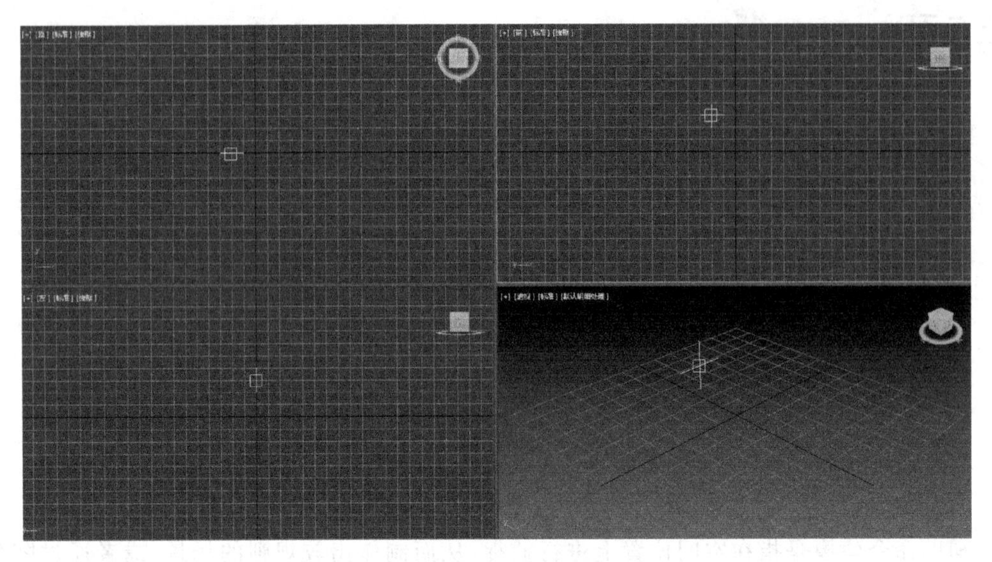

图 5-2 捕捉时的光标

可以在透视图内依照栅格点的多少直接创建。在视图中按住鼠标左键，在长度方向拖动 5 个栅格，宽度方向拖动 4 个栅格，继续移动鼠标，在高度方向拖动 3 个栅格，单击确定，如图 5-4 所示。

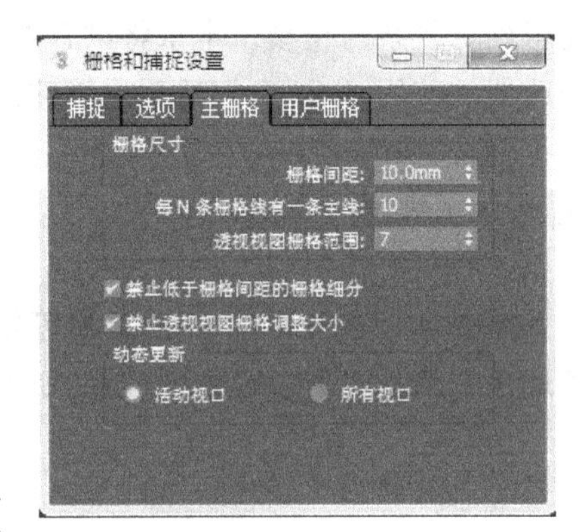

图 5-3 栅格间距

(5) 捕捉“栅格线”功能可以使光标捕捉到栅格线上的任何位置，在栅格线上精确地移动，如图 5-5 所示。

(6) 捕捉“轴心”功能可以使光标捕捉到对象的轴心。当光标靠近目标对象后，在模型上会出现一个三向的光标，标识出对象的轴心，此时如果再创建其他模型，会以这个轴心为起始点建立，如图 5-6 所示。

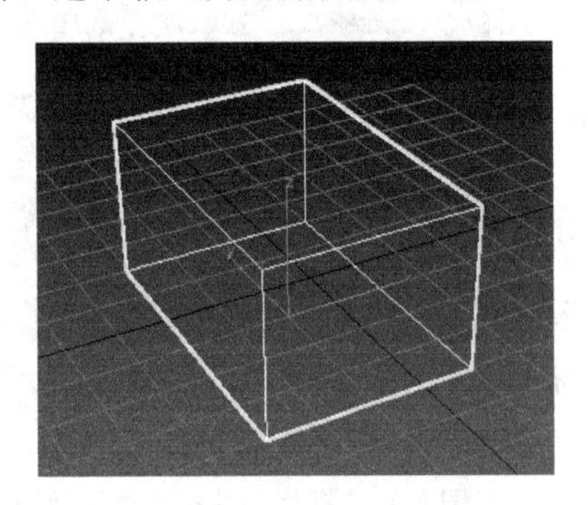

图 5-4 利用栅格点捕捉创建模型

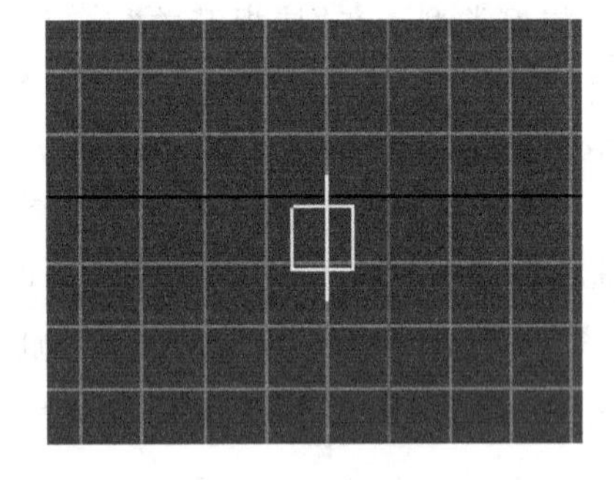

图 5-5 捕捉“栅格线”

(7) 捕捉“边界框”功能可以捕捉到物体边界盒的任意一条边，即黄线所标示的部分，如图 5-7 所示。

(8) 捕捉“垂足”功能可以用于捕捉绘制线条时的垂足，绘制已知直线的垂线。在“栅格和捕捉设置”对话框中勾选捕捉“垂足”复选框。在前视图中绘制一条直线，然后从线条外一

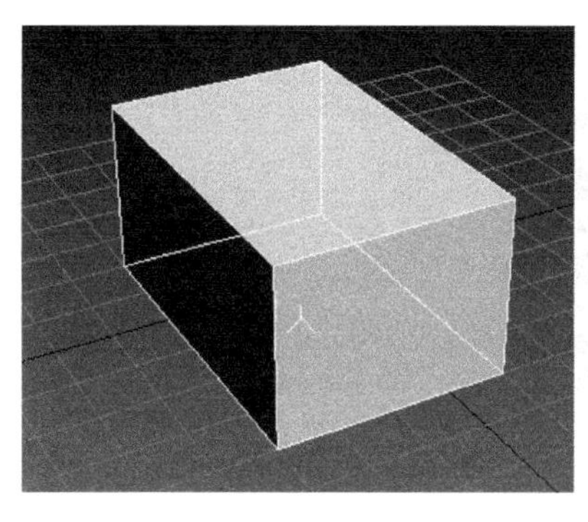
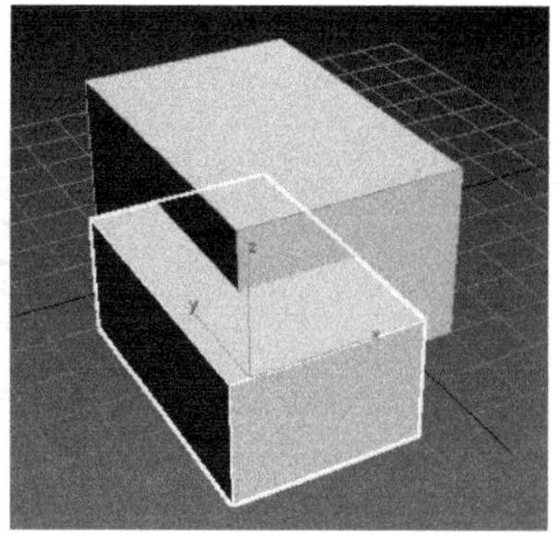

图 5-6　捕捉“轴心”

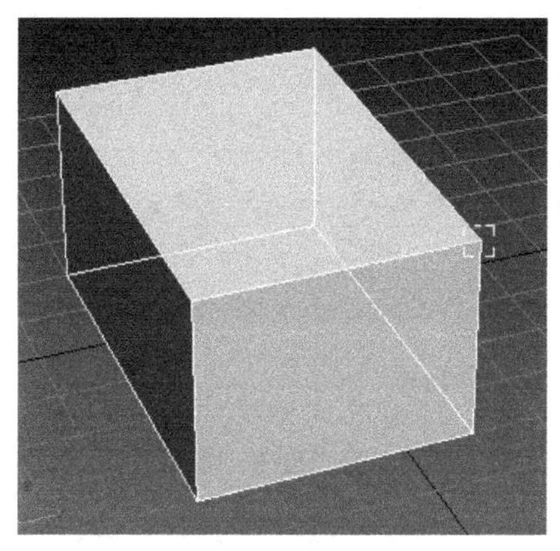
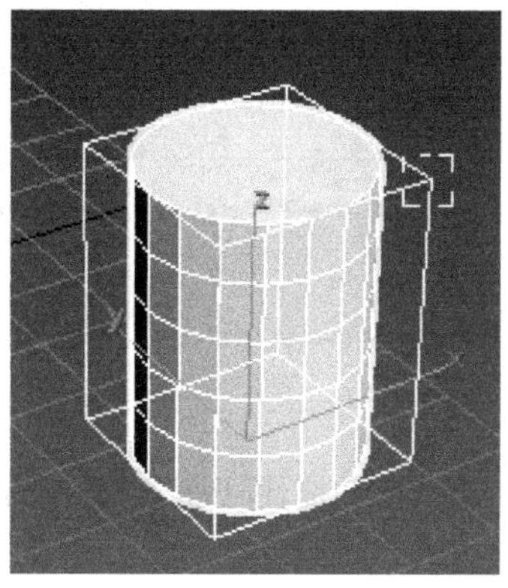

图 5-7　捕捉“边界框”

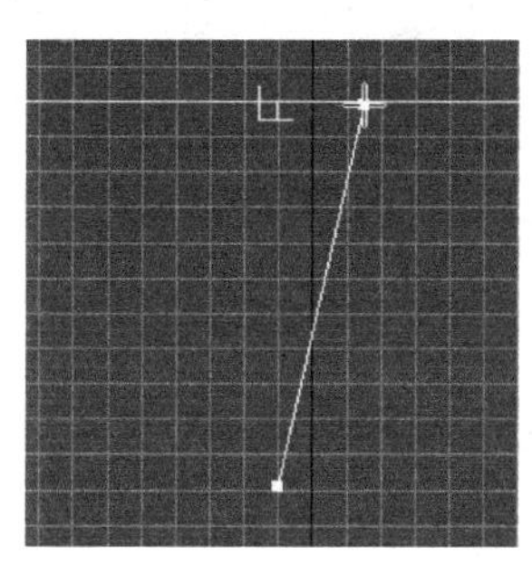
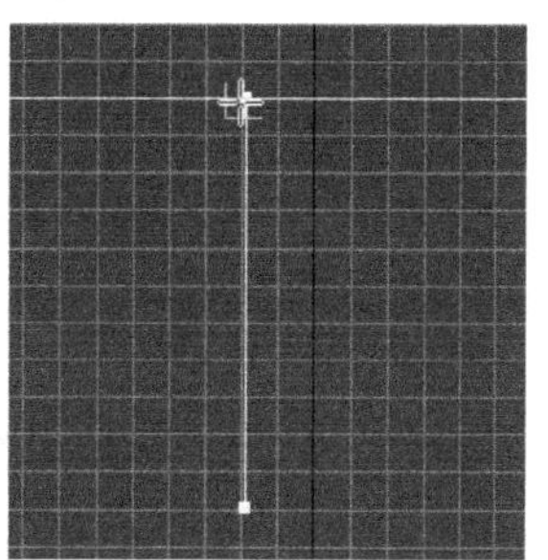

图 5-8　捕捉“垂足”

点单击，移动光标至这条直线，垂足显示为黄色图标。当光标移动至垂足位置时，垂足显示为绿色，单击确定，继续右击退出，即可绘制已知直线的垂线，如图 5-8 所示。

（9）捕捉“切点”功能用于捕捉曲线的切点，绘制切线。在“栅格和捕捉设置”对话框中勾选捕捉“切点”复选框。在前视图中绘制一个圆形，然后从圆外一点单击，移动光标至圆形，切点显示为黄色图标。当光标移动至切点位置时，切点显示为绿色，单击确定，右击退出，即可绘制已知圆的切线，如图 5-9 所示。

（10）捕捉“顶点”功能用于捕捉物体的顶点。当选中捕捉“顶点”功能时，新建的小长方体会以大长方体的顶点为起始点开始绘制，如图 5-10 所示。对于平面图形来说，一条直线线段的两个端点就是顶点。

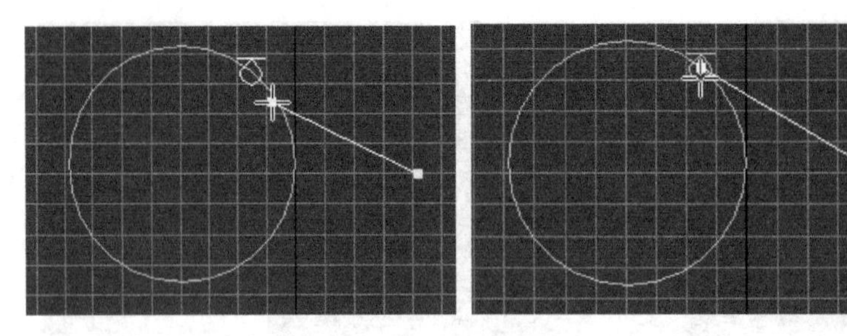

图 5-9 捕捉“切点”

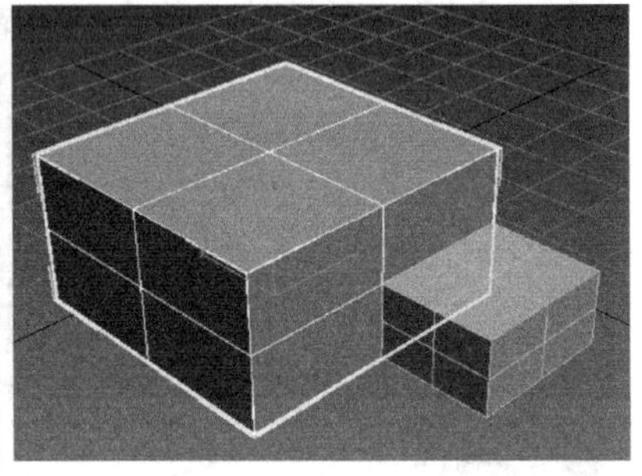

图 5-10 捕捉“顶点”

(11) 捕捉“端点”功能用于捕捉线条的末端顶点。在“栅格和捕捉设置”对话框中勾选捕捉“端点”复选框。在视图中创建一个圆，在“差值”面板中将“步数”设置为2。打开捕捉“端点”，再单击 线 按钮或者单击创建其他对象，启动“创建”命令。这时将光标放到圆形上，就会捕捉“端点”。如果将圆转换为可编辑样条线，进入“顶点”层级，就会发现这些端点其实就是创建圆时产生的顶点，如图5-11所示。

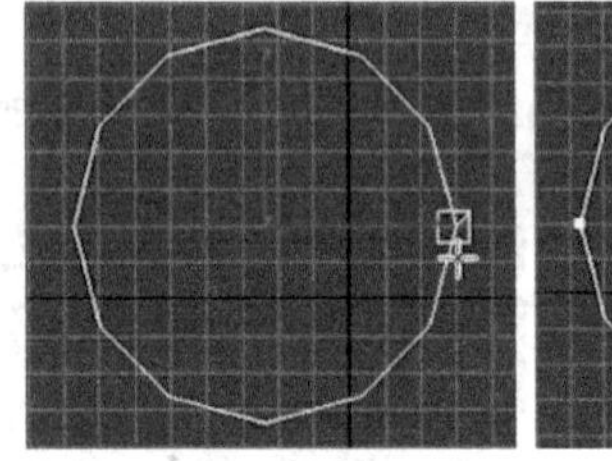
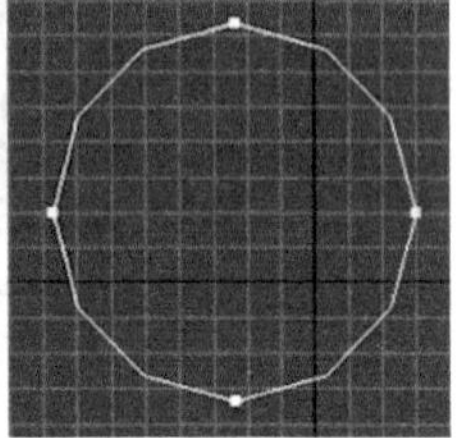

图 5-11 捕捉“端点”

(12) 捕捉“边/线段”功能用于捕捉边的任何位置。选中捕捉“边/线段”功能，先创建一个大长方体，再创建一个小长方体的时候，就会产生“边/线段”的捕捉，小长方体会在大长方体边缘线的任意位置进行创建，如图5-12所示。

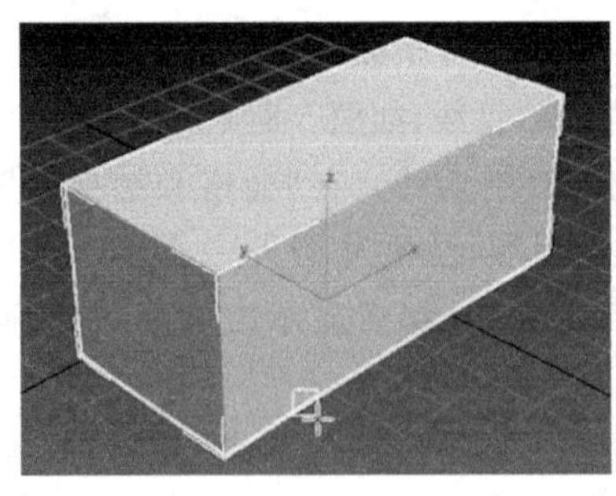
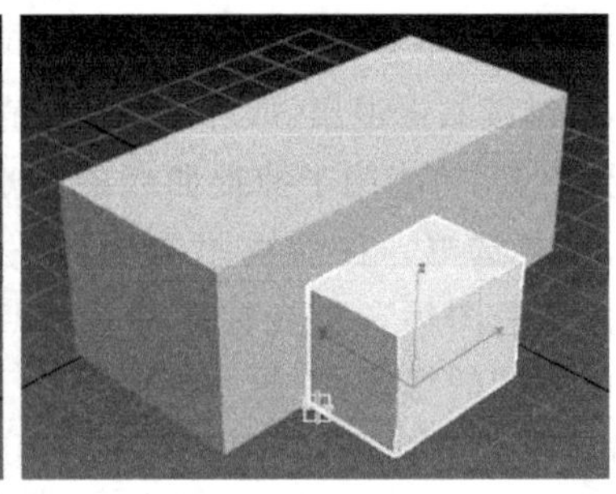

图 5-12 捕捉“边/线段”

（13）捕捉“中点”功能用于捕捉边的中心点。选中捕捉“中点”功能，创建一个大长方体，再创建一个小长方体的时候，小长方体会以大长方体边缘线的中点位置为起始点进行创建，如图 5-13 所示。

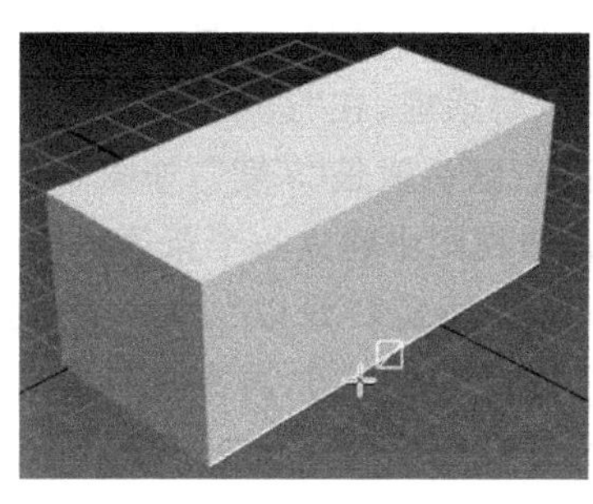
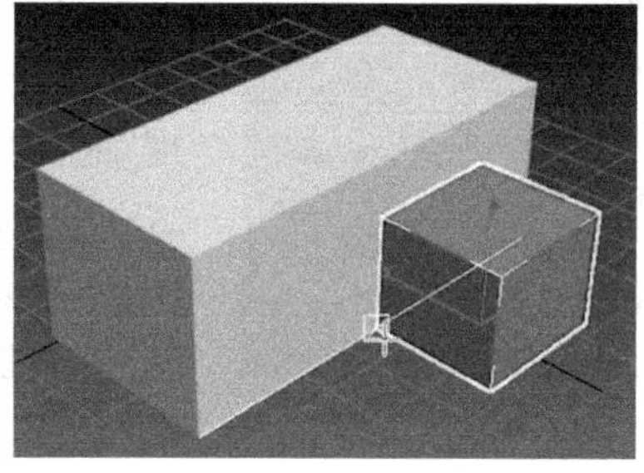

图 5-13　捕捉“中点”

（14）捕捉“面”功能用于捕捉面的任意位置。选中捕捉“面”功能，创建一个大长方体，再创建一个小长方体的时候，小长方体会贴紧大长方体的任意一个面进行创建，如图 5-14 所示。

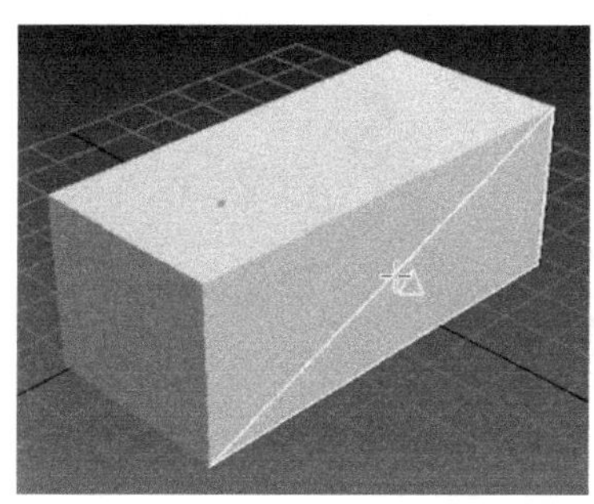
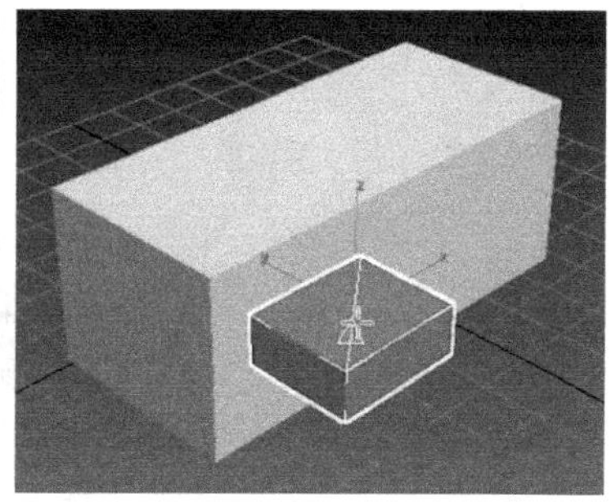

图 5-14　捕捉“面”

（15）捕捉“中心面”功能用于捕捉面的中心。选中捕捉“中心面”功能，创建一个大长方体，再创建一个小长方体的时候，小长方体会以大长方体其中一个面的中心为起始点进行创建，如图 5-15 所示。

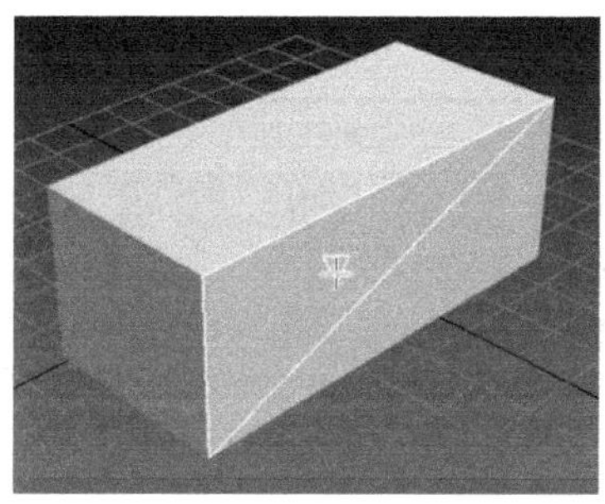
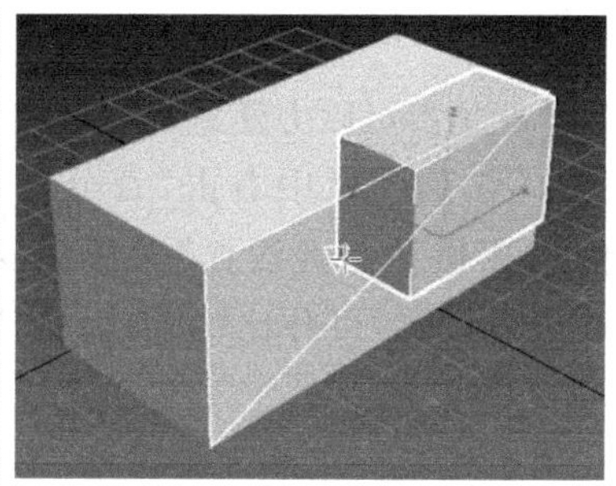

图 5-15　捕捉“中心面”

 知识点 1

默认有 12 种捕捉方式，常用的是栅格点捕捉、顶点捕捉和中点捕捉。

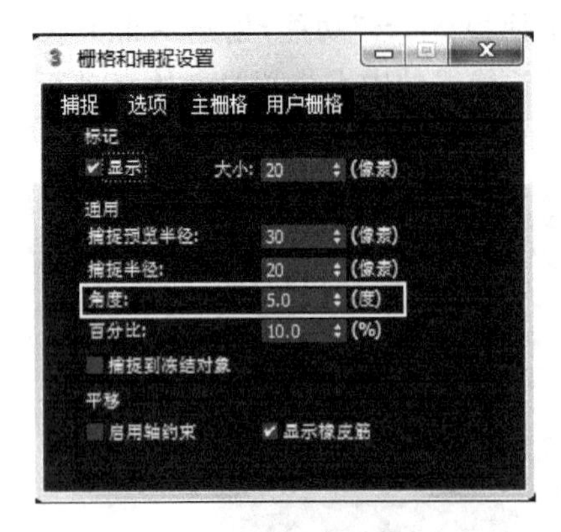

图 5-16 角度捕捉切换设置

5.1.2 角度捕捉

(1) 利用角度捕捉可以精准地对模型进行旋转。在菜单栏中的“角度捕捉”工具上右击，弹出“栅格和捕捉设置”对话框，在“选项”选项卡中可以设置“角度”的捕捉值，默认值是“5 度”，如图 5-16 所示。

(2) 在透视图中建立一个茶壶的模型并对其进行旋转，默认状态下旋转是以“0.01 度”为基准变化的。打开“角度捕捉”开关，再次进行旋转，现在旋转是以“5 度”为基准变化的。在下方的状态栏中也可以看到角度数值的变化，如图 5-17 所示。

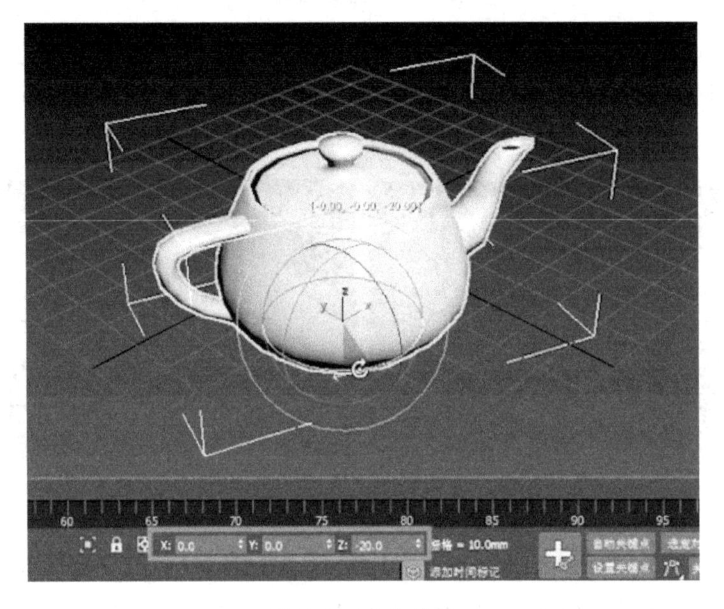

图 5-17 角度捕捉

5.1.3 百分比捕捉

(1) 利用百分比捕捉可以方便地对模型进行大小比例的缩放。在菜单栏中右击“百分比捕捉”开关，弹出“栅格和捕捉设置”对话框，在“选项”选项卡中可以设置“百分比”的捕捉值，默认值是 10%，如图 5-18 所示。

(2) 在透视图中建立一个茶壶的模型，单击“选择并均匀缩放”工具，对其进行缩放，默认情况下缩放是以 1% 为基准变化的。单击打开“百分比捕捉”开关，再次进行缩放，现在缩放是以 10.0%为基准变化的。在下方的状态栏也可以看到缩放数值的变化，如图 5-19 所示。

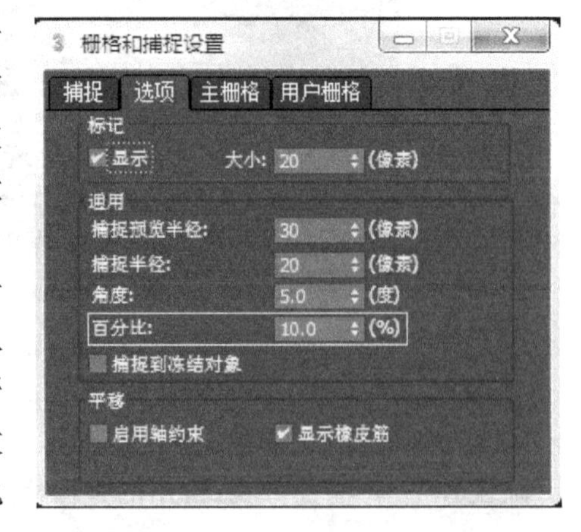

图 5-18 百分比捕捉切换设置

图 5-19 百分比捕捉

5.1.4 启用轴约束

(1) 利用轴约束可以使模型在移动时只在某一个轴向移动，并可以同时捕捉到另一个轴向的捕捉点。例如，如果选择 Y 轴，物体只能沿 Y 轴移动，但可以捕捉到 X 轴的捕捉点，这对于效果图制作是十分有用的。

(2) 在视图中建立一大一小两个长方体模型，在菜单栏中打开“捕捉”工具，在“捕捉”工具上右击，弹出“栅格和捕捉设置”对话框，在“捕捉”面板中选择“顶点”捕捉，在“选项”选项卡中勾选“启用轴约束”复选框，如图 5-20 所示。

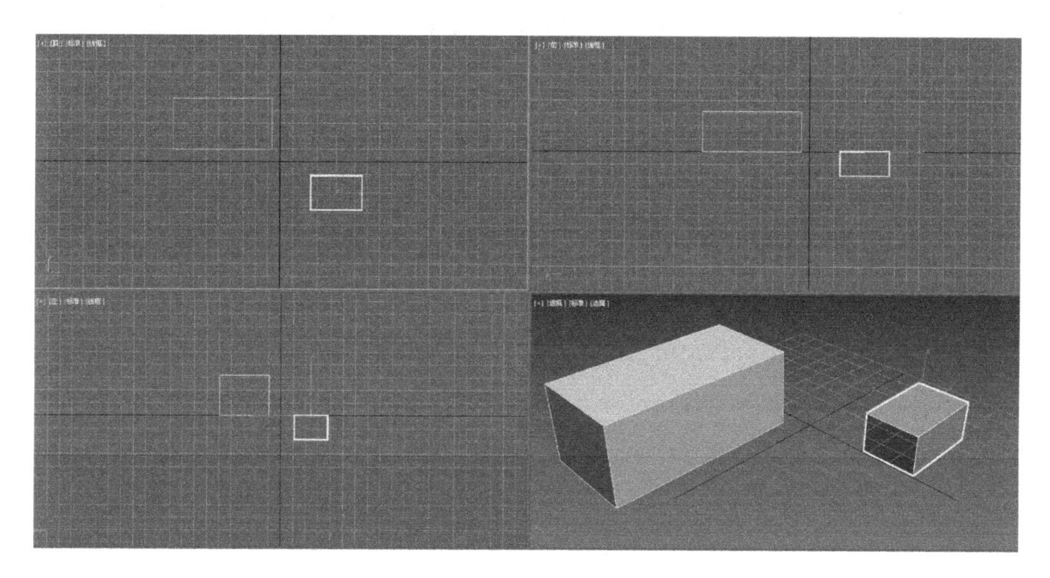

图 5-20 启用轴约束

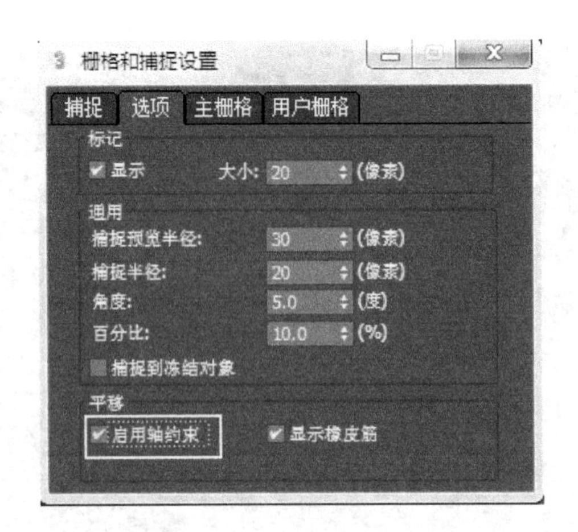

图 5-20(续)

(3) 在激活的视图中移动光标，会发现在模型顶点位置出现捕捉光标。现在需要移动小的长方体，使其底端与大长方体底端对齐，其余方向位置不变。单击激活前视图，利用“选择并移动”工具，在 Y 轴处单击，Y 轴变黄显示。哪一个轴向变黄显示，意味着移动被约束到哪一个轴向上。选择小长方体左下方的点，按住鼠标左键拖动，会发现模型只能沿着 Y 轴移动。将光标移动至大长方体右下方的点上，出现捕捉光标，松开鼠标，小长方体的底端与大长方体的底端对齐，其余方向空间位置不变，如图 5-21 所示。

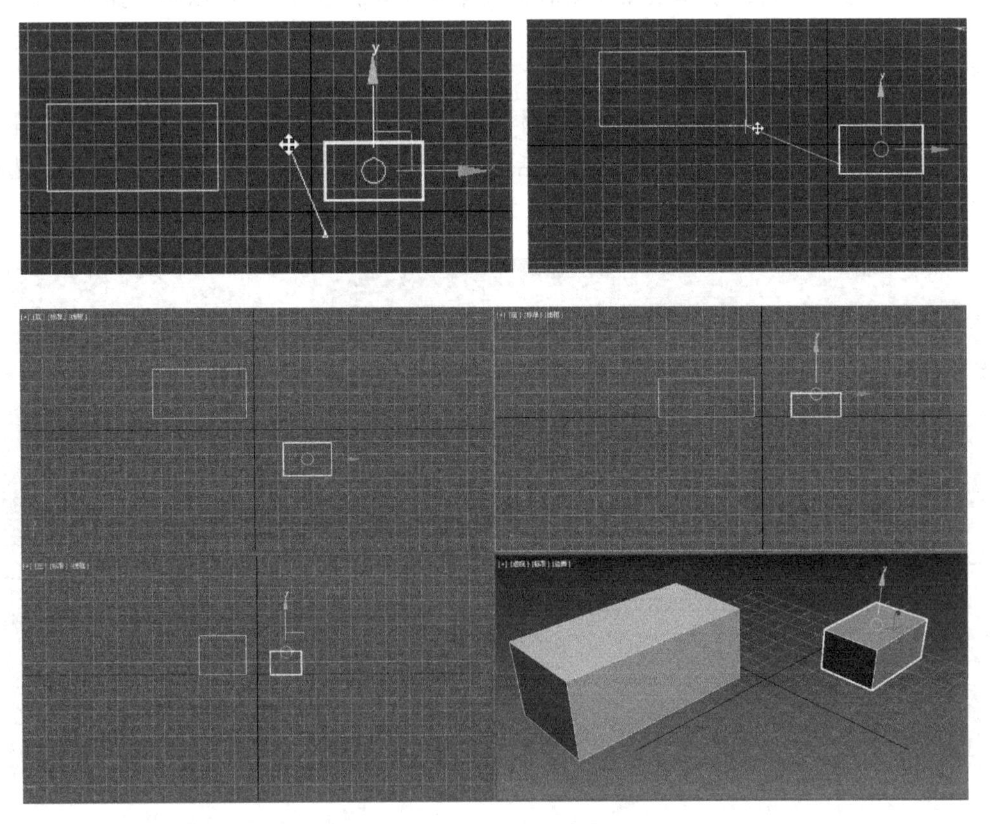

图 5-21 在 Y 轴上移动模型

(4) 如果在捕捉时不勾选“启用轴约束”复选框,小长方体将在 X 轴和 Y 轴方向上都进行移动,如图 5-22 所示。

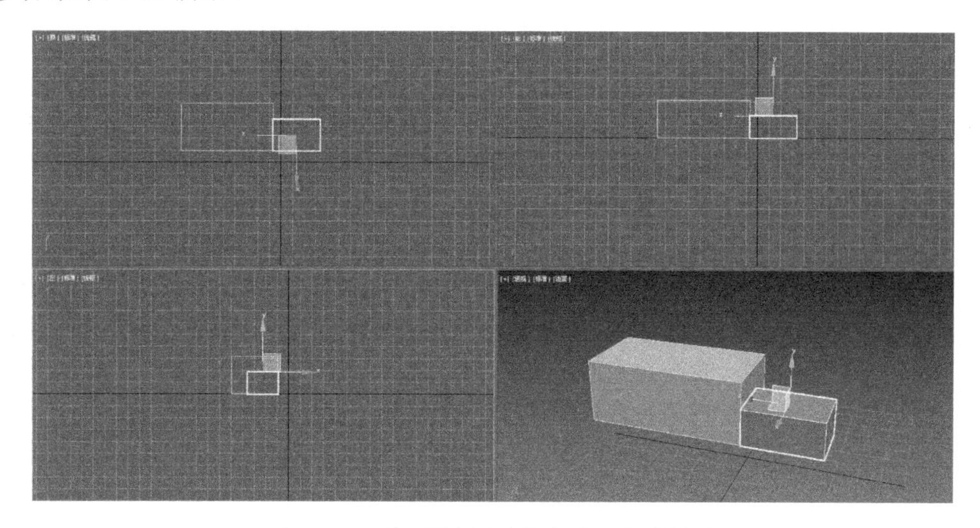

图 5-22　不勾选“启用轴约束”复选框的情形

知识点 2

在使用“启用轴约束”选项进行捕捉时,可以通过快捷键改变约束轴向,F5 键为 X 轴,F6 键为 Y 轴,F7 键为 Z 轴。

5.1.5　2D、2.5D、3D 捕捉的区别

(1) 2D 捕捉可以捕捉二维平面。在顶视图中绘制一个长方体,在“捕捉”工具上按住鼠标左键,弹出下一级子菜单,选择“2D 捕捉”。在“栅格和捕捉设置”对话框的“捕捉”选项卡中,选择捕捉类型为“顶点”捕捉。在顶视图中捕捉长方体的一个顶点,再绘制一个长方体,如图 5-23 所示。

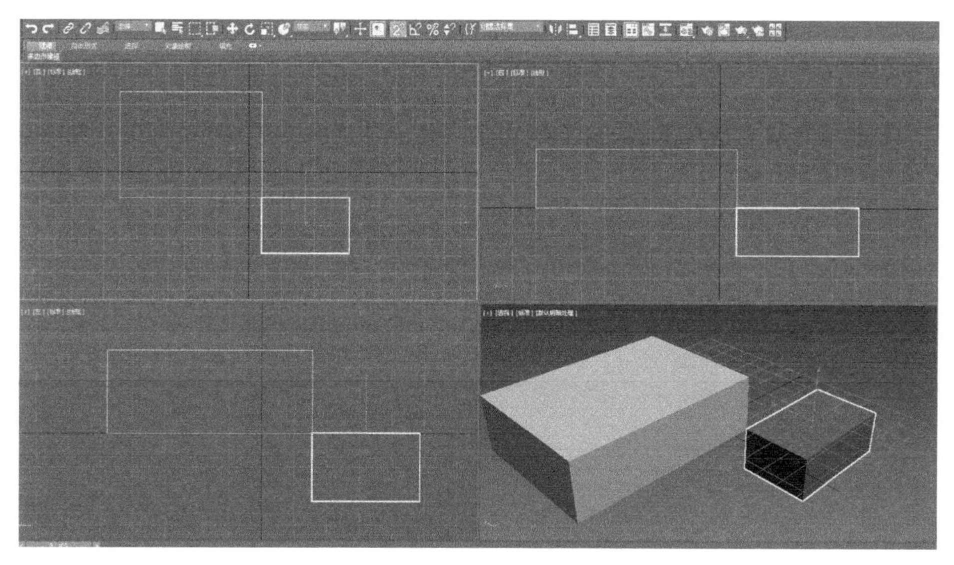

图 5-23　2D 捕捉

(2) 观察透视图可以发现，虽然在顶视图中捕捉的是顶部的点，绘制的第二个长方体的起始点却在透视图的栅格面上。

(3) 激活左视图、前视图，将光标放在绘制的第一个长方体的顶点上，可以发现在左视图、前视图中无法捕捉。

(4) 在左视图或前视图绘制长方体，选择 2D 捕捉，将捕捉类型设置为"顶点"捕捉。再绘制新的长方体，同样只可以在左视图或前视图中捕捉，在其他视图中都无法捕捉。也就是说，使用 2D 捕捉，仅能捕捉到以栅格面为起始面上的点。

(5) 2.5D 捕捉可以捕捉三维物体上的二维平面，捕捉的是对象在栅格面上投影的顶点。删除创建的第二个长方体，将捕捉类型选择为"2.5D 捕捉"。激活其他视图，可以发现，与 2D 捕捉不同，使用 2.5D 捕捉可以在其他视图中捕捉长方体的顶点。在前视图中捕捉长方体右下方的顶点，绘制一个小长方体。

(6) 按住 Alt+鼠标中键旋转透视图，可以看到绘制的起始点和捕捉的顶点有一定的距离，如图 5-24 所示。这是因为 2.5D 捕捉把当前视图的栅格平面作为起始面，点在栅格平面上的投射点在同一个位置即认为完成了捕捉。

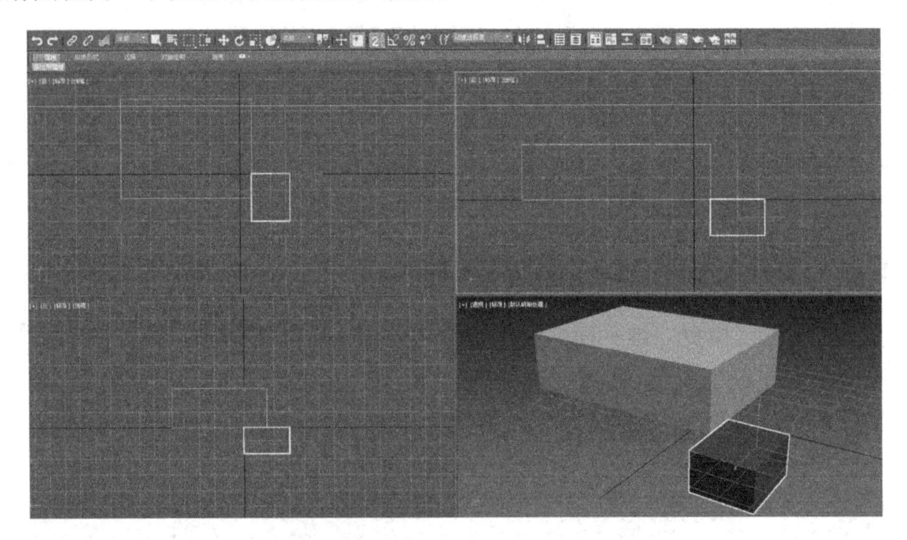

图 5-24 2.5D 捕捉

(7) 3D 捕捉能够直接捕捉到 3D 空间中的任何点或者几何体，是最常用也是默认的捕捉模式，如图 5-25 所示。

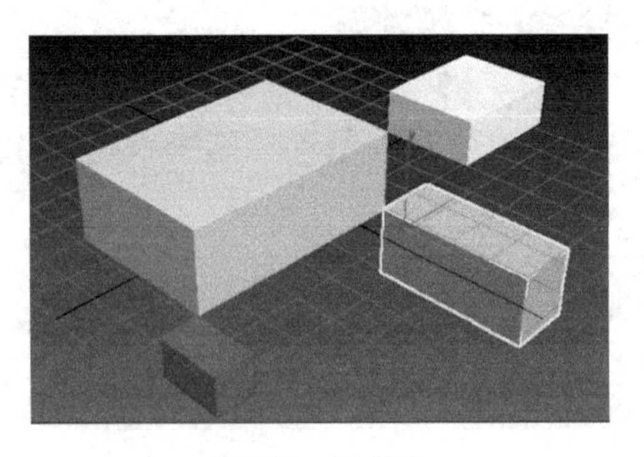

图 5-25 3D 捕捉

5.1.6　阵列

阵列复制是指以阵列的形式复制所选物体，可以通过调节参数确定复制的数量、角度以及是一维复制、二维复制还是三维复制等。常用于制作群体环绕的、有规律排列的物体，如链条、酒杯架、时钟等。

(1) 在透视图中创建一个“半径”为 10mm 的茶壶模型，右击退出创建命令。选择茶壶模型，在菜单栏中选择“工具”→“阵列”命令，打开“阵列”对话框，如图 5-26 所示。

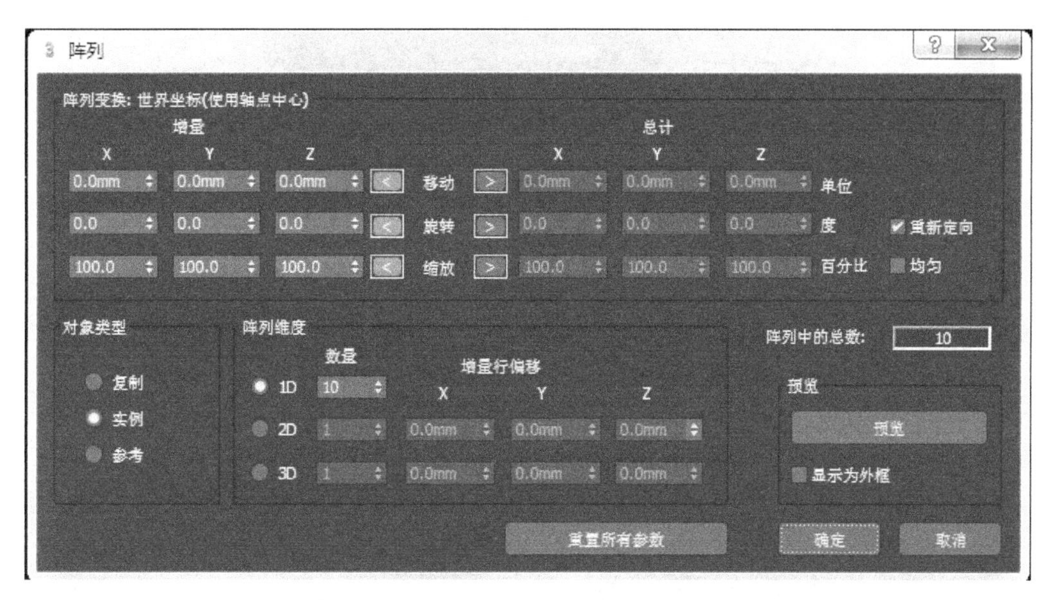

图 5-26　“阵列”对话框

对话框中左侧为单个物体逐个的增量，右侧是总体合计的改变量。

① 移动：左侧为分别在 X、Y、Z 轴设置个体的位移增量，右侧为左侧的位移合计改变量。

② 旋转：左侧为分别在 X、Y、Z 轴设置个体的旋转增量，右侧为左侧的旋转合计改变量。

③ 缩放：左侧为分别在 X、Y、Z 轴设置个体的缩放增量，右侧为左侧的缩放合计改变量。

④ 对象类型：用于设置复制物体之间的关系。

⑤ 阵列维度：用于设置物体经过一次复制后的扩展方向。分为 1D、2D 和 3D，即线型、平面和三维。

⑥ 重新定向：用于设置是否以递增的方式表现旋转角度。

⑦ 重置所有参数：在 3ds Max 中，默认阵列工具会记录上一次的运算参数。单击此按钮，将重置面板的所有参数。

(2) 如果将茶壶复制排列成一行，每个茶壶之间的距离是 40mm，总数为 5 个。首先确定这是一个 1D 阵列模式，在“阵列维度”框中选中 1D 复制单选按钮，复制“数量”为 5，“对象类型”为“实例”，在 X 轴上进行复制，“移动”增量为 40mm，单击“确定”按钮后即可完成阵列复制，如图 5-27 所示。

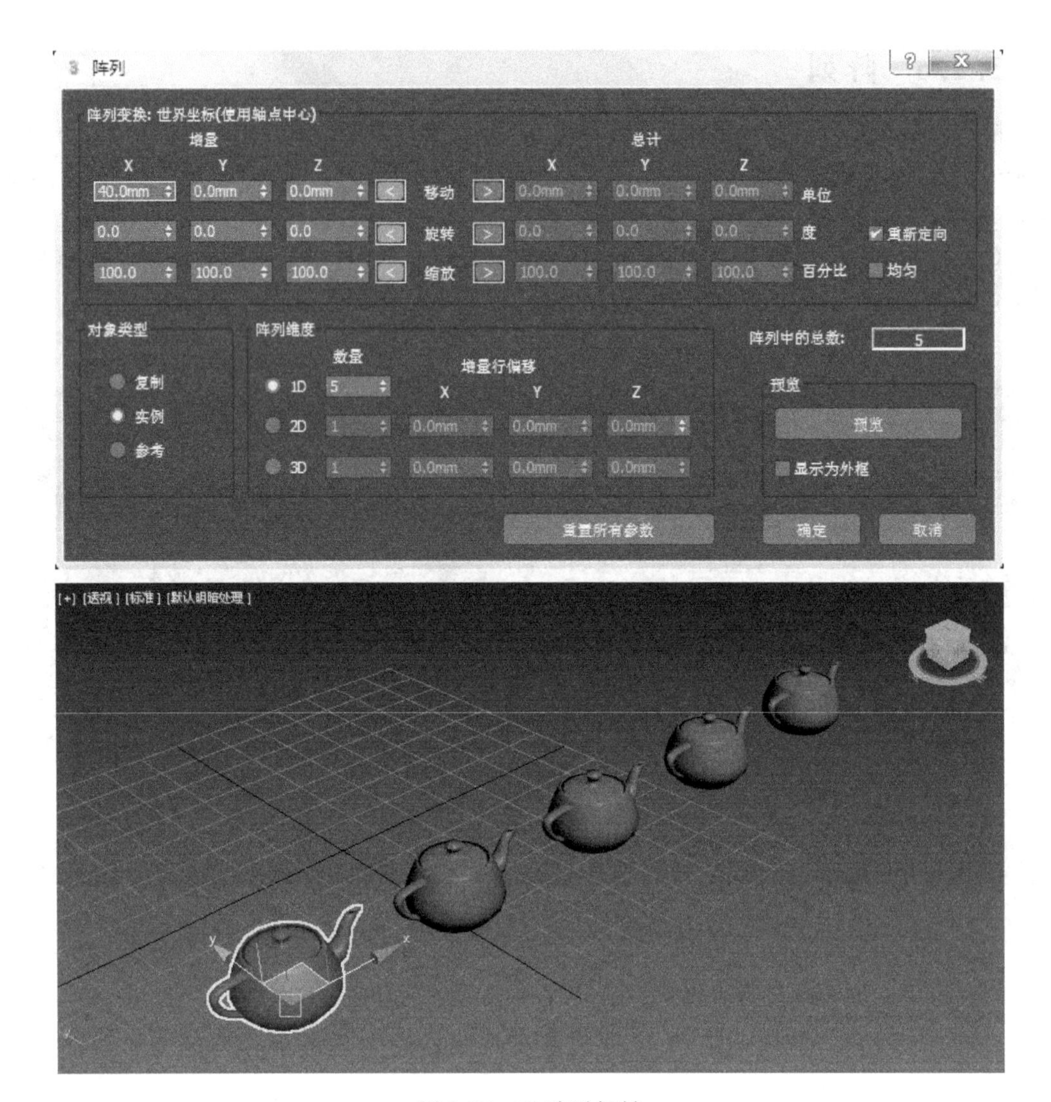

图 5-27　1D 阵列复制

(3) 按住 Ctrl+Z 组合键，将阵列复制结果重置。如果将 *X*、*Y* 轴的“移动”值都设置为 40mm，其余参数不变，模型将沿 *XY* 轴的中间轴线移动复制，如图 5-28 所示。

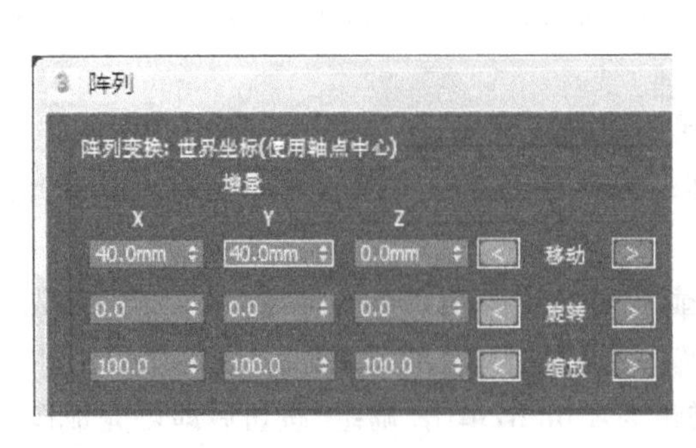

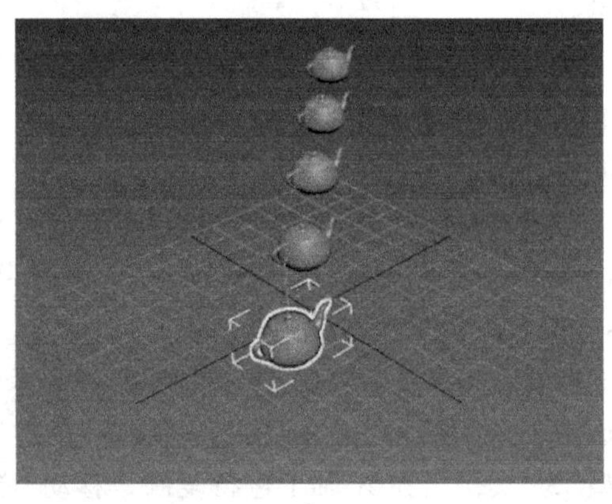

图 5-28　*XY* 轴同时移动复制

（4）按住 Ctrl+Z 组合键，将阵列复制结果重置。如果将 X、Y 轴的“移动”值都设置为 −40mm，模型将沿 XY 轴中间轴线的负方向移动复制，如图 5-29 所示。

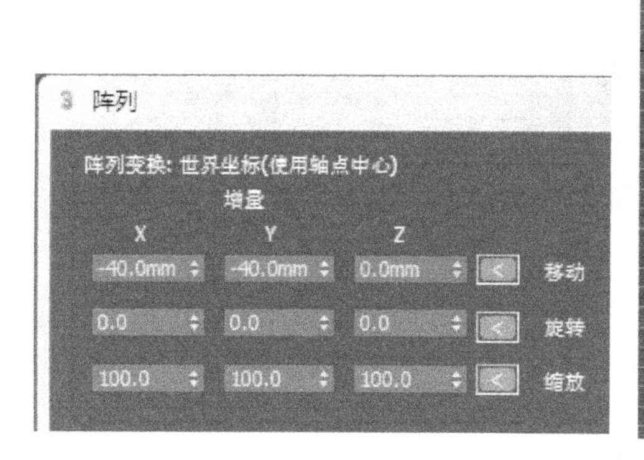

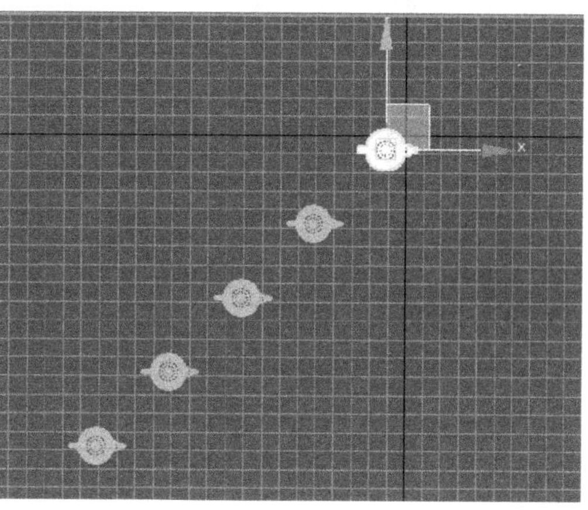

图 5-29　XY 轴负向移动复制

（5）单击 重置所有参数 按钮，将“阵列”面板所有参数复原，再制作一个 5×4 的茶壶阵列，如图 5-30 所示。

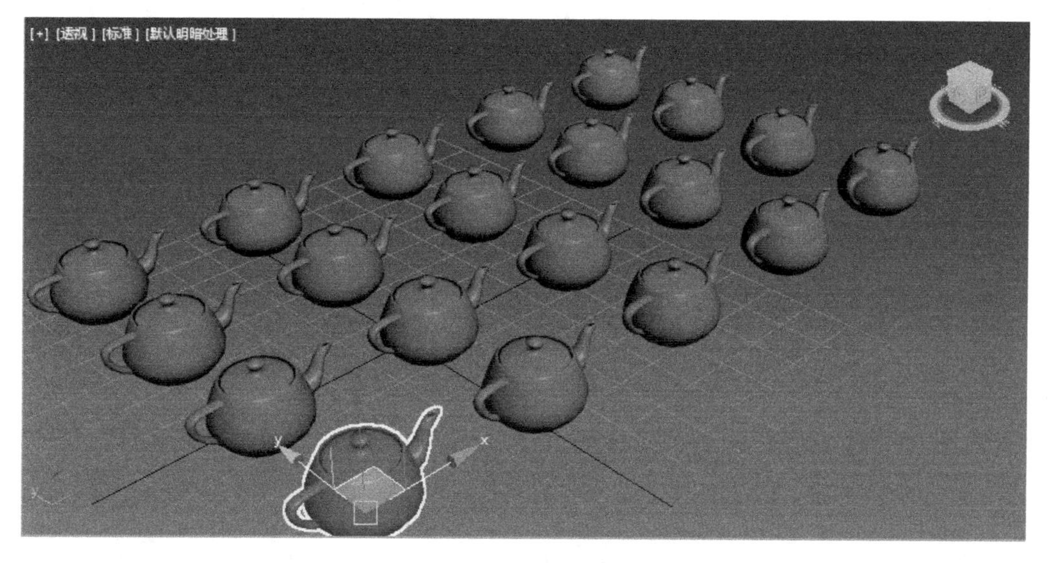

图 5-30　5×4 的茶壶阵列

（6）选择 1D 复制，设置复制“数量”为 5，在 X 轴移动的距离为 40mm，单击“预览”按钮 预览 如图 5-31 所示。

（7）选择 2D 复制，设置复制“数量”为 4，在 Y 轴移动的距离为 40mm，单击“确定”按钮完成阵列，如图 5-32 所示。

（8）按住 Ctrl+Z 组合键，将阵列复制结果重置，现在场景中只有一个茶壶。下面来制作一个 5×4×3 的茶壶阵列，如图 5-33 所示。

（9）首先选择 1D 复制，设置复制“数量”为 5，在 X 轴移动的距离为 40mm，然后选择 2D 复制，设置复制“数量”为 4，在 Y 轴移动的距离为 40mm，最后选择 3D 复制，设置复制“数量”为 3，在 Z 轴移动的距离为 30mm，确定完成阵列复制，如图 5-34 所示。

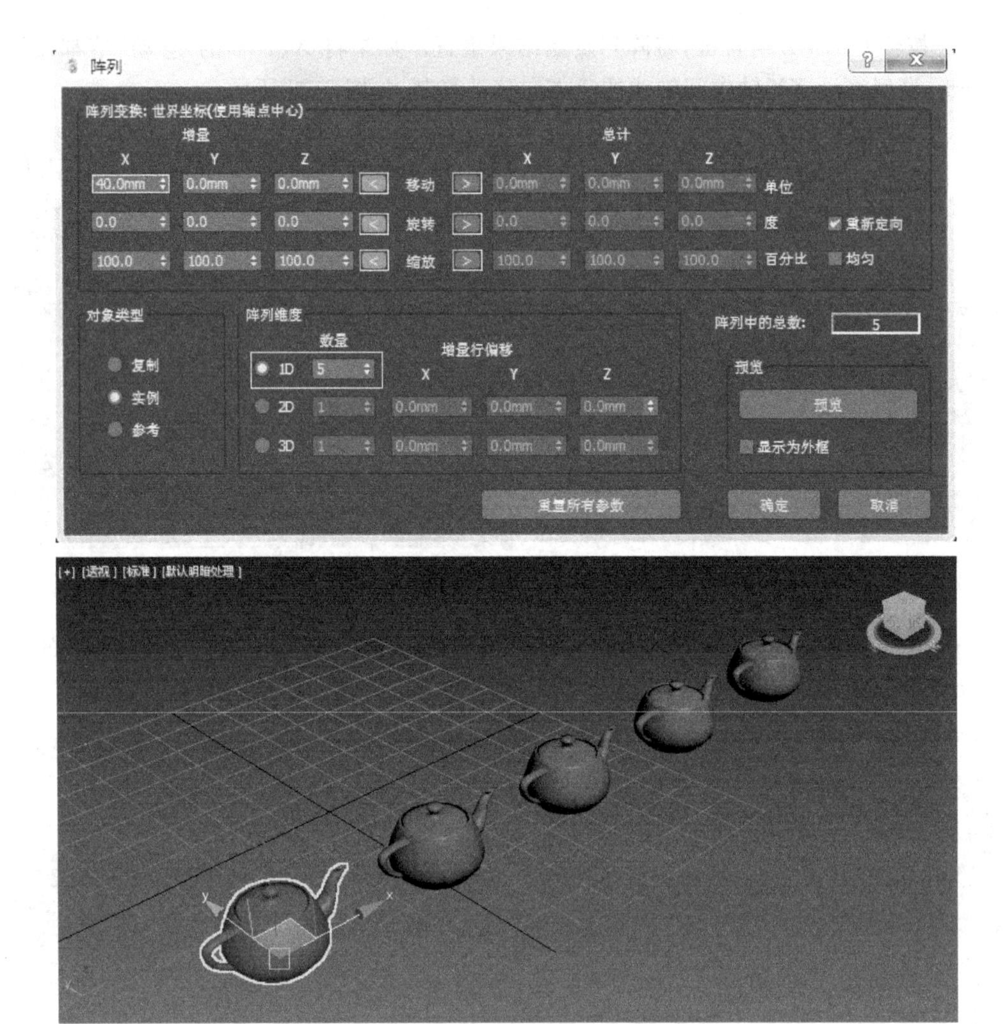

图 5-31 1D 阵列复制

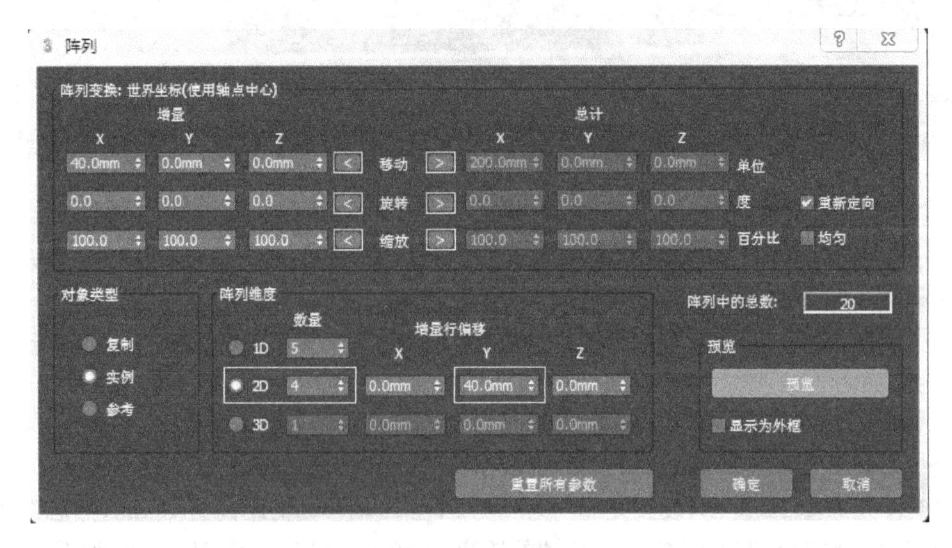

图 5-32 2D 阵列复制

图 5-33　5×4×3 的茶壶阵列

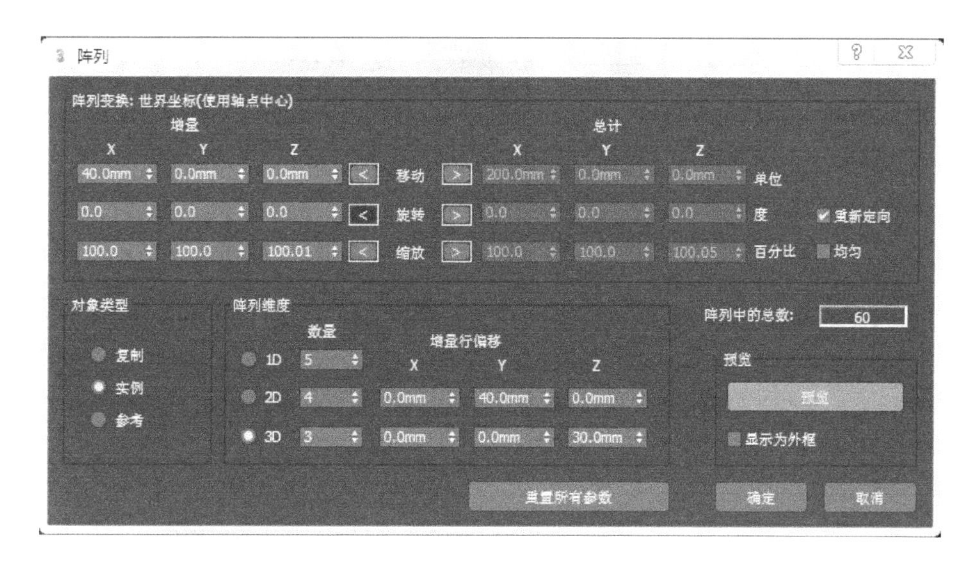

图 5-34　3D 阵列复制

知识点 3

在移动复制时，克隆的副本数为增加的模型数量，不包括原来的模型；而使用阵列进行复制时，复制的模型个数包括原来的模型。

(10) 使用“阵列”命令还可以制作旋转复制的效果，如图 5-35 所示。

(11) 选择茶壶模型。在 1D 维度上设置复制“数量”为 3，将 *Z* 轴的“旋转”角度设置为 120 度，完成阵列，此时得到的模型阵列与所需的阵列结果不符，如图 5-36 所示。

(12) 按住 Ctrl+Z 组合键，将阵列复制结果重置(因为模型现在是以系统默认的轴心点为中心旋转的)。选择茶壶，单击“命令”面板区域的“层次”按钮，在“移动/旋转/缩放”面板中单击 仅影响轴 按钮，通过主工具栏中的“选择并移动工具”按钮选择茶壶，可以看到默认的轴心点在底部的中心位置，如图 5-37 所示，所以得到现在的旋转结果。单击 仅影响轴 按钮，退出。

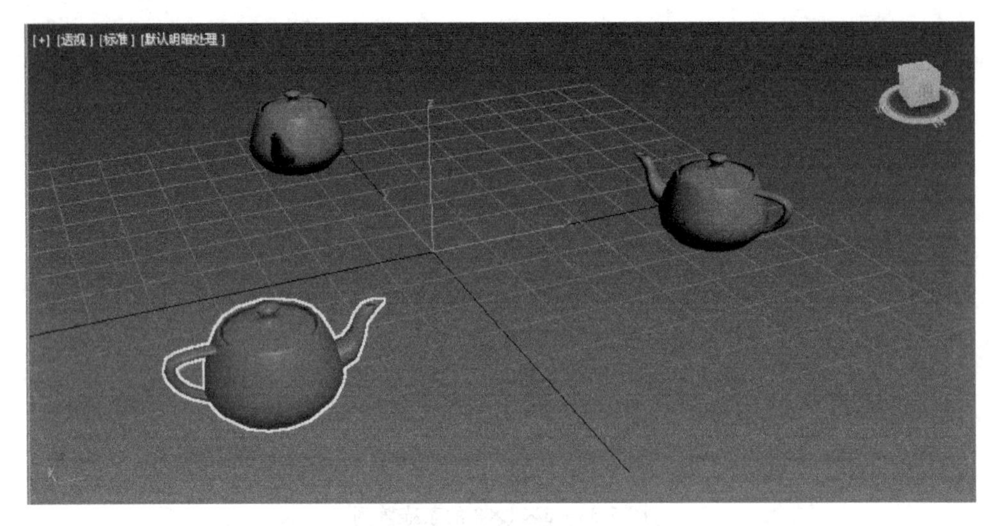

图 5-35　旋转阵列(1)

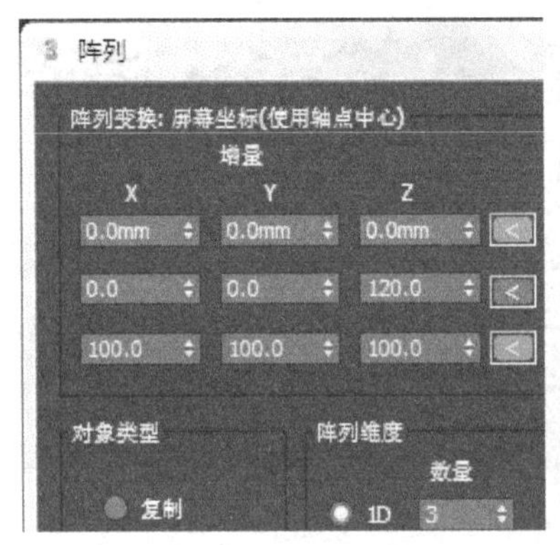

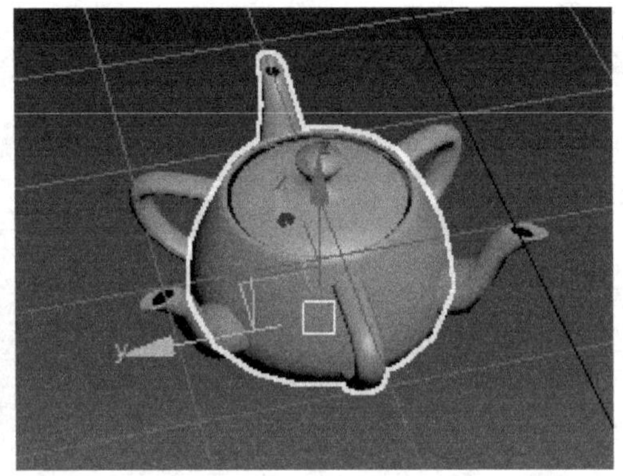

图 5-36　旋转阵列设置(1)

图 5-37　3D 设置

(13) 在主工具栏中的“使用轴点中心”按钮处按住鼠标左键，在弹出的次级菜单中选择“使用变换坐标中心”，将旋转中心变成世界坐标系中心的方式，如图 5-38 所示。

(14) 这时再选择茶壶模型进行阵列，即可得到所需模型阵列，如图 5-39 所示。

(15) 再制作一个 7 个茶壶的旋转阵列，如图 5-40 所示。

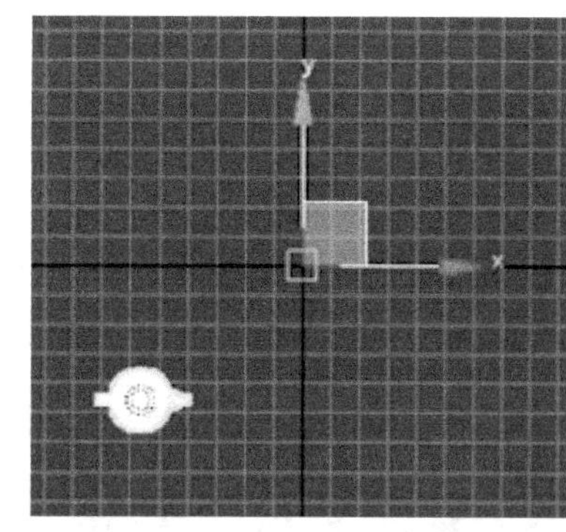

图 5-38 改变旋转中心

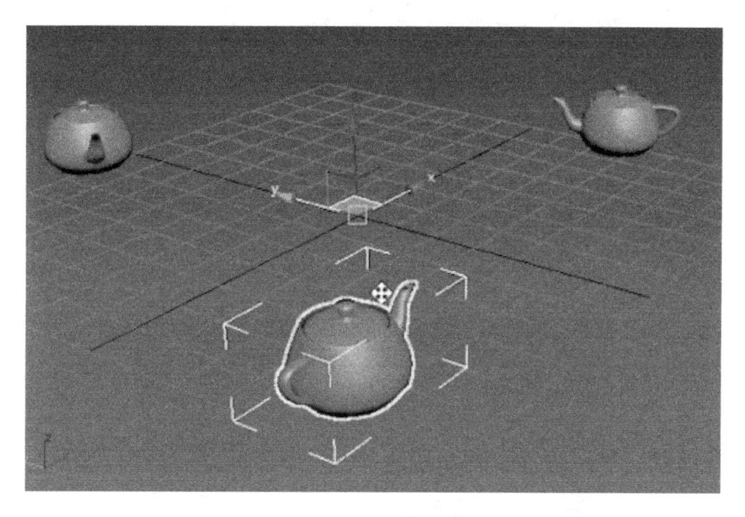

图 5-39 重新阵列

图 5-40 旋转阵列(2)

(16) 按住 Ctrl+Z 组合键,将阵列复制结果重置。在 360°的平面内平均分布 7 个茶壶,角度值很难确定,所以在阵列时设置“旋转”右边“总计”选项下 Z 轴的角度为“360 度”,由系统自动计算出所需旋转的角度值并阵列,即可得到所需结果,如图 5-41 所示。

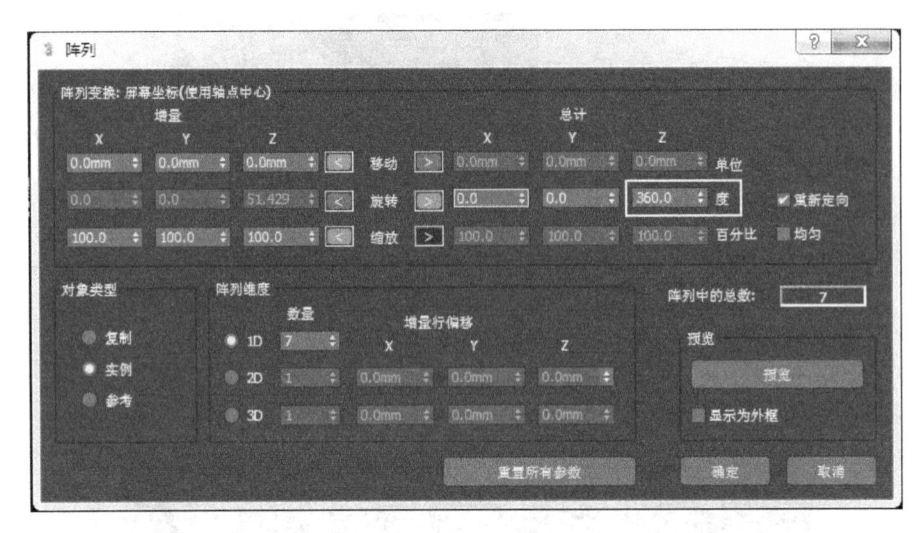

图 5-41　旋转阵列设置(2)

5.1.7　实例——魔方

通过魔方的制作，了解并熟悉“捕捉”和“阵列”命令的使用，如图 5-42 所示。

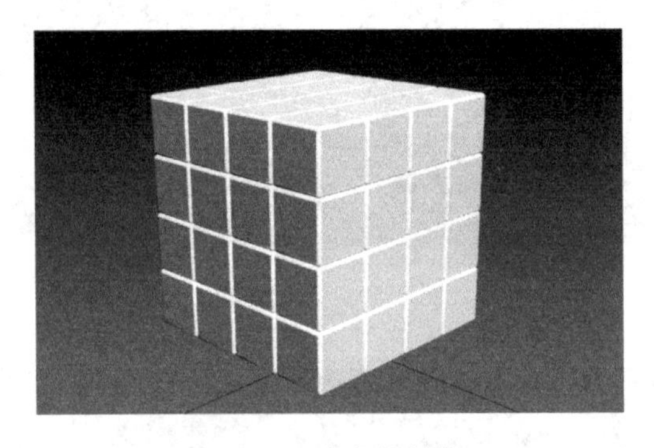

图 5-42　魔方的制作

(1) 制作魔方的基本体。在“创建”面板 + 中单击“几何体”按钮，在弹出的下拉菜单中选择“扩展基本体”命令，在对象类型中单击 切角长方体 按钮。在透视图中创建一个切角长方体并调节它的参数，“长度”为 20mm，“宽度”为 20mm，“高度”为 20mm，“圆角”为 1mm，如图 5-43 所示。

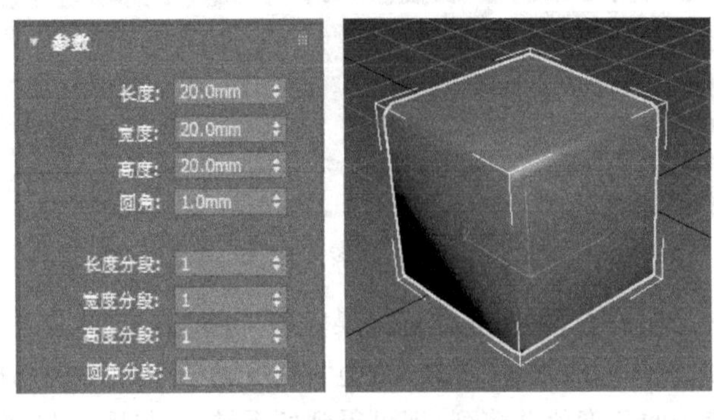

图 5-43　建立切角长方体

(2) 制作魔方表面的贴片。在“创建”面板 中单击“几何体”按钮 ,在弹出的下拉菜单中选择“标准基本体”命令,在对象类型中单击 按钮。打开捕捉开关,选择“顶点”,在前视图中切角长方体表面进行捕捉,创建一个高度值为 0.1mm 的长方体,如图 5-44 所示。

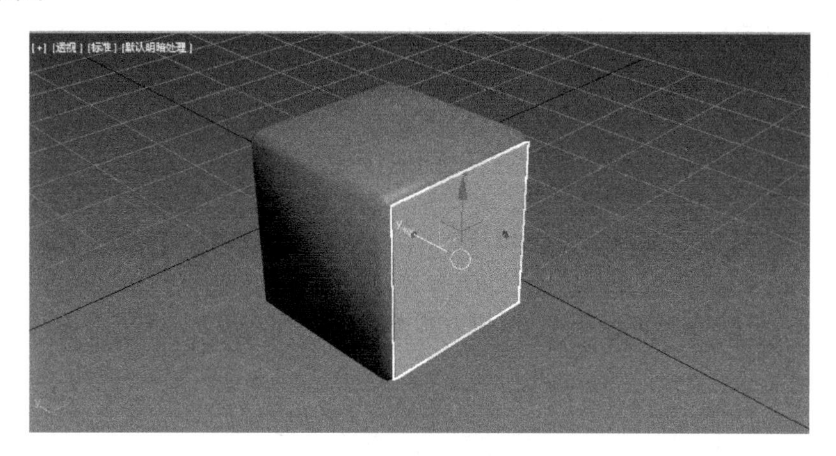

图 5-44 创建魔方贴片

(3) 选择贴片,单击主工具栏中的“选择并移动”工具 ,在顶视图中按住 Shift 键沿 Y 轴边移动边复制,复制方式为“实例”,复制出另一个面的贴片,如图 5-45 所示。

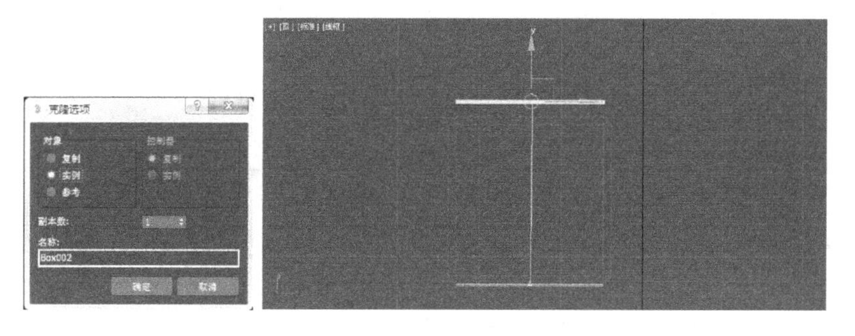

图 5-45 复制贴片

(4) 放大顶视图的显示,将光标放在复制出的薄片右下角的顶点处,出现捕捉光标,按住鼠标左键沿 Y 轴向下拖动,捕捉到切角长方体右上方的顶点,如图 5-46 所示。

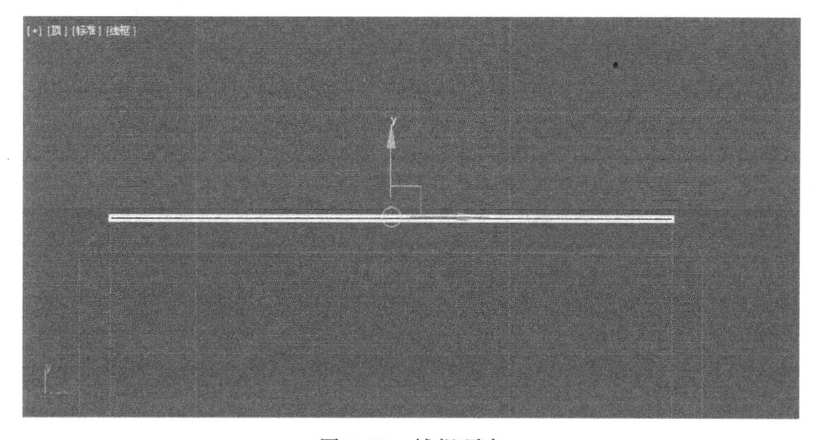

图 5-46 捕捉顶点

(5) 用同样的方法,完成上方、左方贴片的创建、复制和捕捉对齐。选择主体圆角长方体,单击“命令”面板区域对象名称文本框右侧的色块,在弹出的“对象颜色”对话框中将颜色设置为黑色,其他各面用同样的方法分别设置为蓝色、红色、绿色、橙色、黄色和白色。这样就得到了魔方的一个基本体,如图 5-47 所示。

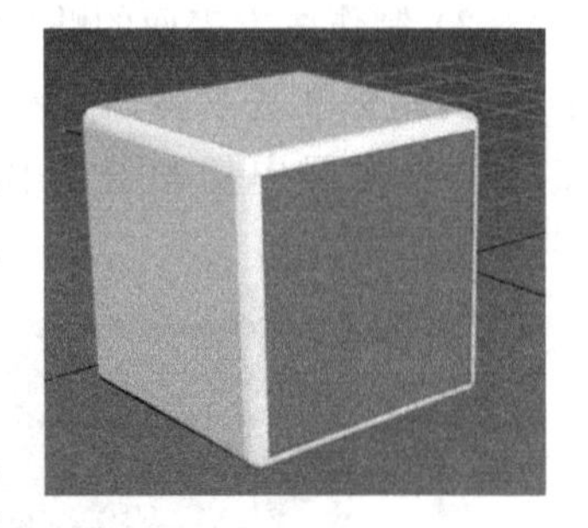

图 5-47 复制和捕捉贴片

(6) 下面需要将魔方块进行阵列,得到一个完整的魔方。在透视图中按住鼠标左键拖动,框选魔方基本体的所有组成部分,选择“工具”→“阵列”菜单命令。在弹出的“阵列”对话框中,设置 X 轴“移动”数值为 20.2mm,即一个切角长方体和两个贴片的高度和,1D 上的“数量”是 4; 2D 上的“数量”是 4,Y 轴上的“位移量”是 20.2mm; 3D 上的“数量”是 4,Z 轴上的“位移量”是 20.2mm。单击“确定”按钮后就得到一个完整的魔方,如图 5-48 所示。

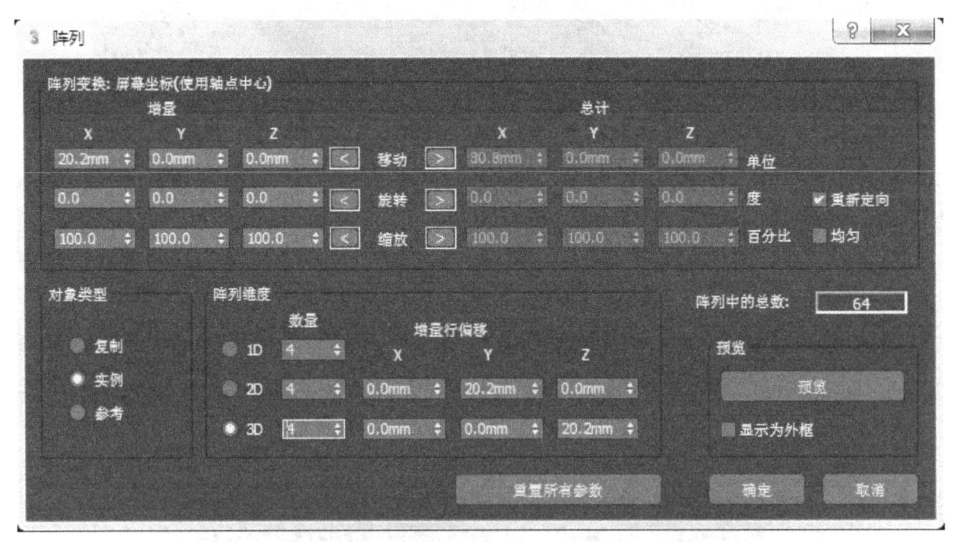

图 5-48 阵列魔方块

5.2 修改器命令建模

在制作模型的过程中，经常需要对模型的形状进行修改，为此，3ds Max 2017 软件提供了许多类型的修改器，用于更改模型的几何形状及其属性，并将它们堆放在“修改”面板中，以便随时调整它们的参数设置。下面介绍一些实际工作中比较常用的修改器。

5.2.1 弯曲修改器

1. 弯曲修改器简介

弯曲修改器主要是对模型进行弯曲处理，并可以调节弯曲的角度和方向，以及弯曲所依据的坐标轴向，还可以将弯曲修改限制在一定的区域内。

(1) 选择透视图，在视图中创建一个长方体，按 F4 键将模型的显示方式更改为“边面”显示，增大“高度分段”数为 12，如图 5-49 所示。

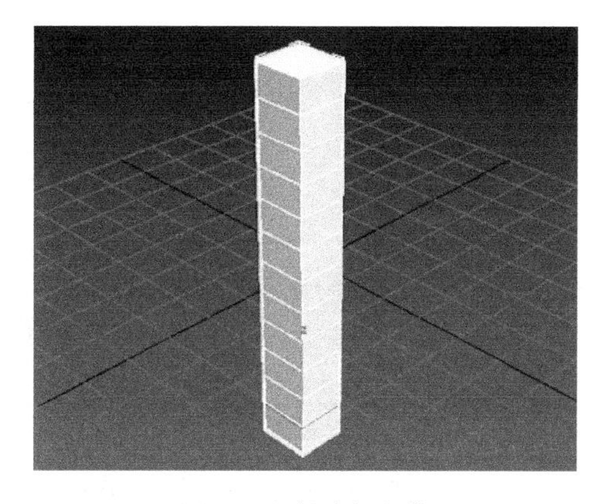

图 5-49 创建长方体

(2) 进入“修改”面板，在修改器列表中选择“弯曲”修改器，在“弯曲”参数面板中设置“角度”为 90 度，观察视图，可以看到长方体变弯了。这里的角度就是上下两个截面延伸线所形成的夹角，如图 5-50 所示。

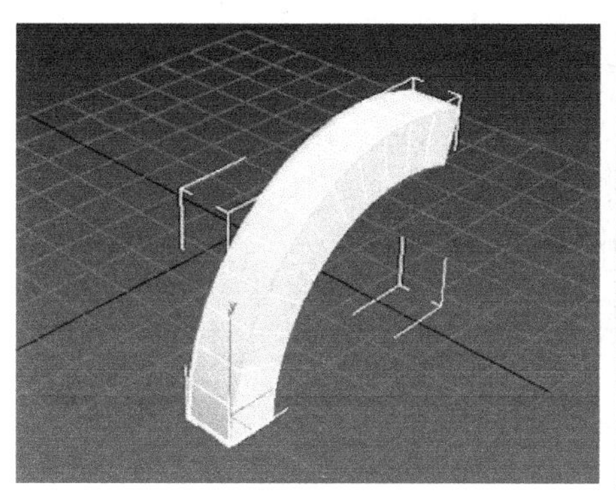
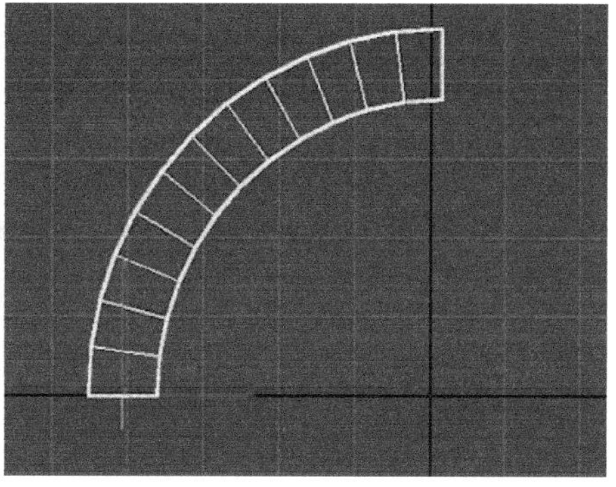

图 5-50 添加“弯曲”修改器

(3) 这个长方体是沿 Z 轴进行弯曲的。在“弯曲轴”面板中还可以选择 X 轴或者 Y 轴，为了看到更细腻的弯曲效果，需要加大长方体“长度分段”和“宽度分段”的数值，沿 X 轴和

Y 轴的弯曲效果如图 5-51 所示。

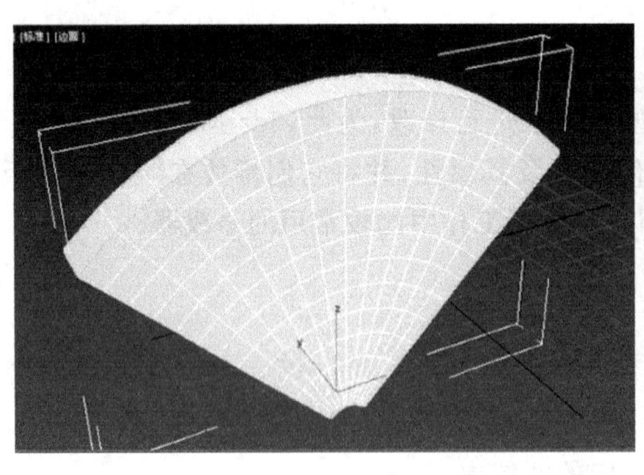

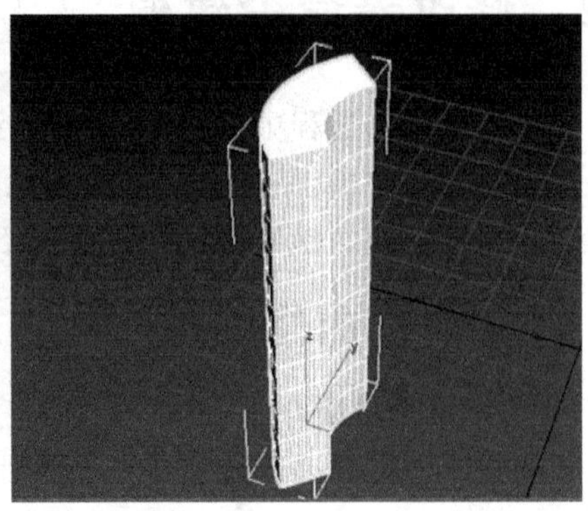

图 5-51 在 X 轴和 Y 轴的弯曲模型

(4) 在弯曲时,模型中心所在的、与弯曲轴垂直的面是不会产生弯曲效果的,如图 5-52 所示。

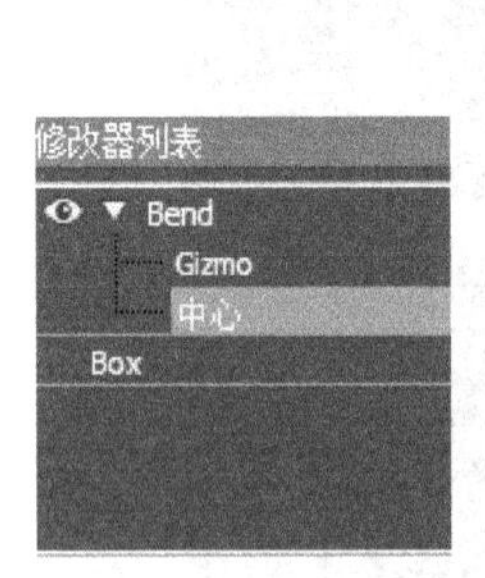

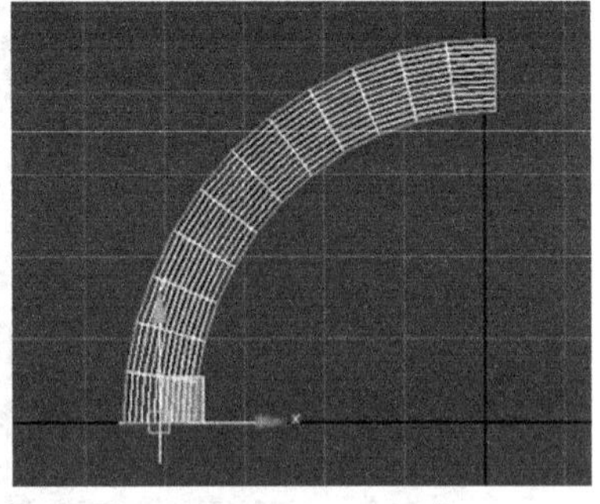

图 5-52 与弯曲轴垂直的面不产生弯曲效果

(5) 当勾选了"限制效果"后,可以通过设置"上限"和"下限"的数值来调整模型在什么位置进行弯曲。弯曲的上限值和下限值都是以中心面为基准的,可以调整中心面的位置来调节弯曲的中心位置,如图 5-53 所示。

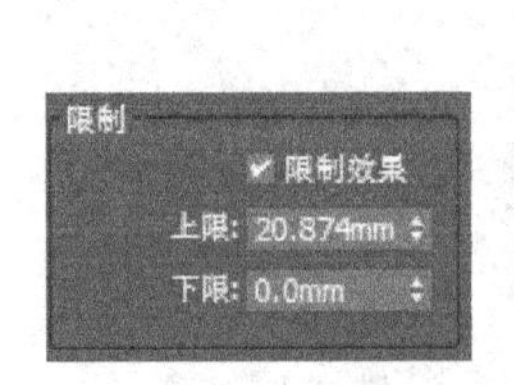

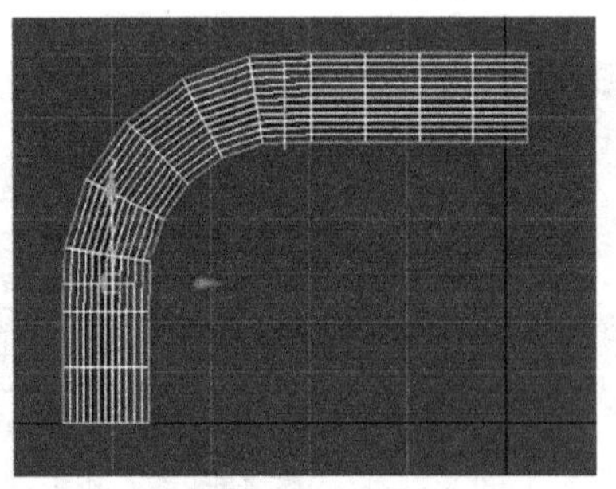

图 5-53 设置上限和下限的数值

2. 实例——路灯

利用弯曲修改器制作一个路灯的模型,如图 5-54 所示,具体操作步骤如下。

(1) 制作路灯的中间支柱部分。选择透视图,在视图中创建一个圆柱体,将圆柱体的"半径"设置为 100mm、"高度"设置为 3000mm,如图 5-55 所示。

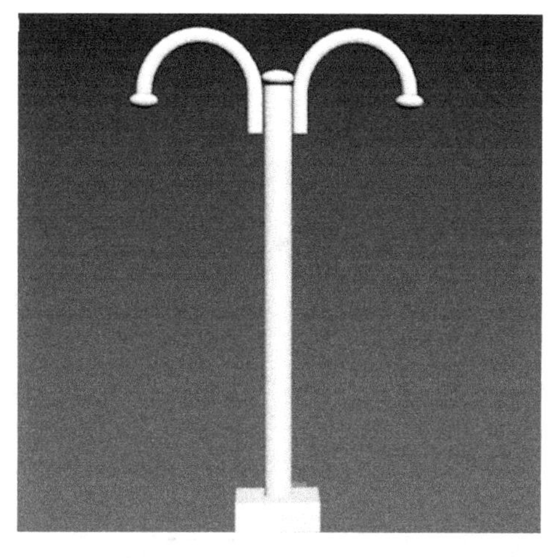
图 5-54 路灯模型

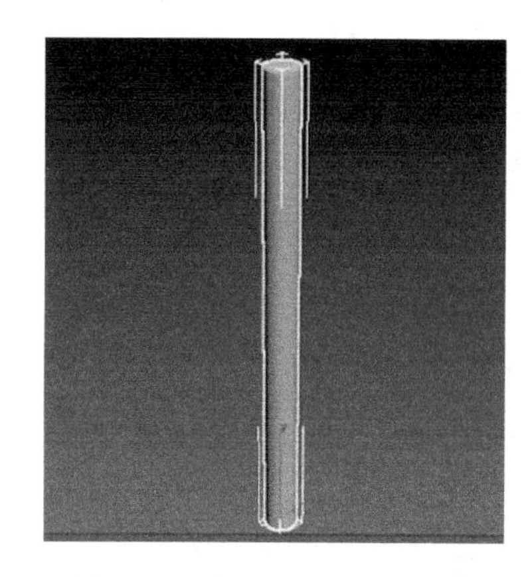
图 5-55 路灯的中间支柱部分

(2) 两侧弯曲的灯杆可以用弯曲修改器来制作。单击“选择并均匀缩放”工具，按住Shift键拖动，一边缩放一边复制，对象类型选择“复制”，调整小圆柱体的大小及位置，如图 5-56 所示。

(3) 选择小圆柱体，在修改器列表中选择“弯曲”修改器，设置弯曲的“角度”为 180 度。因为在高度上的分段数不够，所以圆柱体并没有显示出细腻的弯曲效果，在修改器堆栈中单击 Cylinder，进入圆柱体的创建层级，设置圆柱体的“高度分段”数为 18，如图 5-57 所示。

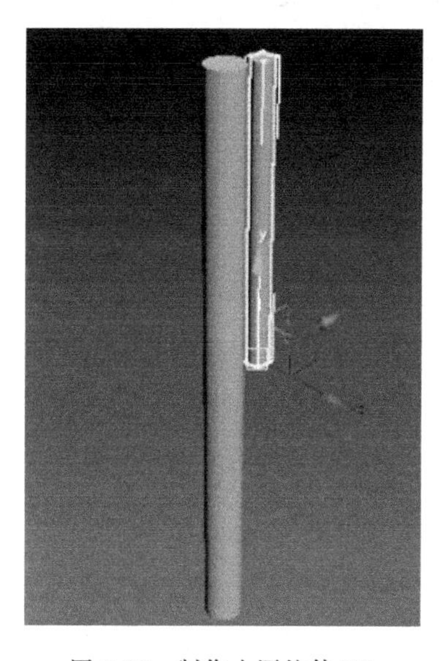
图 5-56 制作小圆柱体(1)

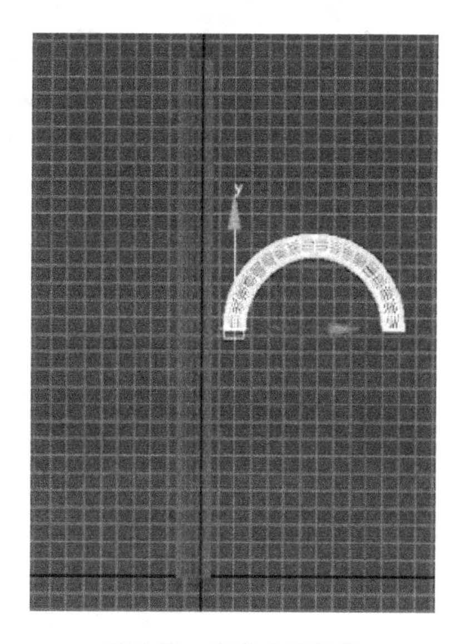
图 5-57 弯曲小圆柱体

(4) 选择小圆柱体，在修改器列表中选择“弯曲”修改器，勾选“限制”选项中的“限制效果”复选框，将“上限”的数值调整为 2270mm，如图 5-58 所示。

(5) 在前视图中选择小圆柱体，单击主工具栏中的“对齐”工具，再选择目标对象大圆柱体，在弹出的“对齐当前选择”面板中勾选“*X* 位置”复选框，即在 *X* 轴对齐，用小圆柱体的“最大”对齐大圆柱体的“最小”，在 *Y* 轴上移动小圆柱体的位置，如图 5-59 所示。

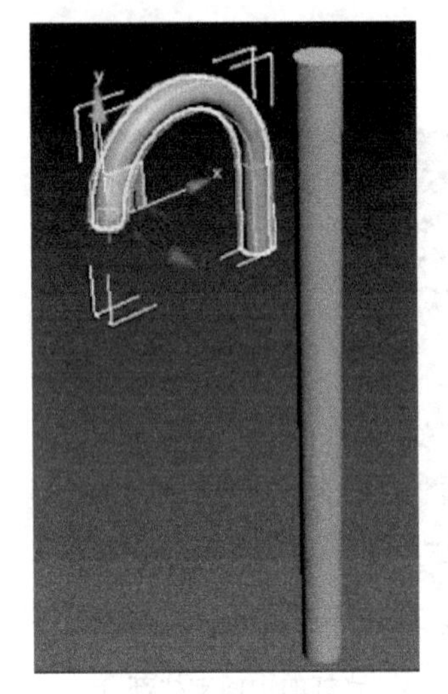

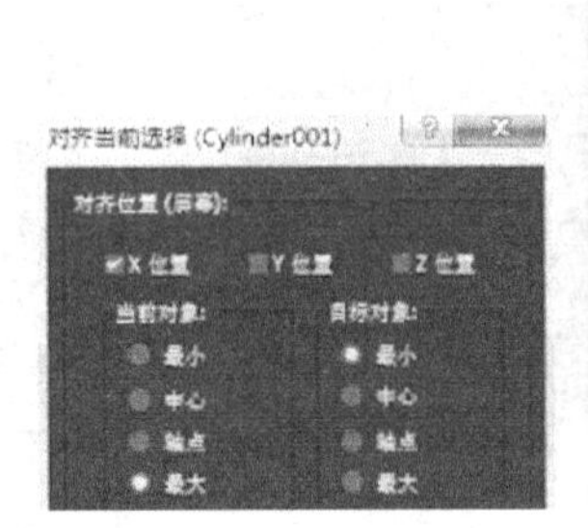

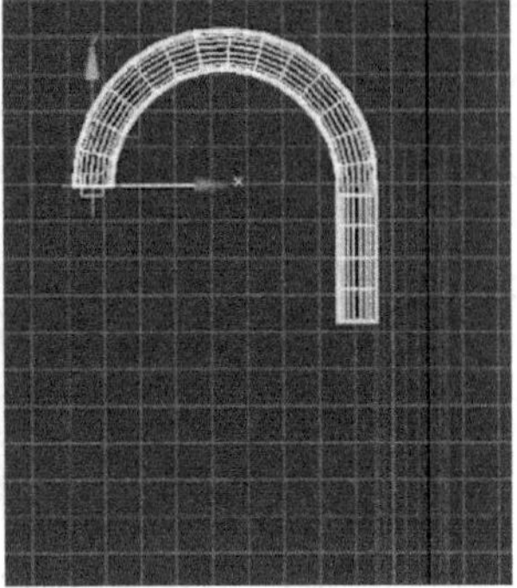

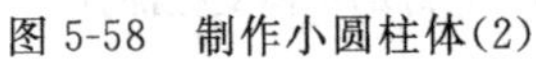

图 5-58 制作小圆柱体(2)　　图 5-59 对齐小圆柱体

(6) 另一侧的弯曲灯杆可以用复制的方式得到。选择弯曲灯杆，单击主工具栏中的“镜像”按钮，在 *X* 轴用“复制”的方式进行镜像对称，设置偏移量为 1950mm，如图 5-60 所示。

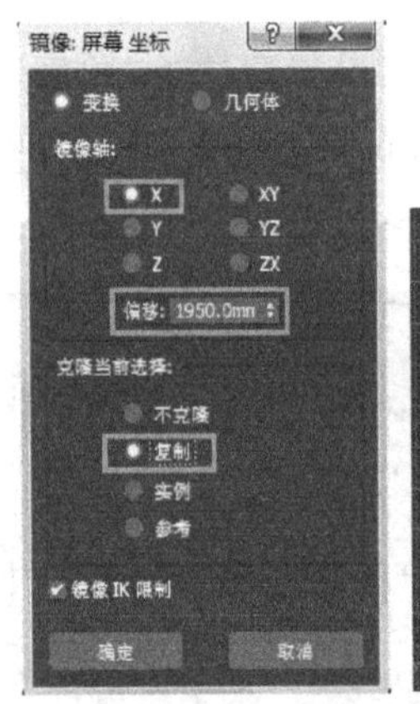

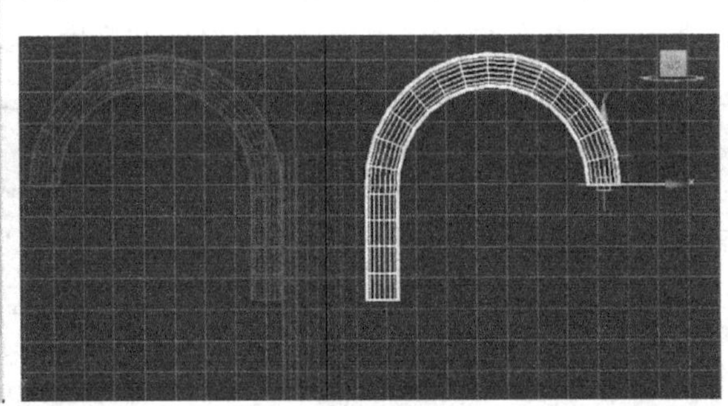

图 5-60 镜像复制灯杆

(7) 同理，再对齐新的弯曲灯杆，在 *X* 轴用小圆柱体的“最小”对齐大圆柱体的“最大”，如图 5-61 所示。

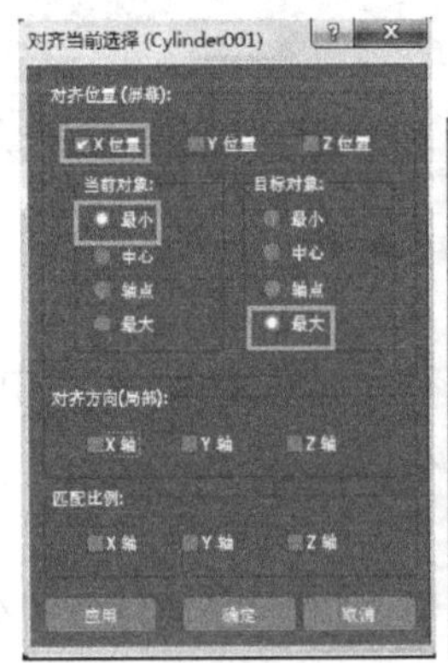

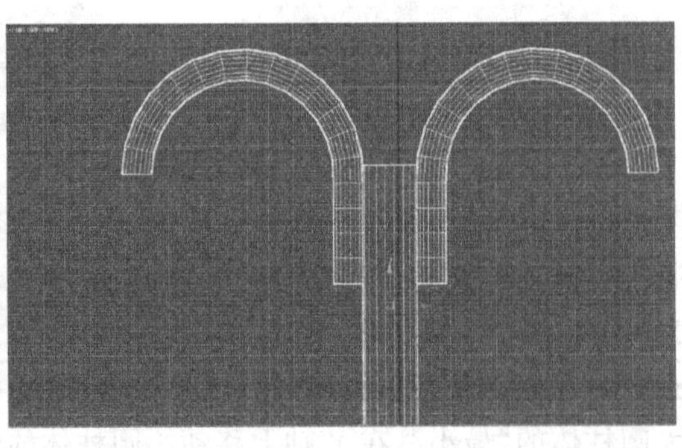

图 5-61 对齐另一个灯杆

(8) 创建一个“半径”值为 118mm 的球体，单击“选择并均匀缩放”工具，在前视图中沿 Y 轴对球体进行压缩，如图 5-62 所示。

(9) 在顶视图中选择球体，单击“对齐”工具，单击目标对象灯柱，在 X 轴用球体的“中心”对齐圆柱的“中心”，在 Y 轴用球体的“中心”对齐圆柱的“中心”，再到前视图中选择球体，单击“对齐”工具，单击目标对象灯柱，在 Y 轴用球体的“最小”对齐圆柱的“最大”，如图 5-63 所示。

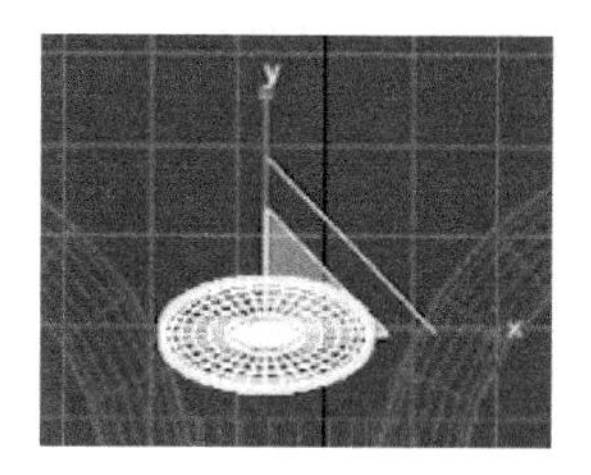

图 5-62 压缩球体

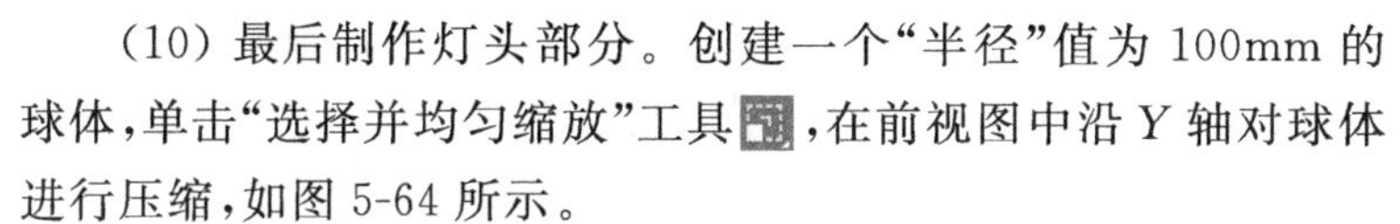

(10) 最后制作灯头部分。创建一个“半径”值为 100mm 的球体，单击“选择并均匀缩放”工具，在前视图中沿 Y 轴对球体进行压缩，如图 5-64 所示。

(11) 选择弯曲灯杆，单击“层次”按钮进入“层次”面板，在“轴”面板中单击“仅影响轴”按钮，可以发现弯曲灯杆的轴心位置位于顶端截面的中心。再次单击“仅影响轴”按钮，退出。在前视图中选择球体，单击“对齐”工具，单击目标对象弯曲灯杆，在 X 轴用球体的“轴点”对齐弯曲灯杆的“轴点”，在 Y 轴用球体的“最大”对齐弯曲灯杆的“轴点”；再到顶视图中选择球体，单击“对齐”工具，单击目标对象弯曲灯杆，在 Y 轴用球体的“中心”对齐弯曲灯杆的“中心”，如图 5-65 所示。

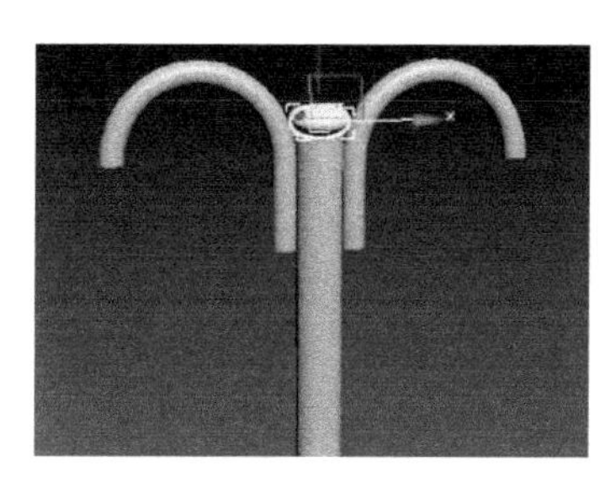

图 5-63 对齐球体

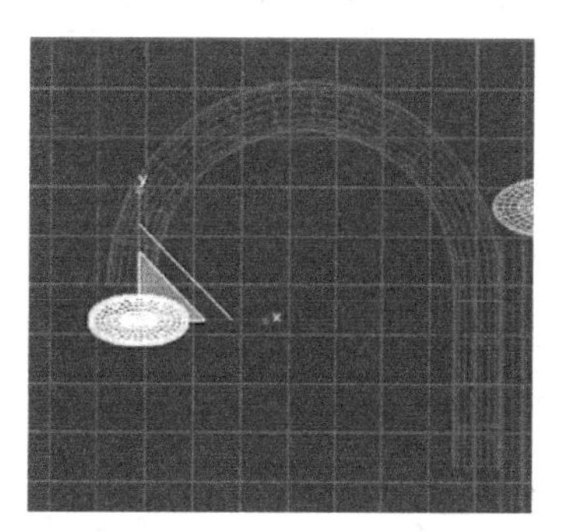

图 5-64 制作灯头

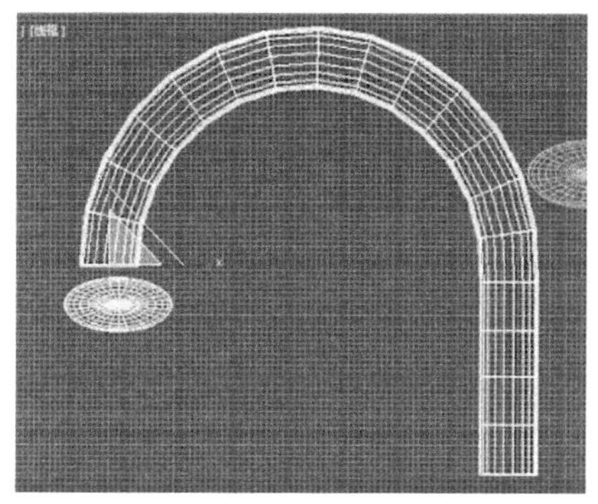

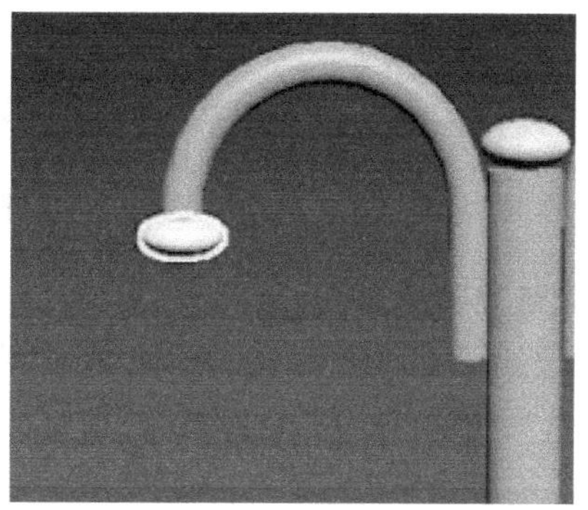

图 5-65 对齐灯头

(12) 另一侧的灯头可以用复制的方式得到。选择灯头，按住 Shift 键拖动并复制，对象类型选择“实例”方式。在前视图中选择球体，单击“对齐”工具，单击目标对象弯曲灯杆，在 X 轴用球体的“轴点”对齐弯曲灯杆的“轴点”，如图 5-66 所示。

(13) 在透视图中创建一个长方体，单击"对齐"工具，选择灯柱，在 X 轴用长方体的"中心"对齐灯柱的"中心"，在 Y 轴用长方体的"中心"对齐灯柱的"中心"，在 Z 轴用长方体的"最大"对齐灯柱的"最小"，如图 5-67 所示。

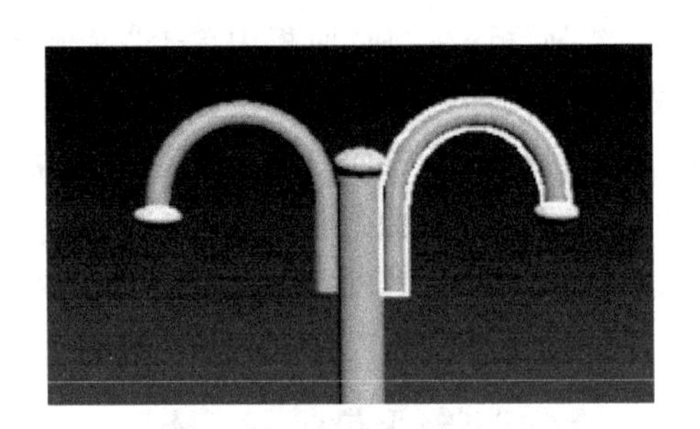

图 5-66 制作另一灯头

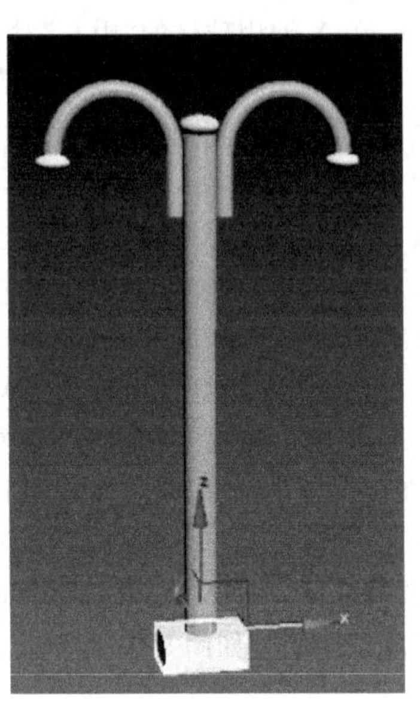

图 5-67 制作基座

5.2.2 锥化修改器

锥化修改器可以沿指定轴向对截面进行缩放或者对中间部分进行曲线化操作，如图 5-68 所示。

图 5-68 锥化模型效果

1. 锥化修改器简介

(1) 在透视图中创建一个管状体，进入"修改"面板，在修改器列表中选择"锥化"修改器。在"锥化"参数面板中，修改"数量"值可以设置模型上截面的缩放程度，正值产生放大效果，负值产生缩小效果，如图 5-69 所示。

(2) "曲线"用于控制模型中间的曲线化效果。当为正数时，中间向外凸出；当为负数时，中间向内侧凹进。为了得到细腻的曲线效果，在修改器堆栈中进入 Tube 层级，设置"高度分段"数为 12，如图 5-70 所示。

(3) 默认情况下，"锥化轴"的"主轴"是 Z 轴，"效果"影响的轴是 X、Y 轴，即沿 Z 轴产生锥化，在 X、Y 轴截面的大小产生变化。

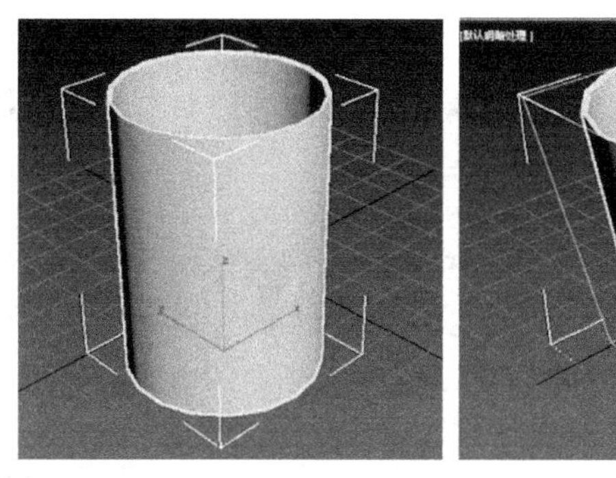
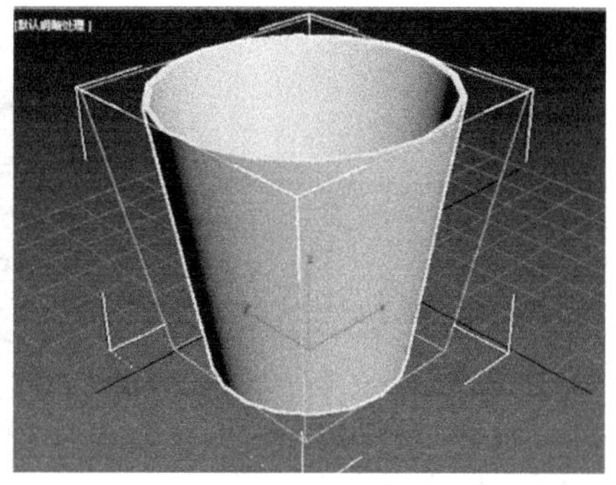

图 5-69　管状体锥化

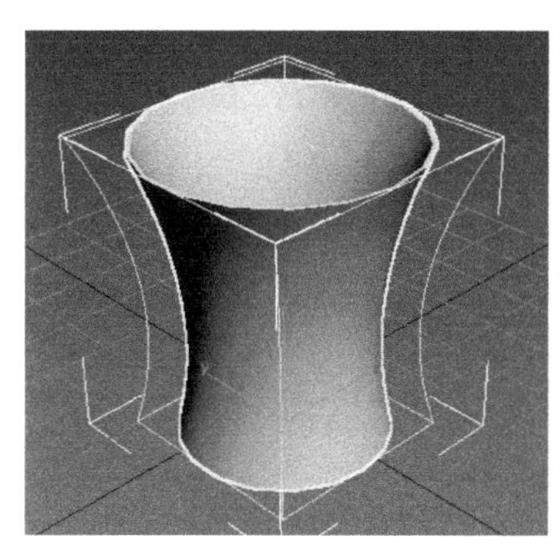
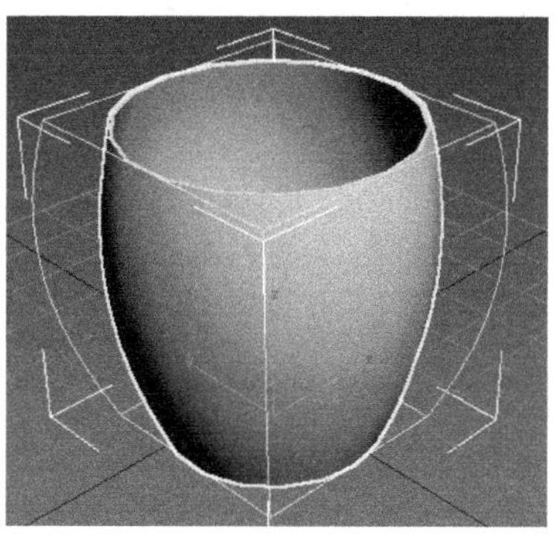

图 5-70　改变曲线值

（4）将锥化“曲线”值设置为 0。在“锥化轴”面板中，“主轴”选择 *Z* 轴，“效果”影响的轴选择 *X* 轴或者 *Y* 轴，也可以沿 *Z* 轴产生锥化，仅在 *X* 轴或 *Y* 轴的截面产生变化，如图 5-71 所示。

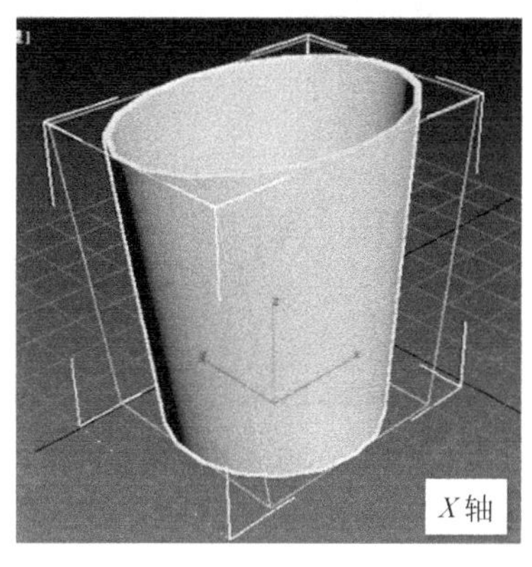

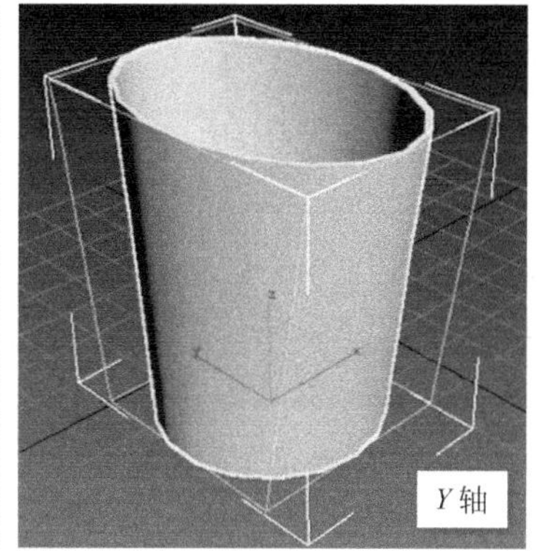

图 5-71　单独在 *X* 轴或 *Y* 轴产生的截面变化

（5）如果勾选“对称”选项，就会以中心点所在的面为中心，在上、下两侧产生对称的效果。勾选“对称”选项，在修改器堆栈中进入 taper 的“中心”层级，向上移动中心的位置，可以看到对称效果。中心点所在的截面没有锥化效果，如图 5-72 所示。

（6）勾选“限制效果”选项，可以调节锥化的上限值和下限值，限制锥化的影响范围，如图 5-73 所示。

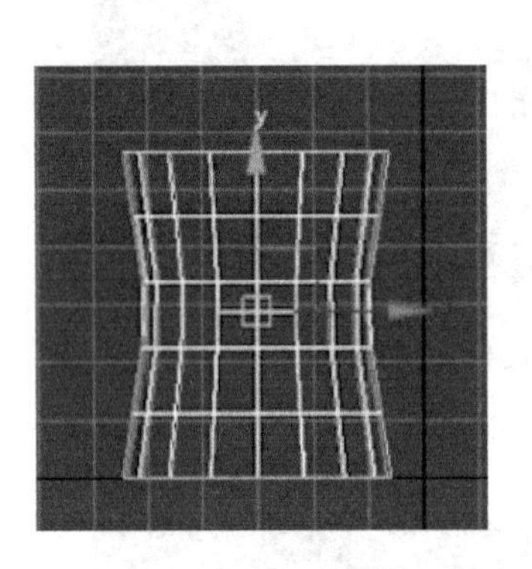

图 5-72 “对称”效果

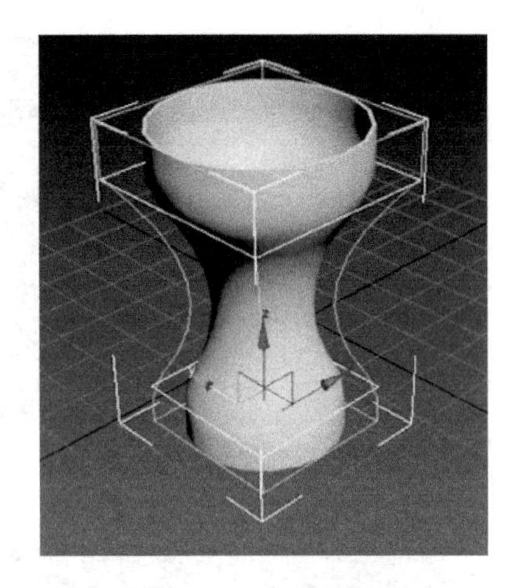

图 5-73 限制效果

2. 实例——石凳

利用锥化修改器制作一个石凳的模型，如图 5-74 所示，具体操作步骤如下。

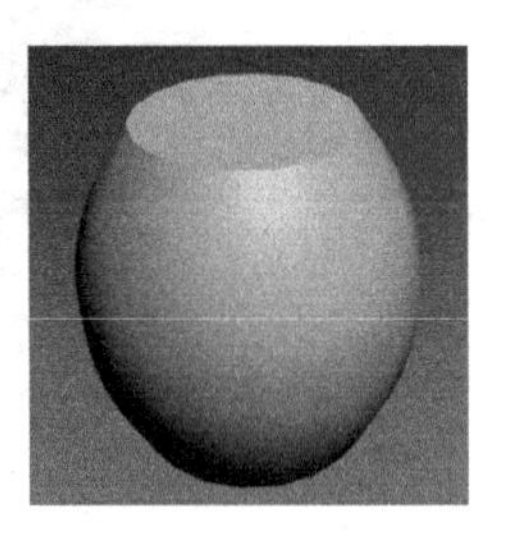

图 5-74 石凳

(1) 在视图中创建一个圆柱体，设置“半径”为 150mm，“高度”为 450mm，“高度分段”为 15，如图 5-75 所示。

(2) 在“修改器列表”中单击“锥化”修改器。在“锥化”面板中，设置“曲线”值为 2，如图 5-76 所示。

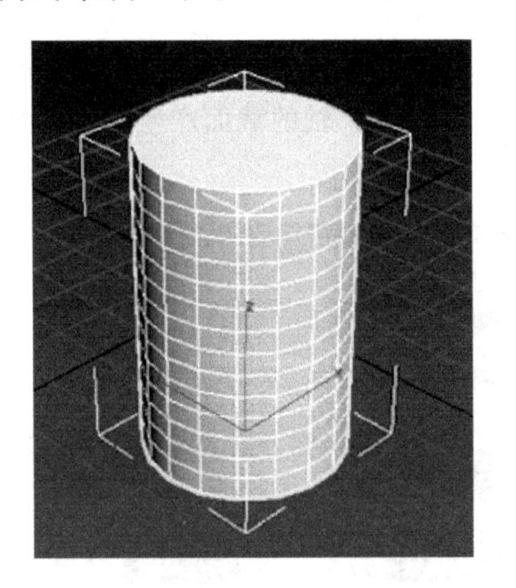

图 5-75 制作圆柱体的主体部分

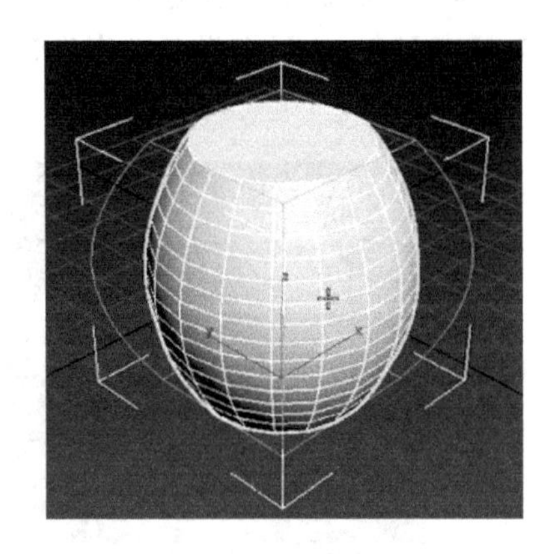

图 5-76 锥化石凳

5.2.3 扭曲修改器

扭曲修改器能够沿指定的轴向扭曲对象表面的顶点，产生扭曲的效果，并且允许将扭曲效果限制在对象局部。

1. 扭曲修改器简介

(1) 选择透视图，在视图中创建一个长方体，为了取得较好的扭曲效果，按 F4 键将模型的显示方式更改为“边面”显示，增大“高度分段”数为 12，如图 5-77 所示。

(2) 进入“修改”面板 中,选择修改器列表中的“扭曲”修改器,在“参数”面板中改变“角度”的数值,就能够看到长方体变扭曲了。正值为顺时针方向扭曲,负值为逆时针方向扭曲,如图 5-78 所示。

图 5-77　创建长方体

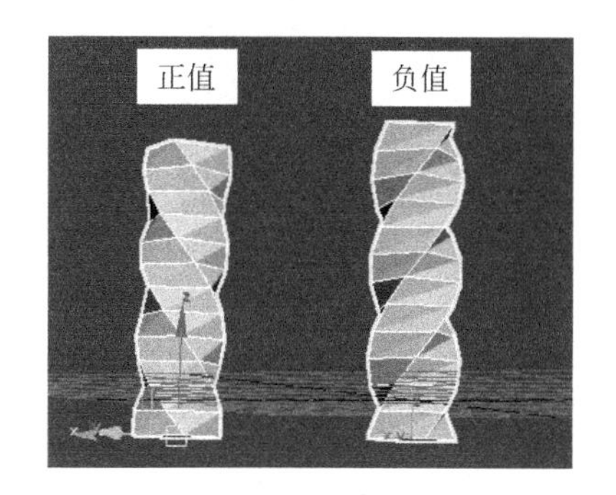

图 5-78　添加“扭曲”修改器

(3) 不同的“偏移”值,可以调整扭曲在扭曲轴向上或向下的偏移位置,如图 5-79 所示。

(4) 勾选“限制效果”后,可以通过设置“上限”和“下限”的数值来调整在模型的什么位置进行扭曲,如图 5-80 所示。

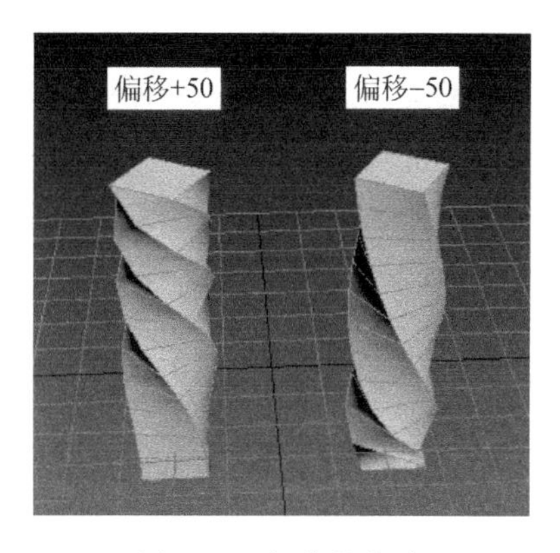

图 5-79　扭曲的偏移

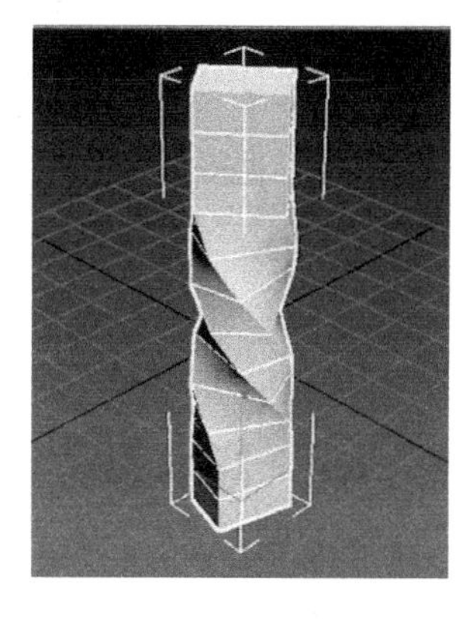

图 5-80　限制效果

2. 实例——冰淇淋

利用扭曲修改器可以制作一个非常简单的模型——冰淇淋,如图 5-81 所示。具体操作步骤如下。

(1) 制作冰淇淋的基础部分。选择顶视图,在视图中创建一个星形,设置“半径 1”为 50mm,“半径 2”为 70mm,“点”数设置为 12,如图 5-82 所示。

(2) 在修改器列表中选择“挤出”修改器,“数量”值设置为 110mm,高度上的“分段”数设置为 10,如图 5-83 所示。

图 5-81　冰淇淋

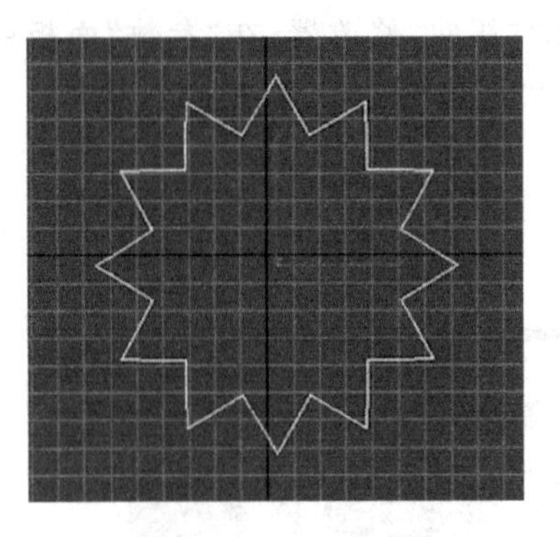

图 5-82 制作星形

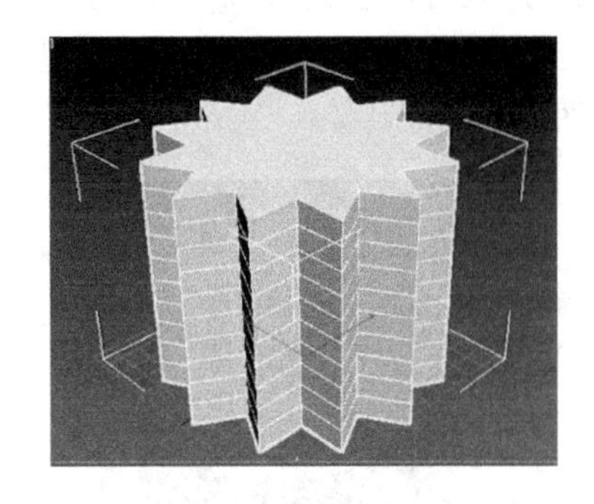

图 5-83 添加“挤出”修改器

(3) 在修改器列表中选择“锥化”修改器，将锥化“数量”调整为－1，锥化“曲线”调整为 1，如图 5-84 所示。

(4) 添加“扭曲”修改器，将扭曲“角度”设置为“45 度”，如图 5-85 所示。

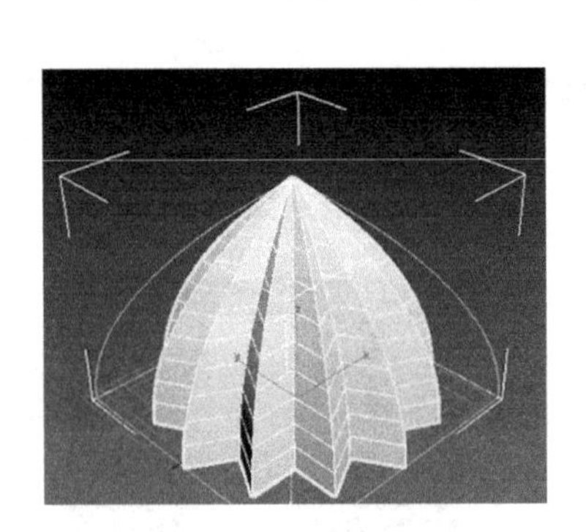

图 5-84 添加“锥化”修改器

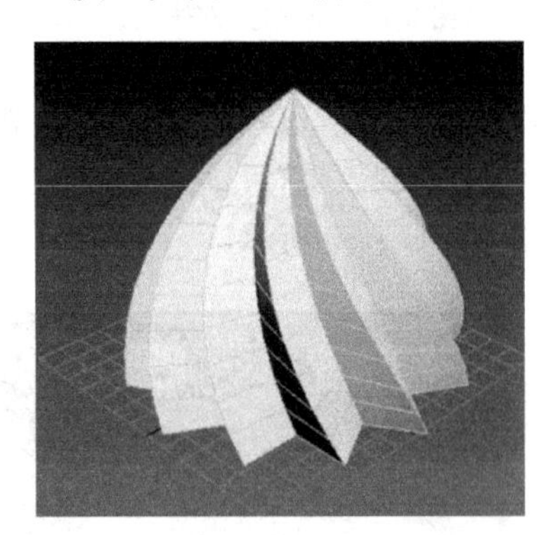

图 5-85 添加“扭曲”修改器

5.2.4 FFD 修改器

1. FFD 修改器简介

FFD 修改器即“自由变形”修改器，它可以在对象外围加入一个由控制点构成的结构线框，可以通过移动控制点使对象产生柔和的变形效果，分为 FFD 2×2×2、FFD 3×3×3、FFD 4×4×4、FFD(长方体)和 FFD(圆柱体)5 种类型。

2. 实例——枕头

下面以枕头模型的制作为例讲解 FFD 修改器的基本使用方法，如图 5-86 所示。

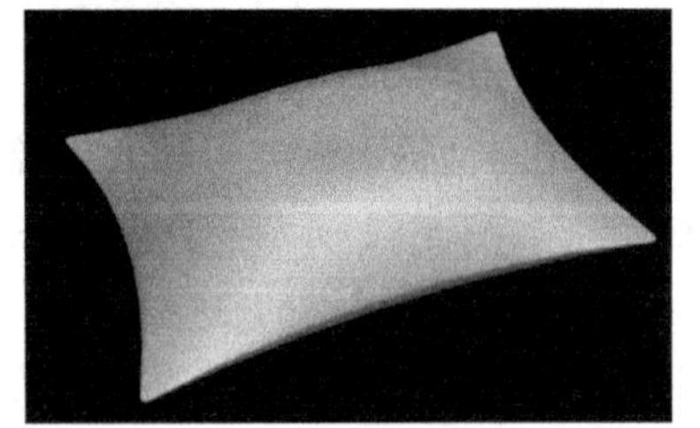

图 5-86 枕头模型

(1) 选择透视图，在“创建”面板 中单击“几何体”按钮，在弹出的下拉菜单中选择“扩展基本体”命令，在对象类型中单击 切角长方体 按钮。在参数中，设置“长度”为 400mm，“宽度”为 600mm，“高度”为 200mm，“圆角”为 10mm，“长度分段”为 10，“宽度分段”为 10，“高度分段”为 1，“圆角分段”为 3。按 F4 键，打开边面显示，如图 5-87 所示。

(2) 进入“修改”面板 ，单击“修改器列表”下拉菜单，给模型添加 FFD 3×3×3 修改器，可以看到在长、宽、高 3 个维度上各有 3 个控制点，调节这些点的位置就能修改模型的外形，如图 5-88 所示。

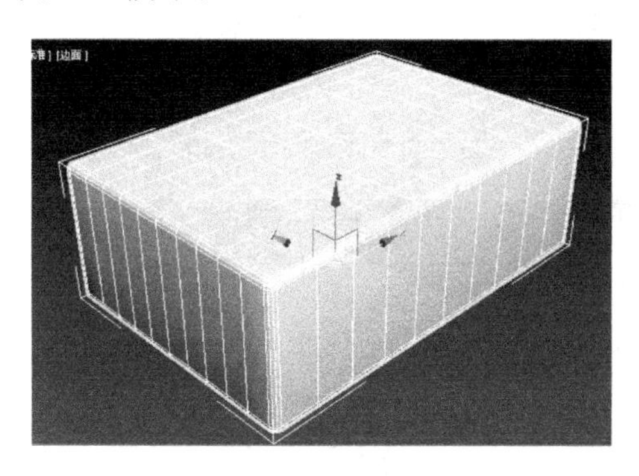

图 5-87　创建切角长方体

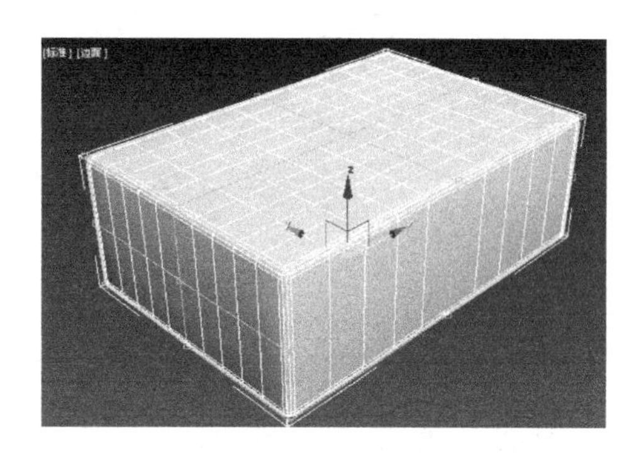

图 5-88　添加 FFD 3×3×3 修改器

(3) 在修改器堆栈中，进入 FFD 3×3×3 的“控制点”层级，在顶视图中，按住 Ctrl 键选取最外圈所有的控制点，选中的控制点呈亮黄色，如图 5-89 所示。

(4) 右击激活前视图，单击“选择并均匀缩放”工具 ，在前视图中沿 Y 轴对点进行缩小，如图 5-90 所示。

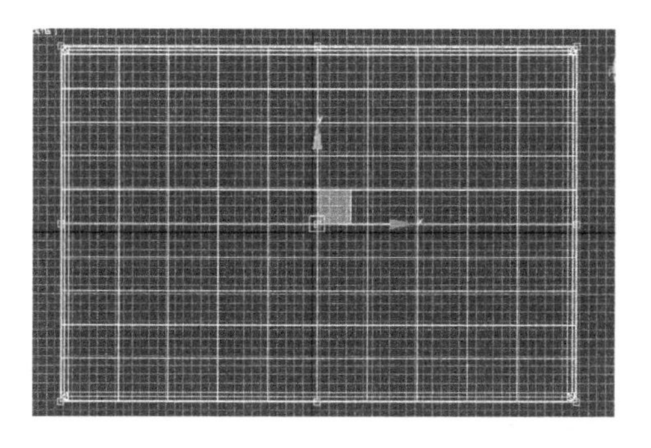

图 5-89　选取控制点

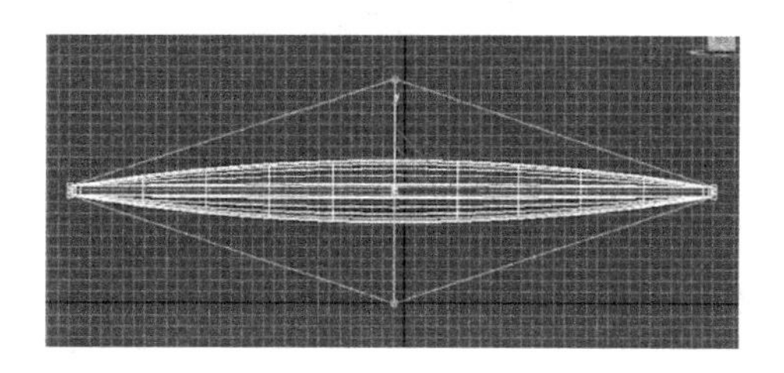

图 5-90　缩小点

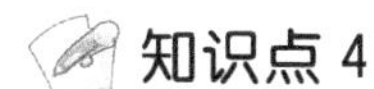

知识点 4

如果已经选择了部分点，在使用鼠标左键激活其他视图时，已经选择的点会取消选择；而用鼠标右键激活其他视图时，可以保留原有点的选择。

(5) 在前视图中，框选中间一列所有的点，单击“选择并均匀缩放”工具 ，沿 Y 轴对点进行放大，如图 5-91 所示。

(6) 在顶视图中，按住 Ctrl 键选择 4 个边上中间所有的点，单击“选择并均匀缩放”工具 ，在顶视图中沿 X 轴、Y 轴对点进行缩小，枕头的基本形状就制作出来了，如图 5-92 所示。

(7) 下面要制作枕头顶部的凹陷效果。在修改器列表中添加“FFD(长方体)”修改器。默认情况下控制点的个数是 4×4×4，单击 设置点数 按钮，在弹出的“设置 FFD 尺寸”中修改控制点的个数，这里将“长度”“宽度”“高度”上的点数分别设置为 5、5、3，如图 5-93 所示。

(8) 在修改器堆栈中进入“FFD(长方体)”修改器的“控制点”层级，在透视图中选择顶部中心的控制点，将点的位置沿 Z 轴向下移动，制作出凹陷的效果，如图 5-94 所示。

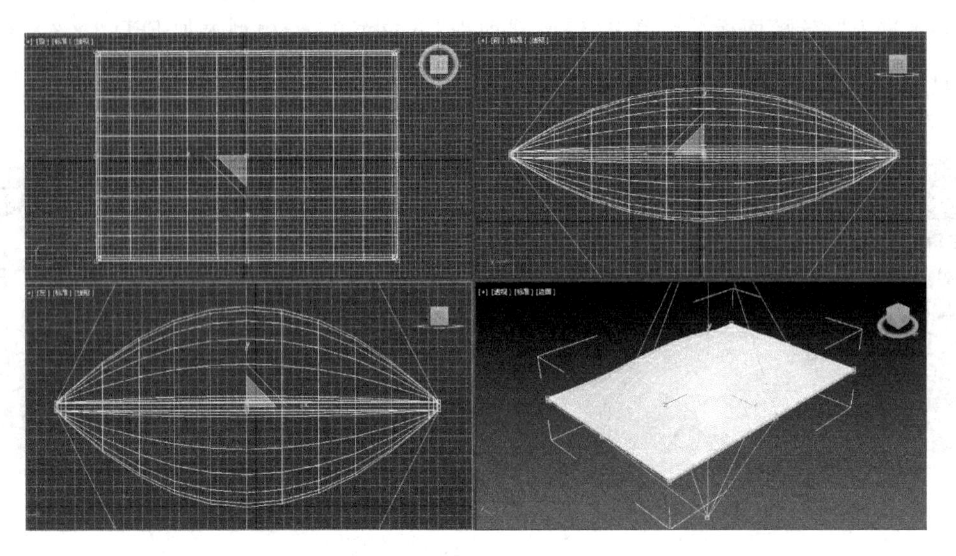

图 5-91 放大点

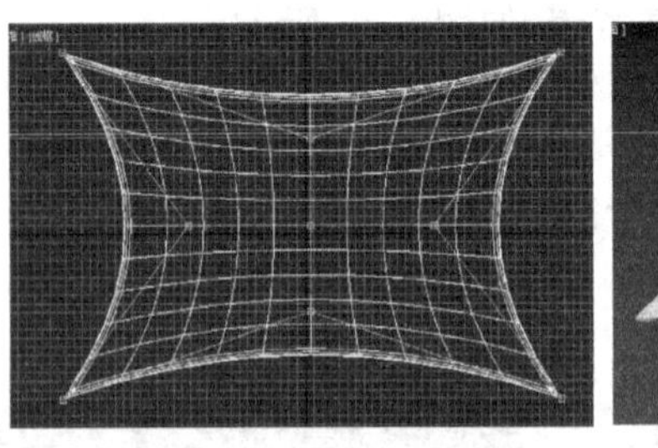

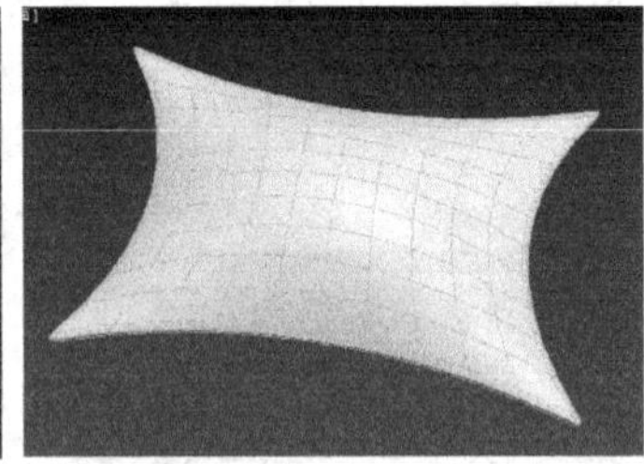

图 5-92 制作枕头的收缩效果

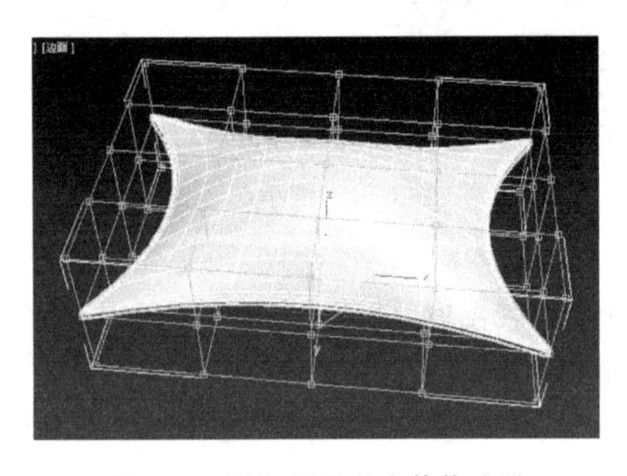

图 5-93 添加 FFD 长方体修改器

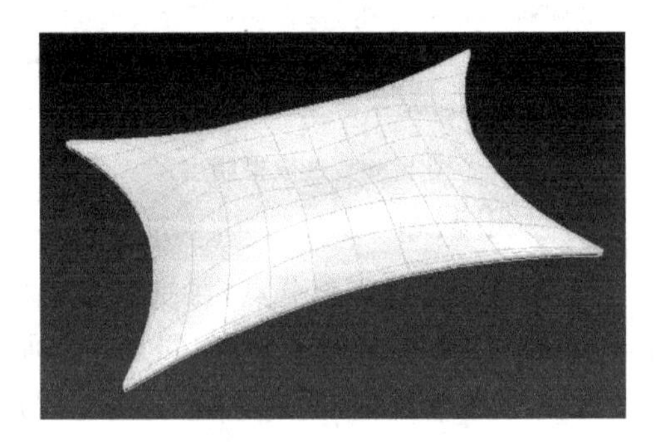

图 5-94 制作凹陷效果

5.2.5 晶格修改器

晶格修改器能够将网格对象线框化，将交叉点转换成为顶点造型，将线框转换成为连接支柱造型。

1. 晶格修改器简介

(1) 选择透视图，在视图中创建一个长方体，为了取得较好的晶格效果，按 F4 键将模型的显示方式更改为“边面”显示，将“长度分段”“宽度分段”“高度分段”都设置为 2。在“修改”

面板中单击"修改器列表"下拉菜单，找到"晶格"修改器，可以看到原来的点变成了节点，原来的边变成了支柱，如图 5-95 所示。

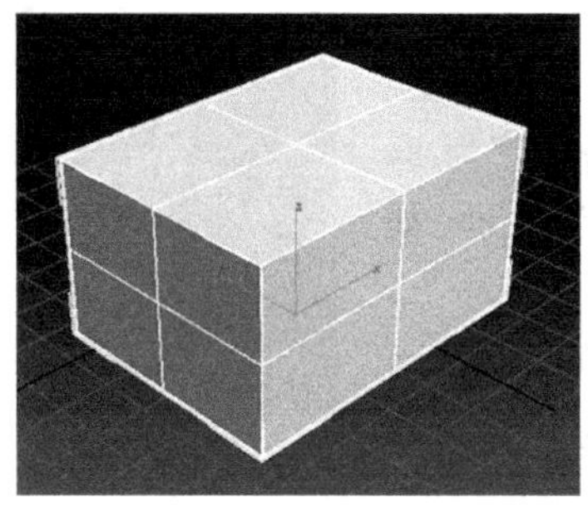
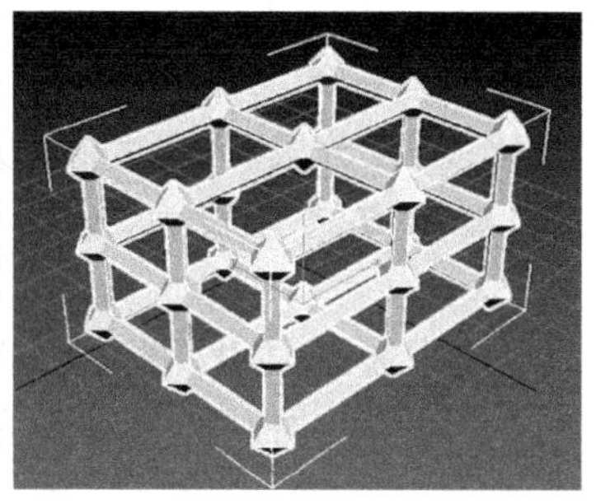

图 5-95 长方体晶格化

(2) 系统默认同时显示节点和支柱，也可以在"几何体"面板中，将模型显示为"仅来自顶点的节点"或者"仅来自边的支柱"。选择"仅来自边的支柱"，如图 5-96 所示。

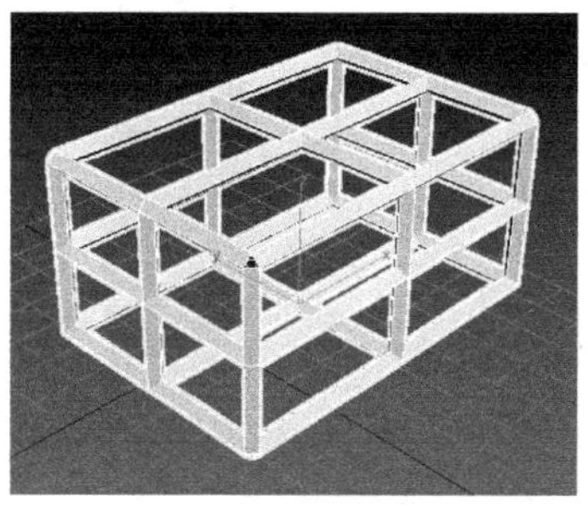

图 5-96 仅显示节点或支柱

(3) 在"支柱"参数中，支柱的"半径"值可以改变支柱的粗细；"分段"可以调整支柱在长度上的分段数量；"边数"可以设置支柱截面的边数；"材质 ID"可以为支柱指定不同的材质 ID 号。系统默认勾选"忽略隐藏边"，仅生成可视边的结构，禁用时将生成所有边的结构，包括 3ds Max 中构成所有面的三角面的边。勾选"末端封口"可以将支柱末端封闭。勾选"光滑"可使支柱产生光滑圆柱体的效果，如图 5-97 所示。

(4) 在"节点"参数中，系统默认是"八面体"，也可以选择"四面体"和"二十面体"。节点的"半径"值可以改变多面体的大小；"分段"可以调整节点的边面数量；"材质 ID"可以为支柱指定不同的材质 ID 号。勾选"光滑"复选框能够使多面体产生光滑球体的效果，如图 5-98 所示。

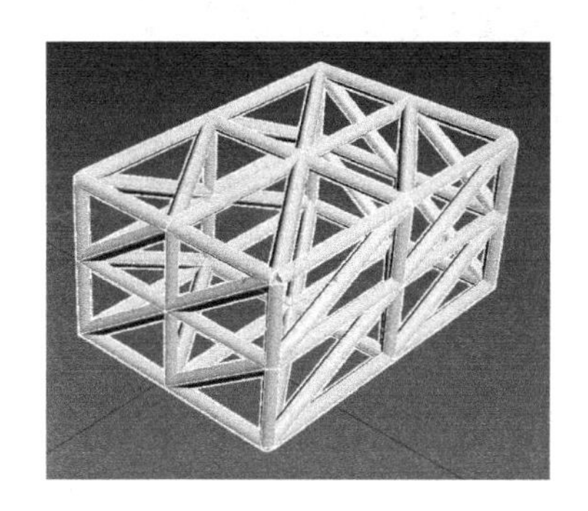

图 5-97 禁用"忽略隐藏边"、勾选"末端封口"和"光滑"复选框的效果

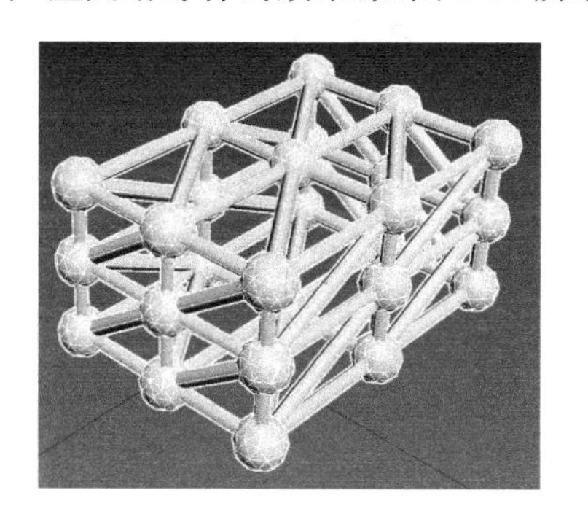

图 5-98 勾选"光滑"复选框后的效果

2. 实例——纸篓

可以利用晶格修改器完成纸篓模型的制作，如图 5-99 所示。具体操作步骤如下。

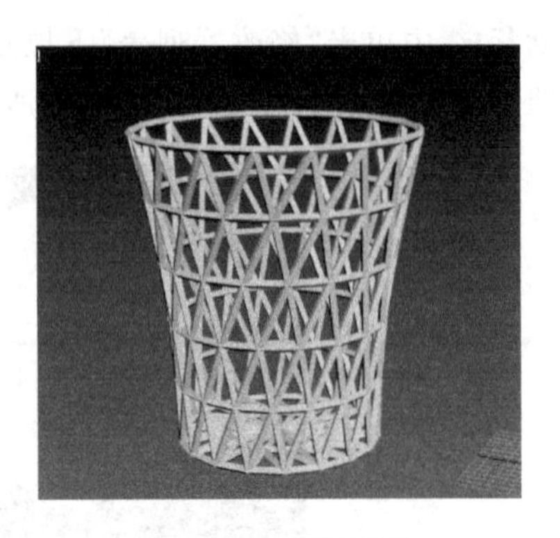

图 5-99 纸篓模型

(1) 在透视图中创建一个"半径"为 100mm、"高度"为 300mm 的圆柱体，"高度分段"为 5，"端面分段"为 2，按 F4 键将模型的显示方式更改为"边面"显示，如图 5-100 所示。

(2) 在修改器列表中选择"锥化"修改器，在"锥化"面板中，将"数量"值设置为 0.4，"曲线"值设置为－0.4，如图 5-101 所示。

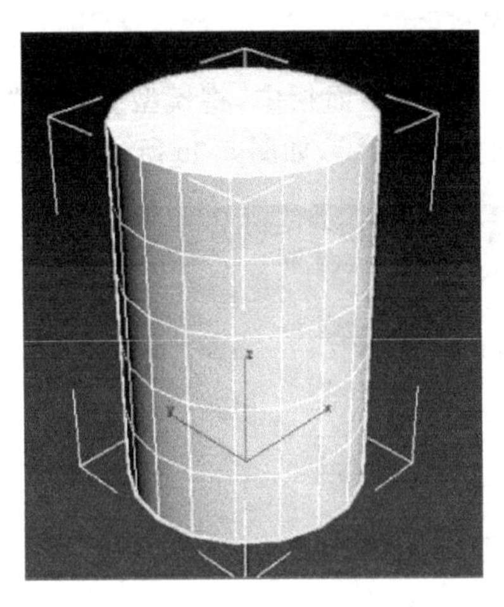

图 5-100 制作基础形体

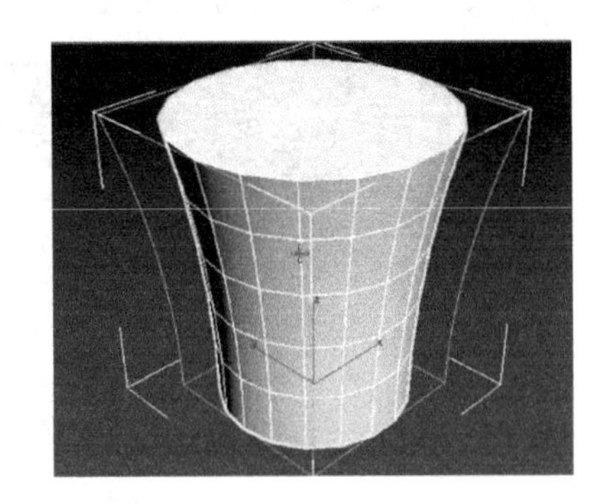

图 5-101 添加"锥化"修改器

(3) 因为纸篓是中空的，所以需要去掉端面。右击模型，选择快捷菜单中的"转换为"→"转换为可编辑多边形"命令，在修改器堆栈中单击"可编辑多边形"左侧的三角，进入"多边形"层级▣。在主工具栏中单击"窗口/交叉"按钮▣，将选择方式更改为"窗口"选择方式▣，在前视图中的模型上部拖动选择线框，将顶部的面选中后删除，在修改器堆栈中再次进入"多边形"，退出"多边形"层级，如图 5-102 所示。

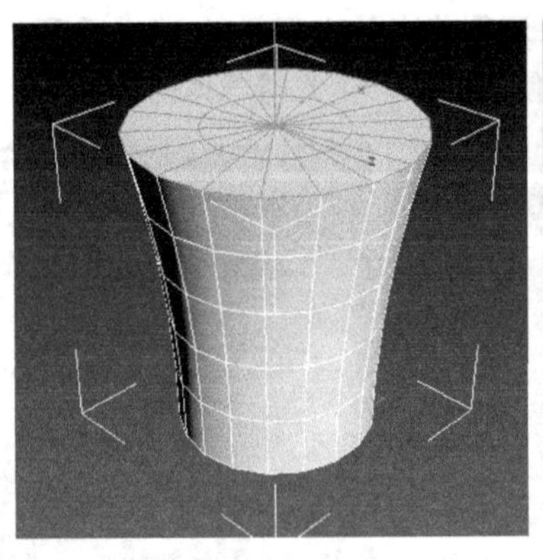

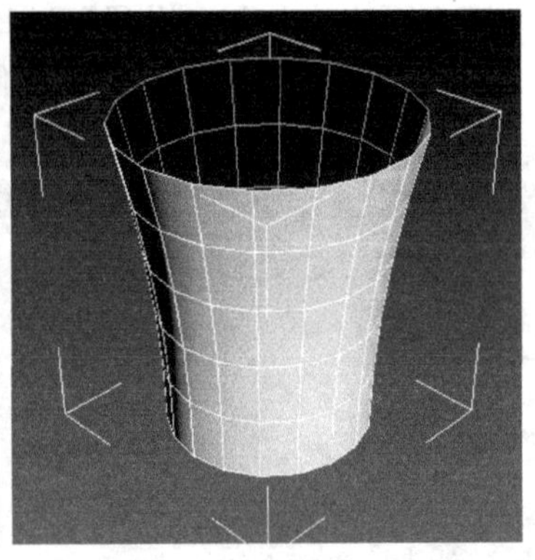

图 5-102 删除顶部的面

(4) 按 F4 键取消“边面”显示,给模型添加“晶格”修改器。在“几何体”面板中,选择“仅来自边的支柱”,设置支柱的“半径”值为 4mm,并取消勾选“忽略隐藏边”复选框,如图 5-103 所示。

(5) 添加“扭曲”修改器,将扭曲“角度”设置为“35 度”,如图 5-104 所示。

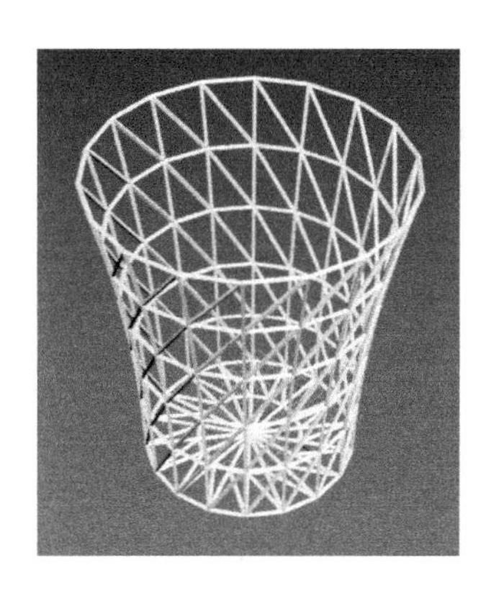

图 5-103 添加“晶格”修改器

图 5-104 添加“扭曲”修改器

5.3 本章小结与重点回顾

辅助命令是 3ds Max 中最基础也是运用最多、最频繁的操作。修改器在建模过程中具有相当重要的作用,命令最多、最全,本章介绍了基础三维修改器的使用。通过本章的学习,进一步熟悉 3ds Max 的基本操作,对于适时使用辅助命令、三维修改器有一定的认识,能够用较简单的命令制作出较庞大的场景、较理想的模型。

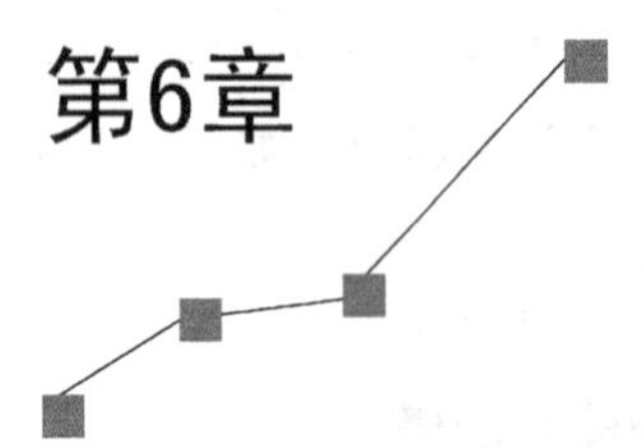

第6章

多边形建模

多边形建模是指在原始模型的基础上，对模型的点、线、面等元素进行调整、细化，制作出更加精细、逼真的模型。多边形建模功能强大，创建简单，编辑灵活，比较复杂的对象、人物角色等都可以使用多边形建模来制作，是应用最广泛的建模方式。

6.1 可编辑多边形

将一个模型转变为可编辑多边形可以通过两种方式：①选中模型，在修改器列表中选择“编辑多边形”命令；②右击模型后，从弹出的快捷菜单中选择“转换为”→“转换为可编辑多边形”命令。

6.1.1 创建方法

在透视图中创建长方体，将“长度分段”“宽度分段”“高度分段”都设置为3，按F4键打开边面显示，按住Shift键，通过“选择并移动”工具边移动边复制，在弹出的“克隆选项”对话框中选中“对象”框中的“复制”单选按钮，复制出一个长方体，如图6-1所示。

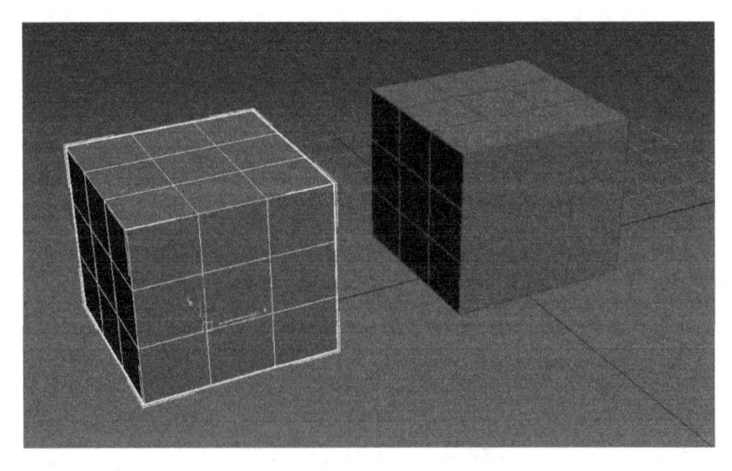

图6-1 创建长方体模型

选择左边的模型，进入“修改”面板，在修改器列表中找到“编辑多边形”命令，将模型转换为可编辑多边形。这时，在“参数”面板中出现了 5 个次对象级，并且有丰富的命令可供选择，如图 6-2 所示。

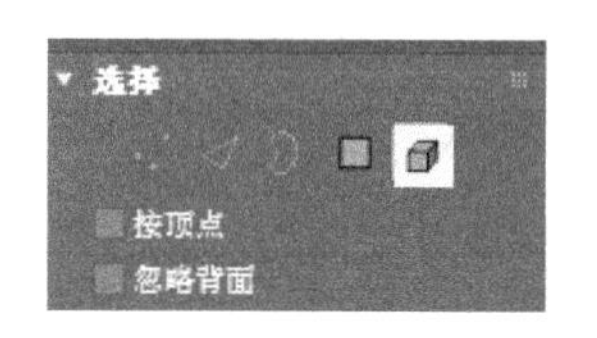

图 6-2　“可编辑多边形”参数面板

选择右边的模型并右击，从弹出的快捷菜单中选择“转换为”→“转换为可编辑多边形”命令，同样可以将模型转换为可编辑多边形，如图 6-3 所示。

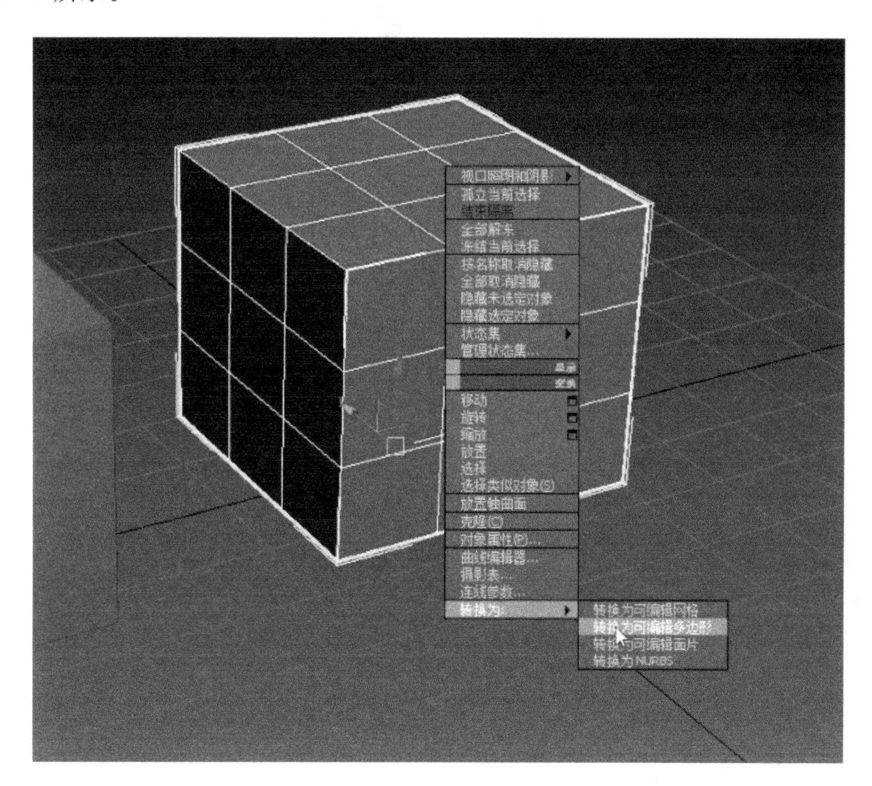

图 6-3　转换为可编辑多边形

这两种方式都可以将模型转换成为可编辑多边形，区别在于通过第一种方式转换，会在修改器堆栈中保留模型的创建层级；而通过第二种方式转换，则修改器堆栈中不保留模型的创建层级，直接将模型的创建层级塌陷掉了，如图 6-4 所示。

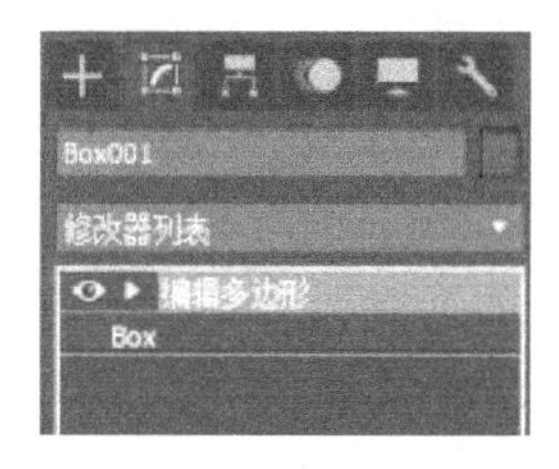

图 6-4　两种转换方式的堆栈对比

第二个区别是，通过右击直接转换的可编辑多边形，在修改器面板中有一个“细分曲面”面板，而通过修改器列表转换的可编辑多边形则没有这个面板。在“细分曲面”面板中勾选

“使用 NURMS 细分”复选框，可以将模型进行平滑处理，加大“迭代次数”，可使平滑效果更加细腻。勾选“使用 NURMS 细分”复选框，将“迭代次数”设置为 3，如图 6-5 所示。

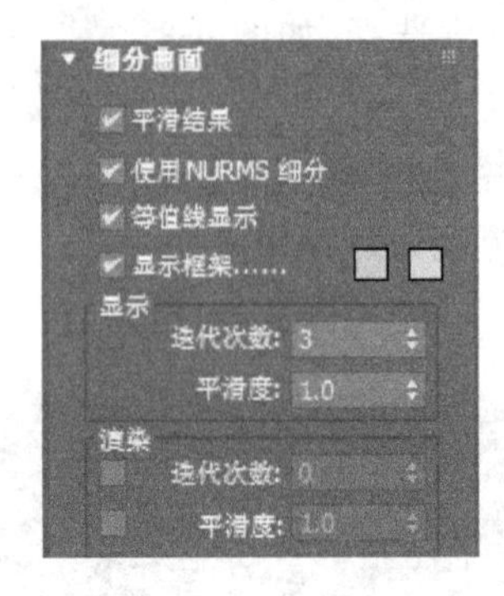

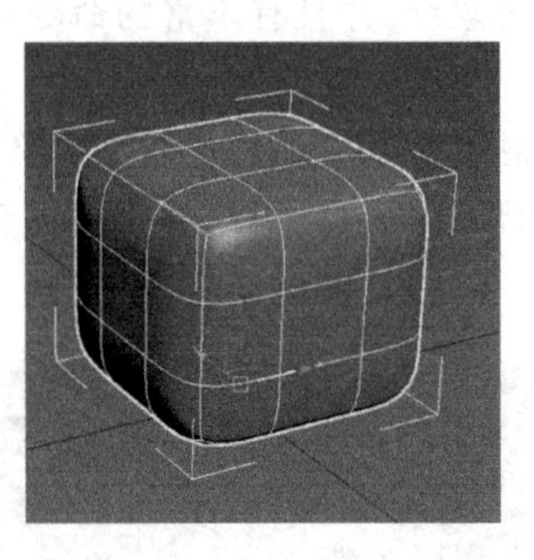

图 6-5 “细分曲面”选项

通过修改器列表转换的可编辑多边形，可以通过添加“涡轮平滑”修改器或者“网格平滑”修改器的方法进行平滑设置。选择可编辑多边形，在修改器列表中找到“涡轮平滑”修改器，将“迭代次数”设置为 2，如图 6-6 所示。

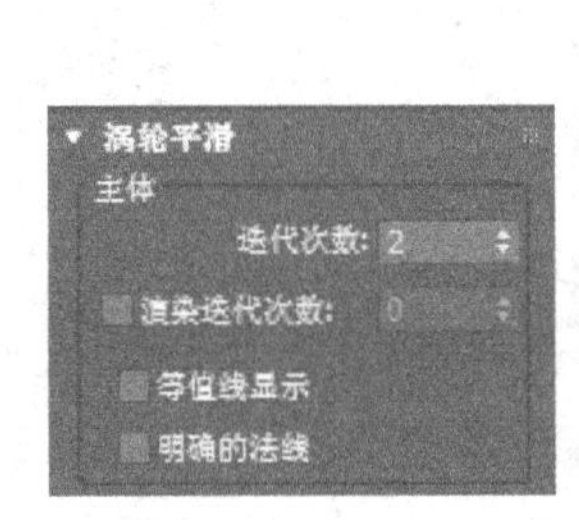

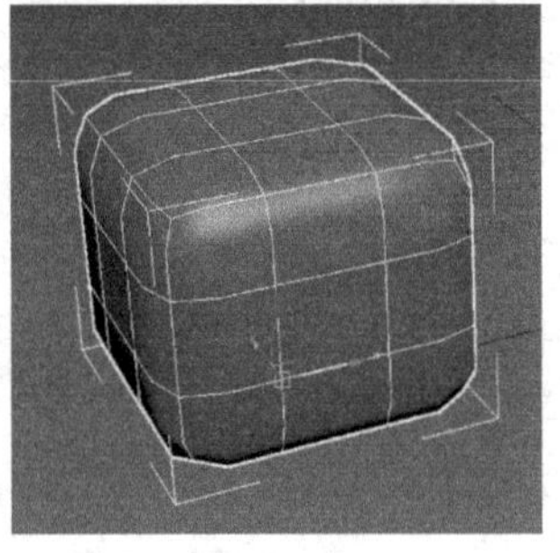

图 6-6 网格平滑

6.1.2 选择参数

(1) 在透视图中任意创建一个长方体，将模型转换为可编辑多边形后，在修改器堆栈中单击“可编辑多边形”左侧的三角，展开次对象级，可以看到出现 5 个层级。选择“顶点”“边”“边界”“多边形”“元素”，可分别进入相应的次对象级；也可以在“选择”面板中单击“顶点”按钮、“边”按钮、“边界”按钮、“多边形”按钮、“元素”按钮，进入相应的次对象级。在修改器堆栈中进入次对象级，相应的“选择”面板中也同步进入；反之同样如此，如图 6-7 所示。

(2) 还可以通过快捷键的方式进入。“顶点”“边”“边界”“多边形”“元素”5 个层级对应的快捷键分别是 1、2、3、4、5 这 5 个数字。子编辑完成后，按对应的快捷键 1、2、3、4、5 或者 6 都可以退出子编辑层级。

(3) 当选择可编辑多边形的“顶点”时，进入“顶点”层级，这时顶点呈蓝色显示。通过单击或者框选选择顶点，顶点变成红色，这时就可以通过调节这些顶点来改变模型的形状，如图 6-8 所示。

(4) 选择可编辑多边形的“边”，进入“边”层级，“边”是可编辑多边形任意两点之间的连线，可以通过调节“边”来改变模型的形状，如图 6-9 所示。

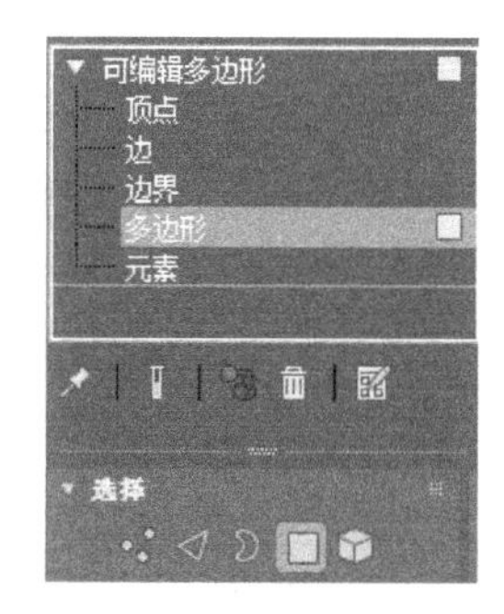

图 6-7 可编辑多边形的层级

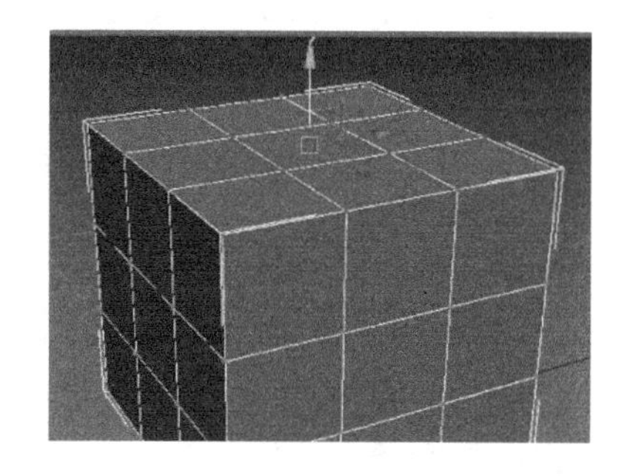

图 6-8 可编辑多边形的“顶点”层级

(5) 可编辑多边形的“多边形”是一个个独立的多边形面，可以通过调节“多边形”，如位置，来改变模型的形状，如图 6-10 所示。

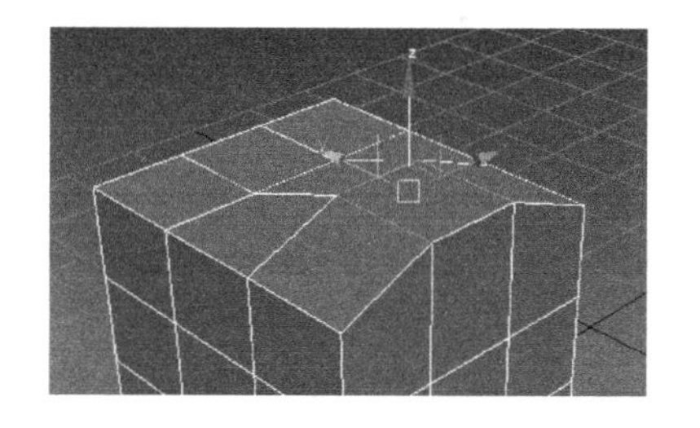

图 6-9 可编辑多边形的“边”层级

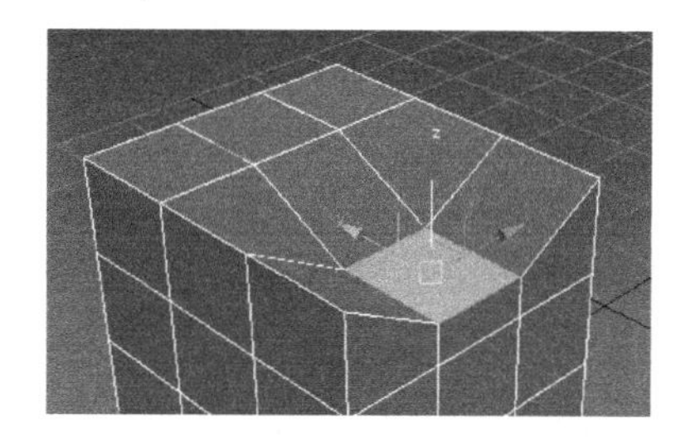

图 6-10 可编辑多边形的“多边形”层级

(6) 可编辑多边形的“边界”是和“缺口”配合使用的。当删除可编辑多边形的一个面后，就会在模型表面出现缺口，选择“边界”层级，在缺口的任意位置单击，可以选择整个边界。如果此时需要封闭缺口，可以先选择缺口的边界，在“编辑边界”面板中单击 封口 按钮即可，如图 6-11 所示。

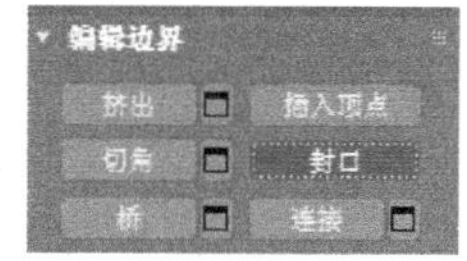

图 6-11 可编辑多边形的“边界”层级

(7) 返回到可编辑多边形层级。可编辑多边形的“元素”是指一个个独立的、完整的多边形。按住 Shift 键，通过“选择并移动”工具，复制出一个多边形。两个可编辑多边形在单击时单独高亮显示，说明这是两个独立的多边形。选择其中一个可编辑多边形，在“编辑几何体”面板中单击 附加 按钮，继续单击另一个可编辑多边形，可将这两个可编辑多边形附加为一个对象，再次单击“附加”按钮退出。进入“元素”层级，单击其中一个模型，模型变红显示，此时这个模型就以独立的元素出现，如图 6-12 所示。

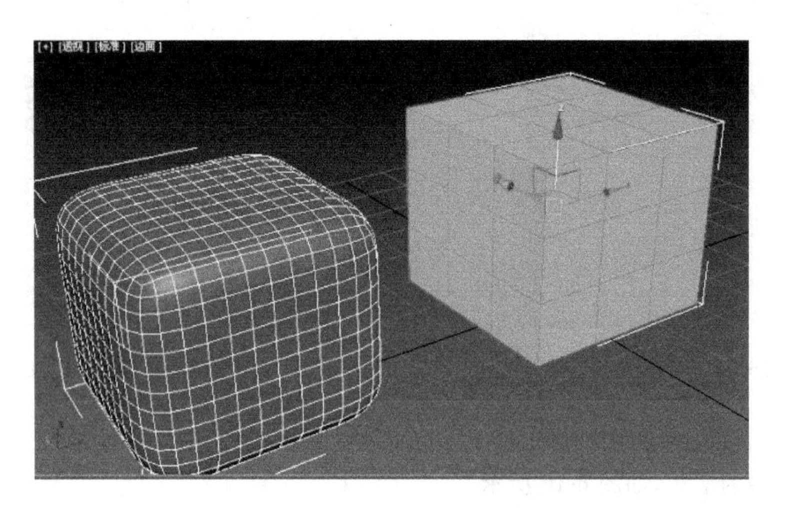

图 6-12　可编辑多边形的“元素”层级

6.1.3　附加

在顶层级中 附加 是经常使用的命令，它可以将几个独立的、完整的对象变成一个整体。

(1) 在透视图中分别创建一个长方体、一个茶壶和一个圆环，这些模型现在都是独立、完整的个体。选择长方体，将长方体转换为可编辑多边形。进入“修改”面板，在顶层级的“编辑几何体”面板中单击 附加 按钮，在视图中单击茶壶，这时茶壶就和长方体成为一个整体，再次单击圆环，圆环也被附加在一起，单击 附加 按钮退出。现在再选择对象的时候，所有的模型一起高亮显示，说明这些模型已经是一个整体了，如图 6-13 所示。

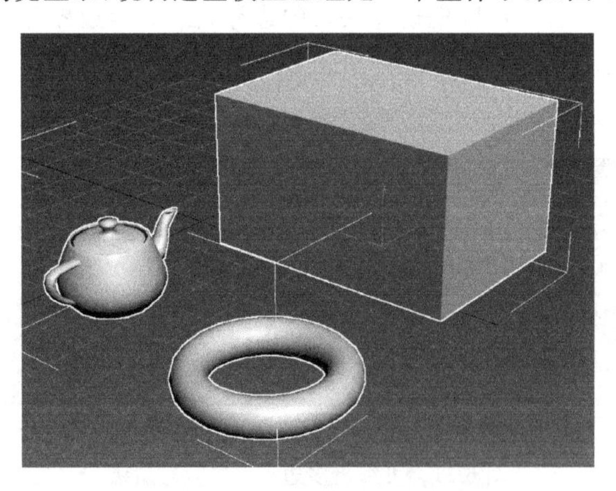

图 6-13　“附加”命令

(2) 多次按 Ctrl+Z 组合键，可将附加撤销，单击 附加 按钮右侧的“附加列表”按钮，也可以将多个独立的模型附加成一个整体。选择长方体，单击 附加 按钮右侧的“附加列表”按钮，弹出“附加列表”对话框。这时，场景中所有可以附加到一起的对象都会出现在列表中，在列表中选择一个对象，或者配合 Shift 键或 Ctrl 键选择多个对象，单击对话框下方的 附加 按钮，可以一次将多个对象附加为一个整体，如图 6-14 所示。

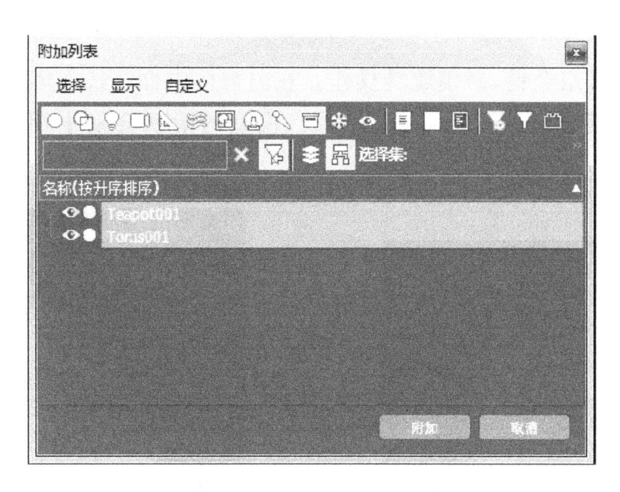

图 6-14 “附加列表”对话框

6.2 编辑顶点

6.2.1 顶点的变换操作

在顶点的变换操作中，常用的命令是“移动”“旋转”“缩放”，下面对这些常用命令做简要的说明。

(1) 在视图中分别创建一个长方体和一个圆柱体，右击长方体，从弹出的快捷菜单中选择“转换为”→“转换为可编辑多边形”命令。在“编辑几何体”面板中单击 附加 按钮，单击圆柱体，将圆柱体和长方体附加成为一个整体，再次单击 附加 按钮退出，如图 6-15 所示。

(2) 按 F4 键，打开边面显示。在“选择”面板中单击“顶点”按钮，进入顶点层级。单击“选择并移动”工具，在前视图中框选长方体左上方的顶点进行移动，模型的形状会发生相应的变化，如图 6-16 所示。

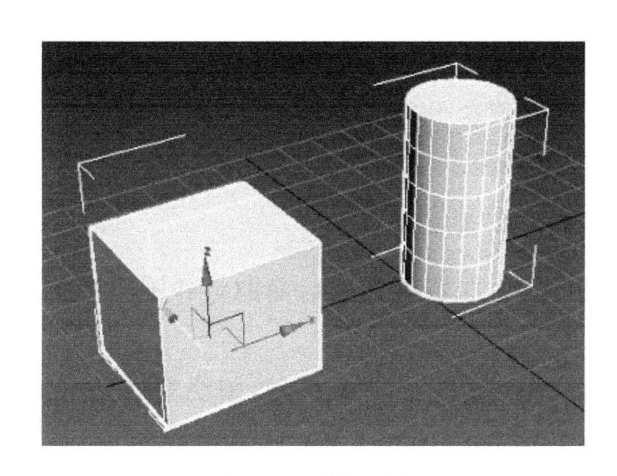

图 6-15 附加对象

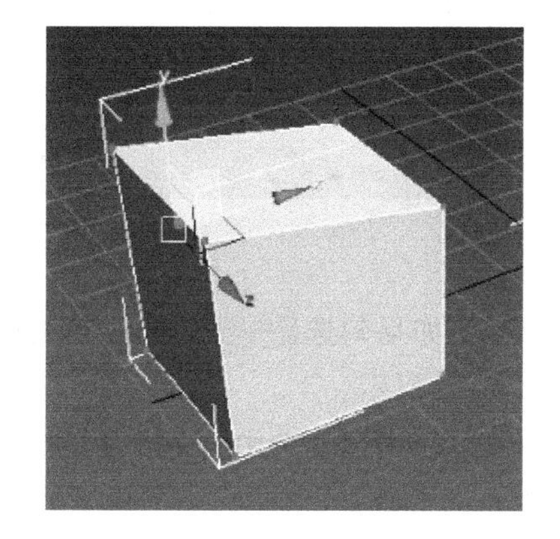

图 6-16 移动顶点

(3) 按住 Ctrl+Z 组合键，撤销移动操作。在前视图中框选长方体上方的点，单击“选择并旋转”工具，右键激活透视图并进行旋转，模型的形状会发生相应的变化，如图 6-17

所示。

(4) 按住 Ctrl+Z 组合键，撤销旋转操作。在前视图中框选长方体上方的点，单击“选择并缩放”工具，右键激活透视图并进行缩放，模型的形状会发生相应的变化，如图 6-18 所示。

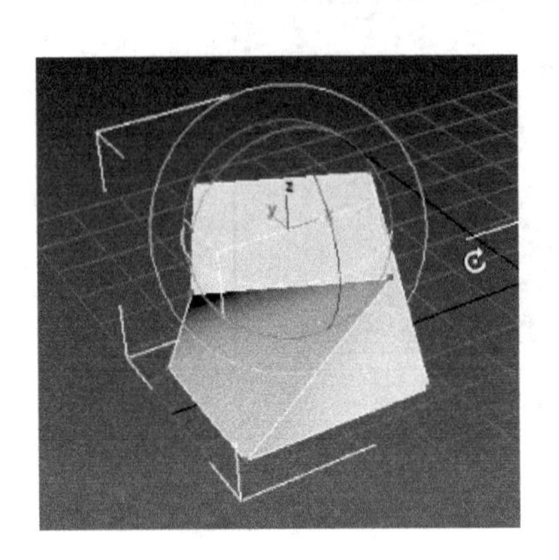

图 6-17 旋转顶点

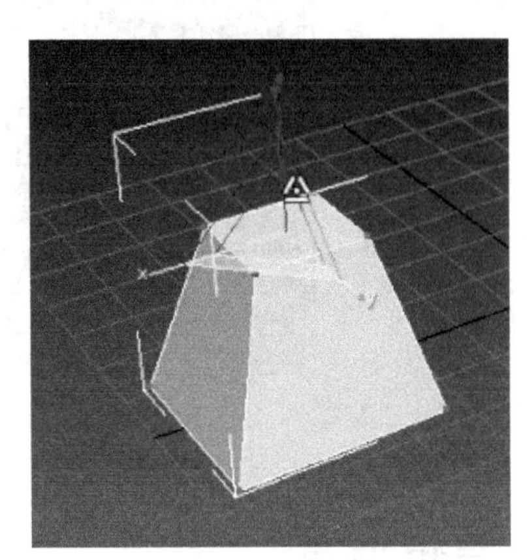

图 6-18 缩放顶点

6.2.2 顶点的参数

(1) 在顶点层级下，“选择”面板中 忽略背面 选项在默认情况下是不勾选的。当“忽略背面”不勾选时，如果框选点，不仅前面看得到的点会被选中，当前方向看不到的点也会被同时选中。例如，在前视图中框选中心部分的点，旋转透视图可以发现，后面相对应的点同样也被选中，如图 6-19 所示。

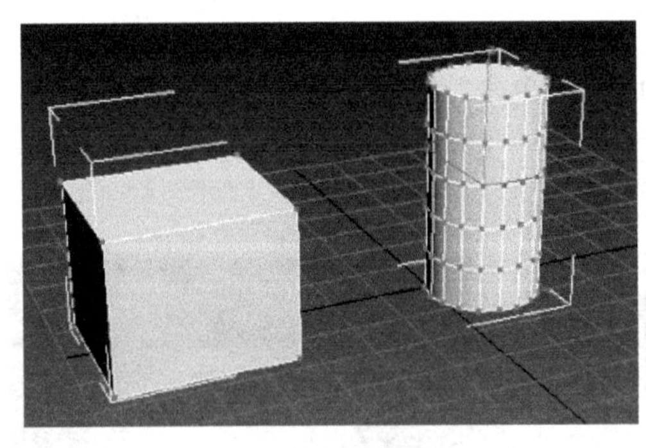

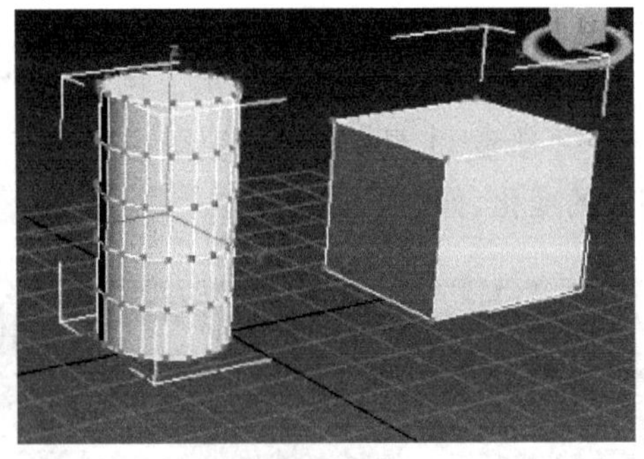

图 6-19 不勾选“忽略背面”复选框

(2) 如果勾选 忽略背面 选项，前面的点被选中，前方向看不到的后面的点并不会被选中，如图 6-20 所示。

(3) 在模型上选中一个点后，在“选择”面板中单击 扩大 按钮，围绕着这个点扩大了对点的选择，再次单击 扩大 按钮，单击一次就会扩大一次。单击 收缩 按钮，就会缩小对这些点的选择，单击一次就会缩小一次，如图 6-21 所示。

(4) 选择模型上的点，在“编辑顶点”面板中单击 移除 按钮，这个点就会被移除，与该点相邻的面会合并成一个面，如图 6-22 所示。

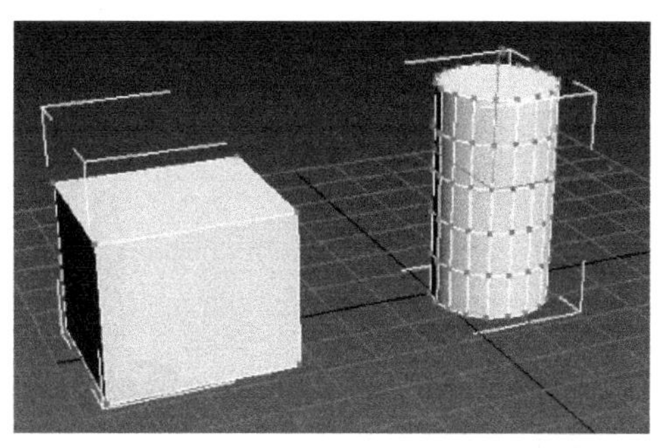

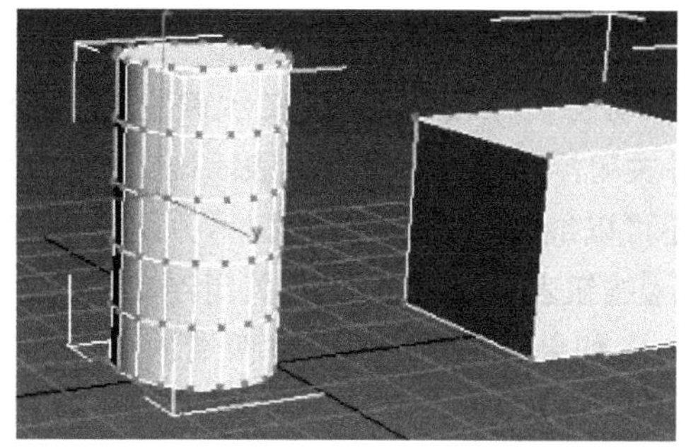

图 6-20 勾选“忽略背面”复选框

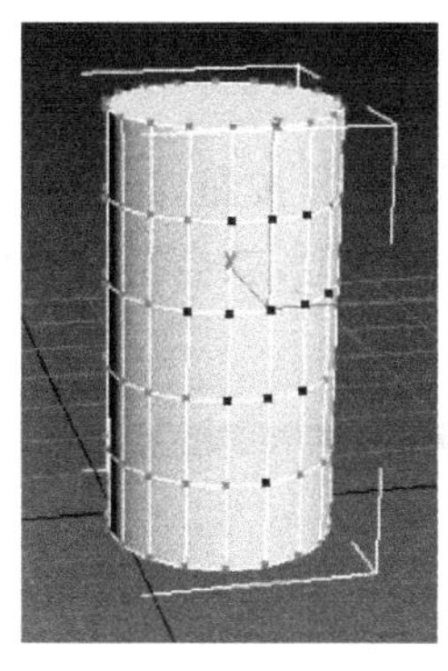

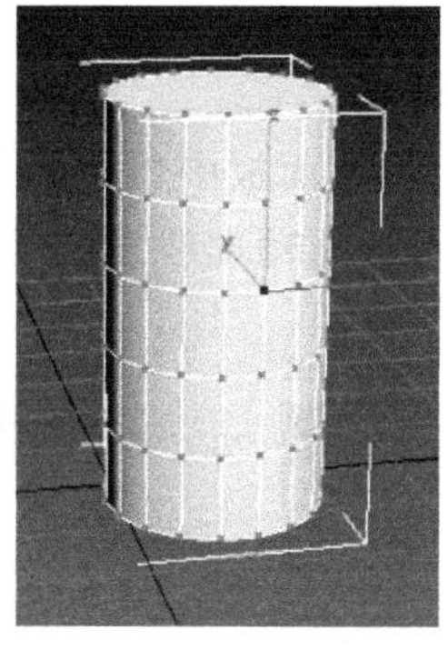

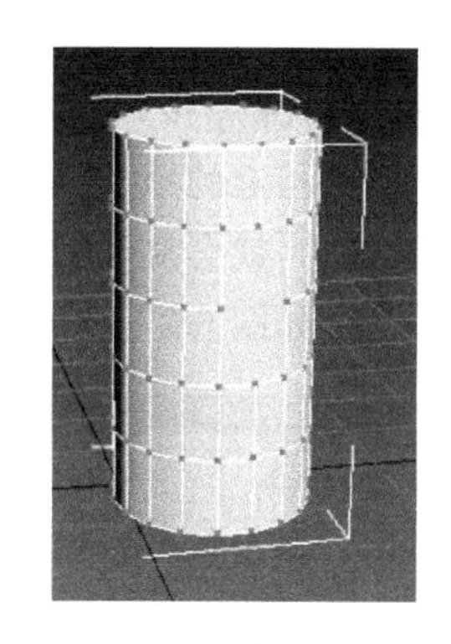

图 6-21 “扩大”“收缩”对点的选择

图 6-22 “移除”选项

(5) 如果选择模型上的点，直接按键盘上的 Delete 键，该点就会被删除，而与该点相邻的面也会被删除，这样会在模型表面造成空洞，如图 6-23 所示。

(6) 单击 断开 按钮可以将选择的点断开。选择长方体的一个点并移动，这时的点和整个模型是一个整体。选择这个点，在“编辑顶点”面板中单击 断开 按钮，再拖动点移动时，就会以该点为中心把相连的面断开，如图 6-24 所示。

(7) 单击 焊接 按钮可以将两个以上的顶点焊接成一个点，设置阈值可焊接顶点之间的最大距离。选中前面断开的三个点，在“编辑顶点”面板中单击 焊接 按钮，如果点没有反应，可以单击“焊接”右侧的“设置”按钮，这时会弹出一个浮动窗口，拖动鼠标增大阈值的数值，逐渐将 3 个点焊接到一起，单击 按钮完成焊接，如图 6-25 所示。

图 6-23 按 Delete 键删除点的效果

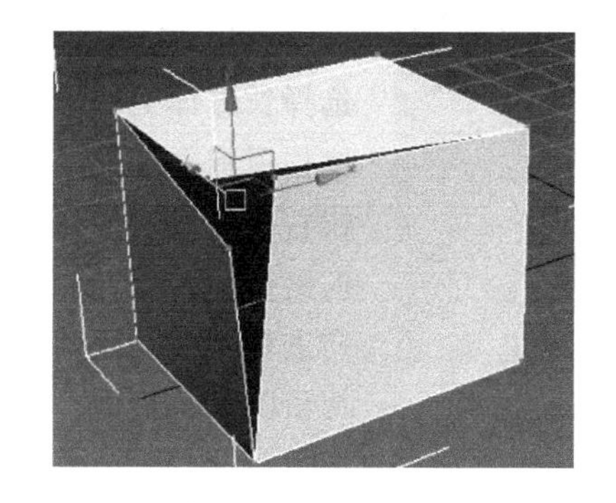

图 6-24 “断开”选项

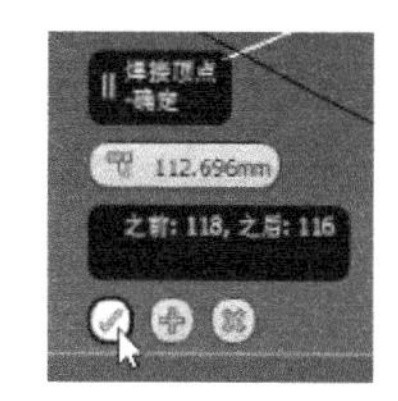

图 6-25 “焊接”选项

知识点 1

浮动窗口中的按钮表示确定本次操作,并关闭浮动窗口;按钮表示确定本次操作,还可以继续修改其他参数,不关闭浮动窗口;按钮表示取消修改,并关闭浮动窗口。

(8) 如果需要焊接长方体两端的点,可以按住 Ctrl 键选择这两点,再单击 焊接 按钮,设置焊接阈值将两点合并。焊接以后得到的点的位置是原先两点的中心位置,如图 6-26 所示。

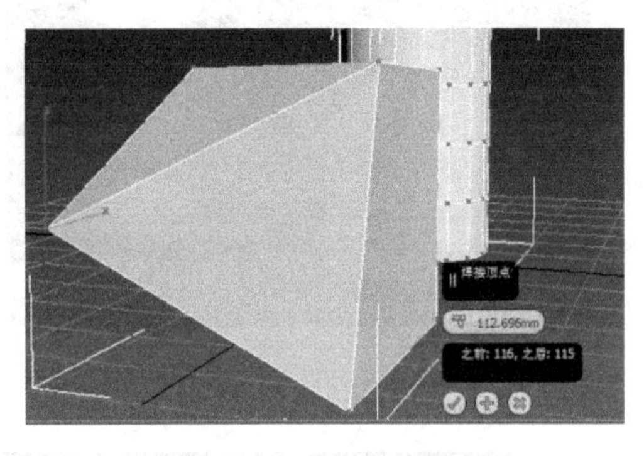

图 6-26 “焊接”两点

(9) 通过目标焊接,可以选择一个顶点,并拖放、焊接到相近的顶点上。在“编辑顶点”面板中单击 目标焊接 按钮,选择一个点并按住鼠标左键拖动,就会从点上引出一条虚线,拖动虚线放到目标点上,就会把选择的点焊接到目标点上了,如图 6-27 所示。

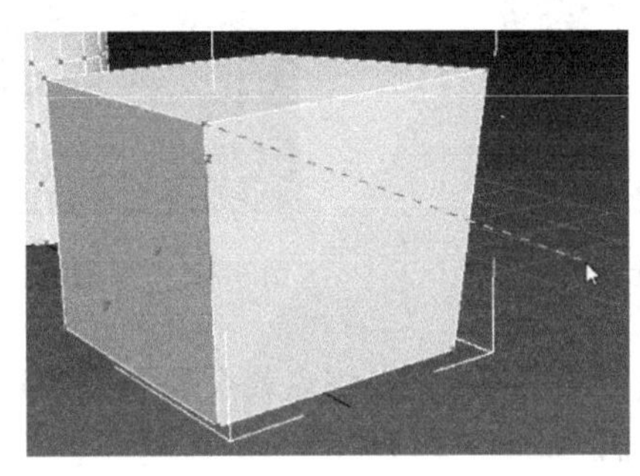

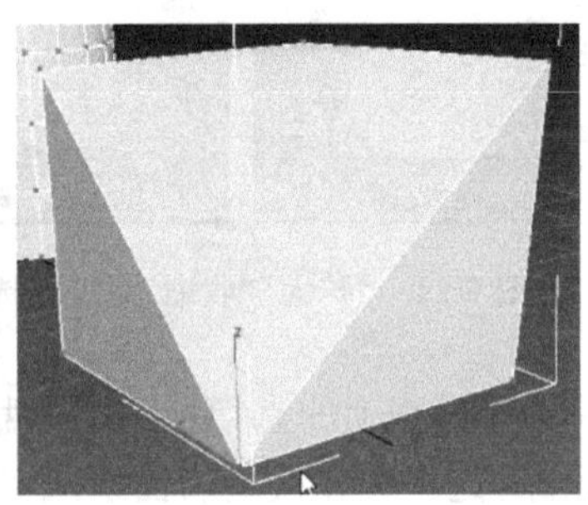

图 6-27 “目标焊接”选项

(10) 单击 挤出 按钮可以对顶点进行挤出操作。选择模型上的点,在“编辑顶点”面板中单击 挤出 按钮,在点的位置处按住鼠标左键拖动,可以将顶点挤出,还可以通过拖动鼠标调整挤出的高度和宽度。也可通过 挤出 按钮右侧的“设置”按钮来精确设置挤出高度和宽度值,正值向外挤出,负值向内挤出,如图 6-28 所示。

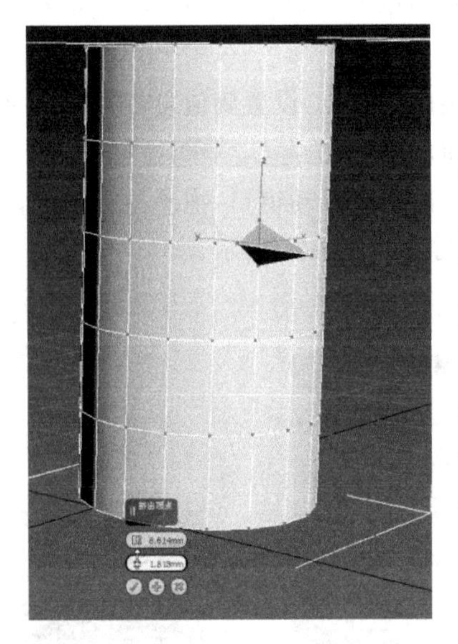

图 6-28 “挤出”选项

(11) 单击 切角 按钮可以对顶点做切角处理。选择长方体上的点,单击 切角 按钮,直接在顶点上按住鼠标左键拖动进行切角。也可以单击 切角 按钮右侧的设置按钮,在弹出的切角浮动窗口中精确设置切角量。“顶点切角量”是指从选择的点分别向各个方向进行切角的距离,值越大,切角程度越大。单击“打开切角”,模型表面产生一个空洞,再次单击可以封闭这个切角,如图 6-29 所示。

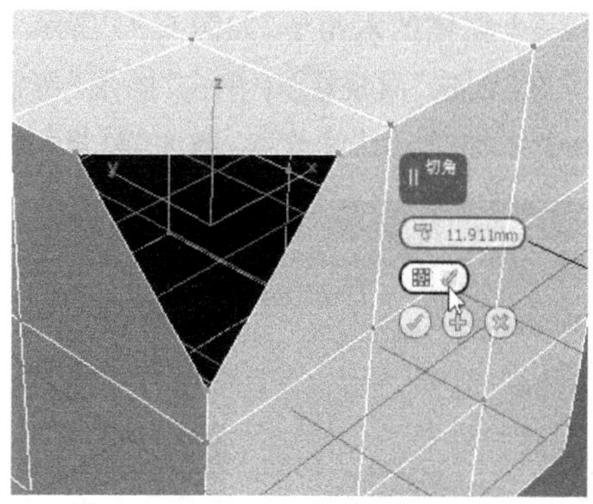

图 6-29 “切角”选项

(12) 单击 连接 按钮可以在同一个面的两个顶点之间创建一条连线。按住 Ctrl 键选择长方体一个面上的两个对角点，单击 连接 按钮，两点之间创建了一条连线。需要注意的是，“连接”选项连接的两个点必须处于同一个平面上；否则不能连接，如图 6-30 所示。

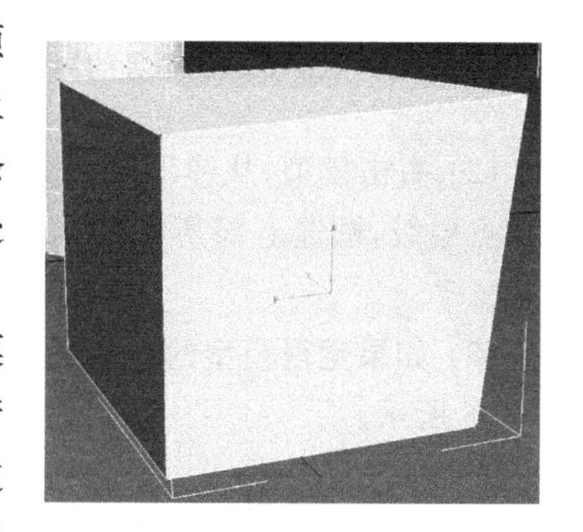

图 6-30 “连接”选项

(13) 单击 切片平面 按钮和 切片 按钮可以在模型上增加新的分段数。单击 切片平面 按钮，在空间内产生一个平面，平面和模型相交，可以移动位置或者旋转这个平面，调整到合适的位置后单击 切片 按钮，再次单击“切片平面”按钮退出，发现在模型上增加了新的分段，如图 6-31 所示。

(14) 单击 塌陷 按钮可以把多个点合并成为一个点。框选长方体顶面上的 4 个点，单击 塌陷 按钮，这 4 个点就会变成一个点。“塌陷”按钮和“焊接”按钮十分相似，可以认为“塌陷”就是阈值无限大的“焊接”，如图 6-32 所示。

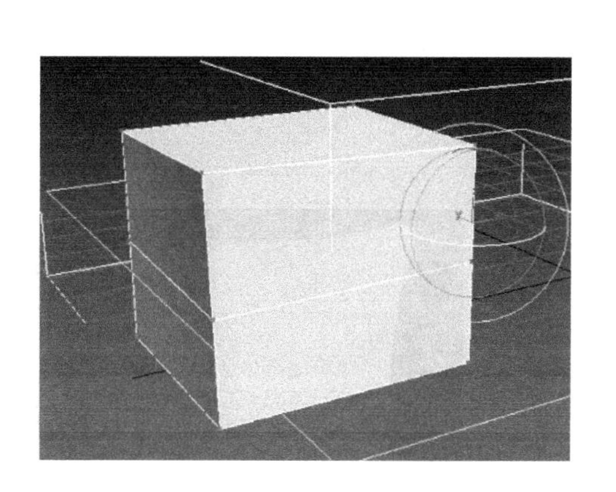

图 6-31 “切片平面”和“切片”选项

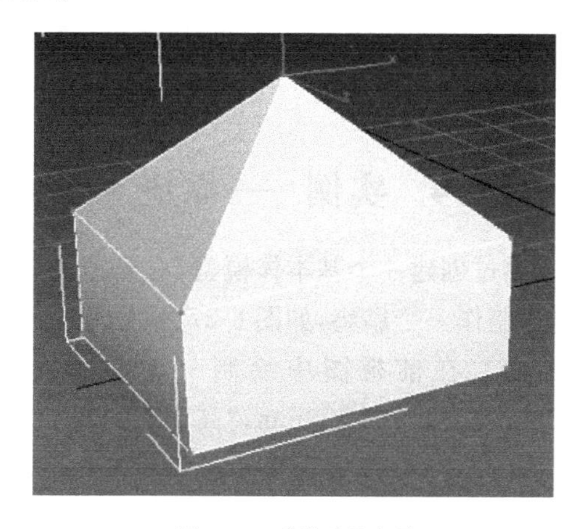

图 6-32 “塌陷”选项

6.2.3 实例——六角星

通过创建一个基本体模型，利用“挤出”修改器和“塌陷”按钮对模型的顶点进行修改操作，制作一个立体的六角星，如图 6-33 所示。

（1）在“创建”面板中单击“图形”按钮，选择“星形”，设置为六角星形。然后在“修改”面板中添加“挤出”修改器，增大“数量”值呈现立体形态，如图 6-34 所示。

图 6-33　六角星的制作

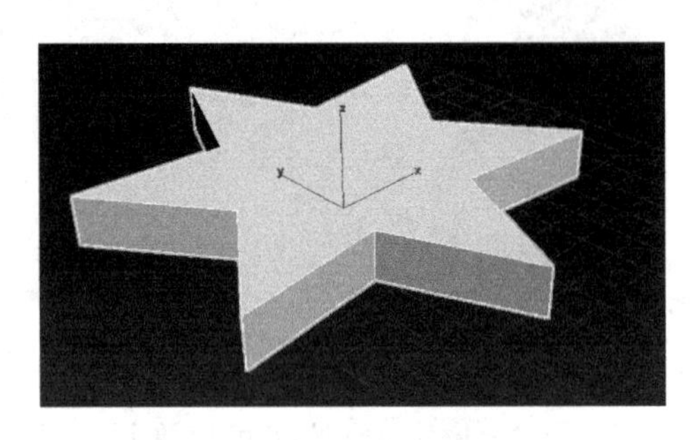

图 6-34　创建立体六角星

（2）右击模型，从弹出的快捷菜单中选择“转换为”→“转换为可编辑多边形”命令。进入顶点层级，框选上部所有的顶点，在“编辑几何体”面板中单击 塌陷 按钮，如图 6-35 所示。

（3）如果觉得模型的高度还需要调整，可以选择上方的点进行调节，完成最终模型，如图 6-36 所示。

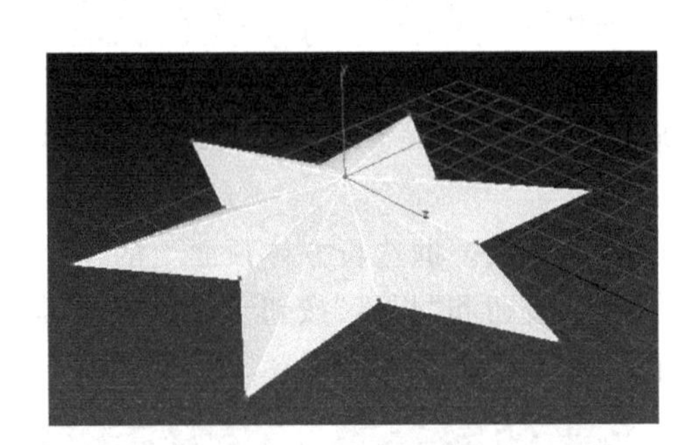

图 6-35　“塌陷”顶点

图 6-36　调节顶点

6.2.4　实例——靠垫

通过创建一个基本体模型，对模型的顶点进行修改操作，制作一个靠垫，如图 6-37 所示。

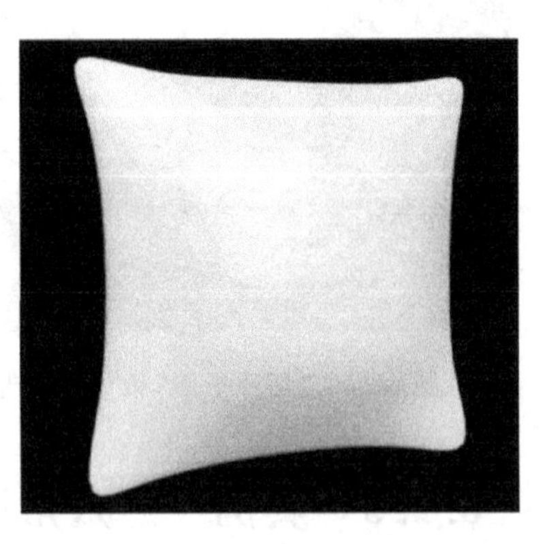

图 6-37　靠垫模型

（1）在前视图中绘制一个长方体，“长度”为 450mm，“宽度”为 450mm，“高度”为 200mm。选择透视图，按 F4 键，打开边面显示。设定“长度分段”数为 3，“宽度分段”数为 3，“高度分段”数为 1，如图 6-38 所示。

（2）右击模型，从弹出的快捷菜单中选择“转换为”→“转换为可编辑多边形”命令。按数字 1 键，进入顶点层级，按住 Ctrl 键，在前视图中框选最外部所有的顶点，如图 6-39 所示。

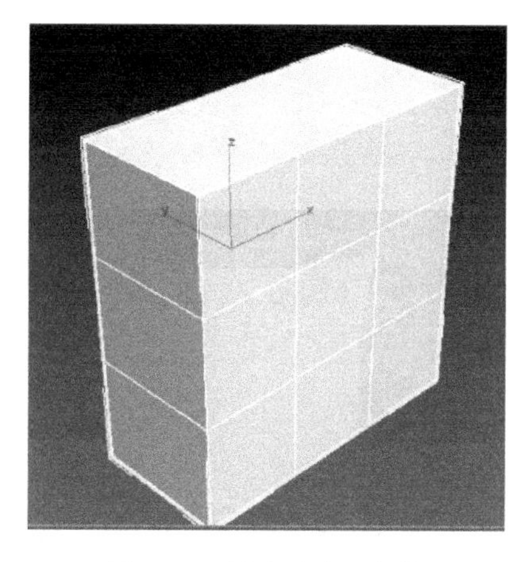

图 6-38 创建基础长方体

图 6-39 选择顶点

（3）选择“选择并均匀缩放”工具，右键激活顶视图，沿 Y 轴将顶点进行缩小修改，如图 6-40 所示。

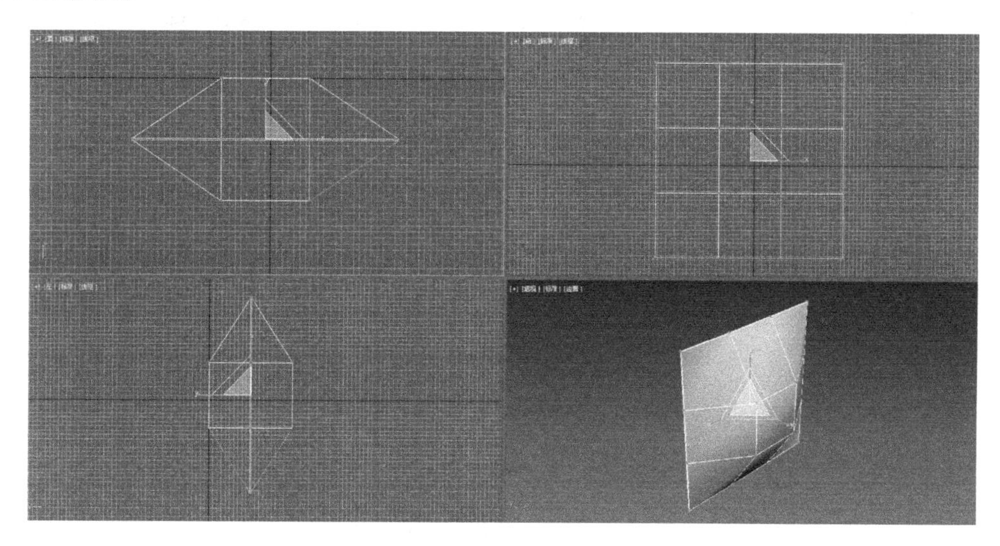

图 6-40 调节顶点

（4）为了做出边缘向内收缩的效果，配合 Ctrl 键，可以在前视图中选中上、下两边中间的点，通过“选择并均匀缩放”工具，沿 Y 轴将顶点进行缩小修改。同理，选中左、右两边中间的点，沿 X 轴将顶点进行缩小修改，如图 6-41 所示。

（5）为了制作出尖角的效果，需要增加分段数。单击 切片平面 按钮，打开“角度捕捉”选项，单击“选择并旋转”工具，在透视图中沿 X 轴旋转 90°。调整切片平面到合适的位置后，单击 切片 按钮确定，如图 6-42 所示。

（6）右键激活前视图，按住 Shift 键，利用“选择并移动”工具边移动边复制切片平面，单击 切片 按钮确定，如图 6-43 所示。

（7）单击“选择并旋转”工具，打开“角度捕捉”开关，在前视图中将切片平面沿 Y 轴旋转 90°，移动到左边合适的位置后单击 切片 按钮确定，如图 6-44 所示。

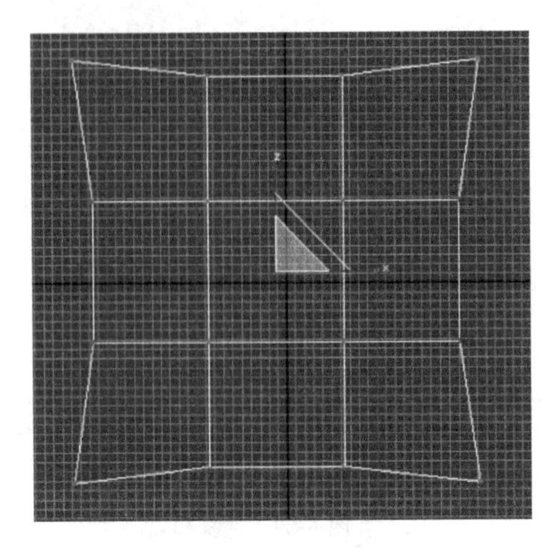

图 6-41　缩小顶点

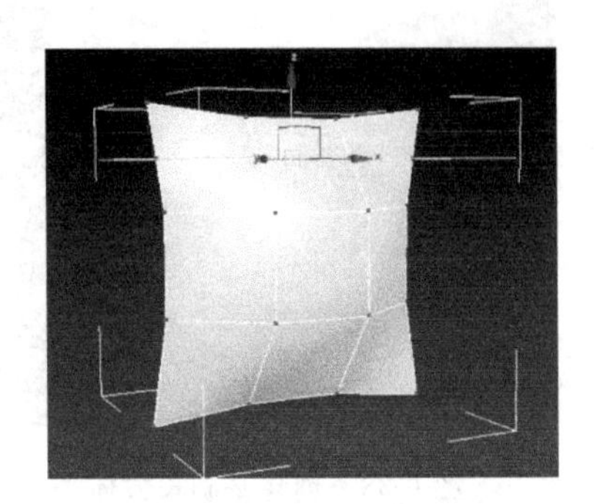

图 6-42　利用切片增加分段数

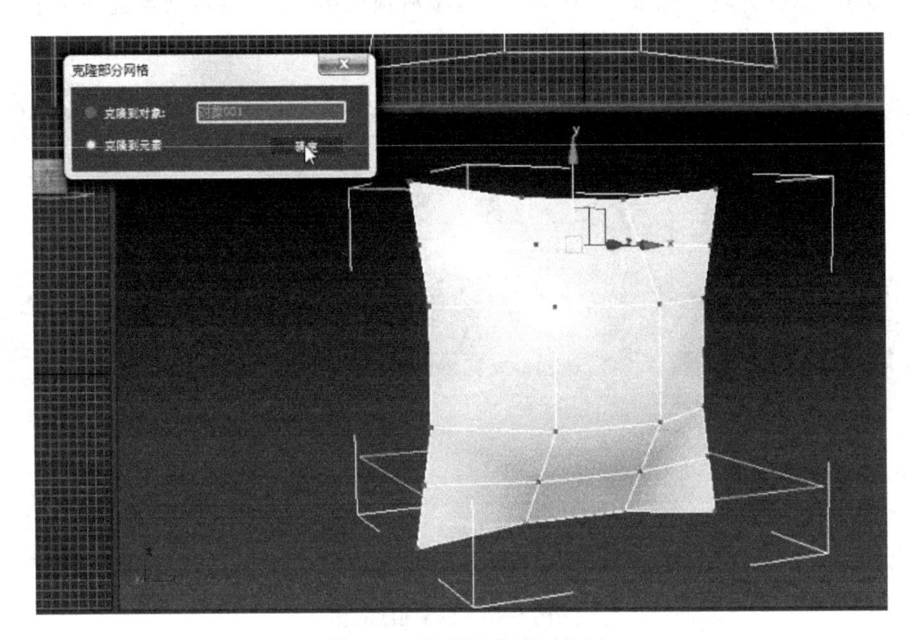

图 6-43　复制切片平面(1)

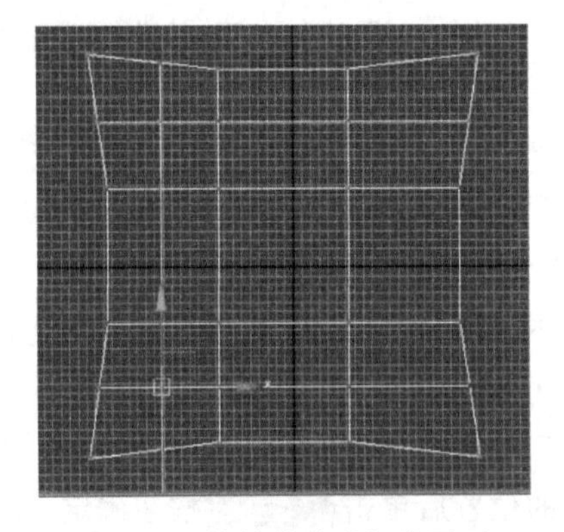

图 6-44　旋转并移动切片平面

(8) 按住 Shift 键，移动并复制切片平面到合适的位置后，单击 切片 按钮确定，如图 6-45 所示。

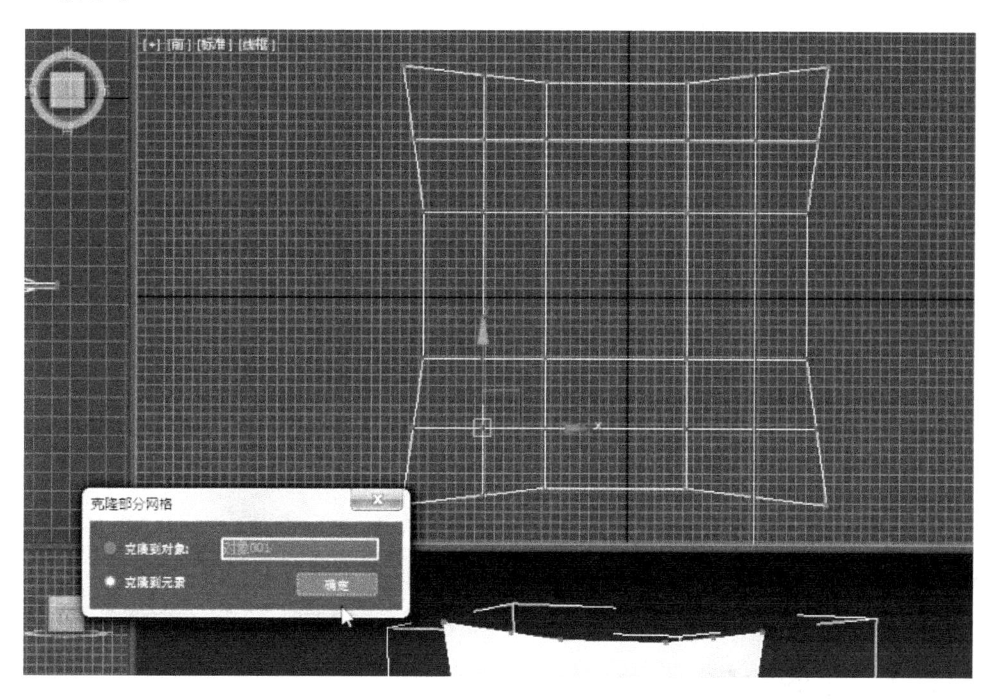

图 6-45 复制切片平面(2)

(9) 当模型增加了足够的分段数后，再来调节点的位置。在“细分曲面”面板中勾选 使用 NURMS 细分 复选框，将“迭代次数”设置为 2，如图 6-46 所示。

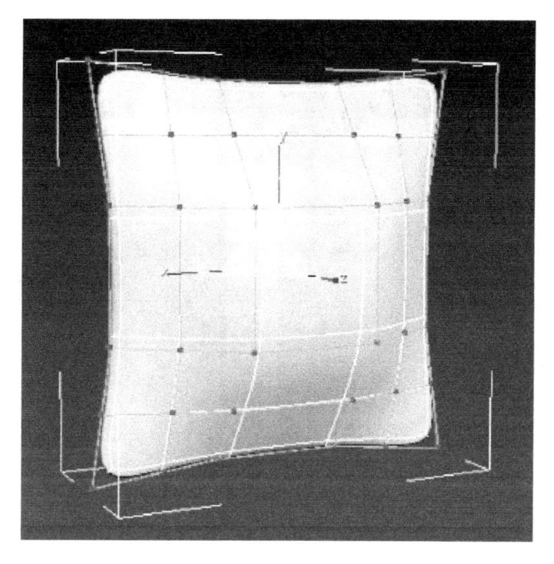

图 6-46 “使用 NURMS 细分”选项

(10) 在前视图中依次选择 4 个角及附近位置的点，通过“选择并移动”工具适当地调整位置，制作出尖角的效果，如图 6-47 所示。

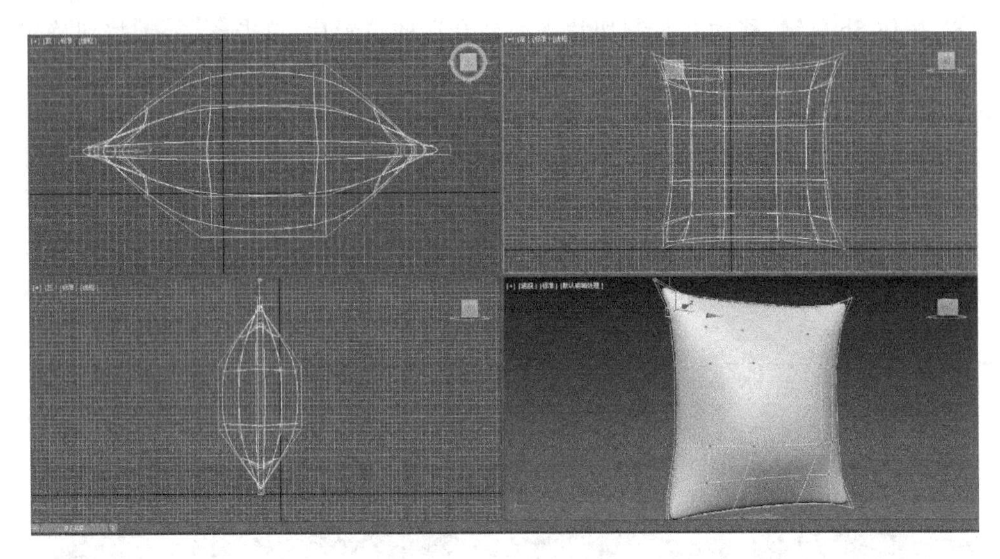

图 6-47 制作尖角效果

6.3 编辑边

6.3.1 边的参数

(1) 在可编辑多边形模型上按 F4 键，打开边面显示，按数字 2 键进入边层级。选中模型的一个边，在“选择”面板中单击 扩大 按钮，围绕这个边扩大对边的选择，再次单击“扩大”按钮，单击一次就会扩大一次。单击 收缩 按钮，就会缩小对这些边的选择，单击一次就会缩小一次，如图 6-48 所示。

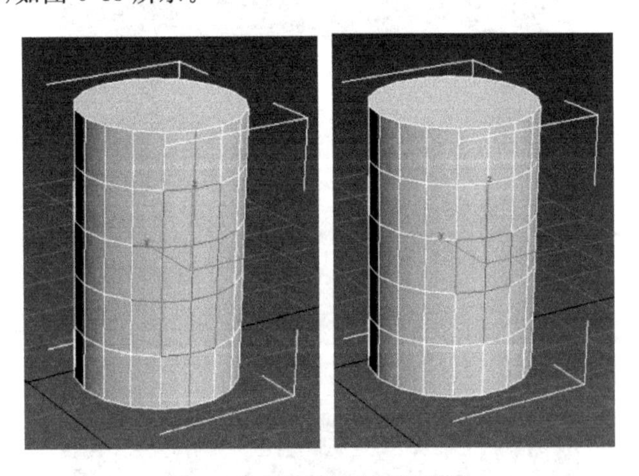

图 6-48 “扩大”和“收缩”效果

(2) 在模型上选中一个竖边，单击 环形 按钮，围绕这条边的一圈边都会被选中；配合 Ctrl 键同时选中几条边，单击 环形 按钮就可以选中多条环形边；单击选项旁边的箭头按钮，可以向左或向右更改选中边的位置；配合 Ctrl 键同时单击箭头按钮，可以累加选择边；配合 Alt 键同时单击箭头按钮，可以减少选择，如图 6-49 所示。

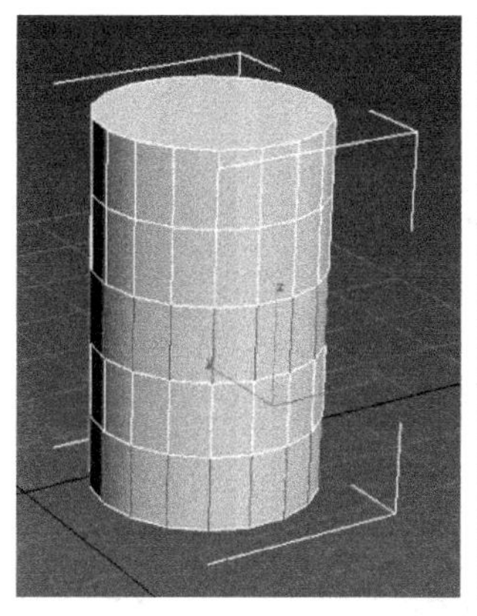
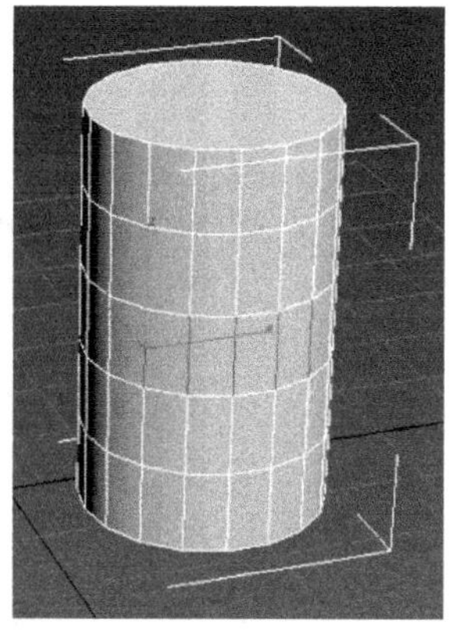

图 6-49 “环形”选项的应用

(3) 在模型上选中一个横边，单击 循环 按钮，与这条边首尾相连的边会被选中；配合 Ctrl 键同时单击箭头按钮，可以累加选择边；配合 Alt 键同时单击箭头按钮，可以减少选择，作用与“环形”按钮相同。如图 6-50 所示。

(4) 单击 插入顶点 按钮，在任意一条边上单击，可以在边上插入一个新的顶点，如图 6-51 所示。

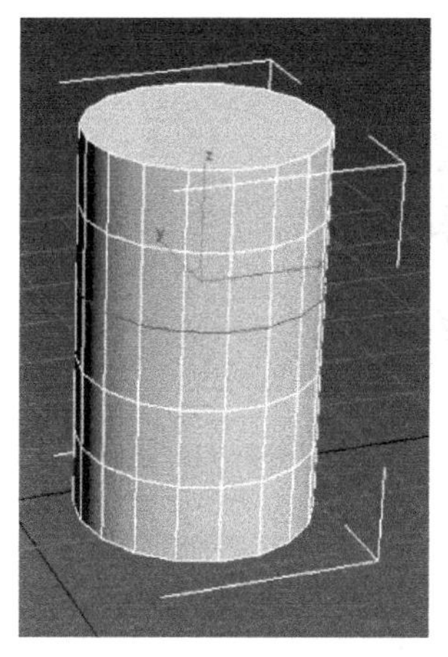
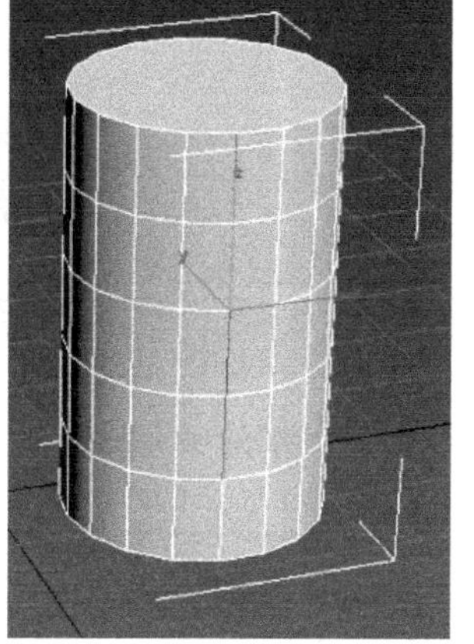

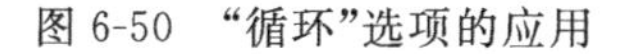

图 6-50 “循环”选项的应用

图 6-51 “插入顶点”选项的应用

(5) 单击 移除 按钮可以将选择的边移除，但是会保留边的顶点。如果需要在移除边的同时将顶点一起删除，可以配合 Ctrl 键同时单击“移除”按钮，如图 6-52 所示。

(6) 单击 分割 按钮可以将选中的边分割。按住 Ctrl 键选择 3 条边，单击 分割 按钮，选择中间的边，利用“选择并移动”工具 分别向上和向下移动，边就会被分割开，如图 6-53 所示。

(7) 单击 挤出 按钮可以将选中的边挤出，单击右侧的设置按钮，可以设置挤出的高度和宽度，如图 6-54 所示。

(8) 单击 切角 按钮可以将选中的边切角化。选择一条边，按住鼠标左键在边上拖动，就可以对这条边进行切角处理；也可以单击右侧的设置按钮，在浮动窗口中详细设置切角的各种选项，如切角类型、边切角量、连接边分段数、打开切角等，如图 6-55 所示。

图 6-52 “移除”选项的应用

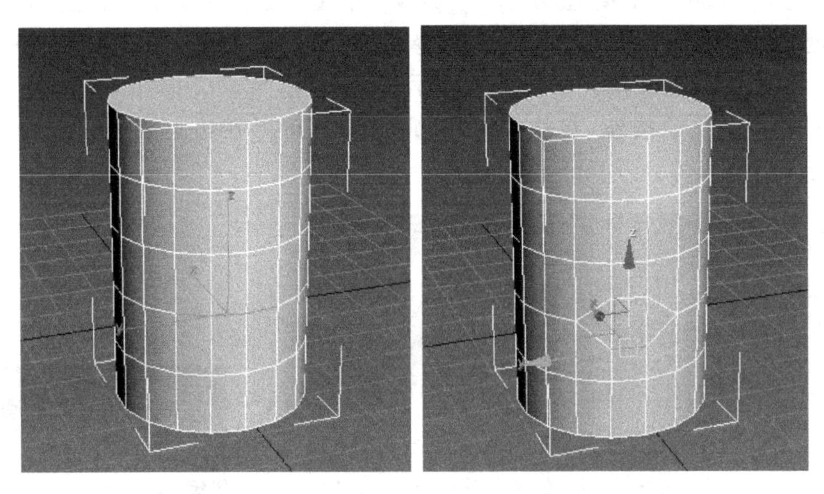

图 6-53 “分割”选项的应用

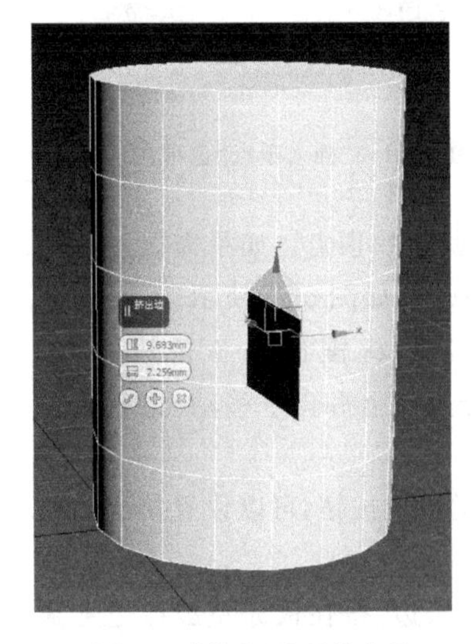

图 6-54 “挤出”选项的应用

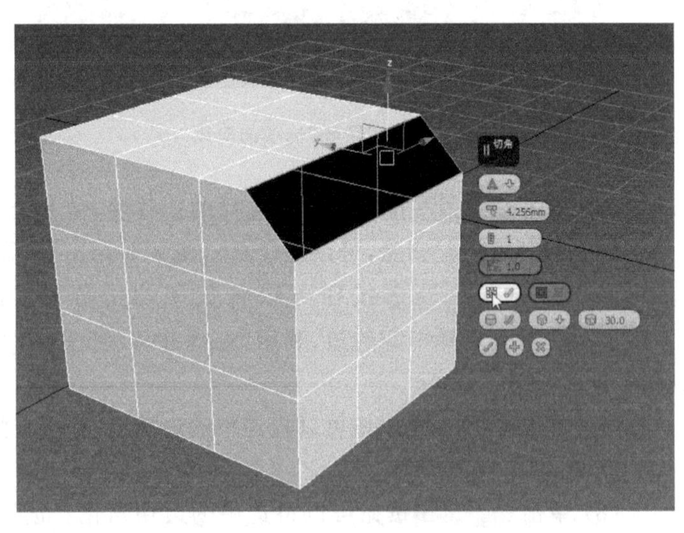

图 6-55 “切角”选项的应用

① 切角类型：在 2017 版本中，切角类型分为两种：一种是标准切角，与之前的切角样式和方法一致；另一种是四边切角，对于四边形的造型，制作切角更加自由和方便。

② 边切角量：用于设置切角时的尺寸距离。

③ 连接边分段数：用于设置切角后的边线分段数。值越大，切角后的效果越圆滑。

④ 打开切角：当选中打开选项时，切角完成后将生成的切角表面删除，方便进行“边界”编辑。

⑤ 切角平滑：默认为对选中的边线进行切角平滑处理，可以从后面的列表中选择对整个图形进行平滑处理。

(9) 单击 桥 按钮可以将模型表面的缺口堵上。首先，按数字 4 键，进入可编辑多边形的多边形层级，选择一个面将其删除；再按数字 2 键，进入边层级，按住 Ctrl 键，选择这个缺口左、右两边的边，单击 桥 按钮，就可以将缺口封上，如图 6-56 所示。

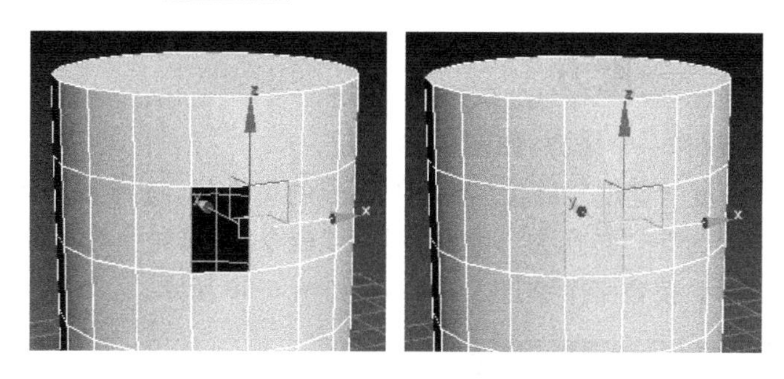

图 6-56　“桥”选项的应用

(10) 连接 按钮用于在选择的两个边上添加等分的分段数，适用于单面空间建模。选择可编辑多边形相对的两条边，单击 连接 按钮右侧的设置按钮，默认状态下会在选择的两条边上建立一条连线。在弹出的设置窗口中，通过“分段”可以改变连线的数量，默认情况下分段数是等分的；通过“收缩”可以调整连接后的分段线向内或者向外的收缩；通过“滑块”可以改变设置连接的分段线靠近哪一端，如图 6-57 所示。

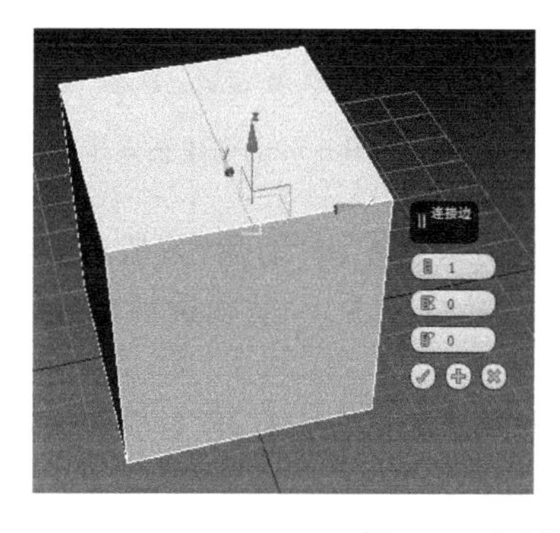

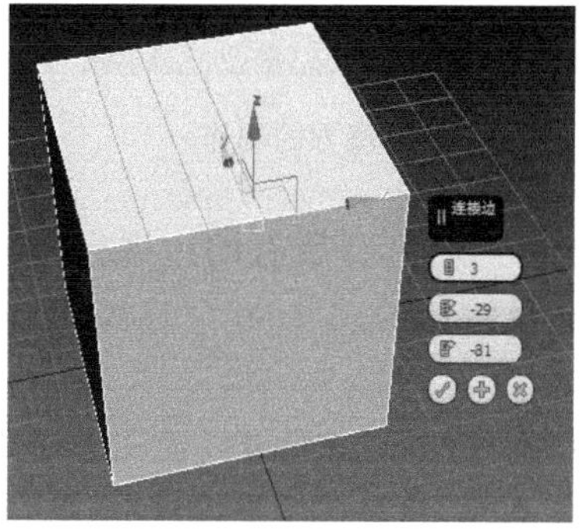

图 6-57　“连接”选项的应用

(11) 单击 塌陷 按钮可以将选择的一条或几条边塌陷成一个点。选择可编辑多边形表面的一条边，单击 塌陷 按钮，这条边就会塌陷成一个点，周围的边相互连接，如图 6-58 所示。

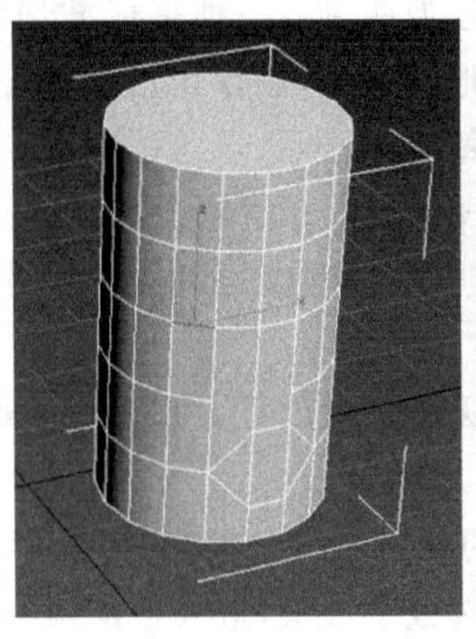
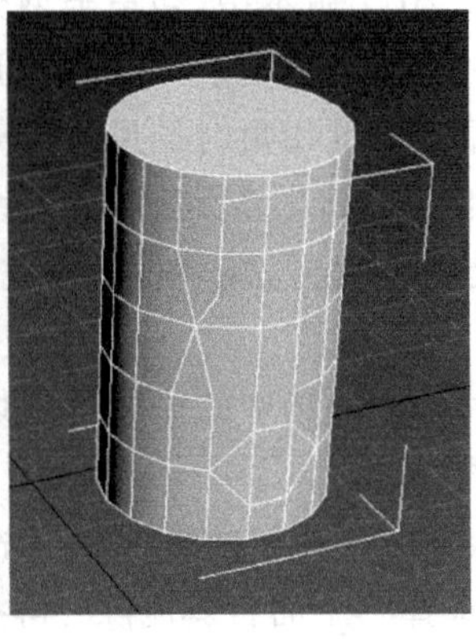

图 6-58　“塌陷”选项的应用

6.3.2　实例——魔方

通过对边的调节制作一个魔方，如图 6-59 所示。

(1) 制作一个“长度”“宽度”“高度”都是 15mm 的正方体，选择正方体，右击，在弹出的快捷菜单中选择“转换为”→“转换为可编辑多边形”命令，将其转换为可编辑多边形。按 F4 键，使模型呈边面显示。按数字 2 键进入边层级，如图 6-60 所示。

图 6-59　魔方的制作

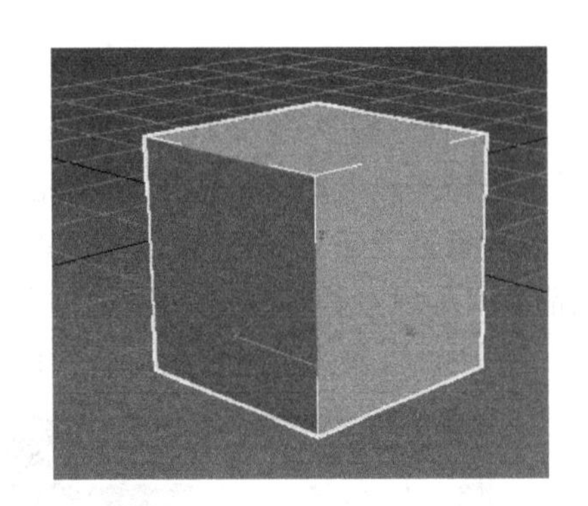

图 6-60　创建正方体

(2) 框选正方体，选择所有的边进行“切角”处理。单击“切角”按钮右侧的设置按钮，“边切角量”选择默认的 1.0mm，“连接边分段”数设置为 5，呈现圆滑的边缘，如图 6-61 所示。

(3) 模型表面的不同色彩可以使用不同的材质进行区分。打开“材质编辑器”，在“模式”下拉菜单中选择“精简材质编辑器”命令，如图 6-62 所示。

(4) 选择第一个材质球，单击“漫反射”色块即模型的固有色，将色彩设置为黑色，单击“材质编辑器”下方工具栏中的“将材质指定给选择对象”按钮，将黑色材质指定给场景中的对象，如图 6-63 所示。

(5) 按数字 4 键进入多边形层级。选择顶部的多边形面，选择第二个材质球，单击“漫反射”色块，将色彩设置为黄色，单击“材质编辑器”下方工具栏中的“将材质指定给选择对象”按钮，将其指定给正方体的顶面，如图 6-64 所示。

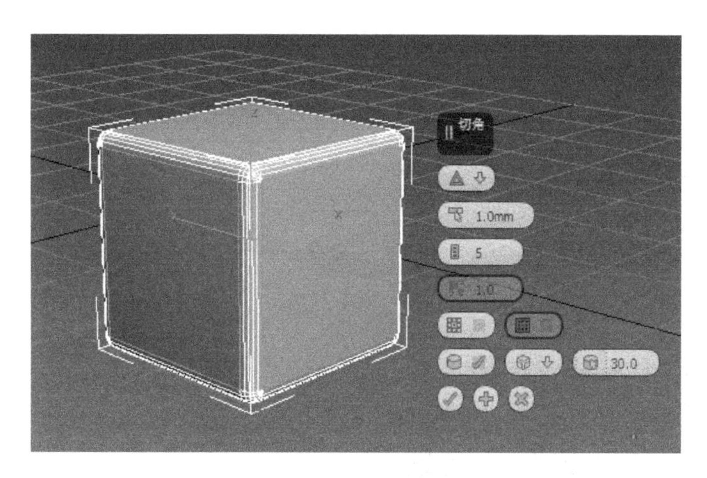

图 6-61　“切角”处理

图 6-62　选择“精简材质编辑器”命令

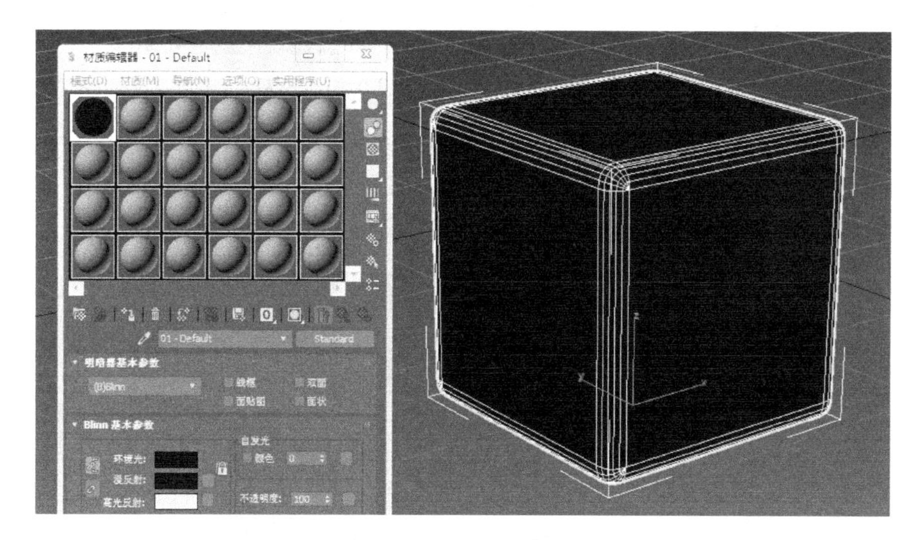

图 6-63　设置正方体色彩

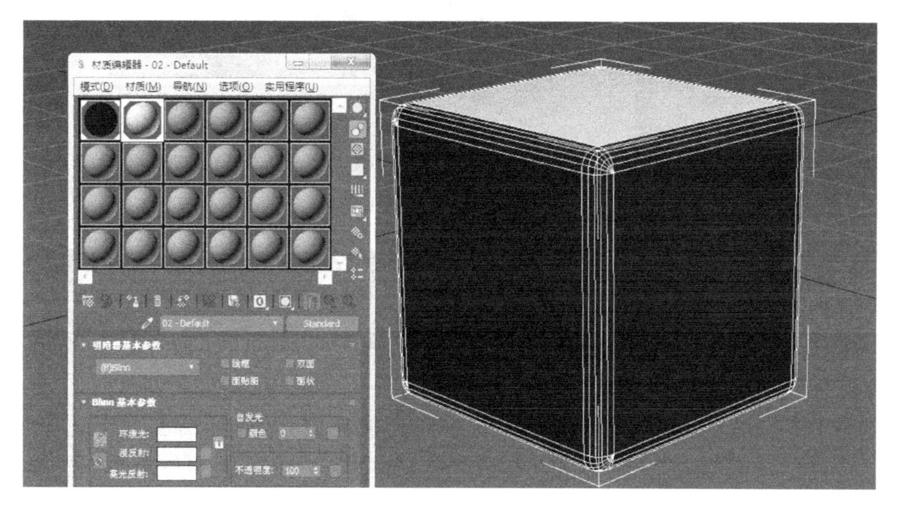

图 6-64　设置正方体顶面色彩

(6) 运用同样的方法设置正方体的其余几个面，将底面设置为白色，前面的面设置为蓝色，后面的面设置为绿色，左边的面设置为橙色，右边的面设置为红色，完成魔方其中一个正方体的制作，如图 6-65 所示。

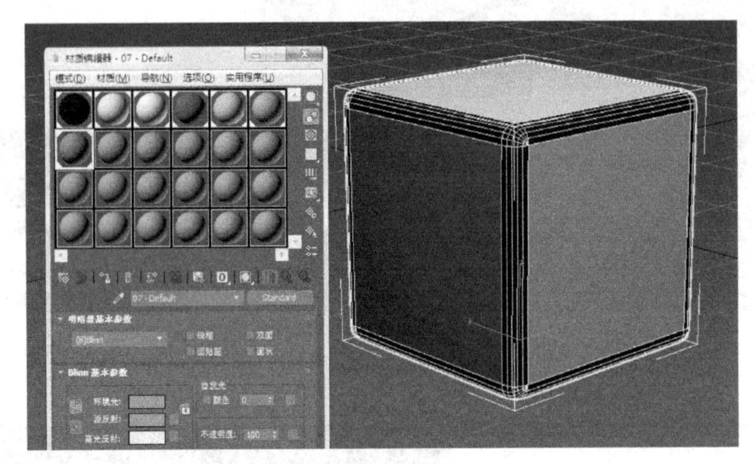

图 6-65 设置正方体的另外几个面的色彩

(7) 按 F4 键，关闭边面显示。按数字 4 键，退出多边形层级。在菜单栏中选择“工具”→“阵列”命令。在弹出的“阵列维度”对话框中选择 1D 复制，“数量”设置为 4，在 X 轴上“增量”设置为 15mm。在“预览”面板中单击 预览 按钮，如图 6-66 所示。

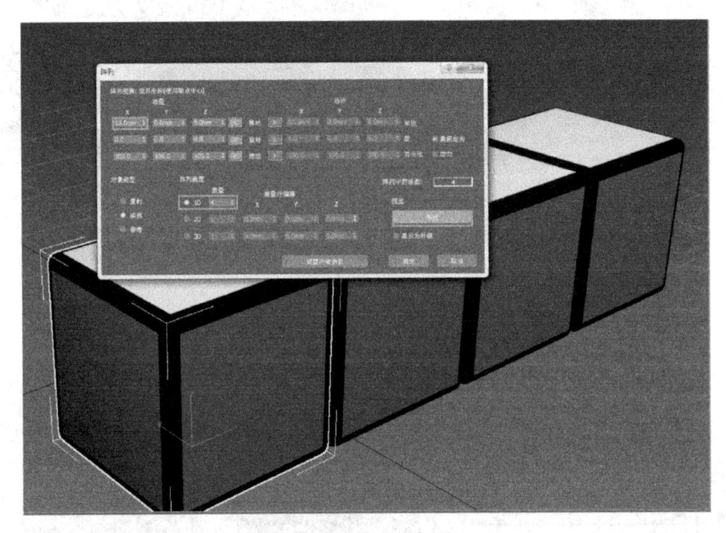

图 6-66 1D 阵列

(8) 继续在“阵列”对话框中选择 2D 复制，“数量”设置为 4，在 Y 轴上“增量”为 15mm，如图 6-67 所示。

(9) 再次在“阵列”对话框中选择 3D 复制，阵列维度的“数量”设置为 4，在 Z 轴上“增量”为 15mm，魔方的整个形体就完成了，如图 6-68 所示。

(10) 由于魔方的黑色材质不够明亮，缺少光亮的感觉，所以还需要调节一下魔方的黑色材质。打开“材质编辑器”，选择一个小正方体，选中第一个黑色的材质球，在“反射高光”参数中将“高光级别”设置为 70、“光泽度”设置为 30，这样魔方的光感就呈现出来了，如图 6-69 所示。

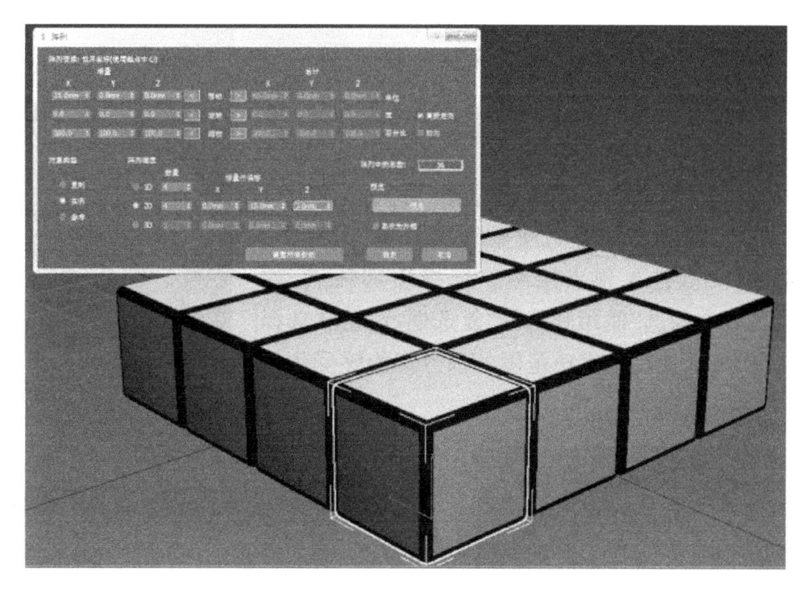

图 6-67　2D 阵列

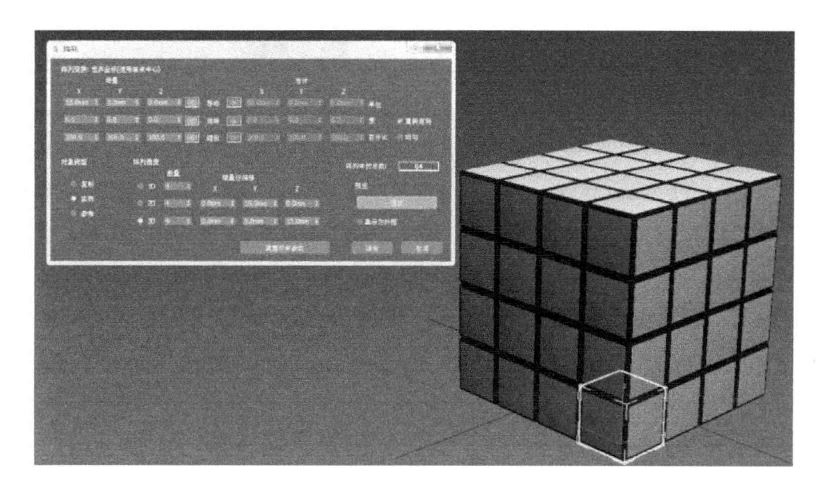

图 6-68　3D 阵列

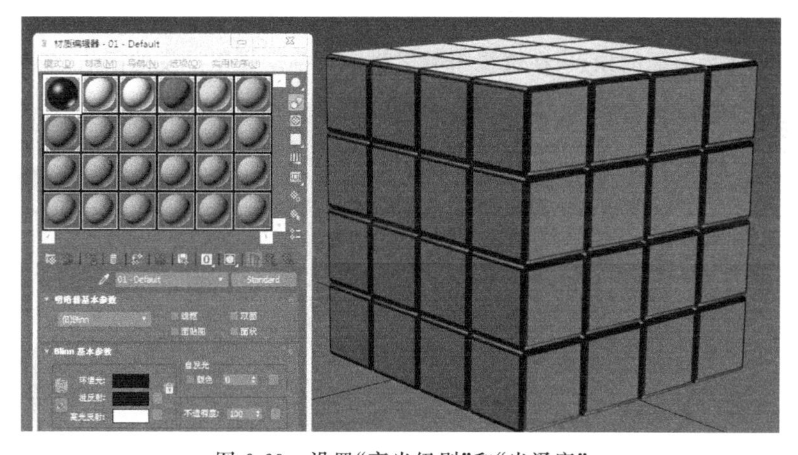

图 6-69　设置“高光级别”和“光泽度”

6.3.3 实例——休闲沙发

利用所学的对边的调节制作一个休闲沙发，如图 6-70 所示。

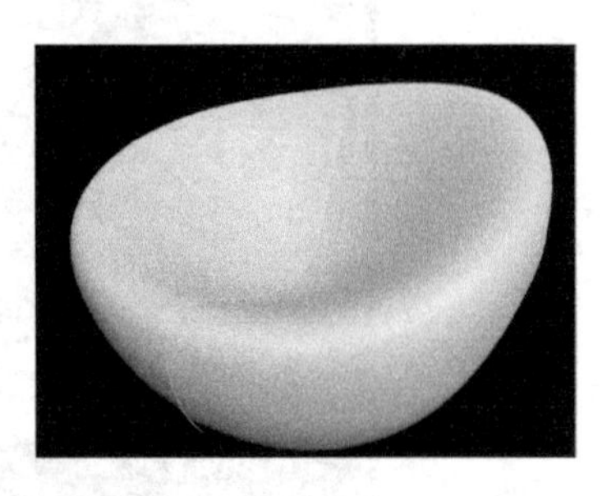

图 6-70 休闲沙发的制作

(1) 制作一个"半径"为 400mm 的球体，将其转换为可编辑多边形。按 F4 键，使模型呈边面显示，如图 6-71 所示。

(2) 按数字 1 键，进入顶点层级。选择顶部顶点，在"软选择"参数面板中勾选"使用软选择"复选框，设置软选择的"衰减"值为 580mm，使整个半球范围的顶点都能够受到影响，如图 6-72 所示。

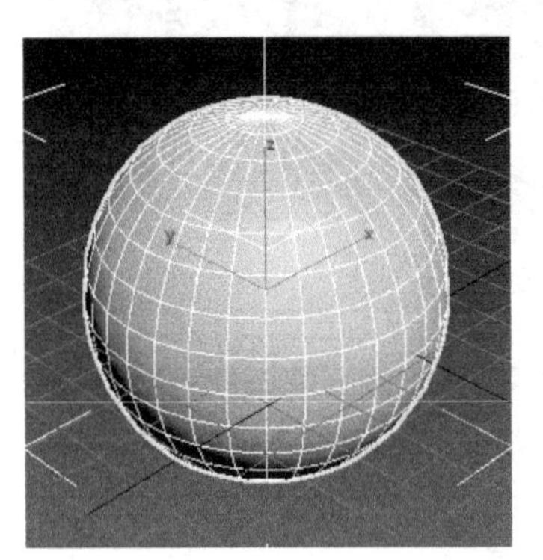

图 6-71 创建球体

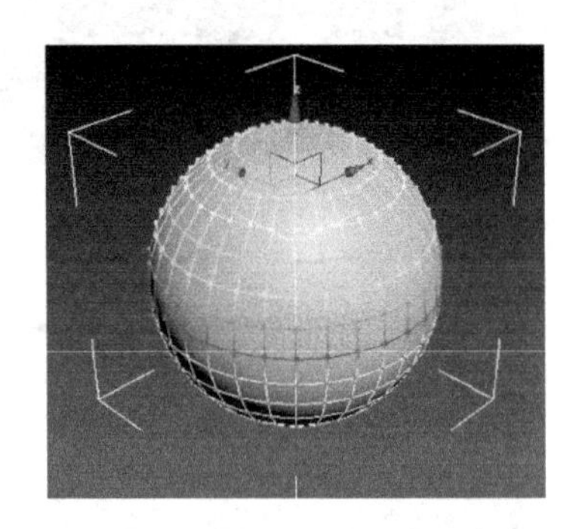

图 6-72 勾选"使用软选择"复选框

知识点 2

在 3ds Max 中，软选择的作用是使形体过渡自然。如果不用软选择，在移动点时，只有被选择的顶点会发生变化，其他顶点位置不变，模型在转折时过渡会比较尖锐突兀，达不到圆滑的效果。勾选"使用软选择"复选框，并设置一定的衰减数值，这时与所选择点相邻的点也会以不同的颜色显示，选择的顶点是红色，过渡的点依次为橙、黄、绿、蓝色。移动选择顶点时，其他相邻的点也会随之移动，不同颜色代表所受影响的程度不同，距离选择点越近的顶点，受影响越大；距离选择点越远的点，受影响越小。相邻顶点的范围大小取决于衰减的数值，衰减数值越大，移动顶点时边缘就越圆滑，如图 6-73 所示。

(3) 选择球体最上面的顶点，在透视图沿 Z 轴向下拖动做出沙发的凹陷，如图 6-74 所示。

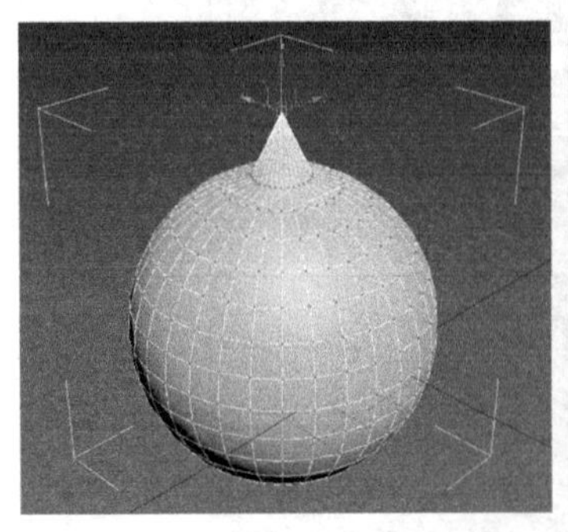

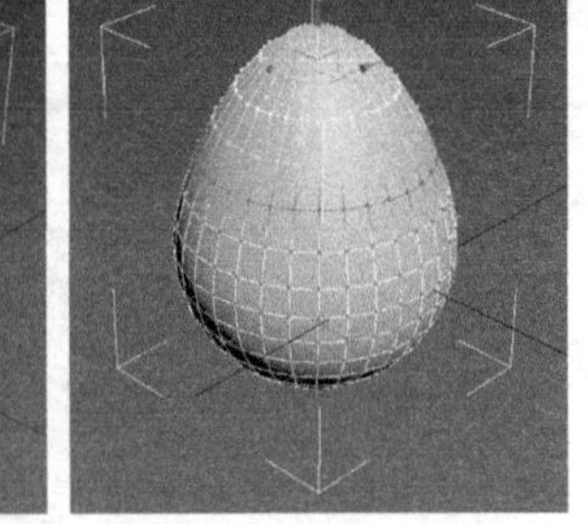

图 6-73 勾选"使用软选择"复选框后的对比

图 6-74 向下移动顶点

(4) 在顶视图中,靠近沙发外缘的区域选择一个顶点。右击激活透视图,沿 Z 轴向上拖动做出沙发靠背的样子,如图 6-75 所示。

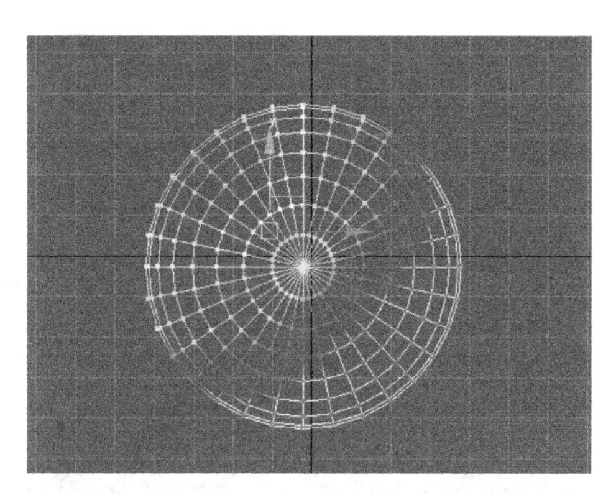

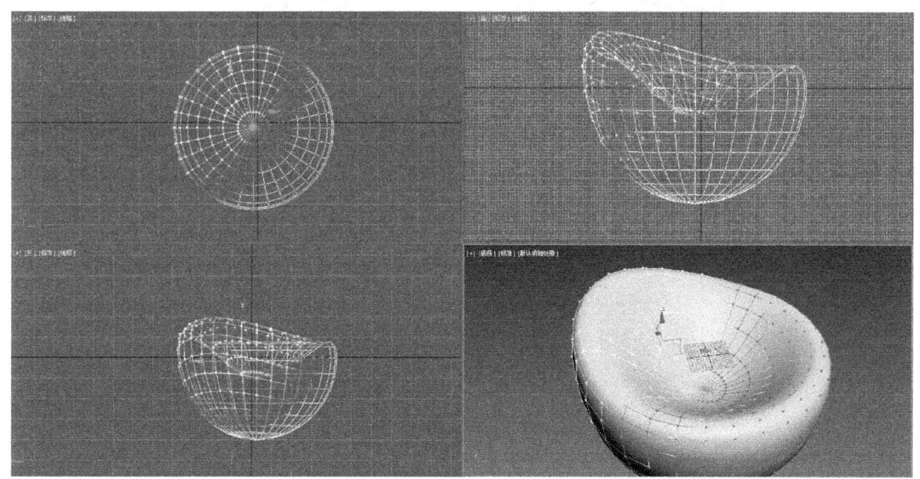

图 6-75 制作沙发靠背

(5) 在左视图中单击激活左视图,在"选择"面板中单击关闭"使用软选择",配合 Ctrl 键选择沙发底部的顶点,如图 6-76 所示。

(6) 选择"选择并均匀缩放"工具,在前视图沿 Y 轴对所选顶点进行缩放,使沙发的底部变得比较平坦。再沿 Y 轴将顶点向上拖动,缩减沙发高度,如图 6-77 所示。

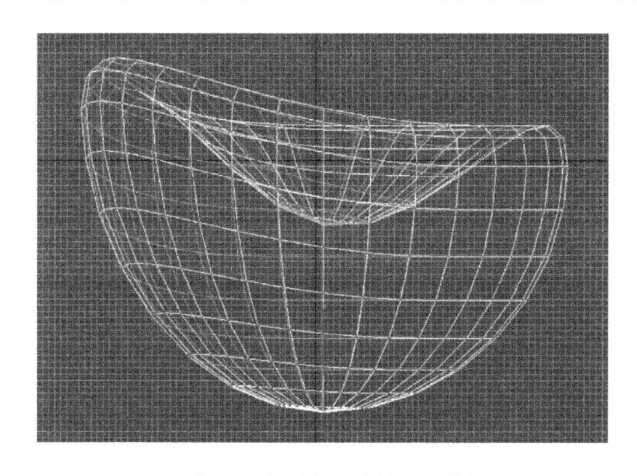

图 6-76 选择沙发底部顶点

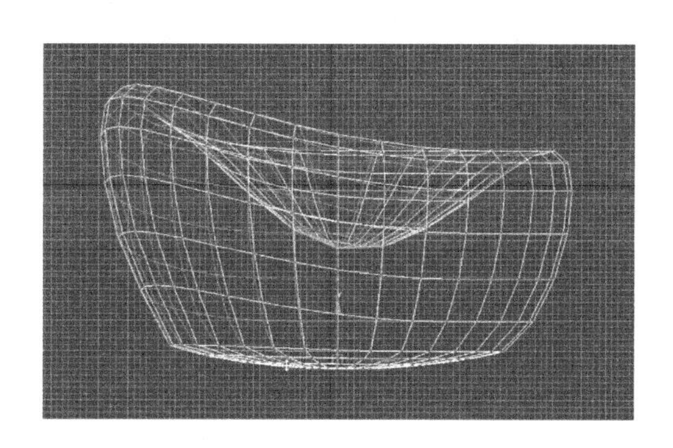

图 6-77 修改沙发底部形状并缩减沙发高度

(7) 选择透视图,按数字 2 键,进入边层级。选择沙发表面四等分处相对应的 4 条边,单击 循环 按钮,使这些边首尾相连,如图 6-78 所示。

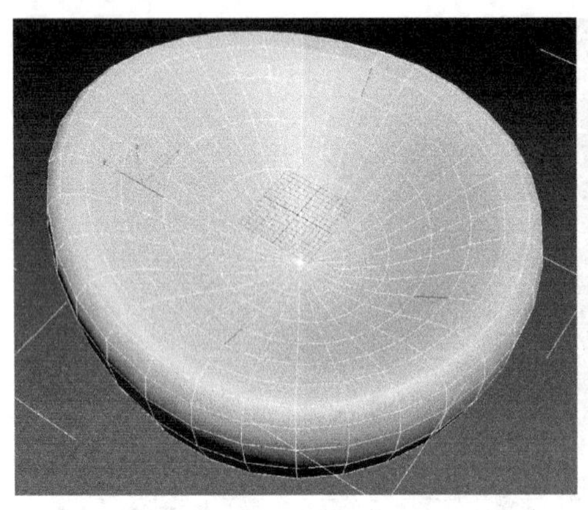
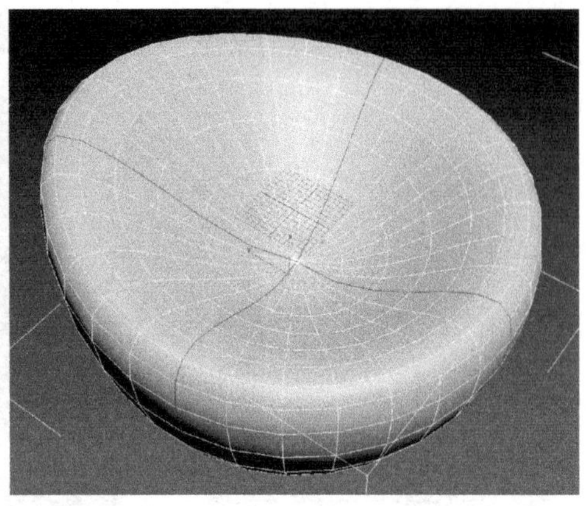

图 6-78 循环边

(8) 单击 挤出 按钮右侧的"设置"按钮,将挤出"高度"值设置为－3,呈现向内挤出的效果。将挤出"宽度"值设置为 3,单击"应用并继续挤出"按钮,如图 6-79 所示。

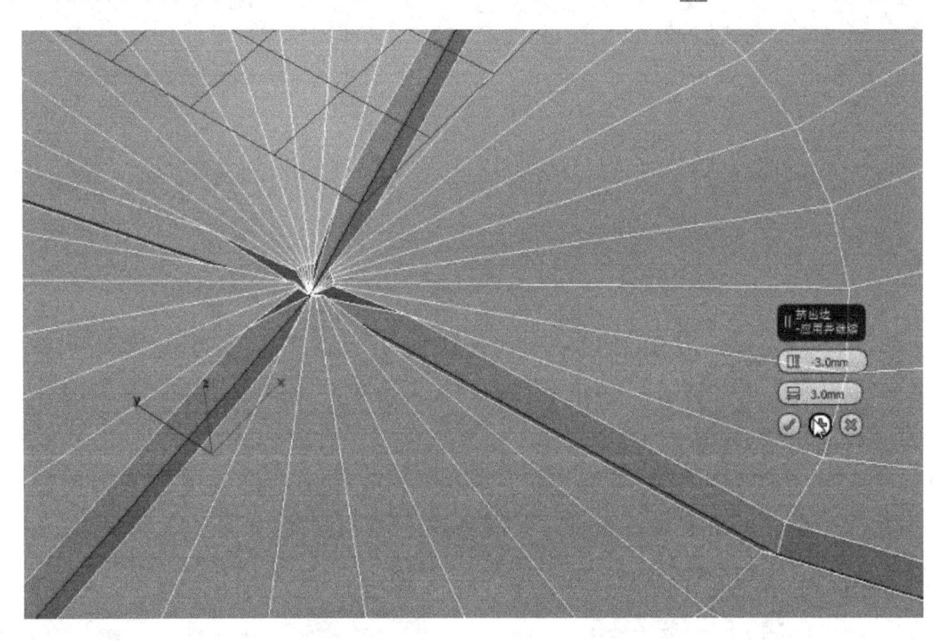

图 6-79 向内挤出

(9) 继续将挤出"高度"值设置为 4,呈现向外挤出的效果。挤出"宽度"值设置为 3,单击"应用并退出"按钮,如图 6-80 所示。

(10) 为了使挤出的线条圆角化,单击 切角 按钮右侧的设置按钮,将"边切角量"设置为 3、"连接边分段"数设置为 5,如图 6-81 所示。

(11) 现在的沙发看起来还非常生硬,为了得到平滑的效果,在"细分曲面"面板中勾选"使用 NURMS 细分"复选框,将"迭代次数"设置为 2。按数字 2 键退出边层级,按 F4 键关闭边面显示,沙发模型就制作好了,如图 6-82 所示。

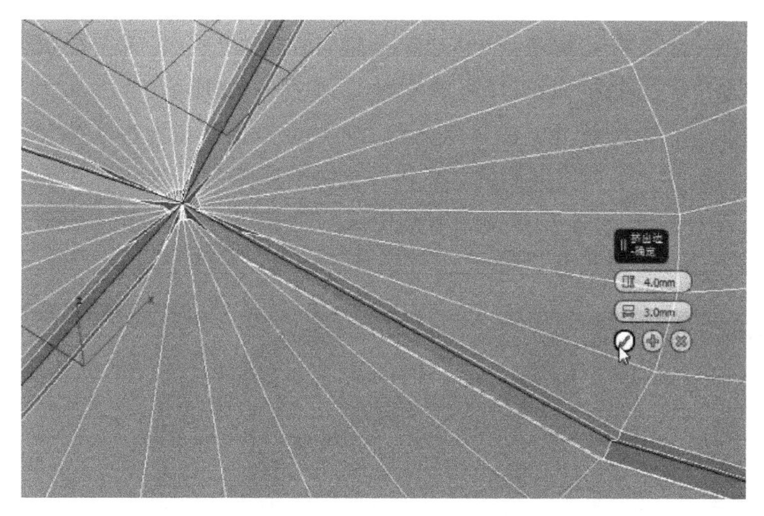

图 6-80　向外挤出

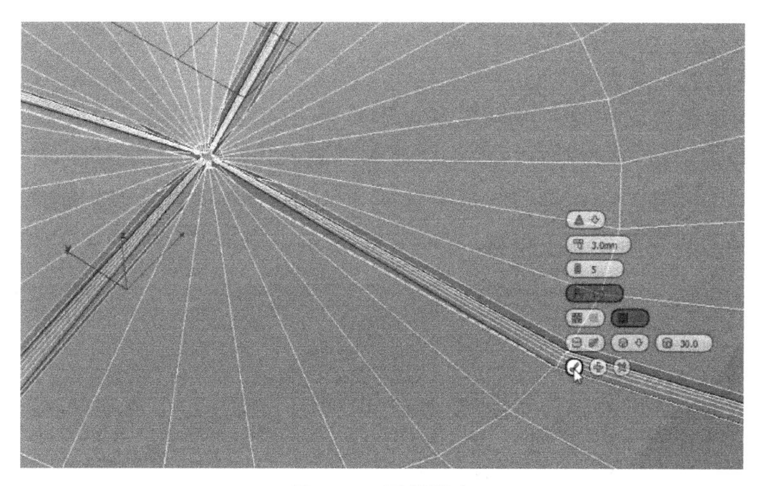

图 6-81　圆滑线条

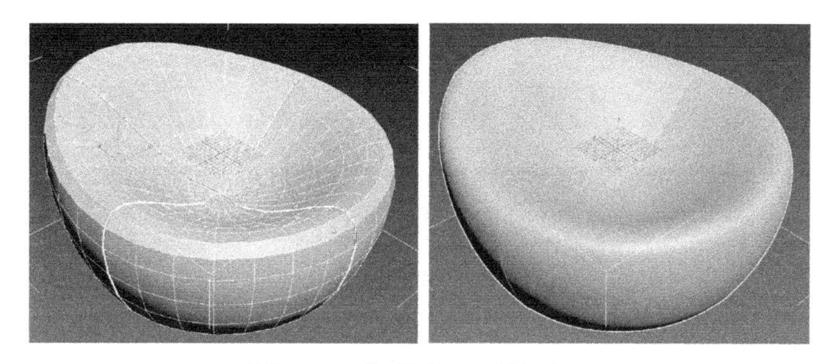

图 6-82　细分曲面后的对比

6.4　编辑边界及多边形

6.4.1　边界的参数

(1) 单击 封口 按钮可以将模型表面的缺口堵上。按数字 4 键，进入可编辑多边形的多边形层级，选择一个面将其删除；再按数字 3 键，进入边界层级，单击缺口四周的任意边，选中该缺口，单击 封口 按钮，可以将缺口封上，如图 6-83 所示。

(2) 单击 桥 按钮可以在两个边界之间建立桥接。按数字 4 键，进入可编辑多边形的多边形层级，选择一个面将其删除；旋转视图至圆柱体背面的位置也删除一个面；再按数字 3 键，进入边界层级，配合 Ctrl 键同时选中这两个缺口，单击 桥 按钮，就在两个边界之间建立了桥接，如图 6-84 所示。

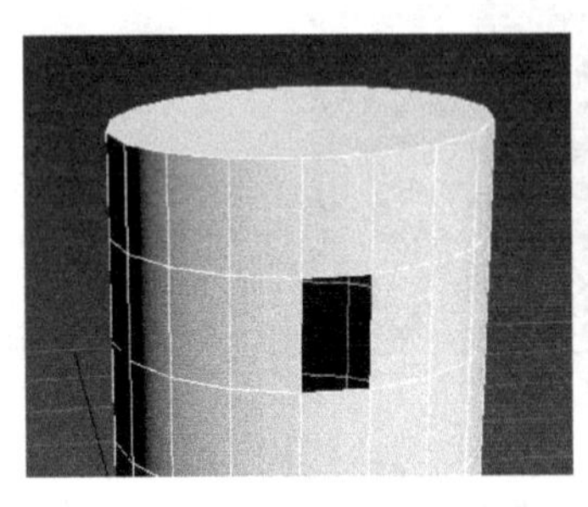

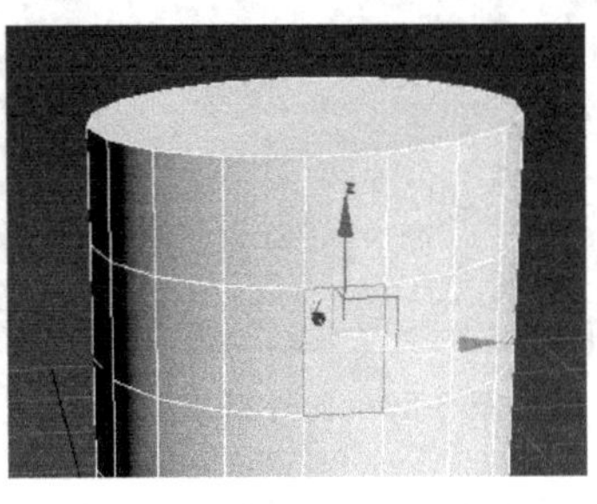

图 6-83 “封口”选项应用

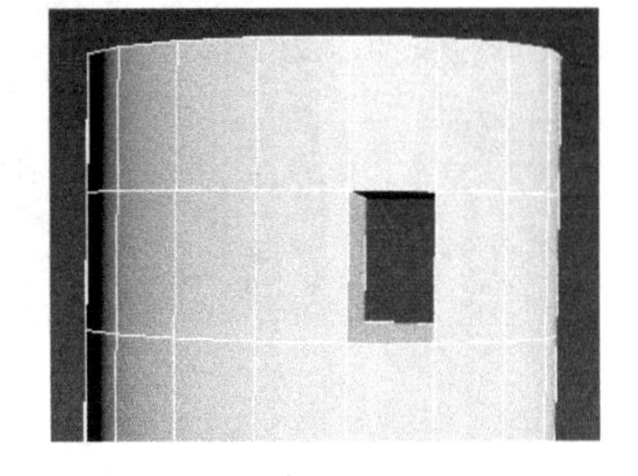

图 6-84 “桥”选项用法一

(3) “桥”选项还可以在两个可编辑多边形元素之间建立桥接。按数字 4 键，进入可编辑多边形的多边形层级，选择圆柱体的一个面将其删除，再删除长方体的一个面；再按数字 3 键，进入边界层级，配合 Ctrl 键同时选中这两个缺口，单击 桥 按钮，就在两个可编辑多边形元素的边界之间建立了桥接，如图 6-85 所示。

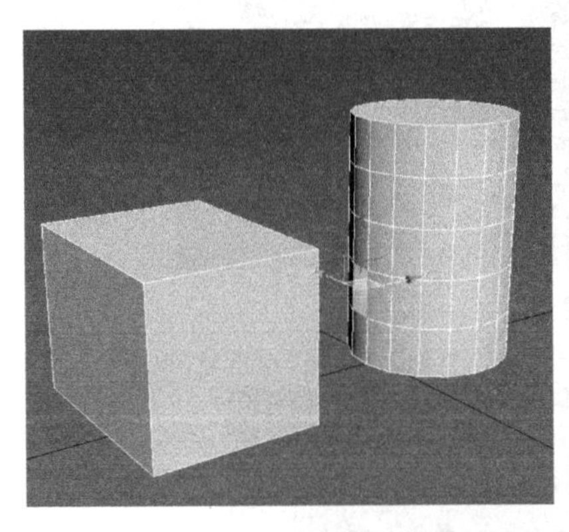

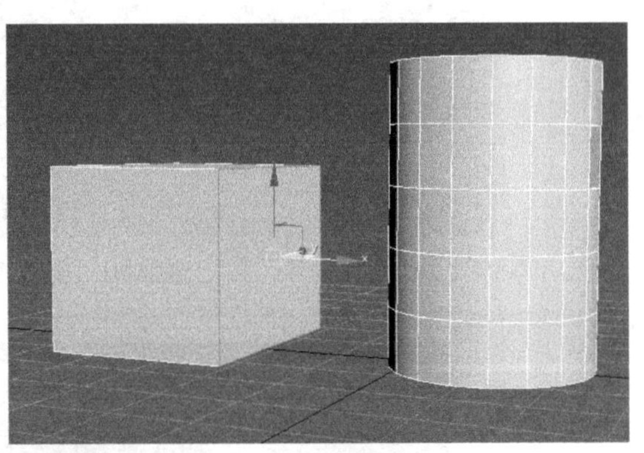

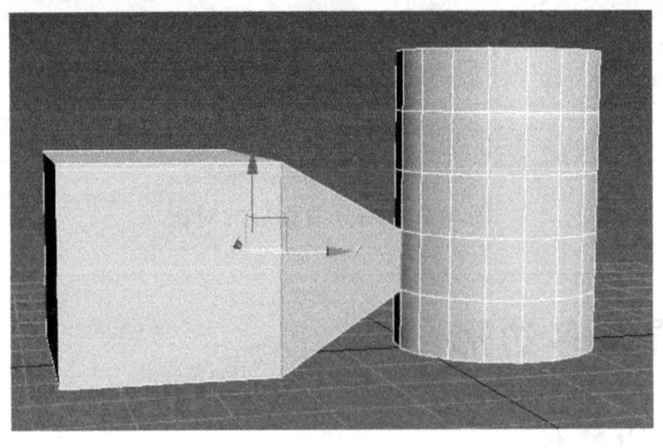

图 6-85 “桥”选项用法二

6.4.2 多边形的参数

(1) 在可编辑多边形模型上，按数字 4 键进入多边形层级。选中多边形的一个面，单击 扩大 按钮，与这个面相连的面都会被选中，扩大了面的选择，单击一次就会扩大一次。单击 收缩 按钮，就会缩小对相连面的选择，单击一次就会缩小一次，如图 6-86 所示。

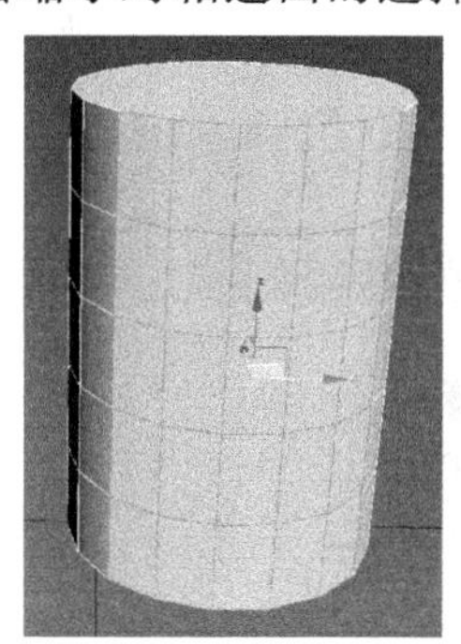
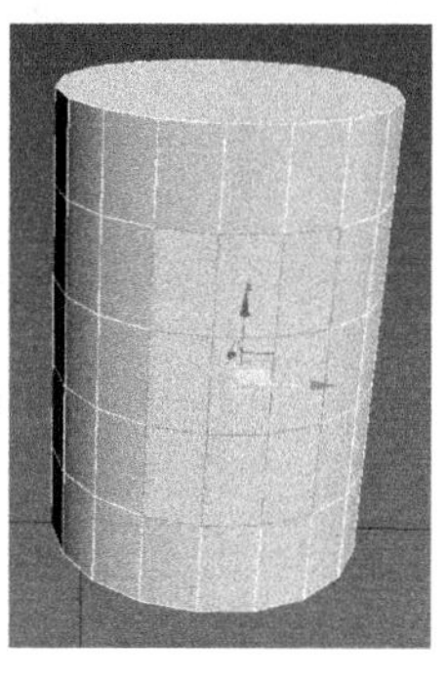

图 6-86 “扩大”和“收缩”选项的应用

(2) 单击 挤出 按钮可以对选择的多边形表面沿表面挤出，生成新的造型。在可编辑多边形模型上，按数字 4 键进入多边形层级。选中多边形的一个面，单击 挤出 按钮，将光标放在多边形的面上，光标的形状就会发生变化，这时按住鼠标左键拖动就可以将选中的面挤出，继续按住鼠标左键拖动可以对面作挤出操作；也可以单击 挤出 按钮右侧的设置按钮，在挤出“高度”中设置相应的数值，配合“应用并继续”按钮，可以连续挤出面，如图 6-87 所示。

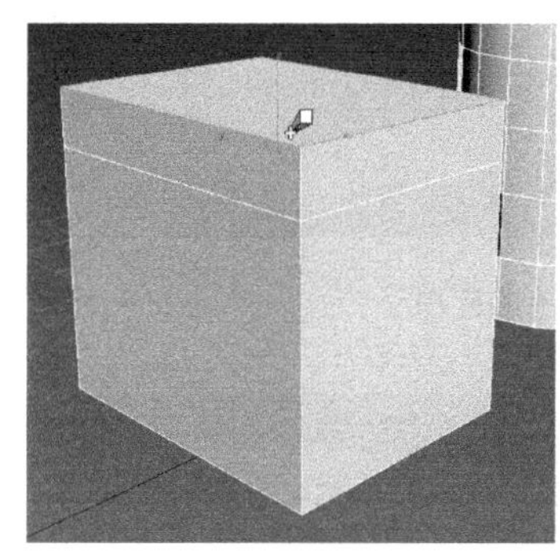
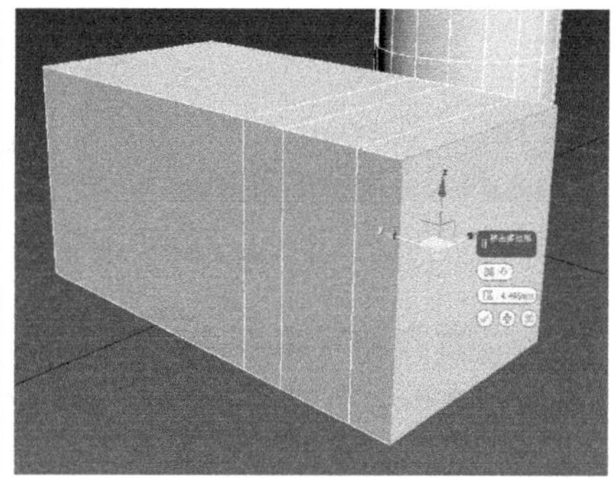

图 6-87 “挤出”选项的应用

(3) 使用“挤出”按钮还可以对多个选择的多边形表面进行挤出。按住 Ctrl 键选择多个多边形面，单击 挤出 按钮，可以同时对这几个多边形面挤出。单击 挤出 按钮右侧的设置按钮，可以选择挤出的方向。选择“组”，是把选择的多边形面作为一个整体，按组的法线方向挤出；选择“局部法线”，会按照每个多边形面的法线挤出，中间连接在一起；选择“按多边形”，会按照每个多边形面的法线挤出，中间不连接在一起，如图 6-88 所示。

(4) 单击 轮廓 按钮对多边形面的影响类似于缩放工具。选中多边形的一个面，单击 轮廓 按钮，将光标放在多边形的面上，光标的形状就会发生变化，按住鼠标左键拖动可以将选中的面进行缩放。单击 轮廓 按钮右侧的设置按钮，可以精确设置轮廓的“数量”值，正值向外扩大，负值向内收缩，如图 6-89 所示。

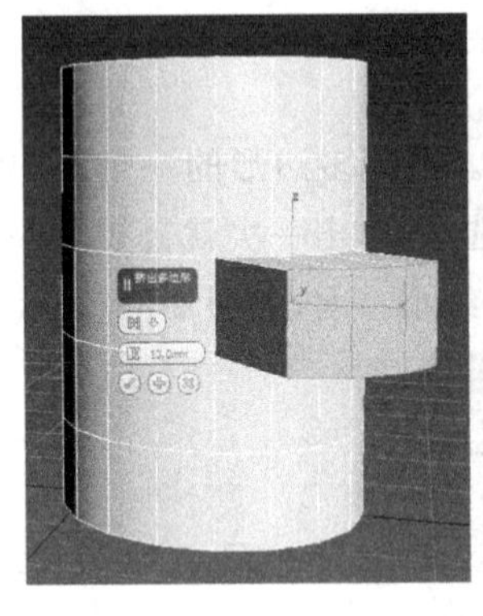
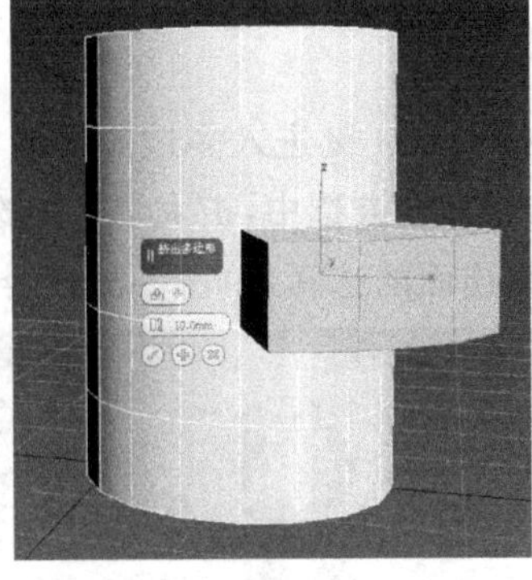

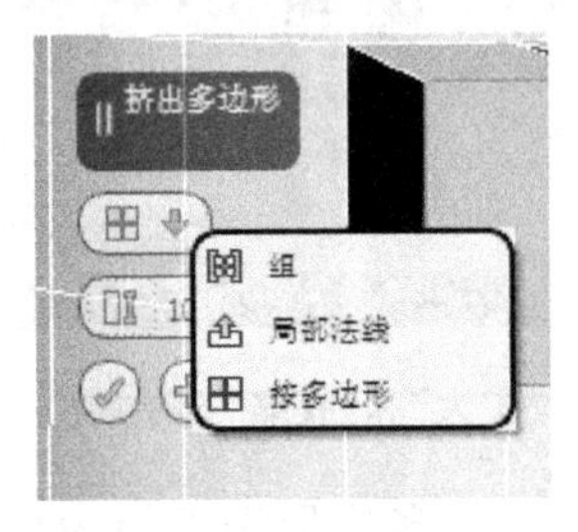

图 6-88　多个表面挤出

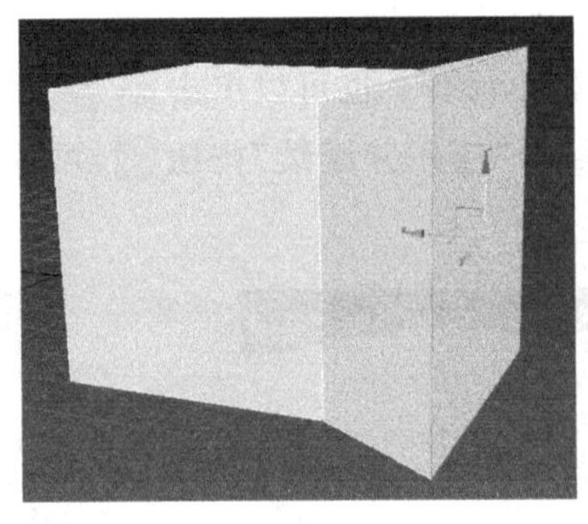
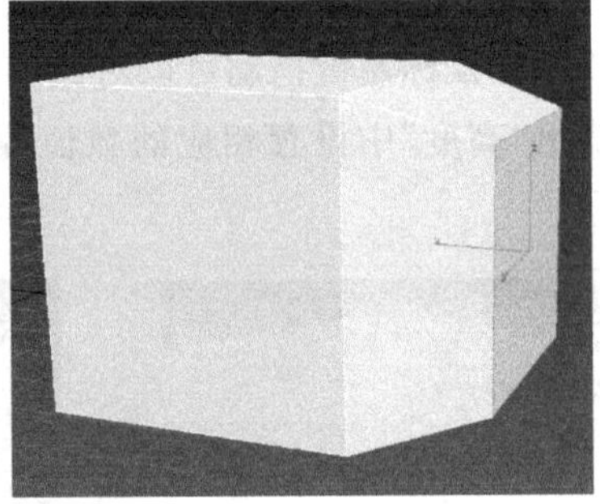

图 6-89　“轮廓”选项的应用

（5）单击［插入］按钮可以在多边形上插入新的多边形面。选中多边形的一个面，单击［插入］按钮，将光标放在多边形的面上，光标的形状就会发生变化，按住鼠标左键拖动可以将选中的面向内收缩插入新的多边形面。单击［插入］按钮右侧的设置按钮，可以精确地设置数量值，向内收缩生成新的多边形，如图 6-90 所示。

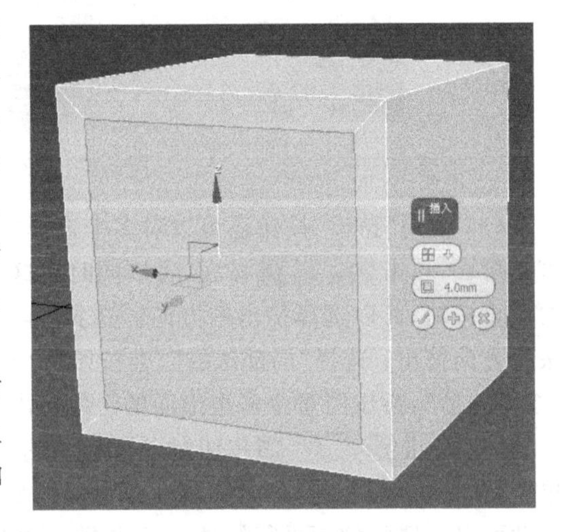

图 6-90　“插入”选项的应用(1)

（6）“插入”按钮既可以为一个多边形插入新的多边形，也可以同时在多个多边形面上插入新的多边形面。插入面的方式有“组”和“按多边形”两种方式，如图 6-91 所示。

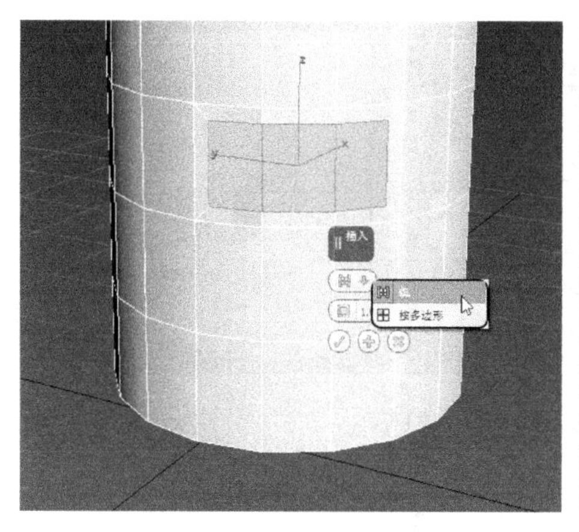

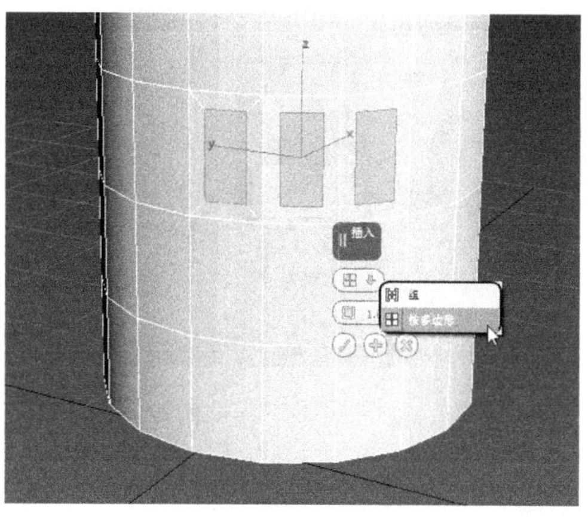

图 6-91 “插入”选项的应用(2)

(7) 单击 倒角 按钮可以对选择的多边形面进行倒角操作,类似于“挤出”和“轮廓”的结合,即在挤出多边形面的同时对面进行缩放。选中多边形的一个面,单击 倒角 按钮,将光标放在多边形的面上,光标的形状就会发生变化,按住鼠标左键拖动,松开鼠标可以将选中的面挤出,继续拖动鼠标,可以对挤出的面进行缩放。单击 倒角 按钮右侧的设置按钮,可以在“高度”中设置挤出的高度,在“轮廓”中设置数量值,正值向外扩大,负值向内收缩。也可以配合“应用并继续”按钮,对面进行连续倒角,如图 6-92 所示。

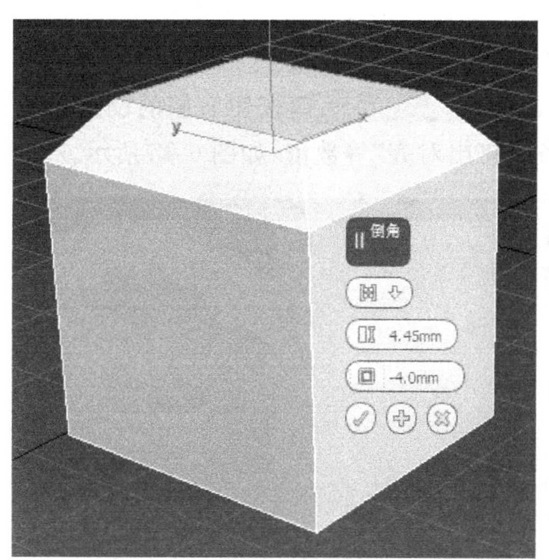

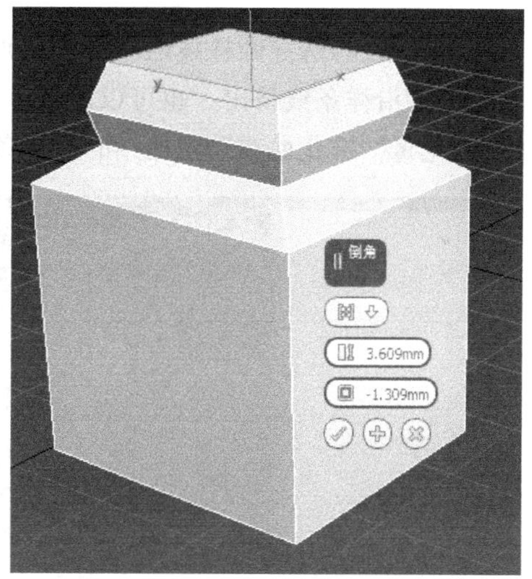

图 6-92 “倒角”选项的应用(1)

(8) 单击“倒角”按钮既可以对一个多边形面进行倒角,也可以同时对多个多边形面进行倒角,倒角的方式有“组”“局部法线”和“按多边形”3 种,这 3 种方式的区别与前面介绍的“挤出”命令的 3 种方式相同,如图 6-93 所示。

(9) 单击 桥 按钮可以在两个多边形面之间建立桥接。选择圆柱体的一个面,配合 Ctrl 键同时选中长方体的一个面,单击 桥 按钮,在两个可编辑多边形的面之间建立桥接。还可以通过单击 桥 按钮右侧的设置按钮修改“分段”“锥化”“偏移”“平滑”和“扭曲”等数值,如图 6-94 所示。

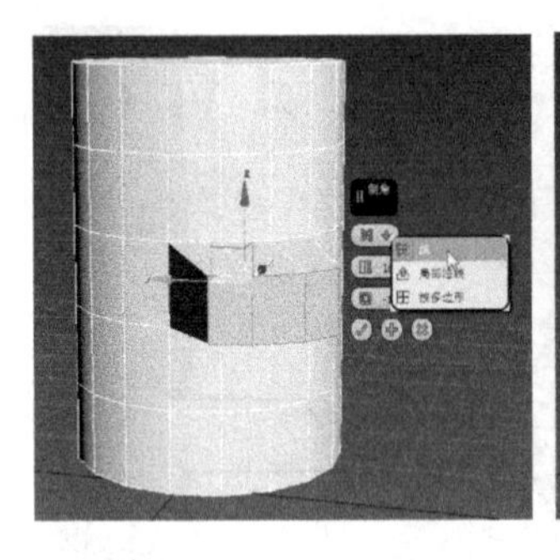
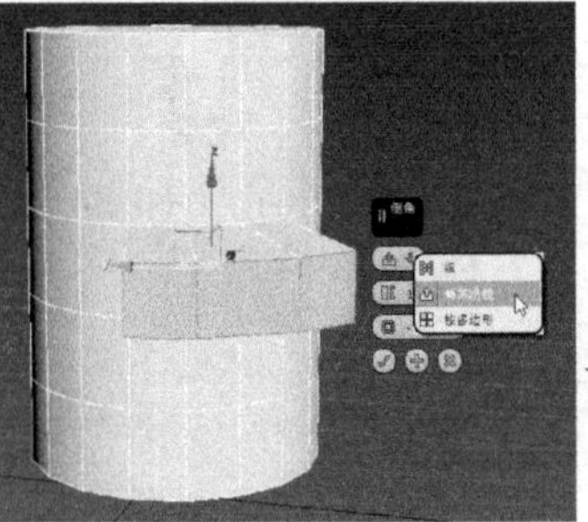
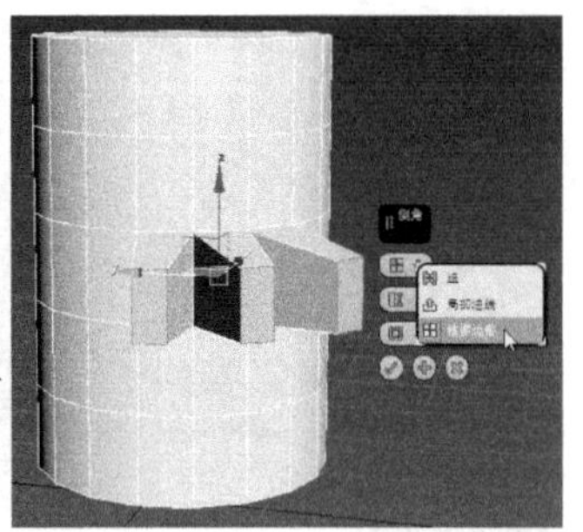

图 6-93 “倒角”选项的应用(2)

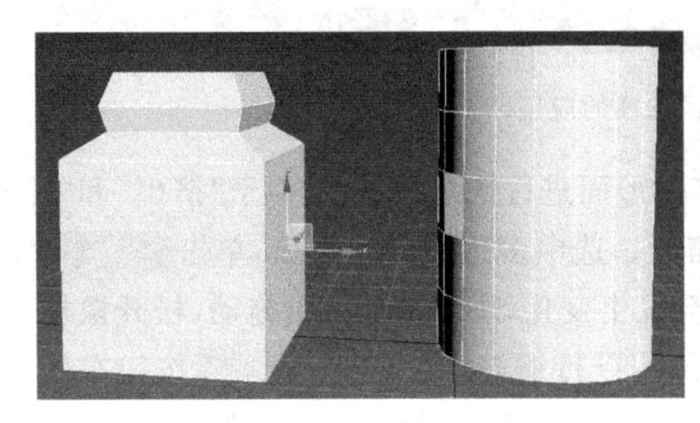

图 6-94 “桥”选项的应用

(10) 单击 沿样条线挤出 按钮可以将选择的多边形面沿样条线挤出。首先在前视图中绘制一条样条线,选择圆柱体的一个多边形面,单击 沿样条线挤出 按钮,选择样条线,可以将这个面沿样条线挤出。也可以通过单击 沿样条线挤出 按钮右侧的设置按钮修改“分段”“锥化量”“锥化曲线”“扭曲”和“沿样条线挤出对齐”等数值,如图 6-95 所示。

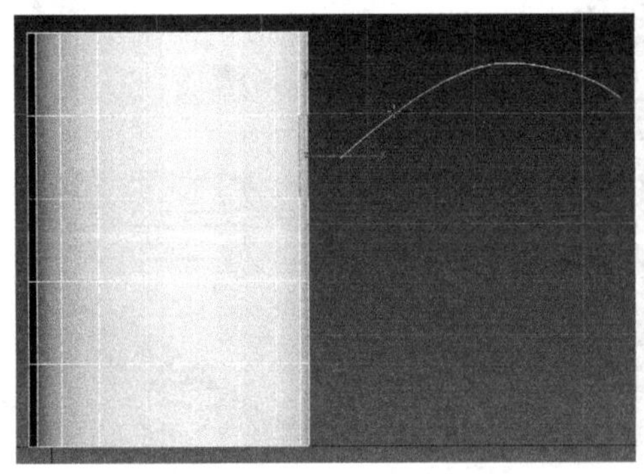
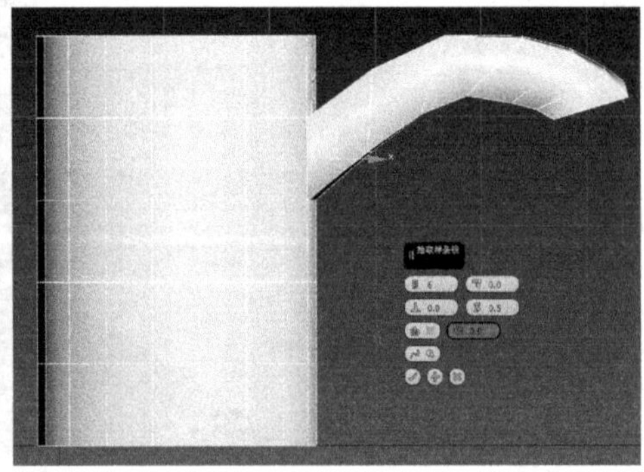

图 6-95 “沿样条线挤出”选项的应用

(11) 单击 分离 按钮可以将选择的多边形面从整体的可编辑多边形中分离出来。选择长方体的一个多边形面,单击 分离 按钮,在弹出的对话框中选择默认的方式就可以将这个面单独分离出来,如图 6-96 所示。

(12) 在“分离”对话框中,如果选择“分离到元素”选项,那么所选择的面分离后成为可编辑多边形中的一个元素,仍然是原来的一部分;如果选择“以克隆对象分离”选项,就会复制出一个单独的多边形面,原来所选择的面还会继续保留,复制出来的多边形面是一个独立的对象,如图 6-97 所示。

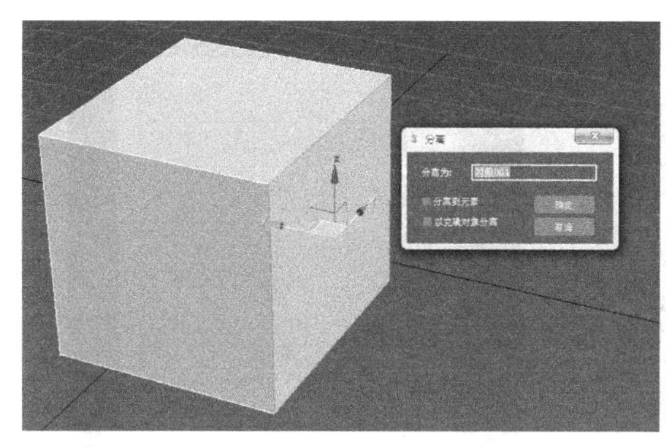
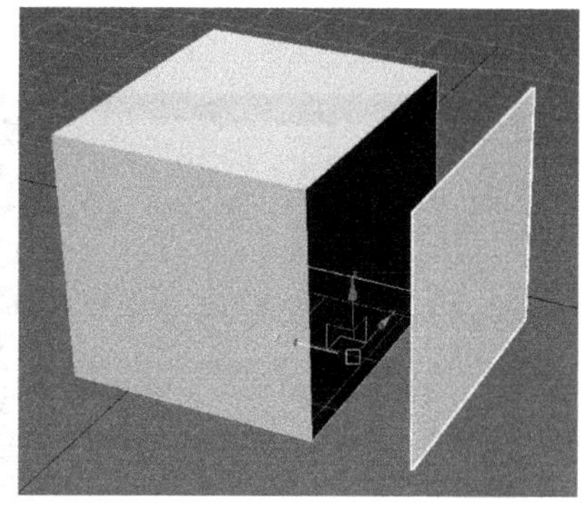

图 6-96　“分离”选项的应用(1)

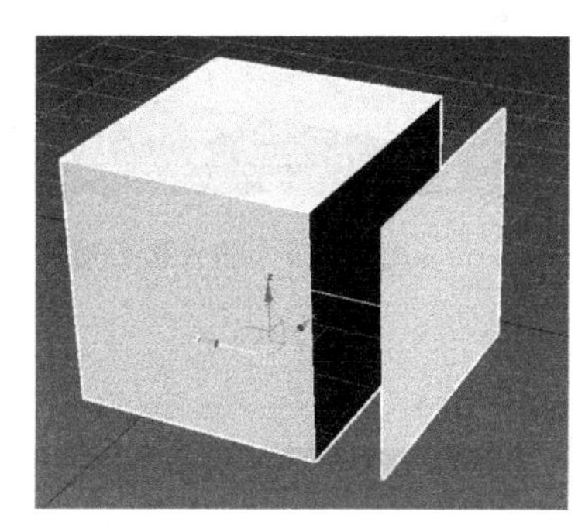
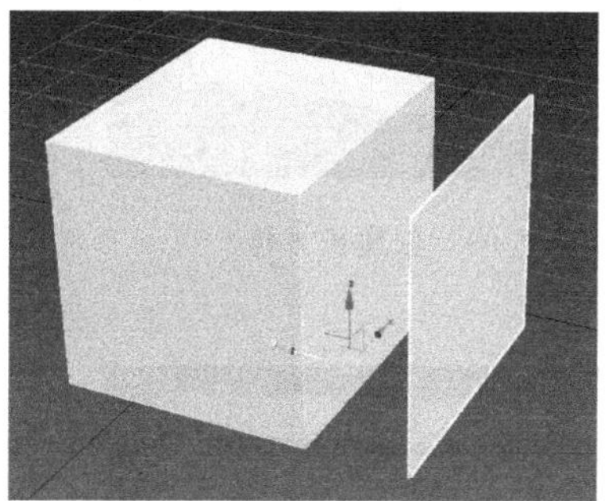

图 6-97　“分离”选项的应用(2)

6.4.3　实例——相框

利用所学的对可编辑多边形的调节制作一个相框，如图 6-98 所示。

图 6-98　相框的制作

(1) 在透视图中创建一个长方体，“长度”为 60mm，“宽度”为 8mm，“高度”为 85mm。按 F4 键，使模型呈边面显示，并将其转换为可编辑多边形，如图 6-99 所示。

(2) 在长方体中插入一个新的面。按数字 4 键，进入多边形层级。选择前面的多边形面，在“编辑多边形”面板中单击 插入 按钮右侧的设置按钮，将“插入”的数量设置为 4mm，单击“确定”按钮，如图 6-100 所示。

(3) 单击 倒角 按钮右侧的设置按钮，将倒角的“高度”值设置为－2.8mm，形成一个向内的倒角，倒角的“轮廓”值设置为－2mm，完成相框本体的制作，如图 6-101 所示。

(4) 下面需要通过添加材质给相框贴上合适的图片。首先，把需要贴图的相框底面从整体的多边形中分离出来。选择这个多边形面，单击 分离 按钮，在弹出的对话框中选择默认的方式，把这个面单独分离出来，如图 6-102 所示。

图 6-99 创建长方体

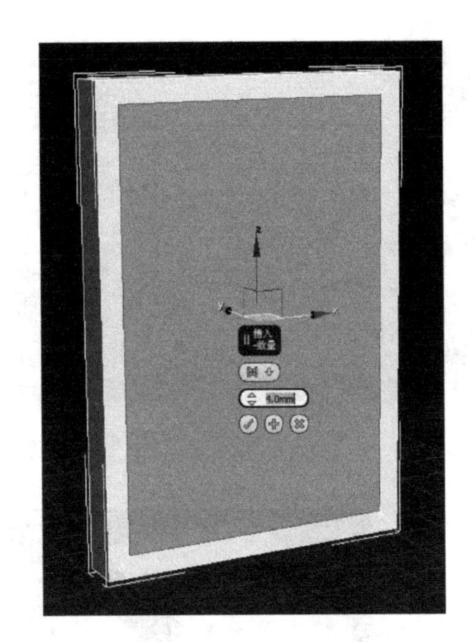

图 6-100 插入多边形面

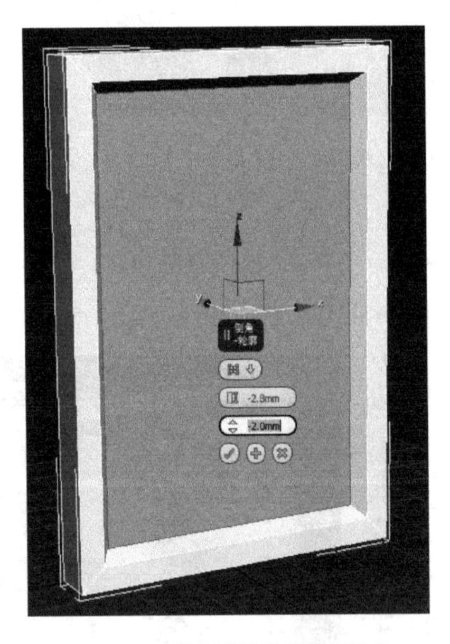

图 6-101 使用“倒角”做出凹陷

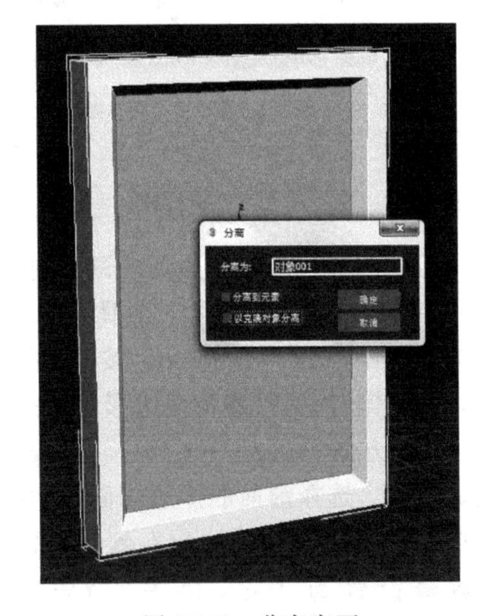

图 6-102 分离底面

(5) 按数字 4 键，退出当前的多边形层级。选择刚分离出来的多边形面，在主工具栏中单击“材质编辑器”按钮，打开“材质编辑器”对话框。选择一个空白材质球，单击“漫反射”后面的小方块，打开“材质/贴图浏览器”。在“贴图”面板中选择“位图”，选择自己准备好的图片 DN170.jpg，单击 打开(O) 按钮，如图 6-103 所示。

(6) 单击“将材质指定给选定对象”按钮，将图片贴到多边形面上，这时的多边形表面呈现灰色，没有显示出贴图。继续单击“在视口中显示明暗处理材质”按钮，这时贴图就在透视图中显示出来。这样就完成了整个相框的制作，如图 6-104 所示。

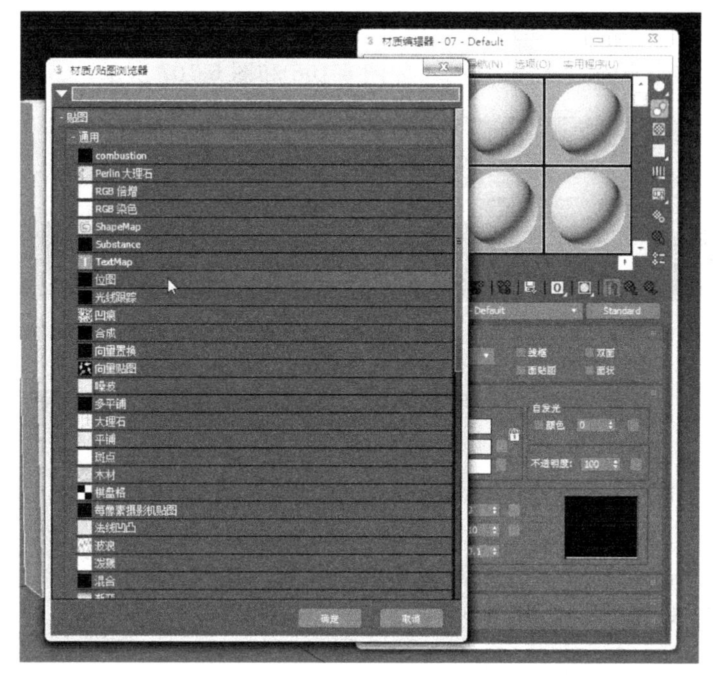

图 6-103　使用图片贴图

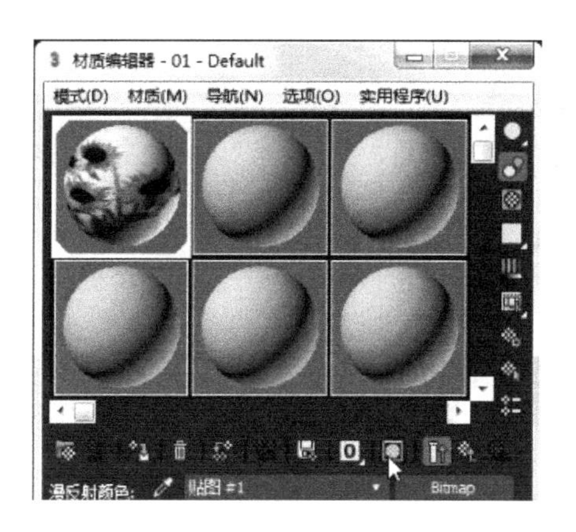

图 6-104　调整贴图

6.4.4　实例——浴缸

利用所学的对可编辑多边形的调节方法制作一个浴缸。

(1) 在透视图中创建一个长方体,“长度”为650mm,“宽度”为1500mm,“高度”为750mm,“长度分段”设置为3,“宽度分段”设置为3,“高度分段”设置为1。按F4键,使模型呈边面显示,并将其转换为可编辑多边形,如图6-105所示。

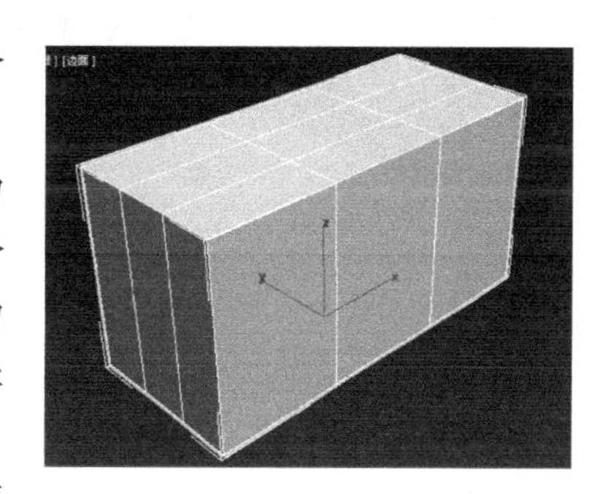

图 6-105　创建长方体

(2) 按数字1键,进入顶点层级。在顶视图中,框选第二行的顶点,在主工具栏选择“选择并均匀缩放”工

具 ,沿 X 轴放大点与点之间的距离。再框选第四行的顶点,同样选择“选择并均匀缩放”工具 ,沿 X 轴缩小点与点之间的距离,如图 6-106 和图 6-107 所示。

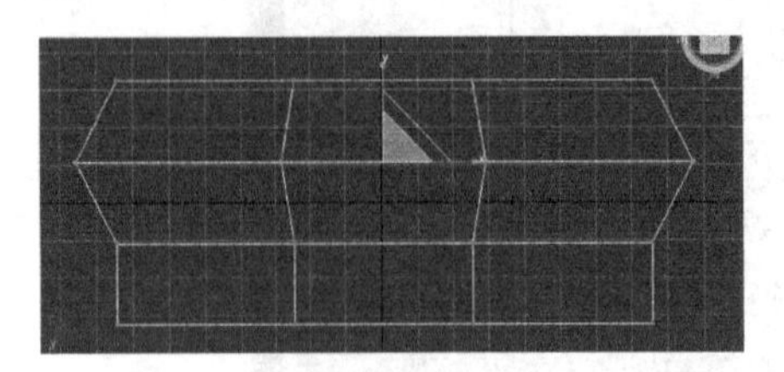
图 6-106　调整可编辑多边形(1)

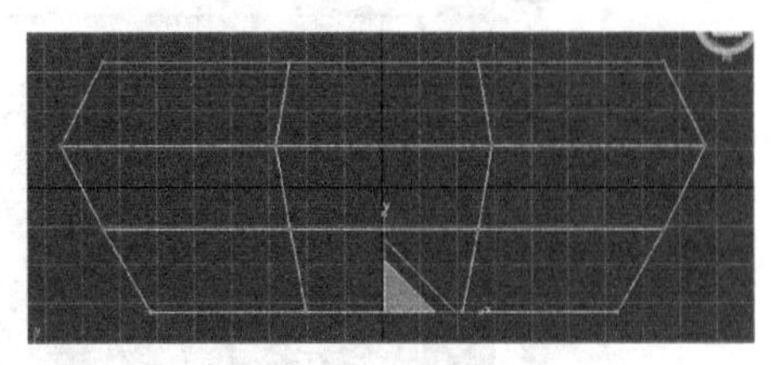
图 6-107　调整可编辑多边形(2)

(3) 选择图 6-108 所示的点,利用选择并移动工具 调整位置。

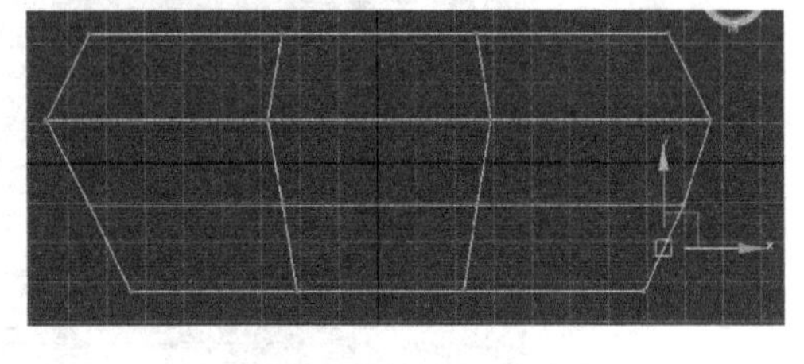
图 6-108　修改顶点位置

(4) 按数字 4 键,进入多边形层级。在主工具栏中,将选择方式切换为“窗口” 方式。在前视图中,框选最上面的多边形面将其删除,如图 6-109 所示。

(5) 按数字 3 键,进入边界层级。在透视图中,选择浴缸顶部的边界,在“编辑边界”面板中,单击 封口 按钮将其封闭,如图 6-110 所示。

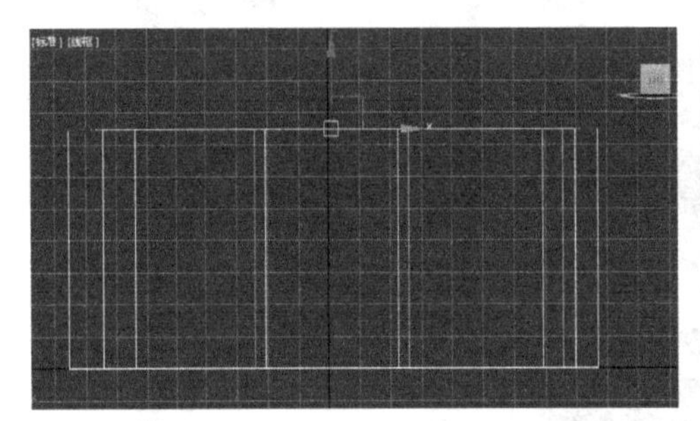

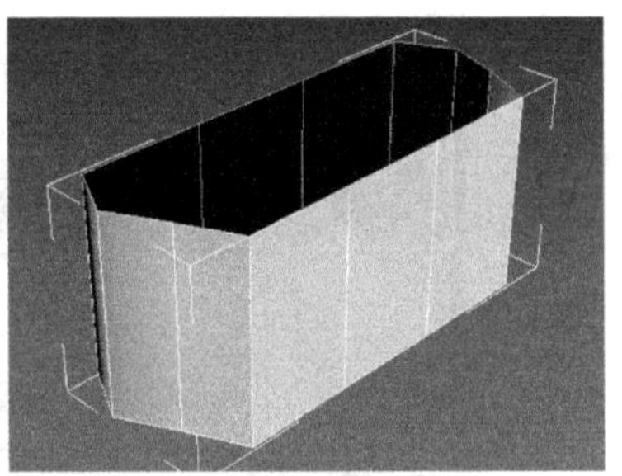
图 6-109　删除顶面

(6) 接下来制作浴缸的厚度和凹陷的效果。按数字 4 键,进入多边形层级。在透视图中,选择浴缸顶部的多边形面,在“编辑多边形”面板中,单击 插入 按钮右侧的设置按钮,将“数量”值设置为 75mm,插入一个新的面,如图 6-111 所示。

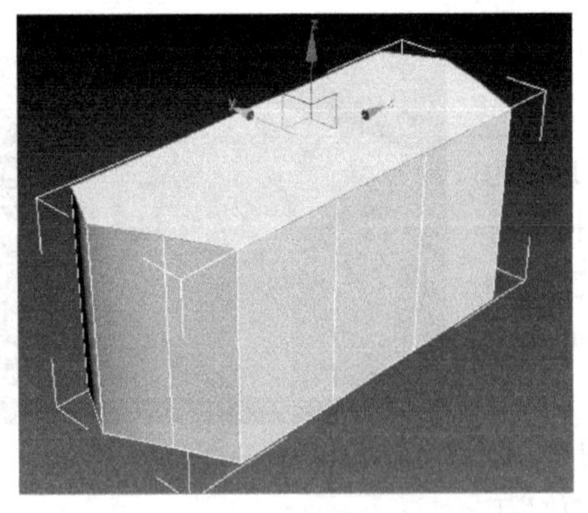
图 6-110　封闭可编辑多边形

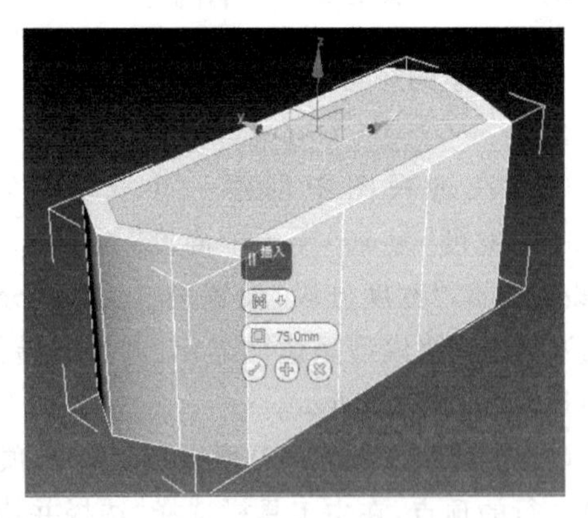

图 6-111　“插入”面

(7) 选择新插入的面,单击 倒角 按钮右侧的设置按钮,将“数量”设置为－600mm,制作出凹陷的效果,将“轮廓”设置为－30mm,制作出向内倾斜的效果,如图 6-112 所示。

(8) 浴缸还需要制作平滑的效果。在“细分曲面”面板中勾选“使用 NURMS 细分”复选框,设置“迭代次数”为 2,但是当前的模型并不理想,因为缺少足够的分段数,所以浴缸变形了,如图 6-113 所示。

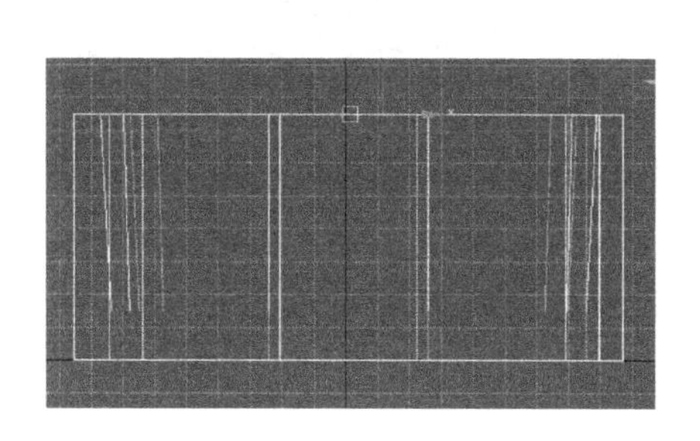

图 6-112　制作“倒角”

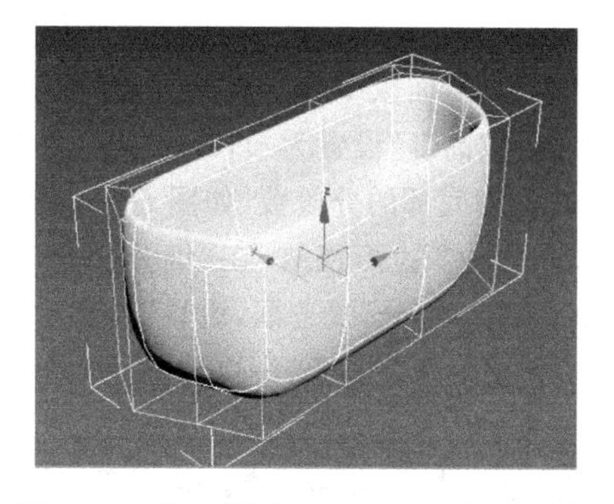

图 6-113　勾选“使用 NURMS 细分”复选框

(9) 通常情况下,在模型结构的转折处和关键部位分段数越高效果越好。取消勾选“使用 NURMS 细分”复选框。进入边层级,按住 Ctrl 键选择浴缸沿口的两条边,单击 循环 按钮,选择浴缸沿口整圈的线,如图 6-114 所示。

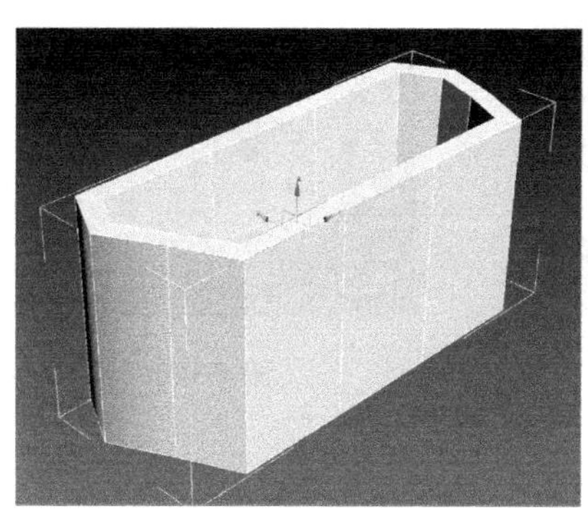

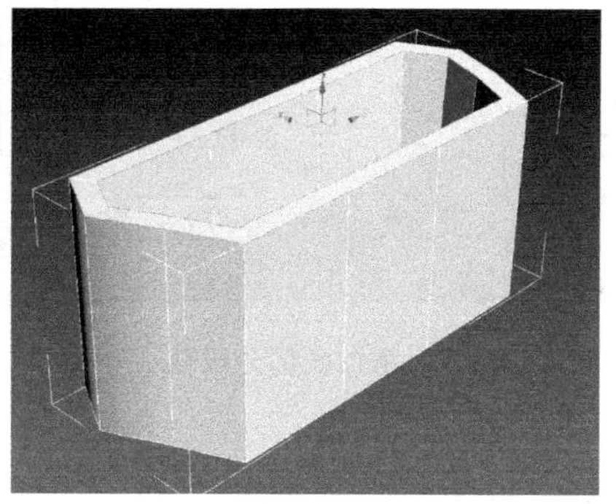

图 6-114　选择浴缸沿口的线

(10) 再按住 Ctrl 键选择浴缸底部的 4 条边,在“选择”面板中单击 循环 按钮,选择浴缸底部整圈的线,如图 6-115 所示。

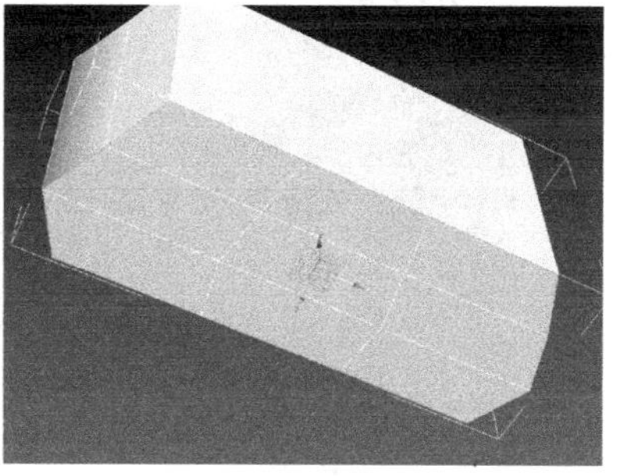

图 6-115　选择浴缸底部的线

(11) 在“编辑边”面板中单击 切角 按钮右侧的设置按钮，将选择的浴缸顶部和底部的所有边进行“切角”处理，设置“边切角量”为 7.5mm、“连接边分段”为 3，这样在结构的转折部位就有足够多的分段数，如图 6-116 所示。

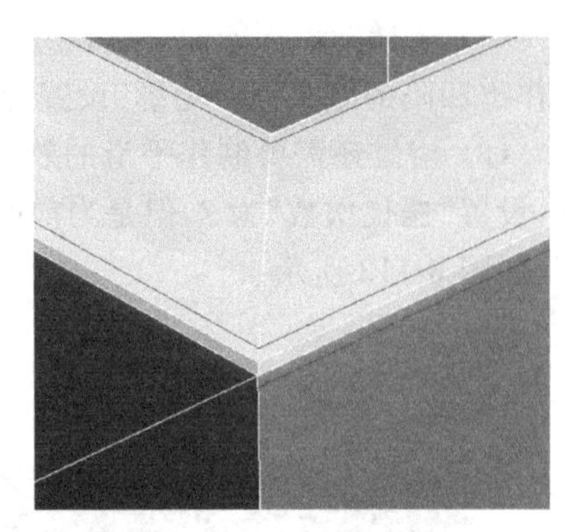

图 6-116 增加边缘分段数

(12) 进入多边形层级，选择浴缸底部的多边形面，在“编辑多边形”面板中单击 倒角 按钮右侧的设置按钮，将倒角“高度”设置为－15mm、倒角“轮廓”设置为－18mm，增加底部的分段数，如图 6-117 所示。

(13) 退出多边形层级，在“细分曲面”面板中勾选“使用 NURMS 细分”复选框，设置“迭代次数”为 2。按 F4 键，取消边面显示，现在的模型是平滑的，浴缸模型就完成了，如图 6-118 所示。

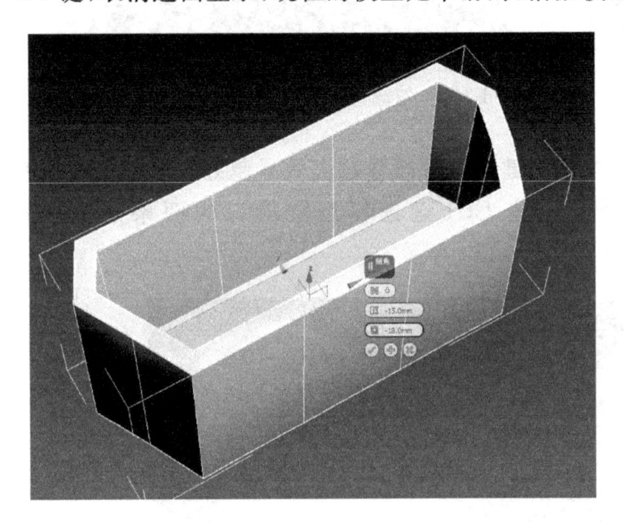

图 6-117 增加底部分段数

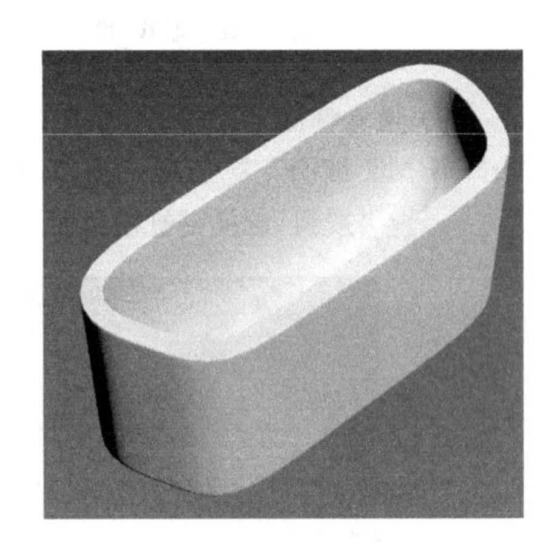

图 6-118 调整模型

6.4.5 实例——餐桌、餐椅

通过所学的多边形建模的各种工具制作一套现代简约风格的餐桌、餐椅，如图 6-119 所示。

图 6-119 餐桌、餐椅的制作

(1) 制作餐桌部分。在透视图中创建一个长方体,“长度”为 1000mm,“宽度”为 1800mm,“高度”为 40mm。按 F4 键,使模型呈边面显示,“长度分段”设置为 3,“宽度分段”设置为 3,“高度分段”设置为 1,并将其转换为可编辑多边形,如图 6-120 所示。

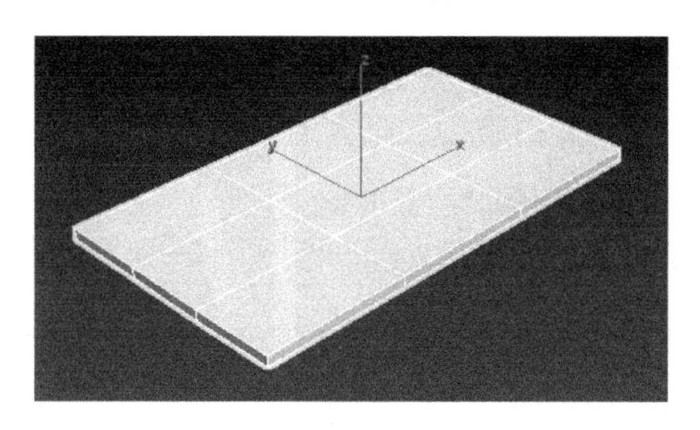

图 6-120 创建餐桌面

(2) 按数字 1 键,进入顶点层级。在顶视图中,框选第二行和第三行的顶点,选择“选择并均匀缩放”工具,沿 Y 轴放大点与点之间的距离,如图 6-121 所示。

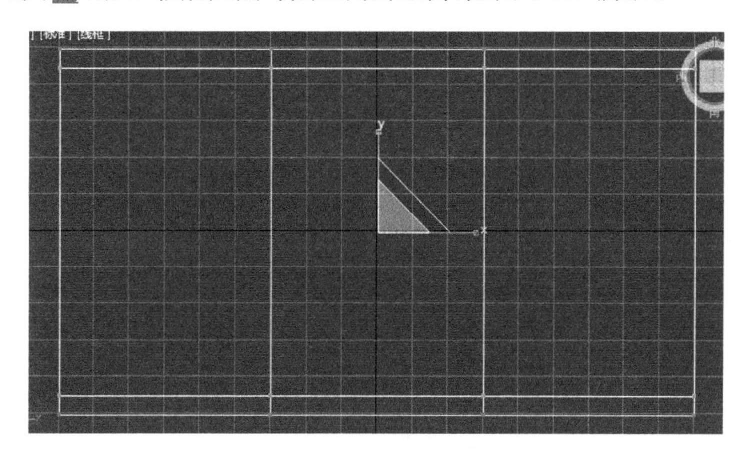

图 6-121 缩放横向点的位置

(3) 继续在顶视图中框选第二列和第三列的顶点,选择“选择并均匀缩放”工具,沿 X 轴放大点与点之间的距离,如图 6-122 所示。

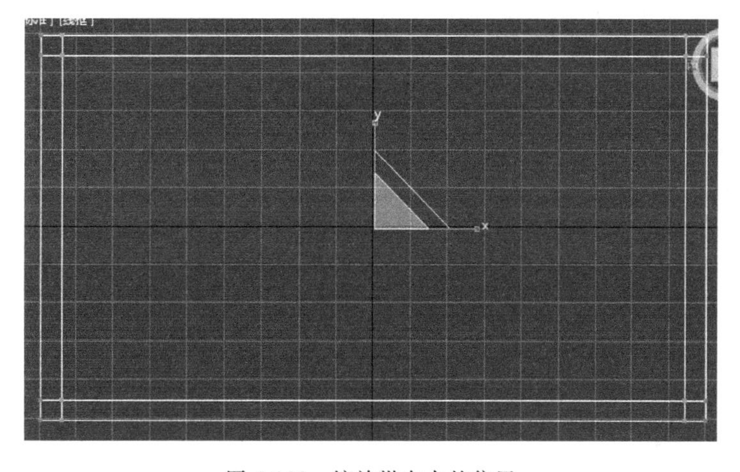

图 6-122 缩放纵向点的位置

（4）按数字4键，进入多边形层级。配合Ctrl键选择4个角上的多边形面，在“编辑多边形”面板中单击 挤出 按钮右侧的设置按钮，将“挤出”的数量设置为600mm，如图6-123所示。

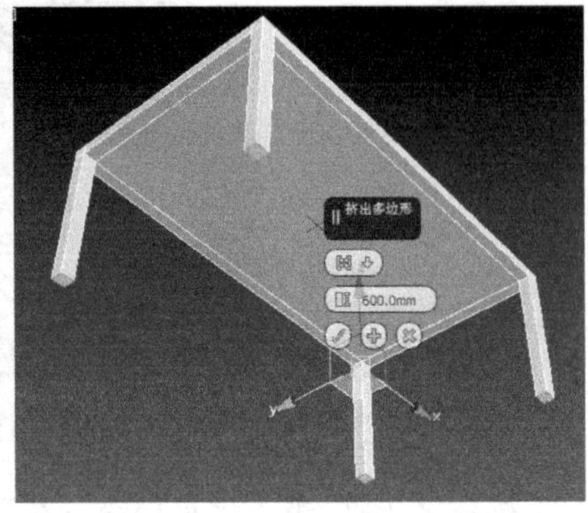

图6-123 挤出餐桌腿

（5）现在的餐桌边角非常锐利，下面需要对它进行“切角”处理，这样处理之后，在后期布光的时候边上可以产生高光的效果。按数字2键，进入边层级。配合Ctrl键选择4条边，再单击 循环 按钮，将餐桌四边的所有边都选中，如图6-124所示。

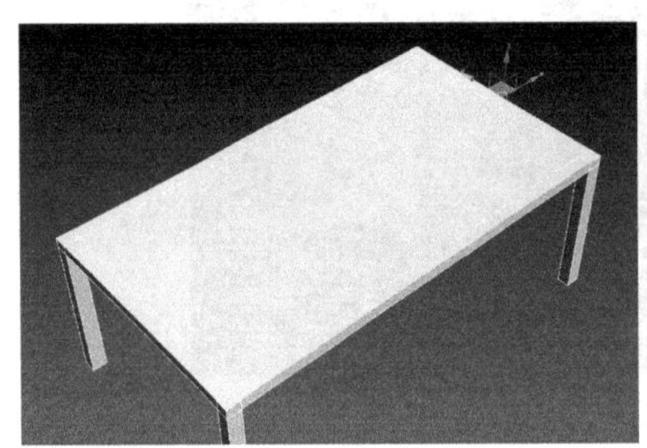

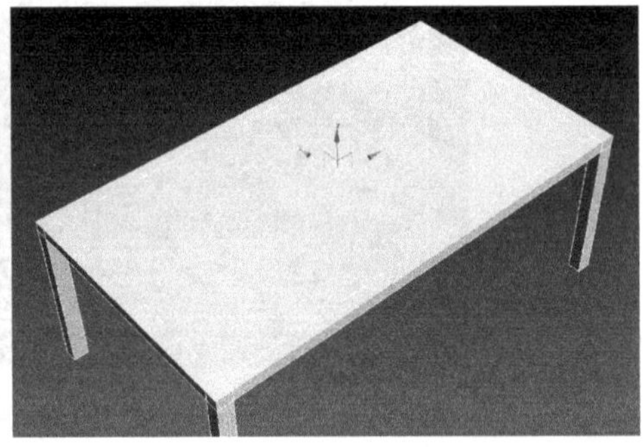

图6-124 选择餐桌边线

（6）在“窗口/交叉”模式下，配合Ctrl键在前视图中选择餐桌的4条腿，在透视图中选择餐桌的腿和桌面连接处的边线，如图6-125所示。

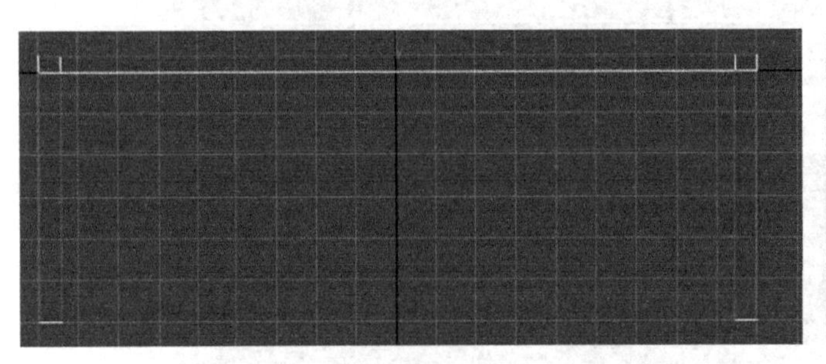

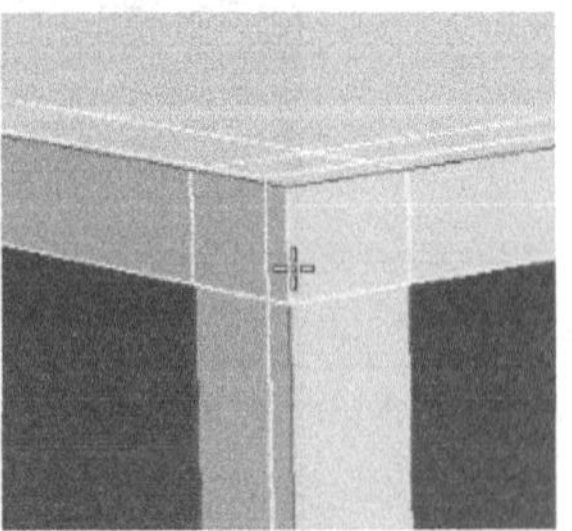

图6-125 选择餐桌4条腿

（7）单击 切角 按钮，将“边切角量”设置为2mm。这时的餐桌边缘部分在光照效果下就有了高光的效果，退出边层级。保存餐桌模型，留待后续制作使用，如图6-126所示。

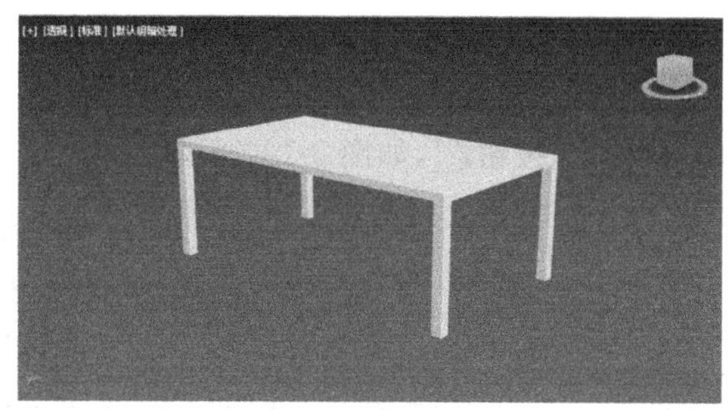

图 6-126　设置切角

(8) 因为餐桌在画面中会妨碍餐椅的制作，所以右击餐桌，选择快捷菜单中的“隐藏选定对象”命令，将餐桌先隐藏起来，如图 6-127 所示。

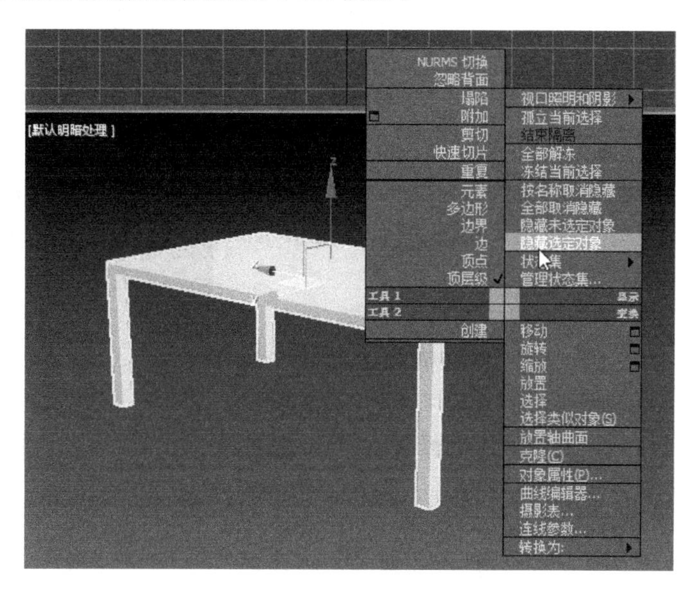

图 6-127　隐藏餐桌

(9) 接下来制作餐椅部分。在透视图中创建一个正方体，“长度”为 400mm，“宽度”为 400mm，“高度”为 80mm。按 F4 键，使模型呈边面显示，“长度分段”设置为 2，“宽度分段”设置为 2，“高度分段”设置为 1，并将其转换为可编辑多边形，如图 6-128 所示。

(10) 按数字 4 键，进入多边形层级。配合 Ctrl 键选择餐椅一侧的多边形面，在“编辑多边形”面板中单击 挤出 按钮右侧的设置按钮，将“挤出”的数量设置为 80mm，如图 6-129 所示。

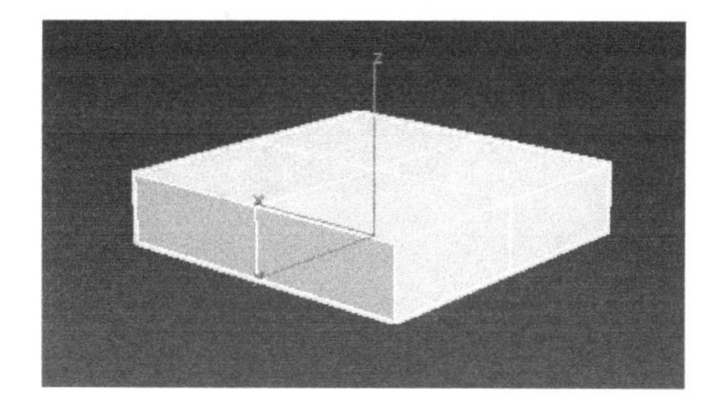

图 6-128　制作餐椅面

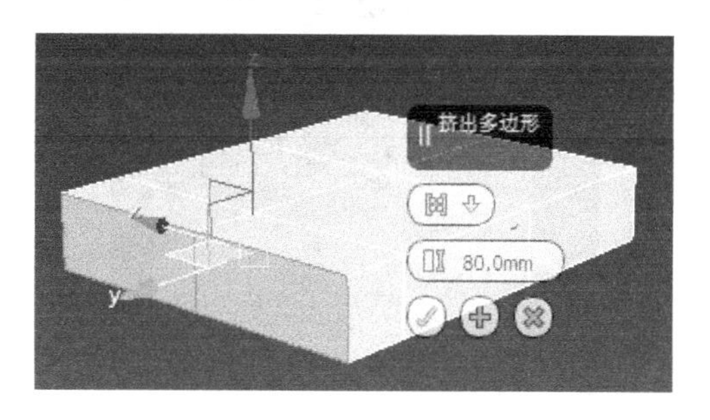

图 6-129　挤出餐椅面

(11) 继续配合 Ctrl 键选择餐椅上部的多边形面,单击 挤出 按钮右侧的设置按钮,将"挤出"的数量设置为 80mm,单击"应用并继续"按钮,再将"挤出"的数量设置为 400mm,单击"确定"按钮,如图 6-130 所示。

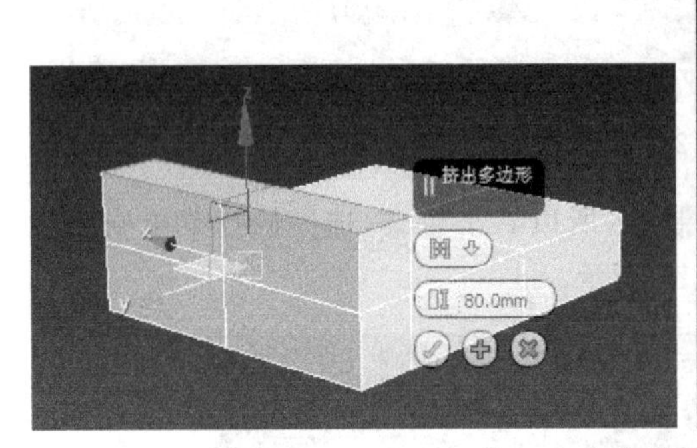

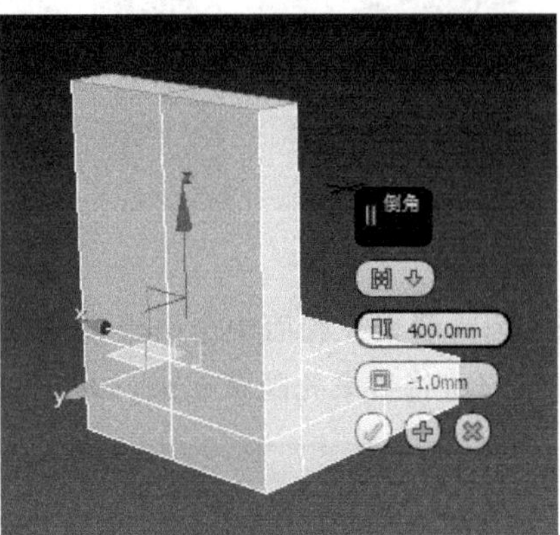

图 6-130 挤出餐椅后背

(12) 选择"选择并移动工具",在前视图中沿 X 轴向左拖动顶部的多边形面,做出椅背后倾的效果,如图 6-131 所示。

(13) 进入点层级,在左视图中配合 Ctrl 键,选择上部中间位置的点,沿 Z 轴向上移动,将餐椅上部修改为稍微凸起的形状;再在前视图中选择右部中间位置的点,沿 X 轴向右移动,将坐垫部分也修改为凸出的形状,如图 6-132 所示。

(14) 为了继续对餐椅靠背进行修改,需要给餐椅靠背部分增加分段数。进入边层级,在前视图中框选餐椅后背的几条边,在"编辑边"面板中单击 连接 按钮右侧的设置按钮,将"分段"设置为 3,右键激活透视图,单击"确定"按钮,如图 6-133 所示。

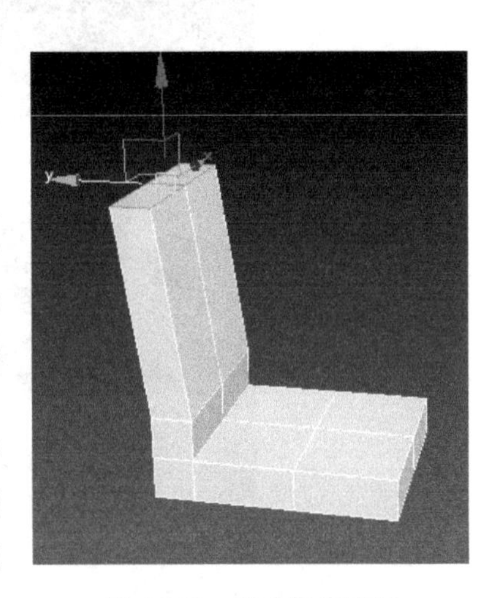

图 6-131 拖动餐椅后背

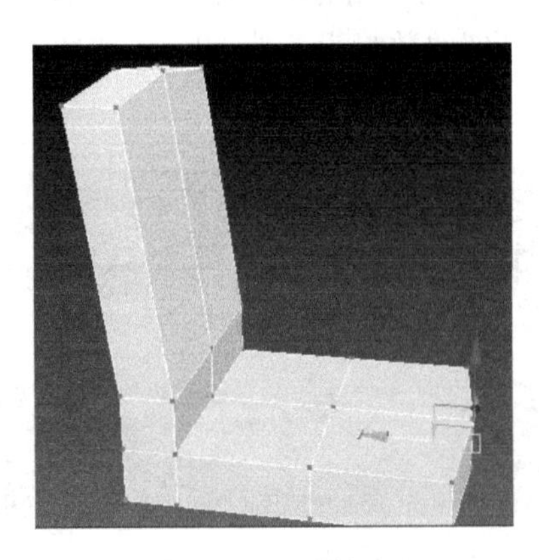

图 6-132 修改餐椅细节

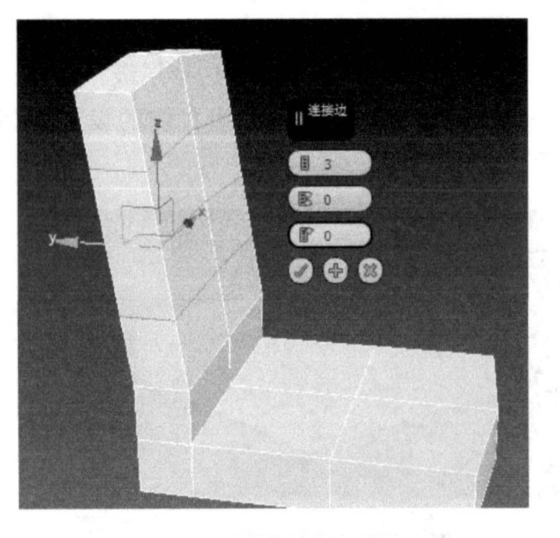

图 6-133 增加餐椅靠背横向分段

(15) 在顶视图中框选餐椅上部竖向的边，单击 焊接 按钮右侧的设置按钮，将“分段”设置为1，单击“确定”按钮。继续在顶视图中框选餐椅下部竖向的边，将连接“分段”设置为1，如图6-134所示。

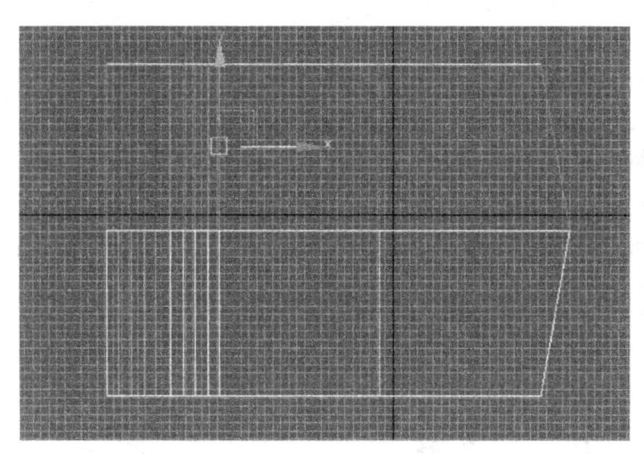
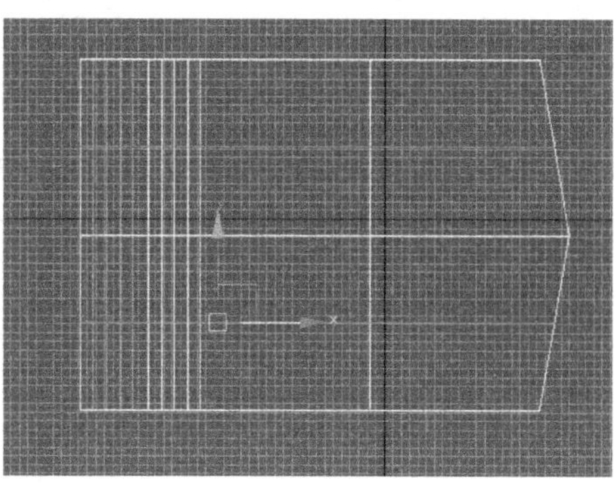

图6-134　增加餐椅纵向分段

(16) 分段完成后，还需要调节边的位置。在主工具栏将选择方式切换为“窗口”方式。按住Ctrl键框选餐椅上半部分增加的分段。选择“选择并均匀缩放”工具，将缩放中心选择为“使用选择中心”，沿Y轴向两侧拖动，将分段线移动至餐椅靠外边的位置，如图6-135所示。

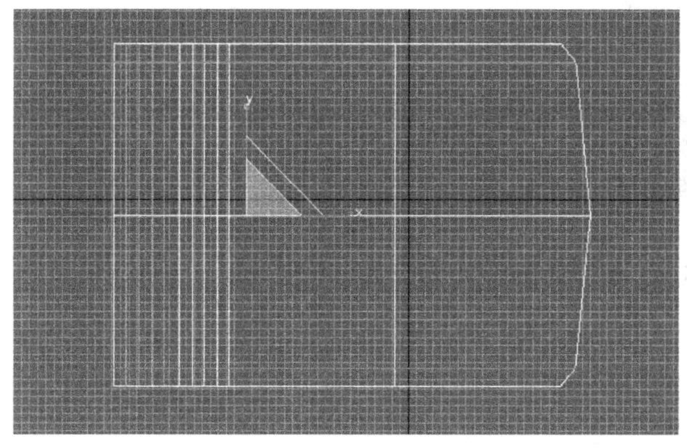
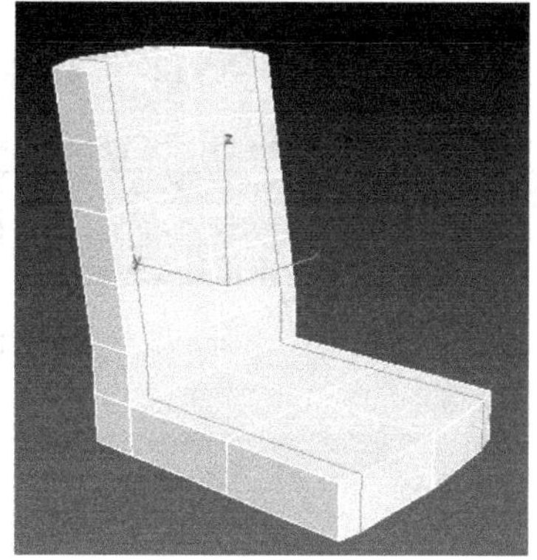

图6-135　调节边的位置

(17) 在主工具栏将选择方式切换为“交叉”方式。在前视图中框选餐椅坐垫左侧的边，配合Ctrl键继续框选坐垫右侧的边，单击 焊接 按钮右侧的设置按钮，将“分段”设置为1，单击“确定”按钮。再选择“选择并均匀缩放工具”，将缩放中心选择为“使用选择中心”，沿X轴向两侧拖动，将分段线移动至餐椅坐垫靠外边的位置，如图6-136所示。

(18) 进入点层级，在透视图中调节点的位置，将餐椅靠背边缘部分调薄并向后倾斜，在左视图中通过“选择并缩放”工具，将座椅靠背调整至向上逐渐收缩的形状，如图6-137所示。

(19) 给模型添加“网格平滑”修改器，“迭代次数”设置为2，如图6-138所示。

(20) 由于需要餐椅的下边是平直的，就像椅套一样，所以再次进入可编辑多边形的多边形层级，在左视图中框选最下部的面，将其删除，重新回到“网格平滑”层级，餐椅的上部就完成了，如图6-139所示。

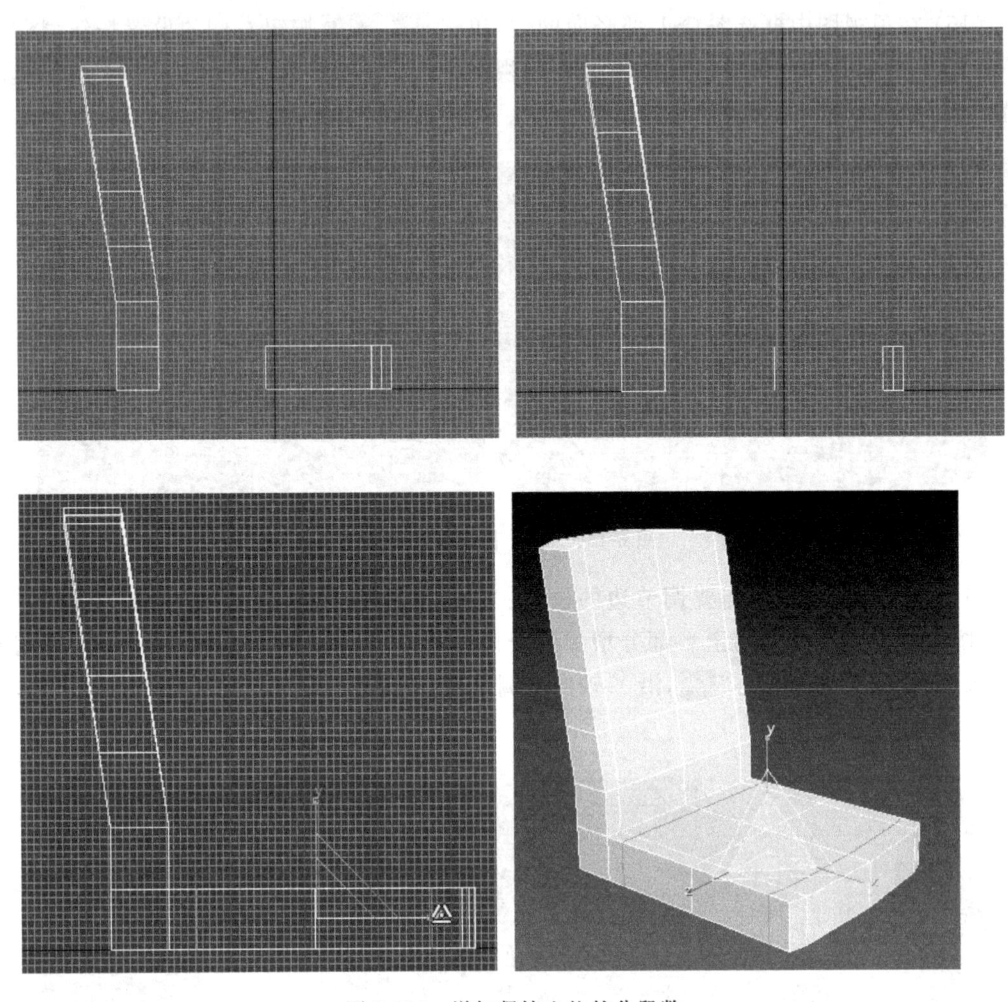

图 6-136　增加餐椅坐垫的分段数

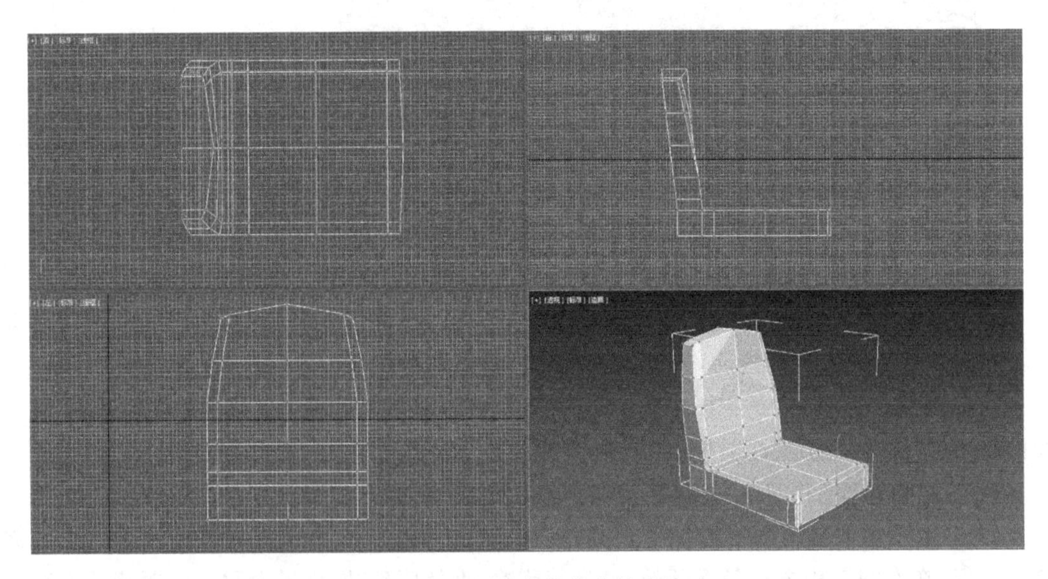

图 6-137　调节餐椅靠背的形状

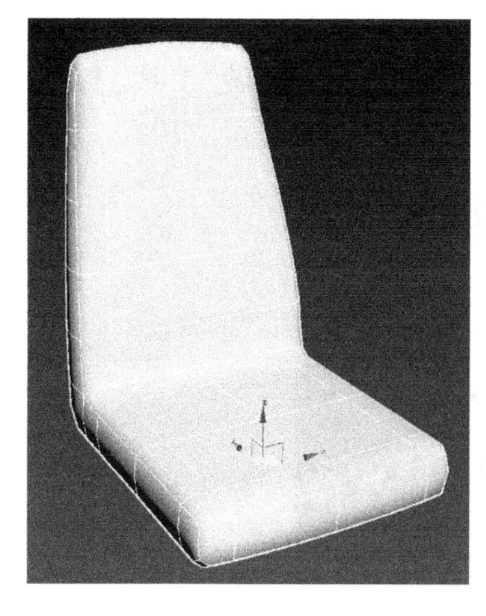

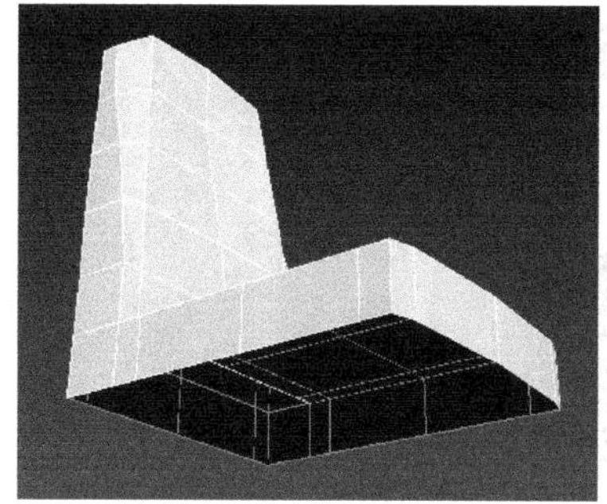

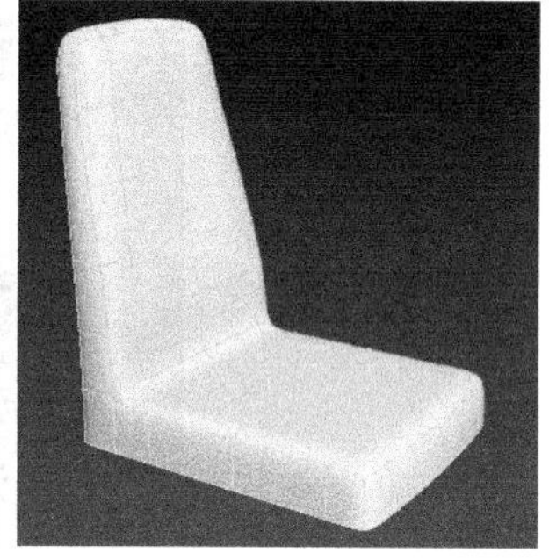

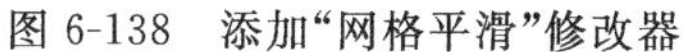

图 6-138 添加“网格平滑”修改器

图 6-139 删除餐椅底面

(21) 下面制作餐椅的腿。在顶视图中，创建一个长方体，“长度”为 40mm，“宽度”为 40mm，“高度”为 50mm，“长度分段”“宽度分段”“高度分段”都设置为 1，并将其转换为可编辑多边形，如图 6-140 所示。

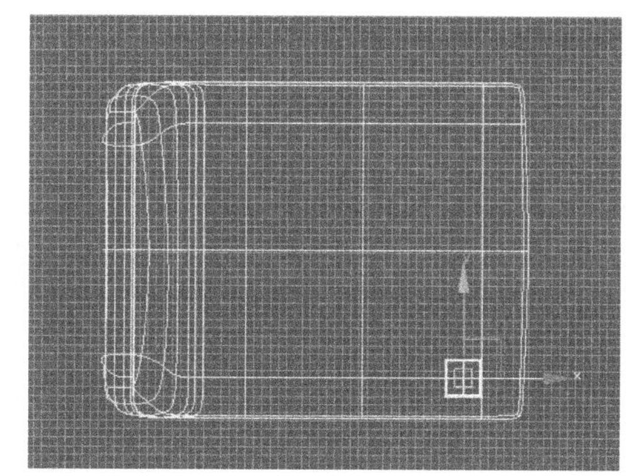

图 6-140 创建长方体

(22) 进入多边形层级，在透视图中选择长方体下边的面，在“编辑多边形”面板中单击 倒角 按钮右侧的设置按钮，设置“倒角高度”为 50mm，“轮廓”为 −1，单击“应用并继续”按钮，连续 8 次单击“应用并继续”按钮，做出椅子腿的形状，如图 6-141 所示。

(23) 退出多边形层级。选择椅子腿，添加“弯曲”修改器，在“参数”面板中将“角度”设置为 20，“方向”设置为 50，如图 6-142 所示。

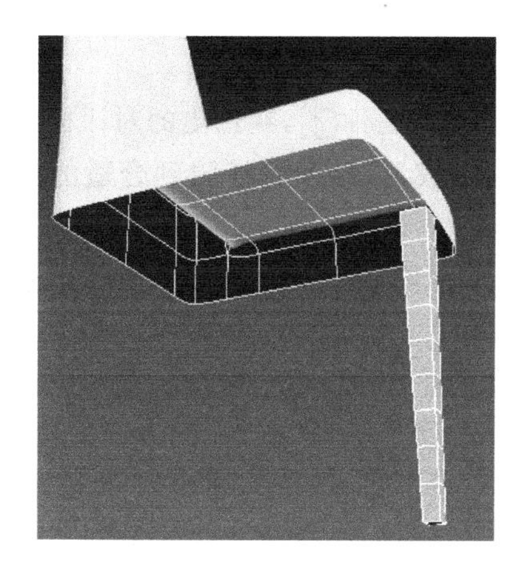

图 6-141 利用“倒角”制作餐椅的腿

图 6-142 弯曲餐椅的腿

(24) 由于添加了“弯曲”修改器，导致餐椅腿底部翘了起来，所以需要对这部分进行调整。选择餐椅腿，再次将其转换为可编辑多边形，进入点层级，单击“选择并旋转”工具，在前视图和左视图中，旋转餐椅腿底部的点，使点平行于地面，如图 6-143 所示。

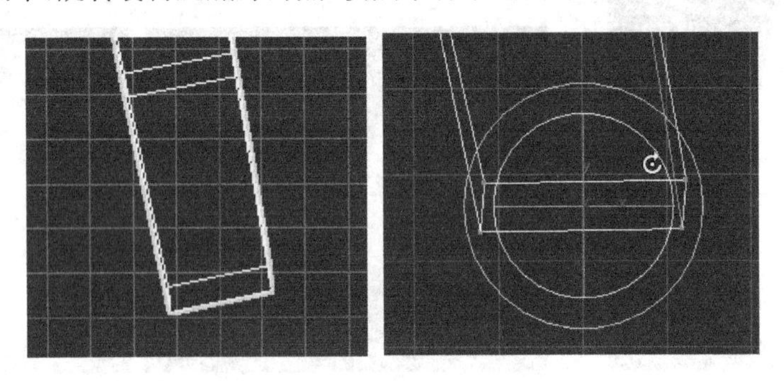

图 6-143　调节餐椅腿部的形状

(25) 退出顶点层级。选择餐椅腿，微调位置。在透视图中单击“镜像”工具，在弹出的对话框中选择“镜像轴”为 X 轴，“克隆当前选择”为“实例”方式，复制完成后，移动餐椅腿到合适的位置，如图 6-144 所示。

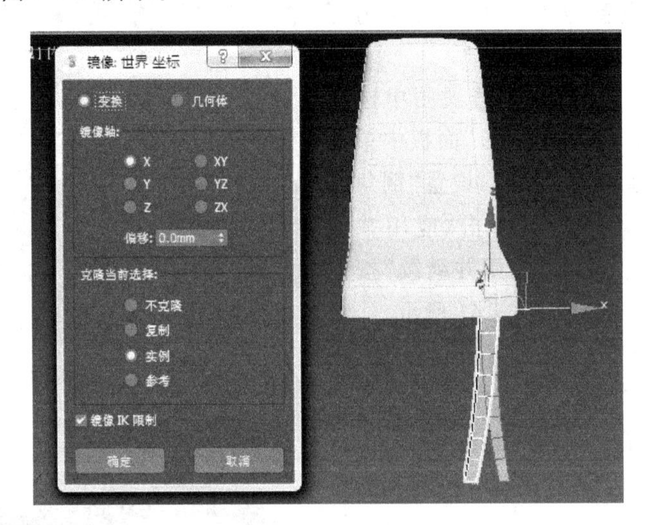

图 6-144　复制餐椅腿

(26) 在透视图中选择这两条餐椅腿，再单击“镜像”工具，在弹出的对话框中选择“镜像轴”为 Y 轴，“克隆当前选择”为“实例”方式，复制完成后，移动餐椅腿到合适的位置，餐椅制作完成，如图 6-145 所示。

(27) 在视图中右击，选择快捷菜单中的“全部取消隐藏”命令，将餐桌显示出来，并移动餐椅到合适的位置，如图 6-146 所示。

(28) 选择餐椅，在顶视图中按住 Shift 键移动并复制，复制出第二把餐椅。再选择这两把餐椅，单击“镜像”工具，在弹出的对话框中选择沿 Y 轴以“实例”的方式复制出另外两把餐椅。选择其中一把餐椅，单击“选择并旋转”工具，打开“角度捕捉切换”按钮，配合 Shift 键，旋转 90°并以“实例”的方式进行复制，移动位置。选择新复制的餐椅，单击“镜像”工具，在弹出的对话框中选择沿 X 轴以“实例”的方式复制出对面的餐椅，如图 6-147 所示。

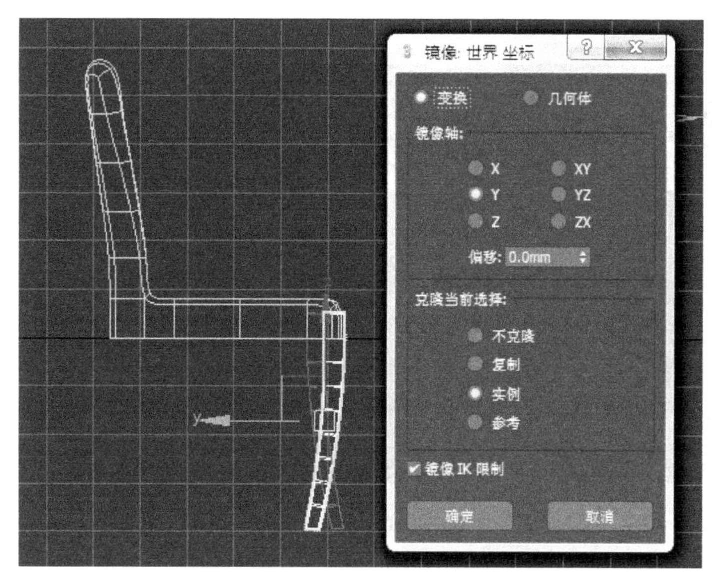

图 6-145　完成餐椅的整体制作

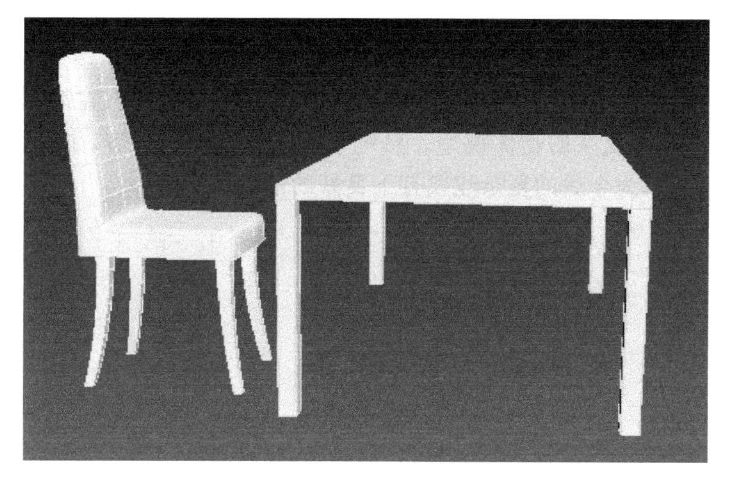

图 6-146　显示餐桌与餐椅

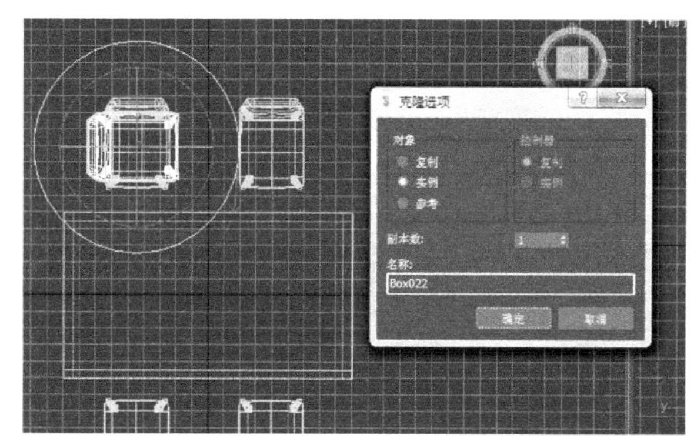

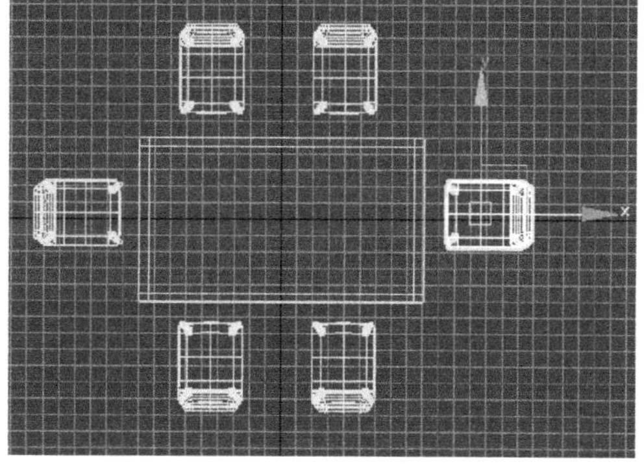

图 6-147　复制餐椅

(29) 调整餐桌和餐椅的位置,完成模型的制作,如图 6-148 所示。

图 6-148 调整餐桌与餐椅的位置

6.5 本章小结与重点回顾

本章主要介绍了在 3ds Max 2017 进行多边形建模的方法,了解“多边形建模”面板中常用命令的用法,并通过对模型的顶点、边、边界、多边形、元素的修改,在简单模型基础上,方便快捷地建立一些较为复杂的物体模型。熟练掌握本章学习的内容,了解具有一定难度的模型制作思路与方法,为今后的复杂建模打下良好的基础。

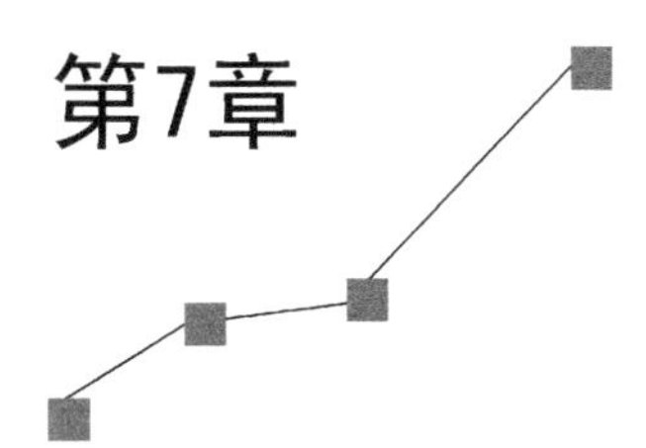

第7章 VRay渲染参数及VRay灯光

VRay 渲染器是一款全局光渲染器，模拟真实光照，渲染效果逼真细腻，是目前效果图制作领域的主流渲染器。通过本章的学习，可以了解 VRay 面板渲染参数的设置，掌握 VRay 灯光的设置方法，能够利用灯光、渲染技术，完成作品的最终输出。

7.1 VRay 整体介绍

VRay 是目前在室内外效果图制作领域最为流行的渲染器，以插件的形式安装在 3ds Max 中。本书以 VRay 3.40.01 为例进行讲解。

7.1.1 新增功能

VRay 3.40.01 成功安装到 3ds Max 2017 以后，选择“渲染”→“渲染设置”菜单命令，或者按 F10 键，打开“渲染设置：扫描线渲染器”对话框，现在使用的渲染器是默认的扫描线渲染器。指定渲染器有两种方法：①在对话框上方单击“渲染器”的下拉列表，如图 7-1 所示；②在对话框下方的“指定渲染器”面板中单击“产品级”右侧的 ... 按钮，如图 7-2 所示，选择 V-Ray Adv3.40.01，如图 7-3 所示。

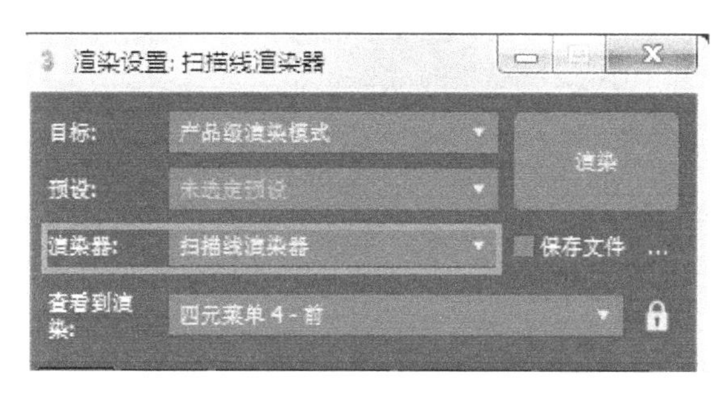

图 7-1　在渲染设置面板上方设置

知识点 1

如果单击下方的“保存为默认设置”按钮，下次启动 3ds Max 时会自动将 VRay 渲染器指定为当前渲染器。

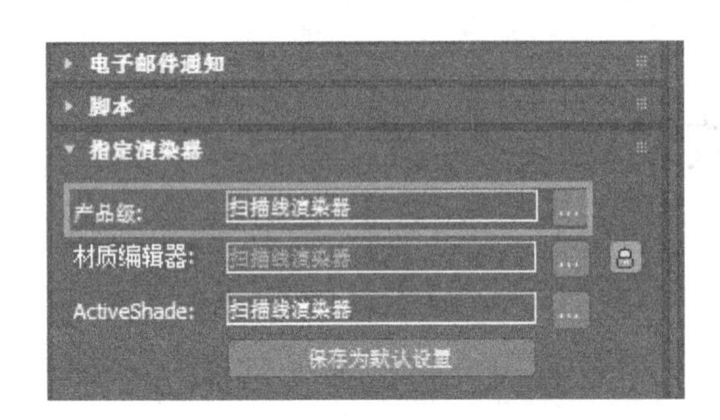

图 7-2 在渲染设置面板下方设置

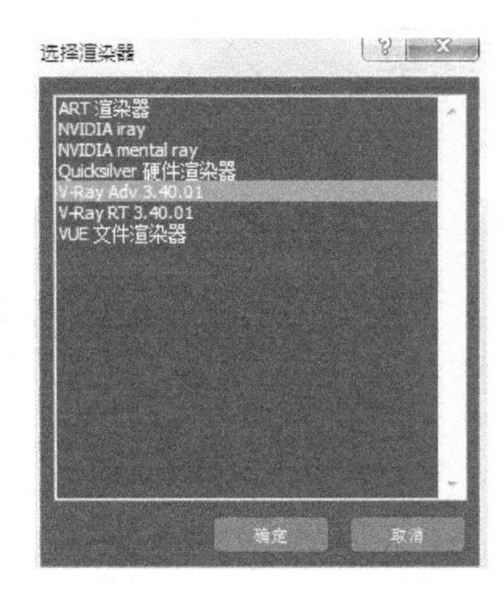

图 7-3 将 VRay 渲染器指定为当前渲染器

1. VRay 参数面板

如果当前渲染器为 VRay 渲染器，在“渲染设置”面板中会出现 3 个选项卡，即 V-Ray、GI 和设置，如图 7-4 所示。在 Render Elements 选项卡中可以添加 VRay 的降噪功能，这是 3.40 版本重点推出的新功能。本书稍后在实战中会详细介绍。

图 7-4 VRay 渲染器的渲染设置面板

2. VRay 物体

在“创建”命令面板下，单击“几何体”，下拉列表中增加 VRay 对象。选择 VRay 对象，可以看到 VRayProxy(VRay 代理)、VRayPlane(VRay 平面)、VRayFur(VRay 毛发)等几种对象类型，如图 7-5 所示。

1）VRayProxy（VRay 代理）

VRay 代理只在渲染时使用，它可以代理对象在当前的场景中进行形体渲染，但并不是真正意义的存在于这个当前场景中，也不占用资源。使用 VRay 代理，运行起来比较流畅，但缺点是不能修改，所以一般不用。

2）VRayPlane（VRay 平面）

VRay 平面主要用来制作一个无限广阔的平面。在创建平面对象时，只需要在视图中单击即可完成，平面物体在视图中只是显示平面对象图标。在渲染时必须将 VRay 渲染器指定为当前渲染器，否则看不见渲染效果。它没有任何参数可以调节，但可以更改其颜色，也可以被赋予材质贴图。

图 7-5　VRay 物体

3）VRayFur（VRay 毛发）

VRay 毛发用来在其他造型上创建毛发效果。只有选中造型才能生成毛发，否则这个命令是不可用的。在视图中只显示毛发图标，渲染后才显示毛发效果。使用 VRay 毛发可以模拟地毯、布料、植物、草地等，图 7-6 所示为利用 VRay 毛发模拟的地毯效果。

图 7-6　VRay 毛发模拟的地毯

3. VRay 灯光

安装 VRay 渲染器后，在灯光面板下，除了 3ds Max 的标准灯光、光度学灯光外，还增加了 VRay 灯光。有 VRayLight、VRayIES、VRayAmbientLight、VRaySun 4 种灯光类型，如图 7-7 所示。VRay 灯光有着优秀的渲染效果和简洁的参数设置，使用起来非常方便。本书在下一节会详细介绍 VRay 灯光的使用。

4. VRay 摄影机

在较早版本中，VRay 摄影机分两种类型，即 VRayDomeCamer（VRay 穹顶摄影机）和 VRay 物理摄影机。在 VRay 3.40.01 中，VRay 物理摄影机放到了标准摄影机面板中。VRay 穹顶摄影机用来渲染半球圆顶效果，一般不用，如图 7-8 所示。

图 7-7 VRay 灯光

图 7-8 VRay 摄影机

5. VRay 材质

VRay 渲染器提供了一套功能完善的材质系统。单击 3ds Max 主工具栏中的按钮或者按 M 键，打开"材质编辑器"对话框。任意选择一个材质球，单击 Standard 按钮，打开"材质/贴图浏览器"对话框。单击展开 V-Ray，可以看到 VRay 提供了 20 多种材质类型，如图 7-9 所示。使用这些材质能满足多数制作的要求，并且参数精简，调节效率非常高。本书将在第 8 章详细讲解 VRay 材质的调节方法。

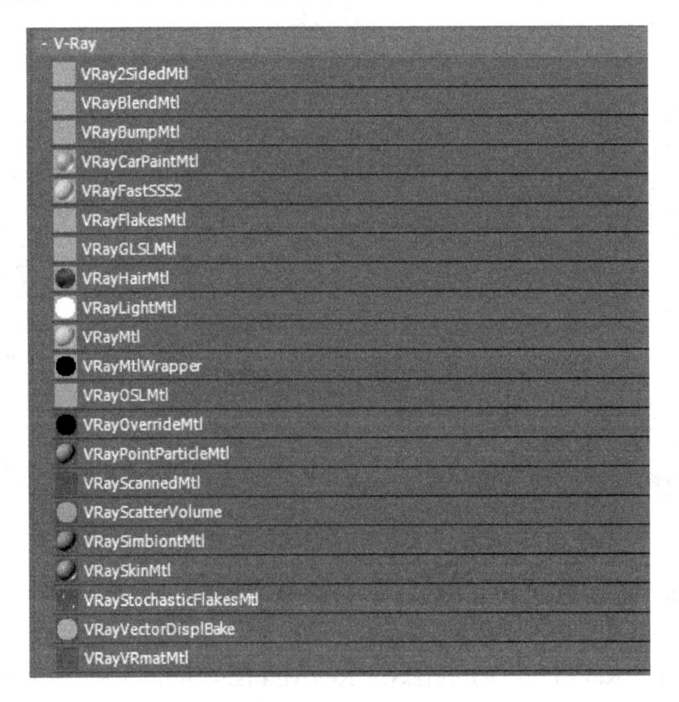

图 7-9 VRay 材质

6. VRay 贴图

在"材质/贴图浏览器"中任选一种 VRay 材质，如 VRayMtl，在材质编辑器"基本参数"面板中，单击任一参数右侧的贴图通道 漫反射 按钮，在"材质/贴图浏览器"中单击展开 V-Ray，可以看到 VRay 提供的多种贴图类型，如图 7-10 所示。这些贴图都有着特殊的用途，并且每种贴图功能都比较单一，参数也比较简单。

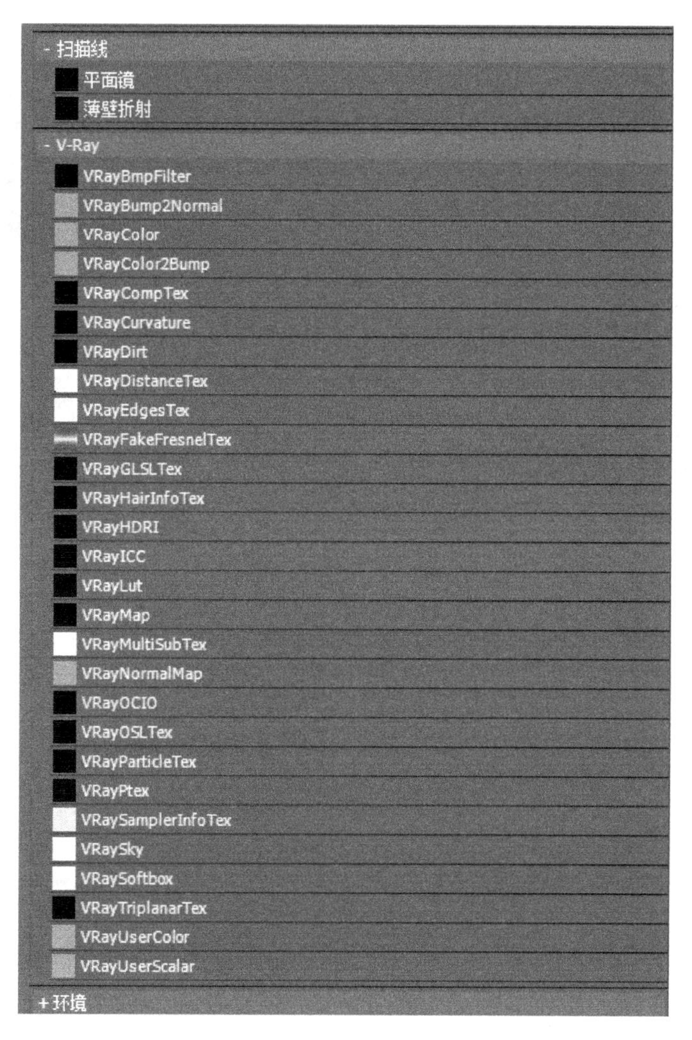

图 7-10 VRay 贴图

7.1.2 VRay 面板

打开本书配套学习资源中的“场景文件→第 7 章→儿童房. max”文件，如图 7-11 所示。将 VRay 渲染器指定为当前渲染器后，在“渲染设置”面板中会出现 3 个选项卡，即 V-Ray、GI 和设置。分别单击这 3 个选项卡，会出现相应的调节参数，下面对其作基本介绍，重点讲解常用的参数。

1. 授权

该卷展栏主要显示 VRay 的注册信息，注册文件一般都放在 C:\Program Files\Common Files\ChaosGroup\vrlclient. xml 中，如图 7-12 所示。如果以前安装了低版本的 VRay，在安装高版本之前，应该先卸载后再重新安装。

2. 关于 VRay

该卷展栏主要显示 VRay 的 LOGO、版本等信息，这里使用的是 V-Ray 3. 40. 01，如图 7-13 所示。

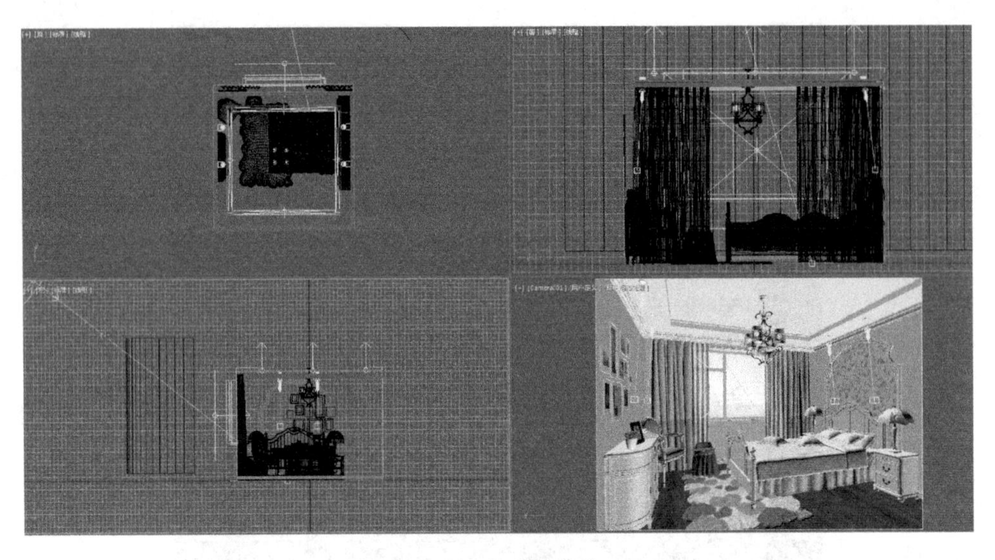

图 7-11 儿童房文件

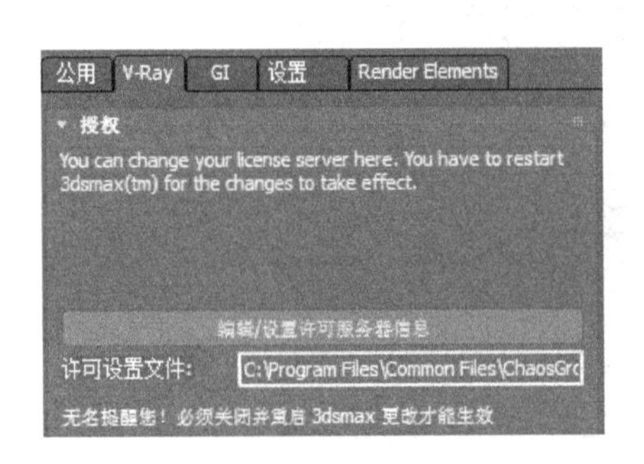

图 7-12 VRay 授权面板

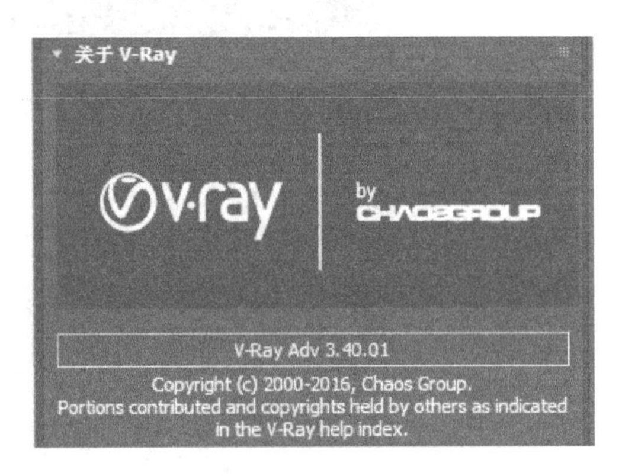

图 7-13 "关于 V-Ray"面板

3. 帧缓冲区

该卷展栏主要设置 VRay 自身的帧渲染窗口，设置渲染图像的尺寸、渲染元素的输出等，如图 7-14 所示。

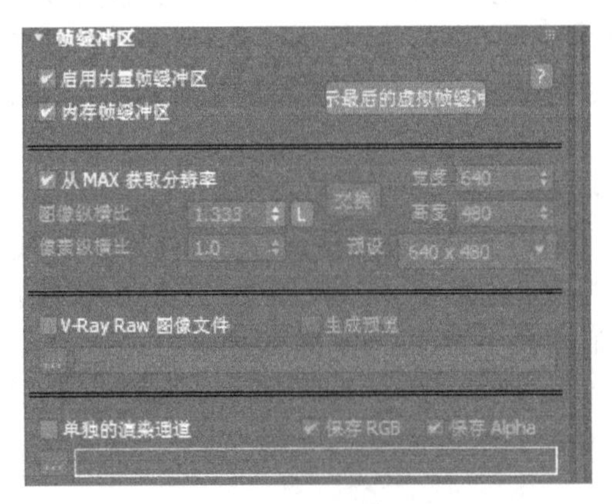

图 7-14 VRay"帧缓冲区"面板

（1）启用内置帧缓冲区。该版本默认开启了使用内置帧缓冲区。如果勾选，使用 VRay 的渲染帧窗口渲染图像，如图 7-15 所示。如果不勾选，使用 3ds Max 自带的渲染帧窗口，如图 7-16 所示。

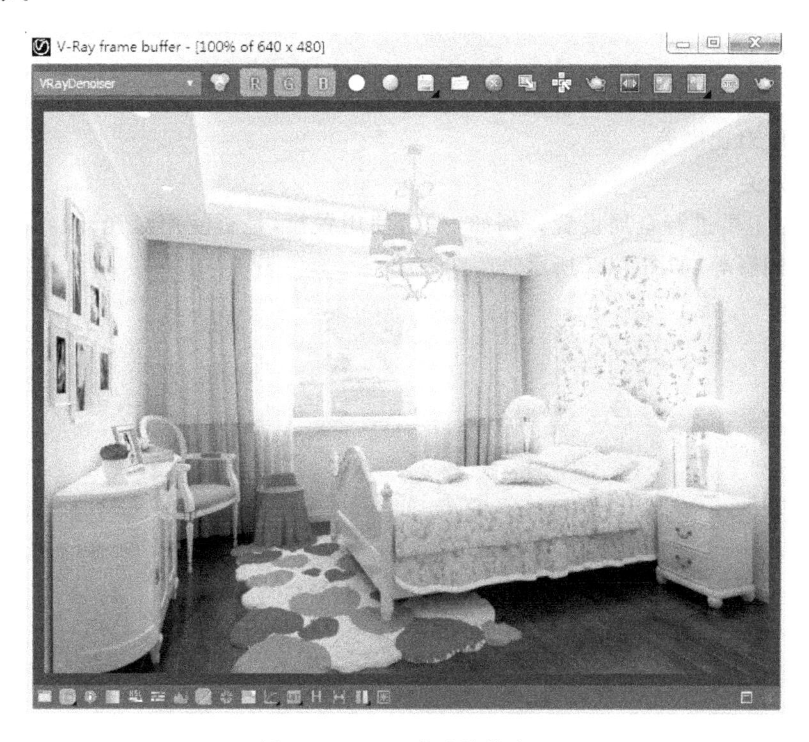

图 7-15　VRay 的渲染帧窗口

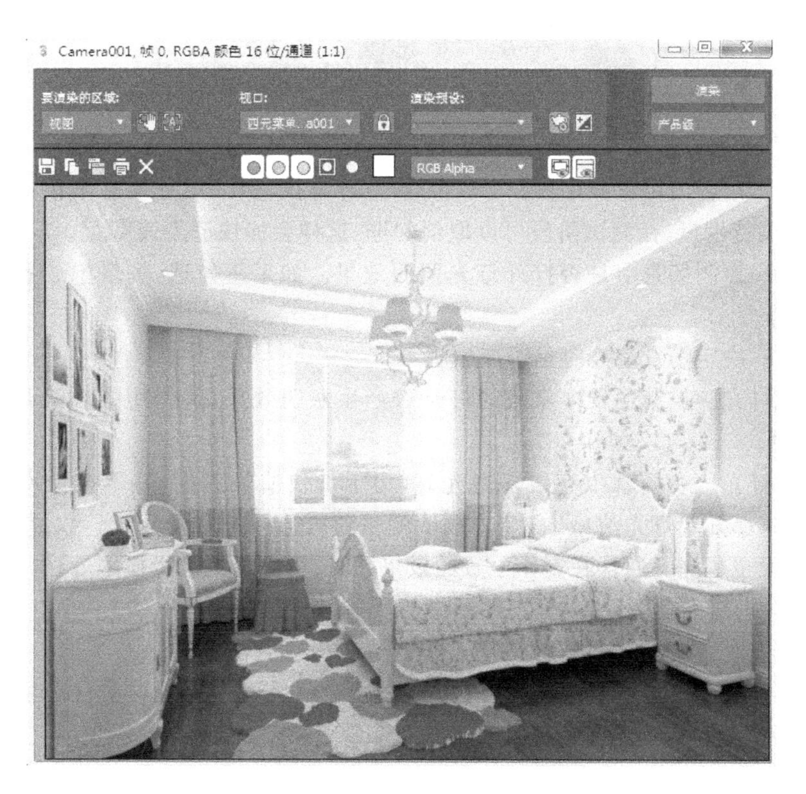

图 7-16　3ds Max 自带的渲染帧窗口

(2) 显示最后的虚拟帧缓冲。单击该按钮，显示上一次渲染的图像窗口。

(3) 从 3ds Max 获取分辨率。如果不勾选，可以直接在 VRay 中设置渲染尺寸；如果勾选，可以在 3ds Max 渲染面板中“公用”→“公用参数”下设置渲染尺寸，效果相同。

知识点 2

VRay 自带的渲染帧窗口比 3ds Max 默认的渲染帧窗口按钮多、功能多，如可以直接调整图像的亮度、对比度等。

4. 全局开关

该卷展栏主要进行全局设置。例如，是否使用置换，是否使用灯光、隐藏灯光、概率灯光，是否打开阴影等，如图 7-17 所示。

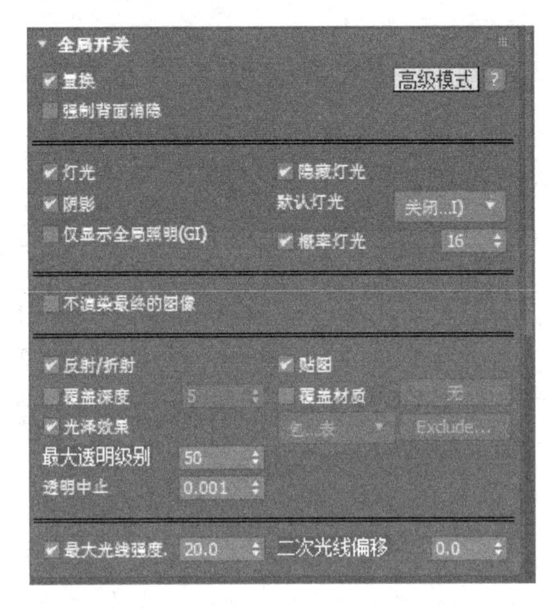

图 7-17 “全局开关”面板

(1) 置换。是否使用置换贴图。如果场景中有置换，例如用置换贴图模拟地毯的凹凸效果，图像渲染特别慢，在测试阶段可以取消勾选，这样会加快渲染速度。

(2) 灯光。控制场景中是否打开灯光照明效果。如果不勾选，场景中放置的灯光不起作用。

(3) 阴影。决定场景渲染时是否产生阴影。

(4) 隐藏灯光。控制场景中隐藏的灯是否产生照明效果，这个功能对于调节场景中的光照非常方便。

(5) 概率灯光。在场景中有很多灯光时，为了加快渲染速度，并不渲染所有灯光的光照，而是随机选择几个灯光渲染，右侧的数量就是随机选择的灯光数量。数量值越大，图像质量越好，画面也越亮。通常在制作一般的效果图时，可以取消选择概率灯光。

(6) 反射/折射。是否计算材质、贴图中的反射/折射效果。

(7) 贴图。是否使用纹理贴图。

(8) 覆盖材质。勾选该复选框，允许用户通过使用后面指定的材质代替场景中所有对象的材质进行渲染。该选项在调节复杂场景时非常有用。

知识点 3

在制作一般的效果图时，灯光、阴影、隐藏灯光、反射/折射、贴图等保持默认即可。

知识点 4

全局开关有 3 种模式，即默认、高级、专家模式，高级、专家模式参数较多，一般选择高级模式。

5. 图像采样(抗锯齿)

该卷展栏主要调整渲染图像的精细程度，“类型”默认采用“渐进”，如图 7-18 所示。

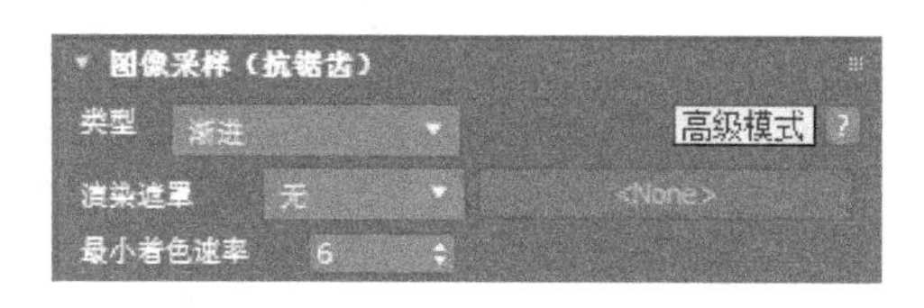

图 7-18　“图像采样(抗锯齿)”面板

(1) 块。在 VRay 3.0 以后自适应细分和自适应 DMC 合并成块类型。如果使用旧版本的用户习惯了自适应的方式，可以选择“块”的方式。如果选择“块”，下方会出现“渲染块图像采样器”。

(2) 最小细分。定义每个像素的最少采样数量。

(3) 最大细分。定义每个像素的最大采样数量。最小细分、最大细分可以设置，也可以不设置。值越大，图像越细腻，但是渲染的时间越长。

(4) 渐进。选择“渐进”类型，在对场景进行测试时可以随时中止。如果效果满意，可以单击停止渲染。如果选择“渐进”，下方会出现“渐进图像采样器”。

(5) 渲染时间(分)。最大渲染时间，以分钟为单位。值越大，渲染时间越长，渲染遍数越多，图像越精细，噪点越少。渲染测试阶段使用默认的 1 分钟。如果出成图，可以把渲染时间加大，加大到 20 分钟、30 分钟或更长的时间。渲染中觉得效果满意了，可以直接单击终止，将图像效果保存。

知识点 5

渲染时间只是最后像素的渲染时间，不包括前面的渲染(如全局照明、灯光缓存、光子图的时间)，只包括最后渲染图像的时间。

6. 图像过滤

该卷展栏用来增强图像边缘的清晰度。在草图阶段一般关闭这个选项。在成图阶段，选择 Catmull-Rom、Mitchell-Netravali 或者 VRayLanczos 都能获得比较好的渲染质量，如图 7-19 所示。

图 7-19　“图像过滤”面板

7. 全局确定性蒙特卡洛

该卷展栏常用的是“使用局部细分”。勾选后，可以调整 VRay 灯光的细分值和材质反射、折射的细分值；否则这些选项不可用，如图 7-20 所示。

8. 环境

VRay 的 GI 环境包括 VRay 天光、反射环境和折射环境等。勾选“全局照明(GI)环境”复选框将使用天光照明，此选项效果不理想，一般不用，如图 7-21 所示。

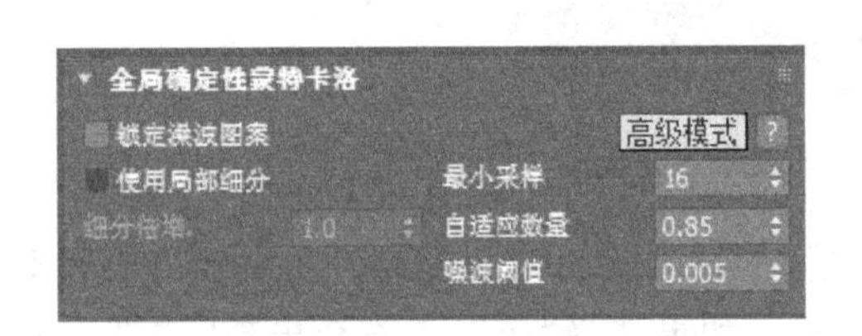

图 7-20 “全局确定性蒙特卡洛”面板

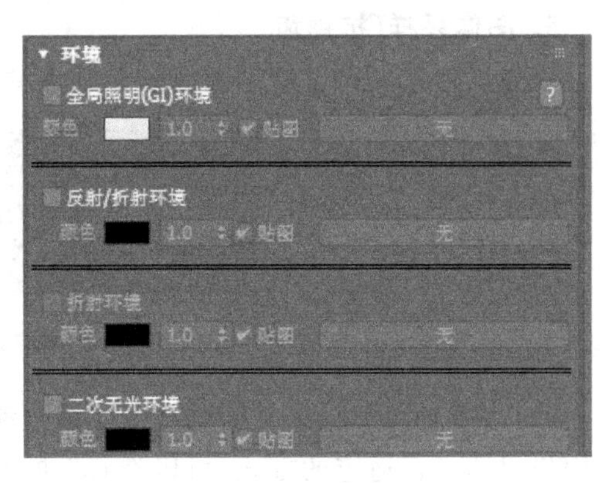

图 7-21 “环境”面板

9. 颜色贴图

该卷展栏主要用来选择曝光模式，控制曝光效果，如图 7-22 所示。

(1) 类型。提供了 7 种曝光模式，如图 7-23 所示。

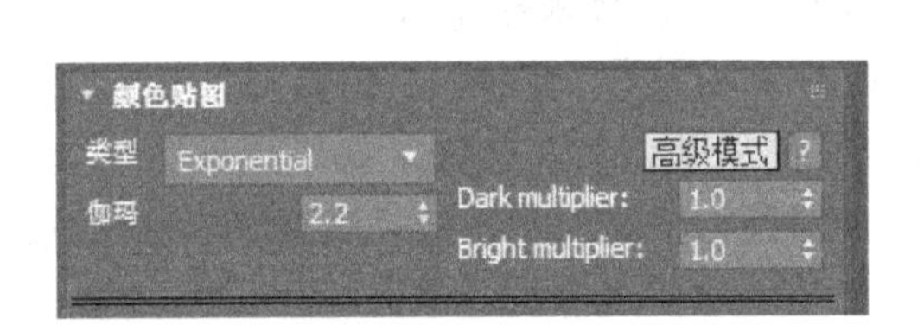

图 7-22 “颜色贴图”面板

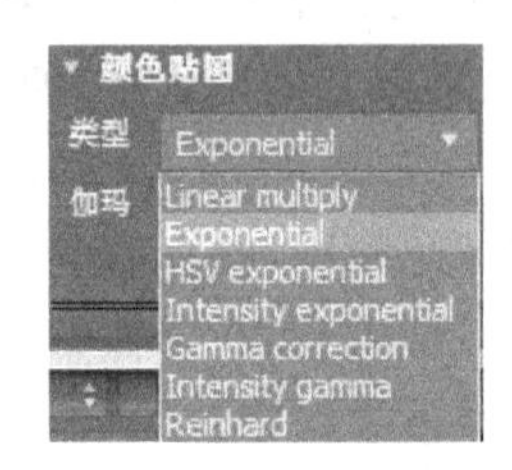

图 7-23 7 种曝光模式

① Linear multiply(线性叠加)：这种曝光模式基于最终色彩亮度来进行线性的倍增，可能导致靠近光源的点过分明亮，容易产生曝光过度的效果。

② Exponential(指数)：可以降低靠近光源处表面的曝光效果，同时场景颜色的饱和度会降低，容易产生柔和效果。

③ HSV exponential(HSV 指数)：与指数比较相似，不同之处在于可以保持场景物体的颜色饱和度，但是会取消高光的计算。

④ Intensity exponential(强度指数)：这种曝光模式是对上面两种指数曝光的结合，既抑制了光源附近的曝光效果，又保持了场景物体的颜色饱和度。

⑤ Gamma correction(gamma 校正)：用来校正场景中的灯光衰减和贴图色彩，效果和线性倍增模式类似。

⑥ Intensity gamma(强度 gamma)：不仅拥有 gamma 校正的优点，同时还可以修正场景灯光的亮度。

⑦ Reinhard(莱茵哈德)：可以把线性叠加和指数混合起来。

(2) Dark multiplier(暗部倍增)。调节画面的暗部。加大暗部倍增，会提高画面暗部的亮度。

(3) Bright multiplier(亮部倍增)。调节画面的亮部。加大亮部倍增，会提高画面亮部的亮度。

知识点 6

在实际制作中使用最多的是指数，画面整体比较柔和细腻，但会有些发灰，不过后期在 Photoshop 中可以非常方便地进行调节。除了指数外，也可以选择 Reinhard，这种模式画面对比度明显，色彩饱和，缺点是有时画面对比度太大，容易曝光，一般可以设置夜景。

10. 全局照明 GI

该卷展栏用来控制全局照明，也就是控制光线在场景中的反弹效果。

(1) 启用全局照明。开启才能产生全局照明，渲染时才会计算光线在场景中的反弹。关闭则不会产生全局照明，只计算直接光照，不计算间接光照，如图 7-24 所示。

图 7-24　启用全局照明

(2) 首次引擎。一般选择“发光贴图”选项。选择“发光贴图”后，面板下方会出现“发光图”卷展栏，如图 7-25 所示。在场景测试阶段，“当前预设”值可以选择“自定义”或者“非常低”，在输出成图阶段，“当前预设”值可以选择“低”或者“中”。

(3) 二次引擎。一般选择“灯光缓存”，如图 7-26 所示。选择“灯光缓存”后，面板下方会出现“灯光缓存”卷展栏。在场景测试阶段，“细分”值可以设置为 100 或者 200，在输出成图阶段，“细分”值可以设置为 1000 或者 1200。数值越高，渲染品质越好，但是消耗的时间越长。数值越低，渲染速度越快，但是品质会差，如有噪点、杂波、锯齿等。

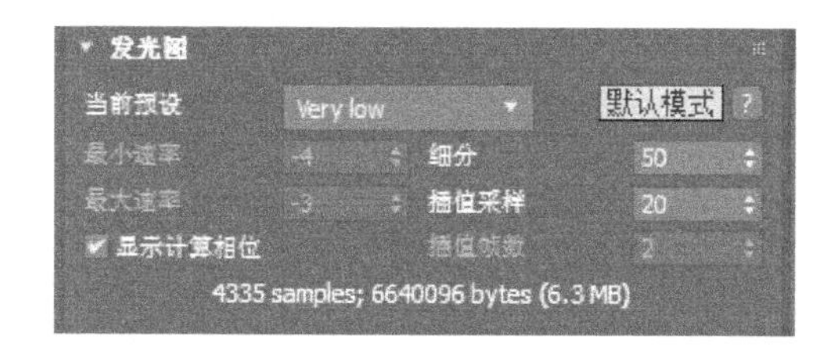

图 7-25　“发光图”卷展栏

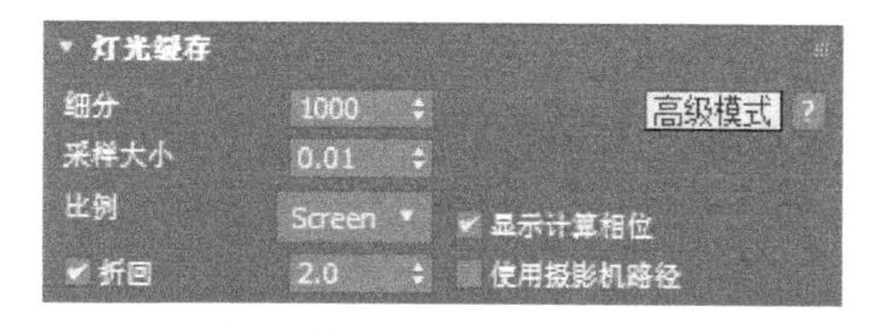

图 7-26　“灯光缓存”卷展栏

11. 焦散

一些玻璃、玉、水晶等透明物体，光线照射时会产生光子分散现象，如图 7-27 所示。焦散在产品设计图中可以设置在效果图中不使用；否则画面会乱。

12. 系统

系统主要控制 VRay 的设置，包括渲染序列、帧标记、日志窗口的显示等，如图 7-28 所示。

(1) 序列。在序列中，可以选择渲染的方向。

(2) 帧标记。可以显示此次渲染的数据，如文件名称、渲染时间、渲染器等，也可以选择显示部分数据。

(3) 日志窗口。控制日志窗口的显示，共分 4 个层次，即从不显示、始终显示、仅在错

图 7-27　焦散效果

误/警告时、仅在错误时。

13. VRayDenoiser(VRay 降噪)

ChaosGroup 发布了 VRay 3.4 for 3ds Max & Maya，此版本最重要的功能是推出了 VRay Denoise(VRay 降噪)功能，如图 7-29 所示。利用 VRay 降噪功能，可以在较短的时间内得到一张低噪点、高质量的渲染图。

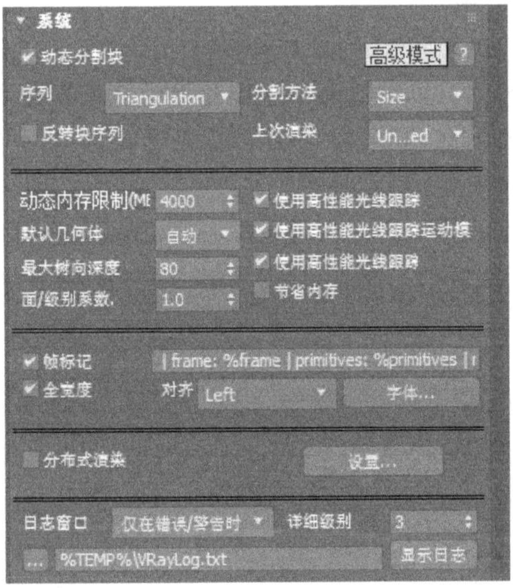

图 7-28　“系统”面板

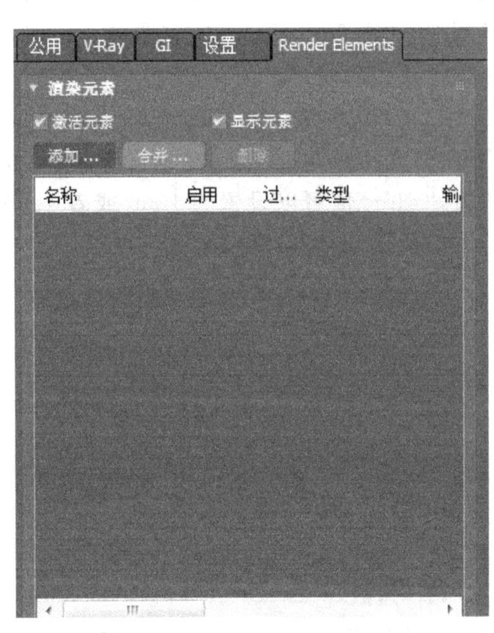

图 7-29　VRay 降噪

(1) 在“Render Elements(渲染元素)”选项卡中单击“添加”按钮，在“渲染元素”面板中选择“VRayDenoiser(VRay 降噪)”，单击“确定”按钮。

(2) 单击 VRayDenoiser，下面会出现设置面板，可以在预设中选择“默认”，或者根据需要选择强度或者自定义，单击“渲染”按钮。

(3) 在“V-Ray 帧缓冲”窗口左上方下拉菜单中选择 VRayDenoiser，可以看到渲染画面获得了很好的降噪效果。

7.1.3 调整测试渲染参数

在实际工作中经常会大量测试场景，进行不同程度的调整，直到调整到合适的效果，再将场景参数增大，进行最终效果图的渲染输出。下面以一个 VRay 渲染案例为例进行说明。

（1）打开本书配套学习资源中的“场景文件→第 7 章→儿童房.max”文件，打开“渲染设置”对话框，将“渲染器”指定为 V-Ray Adv 3.40.01，如图 7-30 所示。

（2）打开“渲染设置”对话框，切换到“公用”选项卡，“图像纵横比”默认状态是“锁定”，将“宽度”设置为 500，下面的“高度”会随着一起变化，如图 7-31 所示。

图 7-30 将渲染器指定为 V-Ray Adv 3.40.01

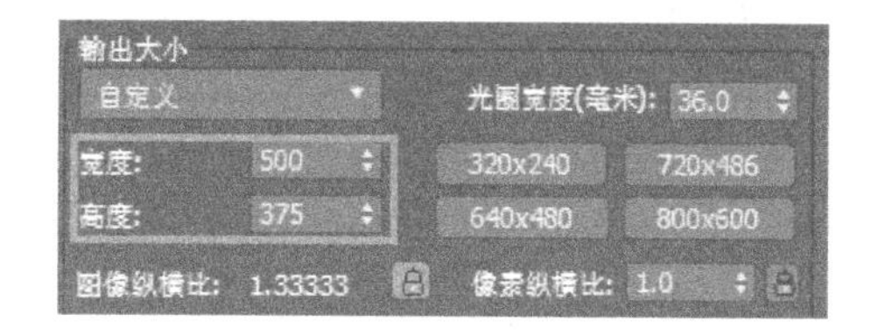

图 7-31 设置渲染文件输出大小

（3）切换到 V-Ray 选项卡，将“图像采样（抗锯齿）”中“类型”选择为“块”，取消勾选“图像过滤器”复选框，将“渲染块图像采样器”中“最大细分”设置为 4，如图 7-32 所示。

（4）展开“颜色贴图”面板，将“类型”选择为 Exponential，如图 7-33 所示。

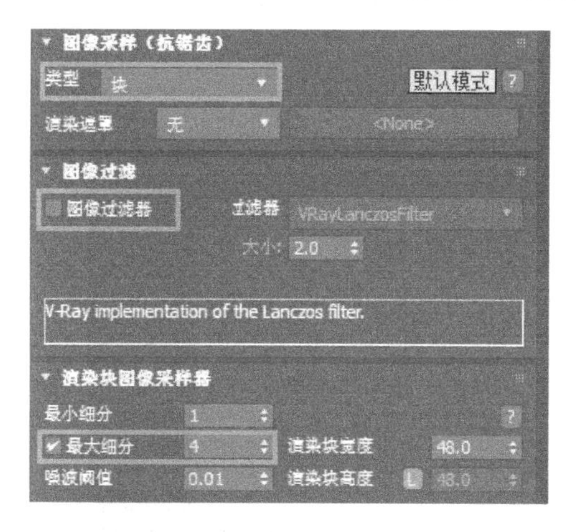

图 7-32 设置图像采样、图像过滤参数

图 7-33 设置曝光类型

（5）切换到 GI 选项卡，将“首次引擎”设置为“发光图”，“二次引擎”设置为“灯光缓存”。展开“发光图”卷展栏，将“当前预设”设置为 Very low。展开“灯光缓存”卷展栏，将“细分”设置为 200，如图 7-34 所示。

（6）切换到“设置”选项卡，勾选“帧标记”复选框，将渲染帧窗口下方显示的信息设置为 frame 后面的部分，前面的信息不重要，不需要显示，从文本框中删除即可。将“日志窗口”设置为“仅在错误时”，如图 7-35 所示。

（7）用鼠标左键激活摄像机视图，单击“渲染设置”窗口中的 渲染 按钮，或者单击主工具栏中的 按钮，进行渲染。渲染效果如图 7-36 所示。

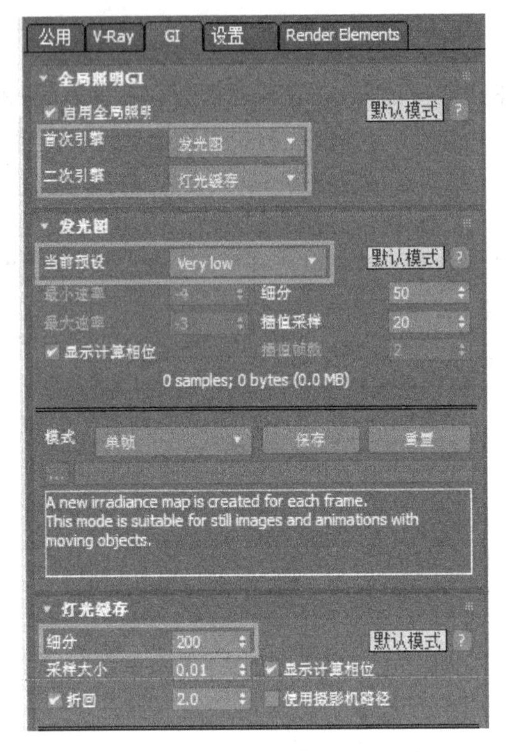

图 7-34 设置全局照明

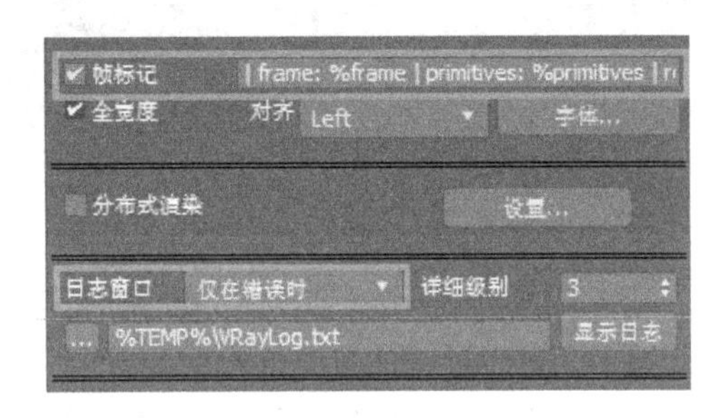

图 7-35 设置“帧标记”和“日志窗口”

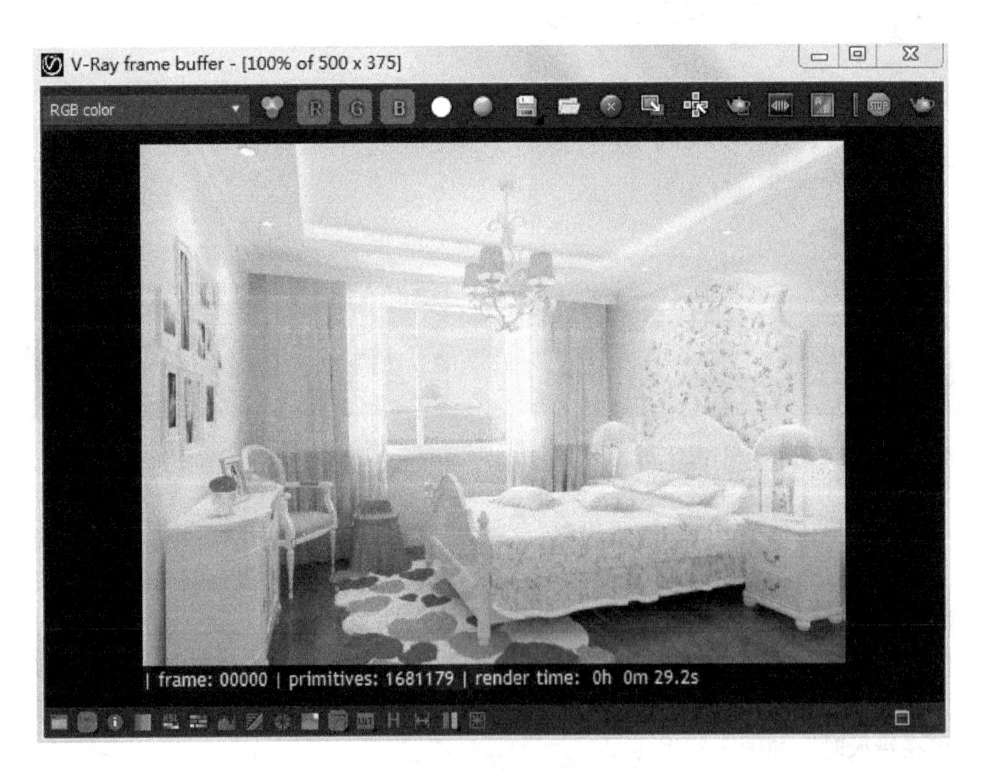

图 7-36 测试阶段渲染效果

(8) 此次渲染用时为29.2秒,画面有些发白。单击V-Ray frame buffer窗口下方的按钮,画面将显示正常。

7.1.4 设置最终渲染参数

渲染测试以后,查看效果,如果无须修改,就可以设置更大的输出尺寸,进行最终的成图渲染。

(1) 打开"渲染设置"对话框,切换到"公用"选项卡,"图像纵横比"默认状态是"锁定",将"宽度"设置为1000,下面的高度会随着一起变化,如图7-37所示。

(2) 切换到V-Ray选项卡,将"渲染块图像采样器"中"最大细分"设置为24。勾选"图像过滤器"复选框,将"过滤器"类型设置为Catmull-Rom,如图7-38所示。

图7-37 设置图像大小

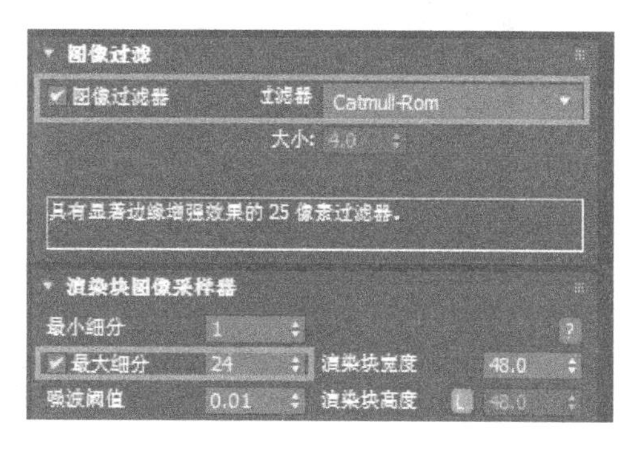

图7-38 设置"最大细分"值及"图像过滤器"类型

(3) 切换到GI选项卡,在"发光图"卷展栏中将"当前预设"设置为Medium,在"灯光缓存"卷展栏中将"细分"设置为1000,如图7-39所示。

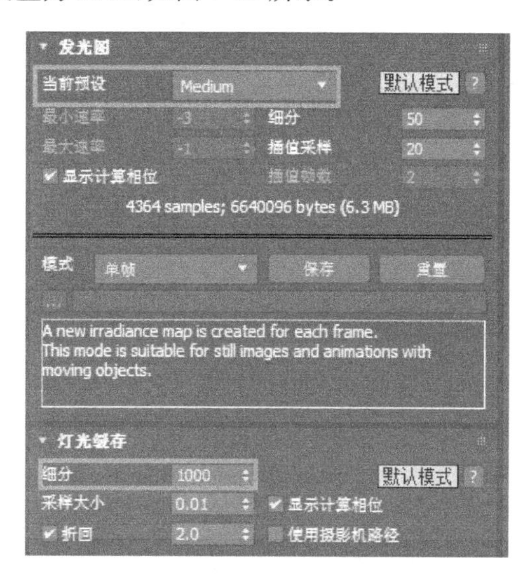

图7-39 设置"当前预设"值和"细分"值

(4) 单击"渲染"按钮,经过7分5.1秒的渲染,得到一张较高质量的效果图,如图7-40所示。

(5) 此时,如果放大图片,可以看到画面上仍有许多噪点,如图7-41所示。

图 7-40　最终渲染效果图

图 7-41　画面有噪点

(6) 切换到 Render Elements(渲染元素)选项卡,单击 添加... 按钮,弹出“渲染元素”面板,选择 VRayDenoiser(降噪),单击“确定”按钮,再次渲染图片,如图 7-42 所示。

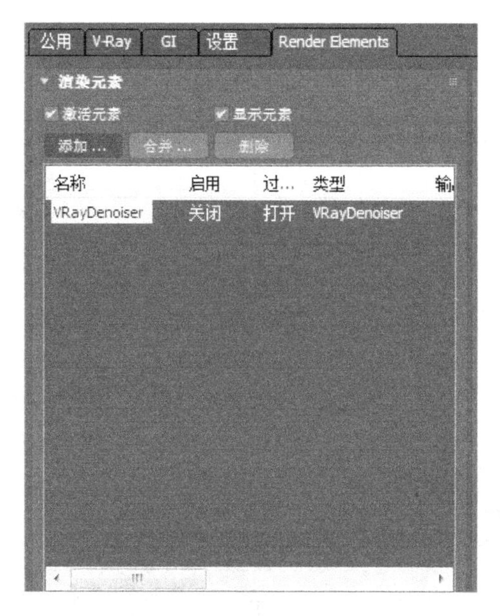

图 7-42　打开降噪功能

(7) 此次渲染用时 8 分 2.1 秒。在 V-Ray frame buffer(渲染帧窗口)窗口左上部的下拉菜单中选择 VRayDenoiser(降噪),可以看到噪点被消除了。图 7-43 所示为降噪后得到的一张高质量的图片。

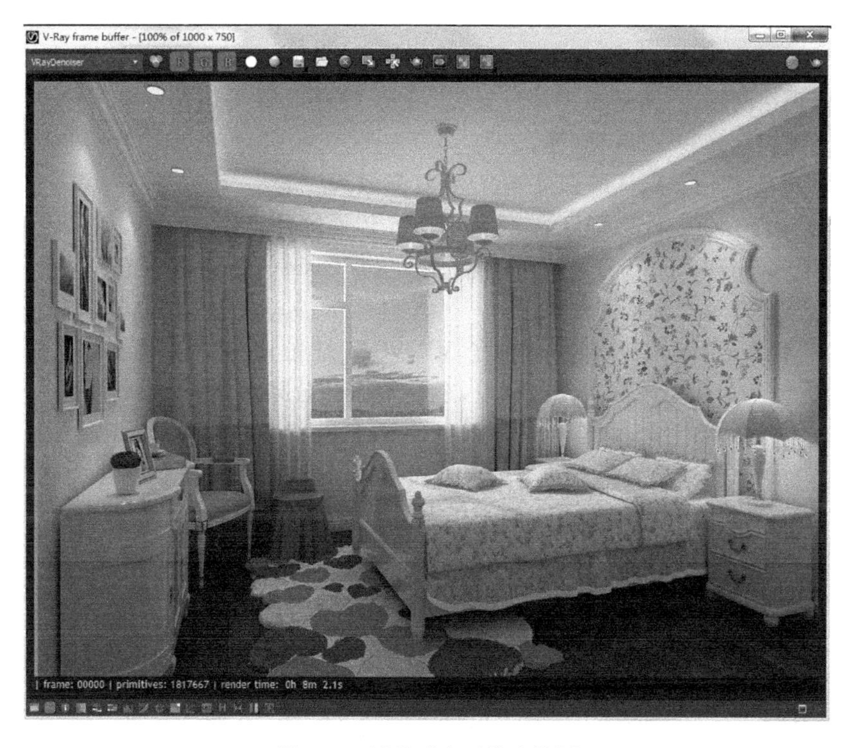

图 7-43　消除噪点后的渲染图

(8) 如果觉得还需要提高画面的亮度和对比度,可以后期在 Photoshop 里进行调整,也可以在 V-Ray frame buffer 窗口中调整。单击窗口下方的 Show corrections control 按钮 ,打开 Color Corrections 面板。勾选 Curve 属性,利用调整杆调整画面的亮度和对比度,如图 7-44 所示。

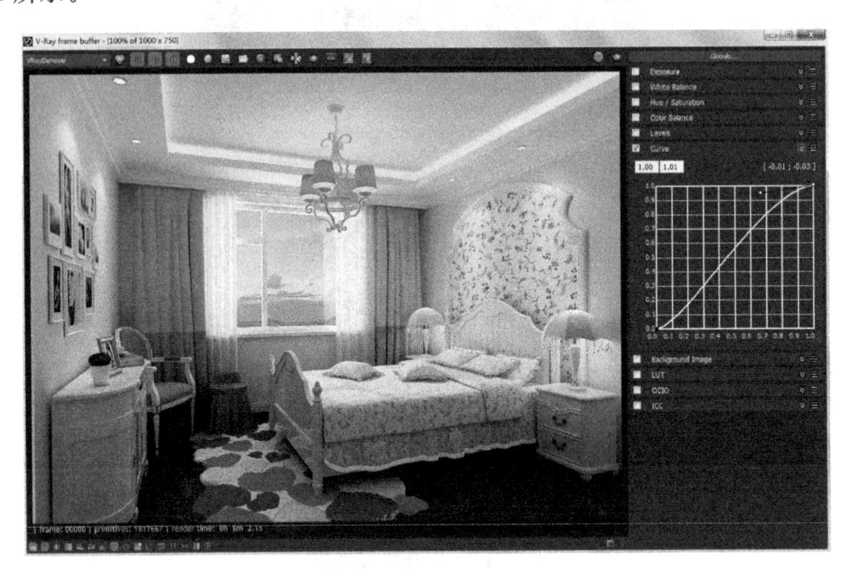

图 7-44 经过后期处理的最终渲染效果图

7.2 VRay 灯光概述

在效果图制作过程中,灯光起着举足轻重的作用。灯光不仅能照亮场景、体现材质的质感,还能够表现空间层次、营造氛围等。安装 VRay 软件以后,3ds Max 灯光有 3 种类型,即标准灯光、光度学灯光和 VRay 灯光。

(1) 标准灯光常用于默认的扫描线渲染,灯光效果一般。

(2) 光度学灯光是一种物理灯光,常用于灯光传递的计算方式,渲染效果不错。早期比较流行的渲染软件,如 Lightscape,用的主要就是 3ds Max 的光度学灯光。用它可以加载光域网文件,模拟筒灯等的光域网效果。

(3) 在后来的 VRay 渲染器中,出现了 VRayIES 灯光,也就是 VRay 的光域网灯光,用它也可以很方便地加载光域网文件。所以,现在室内外效果图制作中,更多的人使用 VRay 灯光。VRay 灯光非常优秀,包括 VRay 灯光、VRayIES、VRaySun 及 VRayAmbientLight。它们有着真实、细腻的渲染效果和简洁的参数设置,使用起来非常方便。在实际工作中用得最多的是前面 3 种灯光。本书重点讲解常用 VRay 灯光的使用。

7.2.1 VRay 灯光

VRay 灯光是从一个面积或者体积内发射出光线,能够产生真实的照明效果。其参数非常精简,能够大大提高调节效率。VRay 灯光包括 5 种灯光类型,分别是平面、穹顶、球体、网格和圆形,如图 7-45 所示。

图 7-45 5 种灯光类型

下面选取“平面”类型进行简单介绍。

(1) 打开本书配套资料的“场景文件→第 7 章→灯光基础知识.max”文件，如图 7-46 所示。该场景为一个室内空间框架，里面没有放置任何灯光。渲染摄像机视图，发亮的部位为灯罩的自发光材质。

图 7-46 灯光基础知识场景文件

(2) 在“创建”面板中单击“灯光”→VRay→VRayLight，在左视图中按住鼠标左键拖动，创建一盏 VRay 灯光，如图 7-47 所示。

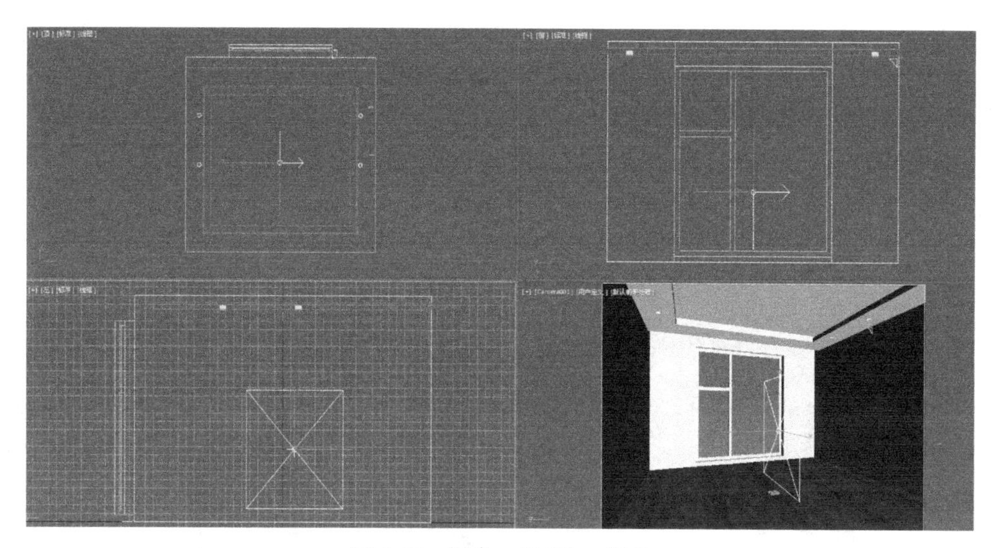

图 7-47 创建一盏 VRay 灯光

(3) 右键激活摄像机视图，按 F9 键渲染，如图 7-48 所示。可以看到，灯光从一个平面发射出来照亮场景，光线方向是场景中箭头的方向。平面的背面也被照亮，是因为渲染设置中启用了全局照明，光线在场景中反弹的结果。

(4) 单击按钮，进入“修改”面板。

(5) “常规”面板的“开”复选框控制着灯光的打开或关闭，和现实生活中灯的开关作用相同。勾选，灯光打开；不勾选，灯光关闭。

图 7-48 VRay 平面光的照明效果

(6)“类型”用于选择灯光的形状，不同形状会照射出不同的效果，包括 5 种灯光类型，分别是平面、穹顶、球体、网格、圆形。其中最常用的是“平面”和“球体”类型。“平面”类型常用于模拟吸顶灯、灯带、天光、灯箱及补光等。“球体”类型常用于模拟现实生活中的点光源，如台灯、吊灯、壁灯等灯泡发光的效果。

(7) Half-length(半长)、Half-width(半宽)用来设置平面光源的长度和宽度。光源尺寸越大，照明效果越强。注意，是光源的半长、半宽值。Half-length(半长)、Half-width(半宽)为 250、300 和 500、600 的照明效果如图 7-49 和图 7-50 所示。

图 7-49 半长、半宽值为 250、300 的照明效果

图 7-50 半长、半宽值为 500、600 的照明效果

(8)“倍增”用来设置灯光的亮度。值越大，灯光越亮。同一光源尺寸倍增值为 10、20 的照明效果分别如图 7-51 和图 7-52 所示。

图 7-51 倍增值为 10 的照明效果

图 7-52 倍增值为 20 的照明效果

(9)“颜色”设置的是灯光的颜色,默认是白色。如果模拟天光,天光偏蓝,设置的颜色应偏蓝;如果模拟室内灯光,偏向暖色,应该带点黄色或者橘黄色。R、G、B 设置为 218、238、254 与 255、246、218 时渲染效果分别如图 7-53 和图 7-54 所示。

图 7-53 灯光颜色偏冷色的照明效果

图 7-54 灯光颜色偏暖色的照明效果

(10)“排除”用来控制灯光对场景中的哪些对象进行照明、投射阴影。单击“主工具栏”中的“选择并旋转”工具,打开“角度捕捉”工具,在顶视图中将灯光沿 Z 轴旋转 180°。在场景中创建一个茶壶,实例复制出另一个,如图 7-55 所示。

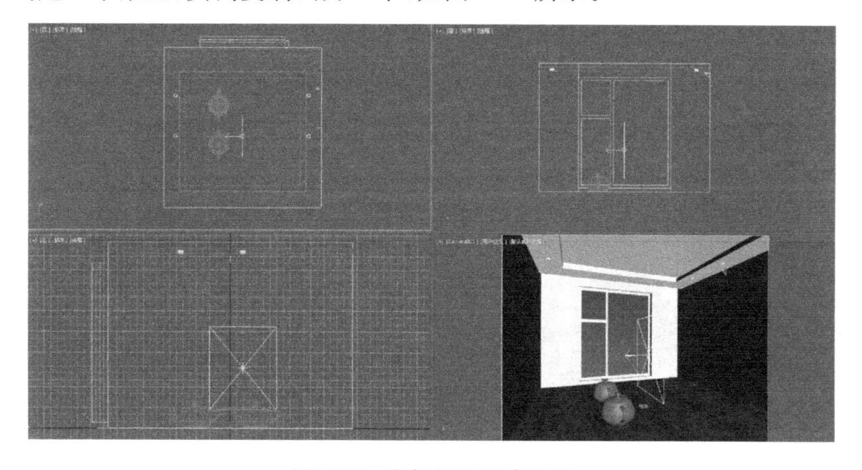

图 7-55 在场景中创建茶壶

(11) 当前场景中所有对象都被照明，并产生相应的投影。在“选项”卷展栏中单击 排除 按钮，弹出“排除/包含”对话框，如图 7-56 所示。选择 Teapot001、Teapot002，单击 >> 按钮，放到右侧对象框内。选中“排除”单选按钮，再选中“二者兼有”单选按钮，即同时排除照明和阴影(也可以单独排除“照明”或者单独排除“投射阴影”)。如果选择“包含”，那么灯光只对这两个对象照明、产生投影。选择对象框中的选项，单击 << 按钮，可以将对象放回左侧的场景对象框内。

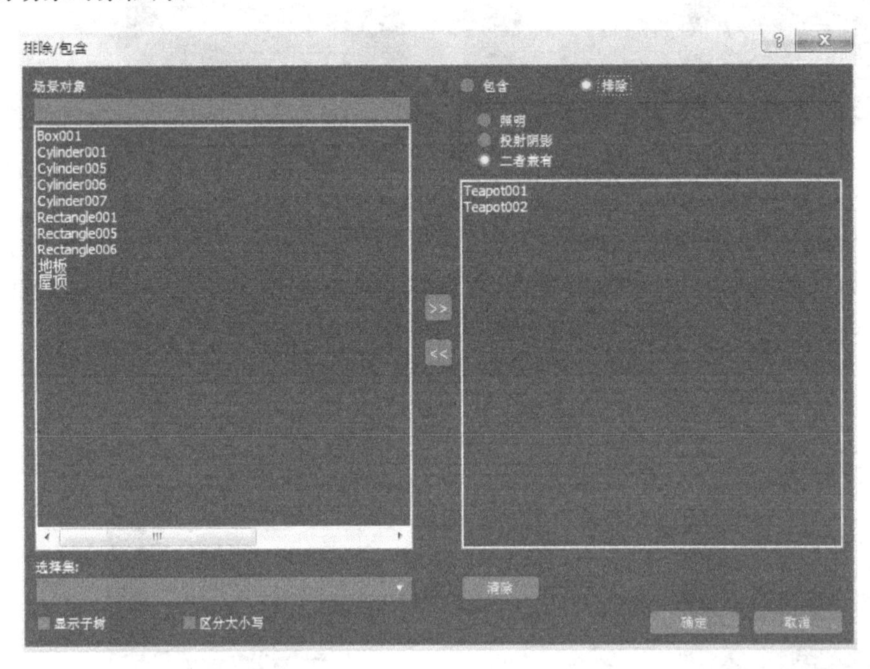

图 7-56 “排除/包含”对话框

(12) “投射阴影”设置灯光照射到对象上是否产生阴影。选中，则产生阴影；反之，则不产生阴影。

(13) 模拟的灯光一般都是一个面发光。如果勾选“双面”选项，灯光的两个面都发光。在顶视图中将灯光旋转一定的角度，勾选“双面”与不勾选“双面”的照明效果分别如图 7-57 和图 7-58 所示。一般不勾选。

图 7-57 勾选“双面”复选框的照明效果

图 7-58 不勾选“双面”复选框的照明效果

(14)“不可见”设置渲染时是否能看到光源的形状。在默认状态下,可以看到发光片,勾选后只看到照明效果,不会看到发光片。“不可见”勾选的渲染效果如图 7-59 所示。一般勾选。

(15)“不衰减”控制灯光照射是否产生衰减。一般情况下灯光是有衰减的,近处亮,远处慢慢变暗。如果勾选,灯光的强度将不会随着距离而衰减,如图 7-60 所示。真实世界中的灯光是有衰减的,所以一般不勾选。

图 7-59 勾选“不可见”复选框的渲染效果

(16)“影响漫反射”“影响高光”“影响反射”设置的是灯光是否影响对象的漫反射材质、是否产生该灯光的高光、是否影响对象的反射。

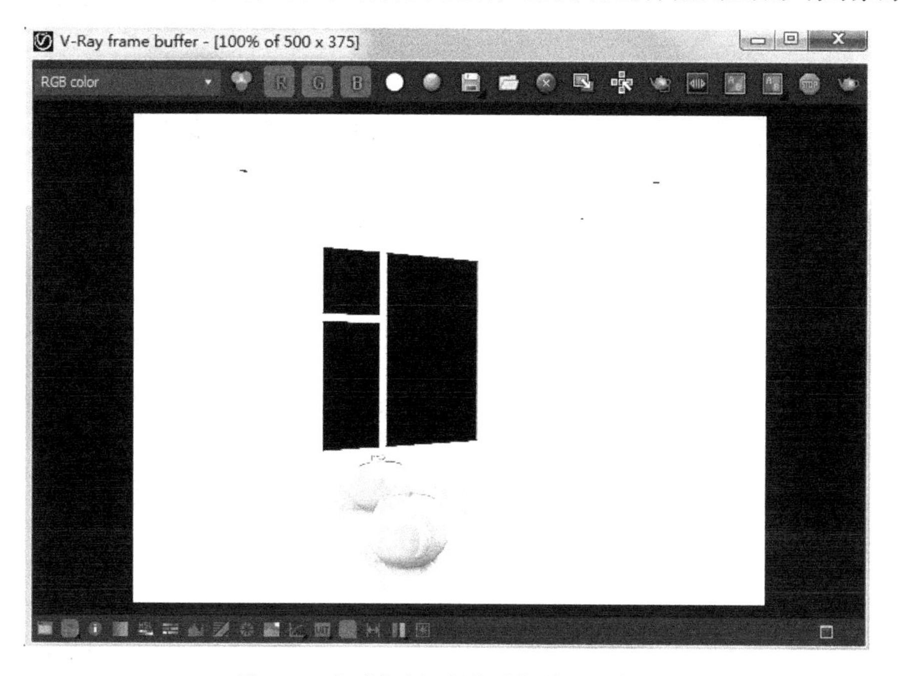

图 7-60 勾选“不衰减”复选框的照明效果

(17)“采样”选项中的“细分”调节光照效果的品质,默认状态是不可用的。在“渲染设置”对话框中,切换到 VRay 选项卡。在“全局确定性蒙特卡洛”卷展栏中,勾选“使用局部细分”复选框,细分变得可调。

知识点 7

在较早版本中,测试阶段可将细分值设置为 8,输出大图阶段可将细分值调整为 20 或者 30。现在使用的 VRay 3.40.01 版本调节效果不是很明显。

知识点 8

VRay 球体光和 VRay 平面光的区别在于,VRay 球体光光源是球体,通过调整半径来调整灯光的大小,其他参数与 VRay 平面光是一样的。

7.2.2 VRayIES

VRayIES 是 VRay 渲染器自带的 IES 类型的灯光，它提供了光域网、功率等属性的设置，主要用来模拟室内灯光中筒灯、射灯的效果。

(1) 打开本书配套资料的“场景文件→第 7 章→灯光基础知识. max”文件。

(2) 在“创建”面板中单击“灯光”→VRay→VRayIES，在前视图中按住鼠标左键拖动，创建一盏 VRayIES 灯，如图 7-61 所示。

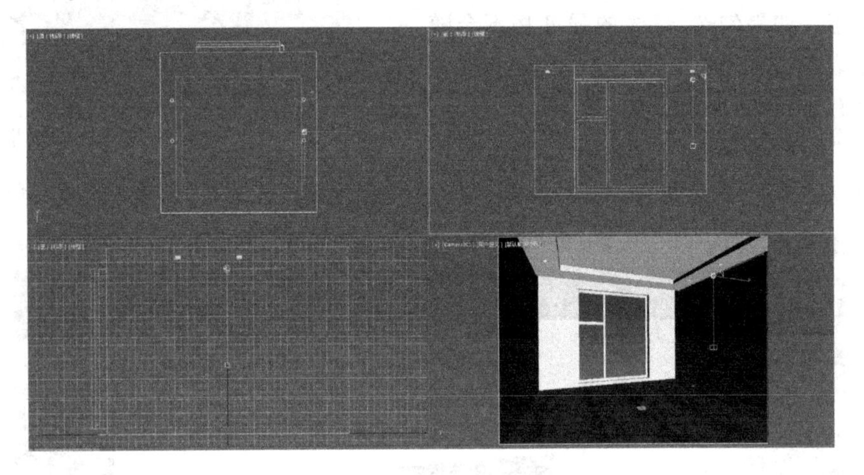

图 7-61 创建 VRayIES 灯

(3) 此时渲染看不到任何光域网效果。单击 按钮，进入“修改”面板。

(4) 单击 ies file(ies 文件)右侧的 None 按钮，选择配套资料提供的 ies 文件，如图 7-62 所示。渲染后可以看到图片上出现了光域网效果，如图 7-63 所示。

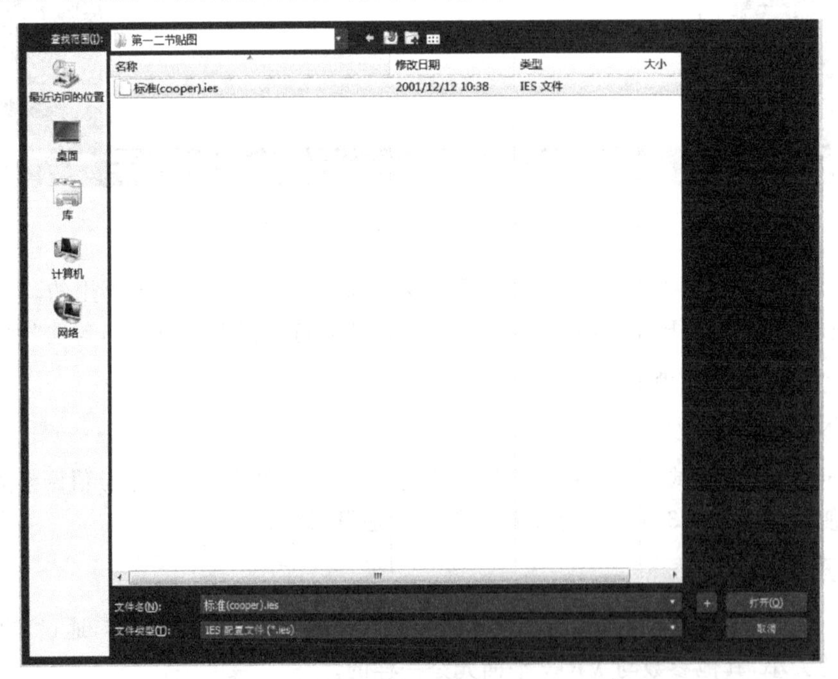

图 7-62 选择 ies 文件

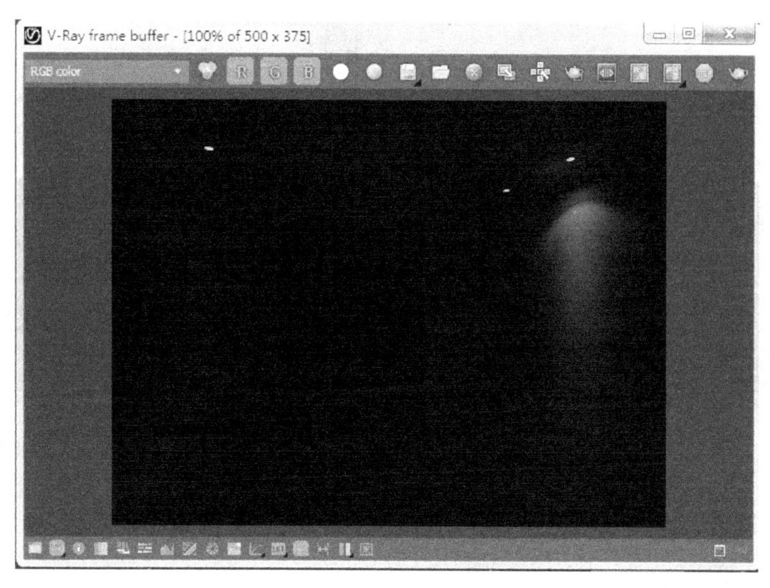

图 7-63 光域网效果

(5)"功率"值可以调整光的照度。选择了光域网文件后,可以看到"修改"面板下方的 Intensity Value(功率)自动匹配为 900。如果觉得这个值不合适还可以调整。

(6)调节目标点的位置,可以调整光晕强度等的分布。目标点位置如图 7-64 和图 7-65 所示,照明效果分别如图 7-66 和图 7-67 所示。

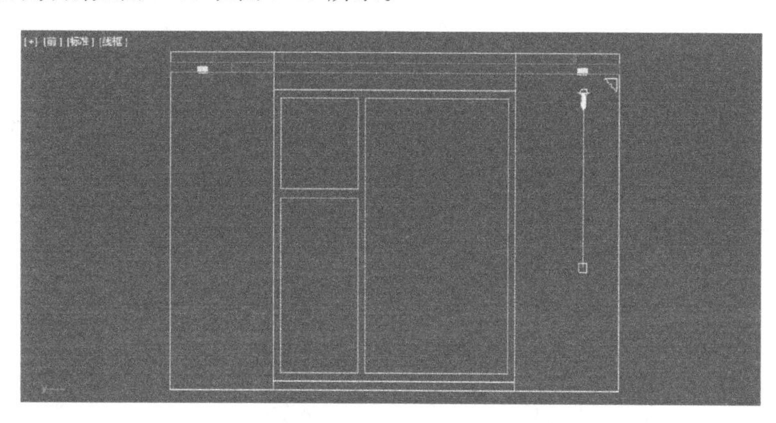

图 7-64 目标点在发射点正下方

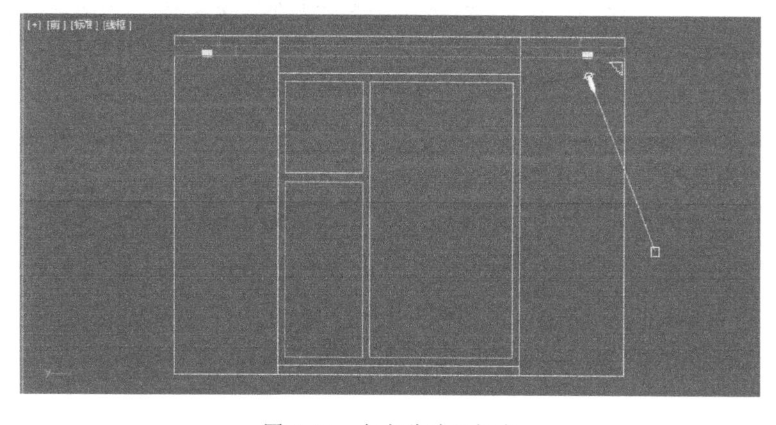

图 7-65 向右移动目标点

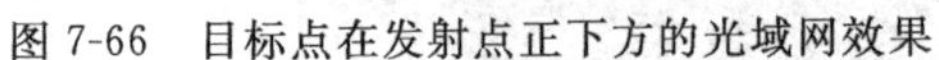
图 7-66 目标点在发射点正下方的光域网效果

图 7-67 向右移动目标点的光域网效果

(7) 也可以调节灯光的颜色属性，与 VRayLight 颜色调整方法一样。

7.2.3 VRaySun

VRaySun(VRay 阳光)是 VRay 渲染器自带的太阳光，提供了强度倍增、尺寸倍增和阴影细分等属性设置，可以模拟真实的太阳光照效果。

(1) 打开本书配套资料的“场景文件→第 7 章→灯光基础知识 VRaySun. max”文件。该场景已经设置了一盏 VRayLight 模拟天光，如图 7-68 所示。

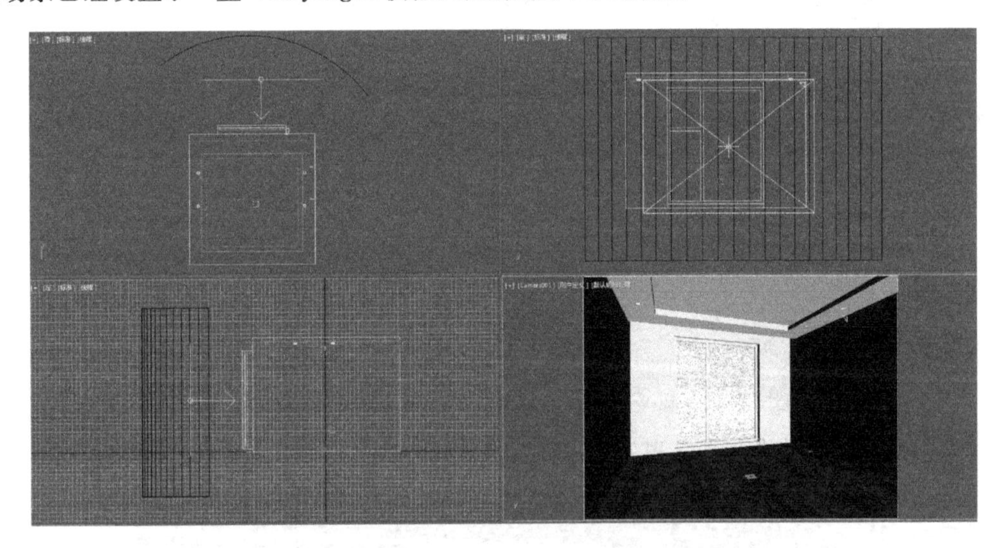

图 7-68 灯光基础知识场景文件

(2) 在“创建”面板中单击“灯光”→VRay→VRaySun，在顶视图中按住鼠标左键拖动，创建一盏 VRay 太阳光。此时会弹出一个对话框，询问是否自动添加 VRay 天空光环境贴图。如果单击“是(Y)”按钮，会自动添加 VRay 天空环境贴图，也就是添加一个环境背景。如果单击“否(N)”按钮，则不会自动添加 VRay 天空环境贴图。因为在该场景中创建了风景板作为环境贴图，所以单击“否(N)”按钮，如图 7-69 所示。

(3) 移动光源发射点、目标点的位置，可以调整太阳光照射的方向与角度，如图 7-70 所示。

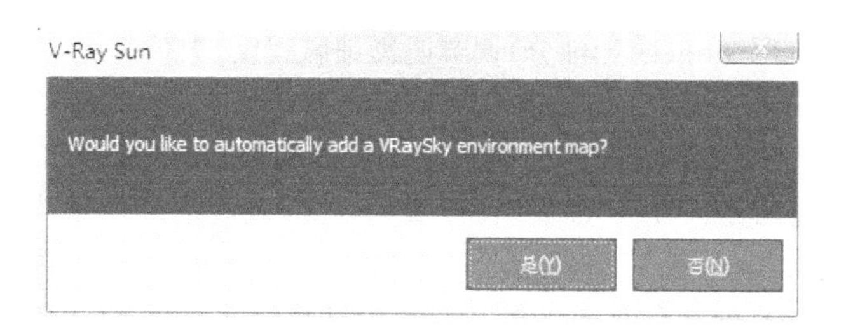

图 7-69 是否添加 VRay 天空光环境贴图

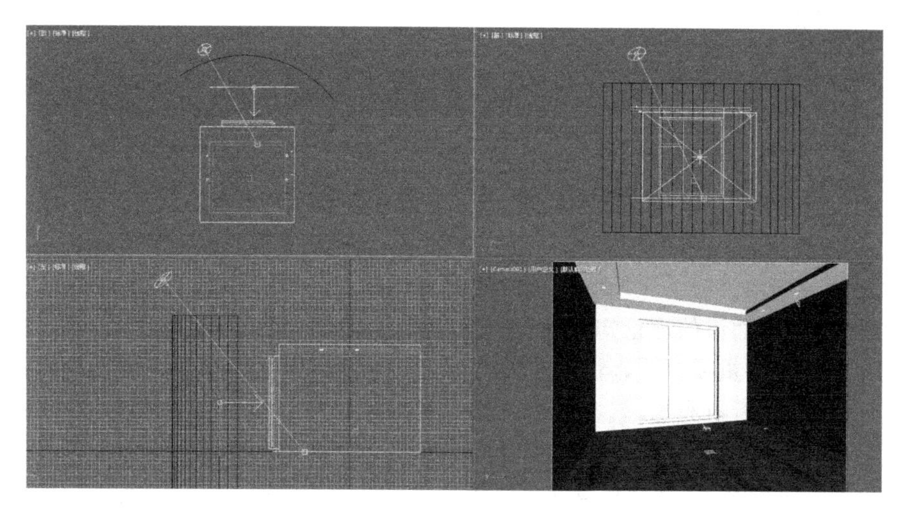

图 7-70 调整太阳光照射的方向与角度

(4) 单击按钮，进入“修改”面板。参数虽然很多，但常用的并不多。enabled(激活)相当于 VRay 灯光的“开”，决定阳光是否启用。

(5) intensity multiplier(强度倍增)调整太阳光的照度。该值越大，太阳的亮度越强。将“强度倍增”值设置为 0.03，渲染效果如图 7-71 所示。

(6) size multiplier(尺寸倍增)调整 VRay 太阳光的大小。值越大，VRay 太阳光越大，投射阴影的边缘越模糊。将“尺寸倍增”设置为 3，渲染效果如图 7-72 所示，可以看到阴影边缘明显变得模糊。

图 7-71 太阳光的光照效果

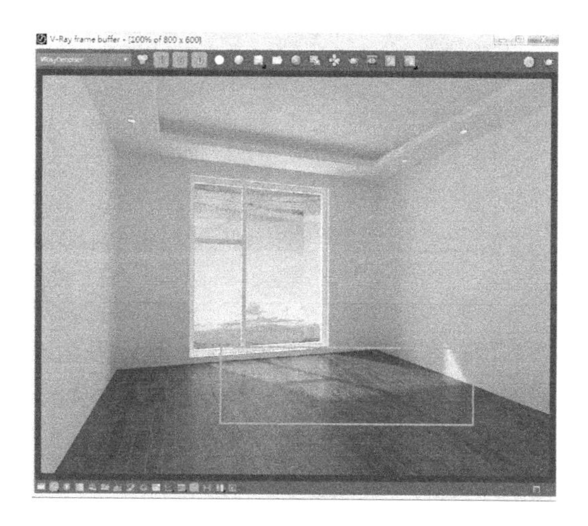

图 7-72 投射阴影的边缘变得模糊

(7) shadow subdivision(阴影细分)调节阴影细腻程度,数值越大,阴影越细腻;反之越粗糙。

(8) turbidity(浊度)控制光线的浑浊程度。数值越大,光线越昏暗,越偏向暖色;数值越小,光线越清晰,越明亮。可将"浊度"值设置为3、10查看渲染效果,可以看出,浊度值越大,画面越偏向暖色。

(9) qzone(臭氧)指的是臭氧的含量。空气中臭氧的含量越多,VRay太阳的光照效果越蓝。值越小,光照效果越黄。一般保持默认的0.35就可以,不需要做调整。

知识点 9

阳光的冷暖色也与自身以及与地面的角度有关。角度越大,越偏向冷色;角度越小,越偏向暖色。

7.3 儿童房灯光设置实例

前面已经详细地讲述了VRay灯光的基础知识以及一些参数的设置,本节以为儿童房设置灯光为例,对前面讲的理论知识进行实际应用。

为场景布光有个重要原则,就是按实际布光。一般来讲,就是按照室内光源的位置设置灯光,也就是哪个位置有光源,就在哪个位置设置灯光,什么样的灯就要设置什么样的灯光类型。例如,天花板上的筒灯,就要为其设置筒灯的光域网进行模拟。

(1) 打开本书配套资料的"场景文件→第7章→儿童房无灯光.max"文件。该场景已经创建好模型,设置完材质,如图7-73所示。

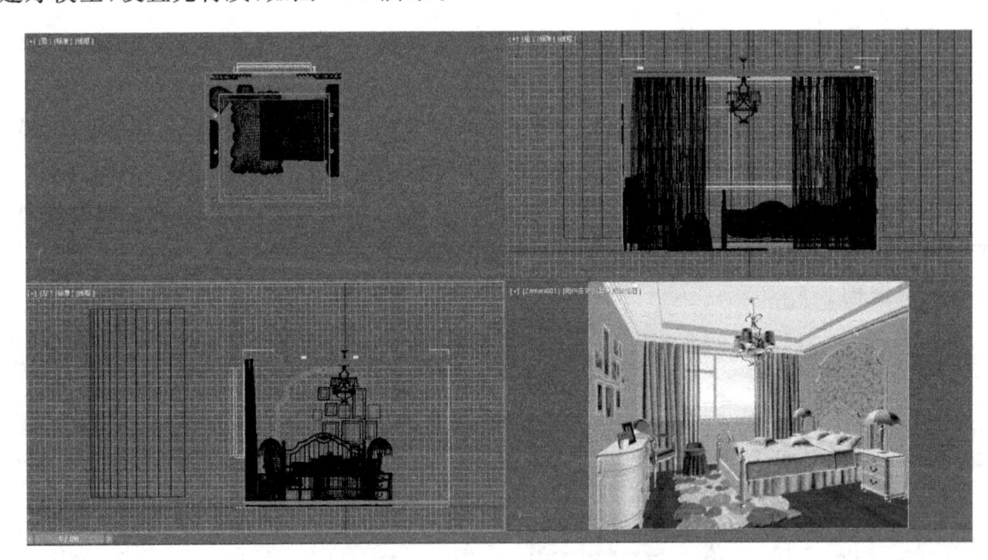

图7-73 儿童房无灯光场景

(2) 将渲染参数设置为草图阶段的参数。选择"渲染"→"渲染设置"菜单命令,在弹出的对话框中将渲染器指定为VRay渲染器,在"公用"选项卡中将"输出大小"设置为640×480,如图7-74所示。

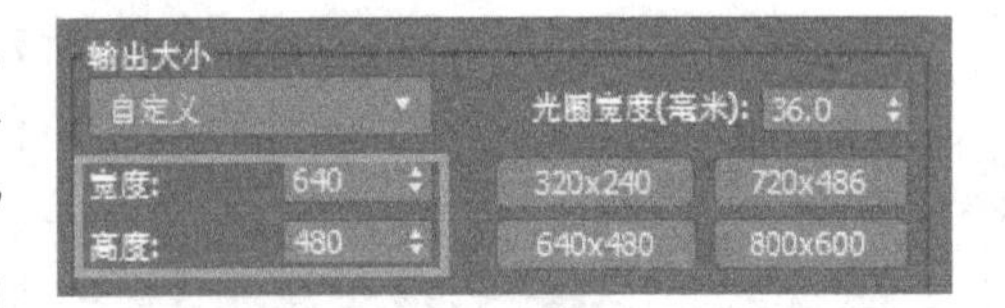

图7-74 设置"输出大小"

(3) 切换到 V-Ray 选项卡,将“图像采样(抗锯齿)”卷展栏中“类型”设置为“块”,取消勾选“图像过滤器”复选框,将“渲染块图像采样器”卷展栏中“最大细分”设置为 4,如图 7-75 所示。

(4) 展开“颜色贴图”卷展栏,将“类型”设置为 Exponential,如图 7-76 所示。

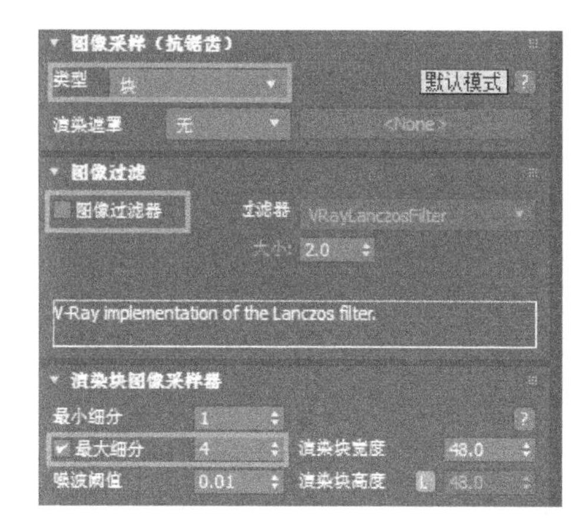

图 7-75 设置图像采样、图像过滤器

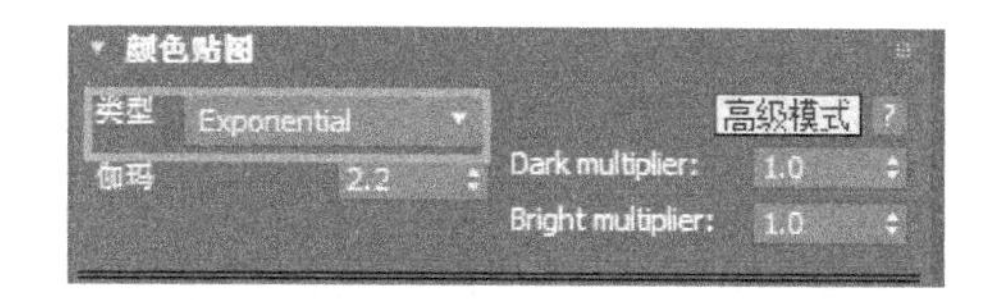

图 7-76 选择“颜色贴图”的“类型”

(5) 切换到 GI 选项卡,将“首次引擎”设置为“发光图”,“二次引擎”设置为“灯光缓存”。展开“发光图”卷展栏,将“当前预设”设置为 Very low。展开“灯光缓存”卷展栏,将“细分”设置为 200,如图 7-77 所示。

(6) 切换到“设置”选项卡,勾选“帧标记”复选框,将渲染帧窗口下方显示的信息设置为 frame 后面的部分,前面的信息不重要,不需要显示,从文本框中删除即可。将“日志窗口”设置为“仅在错误时”显示日志窗口,如图 7-78 所示。

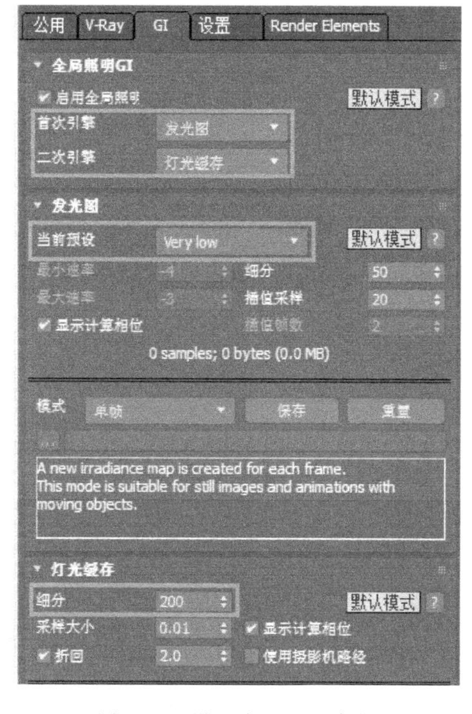

图 7-77 设置全局照明参数

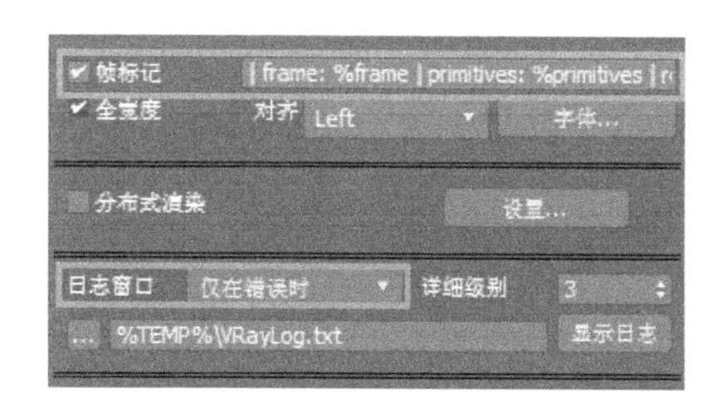

图 7-78 设置“帧标记”和“日志窗口”的显示

(7) 创建天光。在"创建"面板中单击"灯光"→VRay→VRayLight，在前视图中按住鼠标左键拖动，创建一盏 VRay 灯光，大小与窗户差不多。单击主工具栏中的"选择并移动"工具，在顶视图中移动到窗户的外面。单击"选择并旋转"工具，打开"角度捕捉"开关，在顶视图中沿 Z 轴旋转 180°，如图 7-79 所示。

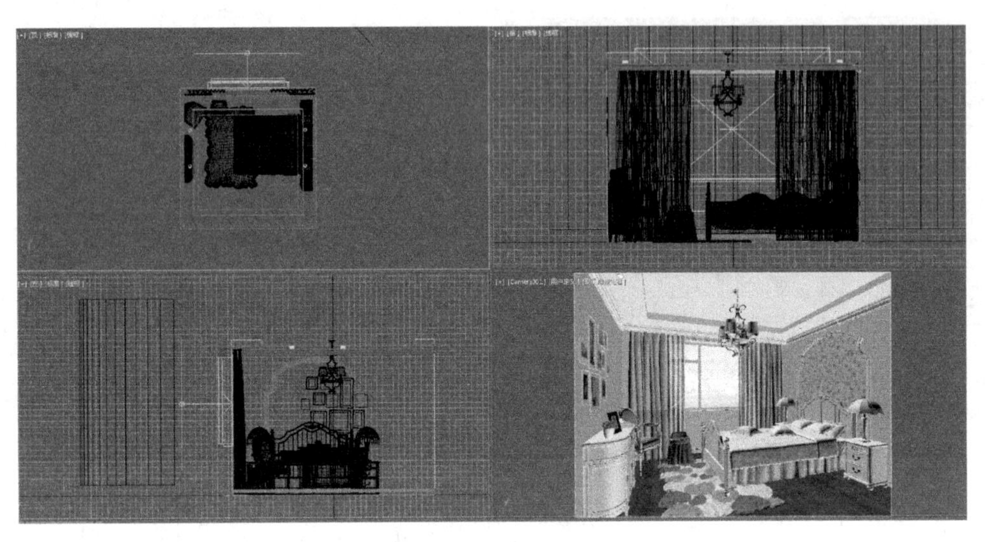

图 7-79　创建并调节 VRay 平面光作为天光

(8) 选择灯光。单击"修改"按钮，进入"修改"面板。将"倍增"值设置为 7，如图 7-80 所示。因为模拟的是天光，颜色稍微有些偏蓝，将颜色 R、G、B 值调整为 230、238、255，如图 7-81 所示。

(9) 在"选项"面板中勾选"不可见"复选框，如图 7-82 所示。右键激活摄像机视图，按 F9 键，渲染。此时画面有些发白，单击渲染帧窗口下方的按钮，得到设置天光后的效果。

(10) 创建吊灯。在"创建"面板中单击"灯光"→VRay→VRayLight，在顶视图中按住鼠标左键拖动，创建一盏 VRay 灯光。在"修改"面板中将"类型"设置为"球体"。在顶视图、前视图中，移动灯光的位置到吊灯里面，如图 7-83 所示。

图 7-80　设置"倍增"值

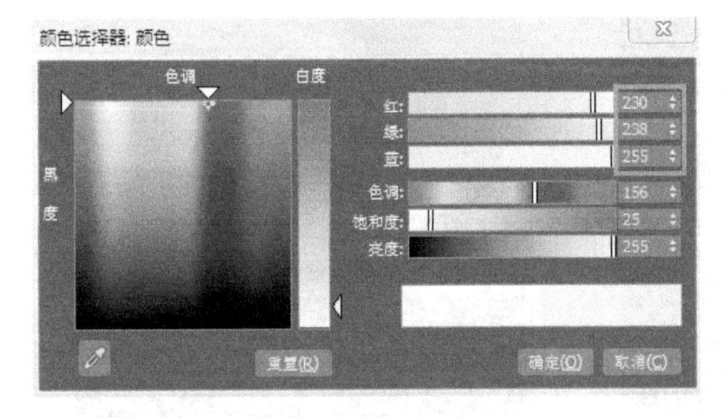

图 7-81　设置天光颜色

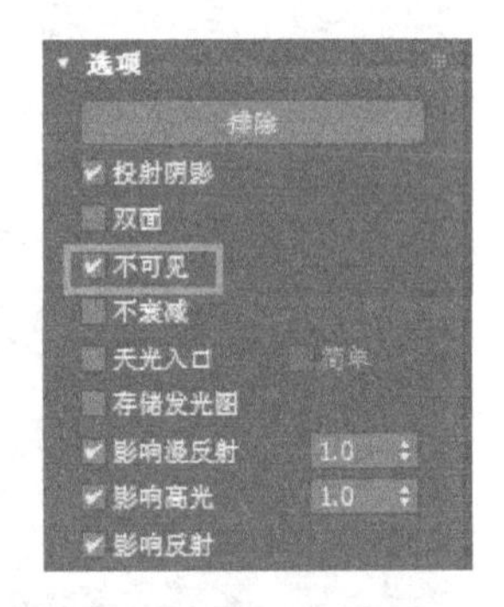

图 7-82　设置天光为"不可见"

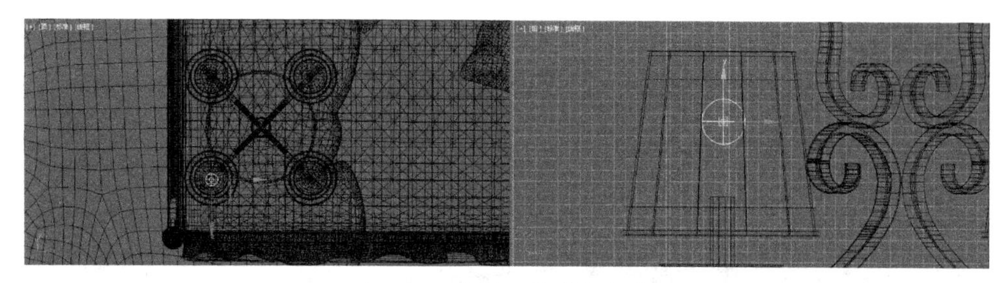

图 7-83 创建一盏吊灯灯光

（11）在“常规”面板中，将 Radius（半径）设置为 20mm，“倍增”值设置为 18，如图 7-84 所示。因为模拟的是室内光源，颜色偏向暖色，R、G、B 分别设置为 255、234、178，如图 7-85 所示。

图 7-84 设置吊灯的半径和倍增值

图 7-85 设置吊灯的颜色

（12）在“选项”面板中勾选“不可见”复选框，如图 7-86 所示。

（13）在主工具栏的选择过滤器中单击 L-灯光 按钮，这样在场景中将只能选择灯光。在顶视图中选择这盏灯光，按 Shift 键，通过“选择并移动”工具边移动边复制，选中“实例”复制对象，“副本数”设置为 3，如图 7-87 所示。因为吊灯的这 4 盏灯光属性完全一样，一旦要修改，则应同时修改，所以应选择“实例”方式。

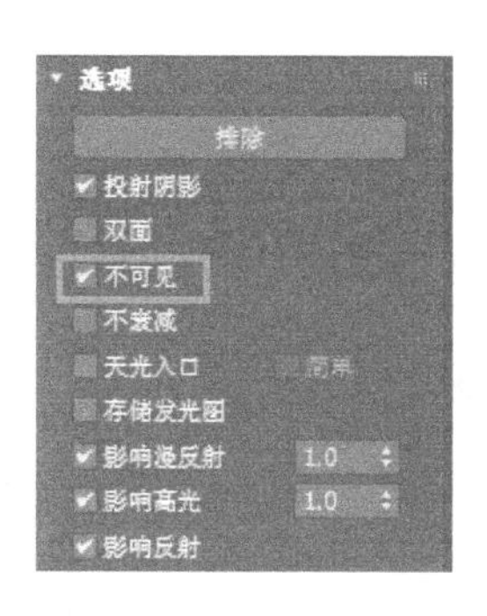

图 7-86 设置吊灯为“不可见”

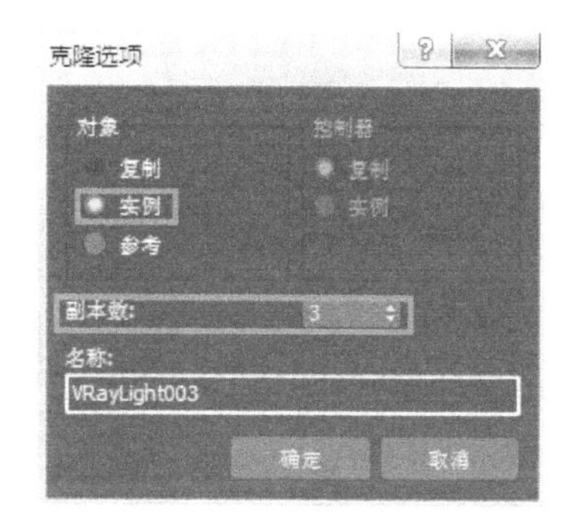

图 7-87 实例复制吊灯

（14）在顶视图中，通过“选择并移动”工具移动复制出灯光的位置，如图 7-88 所示。

（15）创建台灯灯光。再次选择任意一盏吊灯灯光，按 Shift 键，通过“选择并移动”工具边移动边复制，选中“复制”对象，“副本数”设置为 1，如图 7-89 所示。台灯灯光的属性和吊灯不同，不需要同步修改，所以选中“复制”类型。

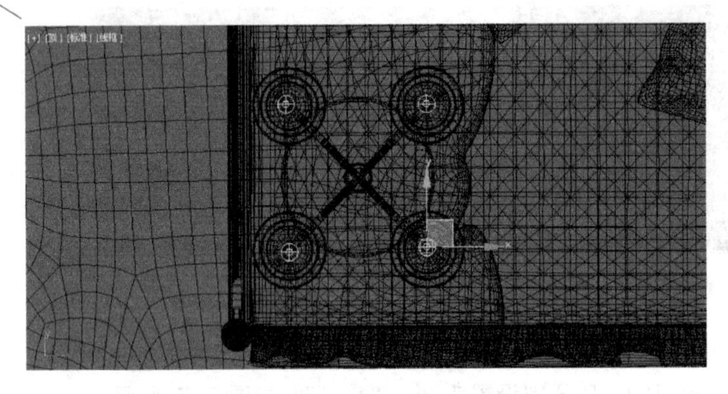

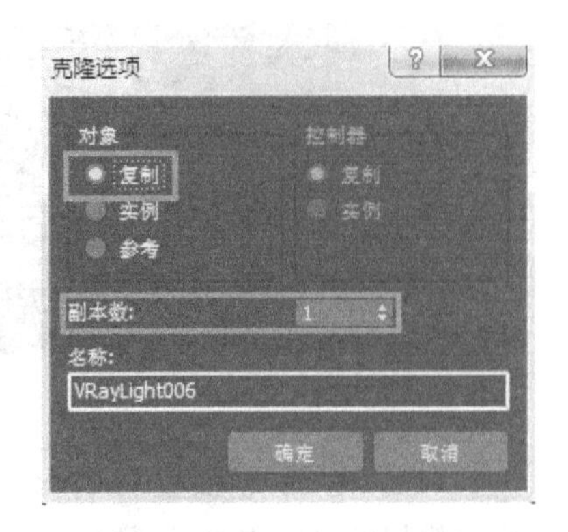

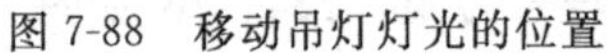

图 7-88 移动吊灯灯光的位置　　图 7-89 复制台灯光源

(16) 在顶视图、前视图中，通过“选择并移动”工具，移动复制出的灯光放至台灯里面，如图 7-90 所示。

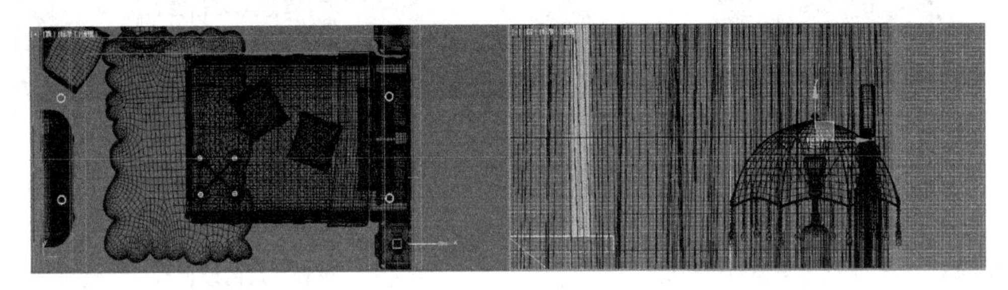

图 7-90 复制第二盏台灯光源

(17) 选择灯光，单击“修改”按钮，进入“修改”面板。将 Radius(半径)设置为 30mm，“倍增”值设置为 60，如图 7-91 所示。

(18) 选择灯光，按 Shift 键，通过“选择并移动”工具边移动边复制，选中“实例”复制对象，“副本数”设置为 1，复制得到另一盏台灯灯光，如图 7-92 所示。

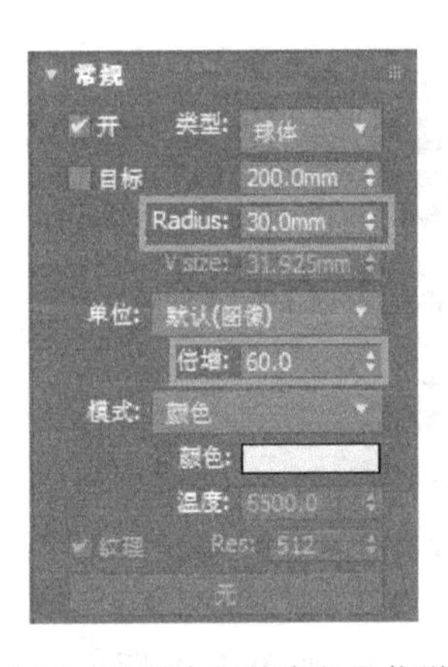

图 7-91 设置台灯的半径和倍增值

图 7-92 实例复制第二盏台灯

(19) 渲染摄像机视图，吊灯、台灯都亮起来了。

(20) 创建装饰灯。在“创建”面板中单击“灯光”→VRay→VRayLight，在顶视图灯槽位置按住鼠标左键拖动，创建一盏 VRay 灯光。在前视图中，通过“选择并移动”工具调整灯光的位置至灯槽处。通过“选择并旋转”工具调整灯光向上照射，如图 7-93 所示。

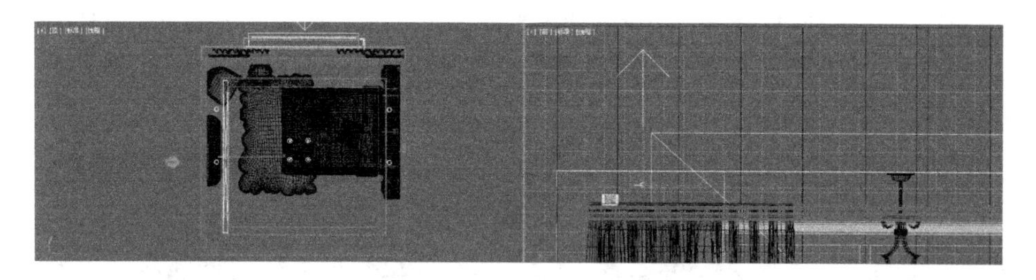

图 7-93 创建装饰灯

(21) 选择灯光，在“修改”面板中将“倍增”值设置为 2，如图 7-94 所示。颜色偏向暖色，R、G、B 设置为 254、232、185，如图 7-95 所示。

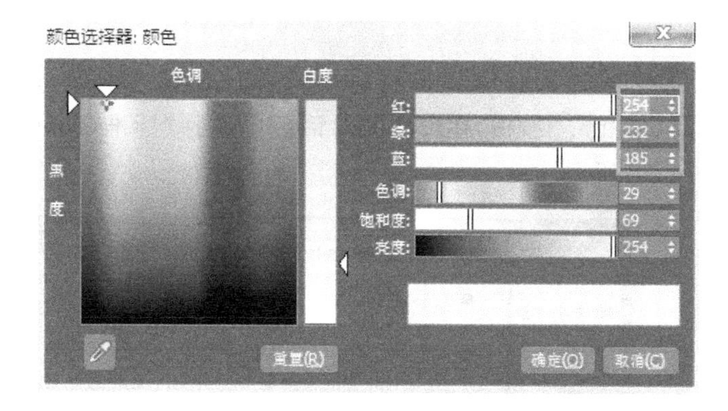

图 7-94 设置装饰灯的倍增值和颜色

图 7-95 装饰灯颜色的 R、G、B 设置

(22) 配合 Shift 键，通过“选择并移动”工具和“选择并旋转”工具，实例复制出 3 个装饰灯，调整位置，放到灯槽里面，如图 7-96 所示。

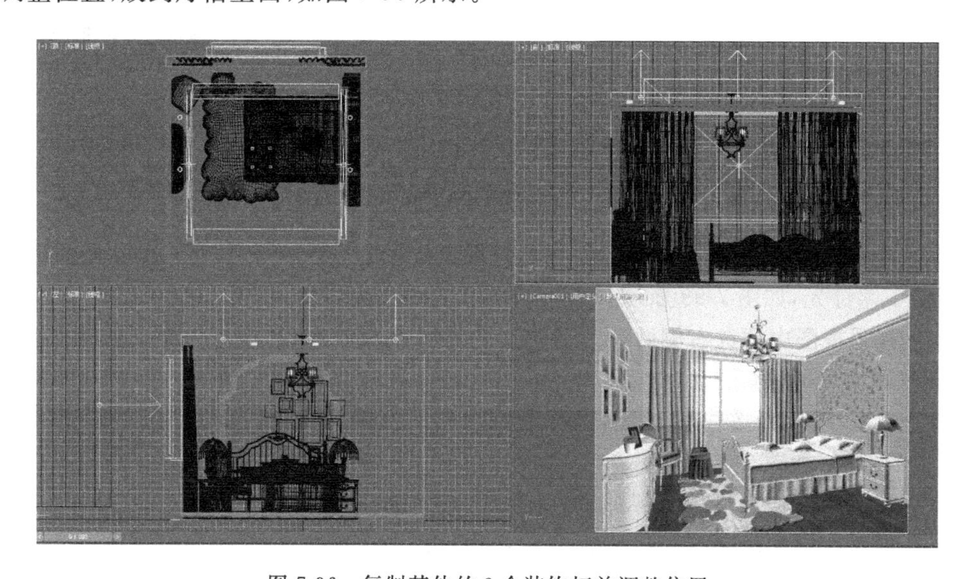

图 7-96 复制其他的 3 个装饰灯并调整位置

(23) 按F9键,渲染摄像机视图。

(24) 创建射灯。在“创建”面板中单击“灯光”→VRay→VRayIES,在前视图射灯灯罩下方按住鼠标左键拖动,创建一盏VRayIES光。为了得到较好的光晕效果,选择IES灯光的目标点并移动,让光照射到墙上。在顶视图中框选灯光的发射点及目标点,移动至与灯罩位置重合,如图7-97所示。

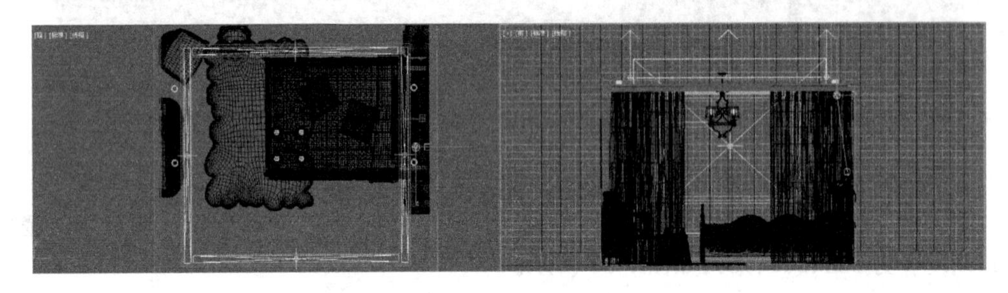

图7-97 创建射灯

(25) 选择该灯光的发射点,进入“修改”面板。单击“参数”面板中ies file右侧的 None 按钮,在弹出的对话框中选择“标准(cooper).ies”文件,单击“打开”按钮,如图7-98所示。

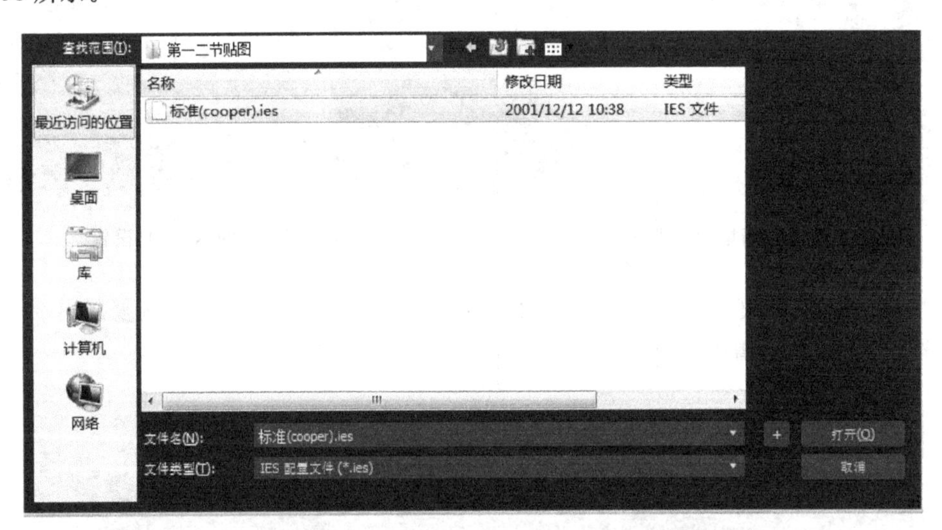

图7-98 选择光域网文件

(26) 在顶视图中框选该IES灯光的发射点及目标点,配合Shift键,边移动边复制,实例复制出1盏灯光,如图7-99所示。

(27) 在顶视图中框选右侧两盏IES灯光的发射点及目标点,配合Shift键,边移动边复制,实例复制出另两盏灯光。

(28) 在顶视图中,按住Ctrl键,选择复制出来的两盏灯光的目标点,向左移动,产生向墙体照射的效果,如图7-100所示。

(29) 按F9键,渲染摄像机视图,墙壁上产生了光域网效果。

(30) 创建太阳光。在“创建”面板中单击“灯光”→VRay→VRaySun,在顶视图中按住鼠标左键拖动,创建一盏VRaySun光,如图7-101所示。在弹出的V-Ray Sun对话框中,单击“否”按钮,不使用VRay天空环境贴图,如图7-102所示。

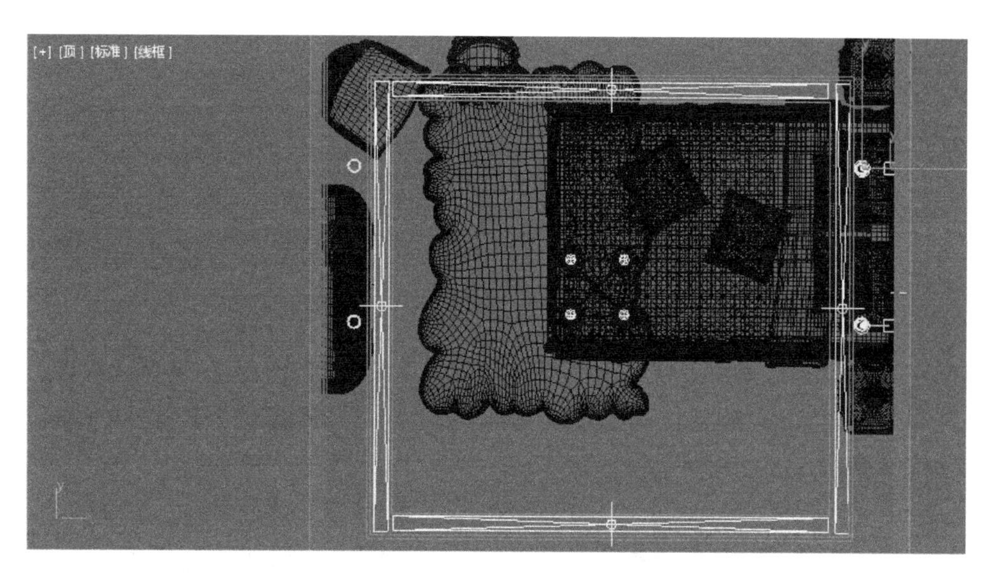

图 7-99　实例复制另一盏 IES 光

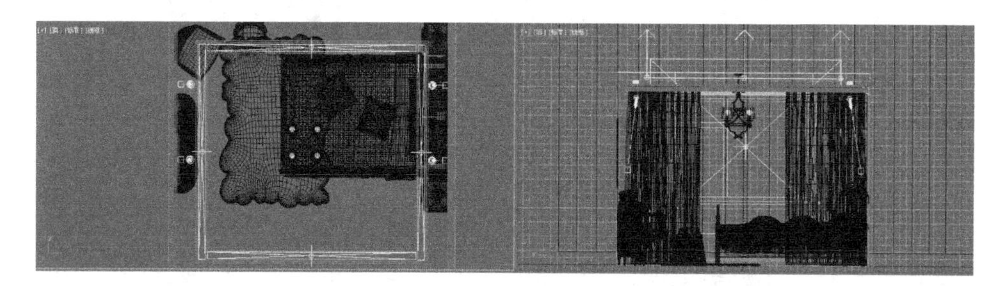

图 7-100　复制两盏 IES 光源

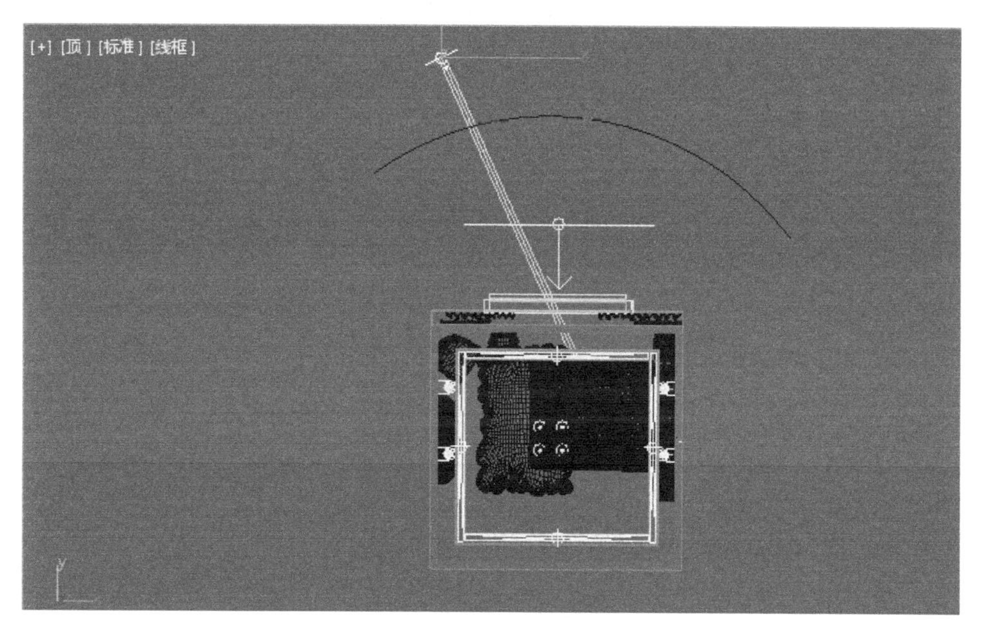

图 7-101　创建 VRaySun 光

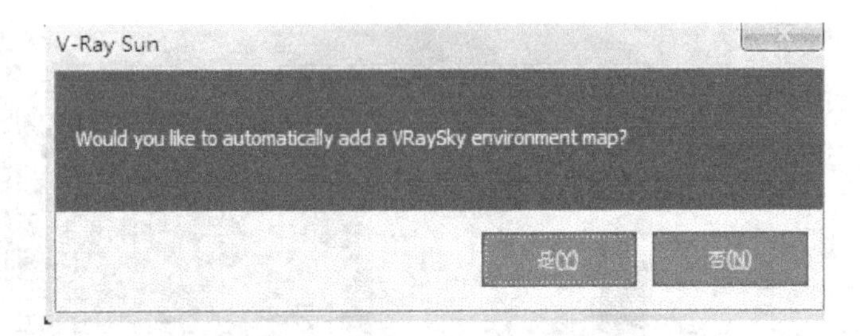

图 7-102 不使用 VRay 天空环境贴图

(31) 在顶视图、前视图中调节 VRaySun(VRay 太阳光)的发射点,调节太阳光的照射角度,如图 7-103 所示。

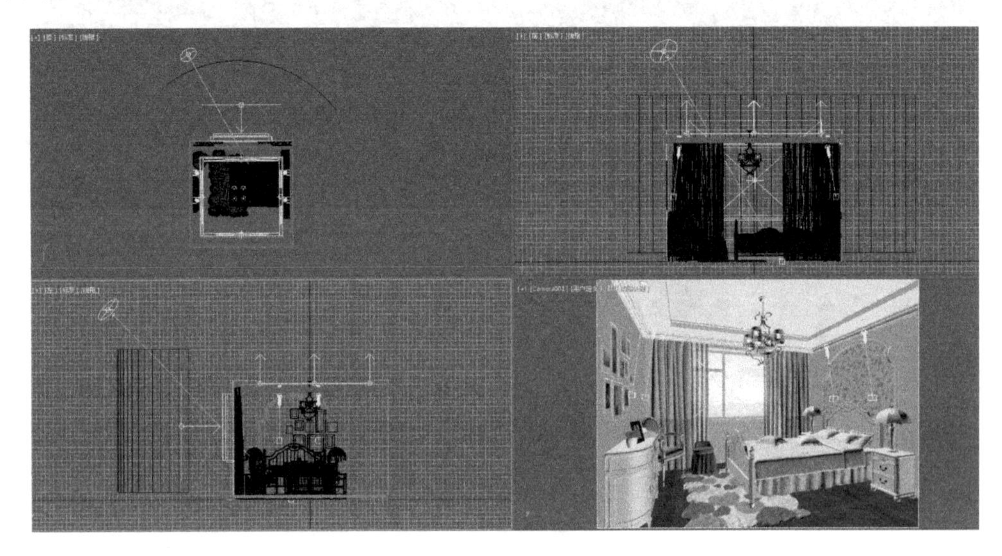

图 7-103 调节 VRaySun 光的发射点和照射角度

(32) 选择太阳光的发射点,在"修改"面板中将 intensity multiplier(强度倍增)值设置为 0.03,size multiplier 设置为 3,如图 7-104 所示。

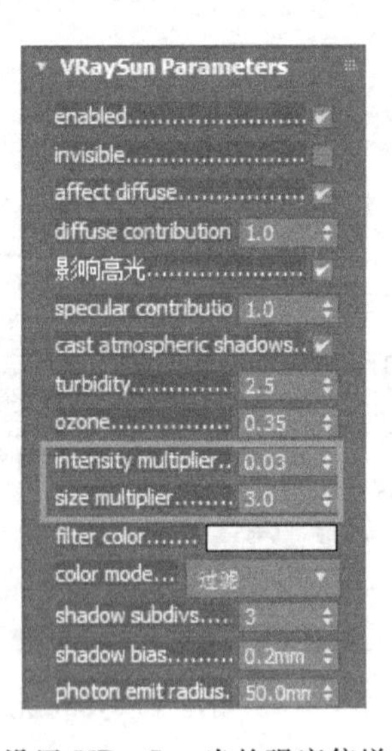

图 7-104 设置 VRaySun 光的强度倍增、尺寸倍增

(33) 按 F9 键,渲染摄像机视图,床上出现了阳光透过窗户照射过来的效果,光影效果非常真实。

(34) 效果满意了,设置出图参数进行最终渲染。打开"渲染设置"对话框,切换到"公用"选项卡,将"宽度"设置为 1000,下面的"高度"会随着变化为 750,如图 7-105 所示。

(35) 切换到 V-Ray 选项卡,将"渲染块图像采样器"中"最大细分"设置为 24。勾选"图像过滤器"复选框,将"过滤器"类型设置为 Catmull-Rom,如图 7-106 所示。

图 7-105　设置最终渲染的图片大小

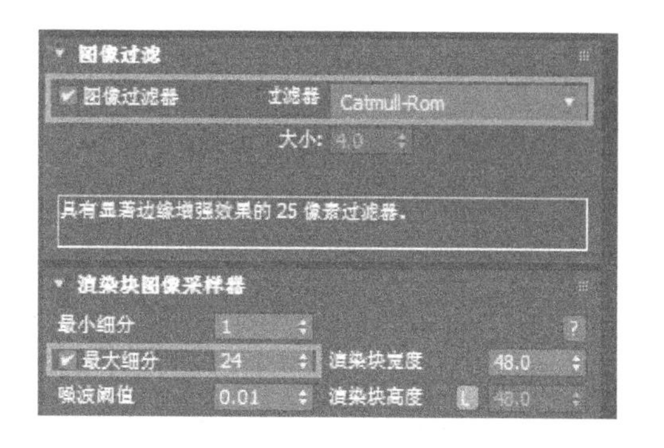

图 7-106　设置"最大细分"及"图像过滤器"选项

(36) 切换到 GI 选项卡,在"发光图"卷展栏中,将"当前预设"设置为 Medium。在"灯光缓存"卷展栏中,将"细分"设置为 1000,如图 7-107 所示。

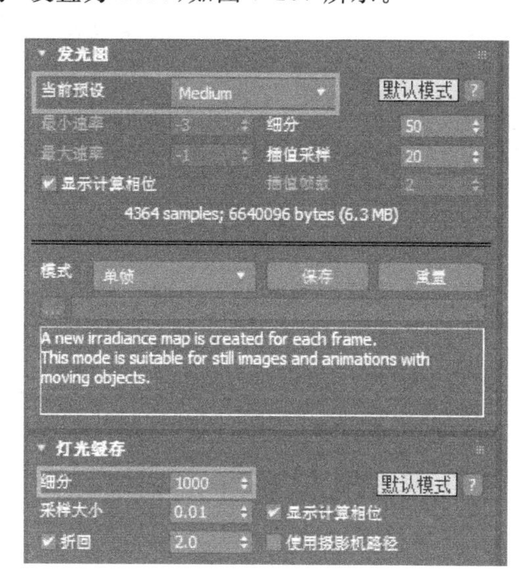

图 7-107　设置全局照明参数

(37) 切换到 Render Elements 选项卡,单击 添加... 按钮,弹出"渲染元素"面板,选择 VRayDenoiser,单击"确定"按钮,渲染图片。

(38) 在 V-Ray frame buffer 窗口左上部位下拉菜单中选择 VRayDenoiser,可以看到一张高质量的图片,如图 7-108 所示。

(39) 此时画面仍有些灰暗,后期可以在 Photoshop 软件中调节,也可以直接在 VRay 渲染帧窗口中进行初步调节。单击窗口下方的 Show corrections control 按钮,打开 Color

Corrections 面板。勾选 Curve 复选框，利用调整杆调整画面的亮度和对比度。最终得到一张理想的效果图，如图 7-109 所示。

图 7-108　最终渲染效果图

图 7-109　调节曲线后的效果图

7.4　本章小结与重点回顾

本章介绍了 VRay 3.40.01 渲染器的参数设置及 VRay 灯光的设置，重点介绍了测试阶段、最终输出阶段 VRay 参数的设置以及 VRay 灯光的常用设置，最后通过一个实例对 VRay 灯光及 VRay 渲染参数进行了实际应用。空间对象材质的表现离不开灯光，读者应该扎实地掌握本章的内容，为第 8 章材质的学习打下良好的基础。

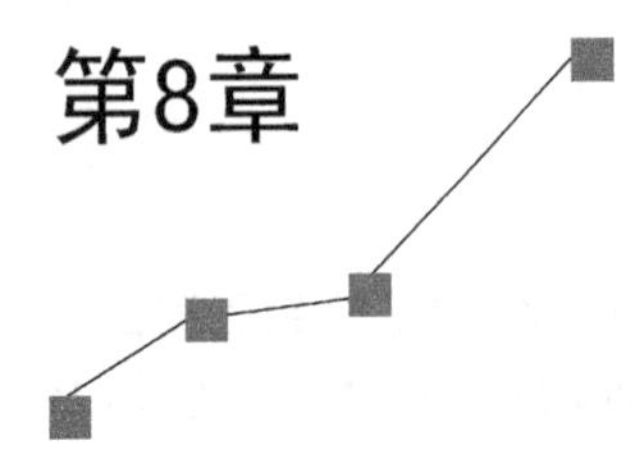

第8章 VRay 材 质

建立模型是制作效果图的第一步，要想真实地表现对象的质地、纹理等，还需要为对象赋予材质。本章将详细讲解 3ds Max 材质编辑的基础知识，以及一些常用材质类型的特点和设置方法。

8.1 VRay 材质简介

在 3ds Max 中创建的模型只是以颜色表现出来，不会产生与现实世界中对象一致的视觉效果。材质是在 3ds Max 中通过调整相应的参数，模拟出现实世界中不同对象不同的视觉特性。

8.1.1 打开材质编辑器

材质编辑器是编辑、修改材质的工具，场景中所需的一切材质都将在这里编辑生成，并指定给场景中的对象。当编辑好材质后，用户可以随时返回到材质编辑器中，对所编辑的材质进行修改，修改效果将同时反映在材质编辑器的样本球和场景对象中。

(1) 打开本书配套学习资源中的“场景文件→第 8 章→材质基本参数. max”文件，如图 8-1 所示。

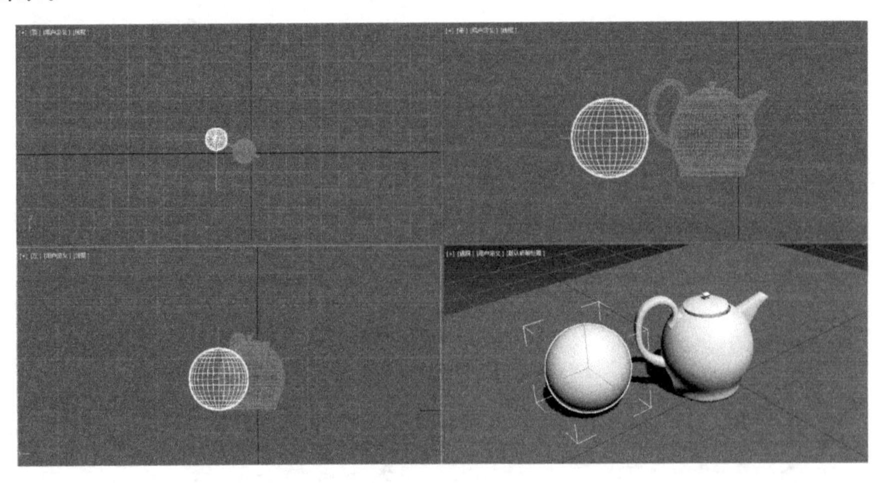

图 8-1 打开场景文件

（2）按 F9 键渲染，发现场景漆黑一片。

（3）在场景中创建太阳光。在“创建”面板中单击“灯光”→VRay→VRaySun，在前视图中按住鼠标左键拖动，创建 VRay 太阳光，如图 8-2 所示。在弹出的 V-Ray Sun 对话框中单击“否”按钮，不使用 VRay 天空环境贴图。

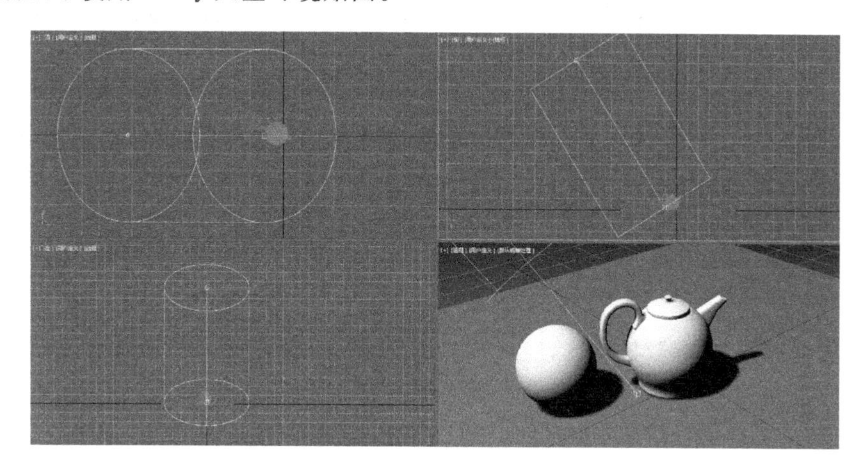

图 8-2 创建 VRay 太阳光

（4）选择太阳光，在“修改”面板中将 intensity multiplier（强度倍增）值设置为 0.03，按 F9 键，渲染透视图，如图 8-3 所示。

（5）单击主工具栏中的“材质编辑器”按钮或者按 M 键，打开“材质编辑器”对话框，如图 8-4 所示。

图 8-3 渲染透视图(1)

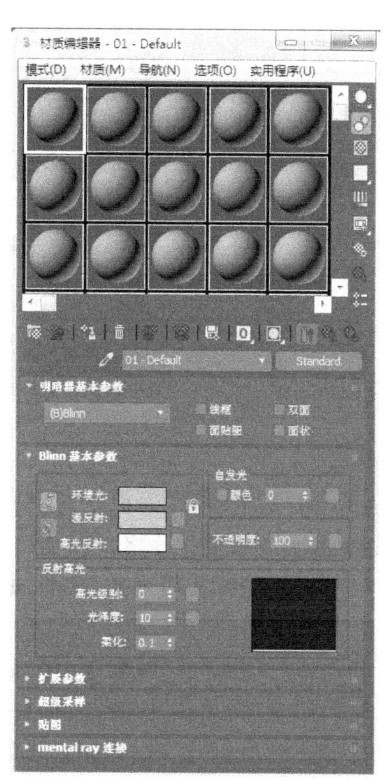

图 8-4 “材质编辑器”对话框

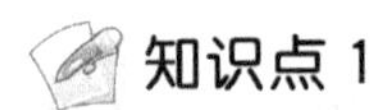

知识点 1

第 1 次打开材质编辑器，出现的是“Slate 材质编辑器”面板。单击“模式”→“精简材质编辑器”，可以切换为“精简材质编辑器”面板。在本书的材质讲解中，都使用“精简材质编辑器”。虽然“Slate 材质编辑器”在功能上更强大，但对于初学者来说，更适合使用“精简材质编辑器”。

(6) 位于材质编辑器上方的是示例窗，用于预览材质和贴图。在默认情况下，一次可以显示 6 个示例窗口，而材质编辑器最多可以存储 24 种材质。可以通过拖动右侧或者下方的滚动条查看没有显示出来的示例窗口。单击“选项”→“循环 3×2、5×3、6×4 示例窗(Y)”或者按 X 键可以改变示例窗口的显示个数。

8.1.2 VRay 材质参数

在“材质编辑器”的参数控制区，经常调节的是“基本参数”面板、“双向反射分布函数”面板、“选项”面板和“贴图”面板中的参数。下面逐一加以介绍。

(1) 选择一个空白材质球，单击 Standard 按钮，选择 VRayMtl 材质，单击 确定 按钮，将材质类型转换为 VRayMtl 材质，如图 8-5 所示。

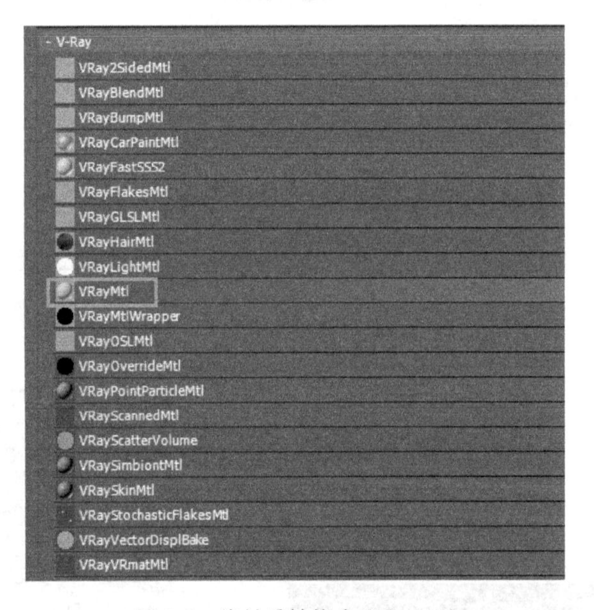

图 8-5 将材质转换为 VRayMtl

(2) 在“基本参数”面板中，漫反射颜色控制模型的固有色，即表面的颜色。将“漫反射”的 R、G、B 分别设置为 128、207、178，如图 8-6 所示。按住 Ctrl 键，选择场景中的球体、茶壶，单击“材质编辑器”面板中的“将材质指定给选择对象”按钮，将材质指定给球体、茶壶，如图 8-7 所示。

(3) 单击“漫反射”右侧的贴图通道按钮，可以设置贴在模型表面的纹理贴图。

(4) 另选一个空白材质球，将其转换成 VRayMtl 材质。单击“漫反射”右侧的贴图通道按钮，选择“棋盘格”贴图，如图 8-8 所示。在场景中选中地面，单击“材质编辑器”工具栏中的“将材质指定给选择对象”按钮，将棋盘格贴图指定给地面。继续单击“视口中显示明暗处理材质”按钮，在视图中显示纹理贴图。渲染透视图如图 8-9 所示。

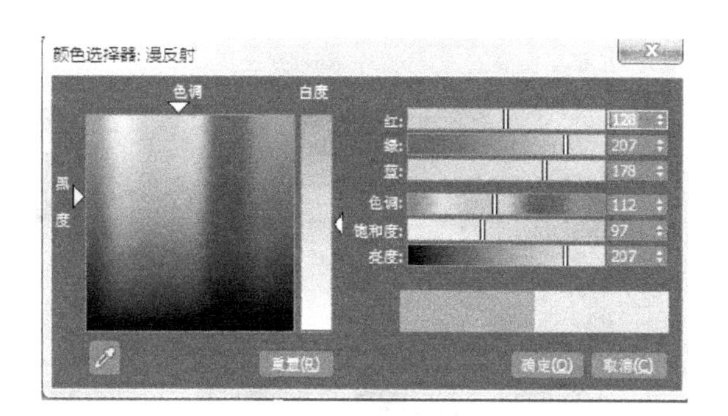

图 8-6 设置漫反射颜色

图 8-7 渲染透视图(2)

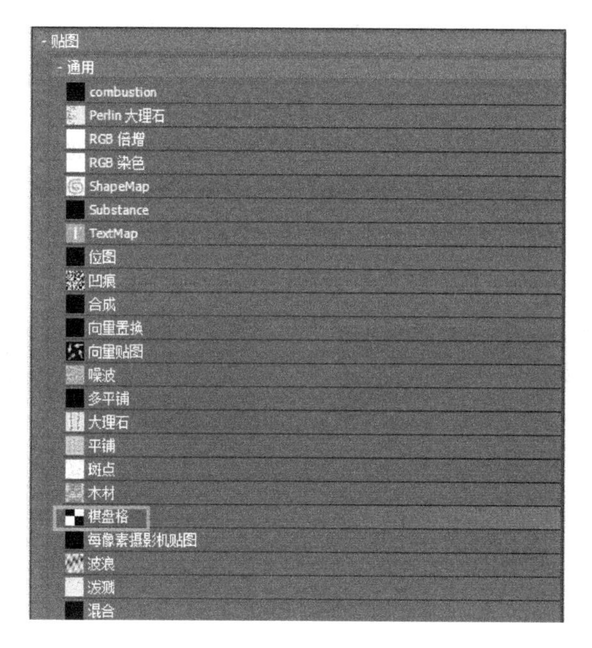

图 8-8 选择“棋盘格”贴图

(5) 改变地面纹理的颜色及平铺次数。在棋盘格参数面板中，单击“颜色＃1”右侧的色块按钮，弹出“颜色选择器：颜色 1”对话框，将 R、G、B 分别设置为 122、6、0，如图 8-10 所示。

图 8-9 渲染透视图(3)

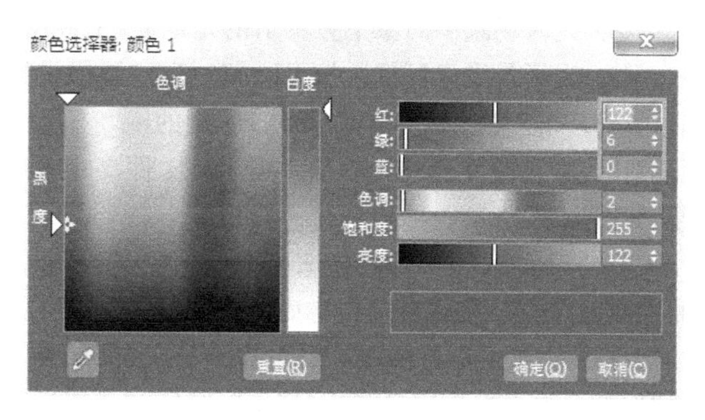

图 8-10 改变棋盘格参数颜色＃1

(6) 在“坐标”面板中，改变 U、V 的“瓷砖”(汉化版本翻译成瓷砖，其实是平铺次数)分别为 4、4，如图 8-11 所示。渲染透视图如图 8-12 所示。

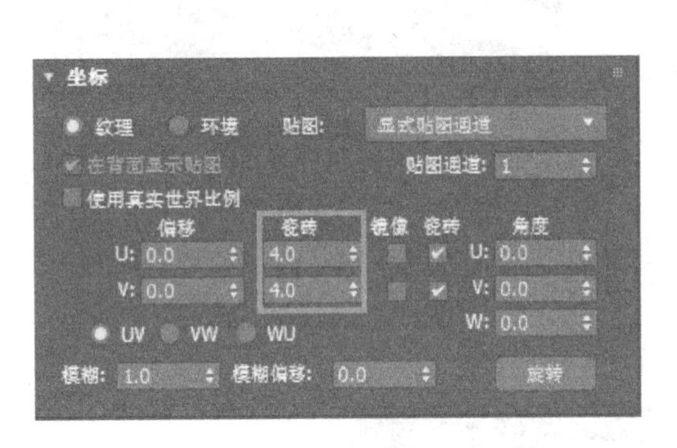

图 8-11 改变平铺次数

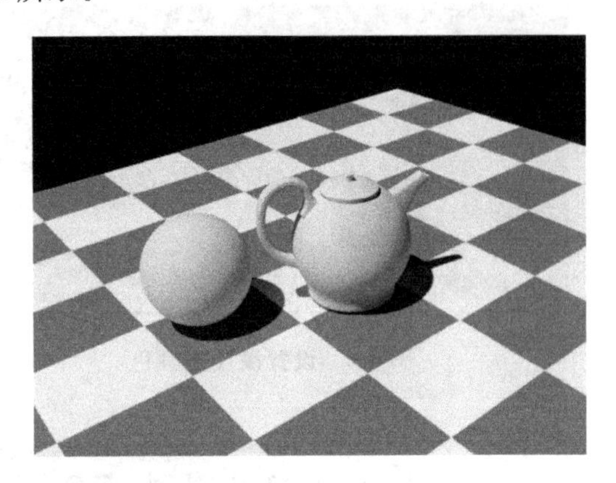

图 8-12 渲染透视图(4)

(7) 选择第一个材质球，设置反射属性。在 VRay 材质中，通过颜色控制对象的反射。黑色没有反射，颜色越黑，反射越弱；颜色越白，反射越强。白色完全反射，相当于镜子的效果。取消勾选“菲涅耳反射”复选框，分别设置 R、G、B 为 125、125、125 与 255、255、255，渲染效果分别如图 8-13 和图 8-14 所示。

图 8-13 R、G、B 为 125、125、125 的效果

图 8-14 R、G、B 为 255、255、255 的效果

(8) 此时场景中对象下方反射的是地面，上方反射的是环境的黑色。

(9) 为场景设置环境。按 F10 键，打开“渲染设置”对话框。在“环境”卷展栏下勾选“反射/折射环境”复选框。单击“贴图”右侧的 无 按钮，打开“材质/贴图浏览器”。双击“位图”，从“场景文件→第 8 章→贴图”文件夹中选择“电影截图.jpg”文件，单击“打开”按钮，如图 8-15 所示。

(10) 在材质编辑器中任选一个空白材质球，将刚才添加到“反射/折射环境”贴图通道的图片以“实例”模式复制到材质球上，如图 8-16 所示。

(11) 这张电影截图在场景中作为环境使用，需要修改坐标。在材质编辑器下方的“坐标”面板中将坐标类型设置为“环境”，“贴图”类型设置为“球形环境”，如图 8-17 所示。

(12) 渲染透视图，可以看到当前场景对象上方反射了电影截图环境，下方反射了地面棋盘格，如图 8-18 所示。

图 8-15 选择“电影截图.jpg”文件

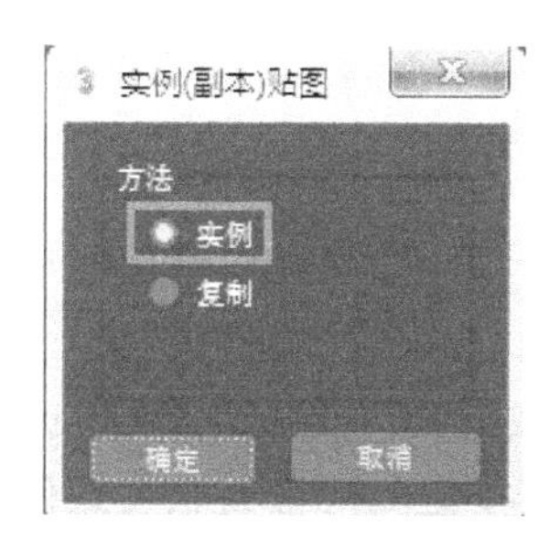

图 8-16 以“实例”模式复制

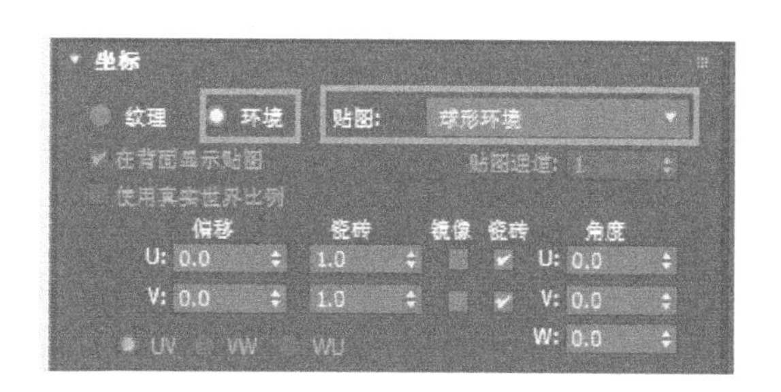

图 8-17 修改坐标

(13) 选择第一个空白材质球,单击材质编辑器右侧主工具栏中的“显示背景”按钮,打开背景显示。此时材质球反射、折射的环境是彩色的棋盘格。双击材质示例球,可独立显示材质窗口。拖动窗口的边缘,可以调整材质窗口的大小,如图 8-19 所示。

图 8-18 渲染透视图(5)

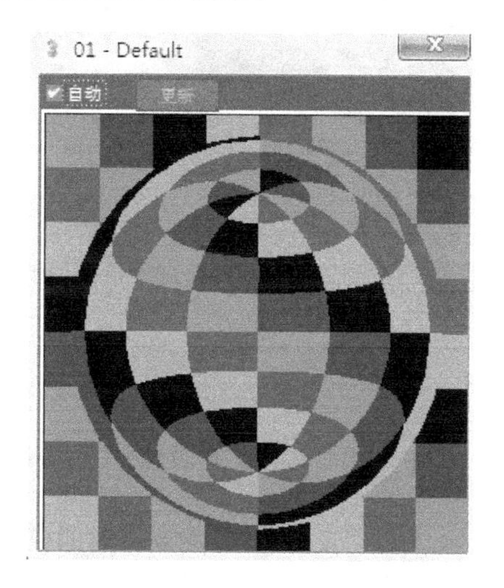

图 8-19 调整材质球的显示

(14) 菲涅耳反射是一种反射现象。视线与对象表面法线夹角越大，反射越明显；视线与对象表面反射夹角越小，反射越不明显。勾选"菲涅耳反射"复选框，渲染透视图，可以看到勾选"菲涅耳反射"复选框后，对象的反射效果明显减弱。正对视线的部分反射较弱，两侧部分反射较强，如图 8-20 所示。

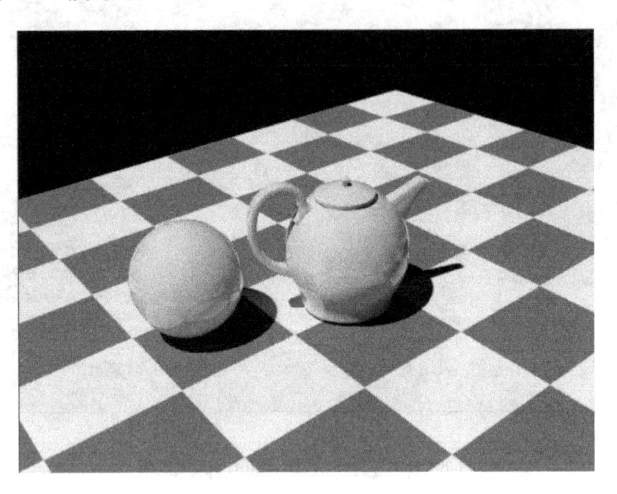

图 8-20 勾选"菲涅耳反射"复选框后的渲染效果

知识点 2

"菲涅耳反射"复选框在默认状态下是勾选的。一般来说，除了不锈钢、镜面材质，现实世界中大部分对象都具有菲涅耳反射效果。

(15) 在默认状态下，"高光光泽""反射光泽"参数锁定在一起。也就是"反射光泽"是 1.0 时，"高光光泽"也是 1.0。单击"高光光泽"右侧的"锁定"按钮 L，将关联关系解锁，可以对这两个参数分别进行设置，调整范围都是 0～1。

(16) "高光光泽"控制高光的大小和边缘模糊程度。值越大，高光范围越小，边缘越清晰；值越小，高光范围越大，效果越模糊。"高光光泽"设置为 0 或者 1，对象表面没有高光。将"高光光泽"分别设置为 0.9 和 0.7，渲染效果分别如图 8-21 和图 8-22 所示。

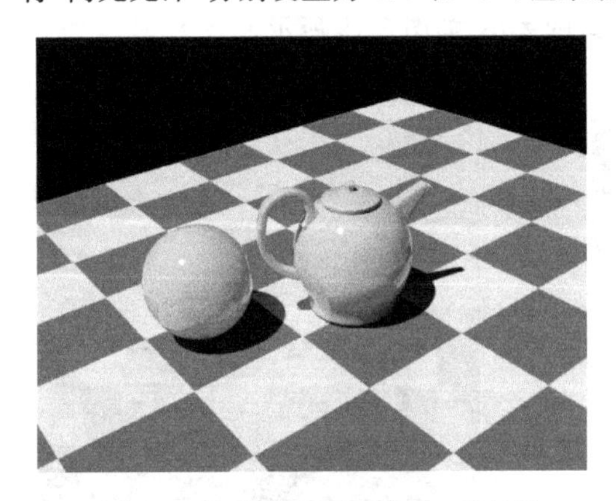

图 8-21 "高光光泽"设置为 0.9 的效果

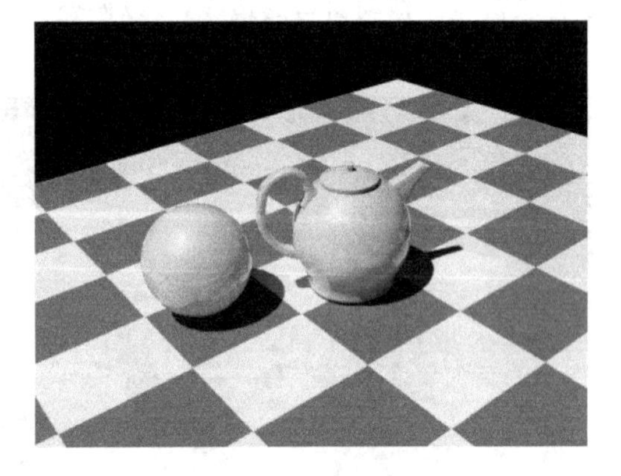

图 8-22 "高光光泽"设置为 0.7 的效果

(17) "反射光泽"控制反射的模糊程度。值越大，对象表面反射模糊越小；值越小，对象表面反射模糊越大。"高光光泽"设置为 0.9，"反射光泽"分别设置为 1 和 0.8，渲染效果如

图 8-23 和图 8-24 所示。

图 8-23 “反射光泽”设置为 1

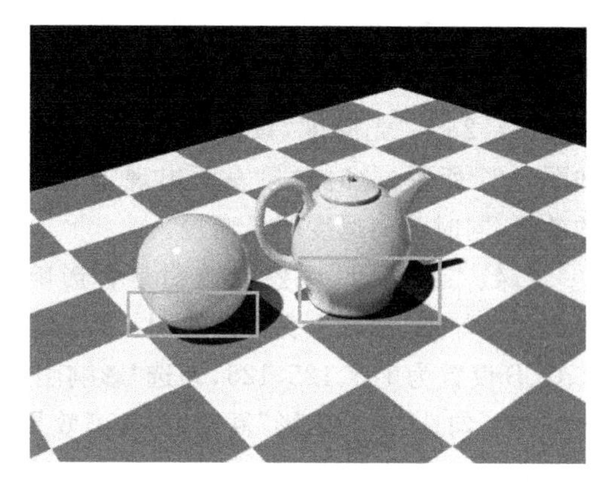

图 8-24 “反射光泽”设置为 0.8

(18) “细分”控制反射模糊的品质。值越大,对象表面反射效果越细腻。在 VRay 3.4 版本中,反射细分值的影响不太明显。

(19) “最大深度”控制对象之间相互反射的最大次数。对象之间反射次数越多,反射越充分,反射效果越好。默认反射最大深度为 5,一般保持默认值就可以了。

(20) “退出颜色”是指当反射超过最大反射次数以后,将会以什么颜色代替。退出颜色可以自行设置。一般使用默认的黑色。

知识点 3

有了反射才会有高光光泽和反射光泽。如果没有反射,这两个参数是没有意义的。如果将反射颜色 R、G、B 设置为 0、0、0,“高光光泽”和“反射光泽”设置为 0.9,渲染测试,会发现对象表面既没有高光也没有反射,更谈不上反射模糊的效果。

(21) “折射”用来设置对象的透明效果。颜色越黑,对象越不透明;颜色越白,对象越透明。“折射”颜色 R、G、B 设置为 0、0、0,对象完全不透明;“折射”颜色 R、G、B 设置为 255、255、255,对象完全透明。

(22) 为了方便观察,将“反射”颜色 R、G、B 设置为 0、0、0,取消反射。将“折射”颜色 R、G、B 分别设置为 255、255、255 和 125、125、125 渲染,如图 8-25 和图 8-26 所示,对象表面出现了完全透明、半透明的效果。

图 8-25 “折射”颜色设置为全白

图 8-26 “折射”颜色设置为灰色

(23)“光泽度”控制折射的模糊程度，可以制作出磨砂玻璃的效果。默认为1，没有任何折射模糊效果。将“折射”颜色R、G、B设置为255、255、255，“光泽度”设置为0.75，渲染效果如图8-27所示，此时对象表面出现了磨砂玻璃的效果，同时渲染速度明显变慢。

图8-27 磨砂玻璃的渲染效果

(24)“影响阴影”控制透明是否影响到影子。如果勾选，阴影也变得半透明。将折射颜色R、G、B设置为125、125、125，勾选“影响阴影”复选框与不勾选“影响阴影”复选框，渲染效果分别如图8-28和图8-29所示。

图8-28 勾选“影响阴影”复选框

图8-29 不勾选“影响阴影”复选框

(25)当对象设置为完全透明后，漫反射颜色不起作用。如果为完全透明的对象设置颜色，可以调整烟雾颜色。将“折射”颜色R、G、B设置为255、255、255，烟雾颜色R、G、B设置为213、239、217后渲染效果如图8-30所示。可以看到，烟雾颜色非常敏感，即使当前设置了比较轻的颜色，对象表面颜色也会较重。

(26)“烟雾倍增”控制烟雾颜色的轻重，把“烟雾倍增”设置为0.3后，渲染效果如图8-31所示，可以观察到颜色明显减淡。

图8-30 设置烟雾颜色

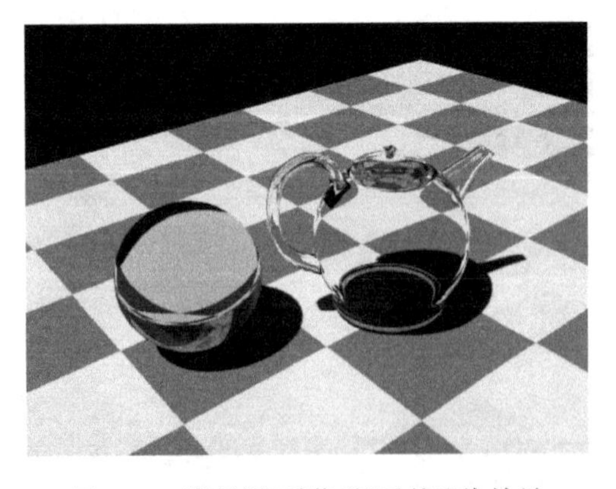

图8-31 降低“烟雾倍增”后的渲染效果

(27) 折射是光线照射进透明物体后发生的光线偏移现象。折射率指光线照射进透明物体后光线的偏移程度。折射率默认是 1.6,这也是玻璃的折射率。设置"折射率"分别为 1、1.6、2.4,渲染效果分别如图 8-32～图 8-34 所示。

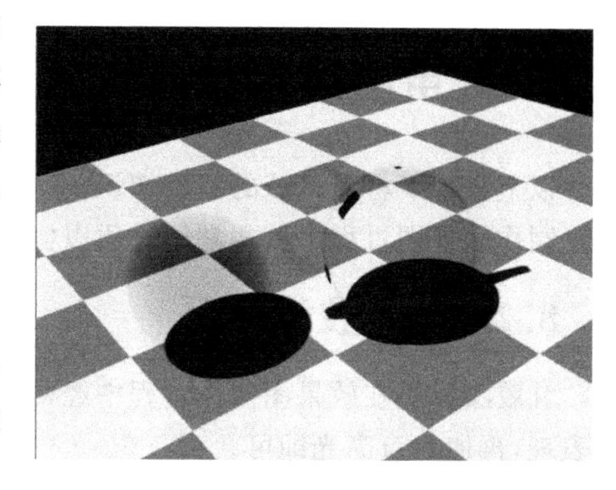

图 8-32 "折射率"设置为 1 的效果

知识点 4

水的折射率是 1.33,玻璃的折射率是 1.6,钻石的折射率是 2.4,真空的折射率为 1。一般保持默认值即可。

(28) "细分"控制折射模糊的品质。在 VRay 3.4 版本中,如同反射细分,折射细分值的影响也不是太明显。

图 8-33 "折射率"设置为 1.6 的效果

图 8-34 "折射率"设置为 2.4 的效果

(29) 双向反射分布函数用来控制对象的高光表现。双向反射分布函数各种类型高光如下。

反射:默认高光类型,适用于大部分材质。

多面:适用于非常光滑的材质,如玻璃、瓷器。使用多面的方式,高光面积更小。

沃德:使用沃德的方式,高光区域要大些。

(30) 调整各向异性可以将高光拉长,调整旋转属性可以调节高光的角度。为了方便观察,将"折射"颜色 R、G、B 设置为 0、0、0,对象完全不透明。设置"反射"颜色 R、G、B 为 255、255、255,"高光光泽""反射光泽"为 0.9、0.9。将"类型"设置为"沃德","各向异性"设置为 0.5,"旋转"设置为 90,渲染效果如图 8-35 所示。

图 8-35 设置"各向异性"后的渲染效果

(31) "贴图面板"设置图片以什么方式作用于模型表面。常用的有漫反射通道、凹凸通道及不透明度通道等,在以后的实例制作中会进行讲解。

8.2 常用材质调节

以上介绍了材质调节的基础知识，在实际效果图制作过程中，需要实战的调制技巧。本节将制作效果图过程中一些常用材质以实例的方式进行讲解。

8.2.1 乳胶漆材质

乳胶漆材质在效果图制作过程中经常使用，它的调制相对来说比较简单，主要通过颜色来表现，再加一点高光即可。

(1) 打开本书配套学习资源中的“场景文件→第 8 章→乳胶漆. max”文件，如图 8-36 所示。这个场景已经进行了简单的布光，窗户外面添加了风景板。

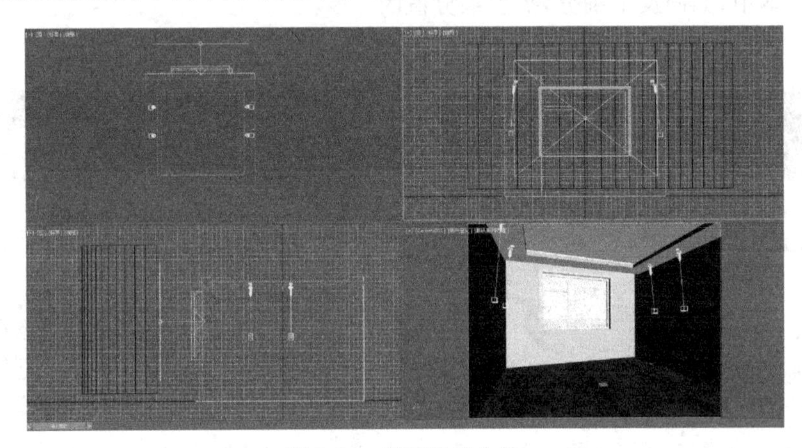

图 8-36 打开场景文件

(2) 按 M 键，打开“材质编辑器”。选择第一个材质球，单击 Standard 按钮，在弹出的“材质/贴图浏览器”中选择 VRayMtl 材质。

(3) 将材质命名为“白乳胶漆”，设置“漫反射”颜色 R、G、B 为 245、245、245，“反射”颜色 R、G、B 为 25、25、25，“高光光泽”为 0. 25，选项中取消“跟踪反射”，调制出墙体表面只有高光效果，没有反射效果。如果想调制带有颜色的乳胶漆，直接调整“漫反射”颜色就可以了，如图 8-37 所示。

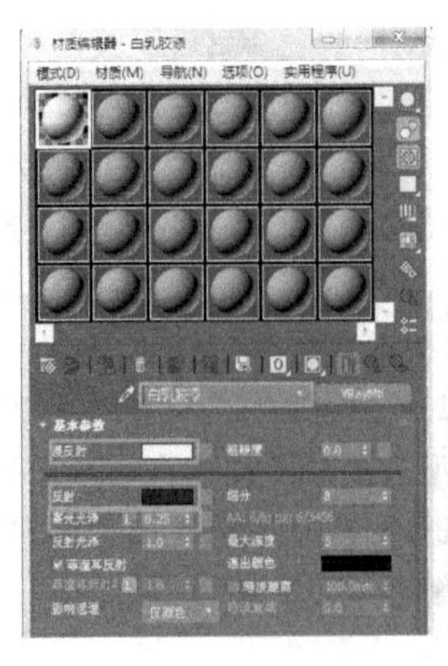

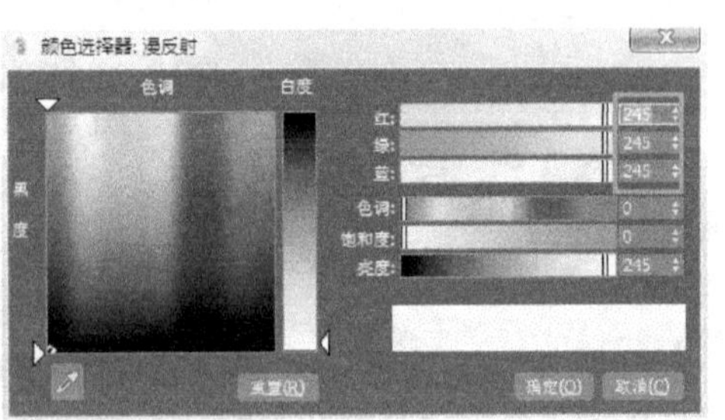

图 8-37 调制“白乳胶漆”材质

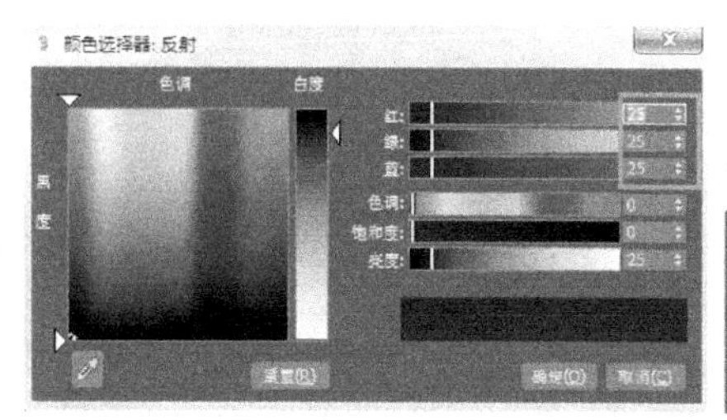

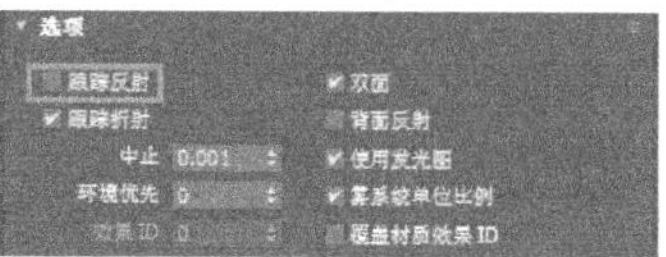

图 8-37(续)

(4) 在场景中,配合 Ctrl 键,选择墙体、天花,单击“将材质指定给选定对象”按钮 ,将白色乳胶漆材质指定给墙体、天花。渲染摄像机视图,效果如图 8-38 所示。

图 8-38 渲染效果(1)

8.2.2 玻璃材质

在效果图制作过程中,玻璃材质的表现比较难,品种也比较多,如清玻璃、磨砂玻璃等。

1. 清玻璃

下面通过调制茶几的玻璃材质来详细讲解清玻璃材质的调制方法。

(1) 打开本书配套学习资源中的“场景文件→第 8 章→玻璃. max”文件,如图 8-39 所示。

(2) 按 M 键,打开“材质编辑器”。选择第一个材质球,双击使其独立显示,打开背景开关。

(3) 单击 Standard 按钮,在弹出的“材质/贴图浏览器”中选择 VRayMtl,将当前材质指定为 VRayMtl 材质。

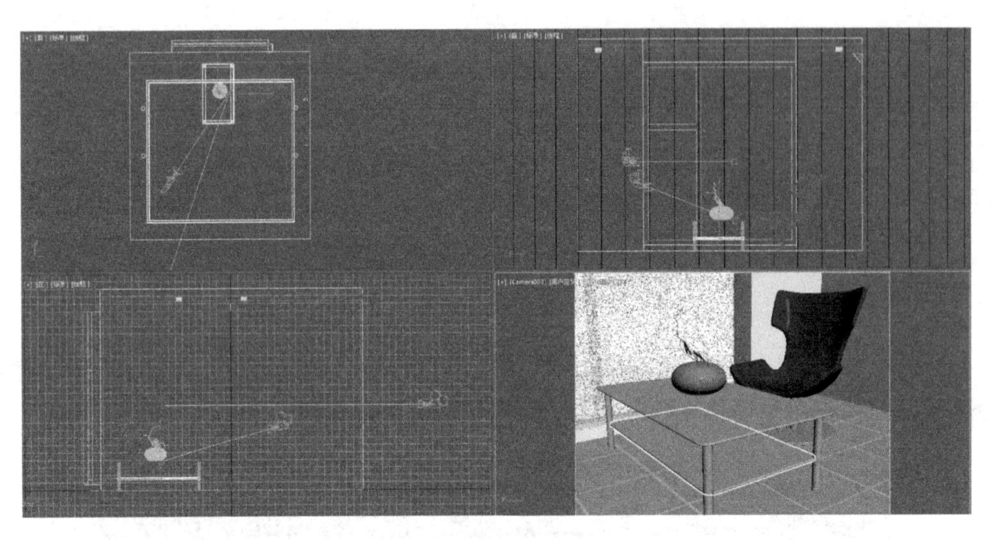

图 8-39 打开文件(1)

(4) 将材质命名为“清玻璃”。设置“漫反射”颜色 R、G、B 为 86、133、140,“反射”颜色 R、G、B 为 35、35、35,取消“菲涅耳反射”复选框的勾选,设置“高光光泽”为 0.9,“反射光泽”为 0.98,调整“折射”颜色接近白色,R、G、B 为 250、250、250,勾选“影响阴影”复选框,如图 8-40 所示。

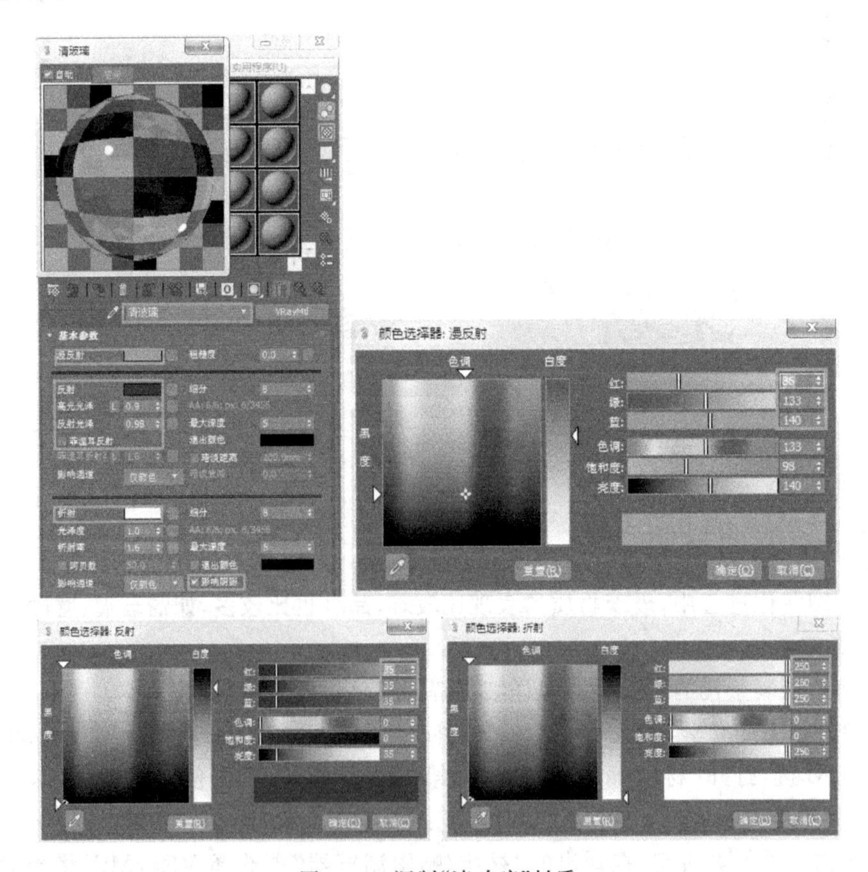

图 8-40 调制“清玻璃”材质

(5) 将调制好的清玻璃材质指定给茶几上的玻璃造型,渲染观看,如图 8-41 所示。

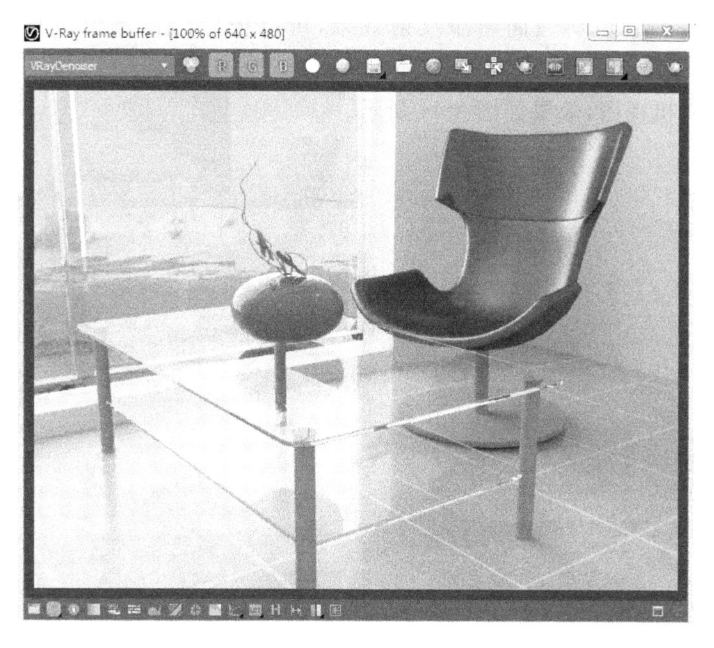

图 8-41 渲染效果(2)

2. 磨砂玻璃

磨砂玻璃几乎不透明,下面详细讲解磨砂玻璃的调制过程。

(1) 仍然使用这个场景。选择第二个空白材质球,双击使其独立显示,打开背景显示。

(2) 单击 Standard 按钮,在弹出的“材质/贴图浏览器”中选择 VRayMtl,将当前材质指定为 VRayMtl 材质。

(3) 将材质命名为“磨砂玻璃”。设置“漫反射”颜色为白色,R、G、B 为 255、255、255。磨砂玻璃基本没有反射,反射颜色不需设置。“折射”颜色接近白色,设置“折射”颜色 R、G、B 为 250、250、250。最重要的是有折射模糊,将折射“光泽度”设置为 0.7,如图 8-42 所示。

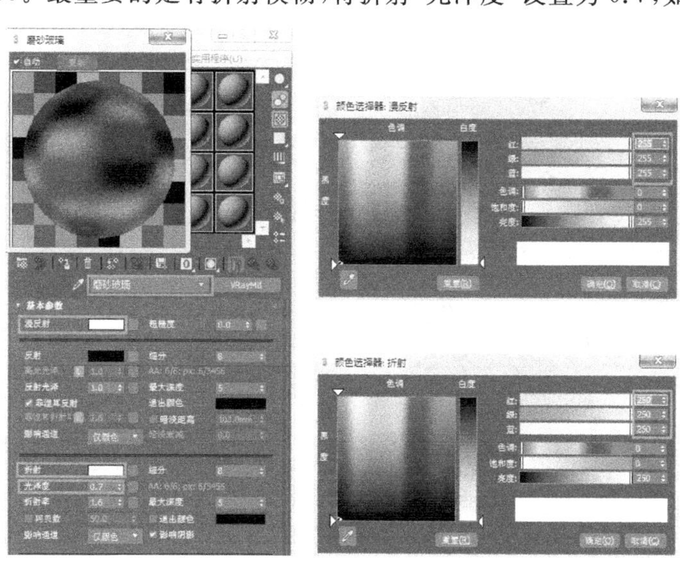

图 8-42 调制“磨砂玻璃”材质

(4) 将调制好的磨砂材质指定给茶几上的玻璃造型，并渲染观看。

(5) 如果想让磨砂玻璃表面增添反射效果，可以把“反射”颜色设置为17、17、17，如图8-43所示。

(6) 渲染摄像机视图，效果如图8-44所示。

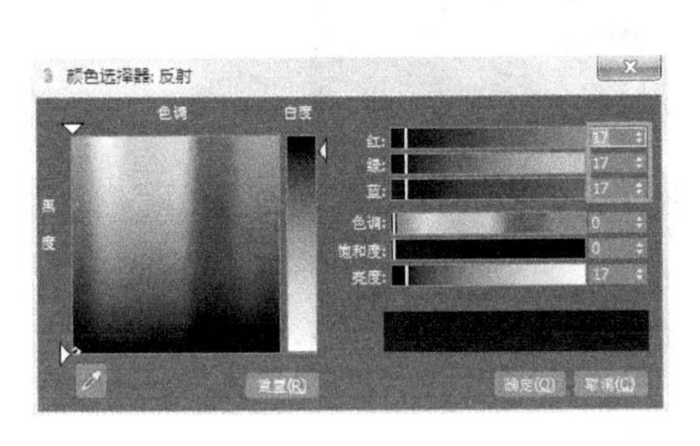

图8-43　设置“反射”颜色值

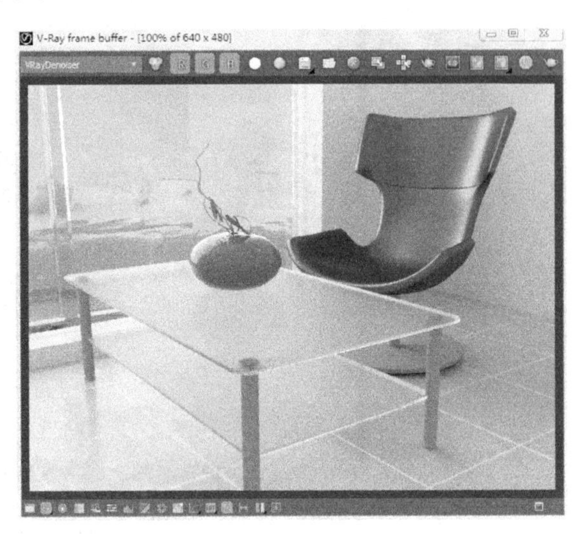

图8-44　渲染效果(3)

8.2.3　金属材质

金属材质的应用比较广泛，经常用到的是不锈钢，主要分为镜面不锈钢和哑光不锈钢。常用于表现各种家具的支架、扶手、灯具、门窗、柜台及装饰架等。还有一些不经常用到的金属材质，如黄铜、铝合金等。

1. 镜面不锈钢

(1) 打开本书配套学习资源中的“场景文件→第8章→不锈钢.max”文件，如图8-45所示。

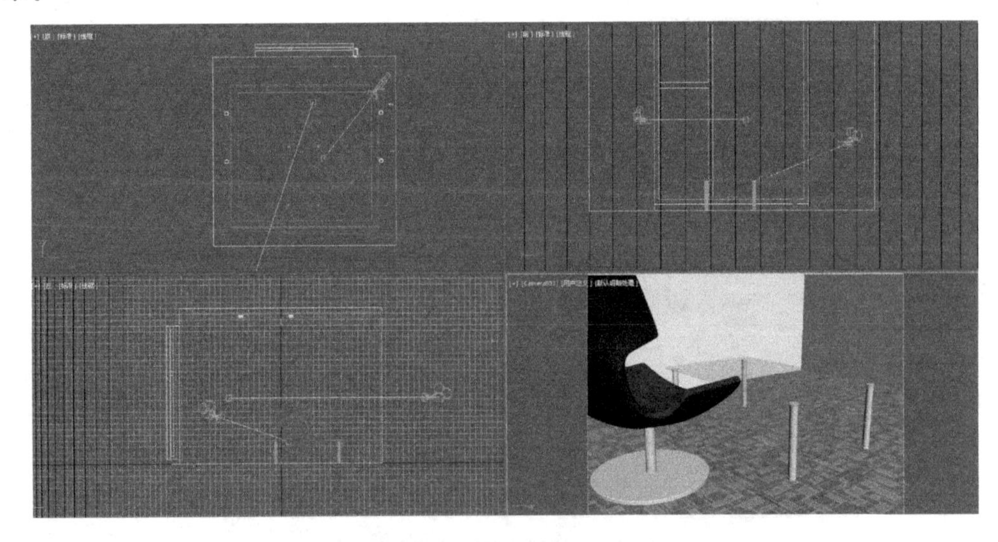

图8-45　打开文件(2)

(2) 按 M 键，打开“材质编辑器”，选择空白材质球。双击使其独立显示，打开背景显示。

(3) 单击 Standard 按钮，在弹出的“材质/贴图浏览器”中选择 VRayMtl，将当前材质转换为 VRayMtl 材质。

(4) 将材质命名为“镜面不锈钢”。不锈钢主要靠反射来表现质感，设置“漫反射”颜色为黑色，R、G、B 为 0、0、0。把漫反射色设置为黑色，可以让暗的部分更暗，亮的部分更亮，增强明暗对比。设置“反射”颜色 R、G、B 为 250、250、250，“高光光泽”为 0.85，“反射光泽”为 0.95。不锈钢的反射类似于镜面反射，菲涅耳反射现象很弱，取消“菲涅耳反射”复选框的勾选，如图 8-46 所示。

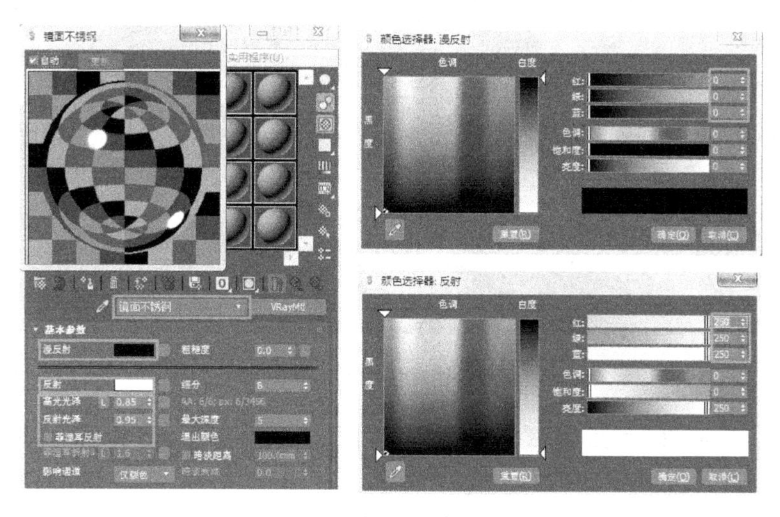

图 8-46 设置镜面不锈钢材质

(5) 将调制好的镜面不锈钢材质指定给茶几腿、椅子腿，按 F9 键渲染，观看效果，如图 8-47 所示。

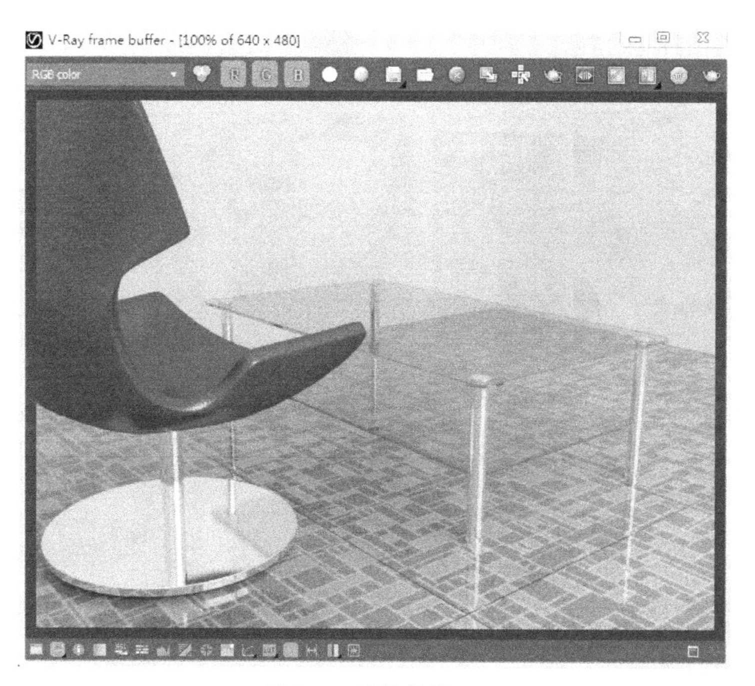

图 8-47 渲染效果(4)

2. 哑光不锈钢

哑光不锈钢材质的调制与镜面不锈钢基本一样，只需要在镜面不锈钢材质的基础上降低反射，降低反射光泽就可以了。

(1) 打开本书配套学习资源中的“场景文件→第八章→不锈钢.max”文件，如图 8-48 所示。

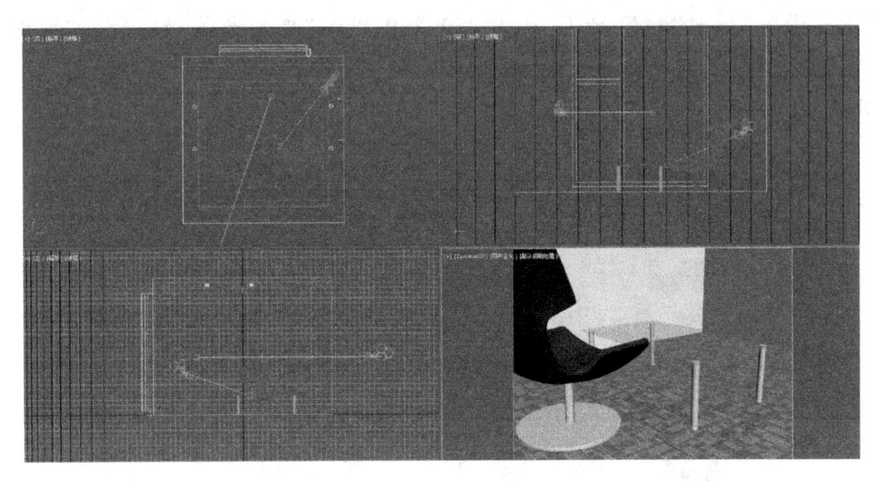

图 8-48　打开文件(3)

(2) 按 M 键，打开“材质编辑器”，选择空白材质球并双击，使其独立显示，打开背景显示。

(3) 单击 Standard 按钮，在弹出的“材质/贴图浏览器”中选择 VRayMtl，将当前材质转换为 VRayMtl 材质。

(4) 将材质命名为“哑光不锈钢”。设置“漫反射”颜色 R、G、B 为 195、200、206，“反射”颜色 R、G、B 为 150、150、150，设置“高光光泽”为 0.8，“反射光泽”为 0.8，取消“菲涅耳反射”复选框的勾选，如图 8-49 所示。

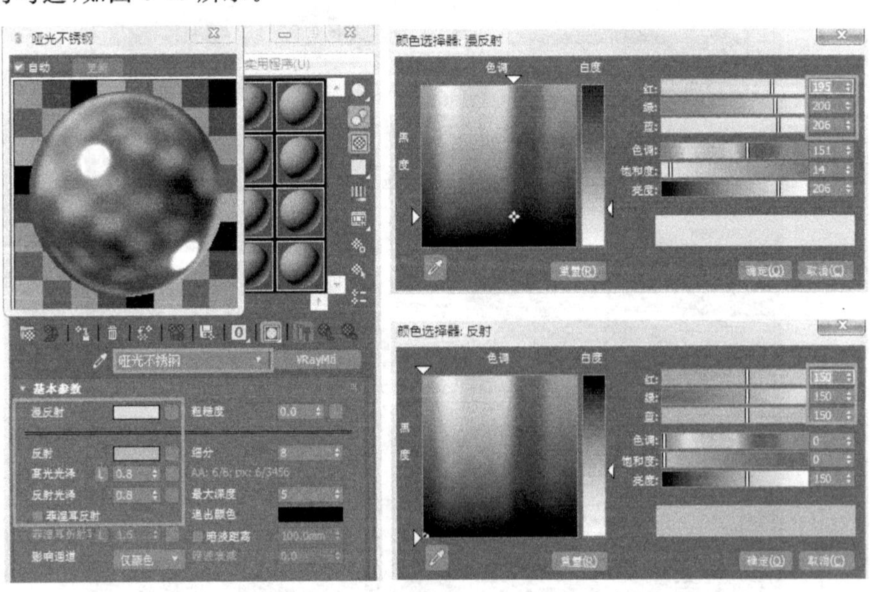

图 8-49　调制哑光不锈钢材质

(5) 将调制好的哑光不锈钢材质指定给茶几腿、椅子腿，按 F9 键渲染，观看效果，如图 8-50 所示。

图 8-50 渲染效果(5)

8.2.4 UVW 贴图坐标

前面讲述的材质只需要调整材质基本参数即可。但有些材质效果，如木纹、大理石、地砖等，既需要调整材质基本参数，又需要指定所贴的图案及贴图方式。贴图坐标用来指定贴图位于对象上的放置位置、方向及大小比例。在 3ds Max 中，共有 3 种设定贴图坐标的方式，即内建贴图坐标、材质编辑器自带的坐标面板以及 UVW 贴图修改器。

1. 内建贴图坐标

(1) 启动 3ds Max，在场景中创建一个长方体、一个球体、一个圆柱体，如图 8-51 所示。

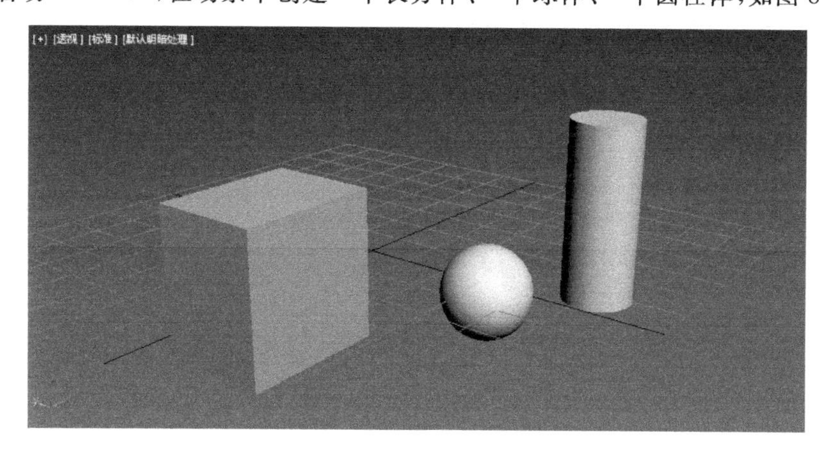

图 8-51 创建简单的场景

(2) 选择空白材质球，为其设置标准材质。单击通道右侧的贴图按钮，打开“材质/贴图浏览器”，选择位图，如图 8-52 所示。

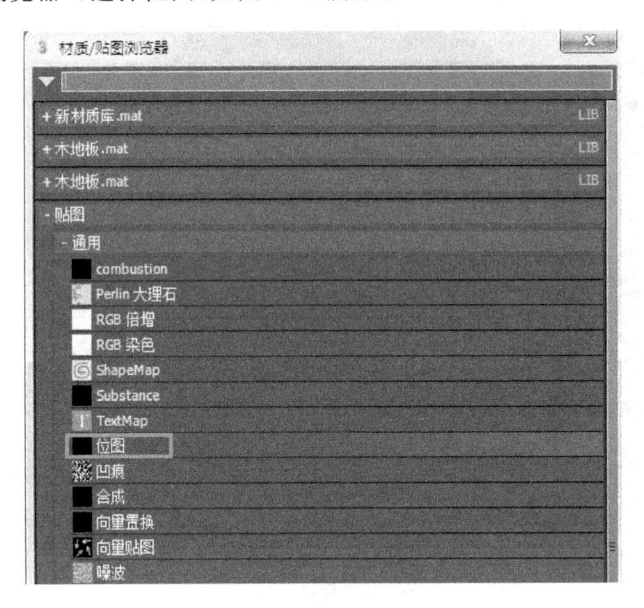

图 8-52 选择位图

(3) 在弹出的“选择位图图像文件”对话框中选择 fish001.jpg 文件，如图 8-53 所示，单击“打开”按钮。

(4) 按住 Ctrl 键，在场景中依次加选长方体、球体、圆柱体。单击“材质编辑器”主工具栏中的“将材质指定给选择对象”按钮，将材质赋予选择对象。

(5) 此时场景中 3 个对象都变成灰色材质，没有显示贴图。单击“材质编辑器”主工具栏中的“视口中显示明暗处理材质”按钮，场景中对象都显示出贴图。

(6) 在这个场景中，并没有另外设置贴图坐标，但贴图却正常显示，这是因为使用了 3ds Max 的内建贴图坐标。在创建基本对象时，默认勾选了“生成贴图坐标”复选框，如图 8-54 所示。

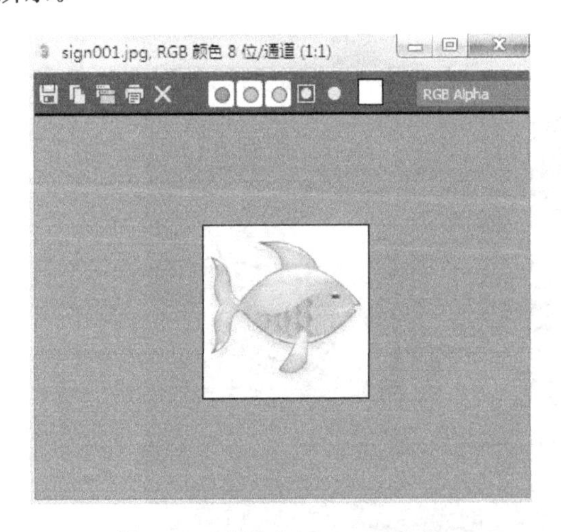

图 8-53 选择 fish001.jpg 文件

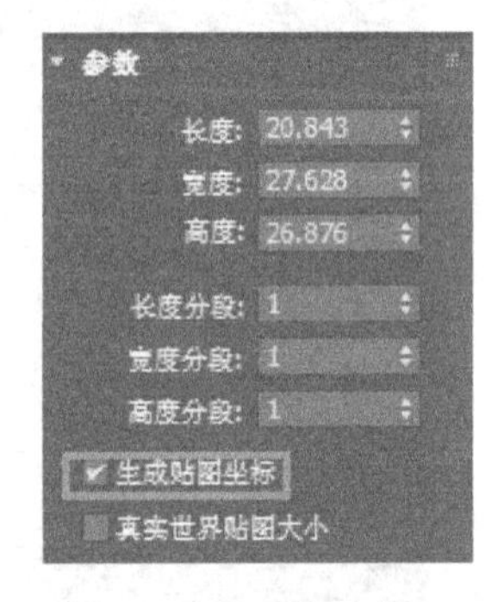

图 8-54 “生成贴图坐标”复选框默认勾选

知识点 5

内建贴图坐标专用于基本对象类型；立方体贴图坐标将在 6 个面分别放置一个重复的贴图；圆柱体贴图坐标环绕圆柱体周围；球体贴图坐标从四面包围。

2. 材质编辑器自带的“坐标”面板

通过材质编辑器自带的“坐标”面板，可以对贴图进行平移和旋转。这种方法虽然可调节的参数不多，但对基本规则对象来说已经足够了。

(1) 单击材质编辑器“漫反射”右侧的 M 按钮，进入漫反射贴图设置面板中。

(2) 在“坐标”面板中，设置“U 偏移”值为 0.25，可以看到视图中对象表面的贴图均向右发生偏移。

(3) 在“坐标”面板中，设置“V 偏移”值为 0.25，可以看到视图中对象表面的贴图均向上发生偏移，如图 8-55 所示。

知识点 6

在“偏移”选项中的数值是根据贴图图片的百分比来设定平移距离的。设置 U 偏移值为 0.25，即是将图片向右移动其宽度的 25%；设置 V 偏移值为 0.25，即是将图片向上移动其高度的 25%。

(4) 设置“U 偏移”“V 偏移”值为 0、0。设定“角度 W”值为 45，可以看到所有的贴图都绕 Z 轴旋转 45°，如图 8-56 和图 8-57 所示。

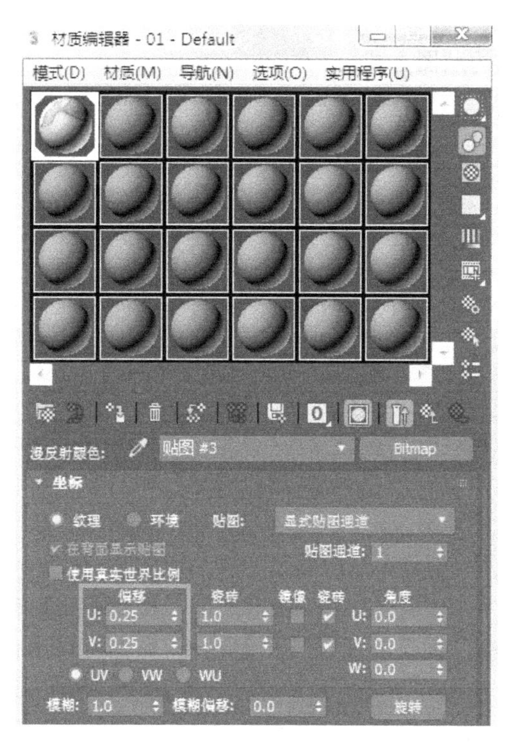

图 8-55 更改“U 偏移”和“V 偏移”值

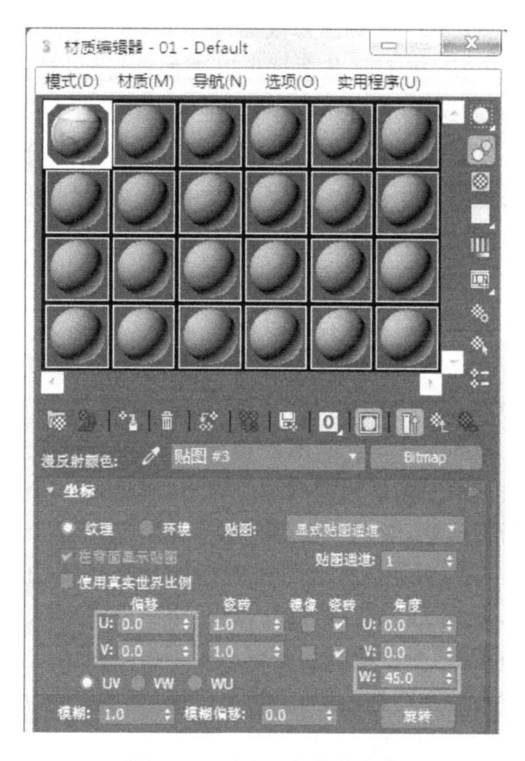

图 8-56 改变坐标的角度值

知识点 7

U、V、W 坐标平行于 X、Y、Z 坐标，U 向相当于 X 轴，V 向相当于 Y 轴，W 向相当于

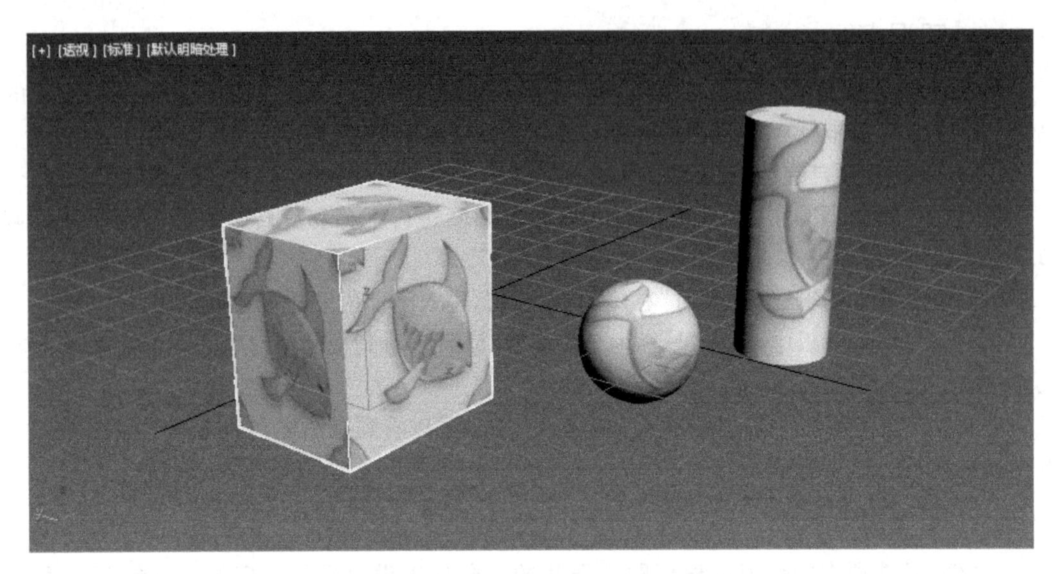

图 8-57 贴图在模型表面角度发生变化

Z 轴，代表垂直于贴图 *UV* 平面的方向。

在材质编辑器的“坐标”面板中，除了可以对贴图进行偏移和旋转外，还可以通过“平铺”设置贴图重复的次数，通过“镜像”作镜像贴图，通过“模糊”控制贴图的模糊程度。

3. UVW 贴图修改器

UVW 贴图修改器可以更加灵活地控制对象的贴图方式。

(1) 将上述步骤中“角度 W”值设置为“0”。

(2) 在场景中选择“长方体”，单击“修改”按钮，进入“修改”面板。在修改器列表中添加“UVW 贴图”修改器。

(3) 在下方的“参数”面板中列出了几种坐标类型。

① 平面：平面贴图坐标是用得最多的一种贴图方式，用一个黄色的平面范围框(Gizmo)来设置贴图的位置、大小、方向及次数。贴图贴在模型的一个面上，其他面将产生撕裂现象，如图 8-58 所示。

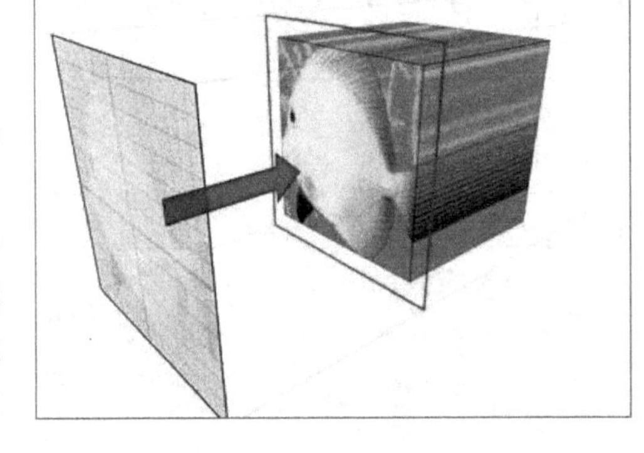

图 8-58 平面贴图坐标效果

② 柱形：柱形贴图坐标针对圆柱状的物体设置，如水瓶、茶杯等，将一个平面图形包裹成一个圆柱体，贴在模型表面。使用柱形贴图坐标，贴图在模型表面会产生一条明显的包裹接缝。如果勾选“封口”复选框，贴图会以平面方式贴在圆柱的上、下两个底面，如图 8-59 所示。

③ 球形：球形贴图坐标将平面图形从球形对象的前方向球体的后方包裹，在球形对象的后方将开口紧缩起来，一般在贴图的接合处会产生一条接缝，如图 8-60 所示。

④ 收缩：收缩贴图坐标将平面图形从球形物体的上方向球体的下方包裹，在球形对象的下方将开口扎紧，类似一只倒提的口袋，贴图的扎口处也会产生一个接口小点，如图 8-61 所示。

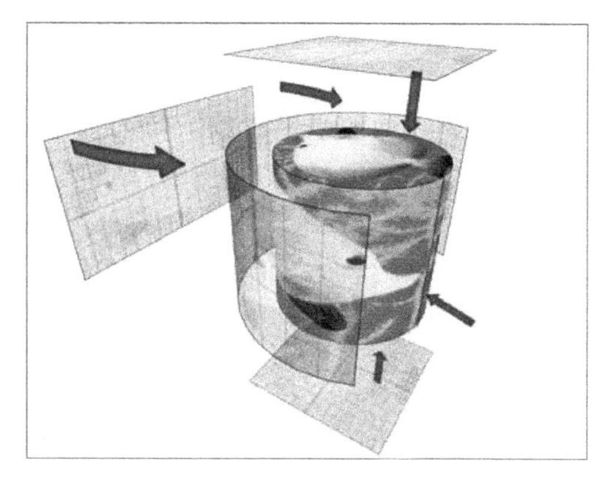

图 8-59 柱形贴图坐标效果

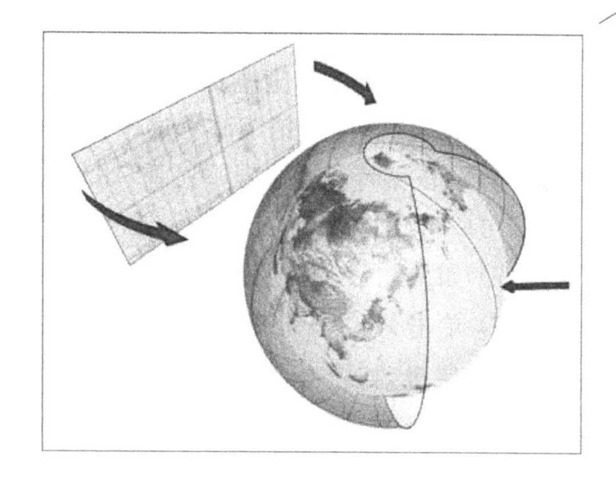

图 8-60 球形贴图坐标效果

⑤ 面：面贴图坐标根据物体的面进行贴图，对象有多少个面就贴多少次花纹，每一个花纹的大小与当前所在的面大小相同，如图 8-62 所示。

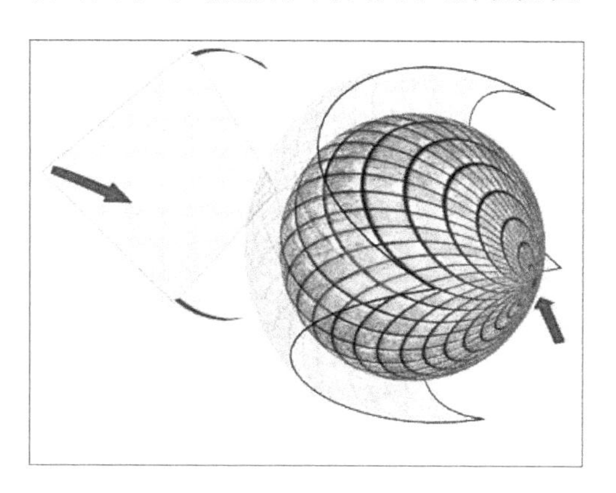

图 8-61 收缩贴图坐标效果

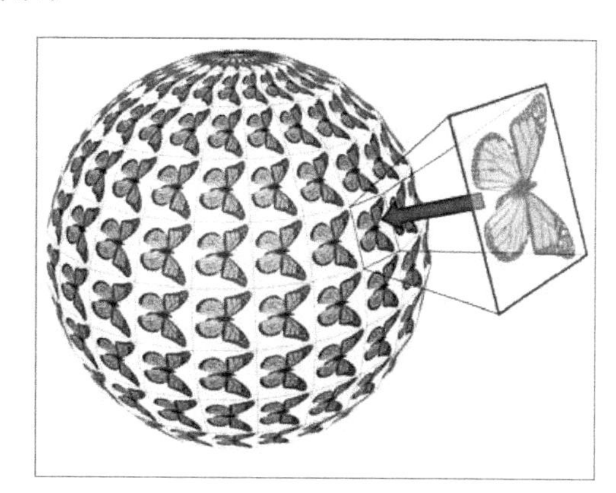

图 8-62 面贴图坐标效果

(4) 选择长方体，将“贴图”类型选择为“长方体”，如图 8-63 所示。

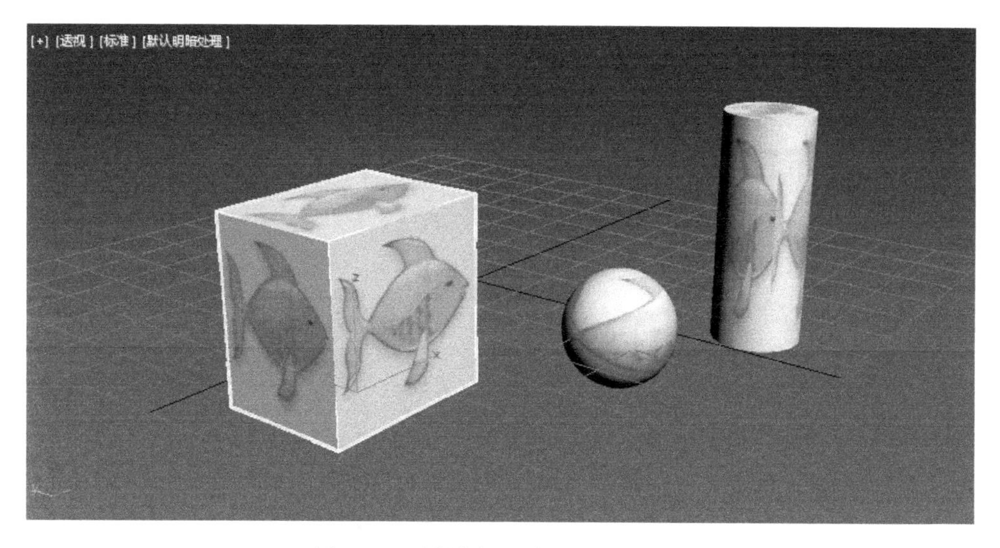

图 8-63 选择“贴图”类型为“长方体”

(5) 在“贴图”参数面板中，调整“长度”“宽度”“高度”值，改变黄色 Gizmo 轴的长、宽、高，图片大小也随之相应地发生变化。

(6) 调整“U 向平铺”和“V 向平铺”，可以调整图片在模型表面的平铺次数。勾选“U 向平铺”右侧的“翻转”复选框，可以将图像沿 X 轴水平反向，勾选“V 向平铺”右侧的“翻转”复选框，可以将图像沿 Y 轴水平反向，如图 8-64 所示。

(7) 如果图片调整后需要恢复至起始状态，单击 重置 按钮即可，如图 8-65 所示。

(8) 单击修改器堆栈中“UVW 贴图”左侧的三角，展开次对象级，单击 Gizmo 进入 Gizmo 轴层级，如图 8-66 所示。可以通过工具栏中的“选择并移动”工具 、“选择并旋转”工具 、“选择并缩放”工具 ，直接调整 Gizmo 轴的位置、角度和比例，从而改变图片在模型表面的位置、角度和大小。

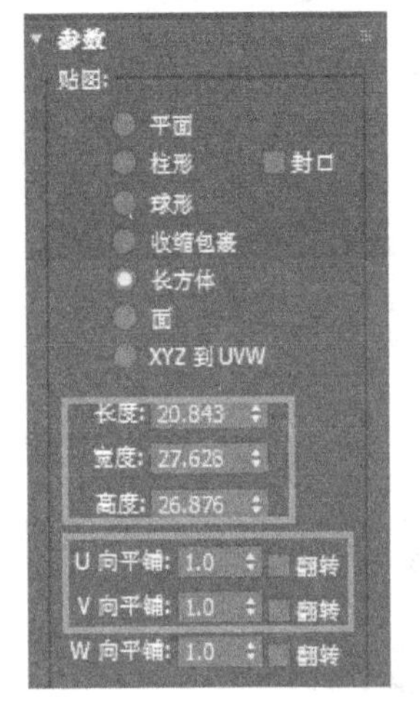

图 8-64 调整贴图坐标

图 8-65 重置工具

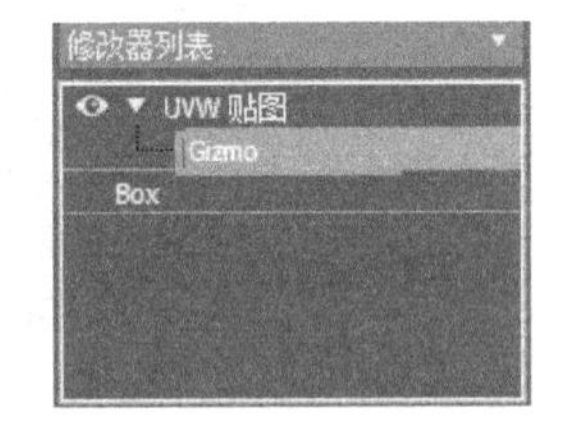

图 8-66 进入 Gizmo 轴层级

8.2.5 靠垫材质

下面通过为靠垫设置材质，对 UVW 贴图修改器的基本知识进行应用。

(1) 打开本书配套学习资源中的“场景文件→第 8 章→靠垫.max”文件，如图 8-67 所示。

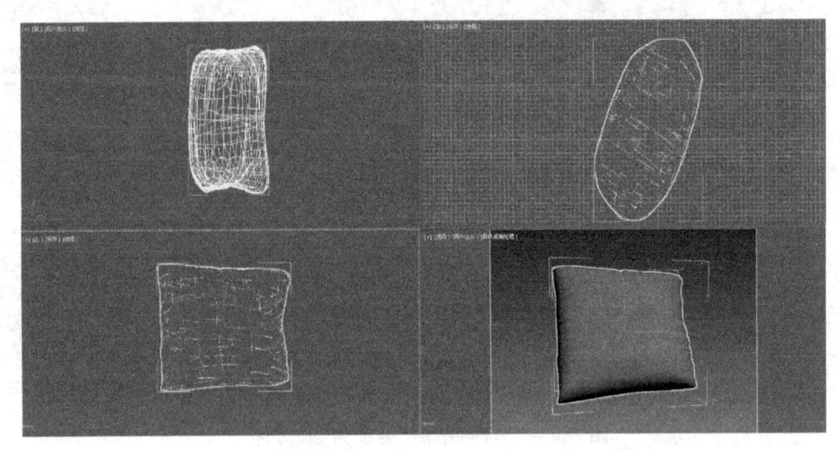

图 8-67 打开文件(4)

(2) 按 M 键,打开“材质编辑器”。

(3) 选择空白材质球,将其转换为 VRayMtl 材质。

(4) 单击“漫反射”右侧的贴图通道按钮,选择“贴图”类型为“位图”,选择“靠垫.jpg”图片,如图 8-68 所示。单击“材质编辑器”主工具栏中的“将材质指定给选择对象”按钮,将材质指定给场景中的靠垫。

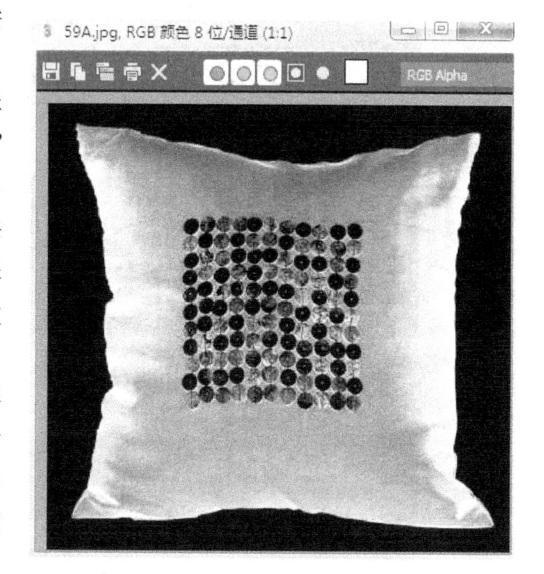

图 8-68　选择靠垫图片

(5) 在场景中选择靠垫模型,进入“修改”面板。在“修改器”下拉列表框中选择“UVW 贴图”,为模型添加 UVW 贴图修改器,如图 8-69 所示。

(6) 选择对齐轴向为 X 轴。单击修改器堆栈中“UVW 贴图”左侧的三角,展开次对象级。进入 Gizmo 轴层级,可以看到场景中出现黄色的 Gizmo 轴。黄色短线指示贴图顶部,绿色边指示贴图右侧。

(7) 单击主工具栏中的“选择并旋转”工具,打开“角度捕捉开关”,将 Gizmo 轴先沿 X 轴旋转 $-90°$,然后沿 Z 轴旋转 180°,单击 适配 按钮,如图 8-70 和图 8-71 所示。

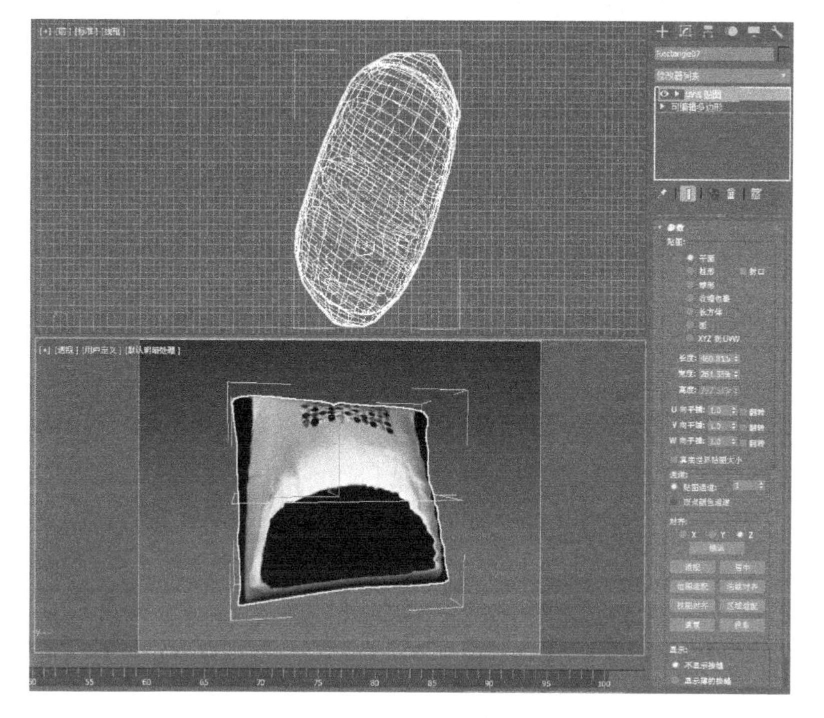

图 8-69　为靠垫添加 UVW 贴图修改器

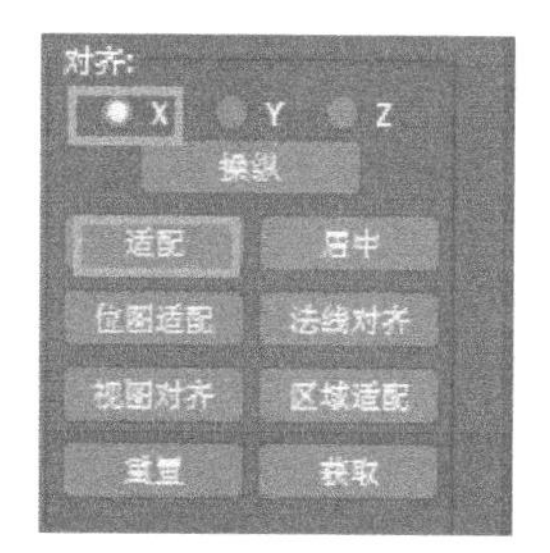

图 8-70　调整 Gizmo 轴

(8) 调整 Gizmo 轴的“长度”和“宽度”值,按住 Alt 键和鼠标中键,旋转视图观察,直至贴图大小适配靠垫模型表面,如图 8-72 所示。

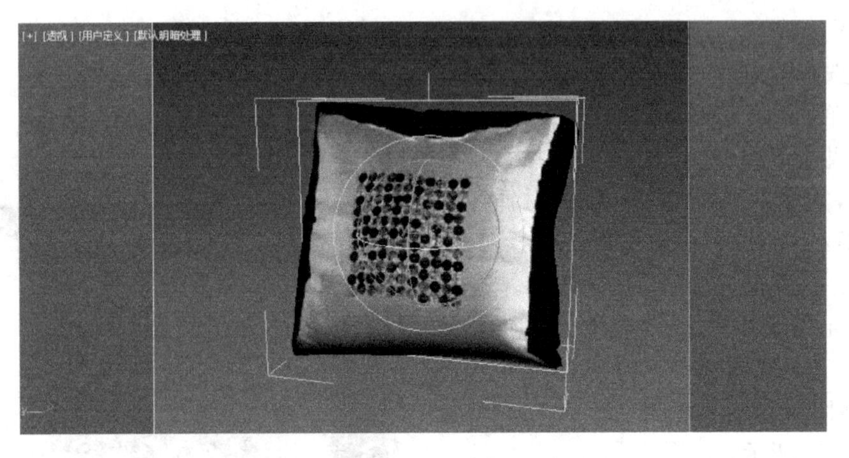

图 8-71 调整 Gizmo 轴后的效果

图 8-72 调整 Gizmo 轴的大小

8.2.6 地砖材质

地砖材质相对来说用得较多，常见的有抛光砖和哑光砖。

1. 抛光砖

(1) 打开本书配套学习资源中的“场景文件→第 8 章→地砖.max”文件，如图 8-73 所示。

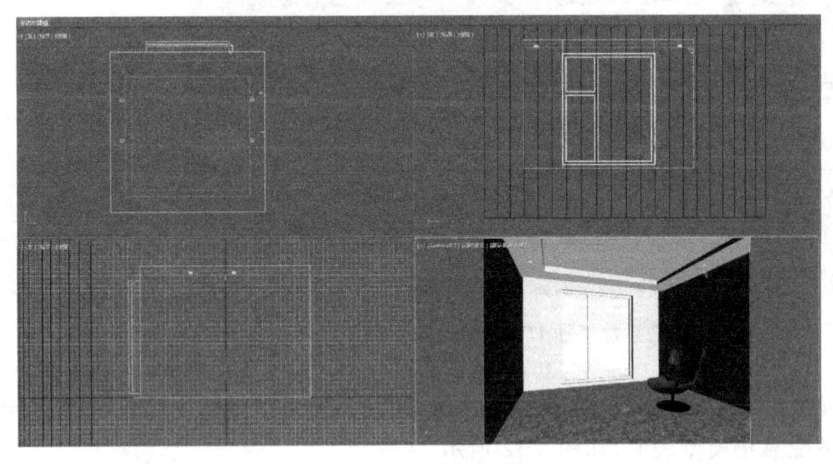

图 8-73 打开文件(5)

(2) 按 M 键，打开“材质编辑器”，选择空白材质球。单击 Standard 按钮，在弹出的“材质/贴图浏览器”中选择 VRayMtl，将当前材质指定为 VRayMtl 材质。

(3) 将材质命名为“抛光砖”。在“漫反射”通道添加一张“瓷砖.jpg”图片，设置“模糊”值为 0.5，如图 8-74 所示。

(4) 单击“转到父对象”按钮，返回上一层级。

(5) 设置“反射”颜色 R、G、B 为 203、203、203，“高光光泽”设置为 0.8，“反射光泽”设置为 0.98，勾选“菲涅耳反射”复选框，打开材质球的背景显示，如图 8-75 所示。

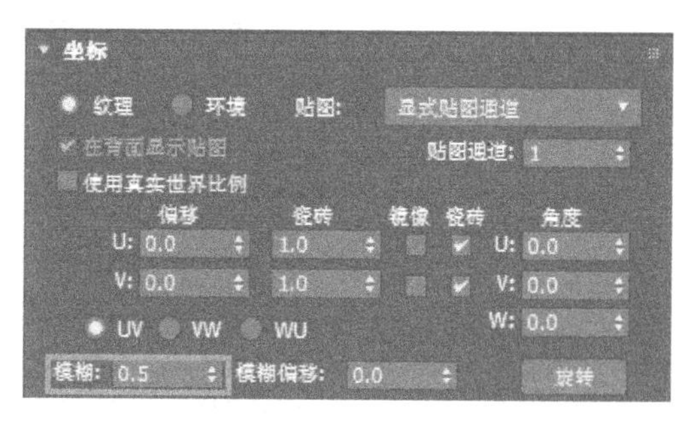

图 8-74 设置图片的模糊值

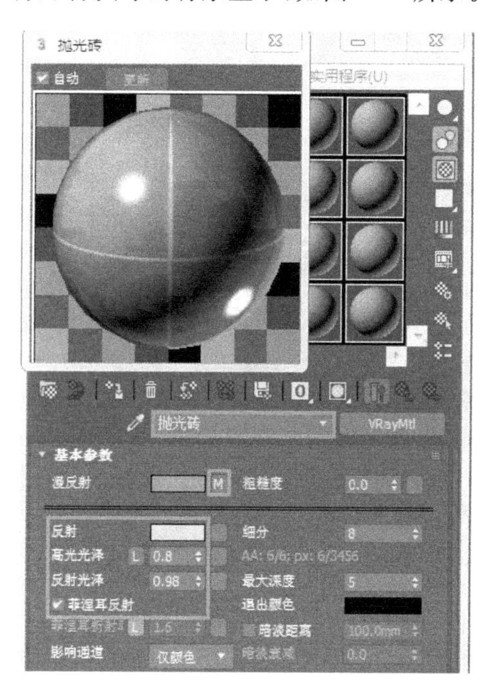

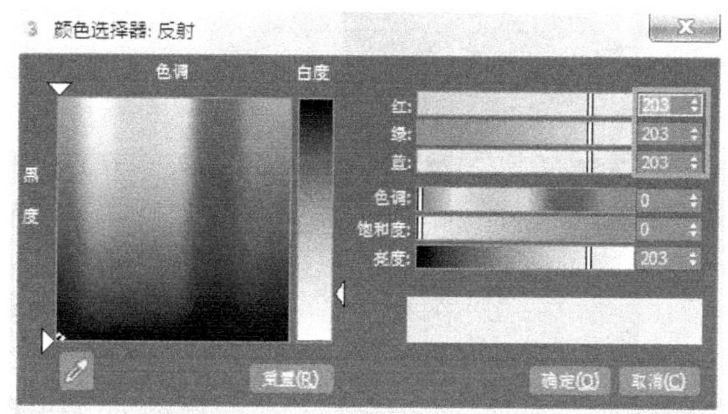

图 8-75 设置地砖材质的基本参数

(6) 单击“贴图”，展开“贴图”面板。拖动“漫反射”通道右侧的图片到“凹凸”通道，选择以“实例”模式复制的方式，设置“凹凸”值为−10，如图 8-76 所示。

(7) 单击“将材质指定给选定对象”按钮，将抛光砖材质指定给地面。单击“视口中显示明暗处理材质”按钮，在视图中显示纹理贴图，如图 8-77 所示。

(8) 此时贴图坐标不正确。在修改器列表中选择“UVW 贴图”，为地面添加 UVW 贴图修改器。在“贴图”面板中，将“长度”值设置为 1600mm，“宽度”值设置为 1600mm，如图 8-78 所示。

(9) 由于这张图片是由 4 块地砖拼贴而成的，将 Gizmo 轴“长度”设置为 1600mm，“宽度”设置为 1600mm，实际上地砖的尺寸是 800mm×800mm。渲染效果如图 8-79 所示。

(10) 在修改器堆栈中，单击“UVW 贴图”左侧的三角，展开子面板。进入 Gizmo 层级，选择工具栏中的“选择并移动”工具，沿 *X* 轴向左移动 Gizmo 轴，使一侧的地砖完整显示，如图 8-80 所示。

贴图

贴图	数量	启用	贴图
漫反射	100.0	✔	贴图 #11 (瓷砖.jpg)
粗糙度	100.0	✔	无
自发光	100.0	✔	无
反射	100.0	✔	无
高光光泽	100.0	✔	无
反射光泽	100.0	✔	无
菲涅耳折射	100.0	✔	无
各向异性	100.0	✔	无
各向异性旋	100.0	✔	无
折射	100.0	✔	无
光泽度	100.0	✔	无
折射率	100.0	✔	无
半透明	100.0	✔	无
烟雾颜色	100.0	✔	无
凹凸	-10.0		贴图 #11 (瓷砖.jpg)
置换	100.0	✔	无
不透明度	100.0	✔	无
环境		✔	无

图 8-76 设置地砖的凹凸效果

图 8-77 渲染效果(6)

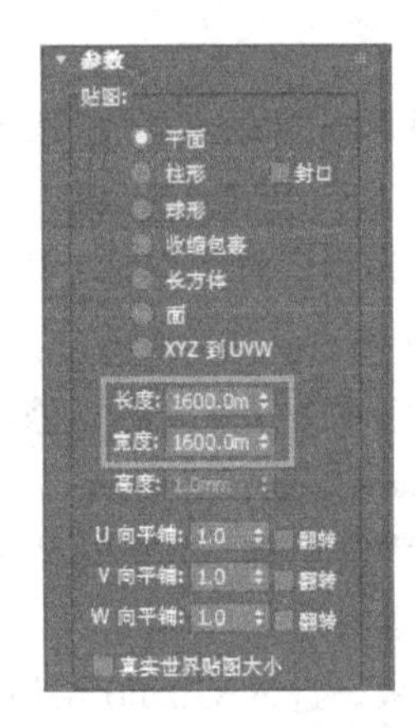

图 8-78 添加 UVW 贴图修改器

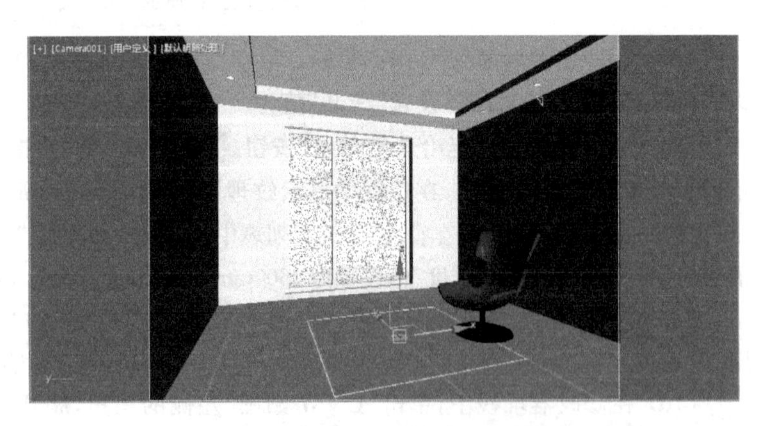

图 8-79 调整 Gizmo 轴后的渲染效果

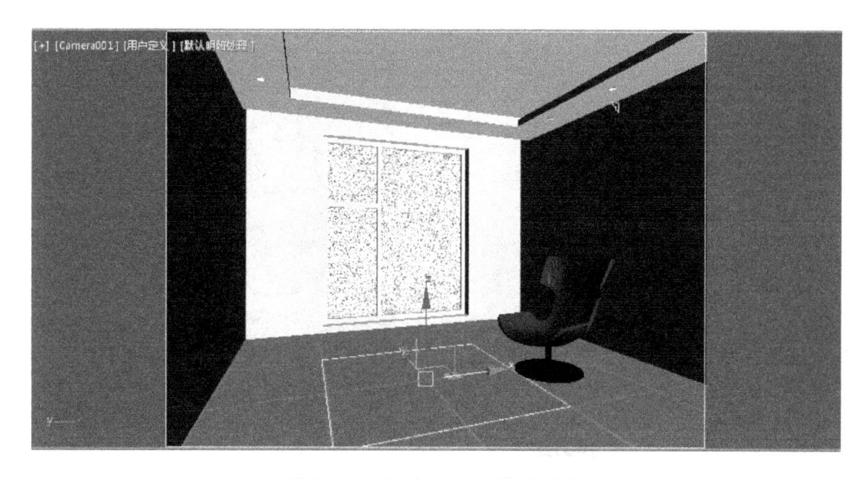

图 8-80 移动 Gizmo 轴的位置

(11) 按 F9 键,渲染摄像机视图,渲染效果如图 8-81 所示。

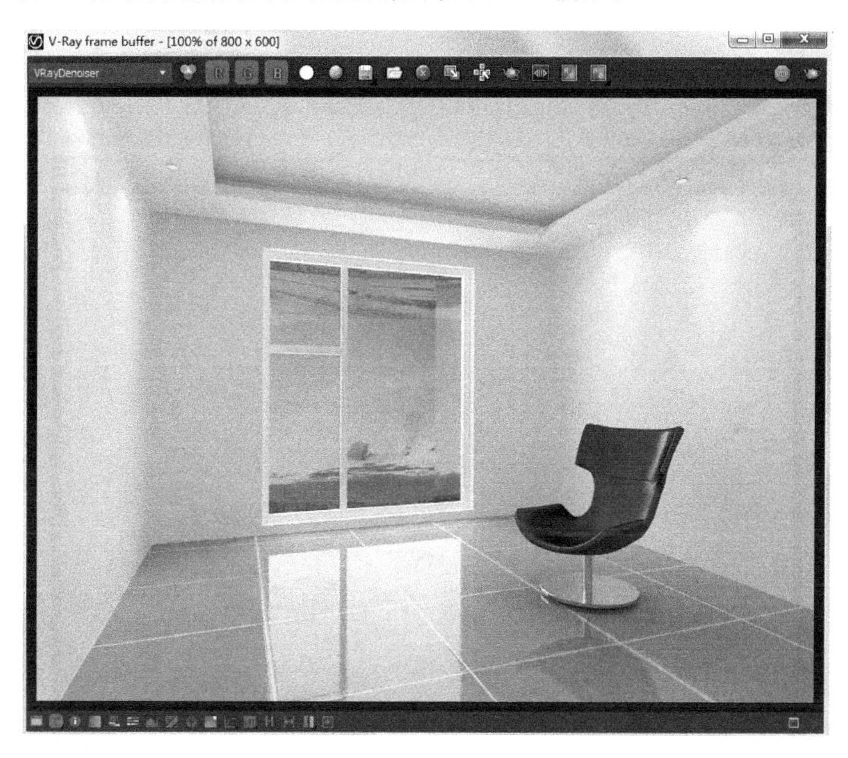

图 8-81 渲染效果(7)

2. 哑光砖

哑光砖材质的调制与抛光砖基本一样,只需要在抛光砖材质的基础上降低高光光泽、反射光泽即可。

(1) 选择前面调制好的"抛光砖"材质,按住鼠标左键,拖动到另一个空白材质球上,将材质球命名为"哑光砖"。

(2) 将"高光光泽"设置为 0.72,"反射光泽"设置为 0.82,如图 8-82 所示。

(3) 在"贴图"面板中,将"凹凸"值设置为－50,如图 8-83 所示。

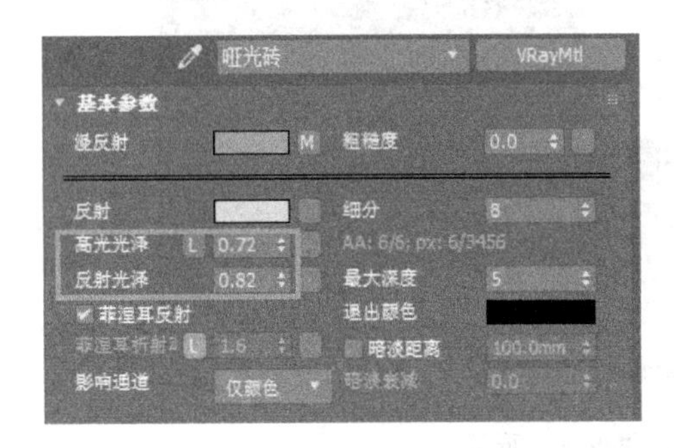

图 8-82　设置材质基本参数

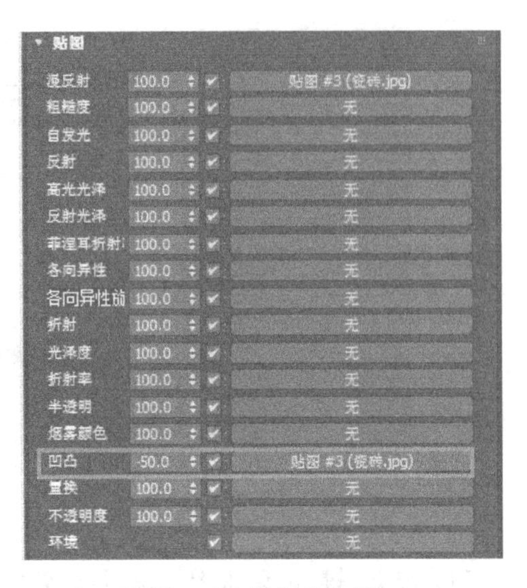

图 8-83　设置凹凸值

(4) 按 F9 键,渲染摄像机视图,渲染效果如图 8-84 所示。

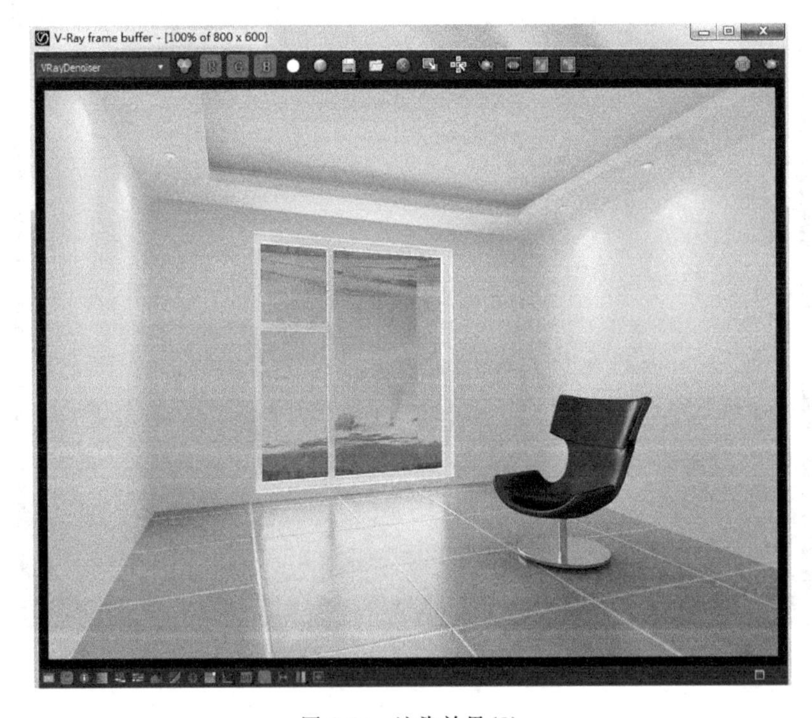

图 8-84　渲染效果(8)

8.2.7　木纹材质

从古至今木材是用得最多的建筑材质,在现代装饰行业中,木纹材质有很多表现形式。下面介绍如何调制刷过油漆的亮光木纹。

(1) 打开本书配套学习资源中的“场景文件→第 8 章→木地板.max”文件,如图 8-85 所示。

(2) 按 M 键,打开“材质编辑器”。选择空白材质球,单击 Standard 按钮,在弹出的“材

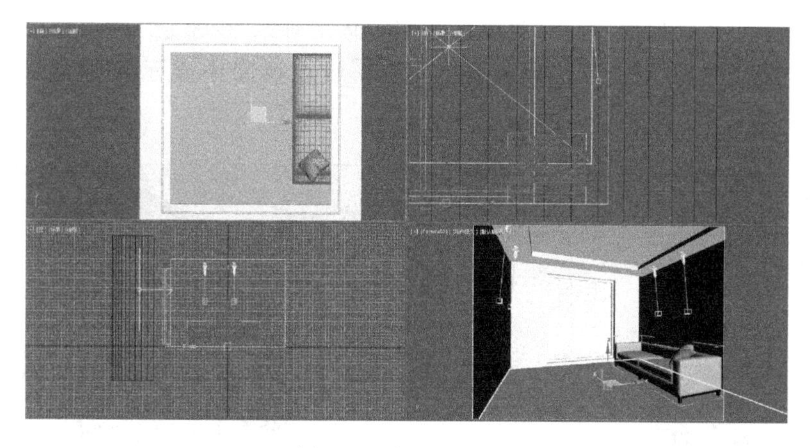

图 8-85　打开文件(6)

质/贴图浏览器”中选择 VRayMtl，将当前材质转换为 VRayMtl 材质。

(3) 将材质命名为“木地板”。在“漫反射”通道添加一张“木纹.jpg”图片，设置“模糊”值为 0.5，如图 8-86 所示。

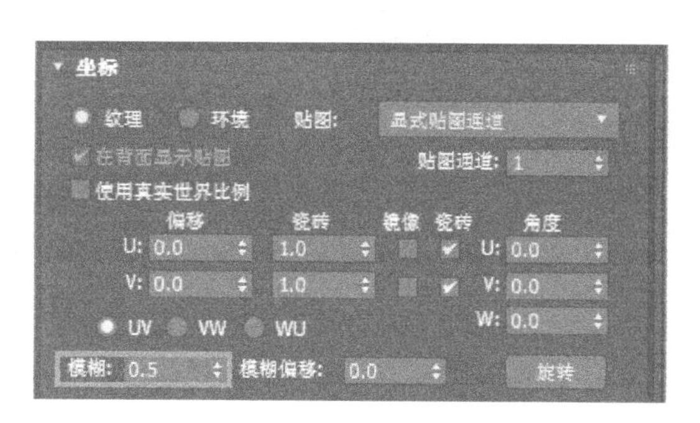

图 8-86　设置图片的模糊值

(4) 单击“转到父对象”按钮，返回上一层级。

(5) 双击材质球，使材质球独立显示，打开背景显示。

(6) 单击“漫反射”右侧的通道按钮，在打开的“材质/贴图浏览器”中选择“衰减贴图”。单击“衰减参数”面板中的“侧面”颜色色块，设置“颜色 2”的 R、G、B 为 200、215、235。单击“转到父对象”按钮，返回上一层级。在“基本参数”面板中，设置“高光光泽”为 0.8，“反射光泽”为 0.85，如图 8-87 所示。

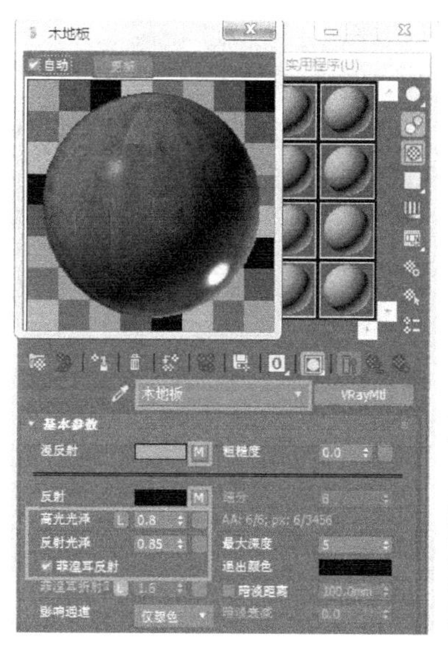

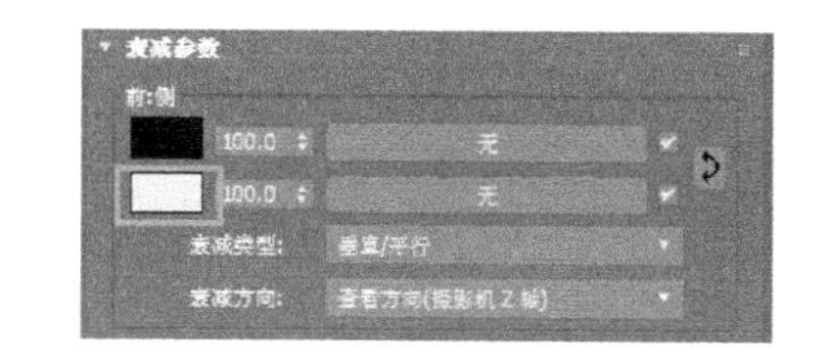

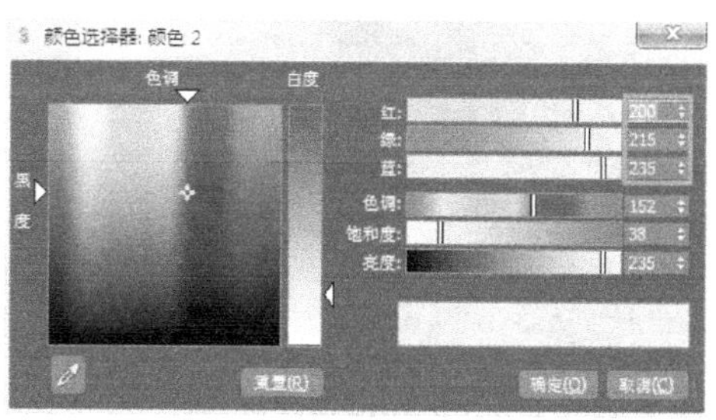

图 8-87　调制木纹材质

(7) 在场景中选择地面，单击“将材质指定给选定对象”按钮，将木地板材质指定给地面。单击“视口中显示明暗处理材质”按钮，在视图中显示纹理贴图，如图 8-88 所示。

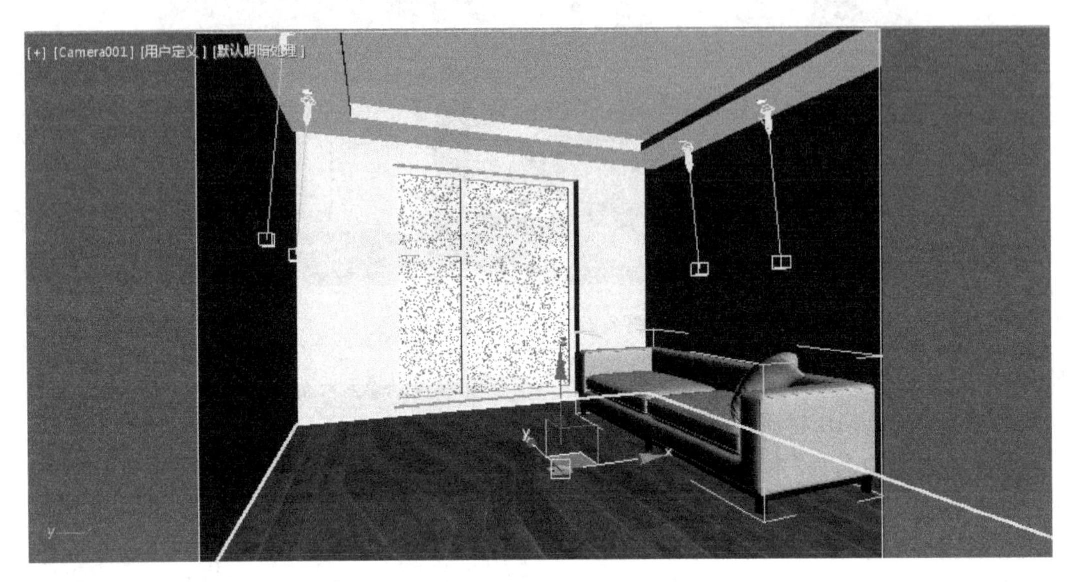

图 8-88 将木纹材质指定给地板

(8) 在修改器列表中选择“UVW 贴图”，为地面添加 UVW 贴图修改器。在“贴图”面板中，将“长度”值设置为 2000mm，“宽度”值设置为 1800mm，如图 8-89 所示。

(9) 单击“贴图”，展开“贴图”面板。拖动“漫反射”通道右侧的图片到“凹凸”通道，选择以“实例”模式复制，设置“凹凸”值为 30，如图 8-90 所示。

图 8-89 为地面添加 UVW 贴图修改器

贴图

通道	数值	贴图
漫反射	100.0	贴图 #1 (木纹.jpg)
粗糙度	100.0	无
自发光	100.0	无
反射	100.0	贴图 #2 (Falloff)
高光光泽	100.0	无
反射光泽	100.0	无
菲涅耳折射	100.0	无
各向异性	100.0	无
各向异性旋	100.0	无
折射	100.0	无
光泽度	100.0	无
折射率	100.0	无
半透明	100.0	无
烟雾颜色	100.0	无
凹凸	30.0	贴图 #1 (木纹.jpg)
置换	100.0	无
不透明度	100.0	无
环境		无

图 8-90 设置木地板的凹凸效果

(10) 按 F9 键,渲染摄像机视图,效果如图 8-91 所示。

图 8-91 渲染效果(9)

8.2.8 皮革材质

皮革材质的表面有一些柔和的高光,还有一点反射,具有明显的纹理、凹凸效果。

(1) 打开本书配套学习资源中的"场景文件→第 8 章→皮革.max"文件,如图 8-92 所示。

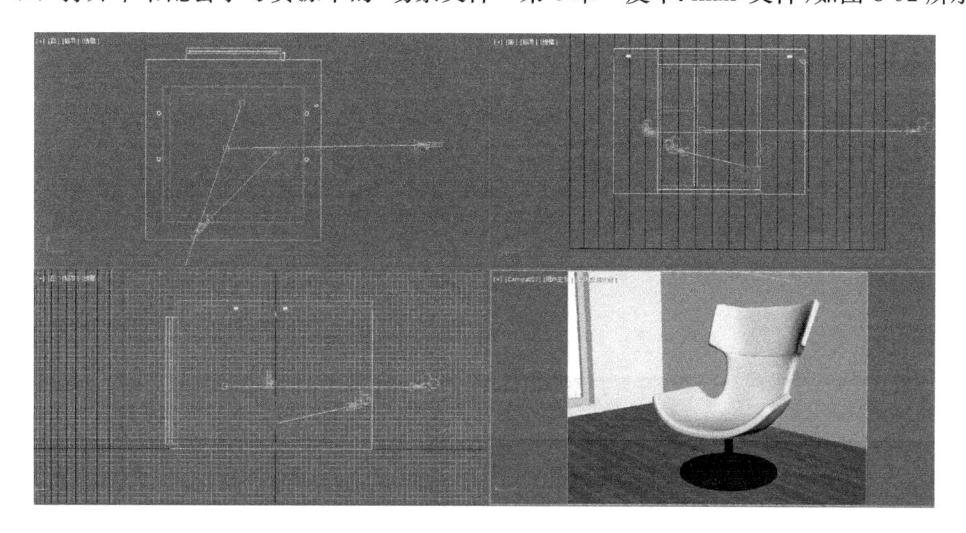

图 8-92 打开文件(7)

(2) 按 M 键,打开"材质编辑器"。选择空白材质球,单击 Standard 按钮,在弹出的"材质/贴图浏览器"中选择 VRayMtl,将当前材质转换为 VRayMtl 材质。

(3) 将材质命名为“皮革”。设置“漫反射”颜色的 R、G、B 为 109、17、12，设置“反射”颜色的 R、G、B 为 40、40、40，“高光光泽”为 0.65，“反射光泽”为 0.8，取消“菲涅耳反射”复选框勾选，如图 8-93 所示。

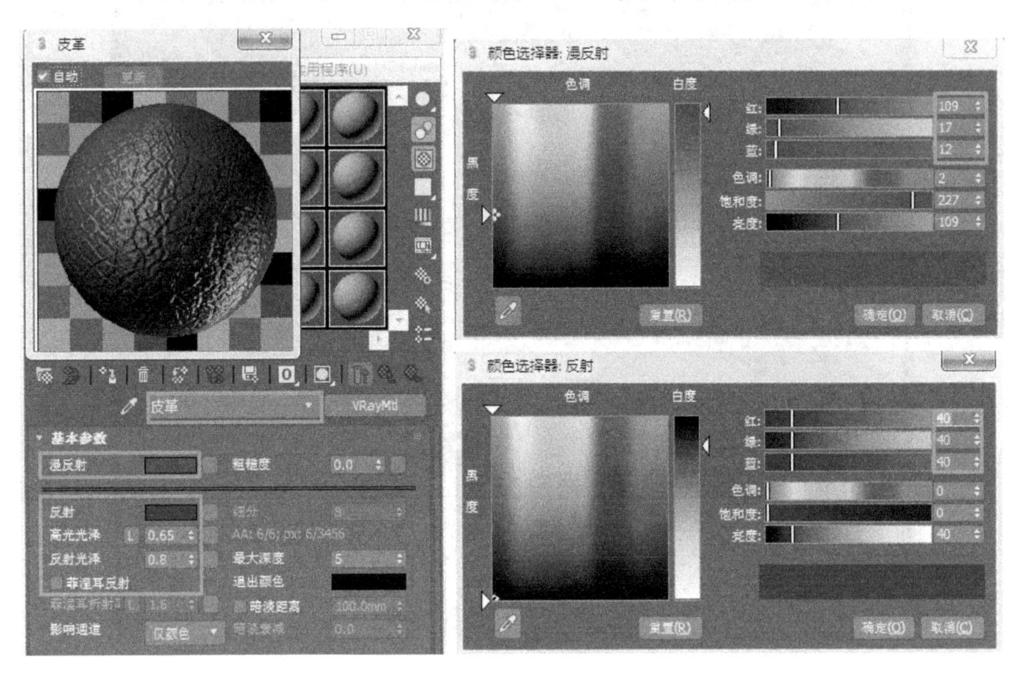

图 8-93 调制皮革材质的漫反射和反射参数

(4) 在“双向反射分布函数”面板中，设置“高光类型”为 Ward，“各向异性”值为 0.5，“旋转”角度为 90，如图 8-94 所示。

(5) 在“贴图”面板中单击“凹凸”右侧的 无 按钮，添加一张位图，名字为“皮.jpg”，“凹凸”值为 30，如图 8-95 所示。

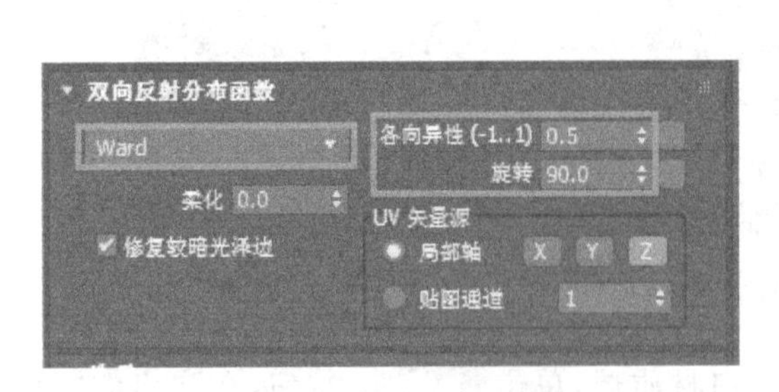

图 8-94 设置皮革材质的高光

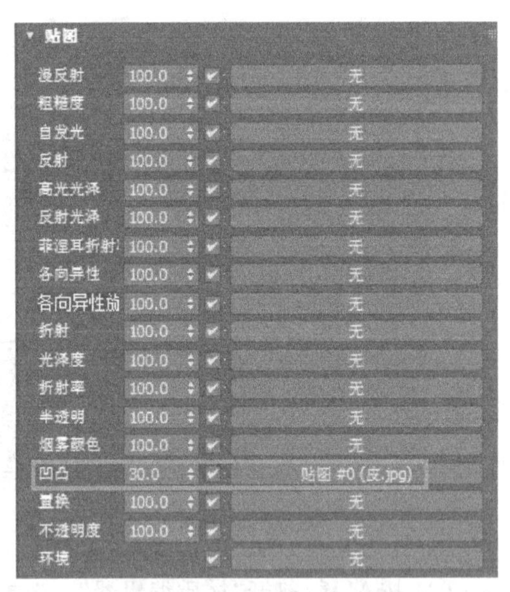

图 8-95 设置皮革的凹凸效果

(6) 在场景中选择椅子，单击“将材质指定给选定对象”按钮，将皮革材质指定给椅子。单击“视口中显示明暗处理材质”按钮，在视图中显示纹理贴图，如图 8-96 所示。

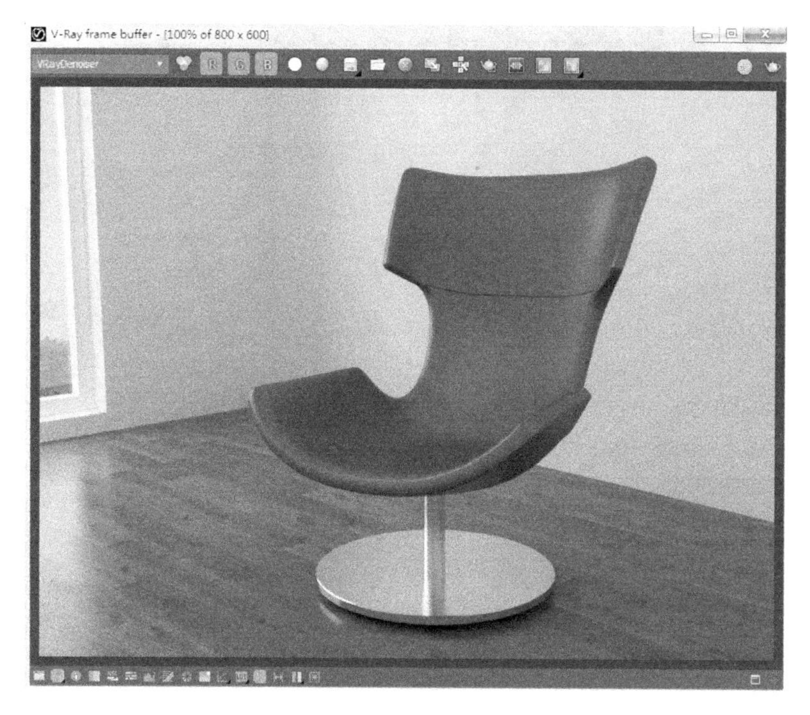

图 8-96 渲染效果(10)

(7) 现在椅子没有显示出表面的凹凸，是因为坐标不正确。选择椅子，在修改器列表中选择“UVW 贴图”，贴图类型选择“长方体”，如图 8-97 所示。

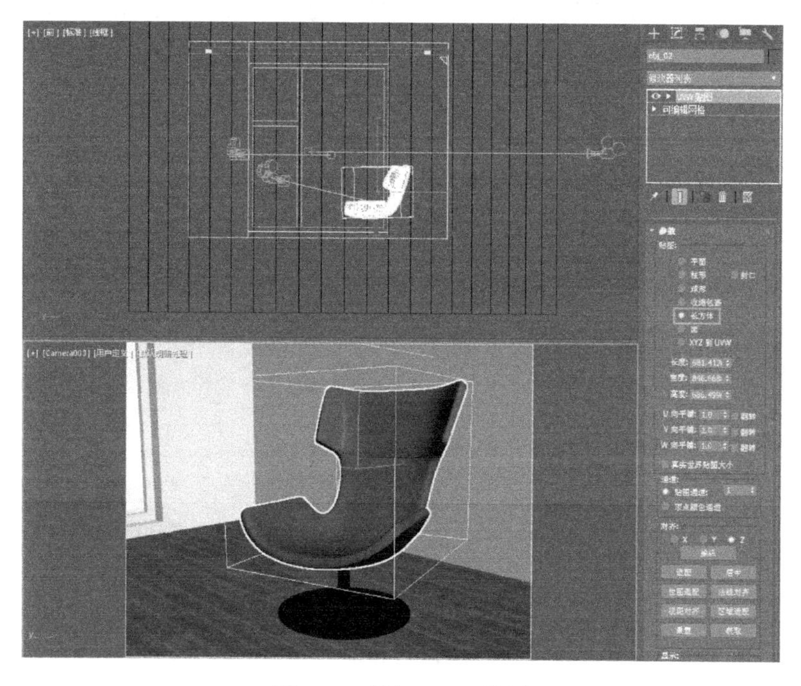

图 8-97 添加 UVW 贴图

(8) 按F9键,渲染摄像机视图,效果如图8-98所示。

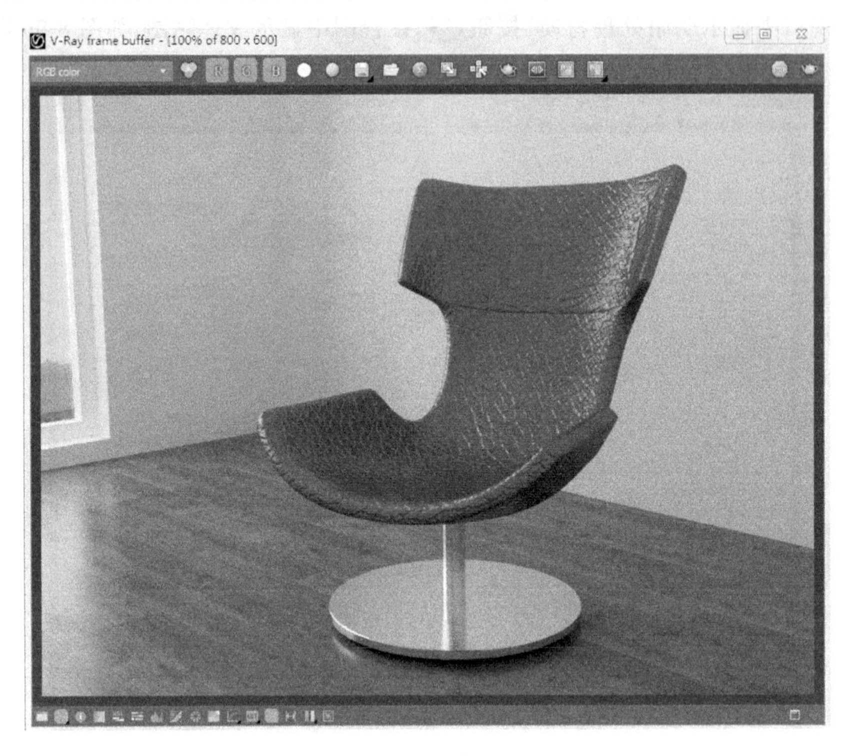

图8-98 渲染效果(11)

8.2.9 粗糙布料

下面根据沙发布纹材质讲述粗糙布料材质的调制。布纹的表面比较粗糙,有一层毛茸茸的效果,没有反射。

(1) 打开本书配套学习资源中的“场景文件→第8章→布料.max”文件,如图8-99所示。

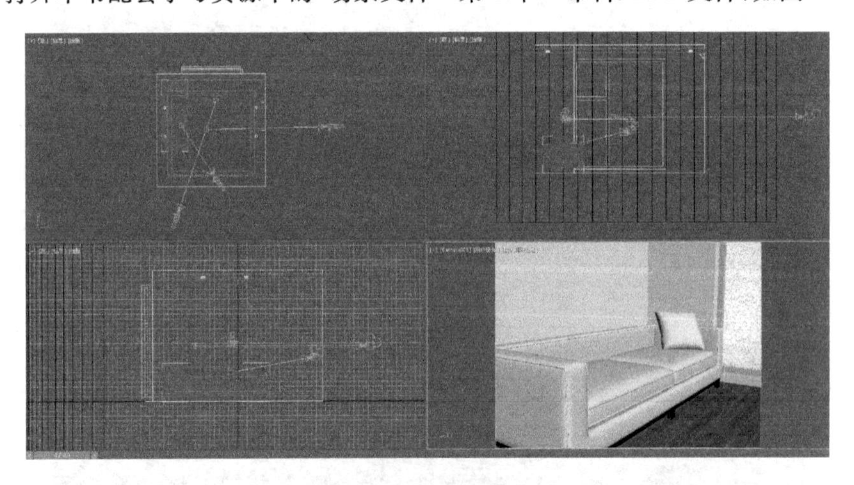

图8-99 打开文件(8)

(2) 按M键,打开“材质编辑器”。选择空白材质球,单击 Standard 按钮,在弹出的“材质/贴图浏览器”中选择VRayMtl,将当前材质转换为VRayMtl材质。

(3) 将材质命名为“布料”，双击材质球使其独立显示。

(4) 为了产生近实远虚的效果，在漫反射通道添加一张衰减贴图。单击“漫反射”右侧的通道按钮，在弹出的“材质/贴图浏览器”中选择“衰减”贴图。在“衰减参数”面板中，单击上面色块右侧的通道按钮，添加一张“布纹深.jpg”图片，设置“模糊”值为 0.1。单击“转到父对象”按钮，返回上一层级。单击“衰减参数”面板下面色块右侧的通道按钮，添加一张“布纹浅.jpg”图片，设置“模糊”值为 0.1，如图 8-100 所示。

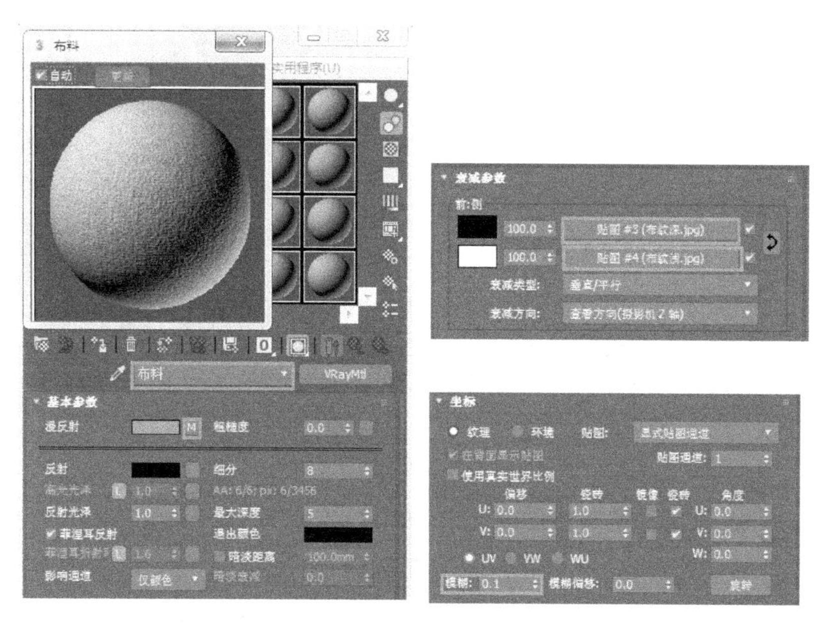

图 8-100 调制布料的漫反射

(5) 单击“转到父对象”按钮，返回上一层级。

(6) 在“贴图”面板中，单击“凹凸”右侧的 无 按钮，添加一张位图，名字为 fabric.jpg，“凹凸”值为 60，如图 8-101 所示。

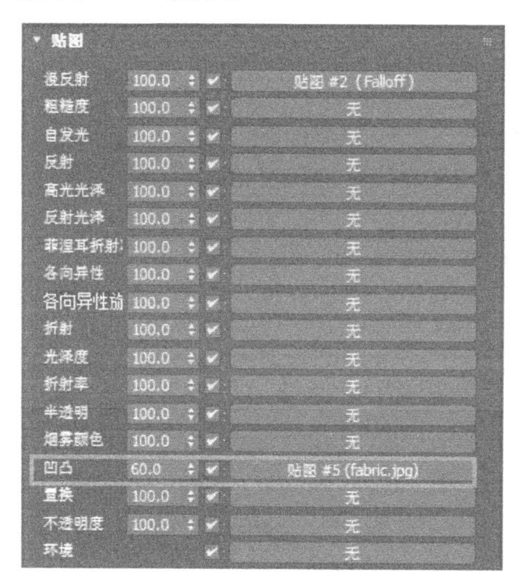

图 8-101 设置布料的凹凸效果

（7）在场景中依次选择沙发靠背、坐垫、靠垫，单击“将材质指定给选定对象”按钮，将布纹材质指定给沙发。单击“视口中显示明暗处理材质”按钮，在视图中显示纹理贴图。按 F9 键渲染，效果如图 8-102 所示。

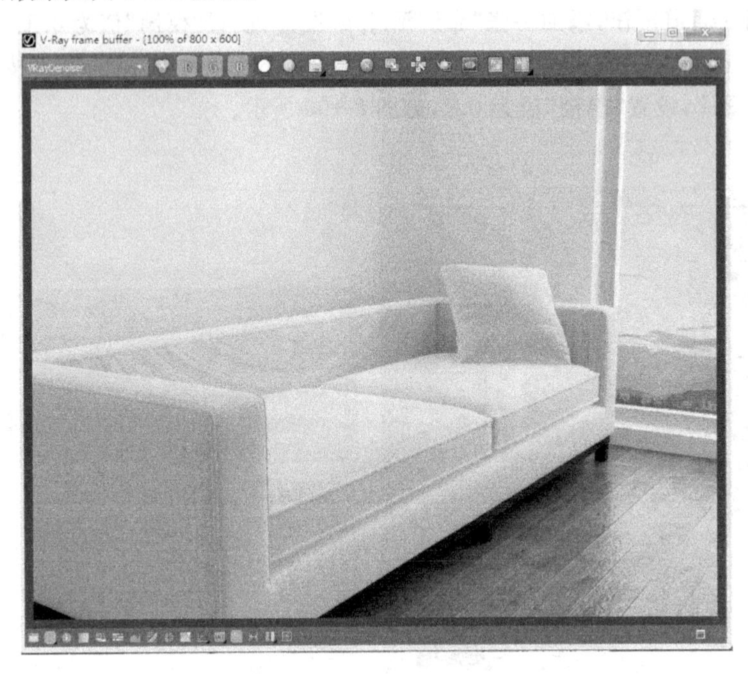

图 8-102　渲染效果(12)

（8）此时沙发靠背没有正确显示布纹纹理，是因为坐标不正确。选择靠背，在修改器列表中选择“UVW 贴图”，贴图类型选择“长方体”，调节 Gizmo 宽度值为 860mm，如图 8-103 所示。

图 8-103　添加 UVW 贴图

（9）按 F9 键，渲染摄像机视图，效果如图 8-104 所示。

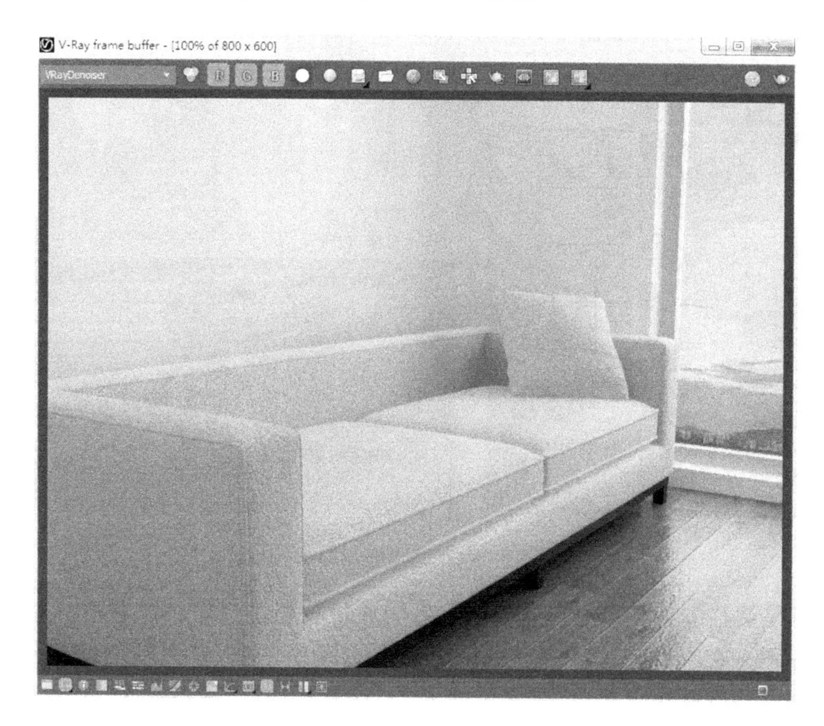

图 8-104 渲染效果(13)

8.2.10 纱帘材质

纱帘主要表现的是半透明效果。

（1）打开本书配套学习资源中的“场景文件→第 8 章→纱帘.max”文件，如图 8-105 所示。

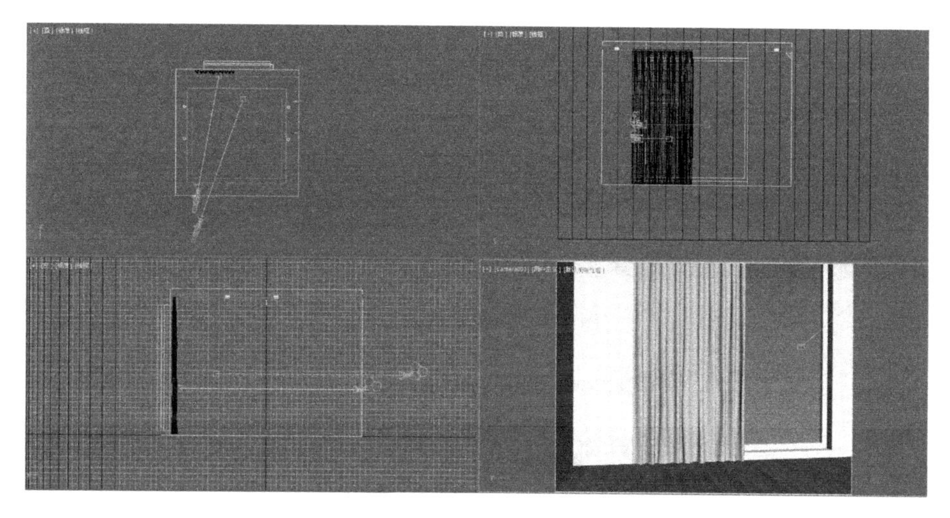

图 8-105 打开文件(9)

（2）按 M 键，打开“材质编辑器”。选择空白材质球，单击 Standard 按钮，在弹出的“材质/贴图浏览器”中选择 VRayMtl，将当前材质转换为 VRayMtl 材质。

(3) 将材质命名为“纱帘”,双击材质球使其独立显示,打开背景显示。设置漫反射颜色的 R、G、B 为 255、255、255,如图 8-106 所示。

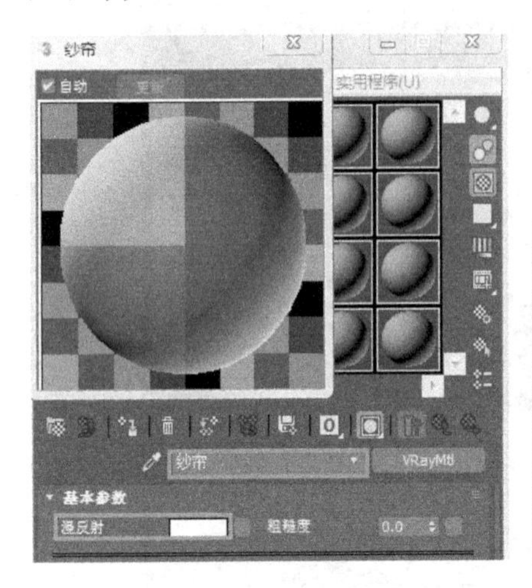

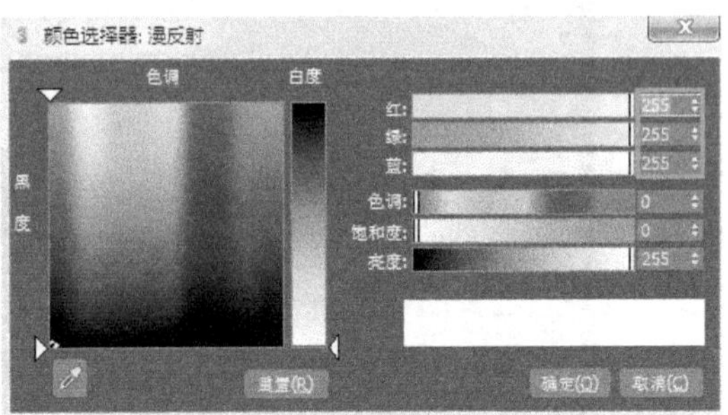

图 8-106 设置纱帘的漫反射颜色

(4) 折射是调整的重点。单击“折射”右侧的通道按钮,在弹出的“材质/贴图浏览器”中选择“衰减”贴图。在“衰减参数”面板中单击上面的颜色色块,设置颜色的 R、G、B 为 175、175、175,单击下面的颜色色块,设置颜色的 R、G、B 为 0、0、0,“衰减类型”选择 Fresnel,产生一种正面半透明、侧面不透明的效果,如图 8-107 所示。

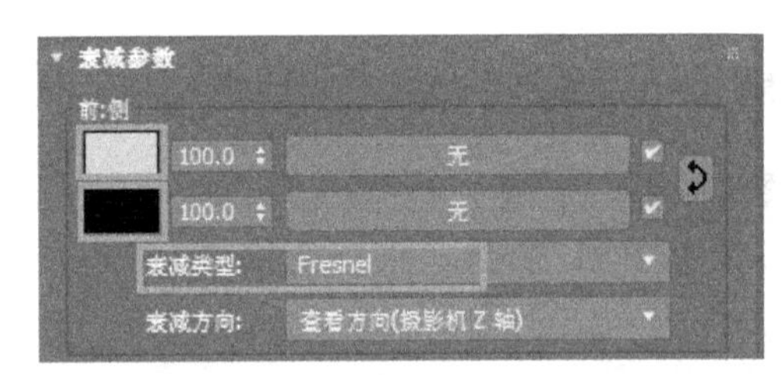

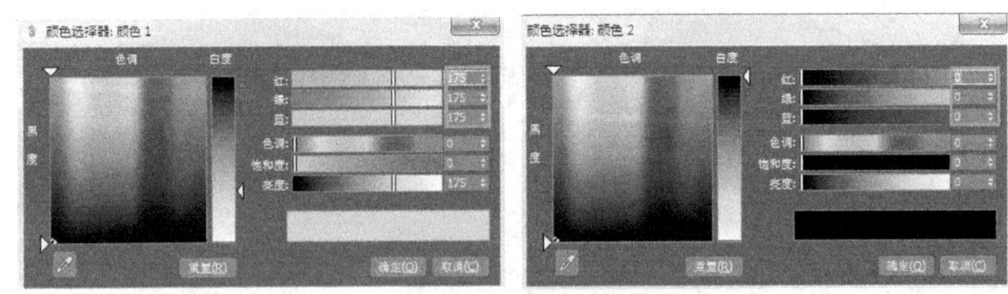

图 8-107 设置折射效果

(5) 单击“转到父对象”按钮,返回上一层级,设置“折射率”为 1.01,如图 8-108 所示。

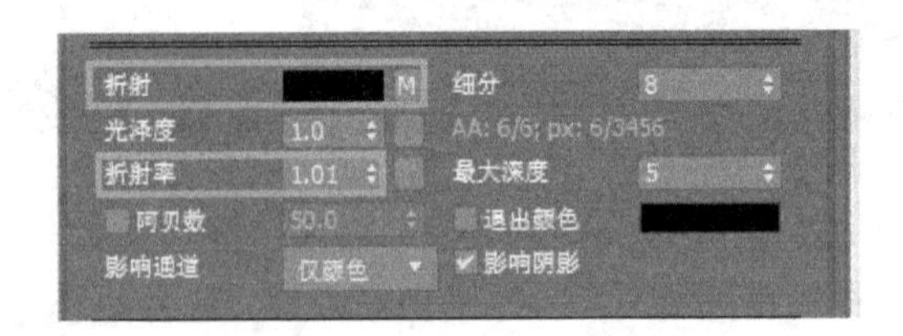

图 8-108 设置折射率

(6) 单击“将材质指定给选定对象”按钮，将纱帘材质指定给纱帘。

(7) 按 F9 键，渲染摄像机视图，效果如图 8-109 所示。

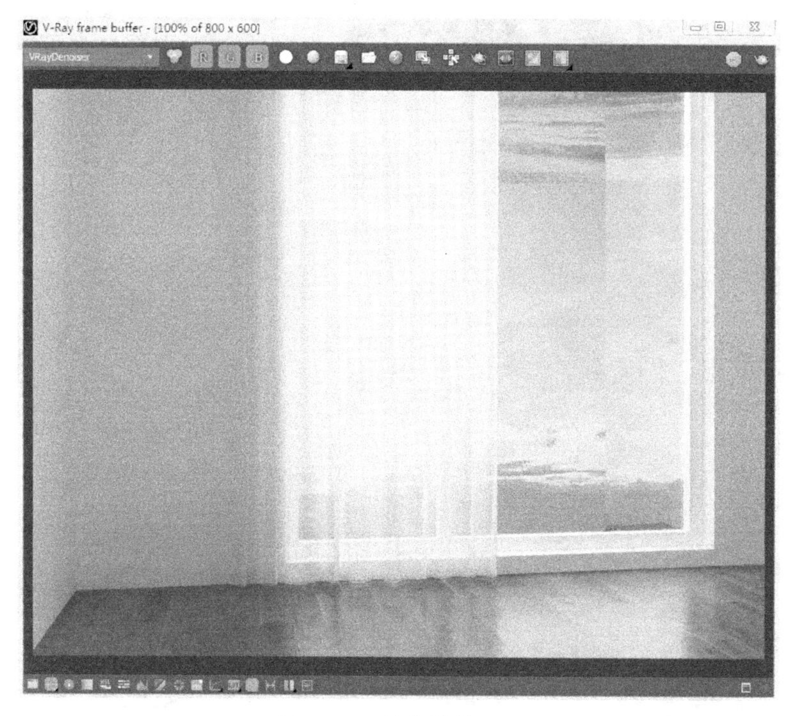

图 8-109 渲染效果(14)

(8) 如果觉得纱帘亮度不够，在场景中右击纱帘模型，在弹出的快捷菜单中选择 V-ray Properties 命令，加大“接收全局照明”的倍增值，设置为 1.8，如图 8-110 所示。

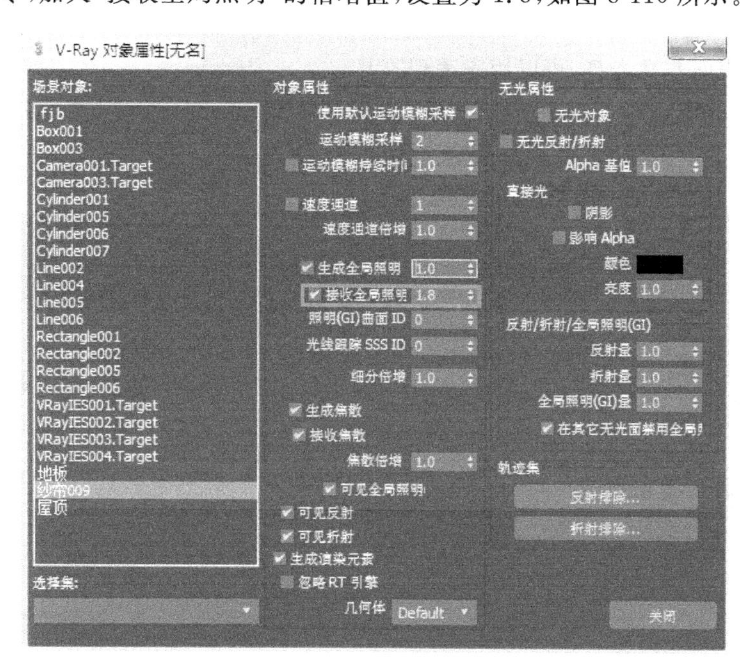

图 8-110 改变接收全局照明值

(9) 按 F9 键,渲染摄像机视图,效果如图 8-111 所示。

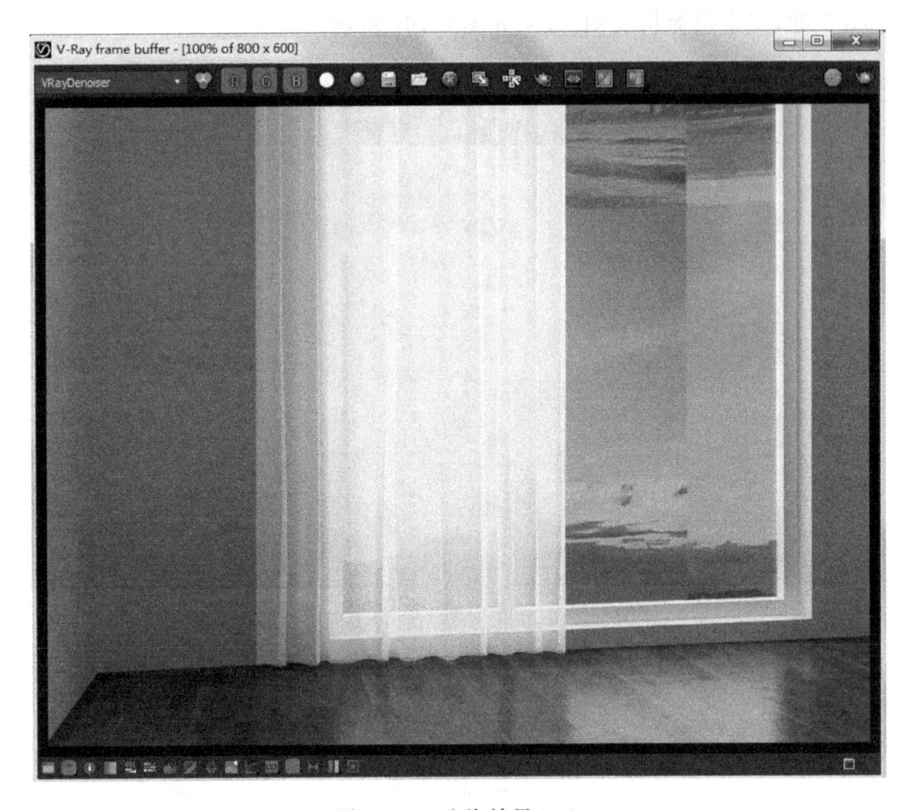

图 8-111 渲染效果(15)

8.2.11 白釉材质

白釉材质表面非常光亮,可以用来表现家具。

(1) 打开本书配套学习资源中的"场景文件→第 8 章→白釉. max"文件,如图 8-112 所示。

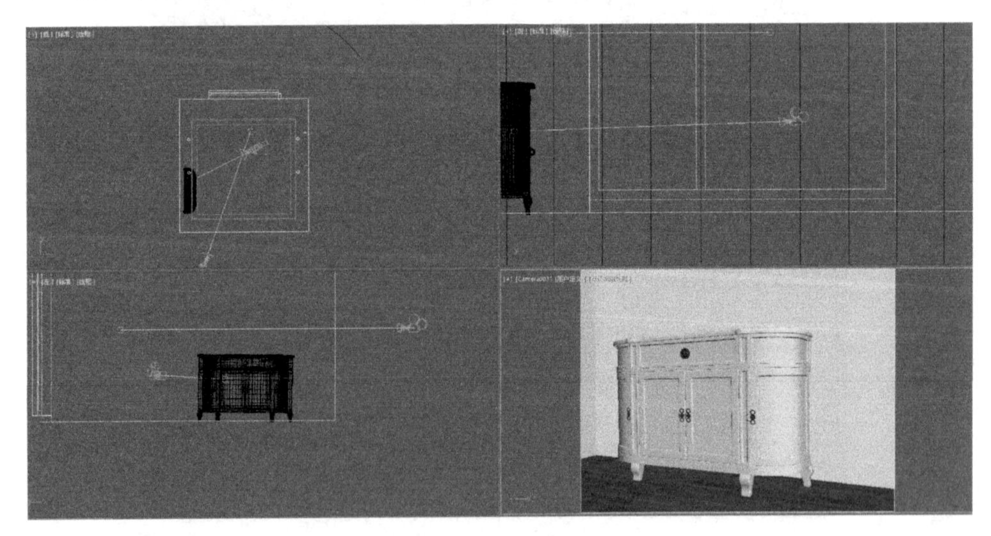

图 8-112 打开文件(10)

（2）按 M 键，打开“材质编辑器”。选择空白材质球，单击 Standard 按钮，在弹出的“材质/贴图浏览器”中选择 VRayMtl，将当前材质转换为 VRayMtl 材质。

（3）将材质命名为“白釉”，双击材质球使其独立显示，打开背景显示。设置漫反射颜色的 R、G、B 为 255、255、255。设置反射颜色的 R、G、B 为 235、235、235，设置“高光光泽”为 0.9，“反射光泽”为 0.93，勾选“菲涅耳反射”复选框，如图 8-113 所示。

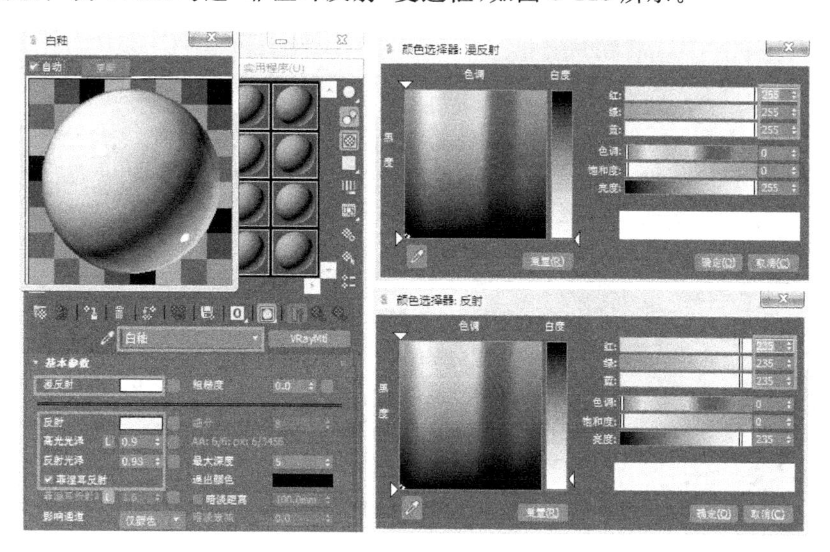

图 8-113　调制白釉材质

（4）单击“将材质指定给选定对象”按钮，将白釉材质指定给柜子。

（5）按 F9 键，渲染摄像机视图，效果如图 8-114 所示。

图 8-114　渲染效果(16)

8.2.12　多维/子对象材质

多维/子对象材质是将多个材质组合为一种复合材质，分别指定给物体不同的子物体对象，是常用的一种材质类型。下面以给电视机调制材质为例，介绍如何设置多维/子对象材质。

(1) 打开本书配套学习资源中的“场景文件→第 8 章→多维子对象材质.max”文件，如图 8-115 所示。

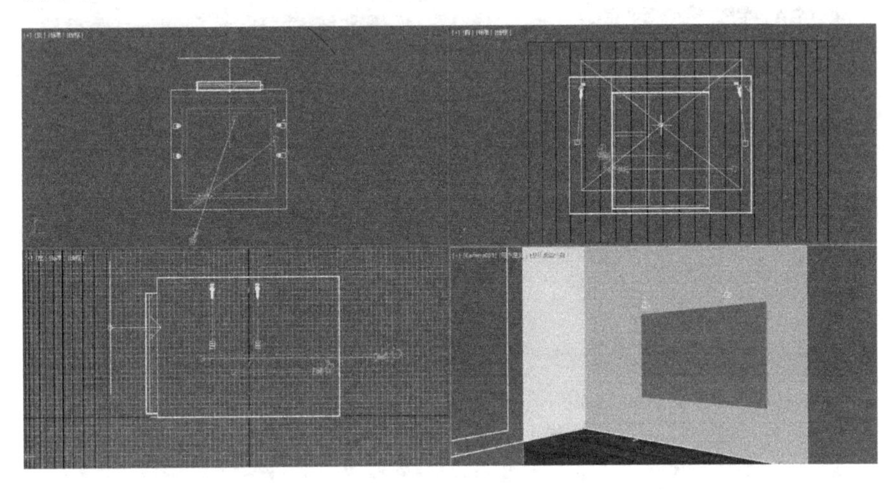

图 8-115　打开文件(11)

(2) 使用多维/子对象材质，首先需要为模型不同的多边形面设置不同的 ID 号，材质相同的面使用同一个 ID 号。在场景中选择电视机模型，单击修改器堆栈中“可编辑多边形”左侧的三角，展开次对象级，单击“多边形”进入多边形层级，如图 8-116 所示。

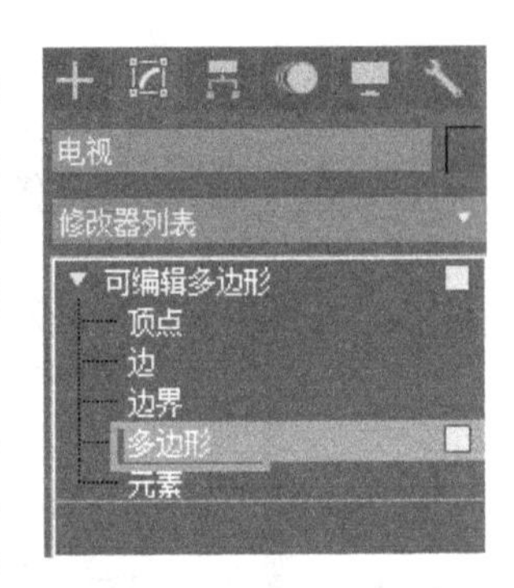

图 8-116　进入多边形层级

(3) 在摄像机视图中，单击电视机屏幕部分，选中的面以红色显示，在“多边形：材质 ID”面板中将“设置 ID”值设为 1，如图 8-117 所示，也就是电视机屏幕部分的多边形面为 1 号面。

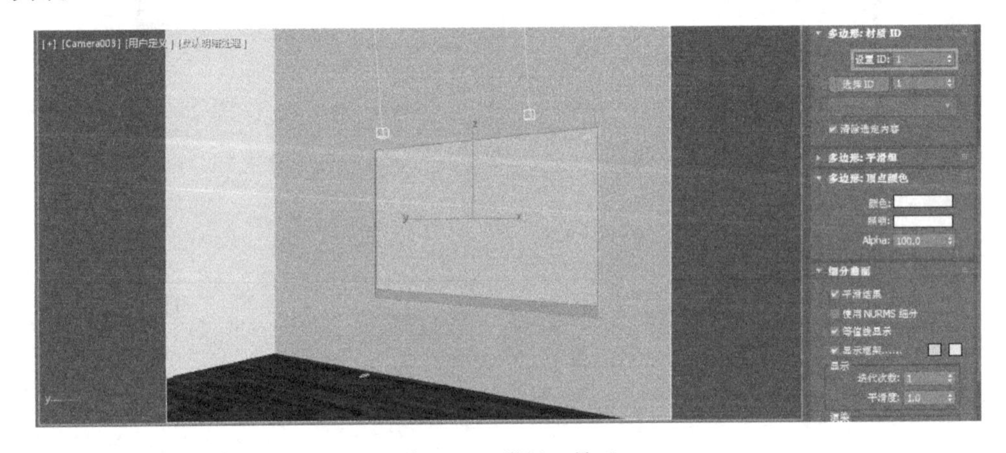

图 8-117　设置 1 号面

(4) 选择“编辑”→“反选”菜单命令，选择电视机模型除了屏幕以外所有其他的面，在“多边形：材质 ID”面板中将“设置 ID”值设为 2，如图 8-118 所示，也就是电视机模型除了屏幕以外，其他部分的多边形面为2 号面。

图 8-118 设置 2 号面

(5) 按 M 键，打开“材质编辑器”。选择空白材质球，将材质命名为“多维子材质”。单击 Standard 按钮，在弹出的“材质/贴图浏览器”中选择“多维/子对象”，在弹出的“替换材质”对话框中选中“丢弃旧材质?”单选按钮，如图 8-119 和图 8-120 所示。

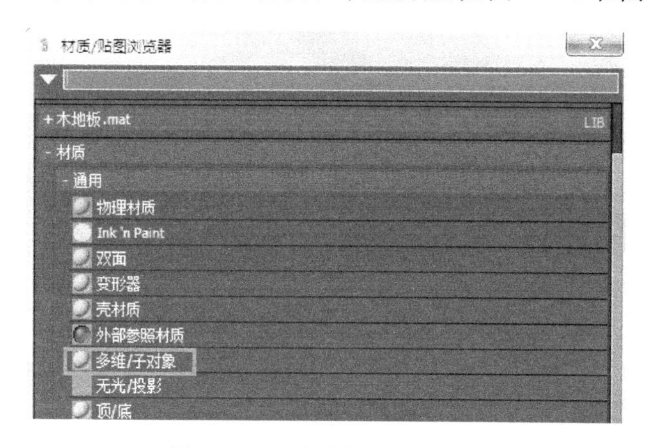

图 8-119 选择“多维/子对象”

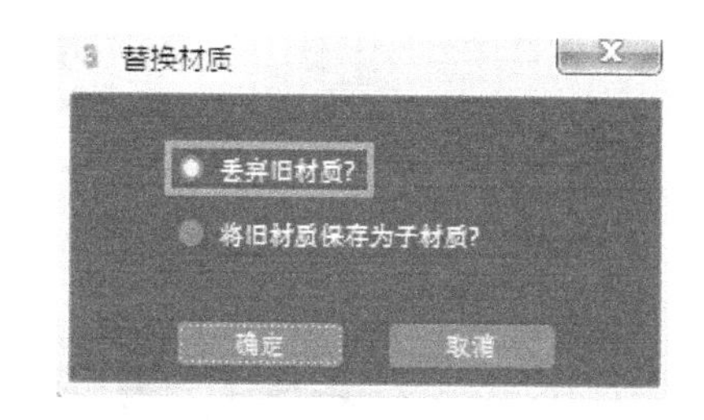

图 8-120 选中“丢弃旧材质?”单选按钮

(6) 在“基本参数”面板中，单击“设置材质数量”按钮，设置“材质数量”为 2，如图 8-121 所示。电视机模型多边形面分为两个 ID，与此相对应，多维子材质数量也应该设置为两个。

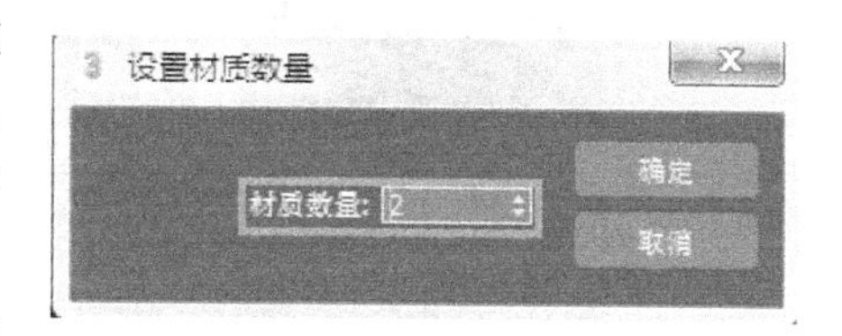

图 8-121 设置子材质的数量

(7) 单击 ID 号为 1 的子材质下方的按钮，将其转换为 VRayLightMtl 材质，如图 8-122 所示。

(8) 在“参数”面板中，单击“颜色”右侧的贴图通道按钮，为其添加“电影.jpg”图片，如图 8-123 所示。

(9) 单击“转到父对象”按钮，返回上一层级。

(10) 单击 ID 号为 2 的子材质下方的按钮，将其转换为 VRayMtl 材质。设置“漫反射”

颜色的 R、G、B 为 0、0、0，“反射”颜色的 R、G、B 为 37、37、37，设置“高光光泽”为 0.83，“反射光泽”为 0.95，勾选“菲涅耳反射”复选框，如图 8-124 所示。

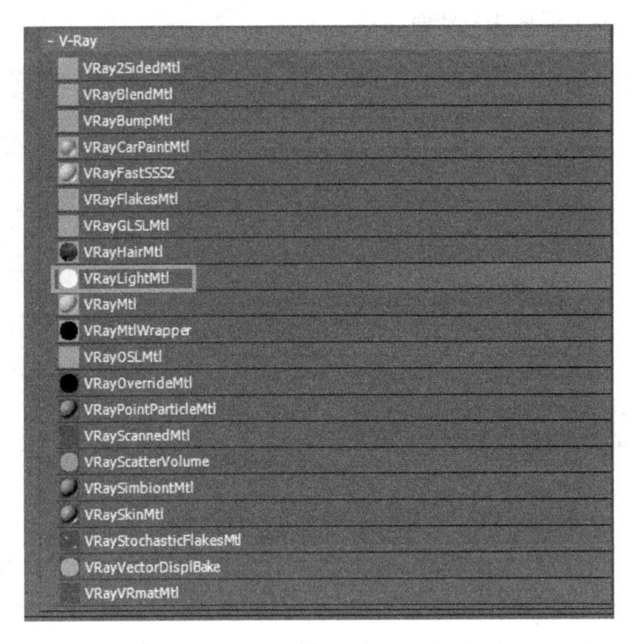

图 8-122　将 1 号材质设置为 VRayLightMtl 材质

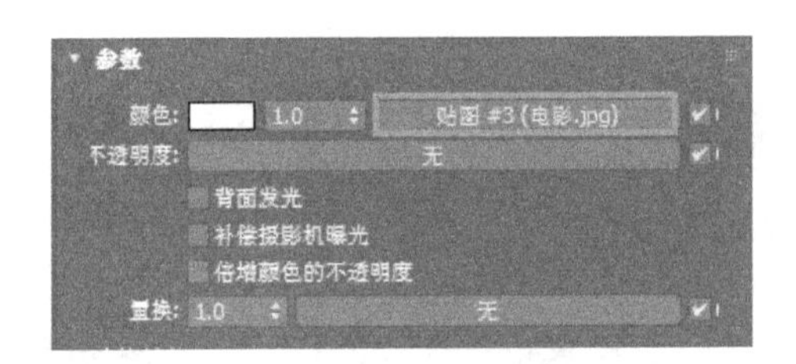

图 8-123　添加电影图片

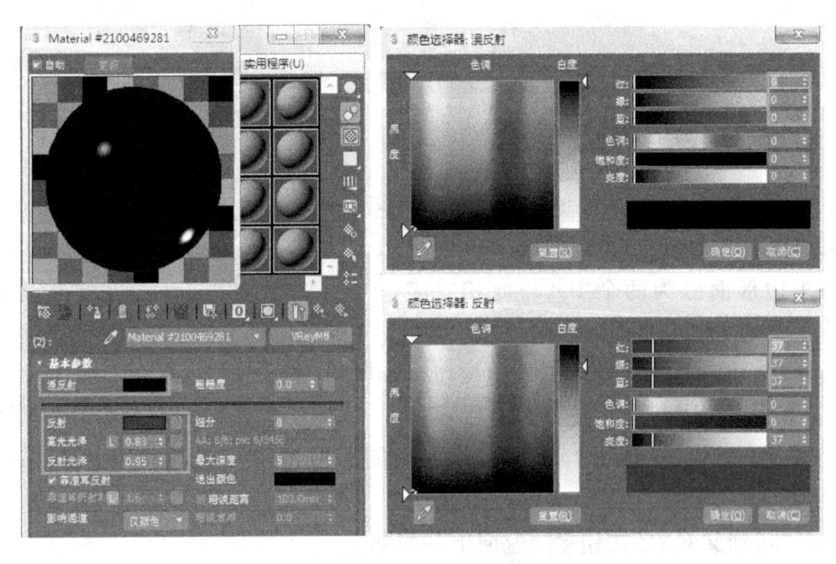

图 8-124　设置 2 号材质的材质效果

(11) 单击“转到父对象”按钮 ，返回上一层级。

(12) 在修改器堆栈中单击“多边形”，返回“可编辑多边形”层级。单击“将材质指定给选定对象”按钮 ，将多维材质指定给电视机模型。

(13) 按 F9 键，渲染摄像机视图，如图 8-125 所示。

图 8-125 渲染效果(17)

(14) 如果觉得电视机屏幕不够亮，进入“1 号子材质编辑”面板，设置“倍增值”为 2，如图 8-126 所示。

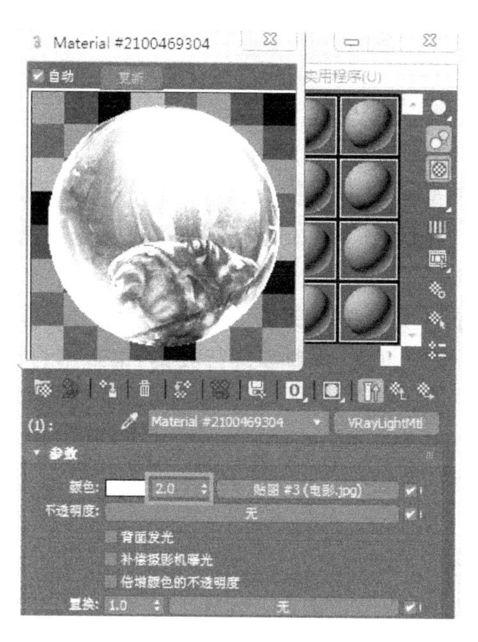

图 8-126 增大倍增值

(15) 按 F9 键,渲染摄像机视图,如图 8-127 所示。

图 8-127 渲染效果(18)

知识点 8

如果想在摄像机视图中显示电视机屏幕内容,在“1 号子材质编辑”面板和“电影贴图编辑”面板中均单击“视口中显示明暗处理材质”按钮,同时将“1 号子材质编辑”面板中的颜色设置为灰色。

8.3 本章小结与重点回顾

本章详细介绍了材质的基本知识及各项参数面板的作用,重点讲述了常用装饰材质的调制,如乳胶漆、玻璃、金属、地砖、木地板、布料、多维/子对象材质等。材质对质感和纹理的表现起着至关重要的作用,希望多加练习掌握其精髓。

本章所讲述的材质只是材质中的一部分。材质是无穷的,需要平时细心观察身边的事物在不同环境中的表现,将各种颜色、纹理等进行收集,整理出自己的资料库。

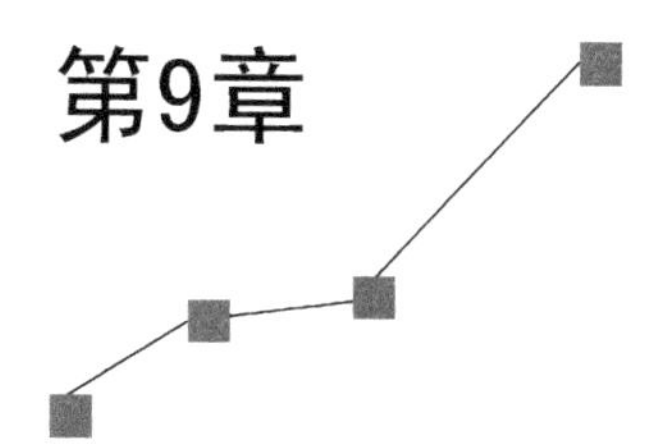

第9章 综合实例

本章将通过客厅的设计制作，介绍家装空间的制作方法。通过这个案例，从建模、材质、灯光以及最终的渲染，进行强化训练。在学习新知识的同时自我检测，发现自己在制作效果图过程中欠缺的方面，有针对性地学习，较好地完成效果图的制作。

9.1 建立模型

在建立模型时，使用了 AutoCAD 图纸，这样不仅尺寸准确，还可以对照图纸中的家具进行安排布置。

9.1.1 导入图纸

(1) 启动 3ds Max 2017 中文版，选择菜单栏中的“自定义”→“单位设置”命令，单击“系统单位设置”按钮，在弹出的对话框中将系统单位比例从“1 单位”=“1.0 英寸”改为“1 单位”=“1.0 毫米”；“显示单位比例”从“通用”改为“公制”，选择单位为“毫米”后单击“确定”按钮，如图 9-1 所示。

(2) 单击按钮下的“导入”→“导入”按钮，在弹出的“选择要导入的文件”对话框中，选择本书配套学习资源中的“场景文件→第 9 章→客厅平面. dwg”文件，然后单击 打开(O) 按钮。

(3) 在弹出的“AutoCAD DWG/DXF 导入选项”对话框中保持选项为默认设置，单击 确定 按钮，如图 9-2 所示。

(4) “客厅平面. dwg 文件”被导入到 3ds Max 场景中，顶视图的效果如图 9-3 所示。

(5) 在顶视图中框选所有的平面图，右击，在弹出的快捷菜单中选择“冻结当前选择”命令，将所有图纸冻结，防止被意外移动，如图 9-4 所示。

(6) 按 S 键将捕捉打开，选择“2.5 维捕捉”，将光标放在按钮上方，右击，弹出“栅格和捕捉设置”对话框，在“捕捉”选项卡中勾选“顶点”复选框，捕捉到顶点，在“选项”选项卡中，勾选“捕捉到冻结对象”“启用轴约束”“显示橡皮筋”3 个复选框，如图 9-5 所示。

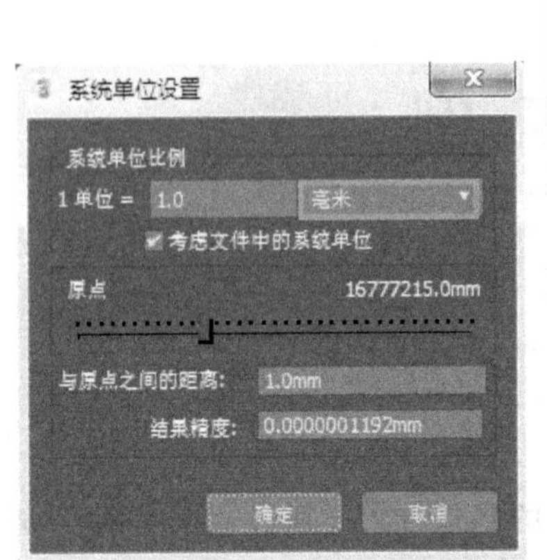

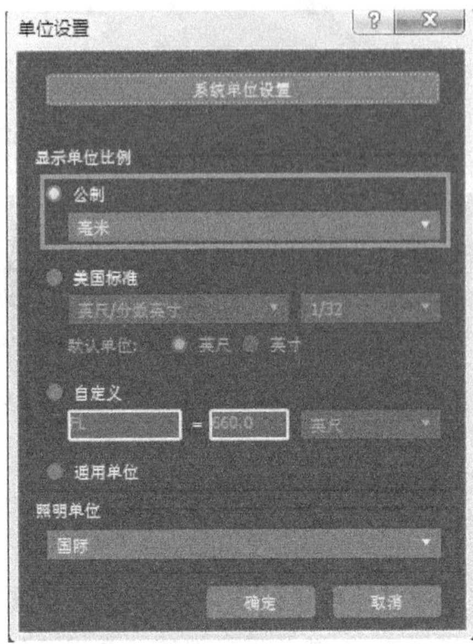

图 9-1　设置单位

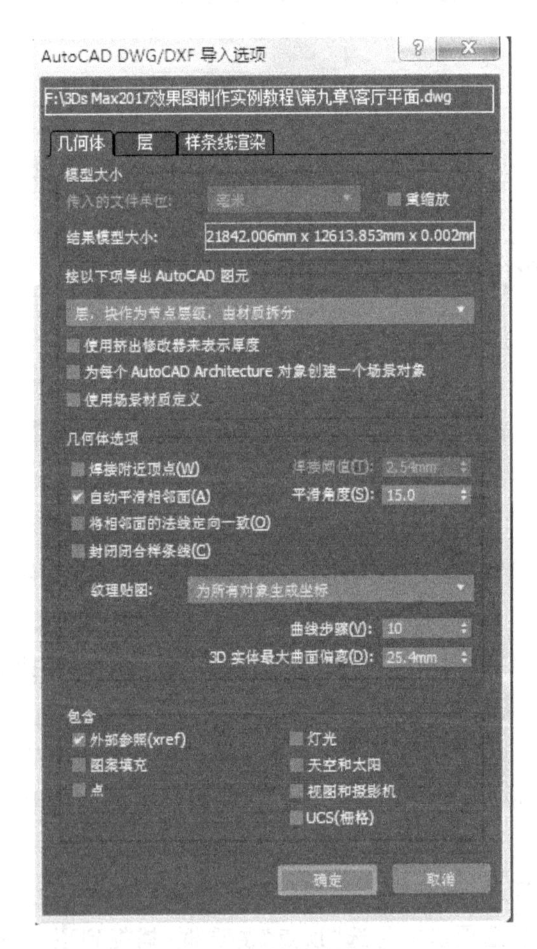

图 9-2　保持默认设置

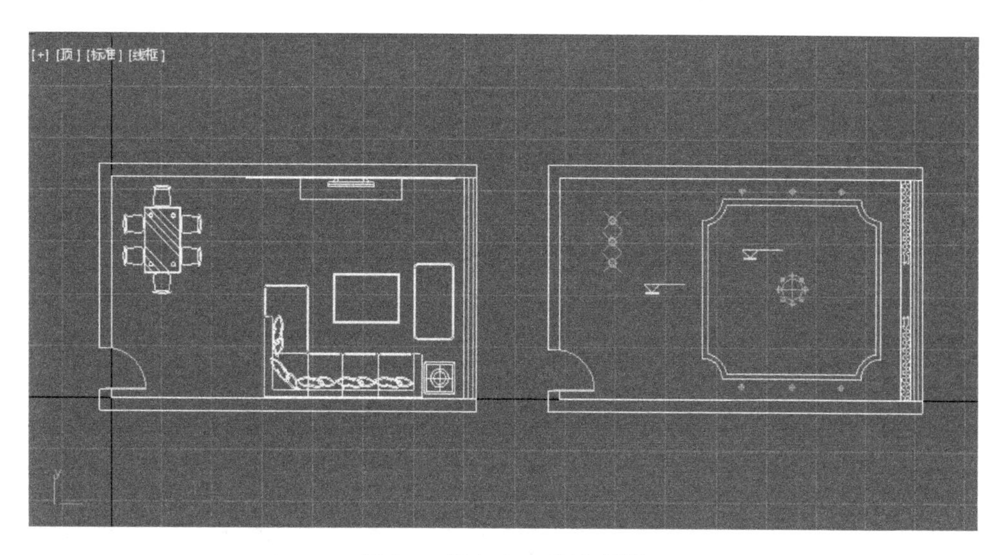

图 9-3 导入 AutoCAD 图纸

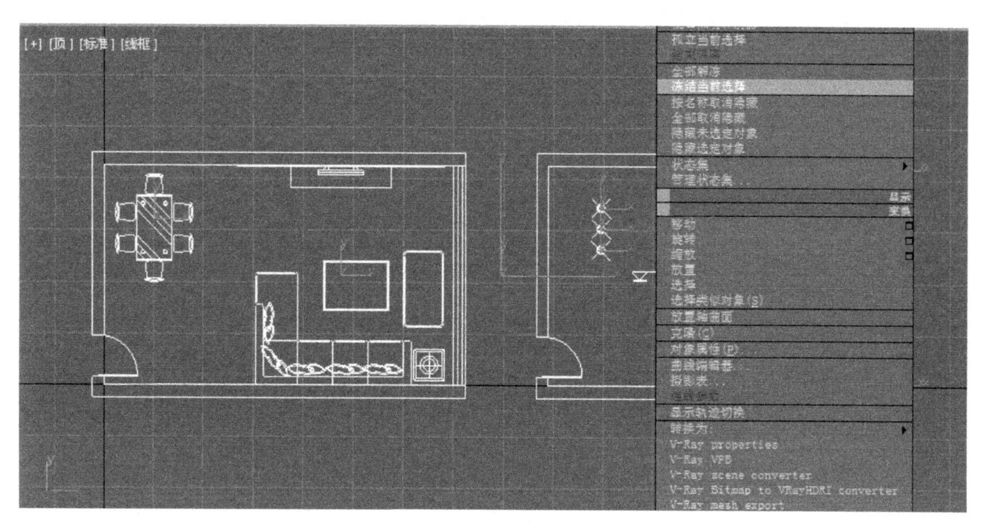

图 9-4 将图纸冻结

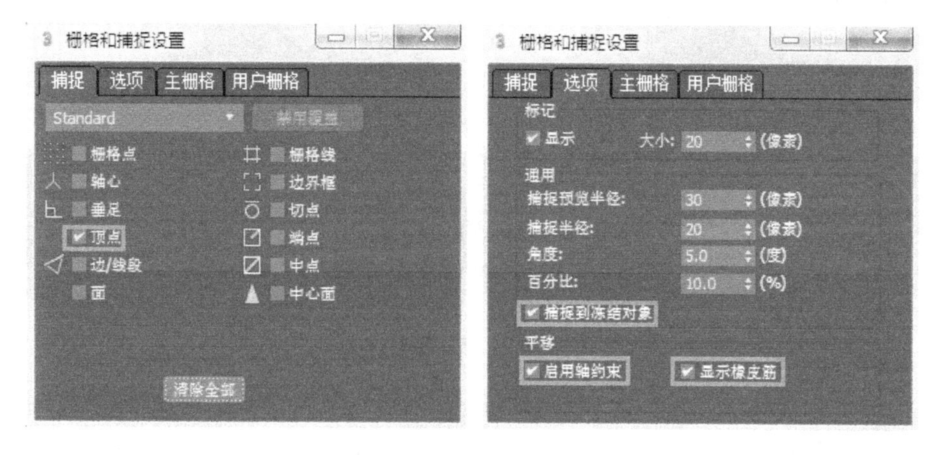

图 9-5 进行捕捉设置

9.1.2 制作墙体及窗框

(1) 激活顶视图,按 Alt+W 组合键将顶视图最大化显示,再按 G 键,隐藏系统的栅格。

(2) 在"创建"面板 + 中单击"图形"按钮,然后在下拉菜单中选择"样条线"命令,在"对象类型"中单击 线 按钮,在顶视图中按照平面图,利用捕捉绘制墙体的封闭线形。在这张图中不表现门,所以在绘制线条时可以忽略门,如图 9-6 所示。

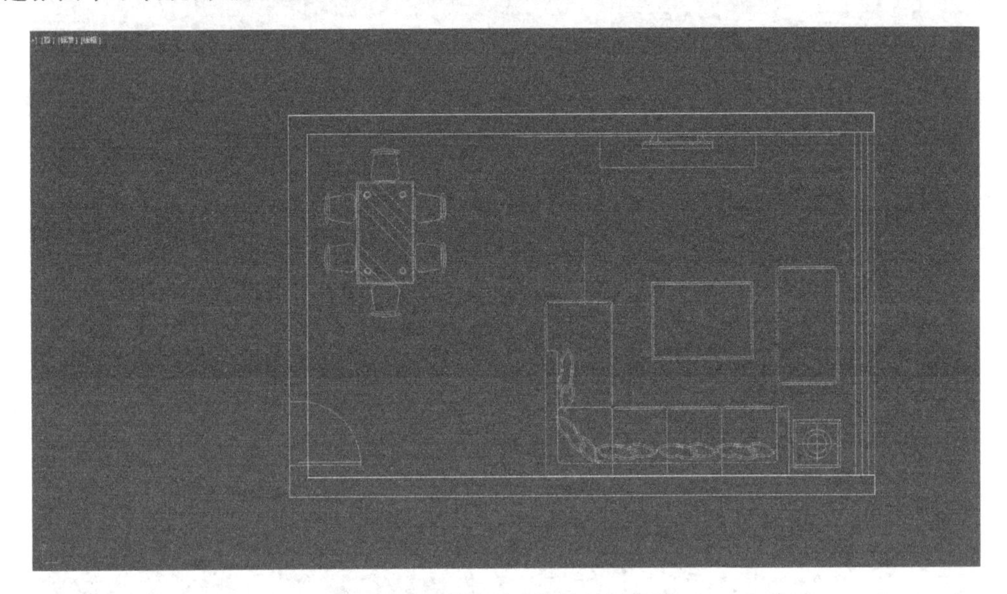

图 9-6 捕捉绘制墙体的封闭线形

(3) 选择"挤出"命令,将"数量"值设为 2700mm,如图 9-7 所示。

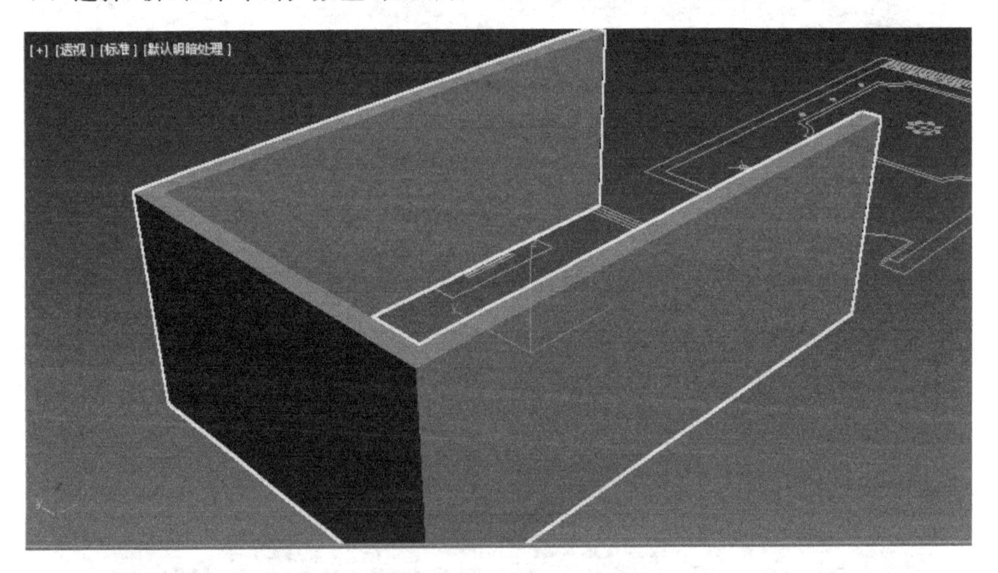

图 9-7 挤出墙体

(4) 在"创建"面板 + 中单击"图形"按钮,然后在下拉菜单中选择"样条线"命令,在"对象类型"中单击 矩形 按钮,利用捕捉在顶视图中绘制矩形。选择"挤出"命令,将"数量"值设为 900mm,如图 9-8 所示。

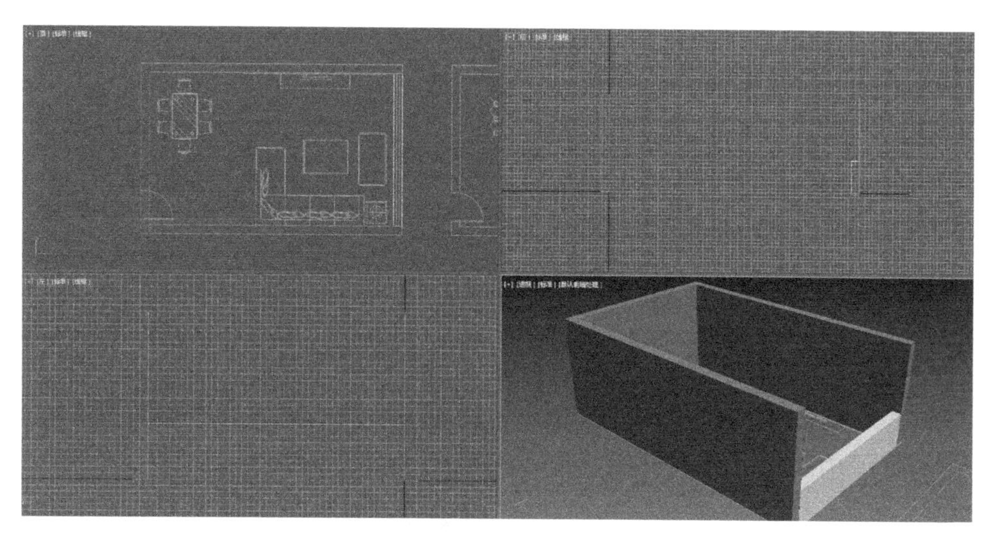

图 9-8 创建窗户下方墙体

(5) 激活左视图,按 Alt+W 组合键,将左视图最大化显示,再按 G 键,隐藏系统的栅格。

(6) 单击 矩形 按钮,在左视图中利用捕捉绘制矩形。右击矩形,在弹出的快捷菜单中选择"转换为"→"转换为可编辑样条线"命令,将矩形转换为可编辑样条线,如图 9-9 所示。

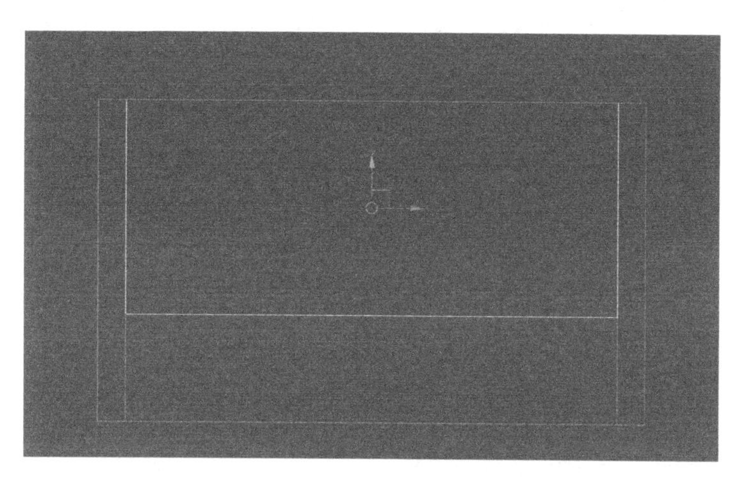

图 9-9 绘制窗框

(7) 按数字 3 键,进入样条线层级。选择整条样条线,在"几何体"面板中 轮廓 按钮右侧的输入框中输入 60,按 Enter 键确定,窗框的宽度即为 60mm。

(8) 按数字 2 键,进入线段次对象级。选择右侧的线段,沿 X 轴向左移动位置。继续选择下方的线段,沿 Y 轴向上移动位置,如图 9-10 所示。

(9) 按数字 3 键,进入样条线次对象级。选择里面的小矩形,按 Shift 键,通过"选择并移动"工具,沿 Y 轴边移动边复制,复制出一个矩形。按数字 2 键,进入线段次对象级,调整线段的位置,如图 9-11 所示。

(10) 使用同样的方法制作出窗框的其他部分,如图 9-12 所示。

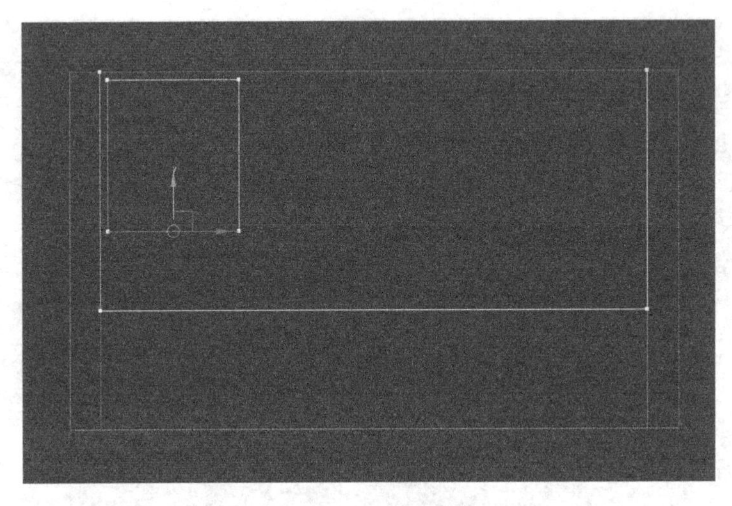

图 9-10 修改窗框图形

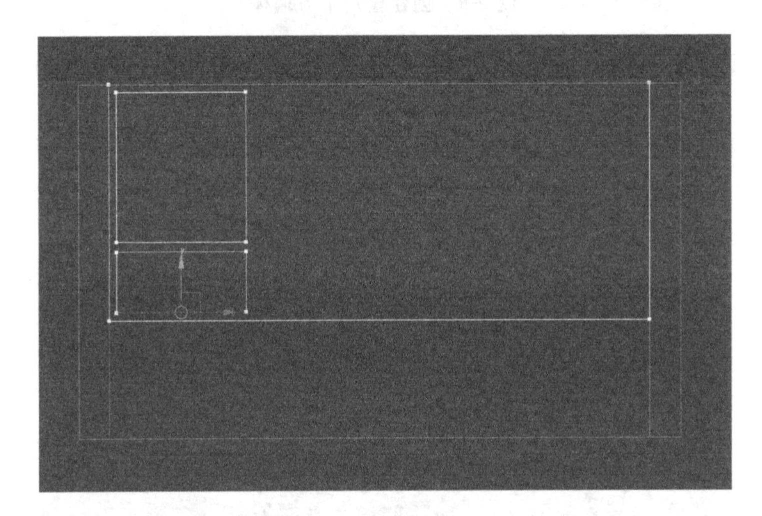

图 9-11 调整线段位置

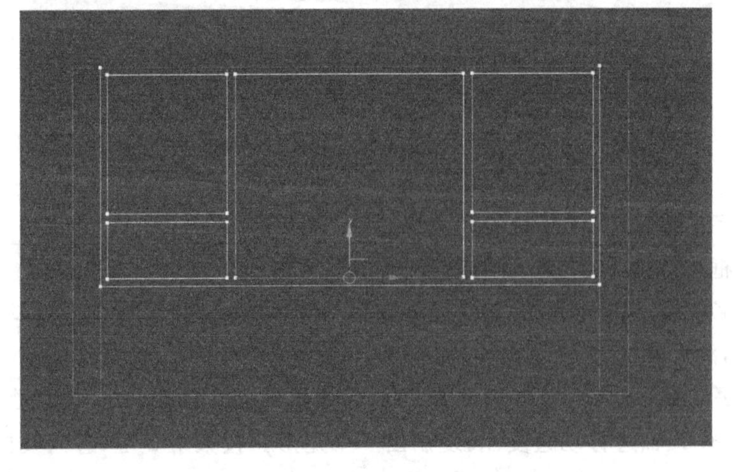

图 9-12 窗框图形

(11) 选择窗框,添加"挤出"修改器,将"数量"设置为 60mm。激活顶视图,根据图纸,利用捕捉,移动窗框的位置,如图 9-13 所示。

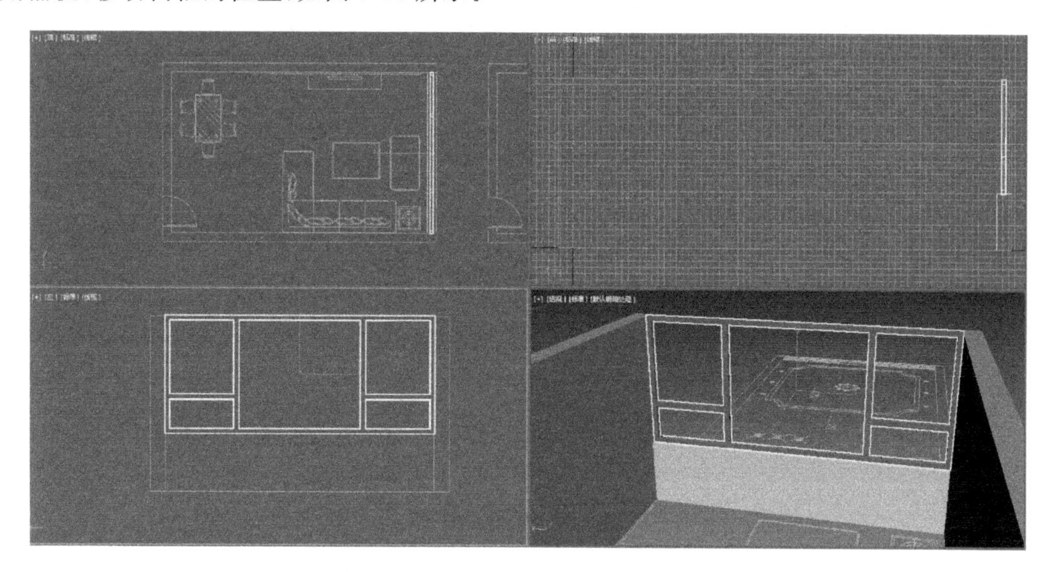

图 9-13 对窗框图形添加挤出修改器

知识点 1

如果窗框模型显示不正常,在"封口"面板中将封口方式由默认的"变形"改为"栅格"。

(12) 在"创建"面板 中单击"几何体"按钮 ,在弹出的下拉菜单中选择"标准基本体"命令,在"对象类型"中单击 长方体 按钮,在顶视图中按照平面图,利用捕捉制作地面,"高度"设置为−10mm,如图 9-14 所示。

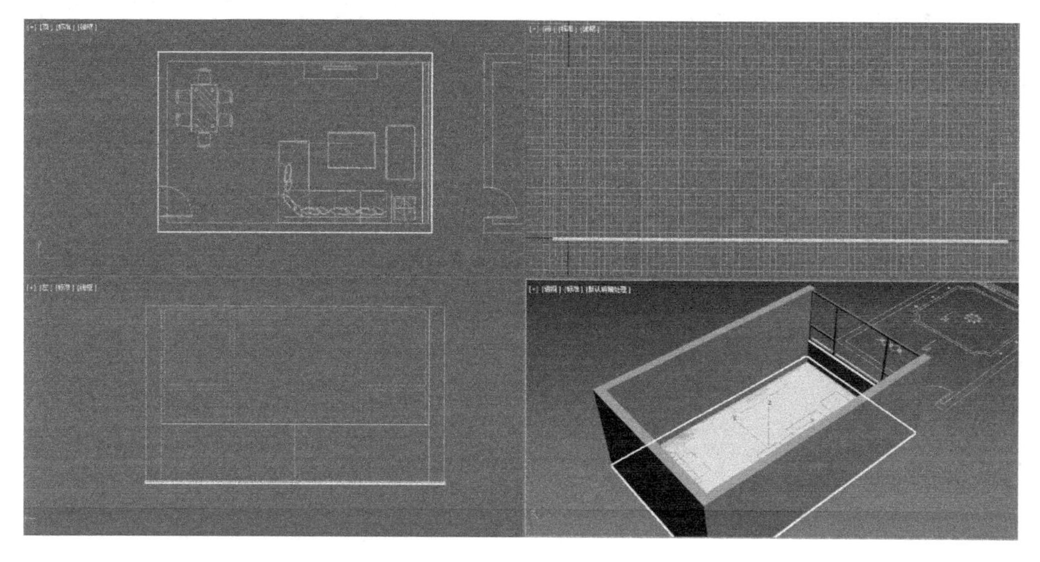

图 9-14 制作地面

(13) 按 Shift 键,通过"选择并移动"工具 ,在前视图中沿 Y 轴边移动边复制,复制客厅的顶部,并通过捕捉将其与房间墙体的上方对齐,如图 9-15 所示。

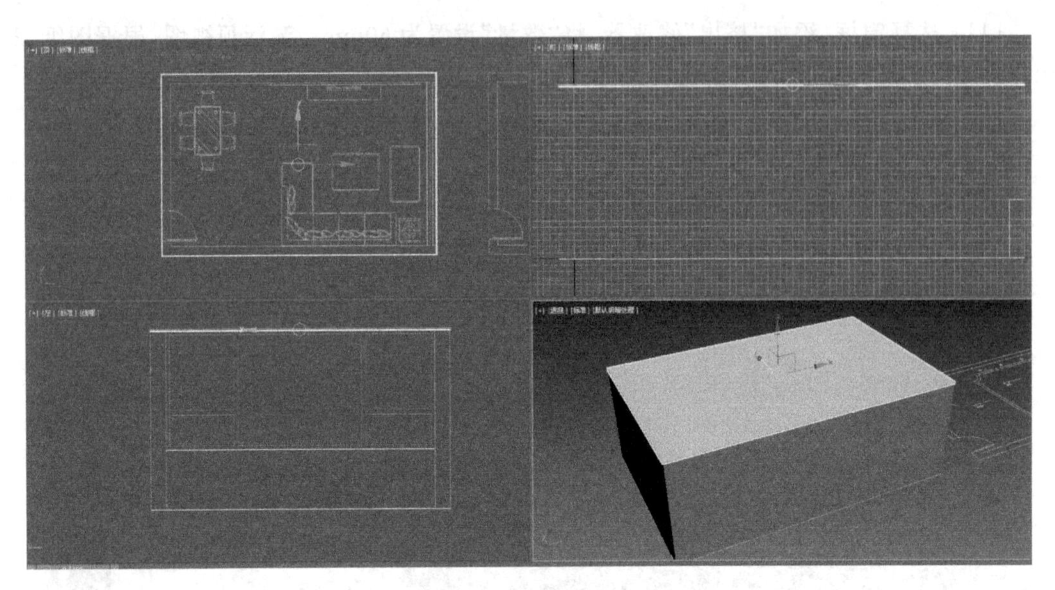

图 9-15　创建屋顶

9.1.3　制作天花

(1) 在“创建”面板 中单击“图形”按钮 ，在弹出的下拉菜单中选择“样条线”命令，在“对象类型”中单击 矩形 按钮，在顶视图中沿天花图，利用捕捉绘制矩形，如图 9-16 所示。

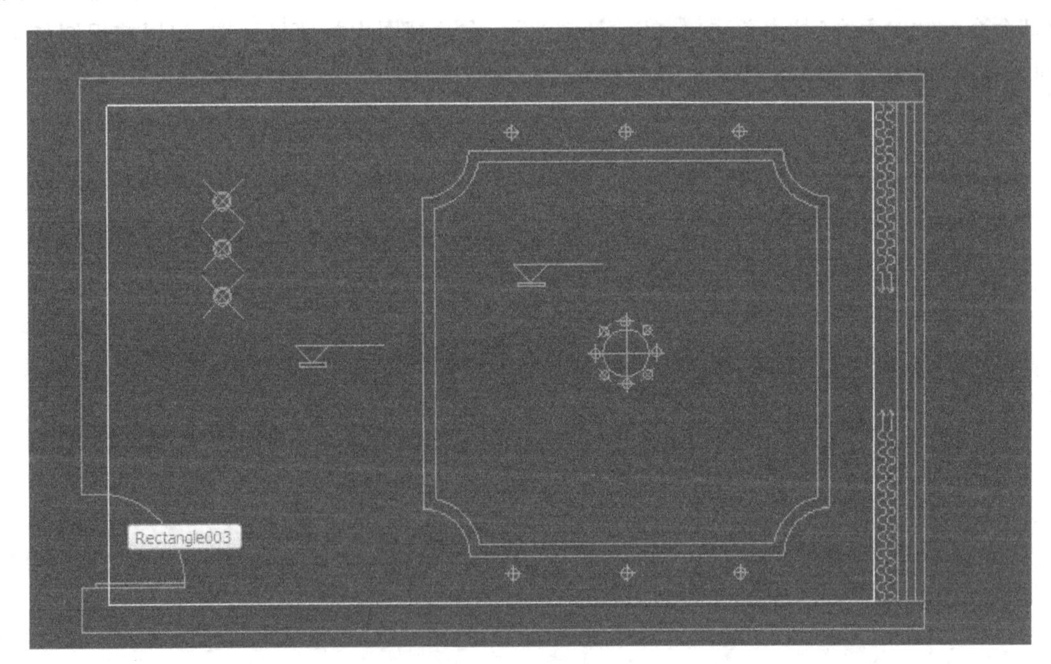

图 9-16　绘制天花矩形

(2) 单击 线 按钮，沿天花石膏线的外侧轮廓绘制线条，通过调整杆调节线条的形状，如图 9-17 所示。

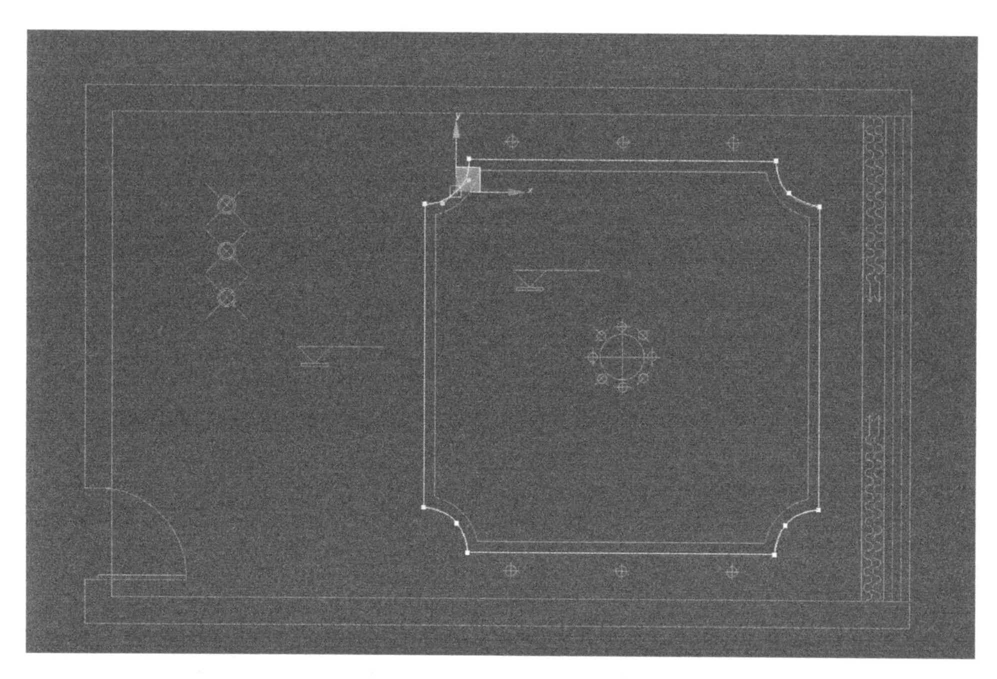

图 9-17 绘制天花石膏线的外侧轮廓线条

知识点 2

在调节线条形状时，如果打开捕捉为调整带来不便，可以按 S 键将捕捉关闭，需要时再按 S 键将捕捉打开。

(3) 在“几何体”面板中单击 附加 按钮，在顶视图中单击矩形，将两个图形附加到一起，如图 9-18 所示。

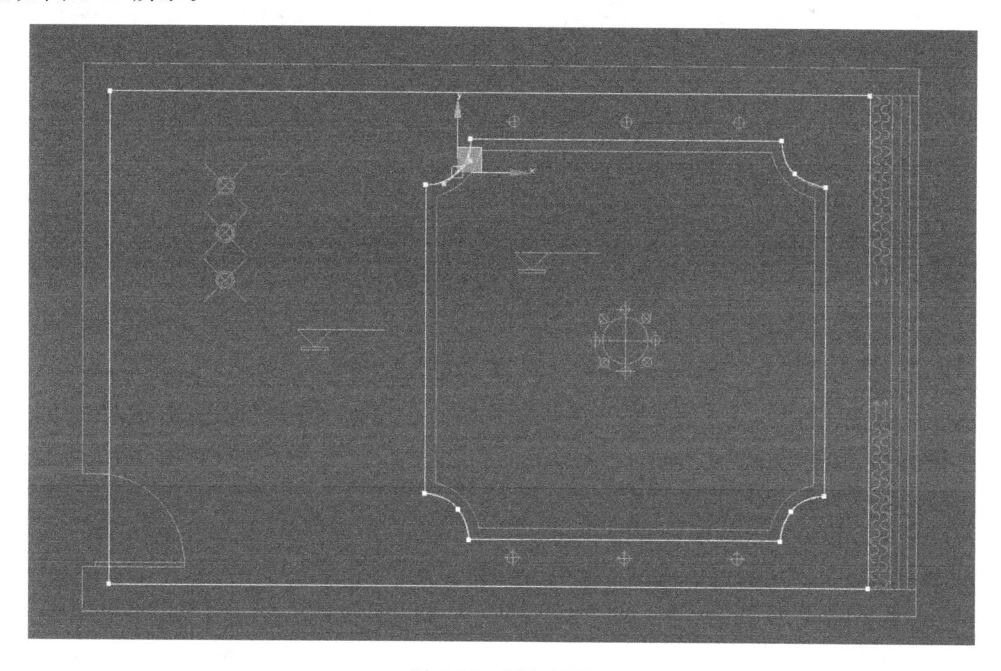

图 9-18 附加图形

(4) 添加“挤出”修改器，将“数量”设置为100mm，如图9-19所示。

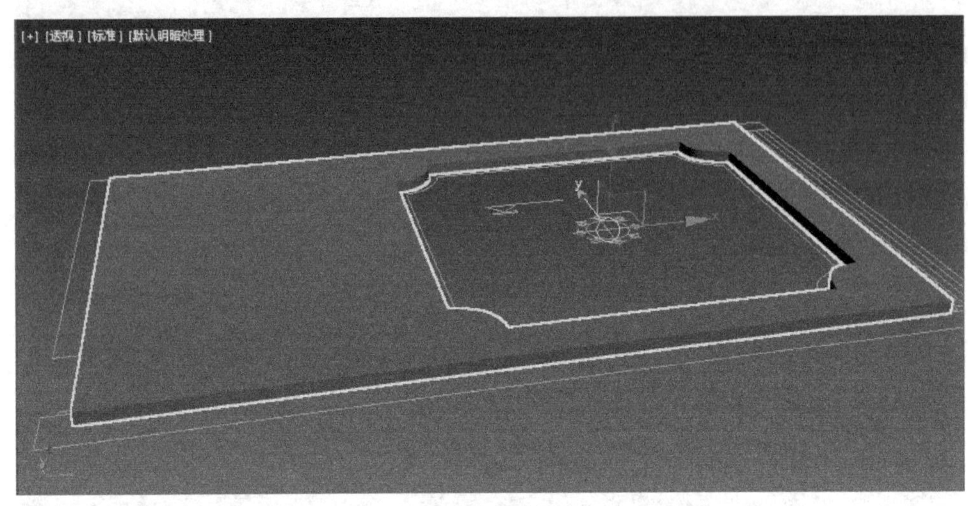

图 9-19 添加“挤出”修改器

(5) 按S键打开捕捉，在顶视图、前视图中移动天花，紧贴在屋顶下方。为了方便观察，选择墙体，右击，在弹出的快捷菜单中选择“隐藏选定对象”命令，将墙体隐藏，如图9-20所示。

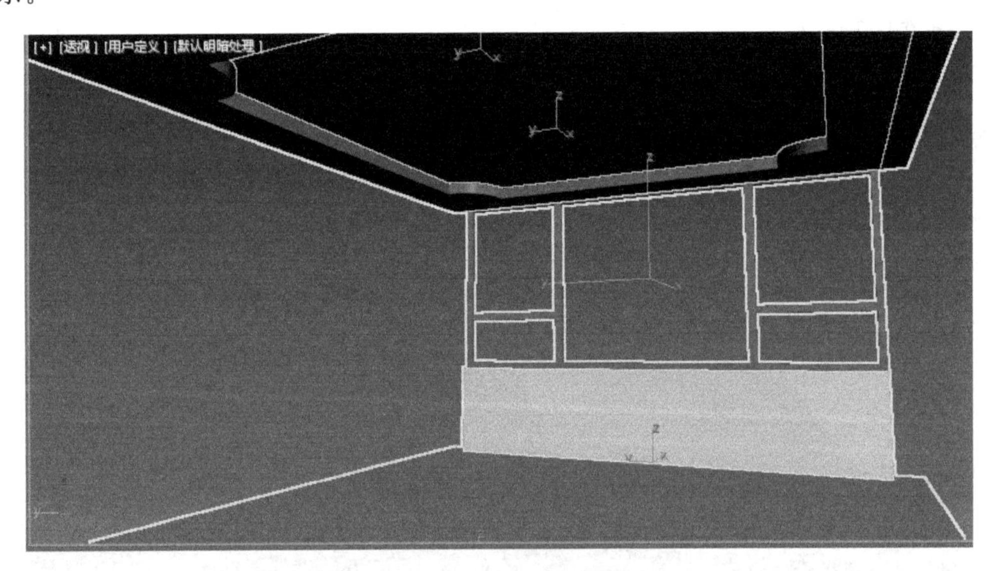

图 9-20 隐藏墙体

(6) 目前场景较暗，不方便观察。在透视图左上方“默认明暗处理”处右击，在弹出的快捷菜单中选择“按视图首选项”命令，“默认灯光”选择“2个默认灯光”，取消“默认灯光跟随视角”复选框的勾选，如图9-21所示。

(7) 制作石膏线的造型。选择制作好的天花，按Shift键，边移动边复制，复制方式选中“复制”单选按钮。在修改器堆栈中选择“挤出”修改器，单击下方的“从堆栈中移除修改器”按钮，将其删除。

(8) 按数字3键，进入样条线次对象级。选择外围的矩形，将其删除，得到石膏造型的路径，如图9-22所示。

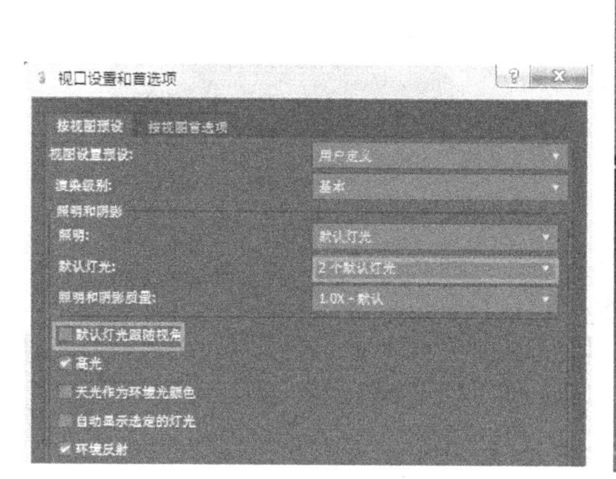

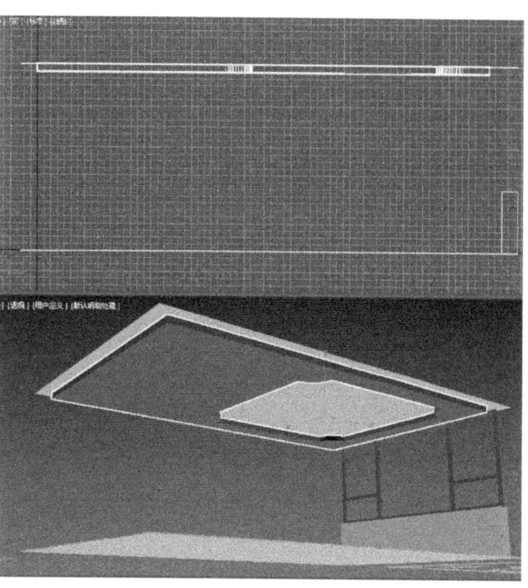

图 9-21 设置默认灯光

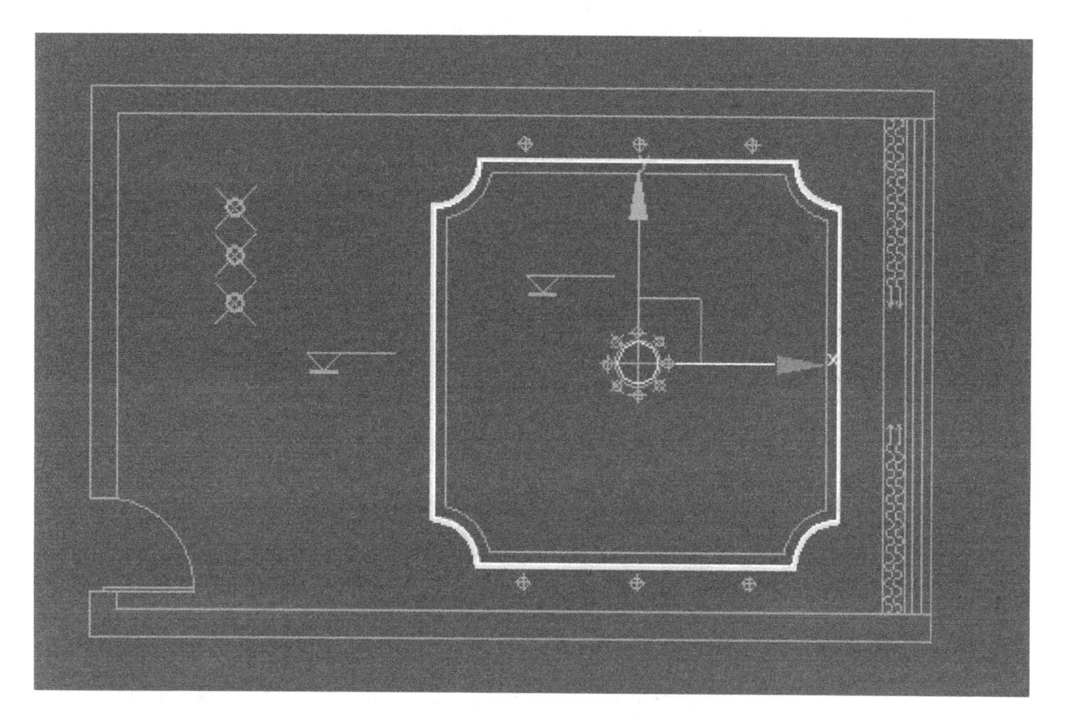

图 9-22 石膏造型的路径

(9) 单击 矩形 按钮,在前视图中绘制矩形,“长度”“宽度”分别为 100mm、120mm,如图 9-23 所示。

(10) 单击 线 按钮,参照矩形,在前视图中绘制样条线,通过“选择并移动”工具调节线条的形状,得到石膏造型的剖面图形,如图 9-24 所示。

(11) 在前视图中选择路径,添加“倒角轮廓修改器”,在“倒角剖面”面板中选择“经典”,单击 拾取剖面 按钮,在视图中单击剖面图形,得到石膏线造型,如图 9-25 所示。

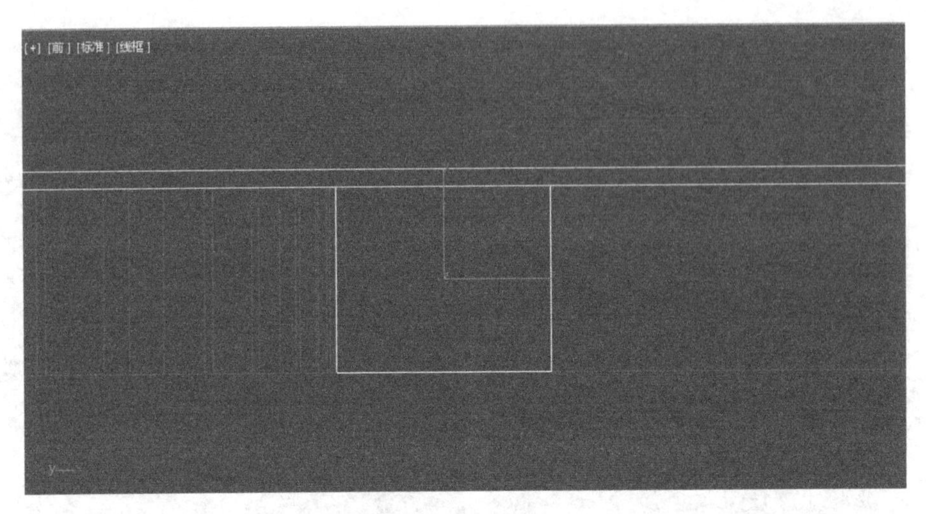

图 9-23 绘制矩形

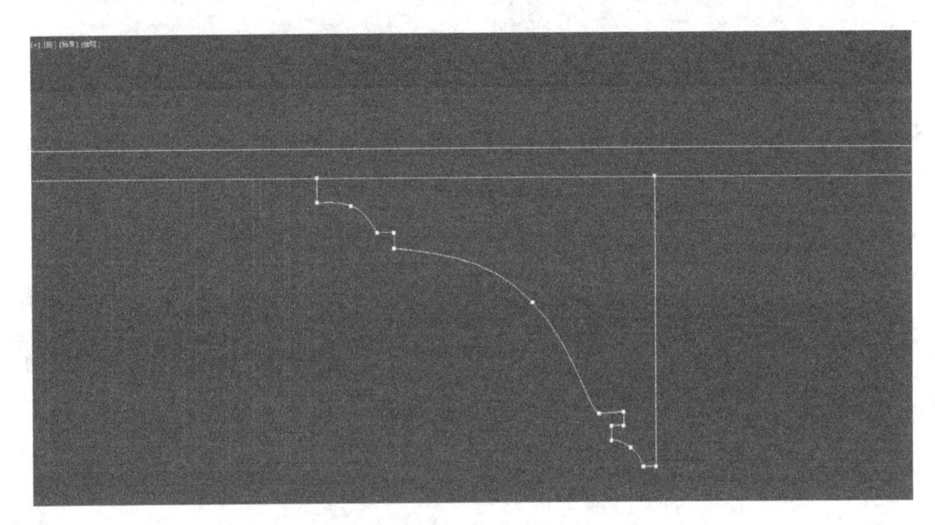

图 9-24 石膏造型的剖面图形

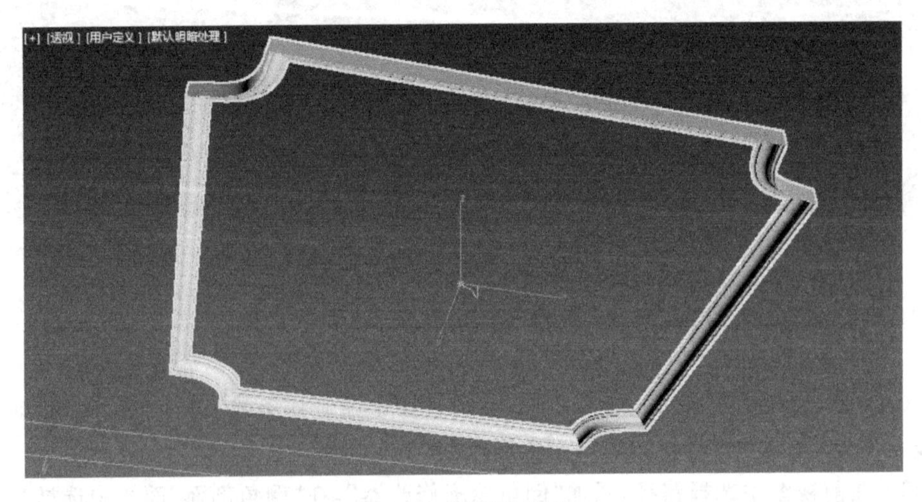

图 9-25 石膏线造型

（12）此时需要调整剖面图形的首顶点。转动鼠标中键，放大前视图的显示。选择剖面图形，按数字 1 键，进入顶点次对象级。选择图 9-26 所示的顶点，在“几何体”面板中单击 设为首顶点 按钮，将选择的点设为首顶点，石膏造型发生了变化，如图 9-27 所示。

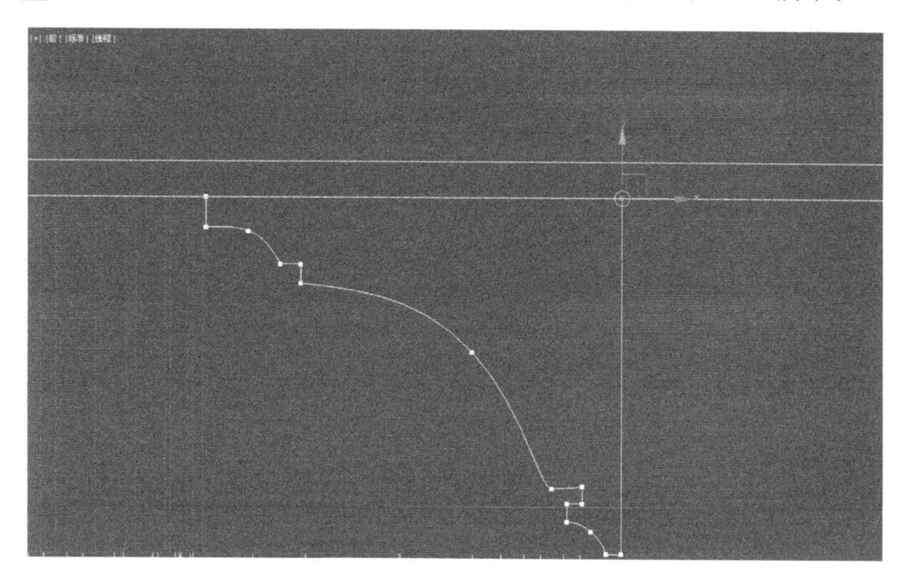

图 9-26 选择剖面图形顶点

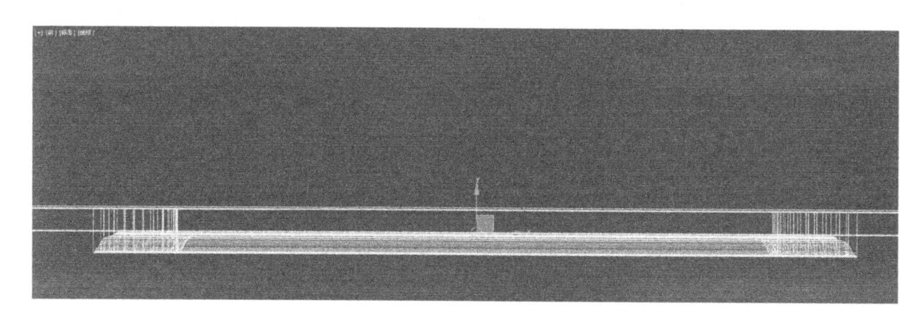

图 9-27 石膏造型

（13）在前视图中，利用捕捉调整石膏造型的位置，如图 9-28 所示。

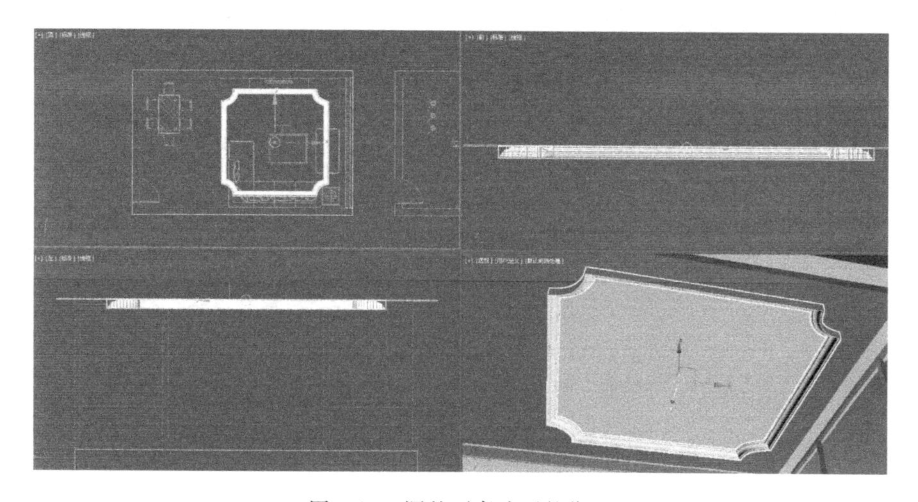

图 9-28 调整石膏造型的位置

9.1.4 制作其他装饰

(1) 制作踢脚板。在视图中框选所有的模型，右击，在弹出的快捷菜单中选择“隐藏选定对象”命令，将模型隐藏。

(2) 单击 线 按钮，在顶视图中沿着图纸，利用捕捉绘制踢脚板的路径，如图 9-29 所示。

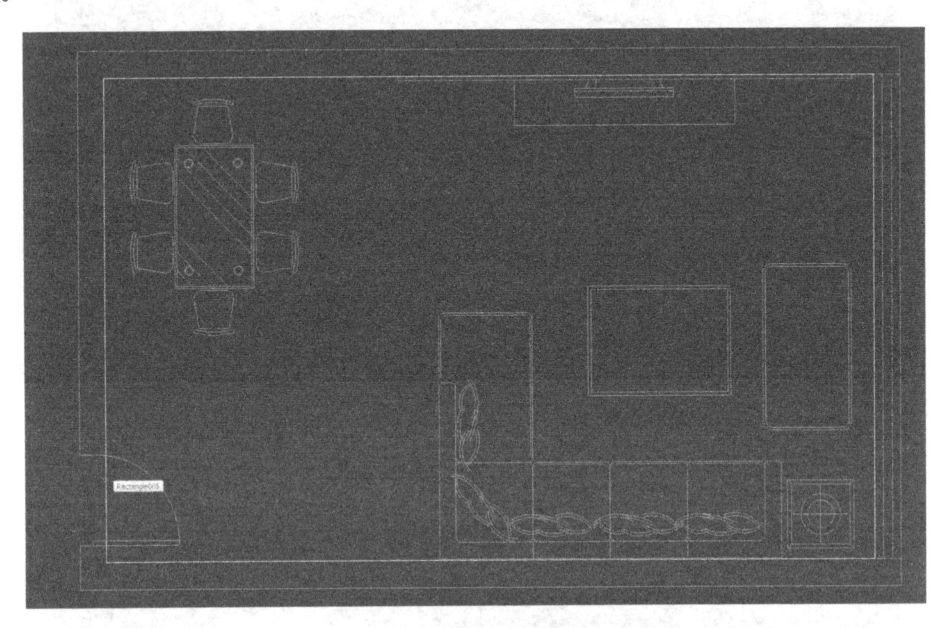

图 9-29 绘制踢脚板的路径

(3) 单击 矩形 按钮，在前视图中绘制矩形，“长度”“宽度”分别为 100mm、10mm。转动鼠标中键，放大前视图的显示，如图 9-30 所示。

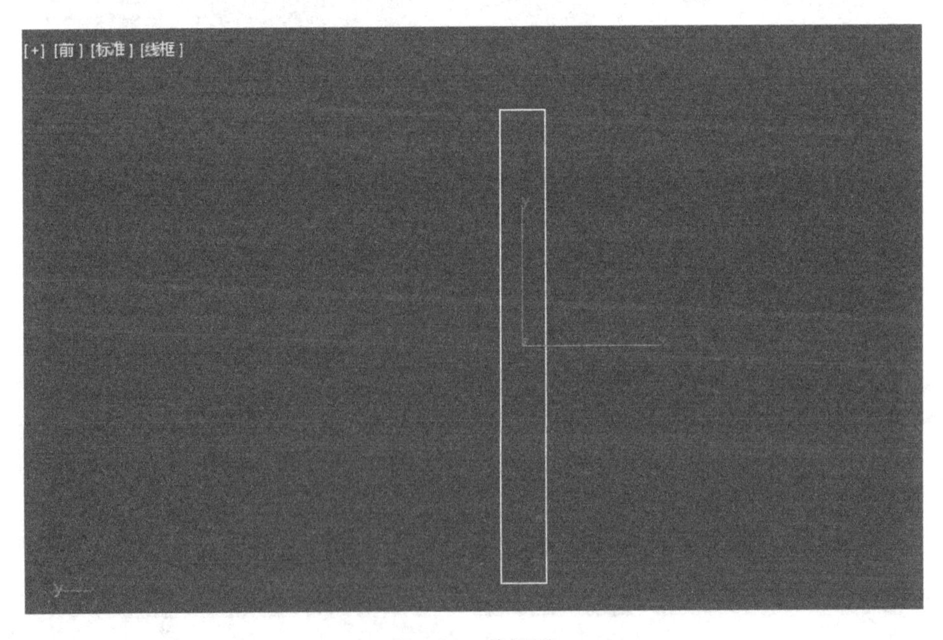

图 9-30 前视图

(4) 单击 线 按钮,参考矩形,绘制线形。利用"选择并移动"工具,调整线的形状。选择左上方的顶点,在"几何体"面板中单击 切角 按钮,将点切角化,如图 9-31 所示。

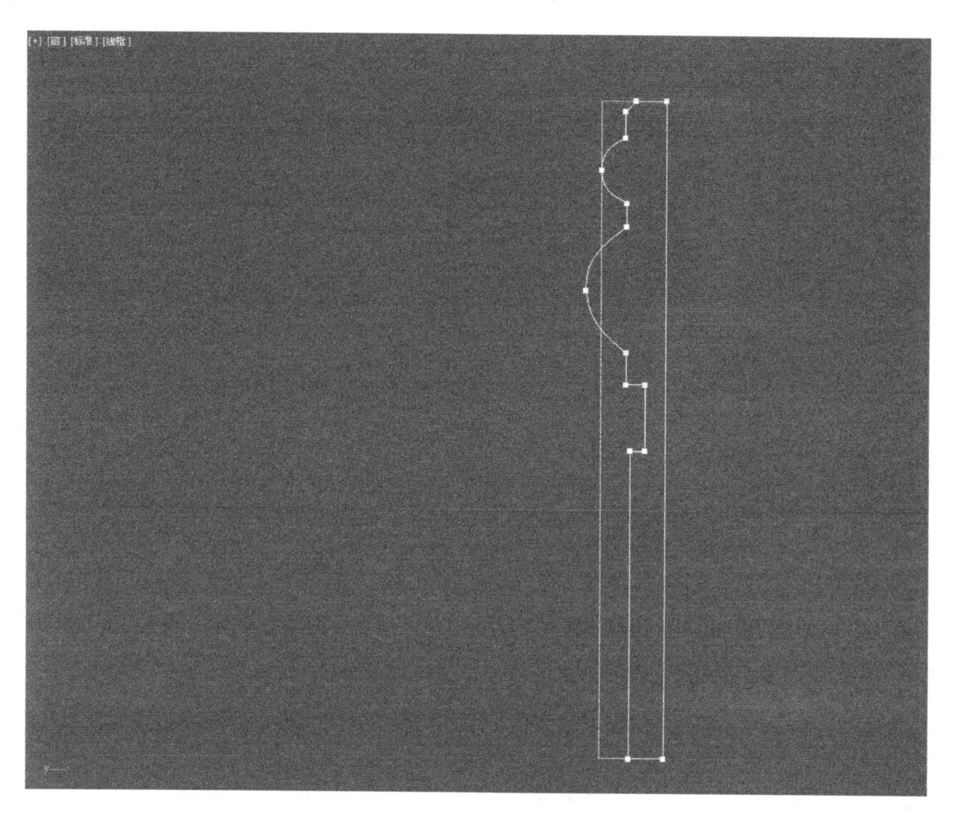

图 9-31　调整剖面轮廓线

(5) 在顶视图中选择路径,添加"倒角轮廓"修改器,在"倒角剖面"面板中选择"经典",单击 拾取剖面 按钮,在视图中单击剖面图形,得到踢脚板造型。

(6) 在视图空白处右击,在弹出的快捷菜单中选择"全部取消隐藏"命令,显示所有的模型。

(7) 利用"选择并移动"工具,打开捕捉,调整踢脚板的位置,如图 9-32 所示。

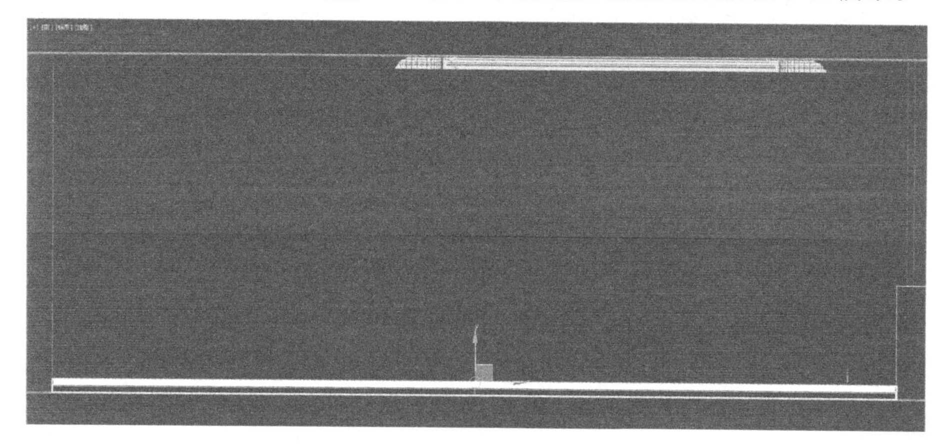

图 9-32　调整踢脚板的位置

(8) 在距离墙顶 300mm 处制作一圈石膏线。单击 矩形 按钮，在左视图中利用捕捉绘制矩形，“长度”“宽度”值分别为 300mm、300mm，如图 9-33 所示。

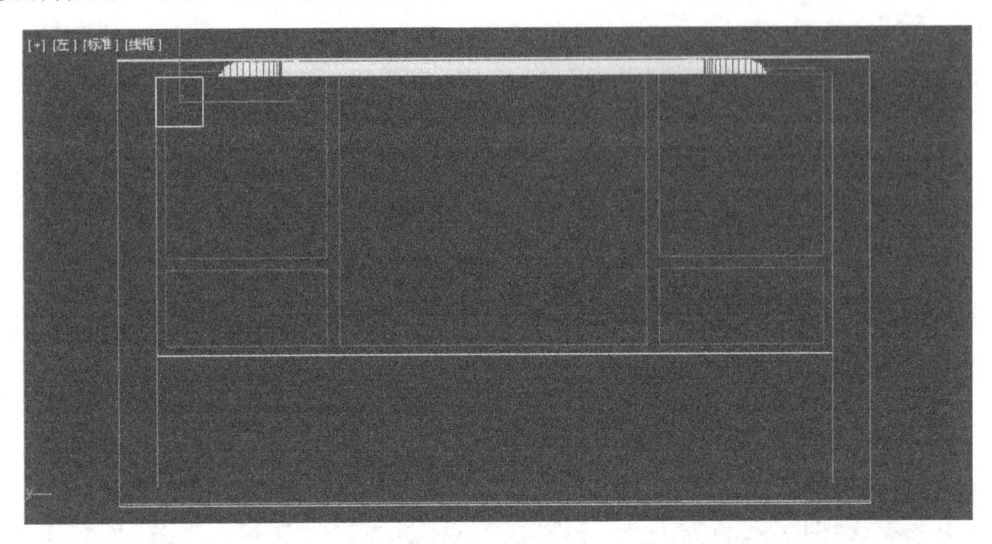

图 9-33　绘制矩形

(9) 选择踢脚板，按住 Shift 键在左视图中沿 Y 轴边移动边复制，复制方式选中“复制”单选按钮。选择复制出来的踢脚板，在修改器堆栈中选择“倒角剖面”修改器，单击下方的“从堆栈中移除修改器”按钮，删除修改器，得到石膏线的路径，如图 9-34 所示。

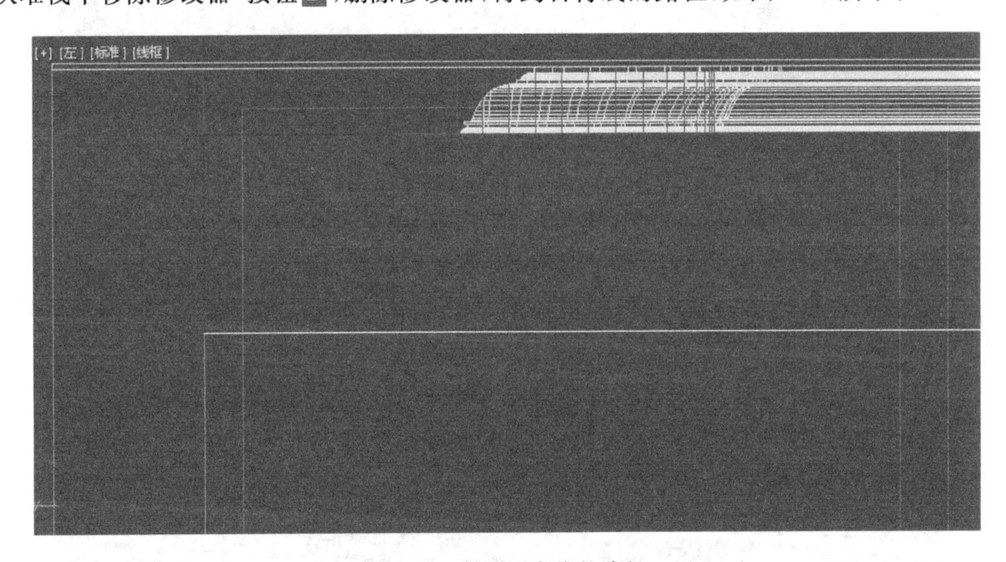

图 9-34　得到石膏线的路径

(10) 单击 矩形 按钮，在前视图中绘制一个矩形，“长度”“宽度”分别为 10mm、50mm。转动鼠标中键，放大前视图的显示，如图 9-35 所示。

(11) 单击 线 按钮，绘制线型。利用“选择并移动”工具调整线的形状，如图 9-36 所示。

(12) 按数字 1 键，退出顶点层级。在左视图中选择路径，添加“倒角轮廓”修改器，在“倒角剖面”面板中选择“经典”，单击 拾取剖面 按钮，在视图中单击剖面图形，得到石膏

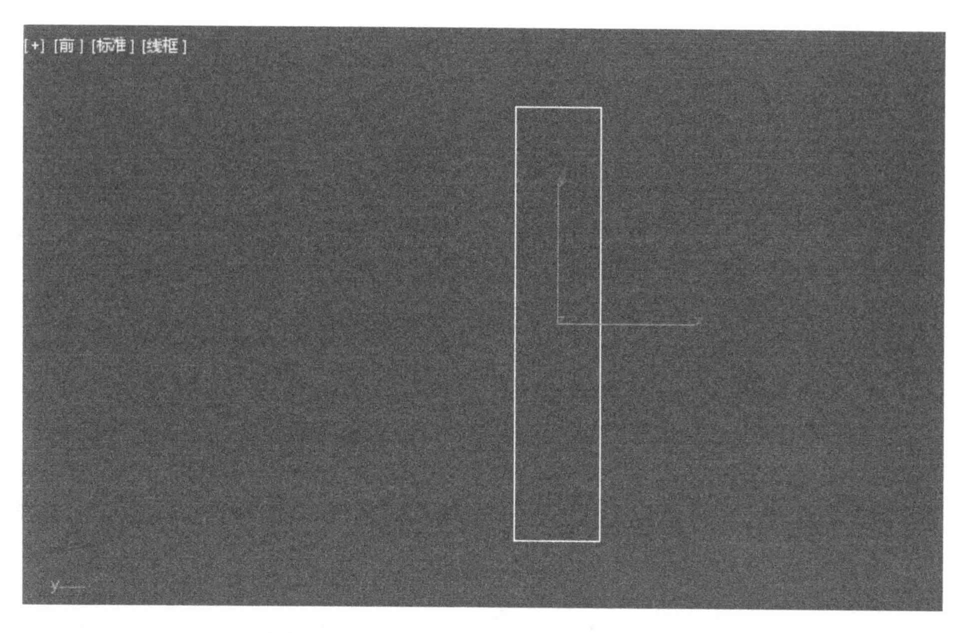

图 9-35 放大前视图

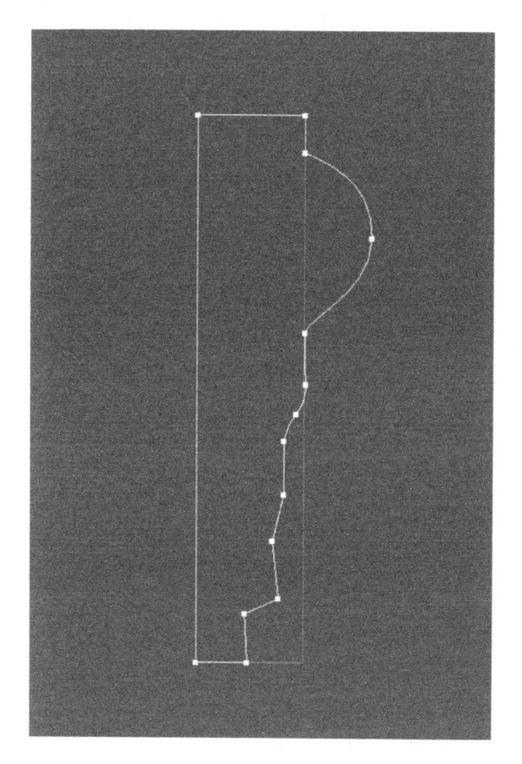

图 9-36 调整剖面轮廓线

线造型，如图 9-37 所示。

(13) 此时石膏线的造型不正确，需要调整剖面图形的形状。选择剖面图形，按数字 3 键，进入样条线次对象级。选择样条线，在“几何体”面板中单击“水平镜像”按钮，单击镜像按钮，将石膏线的造型调整正确。按数字 3 键，退出样条线次对象级，如图 9-38 所示。

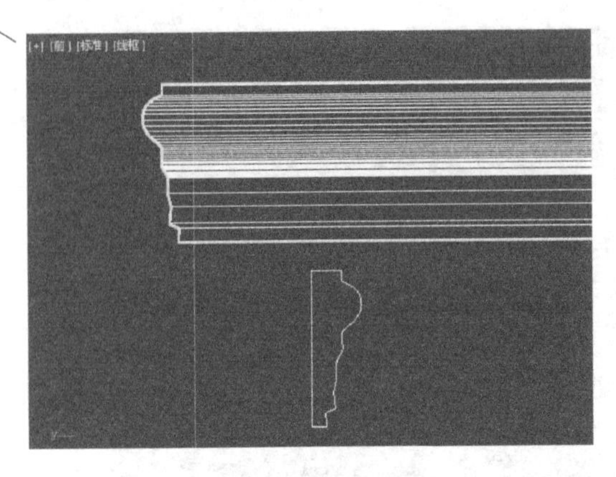

图 9-37 石膏线造型

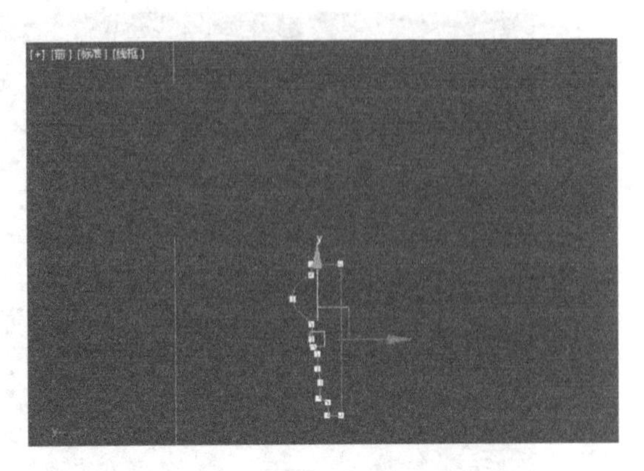

图 9-38 调整剖面图形的形状

(14) 制作电视墙造型。单击 线 按钮，利用捕捉在前视图中绘制线条，如图 9-39 所示。

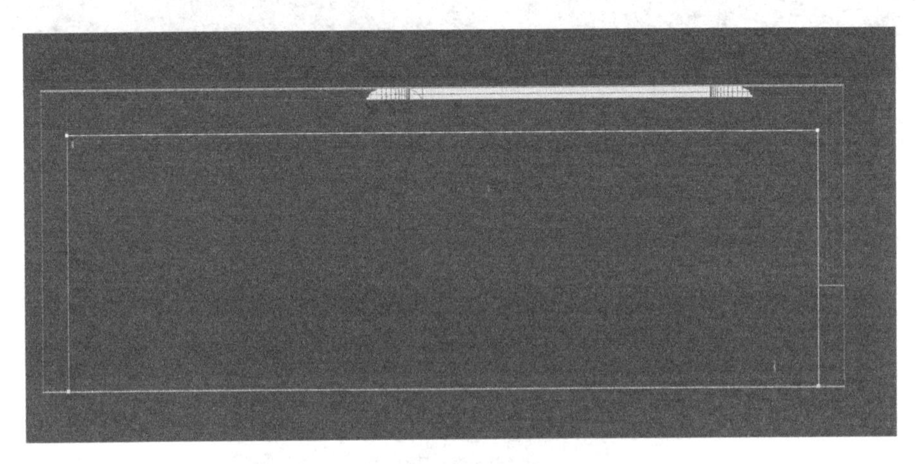

图 9-39 绘制电视墙的路径

(15) 在顶视图中移动路径的位置。然后按数字 1 键，进入顶点次对象级。框选左侧的顶点，利用捕捉，根据平面图纸中的电视墙，调节左侧顶点的位置。继续框选右侧的顶点，调节右侧顶点的位置，如图 9-40 所示。

图 9-40 调整电视墙的路径

(16) 绘制电视墙的剖面图形。配合 Ctrl 键，选择石膏线及踢脚板，右击，在弹出的快捷菜单中选择“隐藏选定对象”命令，将模型隐藏。

(17) 激活顶视图，转动鼠标中键，放大视图的显示。单击 线 按钮，绘制线条。利用“选择并移动对象”工具 调整线条的形状，如图 9-41 所示。

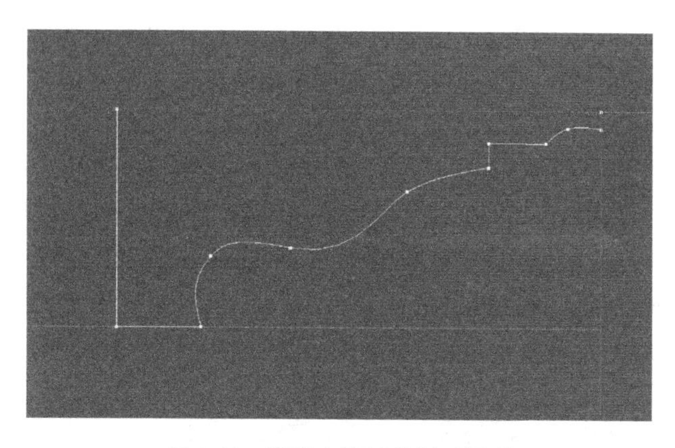

图 9-41 调整电视墙的剖面图形

(18) 在左视图中选择路径，添加“倒角轮廓”修改器，在“倒角剖面”面板中选择“经典”，单击 拾取剖面 按钮，在视图中单击剖面图形，得到电视墙造型初步模型，如图 9-42 所示。

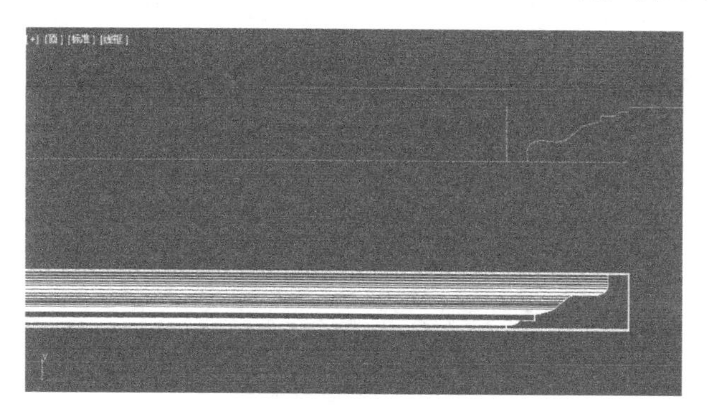

图 9-42 电视墙造型初步模型

(19) 进一步调整电视墙的造型。选择剖面图形，按数字 3 键，进入样条线层级。选择整条样条线，在“几何体”面板中选择“垂直镜像”，单击 镜像 按钮，得到电视墙的最终造型，如图 9-43 所示。

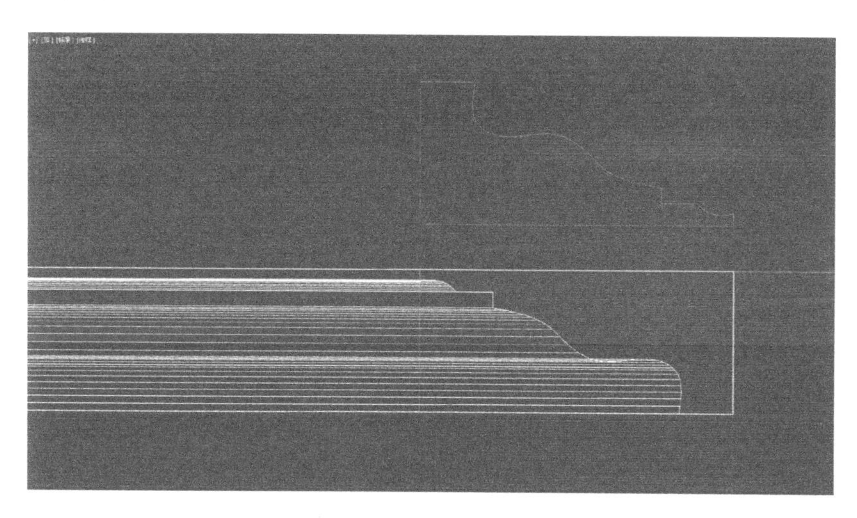

图 9-43 电视墙的最终造型

(20) 在"创建"面板中单击"摄影机"按钮，在弹出的下拉菜单中选择"标准"命令，在"对象类型"中单击 目标 按钮，在顶视图中按住鼠标左键拖动，创建一台目标摄影机。

(21) 单击选择摄影机的目标点，在"参数"面板中设置"镜头"为24mm。在前视图中单击目标点和投射点之间的轴线，沿Y轴平移摄影机，调整摄影机的高度大约在场景高度的一半左右。激活透视图，在左上角"透视"位置处右击，在弹出的快捷菜单中选择"摄影机"→"摄影机001"命令，或者按C键，将透视图转换成摄影机视图。在视图左上角Cammer001的位置单击，在弹出的下拉菜单中单击"显示安全框"，打开安全框，如图9-44所示。

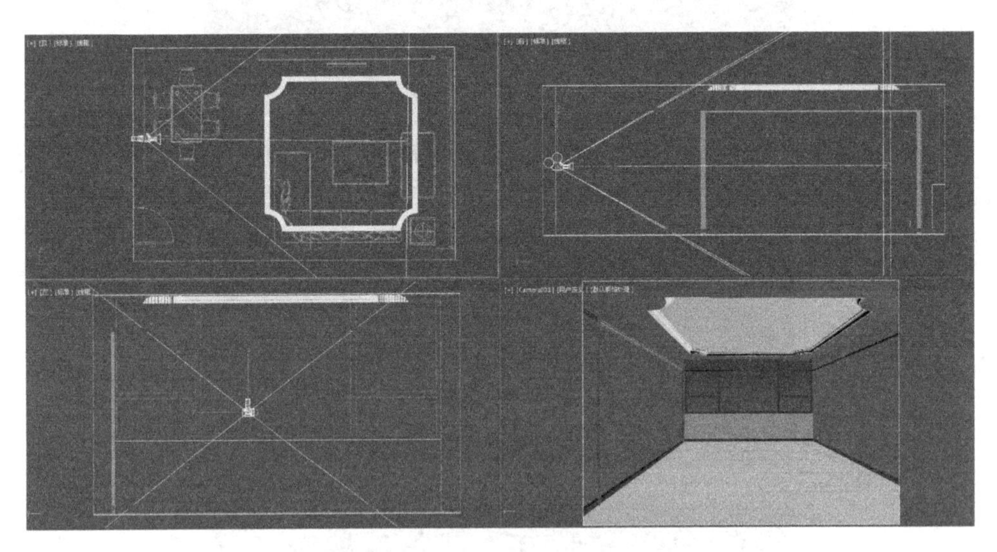

图9-44 摄影机视图

知识点3

摄影机视图就是摄影机拍摄到的画面，或者说人站在摄影机后面看到的画面。

(22) 创建电视墙内部部分。激活前视图，单击 长方体 按钮，利用捕捉在电视墙套线内部创建长方体，"高度"为20mm，"长度分段""宽度分段""高度分段"设置为3、4、1。按F4键，打开边面显示，如图9-45所示。

(23) 选择长方体，按Alt+Q组合键，独立显示。激活摄影机视图，按P键，转换为透视图，如图9-46所示。

(24) 选择长方体，右击，在弹出的快捷菜单中选择"转换为"→"转换为可编辑多边形"命令，将长方体转换成可编辑多边形。

(25) 在"选择"面板中单击"边"按钮，进入边层级，勾选"忽略背面"复选框。框选正面的边，在"编辑边"面板中单击 挤出 按钮右侧的设置按钮，设置"高度"为－10mm，"宽度"为5mm，单击"确定"按钮，如图9-47所示。

(26) 配合Ctrl键，累加框选图9-48所示的边。

(27) 在"编辑边"面板中单击 切角 按钮右侧的设置按钮，设置"边切角量"为0.5mm，单击"确定"按钮，按F4键，关闭边面显示，如图9-49所示。

(28) 单击工作界面下方的"孤立当前选择切换"按钮，退出孤立模式。按C键，将透视图转换为摄影机视图，如图9-50所示。

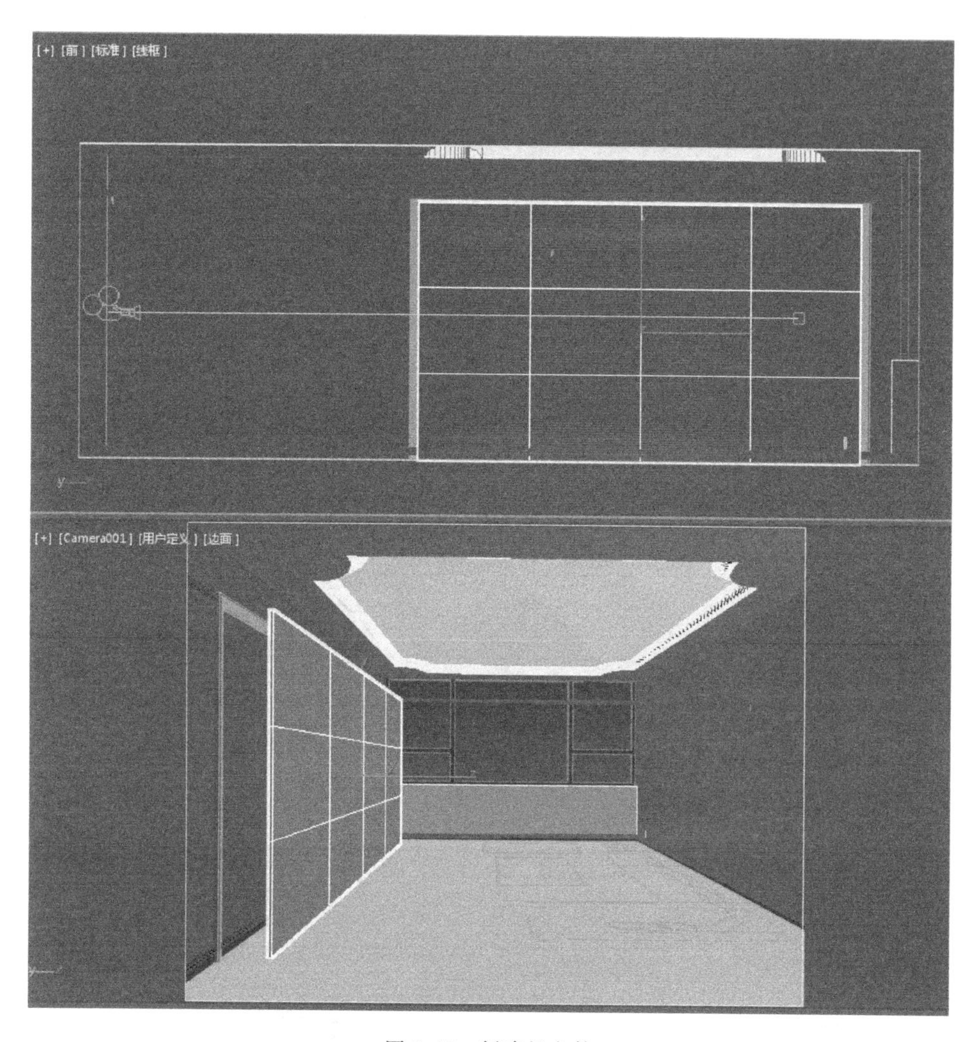

图 9-45 创建长方体

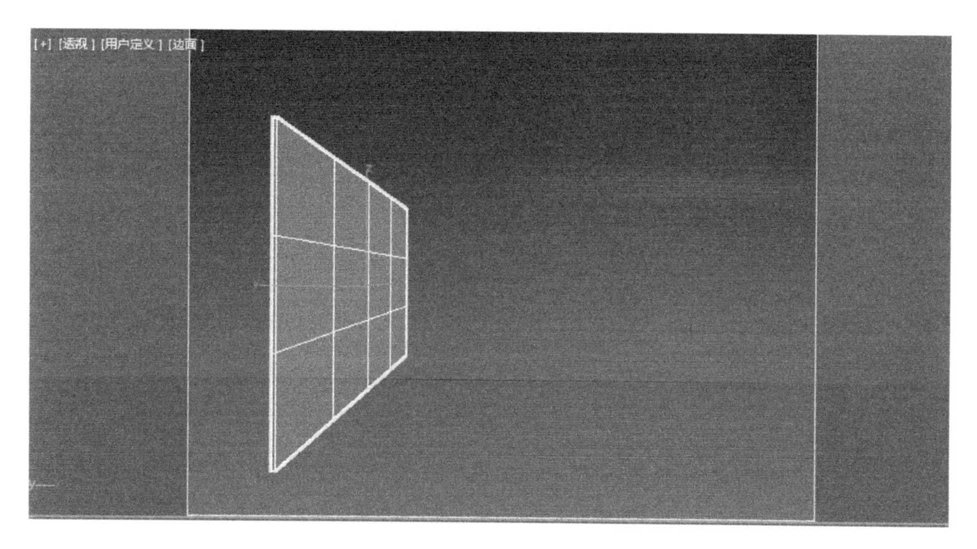

图 9-46 转换视图为透视图

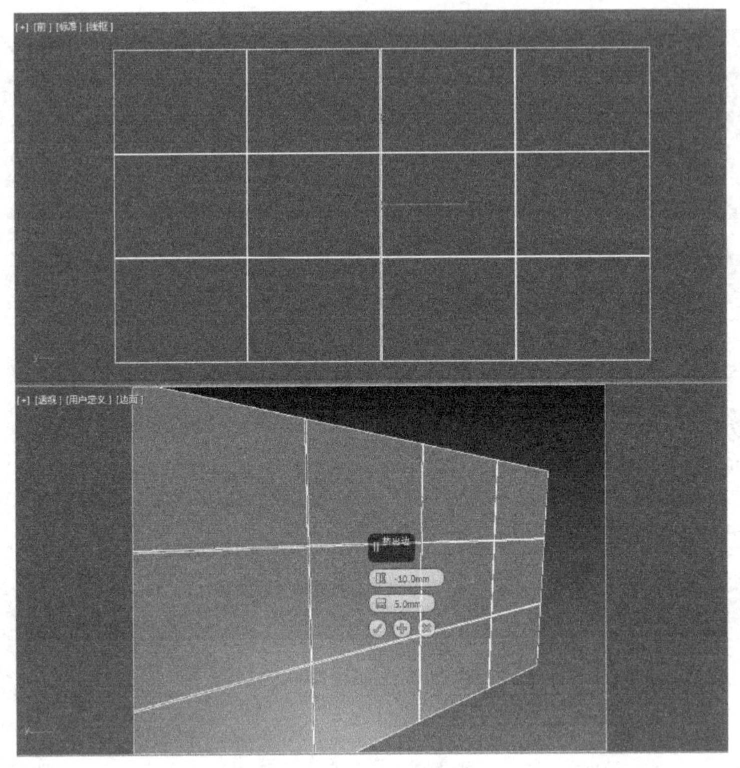

图 9-47　对边进行挤出

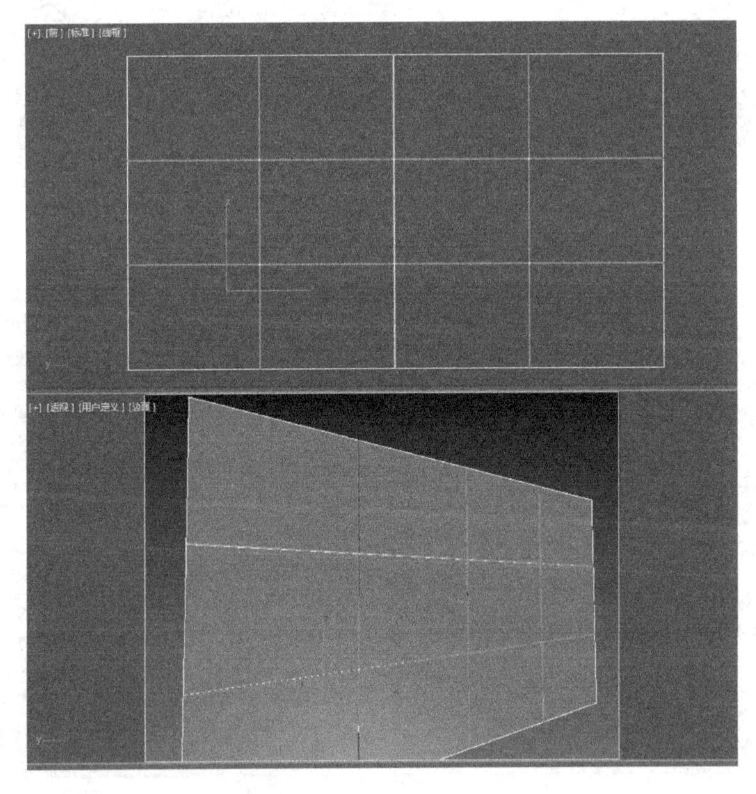

图 9-48　选择边

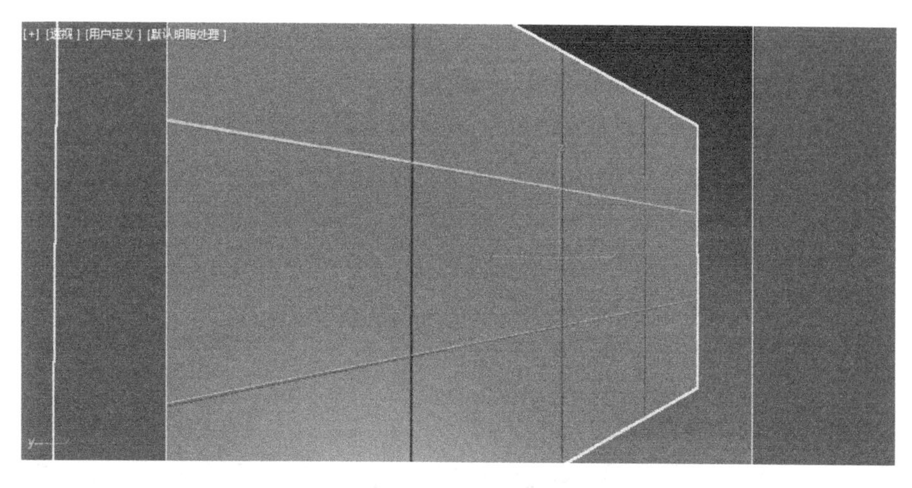

图 9-49 对边进行切角

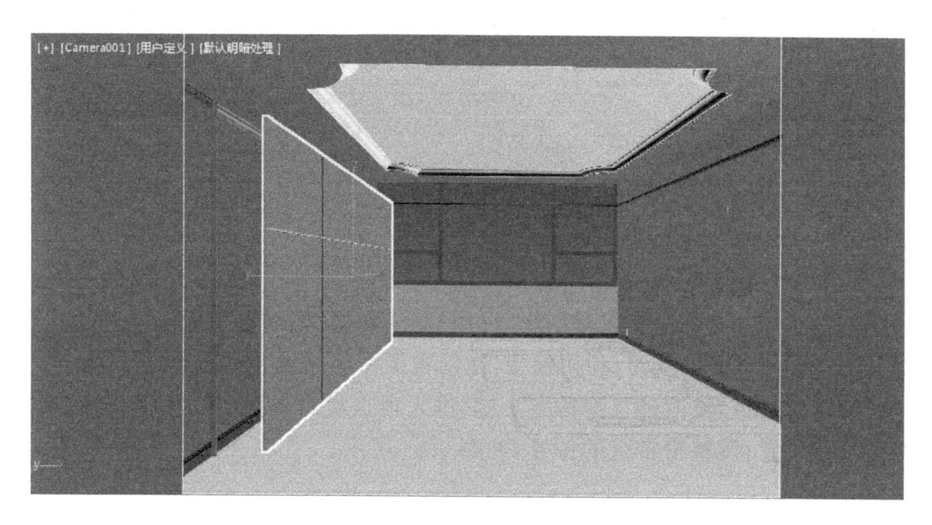

图 9-50 摄影机视图

(29) 选择电视墙墙体部分，单击“选择并缩放”工具，在顶视图中沿 Y 轴缩小至原来的 25%。利用捕捉工具调整墙体至套线内，如图 9-51 所示。

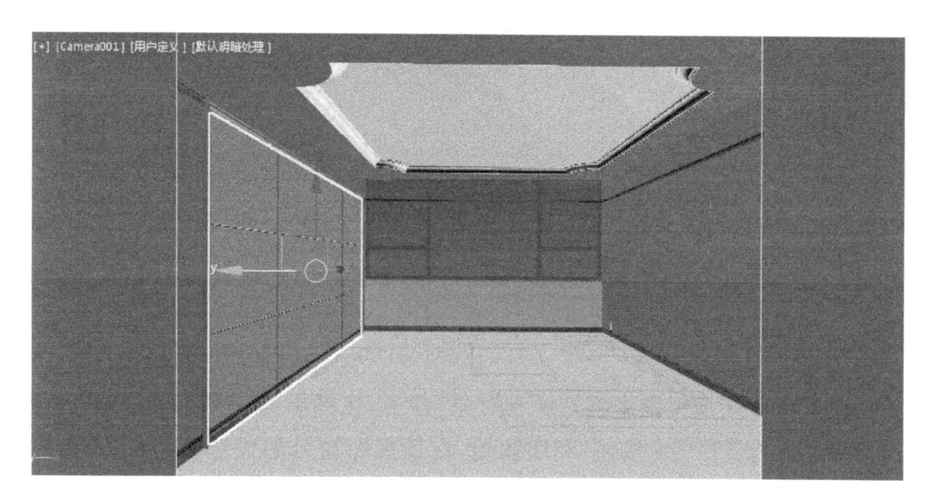

图 9-51 调整电视墙墙体的位置

(30) 制作窗帘盒。选择围绕墙体一周的石膏线,在修改器堆栈中单击矩形,进入倒角轮廓路径的创建层级。添加"编辑样条线"修改器,按数字1键进入顶点次对象级。在前视图中框选右侧的顶点,利用捕捉调整顶点的位置,在Y轴方向与天花的右侧对齐,如图9-52所示。

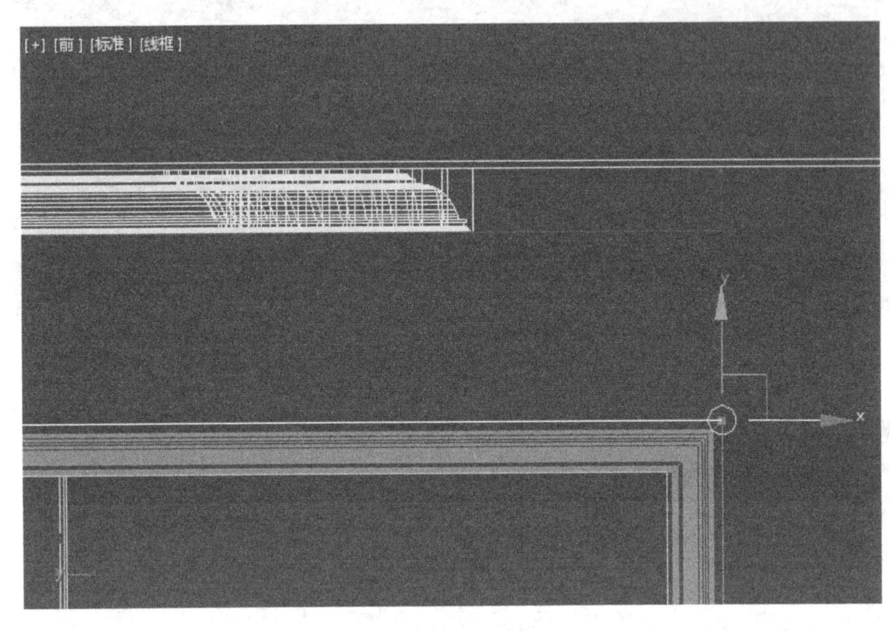

图9-52 调整轮廓路径

(31) 按数字1键,退出顶点次对象级,返回"倒角剖面"修改器层级。

(32) 单击 长方体 按钮,利用捕捉,在前视图中窗帘盒的位置绘制长方体。选择长方体,添加"编辑多边形"修改器。按数字1键,进入顶点次对象级。利用捕捉,在前视图、顶视图中调整顶点位置,调整窗帘盒的位置,如图9-53所示。

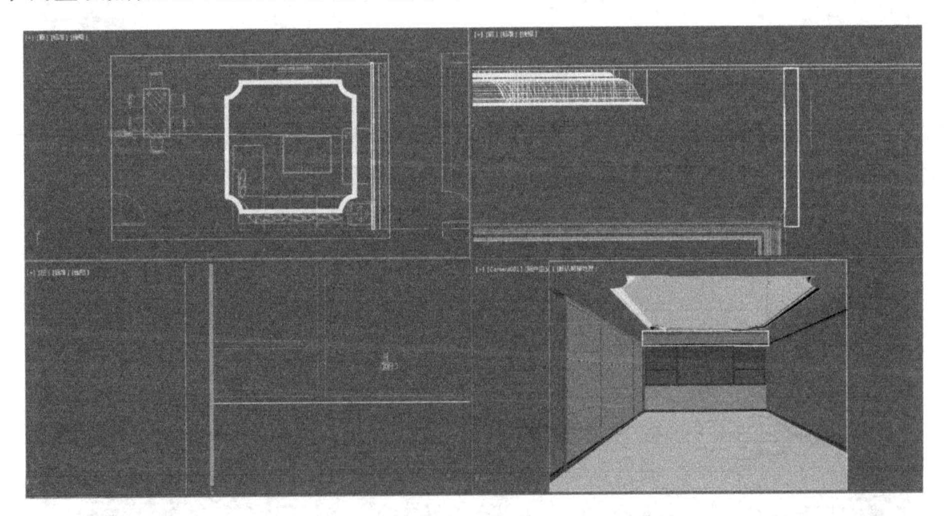

图9-53 创建窗帘盒

(33) 创建窗台。在顶视图中框选所有对象,右击,在弹出的快捷菜单中选择"隐藏选定对象"命令。单击 长方体 按钮,利用捕捉,在顶视图窗台的位置绘制长方体,"高度"为50mm,如图9-54所示。

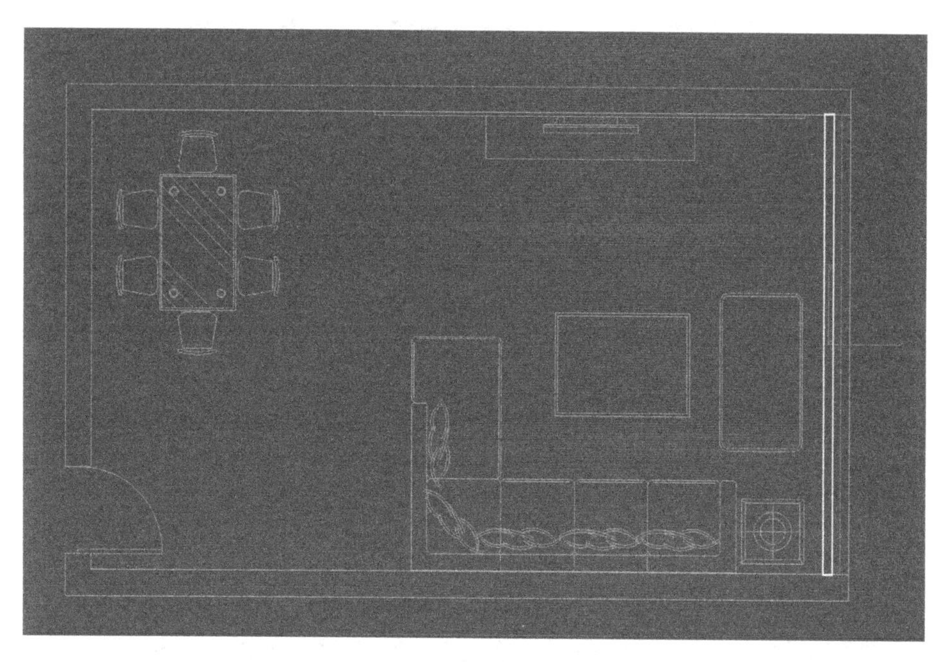

图 9-54 创建窗台

(34) 选择长方体,添加“编辑多边形”修改器,将长方体转换为可编辑多边形。按数字 1 键,进入顶点层级。在顶视图框选左侧的顶点,沿 X 轴向左移动,制作窗台凸出的效果,如图 9-55 所示。

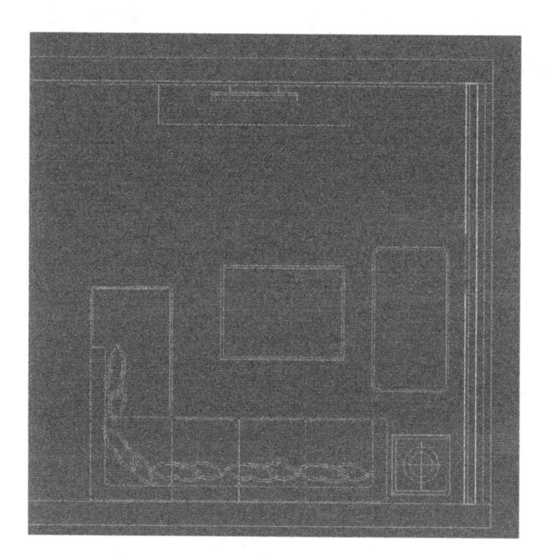

图 9-55 移动窗台的位置

(35) 按数字 2 键,进入边层级。选择顶部的一条边,在“编辑边”面板中单击 切角 按钮右侧的设置按钮,设置切角“数量”为 10mm。按数字 2 键,退出边次对象级,如图 9-56 所示。

(36) 在视图空白处右击,在弹出的快捷菜单中选择“全部取消隐藏”命令,显示所有对象。

(37) 激活左视图,利用捕捉调整窗台的位置,如图 9-57 所示。

(38) 创建灯具。单击 圆柱体 按钮,在顶视图中根据天花的图纸创建圆柱体,如图 9-58 所示。

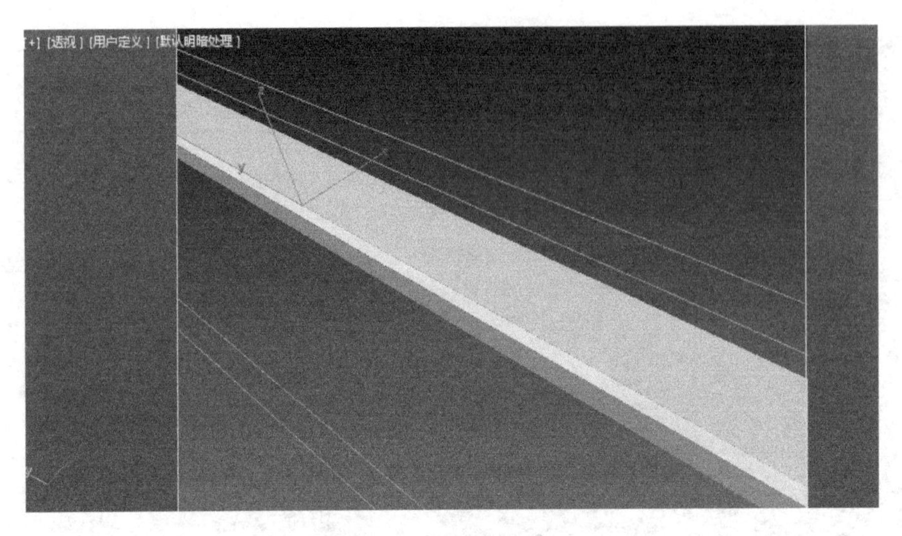

图 9-56 对边进行切角

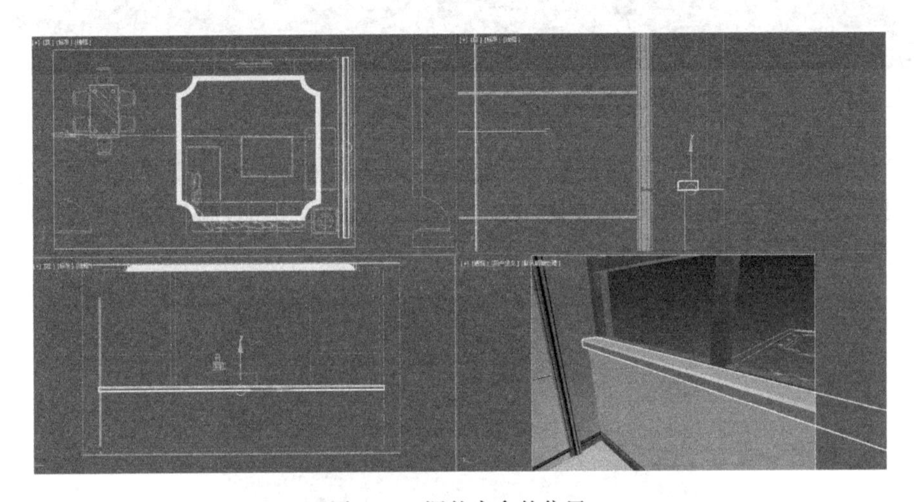

图 9-57 调整窗台的位置

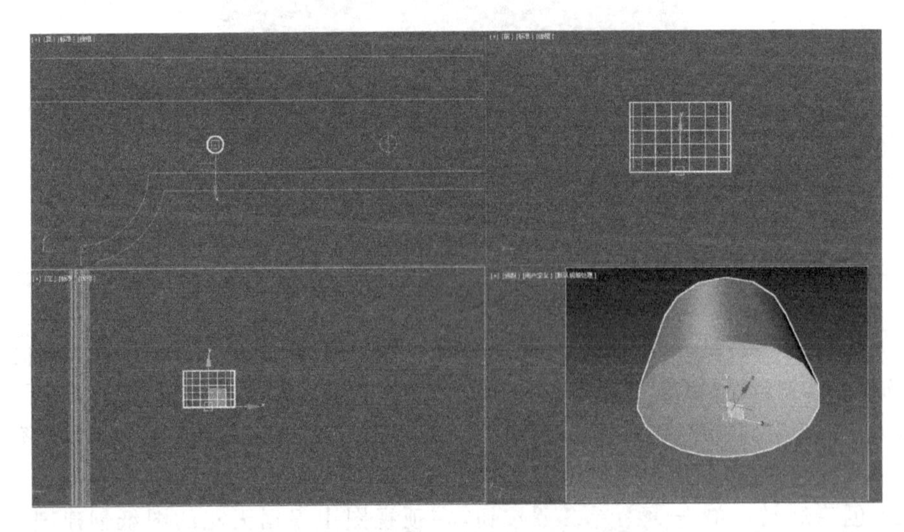

图 9-58 创建灯具

(39) 选择圆柱体,添加“编辑多边形”修改器,转换为可编辑多边形。按 F4 键,打开边面显示。按数字 4 键,进入多边形层级。选择底部的面,在“编辑多边形”面板中单击 倒角 按钮右侧的设置按钮,设置倒角“高度”为 2mm,“轮廓”为 −0.5mm,单击“应用并继续”按钮,继续设置倒角“高度”为 0mm,“轮廓”为 −5mm,单击“确定”按钮。单击 挤出 按钮右侧的设置按钮,设置挤出“高度”为 −1mm,单击“确定”按钮,如图 9-59 所示。

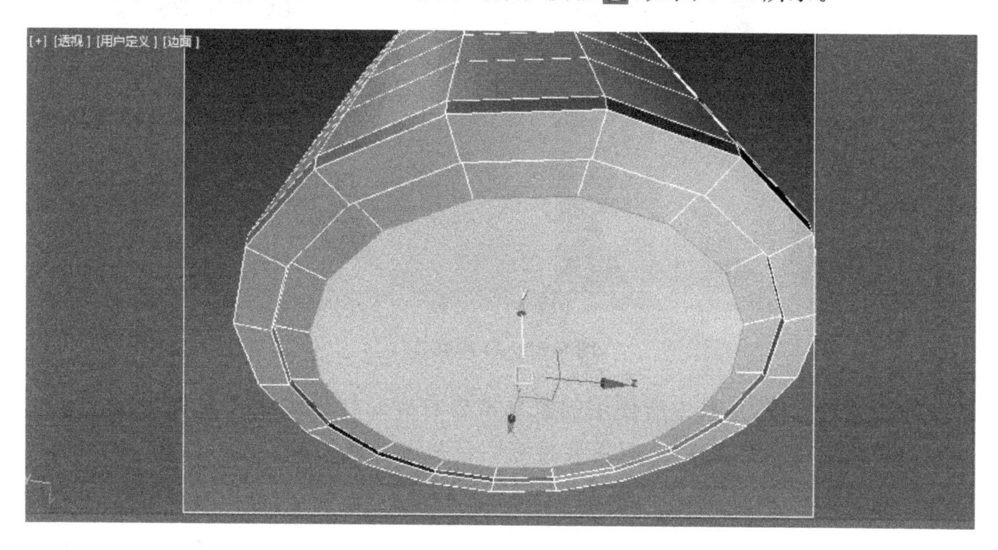

图 9-59 调整灯具的造型

(40) 在顶视图、前视图中调整灯具的位置,如图 9-60 所示。

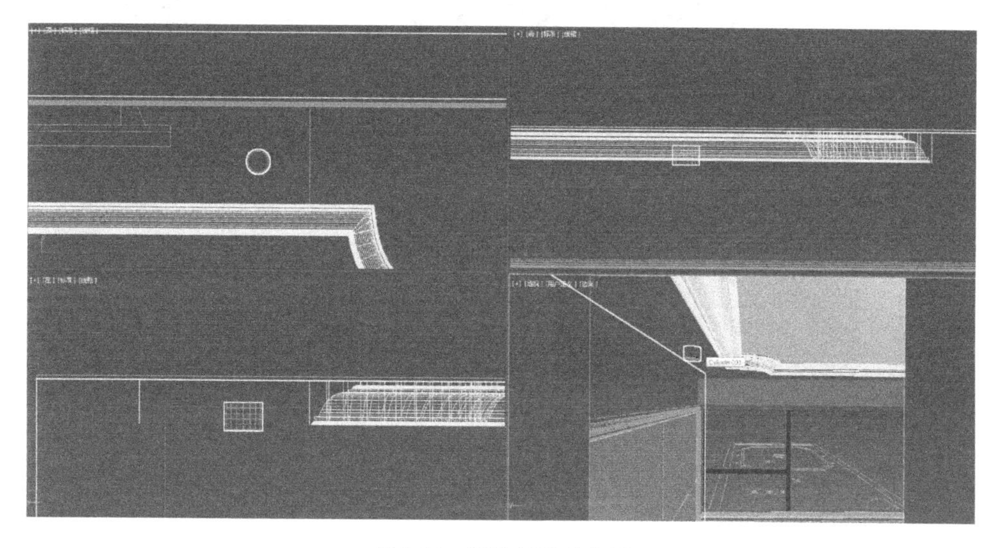

图 9-60 调整灯具的位置

9.1.5 合并家具模型

(1) 单击 按钮下的“导入”→“合并”按钮,在弹出的“合并文件”对话框中选择本书配套资源“场景文件→第 9 章→客厅家具.max”文件,然后单击 打开(O) 按钮,在弹出的“合并-客厅家具.max”对话框中单击 全部(A) 按钮,再单击 确定 按钮,如图 9-61 所示。

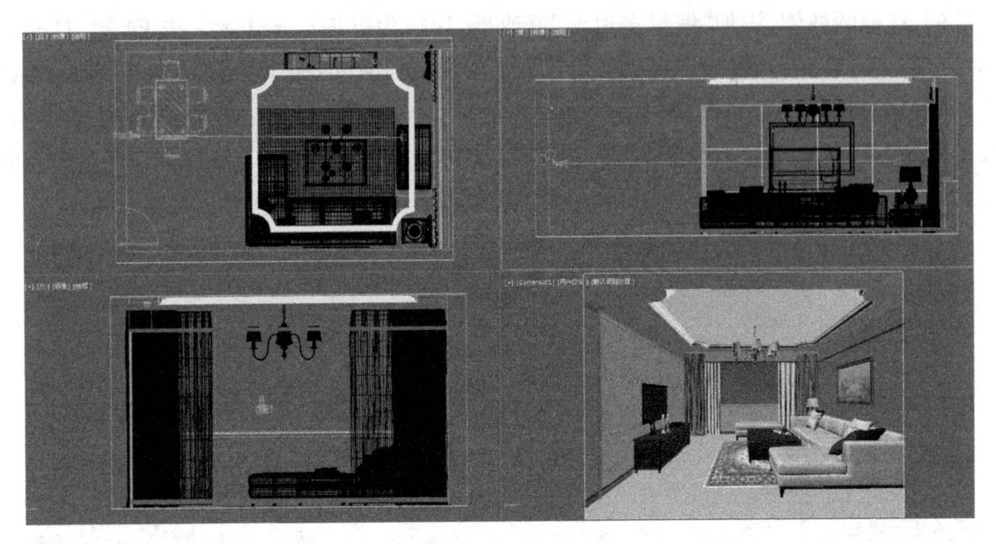

图 9-61 合并家具

在实际制图过程中，场景中所使用的家具需要有针对性地去寻找或者制作。这里将所有家具和饰品整理在一个文件中，只需要将它们合并进来就可以了。

(2) 激活顶视图，通过“选择并缩放”工具，调整窗帘的大小和位置，如图 9-62 所示。

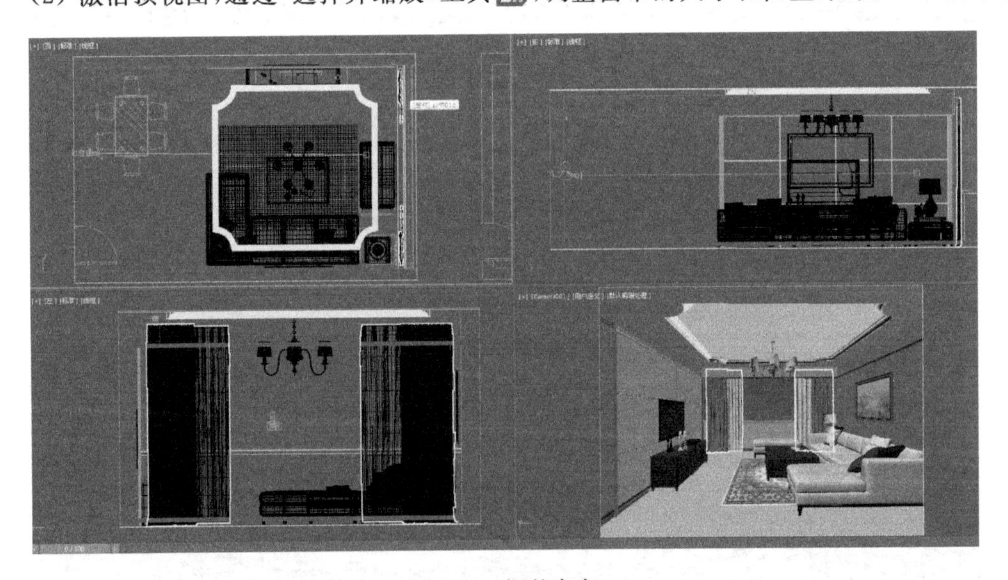

图 9-62 调整窗帘

9.2 设置材质

客厅的框架模型已经制作完成，合并进来的物体材质也已经赋予好了，下面讲解场景中主要材质的调制，包括乳胶漆、电视墙的硅藻泥、地面、套线等。

在调制材质时，首先应该将 VRay 指定为当前渲染器。按 F10 键，弹出“渲染设置”窗口，在“渲染器”下拉列表框中选择 V-Ray Adv 3.40.01，单击 X 按钮关闭窗口，如图 9-63 所示。

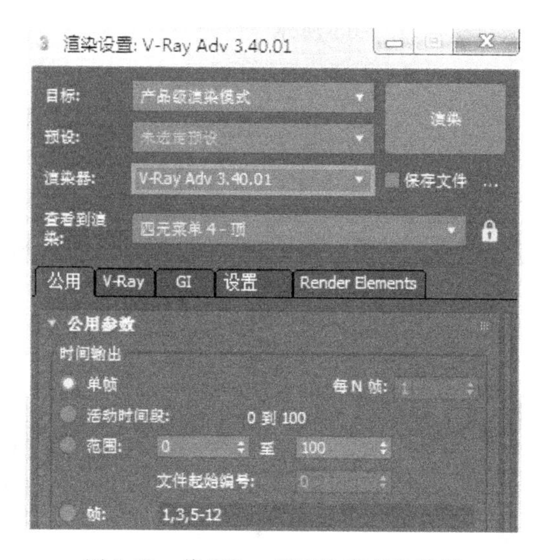

图 9-63　将 VRay 指定为当前渲染器

9.2.1　乳胶漆材质

(1) 按 M 键，弹出"材质编辑器"窗口。选择第一个材质球，单击 Standard 按钮，打开"材质/贴图浏览器"对话框，选择 VRayMtl 材质，如图 9-64 所示。

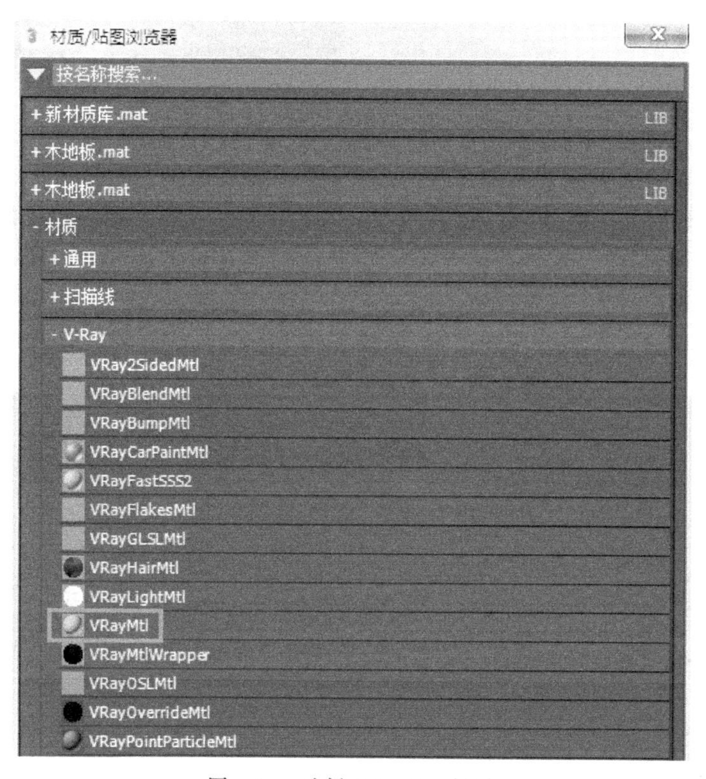

图 9-64　选择 VRayMtl 材质

(2) 将材质命名为"白色乳胶漆"。设置"漫反射"颜色 R、G、B 值分别为 245、245、245，设置"反射"颜色 R、G、B 值分别为 17、17、17，设置"高光光泽"为 0.45，在"选项"面板中取消选择“跟踪反射”复选框的勾选，如图 9-65 所示。

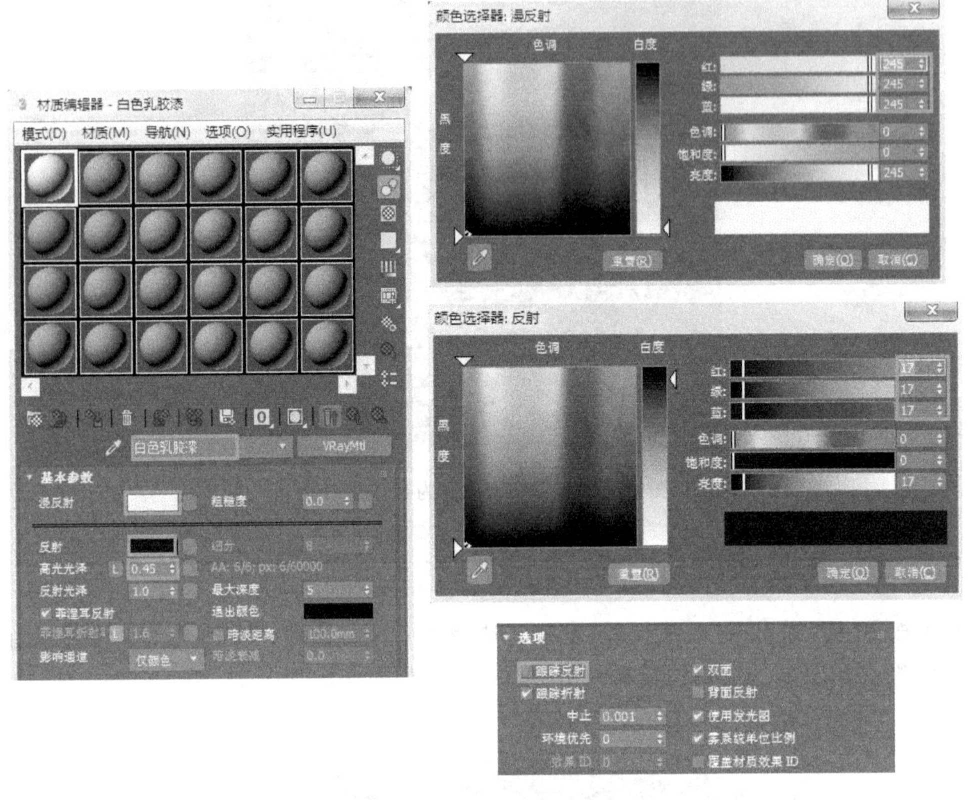

图 9-65 设置材质基本参数

(3) 将调制好的材质赋予天花、石膏线、窗帘盒及顶部造型。

(4) 墙体石膏线上面部分为白色乳胶漆，石膏线下面部分为咖啡色乳胶漆。现在将墙体模型分成上、下两部分。选择墙体及前面绘制的辅助定位的矩形，按 Alt+W 组合键，将它们孤立显示。选择墙体，在修改器堆栈中进入“挤出”层级，设置“分段”为 2。按数字 2 键，进入边层级。利用捕捉调整分段的位置，如图 9-66 所示。

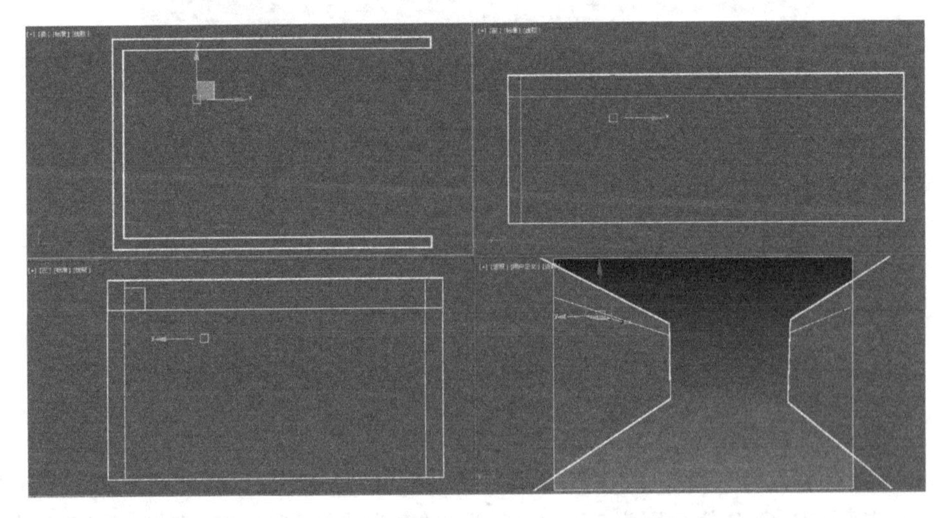

图 9-66 增加并调整分段的位置

(5) 按数字4键,进入多边形层级。选择上部的两个面,在"编辑几何体"面板中单击 分离 按钮右侧的设置按钮,将其分离。按数字4键,退出多边形层级,如图9-67所示。

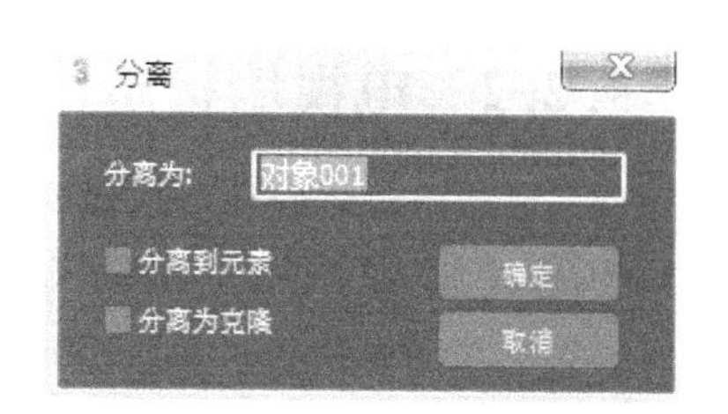

图9-67 将面分离

(6) 按住Ctrl键,依次单击分离出来的面,赋予其白色乳胶漆材质,如图9-68所示。

(7) 单击"孤立当前选择切换"按钮,退出孤立模式。

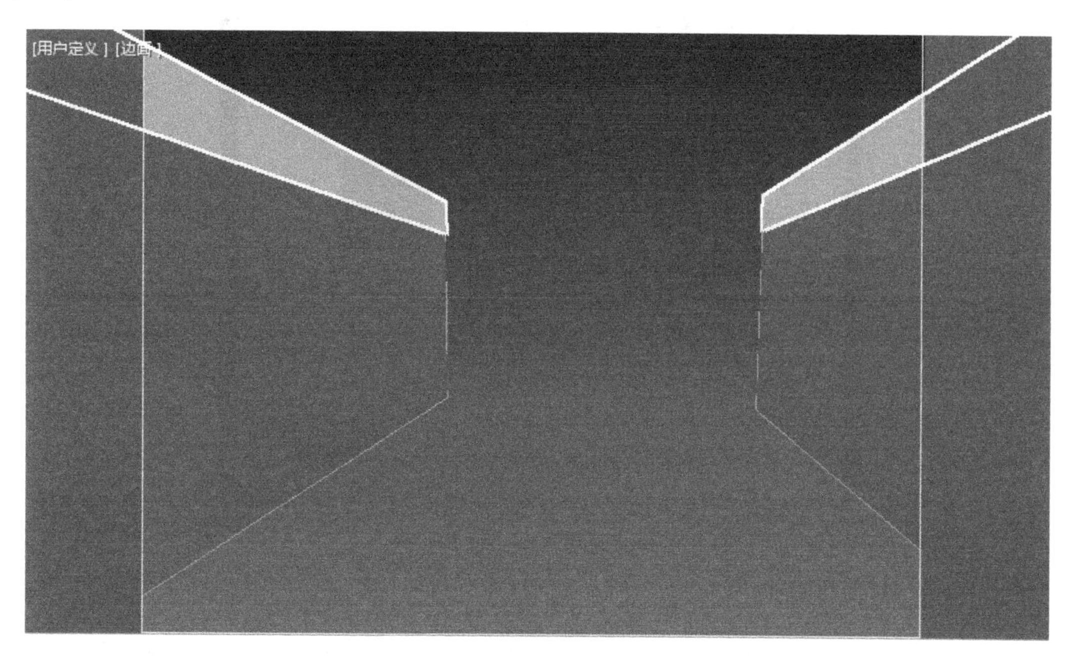

图9-68 赋予白色乳胶漆材质

(8) 拖动白色乳胶漆材质球到第二个材质球上,将材质命名为"咖啡色乳胶漆"。设置"漫反射"颜色R、G、B为185、172、155,其余参数不变,将材质赋予墙体的下半部分及窗户下面的墙体,如图9-69所示。

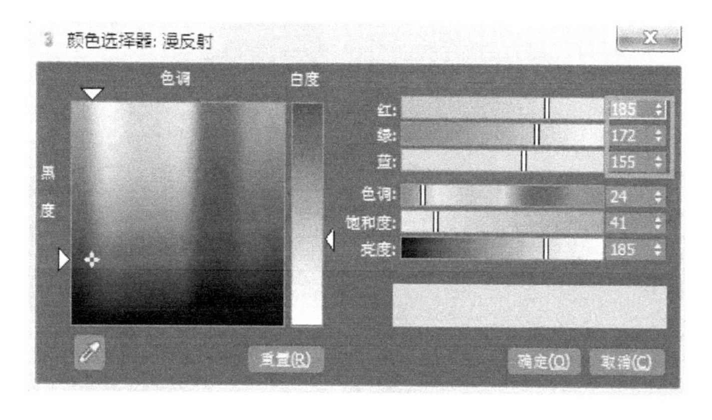

图9-69 赋予咖啡色乳胶漆材质

9.2.2 电视墙材质

(1) 拖动白色乳胶漆材质球到第三个材质球上，命名为“硅藻泥”。单击“漫反射”通道右侧的■按钮，在弹出的“材质/贴图浏览器”中选择“位图”，选择本书配套资源中的“场景文件→第 9 章→贴图→硅藻泥.jpg”文件，如图 9-70 所示。

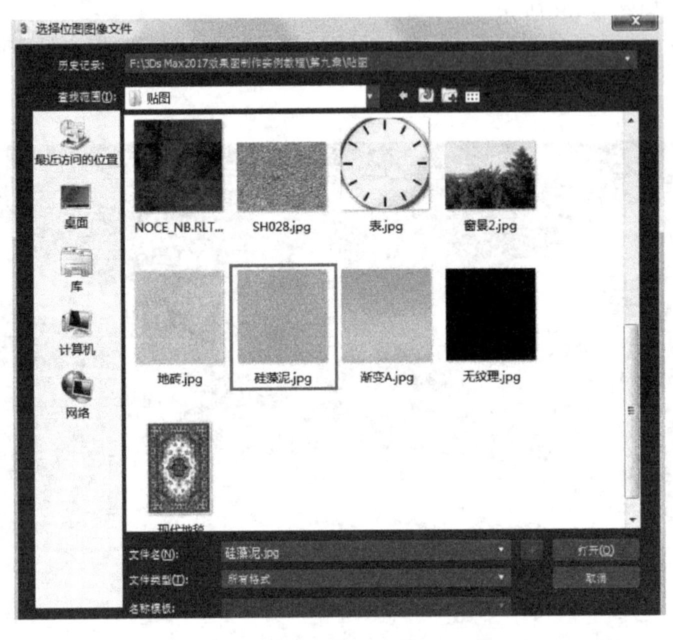

图 9-70 选择位图文件

(2) 在“坐标”面板中设置“模糊”为 0.1，这样可以使贴图更加清晰，如图 9-71 所示。

(3) 在“贴图”面板下，将“漫反射”通道中的位图复制给“凹凸”通道，将“凹凸”设置为 50，如图 9-72 所示。

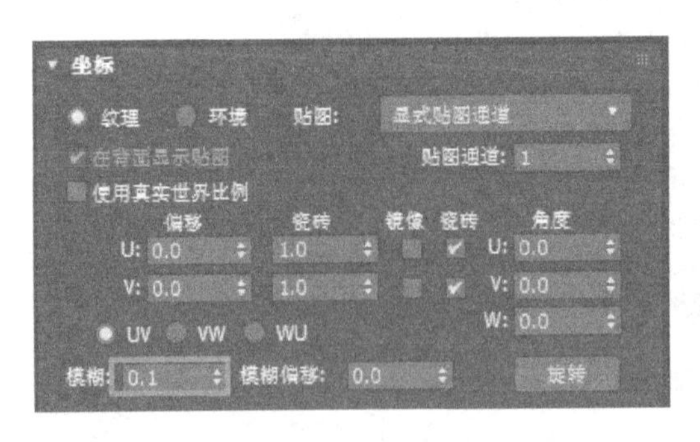

图 9-71 调整“模糊”值

图 9-72 设置凹凸通道

(4) 在视图中选择墙体,将硅藻泥材质赋予墙体。单击“视口中显示明暗处理材质”按钮,在场景中显示贴图。添加“UVW 贴图”,贴图方式选择“长方体”,“长度”“宽度”“高度”均设置为 800mm,如图 9-73 所示。

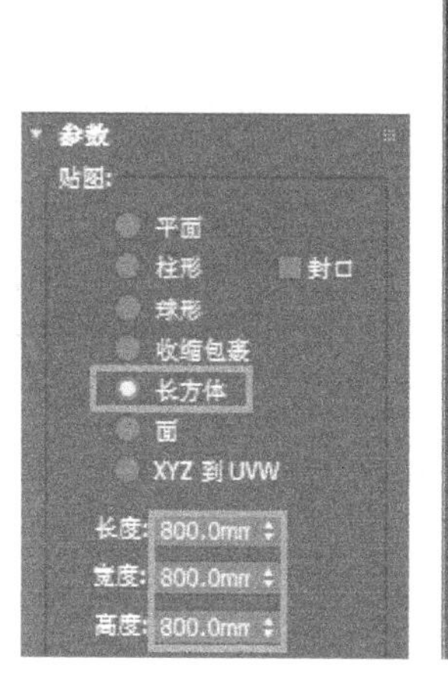

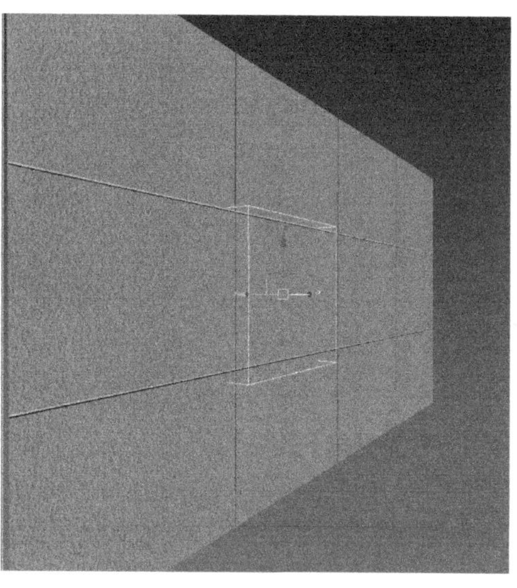

图 9-73 添加“UVW 贴图”

9.2.3 地砖材质

(1) 选择一个未用的材质球,将其指定为 VRayMtl 材质,命名为“地砖”。在“漫反射”通道添加一张“地砖.jpg”图片,设置“模糊”为 0.1,如图 9-74 所示。

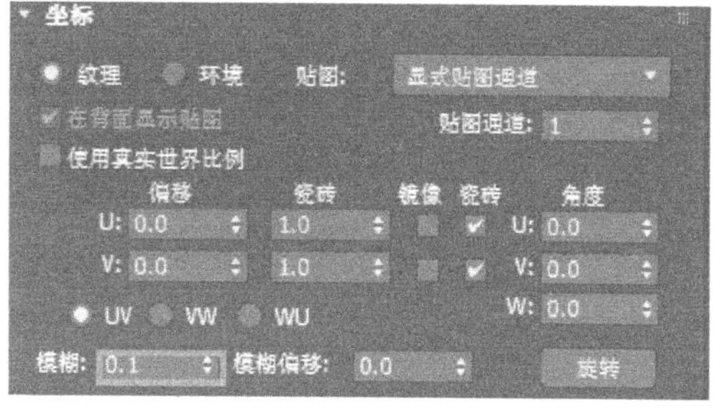

图 9-74 设置“模糊”值

(2) 设置“反射”颜色 R、G、B 值均为 27,“高光光泽”为 0.8,“反射光泽”为 0.98,取消“菲涅耳反射”,如图 9-75 所示。

(3) 将地砖材质指定给地面,单击“视口中显示明暗处理材质”按钮,在场景中显示贴图。添加“UVW 贴图”,贴图方式选择“长方体”,“长度”“宽度”“高度”均设置为 800mm,如图 9-76 所示。

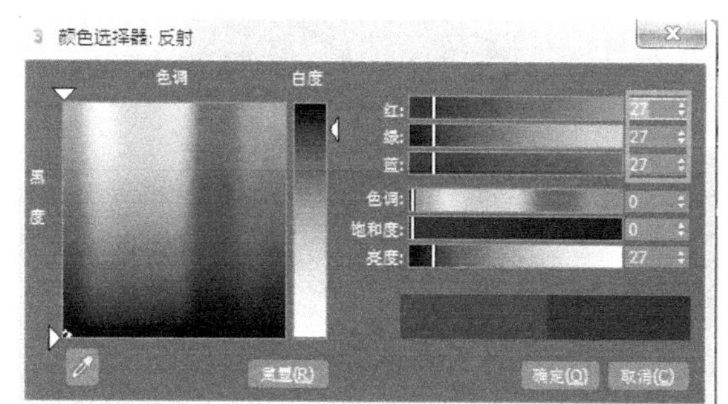

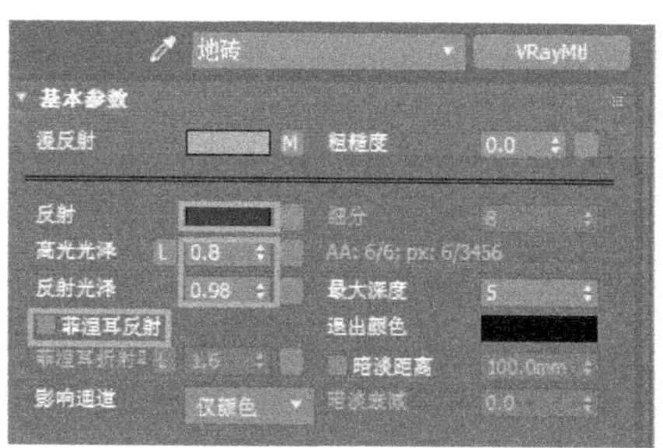

图 9-75 设置基本参数

(4) 在修改器堆栈中进入“UVW 贴图”的 Gizmo 层级,通过“选择并移动”工具移动 Gizmo 轴的位置,使地砖缝隙与墙体边缘对齐,如图 9-77 所示。

图 9-76　添加“UVW 贴图”

图 9-77　移动 Gizmo 轴

9.2.4　套线材质

(1) 复制地砖材质到一个新的材质球,命名为“大理石”。设置“反射”颜色 R、G、B 值均为 40,其余参数不变。将材质分别赋予套线、踢脚板、窗台,如图 9-78 所示。

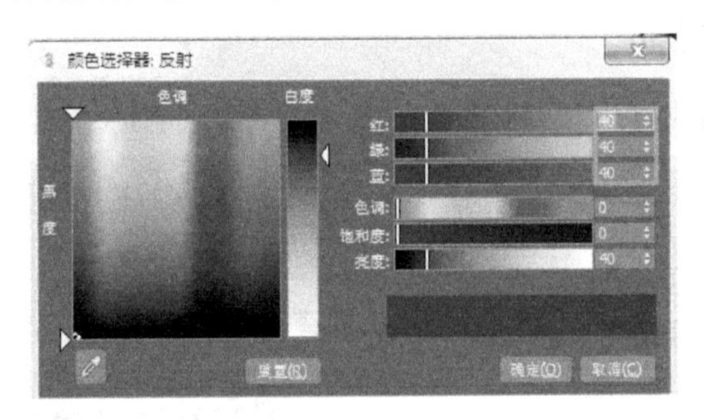

图 9-78　设置大理石材质

(2) 选择套线,添加“UVW 贴图”,贴图方式选择“长方体”,“长度”“宽度”“高度”均设置为 500mm,如图 9-79 所示。

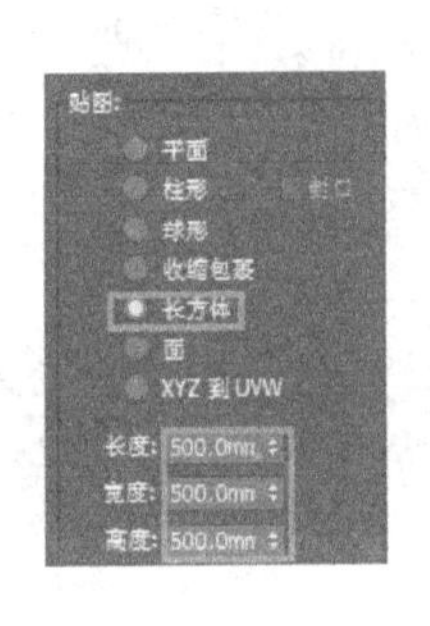

图 9-79　添加“UVW 贴图”

9.2.5 风景板材质

(1) 在顶视图中窗户的外面绘制一个圆弧，添加“挤出”修改器，将“数量”值设为3000mm，如图 9-80 所示。

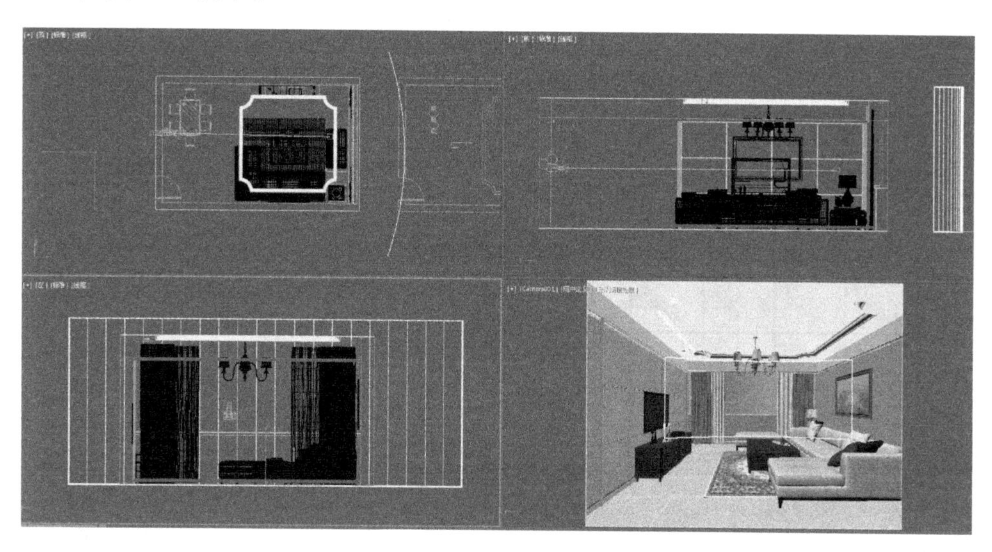

图 9-80 创建风景板模型

(2) 按 M 键，弹出“材质编辑器”窗口，选择一个未用的材质球，单击 Standard 按钮，打开“材质/贴图浏览器”，选择 VRayLightMtl 材质，如图 9-81 所示。

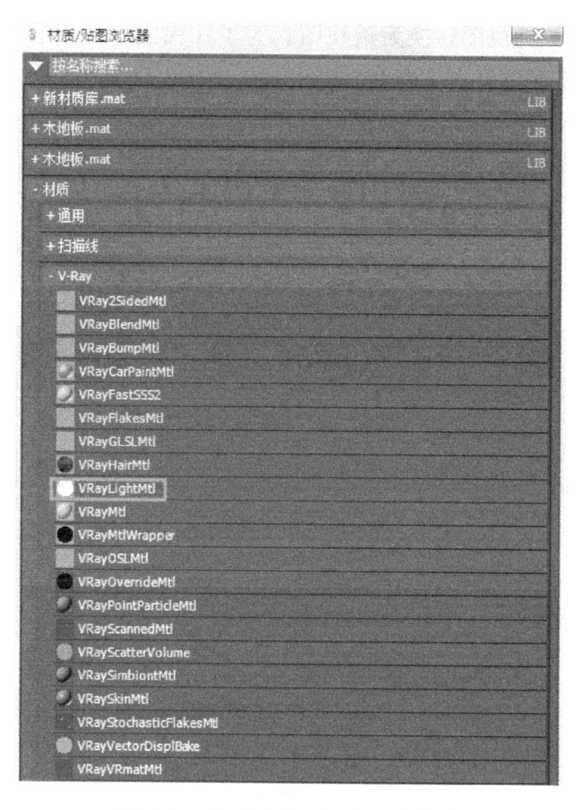

图 9-81 选择 VRayLightMtl 材质

(3) 单击“颜色”右侧的 无 按钮，添加“窗景 2.jpg”图片，设置“颜色”倍增值为 2，如图 9-82 所示。

(4) 将材质赋予风景板。添加“法线”修改器，添加“UVW 贴图”，贴图方式选择“长方体”，“对齐”轴向选择 Z 轴，单击 适配 按钮，如图 9-83 所示。

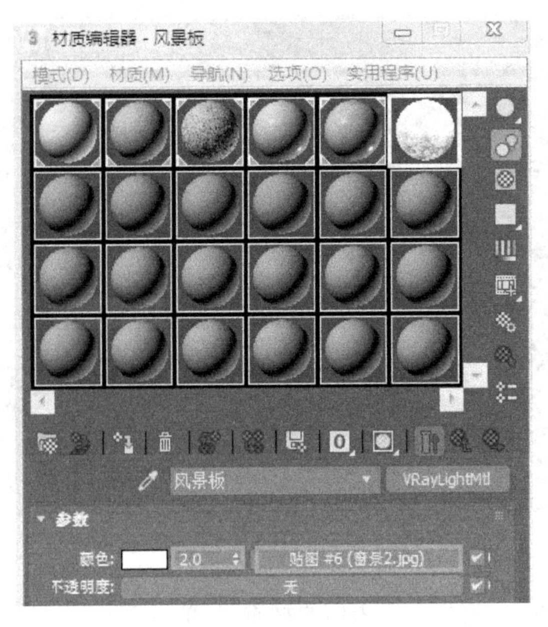

图 9-82 设置“颜色”倍增值

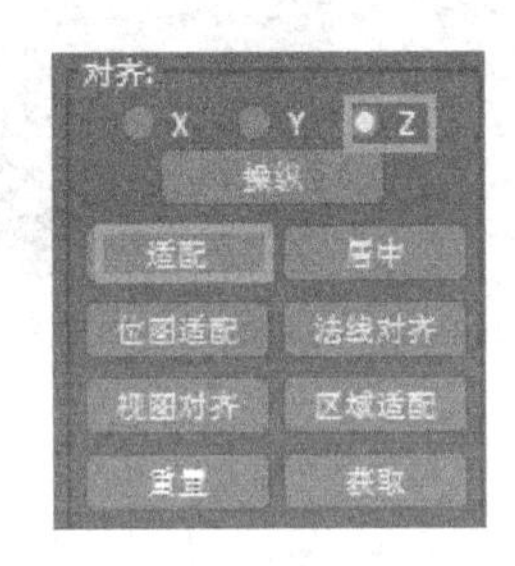

图 9-83 调整风景板材质

(5) 按 P 键，将摄像机视图转换为透视图。为了在视图中可以看到风景板贴图，在材质编辑器“参数”面板中将颜色设置为灰色，如图 9-84 所示。

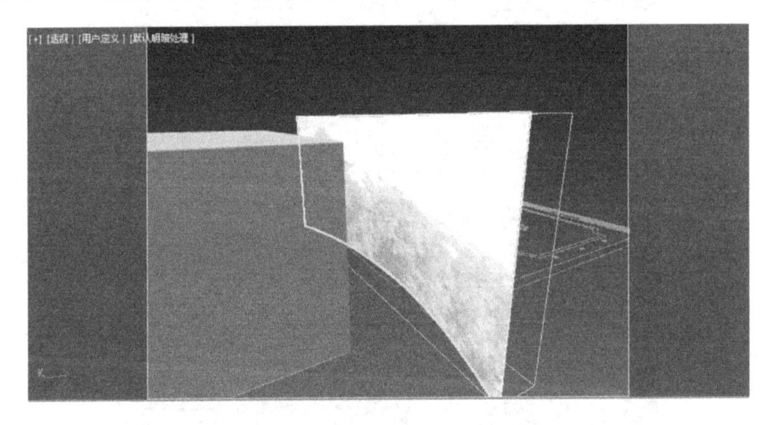

图 9-84 风景板贴图

9.2.6 灯具材质

(1) 选择灯具，按 Alt+Q 组合键，将灯罩孤立显示。按数字 4 键，进入多边形层级。选择底面，将 ID 号设置为 1，按 Ctrl+I 组合键，反选其余的面，将 ID 号设置为 2。按数字 4 键，退出多边形层级，如图 9-85 所示。

(2) 选择一个未用的材质球，将其指定为“多维/子对象”材质，在弹出的“替换材质”对

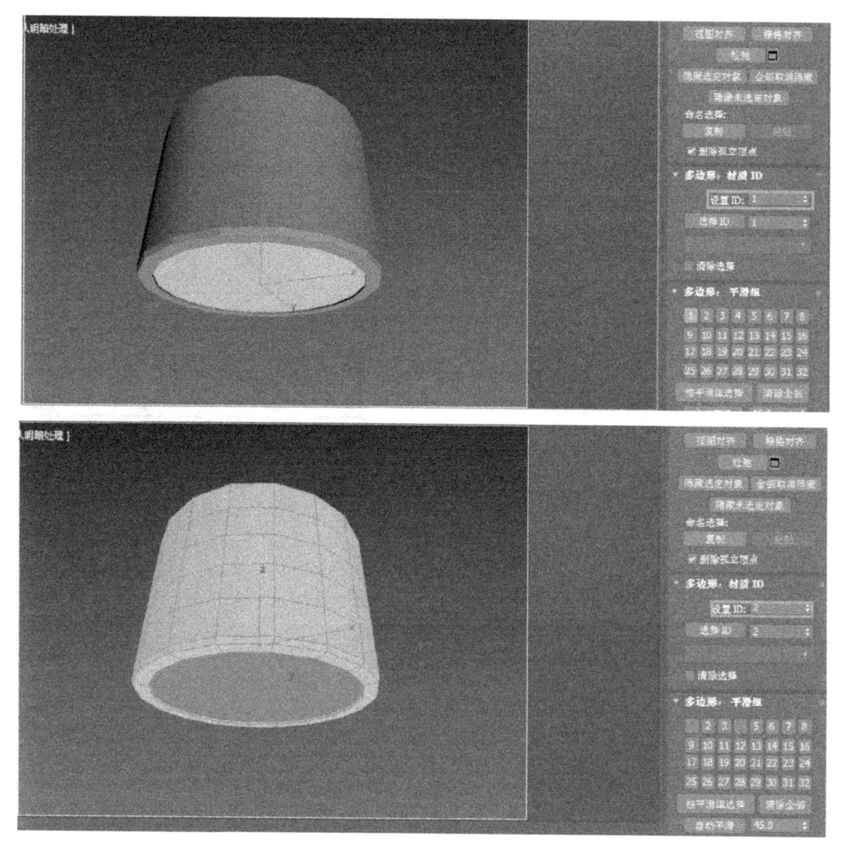

图 9-85 为模型的不同部分设置不同的 ID 号

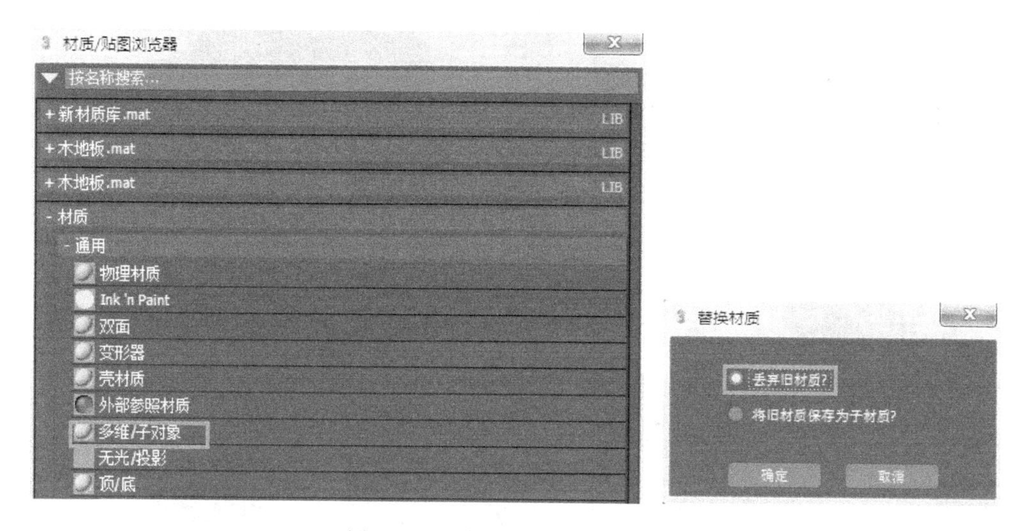

图 9-86 选择“多维/子对象”材质

话框中，选中“丢弃旧材质”单选按钮，单击 确定 按钮，将材质命名为“灯具”，如图 9-86 所示。

（3）在“多维/子对象”基本参数面板中单击 设置数量 按钮，将“材质数量”设置为 2，如图 9-87 所示。

(4) 单击 1 号材质右侧的 无 按钮，在弹出的“材质/贴图浏览器”中选择 VRayLightMtl 材质，将“颜色”倍增值设为 2，如图 9-88 所示。

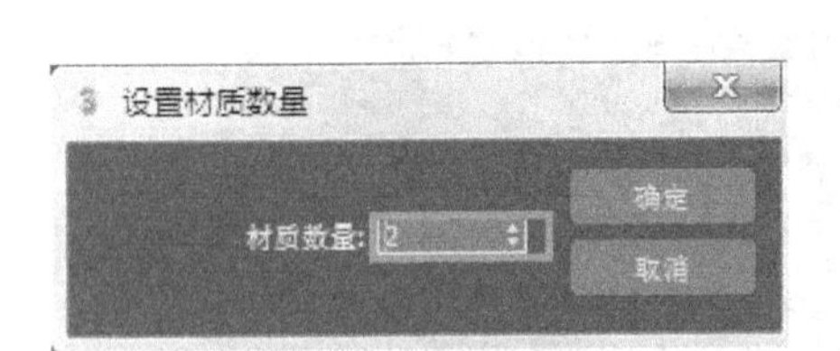

图 9-87 设置“材质数量”

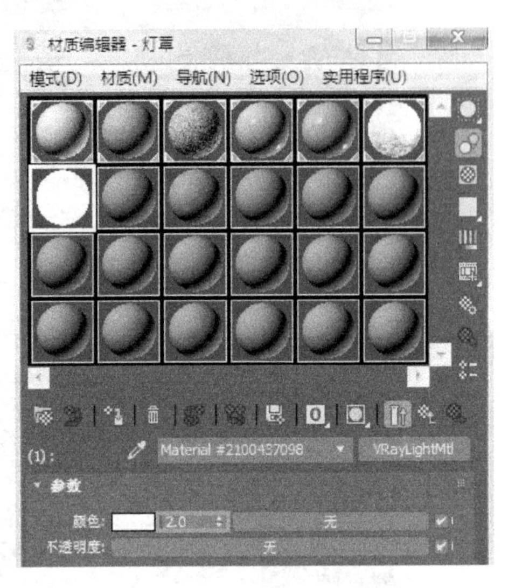

图 9-88 设置 VRayLightMtl“颜色”倍增值

(5) 单击“转到父对象”按钮 ，返回上一层级。单击 2 号材质右侧的 无 按钮，在弹出的“材质/贴图浏览器”中选择 VRayMtl 材质。设置“漫反射”颜色 R、G、B 为 108、79、17，“反射”颜色 R、G、B 均为 125，“高光光泽”为 0.8，如图 9-89 所示。

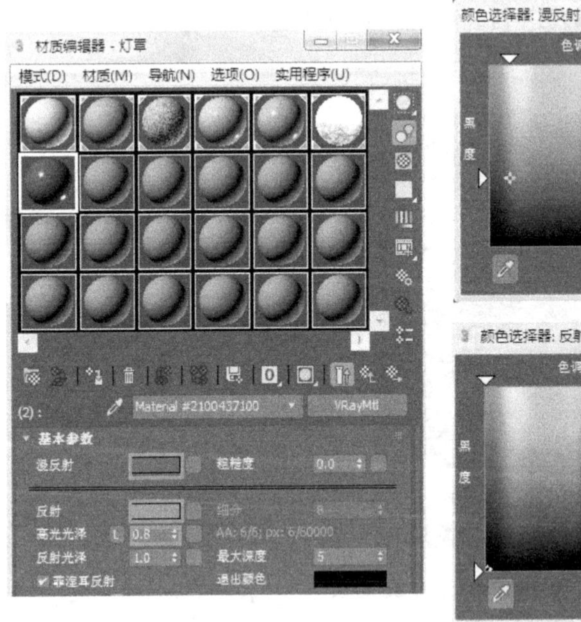

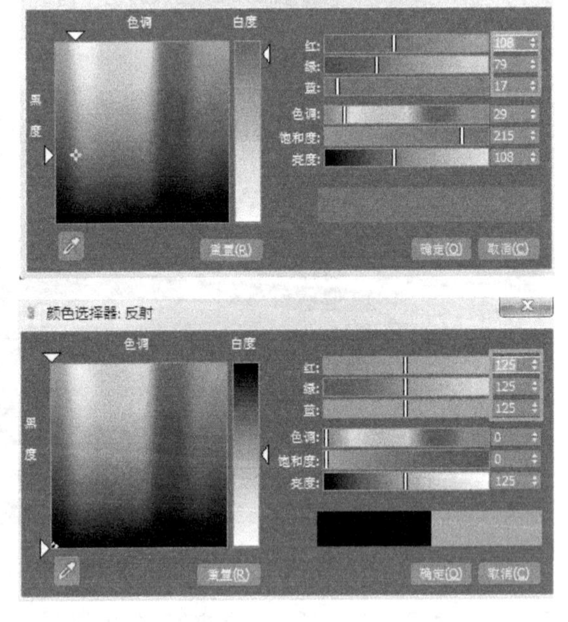

图 9-89 设置基本参数

(6) 单击“转到父对象”按钮 ，返回上一层级，将材质赋予灯具，如图 9-90 所示。

(7) 单击“孤立当前选择切换”按钮 ，退出孤立模式。按 C 键，将视图切换为摄影机视图，如图 9-91 所示。

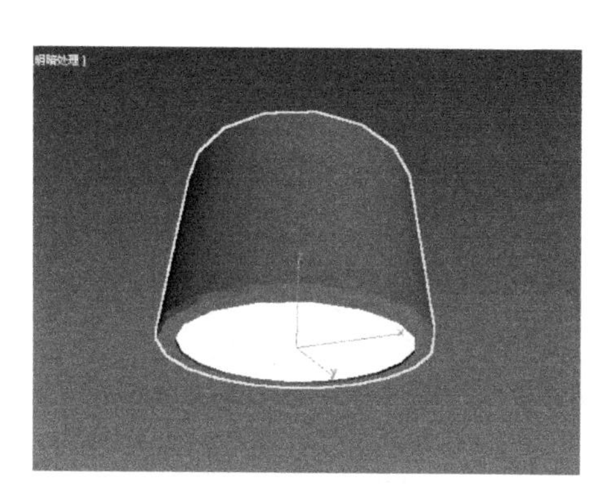

图 9-90 将材质赋予灯具

图 9-91 摄影机视图

9.3 设置灯光及草图渲染

这个客厅中的布光使用了两部分灯光进行表现,一部分使用了天光;另一部分使用了室内灯光。

9.3.1 设置天光

(1) 在“创建”面板中单击“灯光”按钮,在弹出的下拉菜单中选择 VRay 命令,在“对象类型”中单击 VRayLight 按钮,在左视图中窗户位置拖动鼠标创建一盏 VRay 灯光,大小与窗户大小差不多。在顶视图中将灯光移动到窗户外面,打开“角度捕捉”开关,调整灯光的照射角度,使天光从窗户外向窗户内照射,如图 9-92 所示。

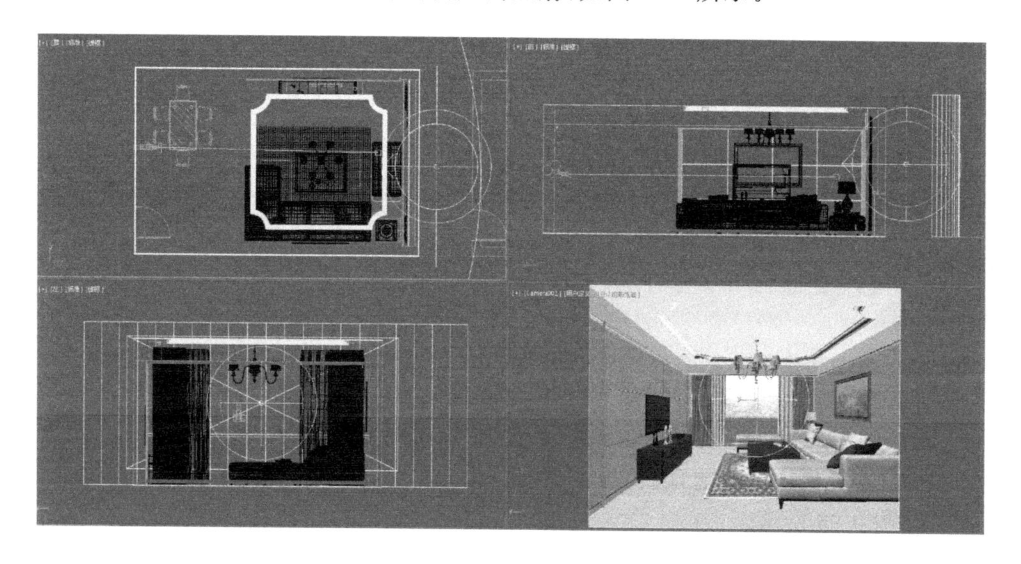

图 9-92 创建天光

(2) 在“常规”面板中设置“倍增”值为10，颜色R、G、B值为186、217、255，勾选“不可见”复选框，取消“影响反射”复选框的勾选，如图9-93所示。

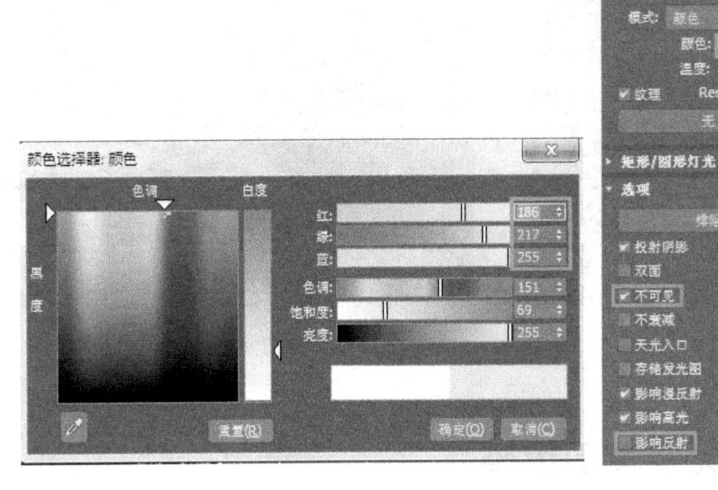

图9-93 设置天光

(3) 先将“渲染参数”设置为草图阶段的参数。选择“渲染”→“渲染设置”菜单命令，将渲染器指定为VRay渲染器，在“公用”选项卡中将“输出大小”设置为640×480。

(4) 切换到V-Ray选项卡，将“图像采样(抗锯齿)”中“类型”选择为“块”，取消“图像过滤器”复选框的勾选，将“渲染块图像采样器”中“最大细分”设置为4，如图9-94所示。

(5) 展开“颜色贴图”面板，将“类型”选择为Exponential，如图9-95所示。

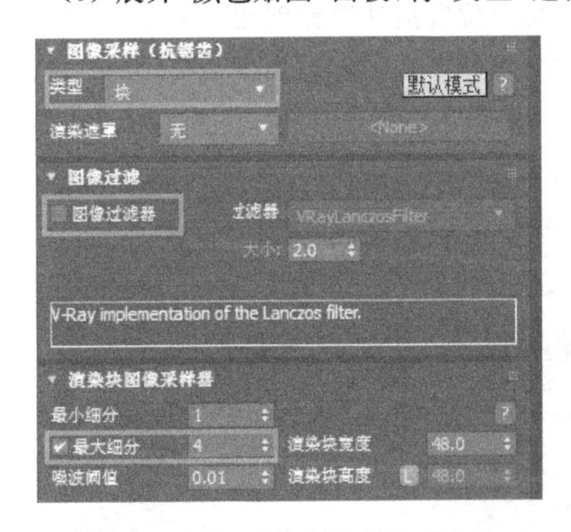

图9-94 设置图像采样、图像过滤器

图9-95 选择颜色贴图类型

(6) 切换到GI选项卡，将“首次引擎”设置为“发光图”，“二次引擎”设置为“灯光缓存”。展开“发光图”卷展栏，将“当前预设”设置为Very low。展开“灯光缓存”卷展栏，将“细分”设置为200，如图9-96所示。

(7) 切换到“设置”选项卡，将“日志窗口”设置为“仅在错误时”显示日志窗口，如图9-97所示。

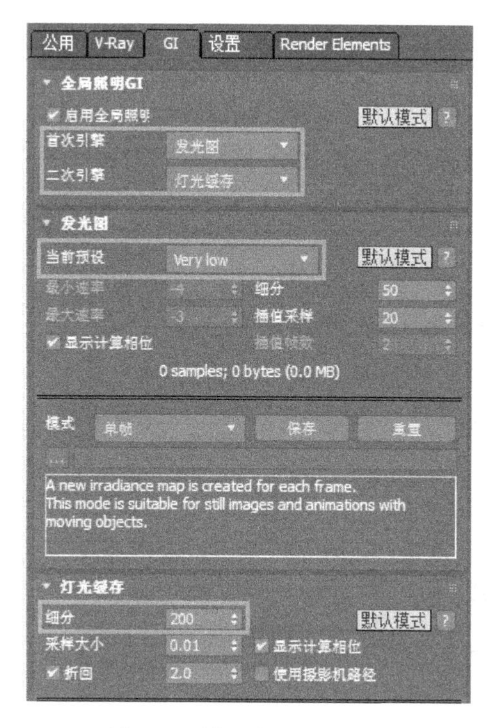

图 9-96　设置全局照明参数

图 9-97　设置“日志窗口”的显示方式

(8) 按 F9 键，快速渲染摄像机视图，此时画面有些发白，单击渲染帧窗口下方的按钮，渲染效果如图 9-98 所示。

图 9-98　渲染摄像机视图

9.3.2 设置辅助灯

(1) 在“创建”面板 + 中单击“灯光”按钮，在弹出的下拉菜单中选择 VRay 命令，在“对象类型”中单击 VRayIES 按钮，在左视图中灯具位置下方，按住鼠标左键拖动创建一盏 VRayIES 光，在顶视图移动到灯具的位置，如图 9-99 所示。

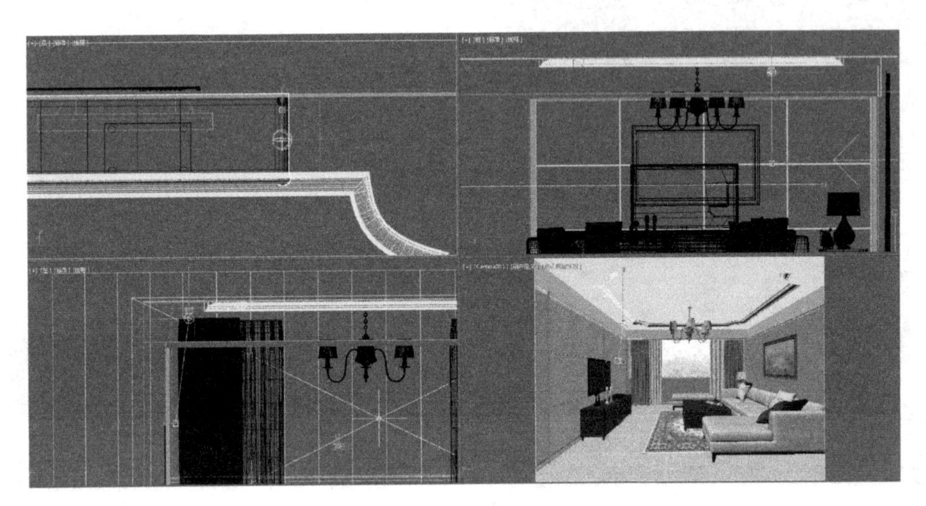

图 9-99 创建 VRayIES 光

(2) 选择该灯光的发射点，进入“修改”面板。单击“参数”面板中 ies file 右侧的 None 按钮，在弹出的对话框中选择 hof. ies 文件，单击“打开”按钮，如图 9-100 所示。

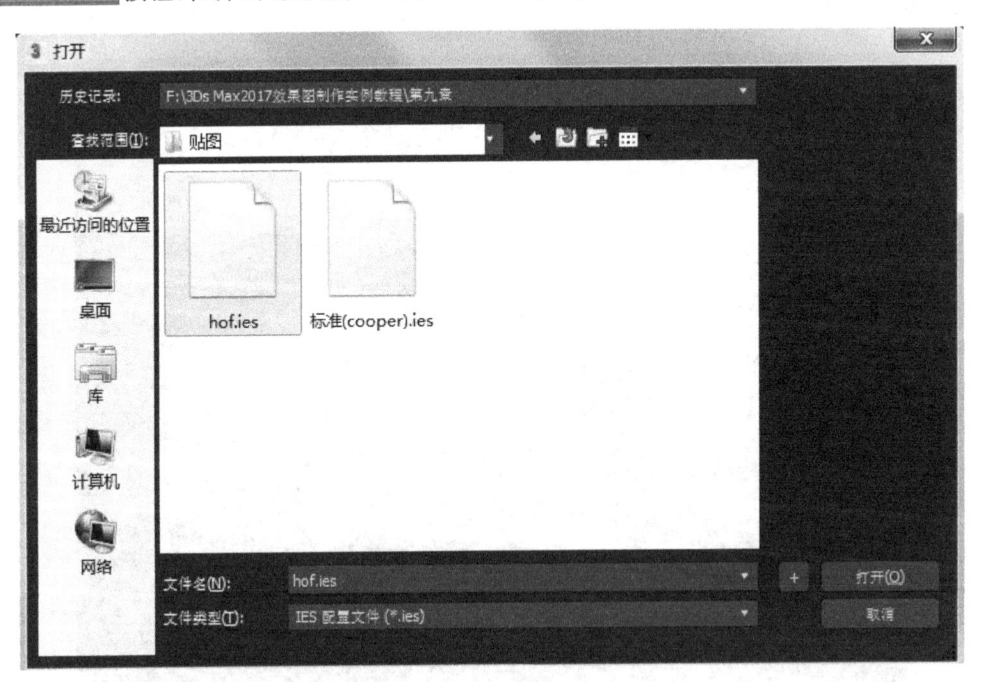

图 9-100 选择光域网文件(1)

(3) 在“参数”面板中将 intensity value 设置为 5000，color 设置为 255、222、171，如图 9-101 所示。

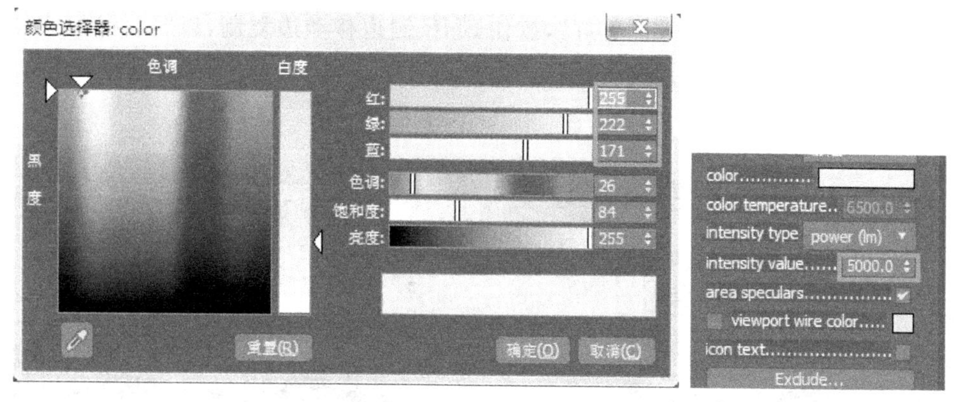

图 9-101　设置灯光参数(1)

(4) 配合 Ctrl 键，选择该 IES 灯光的发射点、目标点及灯具，选择“组”→“组”菜单命令，将灯具及灯成组，命名为“射灯”，如图 9-102 所示。

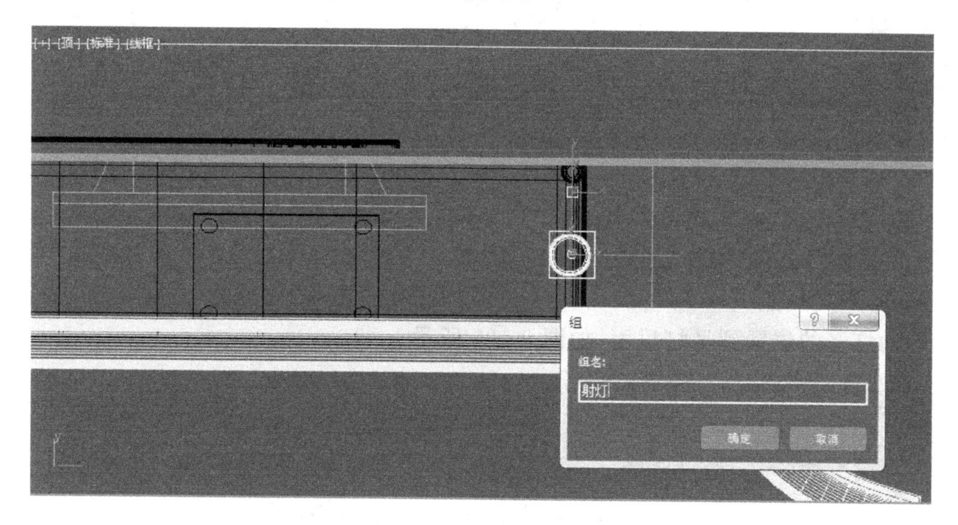

图 9-102　将灯具和灯光成组

(5) 在顶视图中选择“射灯”组，按住 Shift 键边移动边复制，以“实例”模式复制出 2 组，如图 9-103 所示。

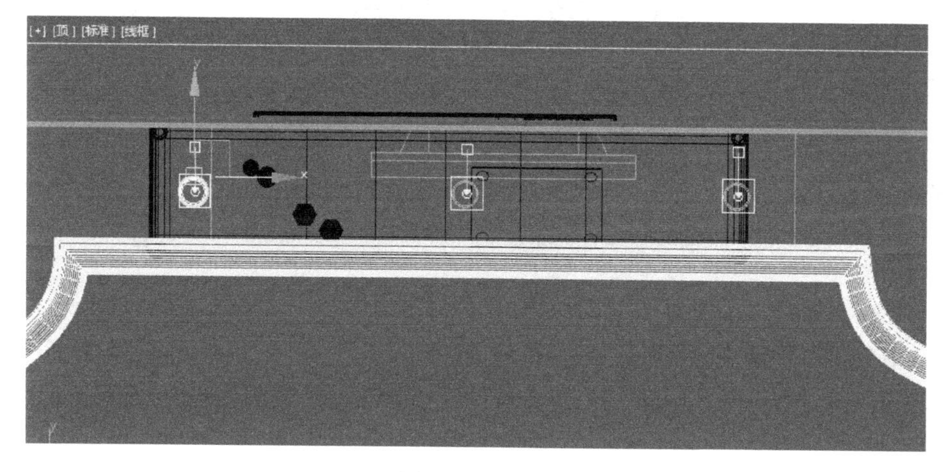

图 9-103　复制

(6) 在顶视图中选择这3组“射灯”，按住Shift键边移动边复制，以“实例”模式复制出1组。打开“角度捕捉”工具，利用“选择并旋转”工具使灯光射向墙壁，如图9-104所示。

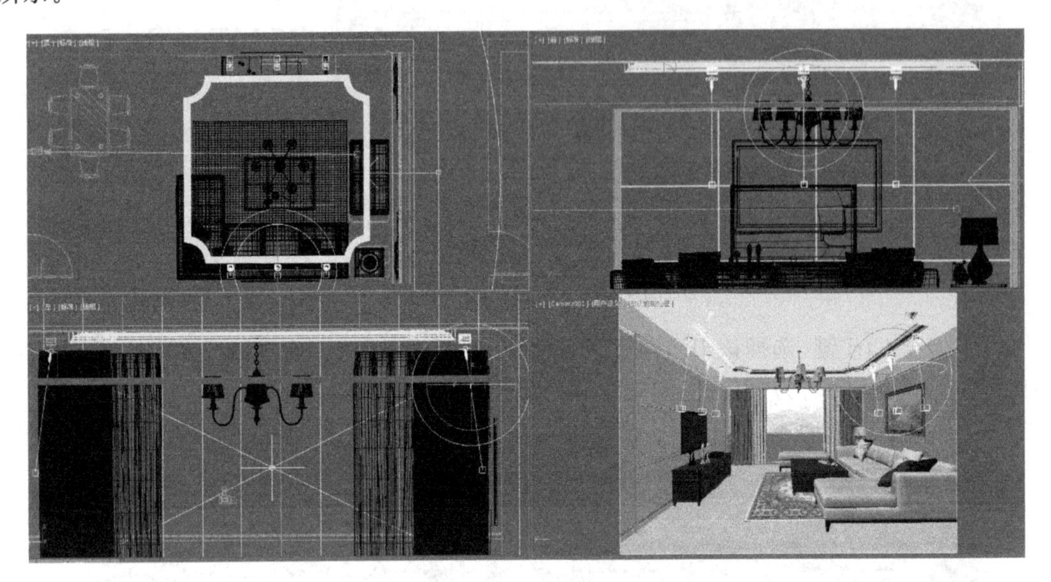

图9-104 调整灯光照射角度

(7) 创建吊灯。在“创建”面板中单击“灯光”→VRay→VRayLight，在顶视图中按住鼠标左键拖动，创建一盏VRay灯光。在“修改”面板中将“类型”选择为“球体”，在顶视图、前视图中移动灯光的位置到吊灯里面，如图9-105所示。

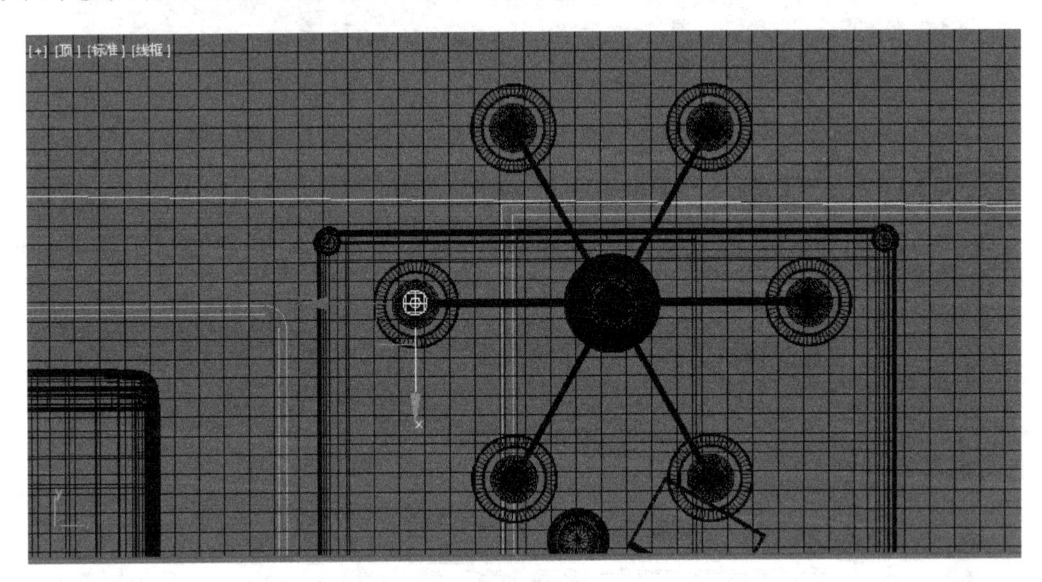

图9-105 创建VRay灯光

(8) 在“常规”面板中，将Radius(半径)设置为30mm，“倍增”值设置为18，颜色R、G、B分别设置为255、241、205。勾选“不可见”复选框，取消勾选“影响反射”复选框，如图9-106所示。

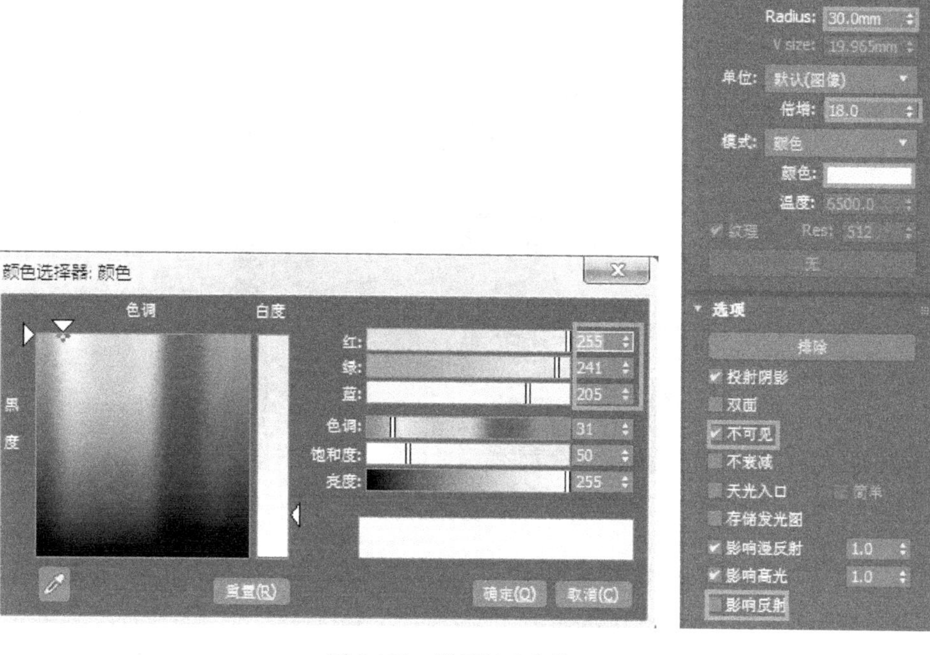

图 9-106 设置灯光参数(2)

(9) 在主工具栏的选择过滤器中单击 按钮,在顶视图中选择这盏灯光,按住 Shift 键,通过“选择并移动”工具 沿 X 轴边移动边复制,选择以“实例”模式复制对象,“副本数”设置为 1。选择这两盏灯光,按住 Shift 键,通过“选择并旋转”工具 边旋转边复制,以“实例”模式复制对象,“副本数”为 2,如图 9-107 所示。

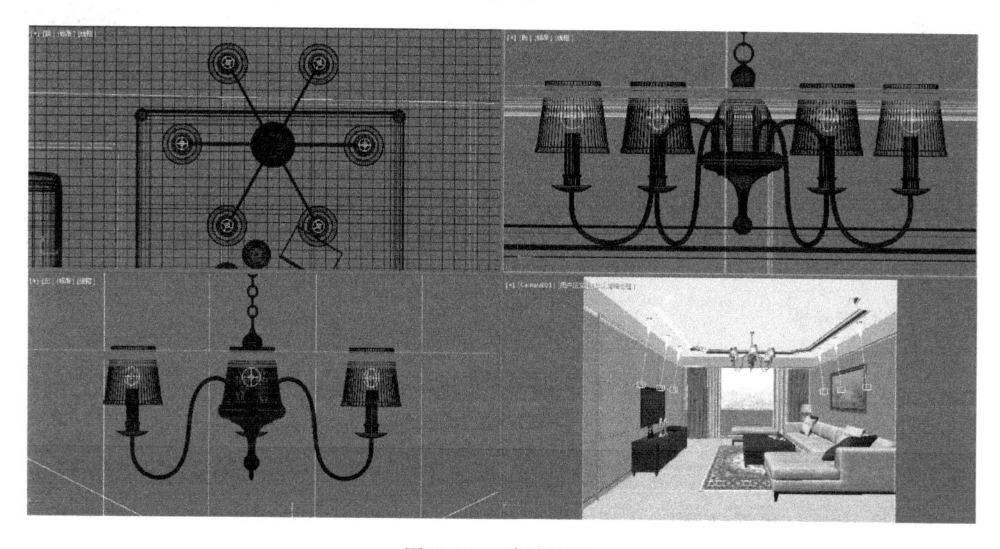

图 9-107 复制灯光

(10) 创建台灯灯光。选择任意一盏吊灯灯光,按住 Shift 键,通过“选择并移动”工具 边移动边复制,选择“复制”对象,“副本数”设置为 1。

(11) 在顶视图、前视图中，通过“选择并移动”工具移动复制出来的灯光，放至台灯里面，如图 9-108 所示。

图 9-108　复制得到台灯

(12) 选择灯光，单击“修改”按钮，进入“修改”面板。将 Radius(半径)设置为 50mm，“倍增”值设置为 80，如图 9-109 所示。

(13) 创建补光。选择窗户外的 VRay 光源，按住 Shift 键边移动边复制，移动至靠门的位置，调整光线照射方向，模拟反光效果，如图 9-110 所示。

图 9-109　修改灯光参数

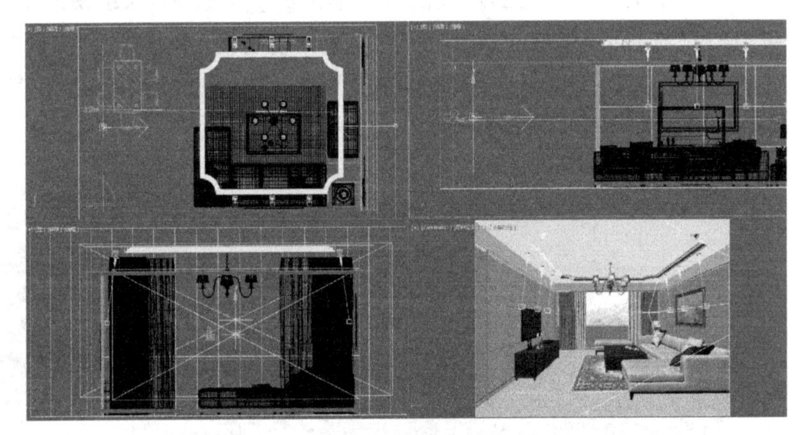

图 9-110　创建补光

(14) 在“常规”面板中，将“倍增”值设置为 1，颜色设置基本为白颜色，如图 9-111 所示。

(15) 渲染摄像机视图，发现室内模型的阴影不清晰。为了得到清晰的阴影，在茶几、沙发家具上方创建光源。单击 VRayIES 按钮，在前视图中创建一盏 VRayIES 灯光。激活顶视图，在顶视图中将灯光调整到茶几的上方。选择灯光的发射点，在“参数”面板中单击 ies file 右侧的 None 按钮，在弹出的对话框中选择“筒灯 6480.ies”文件，如图 9-112 所示。

(16) 在“参数”面板中单击 Exclude... 按钮，弹出“排除/包含”对话框。在“场景对象”列表框中选择“吊灯”，单击 >> 按钮，排除吊灯，如图 9-113 所示。

图 9-111 设置“倍增”值

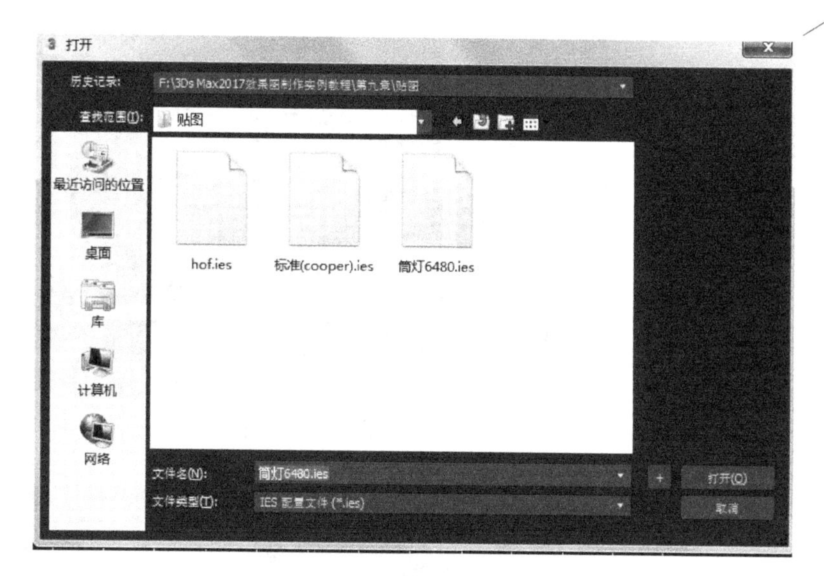

图 9-112 选择光域网文件(2)

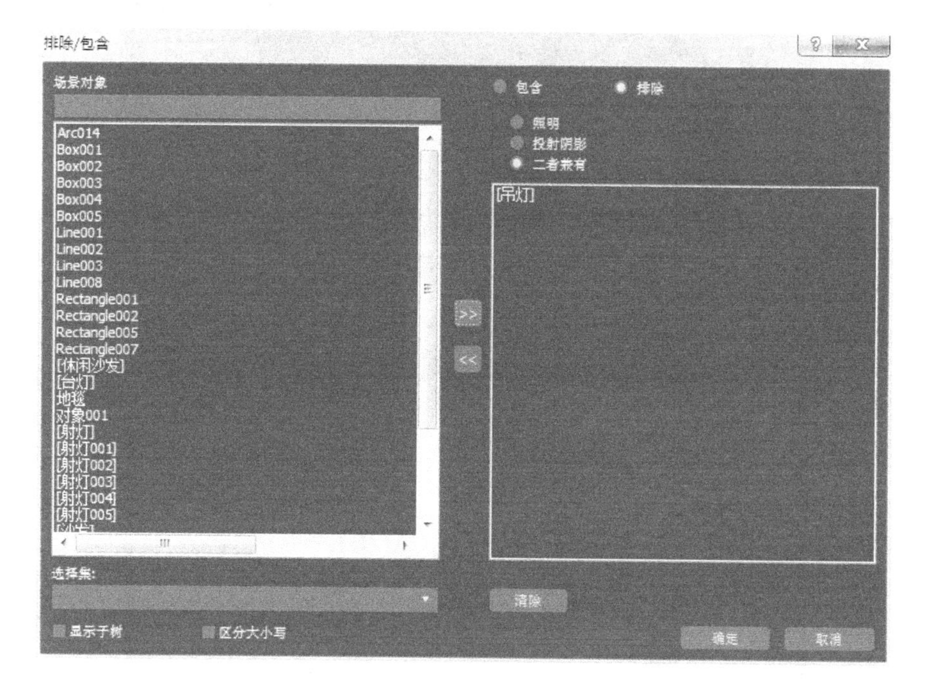

图 9-113 排除吊灯

(17) 选择刚刚创建的茶几上方的灯光，按住 Shift 键在顶视图中边移动边复制，以“实例”模式复制 3 盏灯光，分别调整到沙发、软体沙发的上方，如图 9-114 所示。

(18) 在天花板创建补光。单击 VRayLight 按钮，在顶视图天花板位置创建一盏 VRay 灯光。激活前视图，将灯光调整至天花板下方。在“参数”面板中设置“倍增”值为 2，颜色 R、G、B 分别为 255、246、226。勾选“不可见”复选框，取消勾选“影响反射”复选框。单击 Exclude... 按钮，将“吊灯”排除，如图 9-115 所示。

(19) 按 F9 键，渲染摄像机视图，如图 9-116 所示。

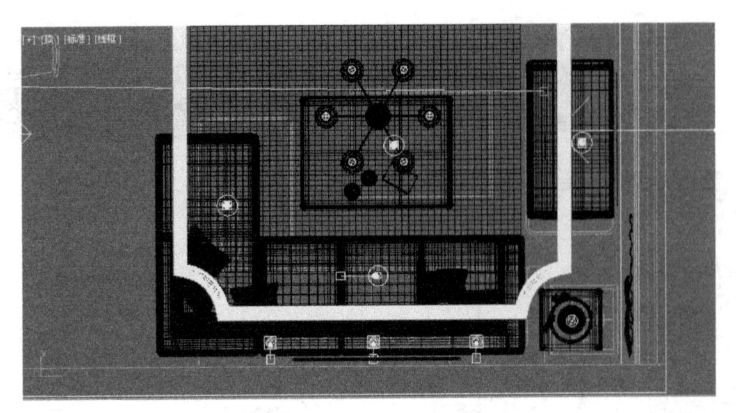

图 9-114 复制 3 盏灯光

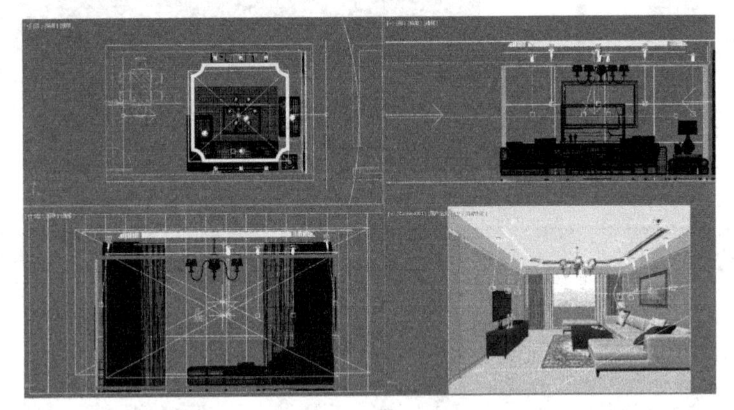

图 9-115 创建补光

图 9-116 渲染摄像机视图

9.4 设置成图渲染参数

(1) 打开“渲染设置”对话框，进入“公用”选项卡，将“宽度”设置为 1000，下面的高度会随着变化为 750，如图 9-117 所示。

(2) 切换到 V-Ray 选项卡，将“渲染块图像采样器”中“最大细分”设置为 24。勾选“图像过滤器”复选框，将“过滤器”类型选择为 Catmull-Rom，如图 9-118 所示。

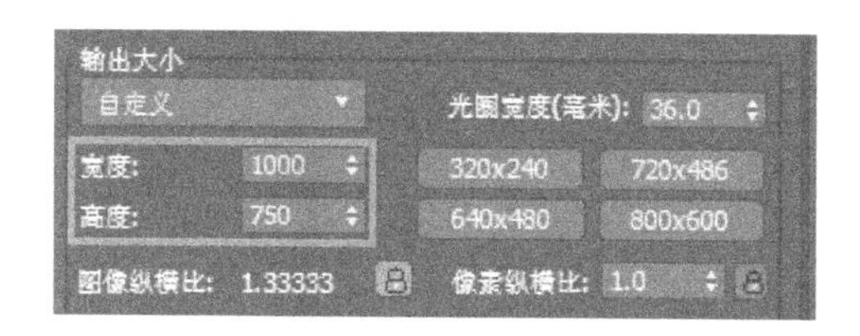

图 9-117 设置最终渲染的图片大小

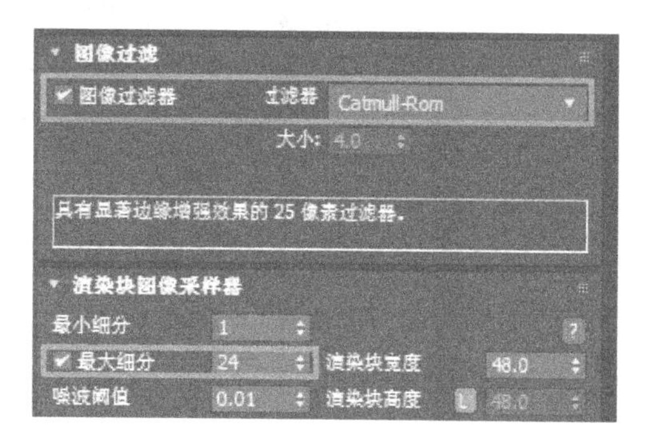

图 9-118 设置“最大细分”及“图像过滤器”类型

(3) 切换到 GI 选项卡，在“发光图”面板中，将“当前预设”设置为 Medium。在“灯光缓存”面板中，将“细分”设置为 1000，如图 9-119 所示。

(4) 切换到 Render Elements 选项卡，单击 添加... 按钮，弹出“渲染元素”面板，选择 VRayDenoiser 后单击“确定”按钮，渲染图片。

(5) 在 V-Ray frame buffer 窗口左上方下拉菜单中选择 VRayDenoiser，可以看到一张高质量的图片，如图 9-120 所示。

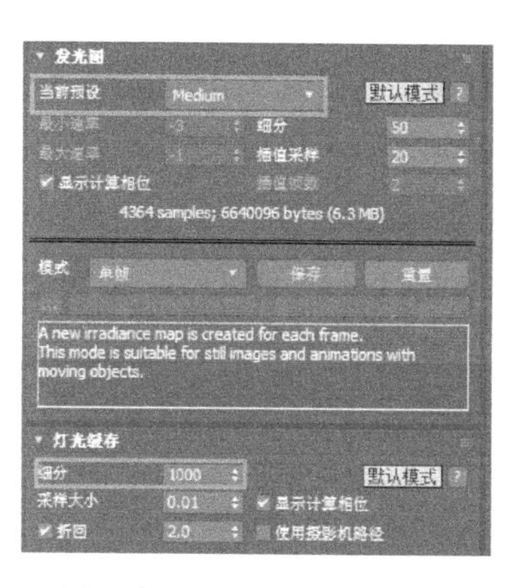

图 9-119 设置全局照明参数

图 9-120 降噪后的效果图

知识点 4

对于渲染尺寸大于2000mm×2000mm的图片，为了加快渲染速度，可以采用先渲染光子图再渲染大图的方法，这样会大大提高渲染速度。

(6) 单击“保存位图”按钮，在弹出的对话框中选择保存的路径，将“保存类型”设置为“TIF图像控制(*.tif)”，将“文件名”设置为“客厅渲染图”，如图9-121所示。

图 9-121 保存文件

(7) 在弹出的“TIF图像控制”对话框中选中“存储Alpha通道”复选框，单击“确定”按钮。

(8) 按Ctrl+S组合键，对场景进行保存。

9.5 Photoshop后期处理

渲染输出后，通过Photoshop可以对图像的色相、饱和度及明度进行适当的调整，还可以对效果图进行修饰和美化。

(1) 启动Photoshop CS6中文版。

(2) 打开已输出的“客厅渲染图.tif”文件。分析这张图片，发现图片有些发灰，需要调整画面的对比度。

(3) 在“图层”面板中单击“背景”右侧的按钮，将图层解锁。拖动图层到下方的“创建新图层”按钮上，复制“背景”图层。

(4) 选择图层混合模式为“柔光”，“填充”设置为70%，增加了画面的对比度，如图9-122所示。

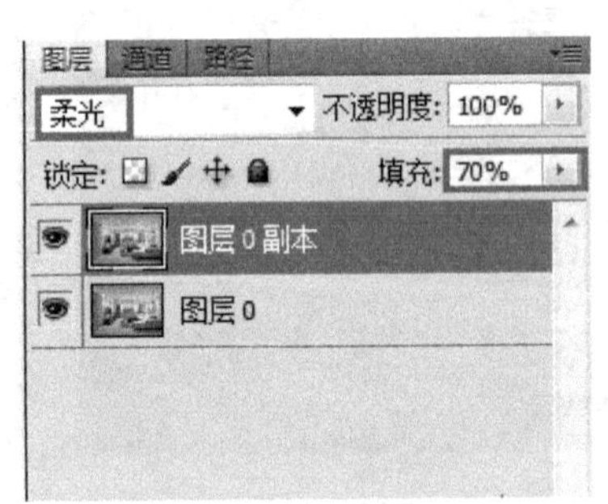

图 9-122 增加画面的对比度

(5) 选择本书配套学习资源中的“场景文件→第

9 章→光晕. psd”文件，并打开。

(6) 按住 Ctrl 键，单击“图层 2”左侧的缩略图，选择“图层 2”。按 Ctrl+C 组合键激活“客厅渲染图. tif”，按 Ctrl+V 组合键将光晕粘贴到客厅效果图上。

(7) 按 Ctrl+T 组合键选择光晕。按住 Shift 键，按鼠标左键拖动变形框的边缘，对光晕进行等比例缩放。调整大小合适后，单击“应用变换”按钮 ✔，如图 9-123 所示。

图 9-123　调整光晕

(8) 选择光晕所在图层，拖动图层到下方的“创建新图层”按钮 上，复制“光晕”图层。

(9) 根据近大远小的透视规律，第二盏灯光的光晕应该较小。按 Ctrl+T 组合键，选择光晕。按住 Shift 键，按鼠标左键拖动变形框的边缘，对光晕进行等比例缩放。大小合适了，单击“应用变换”按钮 ✔，如图 9-124 所示。

图 9-124　继续设置光晕

(10) 用同样的方法得到其他光晕，如图 9-125 所示。

图 9-125 设置其他光晕

9.6 本章小结与重点回顾

本章通过讲解客厅效果图的制作方法，全面展示了建立模型、合并家具、赋予材质、布置灯光及进行 VRay 渲染的全过程，最后又介绍了如何进行后期处理，从而得到逼真的效果图。这些方法与技巧在实际工程中会经常应用到，所以，必须扎实熟练地掌握本章的案例，为日后工作打下良好的基础。

参 考 文 献

[1] 孙芳. 中文版 3ds Max 三维效果图设计与制作全视频实战 228 例[M]. 北京：清华大学出版社，2019.
[2] 唐茜，耿晓武. 3ds Max 2017 从入门到精通[M]. 北京：中国铁道出版社，2017.
[3] 时代印象. 3ds Max 2016/VRay 效果图制作完全自学教程[M]. 北京：人民邮电出版社，2017.
[4] 陈志民. 中文版 3ds Max/VRay 室内装饰效果图设计经典教程[M]. 北京：机械工业出版社，2011.